《现代数学基础丛书》编委会

现代数学基础丛书 158

电磁流体动力学方程与奇异摄动理论

王　术　冯跃红　著

科学出版社

北　京

内 容 简 介

本书主要介绍奇异摄动理论和电磁流体动力学方程组的适定性与渐近机理, 严格地建立了不同流体动力学模型之间的本质联系和电磁流体动力学模型的多尺度结构稳定性理论. 主要内容包括: 奇异摄动理论与渐近匹配方法, 边界层理论与多尺度结构稳定性理论, 电磁流体和经典流体之间的本质联系, 电磁流体动力学方程组的长时间渐近形态、拟中性极限和零张弛极限, 等离子体物理科学中 Euler/Navier-Stokes-Poisson 方程组的大时间渐近性与衰减速率、好坏初值情形下的拟中性极限、耦合的零粘性和拟中性极限, 以及半导体漂流扩散方程的拟中性极限与边界层、初始层、混合层多尺度结构稳定性等.

本书适合偏微分方程、实分析、泛函分析、计算数学、数学物理、控制论等方向的研究生、教师以及科研人员阅读参考, 也可作为数学系和工科相关专业高年级本科生以及研究生教材或教学参考书.

图书在版编目(CIP)数据

电磁流体动力学方程与奇异摄动理论/王术, 冯跃红著. —北京: 科学出版社, 2015.7
(现代数学基础丛书)
ISBN 978-7-03-045253-5

Ⅰ.①电… Ⅱ.①王… ②冯… Ⅲ.①电磁流体力学-方程-奇摄动-研究 Ⅳ.①O361.1

中国版本图书馆 CIP 数据核字(2015) 第 170227 号

责任编辑: 李 欣 / 责任校对: 张凤琴
责任印制: 张 倩 / 封面设计: 陈 敬

科学出版社 出版
北京东黄城根北街 16 号
邮政编码: 100717
http://www.sciencep.com

北京凌奇印刷有限责任公司 印刷
科学出版社发行 各地新华书店经销

*

2015 年 8 月第 一 版 开本: 720×1000 1/16
2015 年 8 月第一次印刷 印张: 20 3/4
字数: 418 000
POD定价: 128.00元
(如有印装质量问题, 我社负责调换)

《现代数学基础丛书》序

对于数学研究与培养青年数学人才而言，书籍与期刊起着特殊重要的作用．许多成就卓越的数学家在青年时代都曾钻研或参考过一些优秀书籍，从中汲取营养，获得教益．

20世纪70年代后期，我国的数学研究与数学书刊的出版由于文化大革命的浩劫已经破坏与中断了 10 余年，而在这期间国际上数学研究却在迅猛地发展着．1978 年以后，我国青年学了重新获得了学习、钻研与深造的机会．当时他们的参考书籍大多还是 50 年代甚至更早期的著述．据此，科学出版社陆续推出了多套数学丛书，其中《纯粹数学与应用数学专著》丛书与《现代数学基础丛书》更为突出，前者出版约 40 卷，后者则逾 80 卷．它们质量甚高，影响颇大，对我国数学研究、交流与人才培养发挥了显著效用．

《现代数学基础丛书》的宗旨是面向大学数学专业的高年级学生、研究生以及青年学者，针对一些重要的数学领域与研究方向，作较系统的介绍．既注意该领域的基础知识，又反映其新发展，力求深入浅出，简明扼要，注重创新．

近年来，数学在各门科学、高新技术、经济、管理等方面取得了更加广泛与深入的应用，还形成了一些交叉学科．我们希望这套丛书的内容由基础数学拓展到应用数学、计算数学以及数学交叉学科的各个领域．

这套丛书得到了许多数学家长期的大力支持，编辑人员也为其付出了艰辛的劳动．它获得了广大读者的喜爱．我们诚挚地希望大家更加关心与支持它的发展，使它越办越好，为我国数学研究与教育水平的进一步提高做出贡献．

杨 乐

2003 年 8 月

前　　言

本书是电磁流体动力学方程的渐近机理与多尺度结构稳定性, 以及奇异摄动理论方面的一本专著.

本书主要介绍奇异摄动理论和电磁流体动力学方程组的适定性理论与渐近机理, 严格地建立了不同流体动力学模型之间的本质联系和电磁流体动力学模型的多尺度结构稳定性理论. 全书共 5 章: 第 1 章是引言, 主要概述电磁流体动力学模型, 形式地建立了电磁流体动力学模型和 kinetic 理论中 Boltzmann 方程之间的关系, 以及不同流体动力学模型之间的本质联系. 建立不同模型之间的基本方法是奇异摄动理论, 第 1 章也简介摄动方法的发展史. 在引言的最后给出本书的主要结构. 第 2 章是本书的预备知识, 介绍一些在偏微分方程有重要应用的基本不等式, 概述奇异摄动的基本理论和基本方法, 渐近匹配方法与流体动力学方程的边界层理论. 第 3 章介绍可压等熵和非等熵电磁流体动力学模型大时间衰减速率、拟中性极限和零张弛极限问题. 第 4 章给出等离子体 Euler/Navier-Stokes-Poisson 方程的大时间衰减速率估计, 以及好坏初值情形下 Euler/Navier-Stokes-Poisson 方程的解收敛到经典的不可压 Euler 方程的解. 第 5 章介绍半导体漂流扩散方程组的拟中性极限问题, 给出了绝热边界问题和接触边界问题的解到拟中性约化模型解的收敛性, 以及一般初值情形下半导体漂流扩散方程的边界层、初始层、混合层结构稳定性方面的结果.

本书曾在北京工业大学的偏微分方程研讨班中讲过多次, 王术的学生杨建伟博士、王可博士、吴忠林博士生、徐自立博士生、刘春迪博士生、王娜博士生等都曾提出过宝贵意见, 在此一并致谢. 同时, 本书的部分内容来自于作者和合作者的一些论文, 在此向合作者表示衷心的感谢. 在本书出版之际, 王术借此感谢他的老师叶其孝教授、谢春红教授、肖玲研究员、辛周平教授和 Peter A. Markowich 教授, 感谢他们的无私奉献, 感谢他们在学术研究中给予的悉心指导和在生活中给予的帮助和关心.

本书的出版得到国家自然科学基金、北京市长城学者项目、首都社会建设和社会管理协同创新中心和北京市自然科学基金重点项目 (B 类) 的资助支持, 在此表示感谢. 同时王术感谢妻子李世红的长期支持、生活上的照顾和对本书的文字润色.

本书作为偏微分方程方面的一本专著, 适合偏微分方程、实分析、泛函分析、计算数学、数学物理、控制论等方向的研究生、教师以及科研人员阅读参考, 也作为数学系和工科相关专业高年级本科生以及研究生的教材或教学参考书.

由于作者学识有限, 不妥、片面甚至疏漏之处在所难免, 欢迎专家和读者批评指正.

王 术 冯跃红

2015 年 4 月 10 日于北京工业大学

目　　录

第 1 章　引　　言

本章介绍电磁流体动力学模型, 概述奇异摄动方法的发展历史等以及本书的主要内容. 主要内容包括: Boltzmann 方程、Maxwell 方程、流体动力学方程的推导过程, 以及摄动方法等.

1.1　电磁流体动力学模型概述

本节给出一系列描述半导体物理和等离子体的机理模型. 这些模型大致分为两大类[98]. 这两类模型不同之处在于描述的层次, 包括动理学或介观层次表述与宏观层次表述. 第一类介观表述中使用对应相空间的分布函数, 第二类则基于诸如电量和电流密度等宏观量. 与气体动力学相似, 在一定的假设条件下, 宏观模型可以由动理学模型或介观模型导出, 同时在上述两种层次模型内都存在描述量子效应的量子力学模型. 下面回顾希尔伯特第六问题, 即电磁力学机制模型的渐近机制图:

$$
\begin{array}{ccc}
& 经典 \quad \Leftarrow \quad 量子 & \\
& (1) & \\
介观 & \text{Boltzmann} & 量子 \\
模型 & 方程组 & \text{Liouville 方程组} \\
\Downarrow(2) & & \\
宏观 & 流体力学 & 量子 \\
模型 & 方程组 & 流体力学 \\
& \swarrow \qquad \searrow & \\
流体力学 & \Rightarrow & 漂移 \text{-} 扩散 \\
(\text{EM, EP, NSP}) 方程组 & (3) & (\text{DD, ET}) 方程组 \\
\Downarrow(4) & & \Downarrow(4) \\
不可压缩 & & 热流或 \\
\text{e-MHD, Euler 或 NS} & & 拟中性 \text{DD}
\end{array}
$$

在上述图中, 我们给出了模型概观示意图. 从物理而不必从数学的观点来看, 除流体力学方程组之外, 模型从上到下、从右到左变得更为简单. 从介观模型到宏观模型或流体力学模型标准的方法是距方法或流体动力学极限 (2). 从流体力学模型到能量输运模型或漂移–扩散模型的途径是所谓的松弛极限 (3). 从漂移–扩散模型到扩散方程或从 Euler-Poisson (Navier-Stokes-Poisson) 模型到描述不可压流的 Euler(Navier-Stokes) 方程组的途径是拟中性极限 (4). 从量子模型到经典模型是用所谓的经典极限 (1), 那里取尺度化的 Planck 常数趋于零. 形式上, 上述关系是显然的, 但严格的证明却并非易事.

因为拟中性是半导体、等离子体中的一类基本的物理现象, 所以我们以拟中性极限为例来介绍渐近极限问题. 通过对 Euler-Maxwell 方程组取形式极限详细评论上述形式极限, 该方程组出现在电离层等离子体中[4]. 这些证明将在第 3 章和第 4 章给出.

考察尺度化的单极 Euler-Maxwell 方程组[4, 121]

$$\partial_t n + \nabla \cdot (nu) = 0, \tag{1-1}$$

$$\partial_t (nu) + \nabla \cdot (nu \otimes u) + \nabla P(n) = -n(E + u \times \gamma B), \tag{1-2}$$

$$\gamma \nu \partial_t E - \nabla \times B = -\gamma j, \quad \gamma \partial_t B + \nabla \times E = 0, \tag{1-3}$$

$$\nu \nabla \cdot E = \rho, \quad \nabla \cdot B = 0, \quad \rho = 1 - n, \quad j = -nu. \tag{1-4}$$

方程组 (1-1)-(1-4) 描述具有单位密度的静止离子一致背景下的等离子体物理中可压缩电子流动力学运动规律. n, j 与 u 分别表示电子密度、电流密度和电子速度. 场函数 E 和 B 分别表示电场和磁场强度. Maxwell 方程组中的 E 和 B 通过作用于电子的 Lorentz 力与 Euler 方程耦合. 无维数参数 ν 与 γ 可以通过合适的尺度互相独立选取. 物理上, ν 和 γ 分别与 Debye 长度以及 $\frac{1}{c}$ 成正比, 其中 c 为光速. 极限 $\nu \to 0$ 称之为拟中性极限, 极限 $\gamma \to 0$ 称之为非相对论极限.

从单极 Euler-Maxwell 方程组 (1-1)-(1-4) 出发, 借助于不同的尺度变换, 可以推得一些不同的极限模型.

尺度变换 1: 非相对论极限, 拟中性极限

下面, 先取非相对论极限, 随后再取拟中性极限.

首先, 固定 ν, 令 $\gamma \to 0$, 形式上可得方程组:

$$\partial_t n + \nabla \cdot (nu) = 0, \tag{1-5}$$

$$\partial_t (nu) + \nabla \cdot (nu \otimes u) + \nabla P(n) = -nE, \tag{1-6}$$

$$-\nabla \times B = 0, \quad \nabla \times E = 0, \tag{1-7}$$

$$\nu \nabla \cdot E = \rho, \quad \nabla \cdot B = 0, \rho = 1 - n, \quad j = -nu. \tag{1-8}$$

上述极限模型就是描述可压电子流的 Euler-Poisson 方程组.

然后, 在 Euler-Poisson 方程组 (1-5)-(1-8) 中令 $\nu = 0$, 可得

$$n - 1 = 0 \quad (\text{拟中性}),$$

然后推得描述理想流体的不可压 Euler 方程:

$$\text{div}u = 0,\tag{1-9}$$

$$\partial_t u + u \cdot \nabla u + \nabla p^0 = 0.\tag{1-10}$$

尺度变换 2: 拟中性与非相对论联合极限

取 $\gamma = \nu$, 令 $\gamma = \nu \to 0$, 从 Maxwell 方程组 (1-7)-(1-8) 易得

$$n - 1 = 0 \quad (\text{拟中性}),$$

$$\nabla \times E = 0, \quad \nabla \times B = 0, \quad \nabla \cdot B = 0.$$

于是, 我们就从 Euler-Maxwell 方程组 (1-1)-(1-4) 得到了描述理想流体的 Euler 方程组 (1-9)-(1-10).

尺度变换 3: 拟中性极限, 非相对论极限

该尺度变换对应的情况是先取拟中性极限, 再取非相对论极限.

首先, 固定 γ, 令 $\nu \to 0$ 可得

$$n - 1 = 0 \quad (\text{拟中性}),$$

然后从 Euler-Maxwell 方程组 (1-1)-(1-4) 可得

$$\partial_t u + u \cdot \nabla u + \nabla p^0 = -\gamma u \times B,\tag{1-11}$$

$$-\nabla \times B = \gamma u, \quad \nabla \cdot B = 0,\tag{1-12}$$

$$\gamma \partial_t B + \nabla \times E = 0.\tag{1-13}$$

上述方程组称之为电子–磁流体动力学模型 (e-MHD).

然后令 $\gamma \to 0$, 可以从 e-MHD 方程组 (1-11)-(1-13) 得到描述理想流体的不可压 Euler 方程组 (1-9)-(1-10):

$$\text{div}u = 0,$$

$$\partial_t u + u \cdot \nabla u + \nabla p^0 = 0,$$

$$\nabla \times E = 0, \quad \nabla \times B = 0, \quad \nabla \cdot B = 0 (\Rightarrow B = 0).$$

1.1.1　Boltzmann 方程

假定只存在一种分子, 对任一时刻 t, 可由其位置 $x = (x_1, x_2, x_3)$ 及速度 $v = (v_1, v_2, v_3)$ 来描述一个分子的状态. 为了描述分子的分布状况, 引入分布函数

$$f = f(t, x, v),$$

其意义如下: 在时刻 t, 位置落在 x 附近的一个微元体积 dx 中, 而速度在 v 附近的一个微元体积 dv 中的分子的平均数目是

$$dN = f(t, x, v)dxdv, \tag{1-14}$$

其中 $dx = dx_1 dx_2 dx_3$ 及 $dv = dv_1 dv_2 dv_3$. 于是, f 是在时刻 t, 在 (x, v) 处单位体积及单位速度变化范围中的分子数是一个密度分布函数. 这里, "平均" 意味着通过对许多相同的测量分子分布的实验结果取平均来给出函数 f. 若分布函数 $f(t, x, v)$ 为已知, 就可以由它确定出许多宏观的量. 例如, 在给定体积 V 中的分子总数为

$$N = \int_V dx \int_{\mathbb{R}^3} f(t, x, v)dv. \tag{1-15}$$

再由 f 的定义, t 时刻在 x 处单位体积内的分子总数为

$$n(t, x) = \int_{\mathbb{R}^3} f(t, x, v)dv. \tag{1-16}$$

于是, 所考察的气体在 t 时刻、x 处的密度为

$$\rho(t, x) = nM = M \int_{\mathbb{R}^3} f(t, x, v)dv, \tag{1-17}$$

其中 M 为分子的质量; 而在 t 时刻、x 处的平均速度 $V(t, x) = (V_1, V_2, V_3)$, 则由

$$V(t, x) = \frac{1}{n} \int_{\mathbb{R}^3} vf(t, x, v)dv = \frac{\int_{\mathbb{R}^3} vf(t, x, v)dv}{\int_{\mathbb{R}^3} f(t, x, v)dv} \tag{1-18}$$

来决定. 此外, 在气体分子论中, 在 t 时刻、x 处的温度 $T(t, x)$ 由

$$\frac{3}{2}nkT(t, x) = \int_{\mathbb{R}^3} \frac{1}{2}M|v - V|^2 f(t, x, v)dv \tag{1-19}$$

决定, 其中 n 及 V 分别由 (1-16) 及 (1-18) 式给出, M 为分子的质量, 而

$$k = 1.380 \times 10^{-16} 尔格/度$$

是玻尔兹曼常数. 下面将会看到, 对于处于热力学平衡态的理想气体, (1-19) 式就化为通常的温度的定义; 而即使对于非平衡态的气体, 也由 (1-19) 式给出温度的定义.

(1-19) 式的右边表示每单位体积的热能. 事实上, $v - V$ 是扣除了宏观速度后的分子运动速度, $\frac{1}{2}M|v - V|^2$ 为单个分子的动能, 而 fdv 为对每单位体积、速度在

微元体积 dv 中的分子数. 因此, (1-19) 式右端为单位体积中分子热运动的能量, 它应是温度的函数. 这隐含着所论的气体为理想气体.

至于在时刻 t、x 处的压力张量则定义为

$$p_{ij}(t,x) = \int_{\mathbb{R}^3} M(v_i - V_i)(v_j - V_j) f(t,x,v) dv \quad (i,j = 1,2,3). \tag{1-20}$$

在很多我们感兴趣的情况下, f 关于变量 $v - V$ 基本上是球对称的, 因为坐标的取向对 f 几乎没有什么影响, 在将 v 减去平均速度 V 后, 就不再有优势的方向. 特别地, 当 f 只是 $|v-V|^2$ 的函数时, 注意到

$$\int_3 u_i u_j f\left(u_1^2 + u_2^2 + u_3^2\right) du = 0, \quad 若 i \neq j.$$

$$\int_{\mathbb{R}^3} u_1^2 f\left(u_1^2 + u_2^2 + u_3^2\right) du = \int_{\mathbb{R}^3} u_2^2 f\left(u_1^2 + u_2^2 + u_3^2\right) du = \int_{\mathbb{R}^3} u_3^2 f\left(u_1^2 + u_2^2 + u_3^2\right) du.$$

易知

$$p_{ij}(t,x) = \begin{cases} 0, & 若 i \neq j, \\ p(t,x), & 若 i = j, \end{cases} \tag{1-21}$$

且注意到 (1-19) 式, 有

$$p = \frac{1}{3}\sum_{i=1}^{3} p_{ii} = \frac{1}{3}\int_{\mathbb{R}^3} M|v-V|^2 f(t,x,v) dv = nkT(t,x), \tag{1-22}$$

这正好相应于理想气体的情形. 这也说明, 上述讨论的适用范围是理想气体. 最后, 在 t 时刻、x 处单位体积的总能量是

$$\int_{\mathbb{R}^3} \frac{M}{2}|v|^2 f(t,x,v) dv$$

$$= \int_{\mathbb{R}^3} \frac{M}{2}\left(|v-V|^2 + 2(v-V)\cdot V + |V|^2\right) f dv$$

$$= \int_{\mathbb{R}^3} \frac{M}{2}|v-V|^2 f dv + \int_{\mathbb{R}^3} M(v\cdot V) f dv - \frac{M}{2}|V|^2 \int_{\mathbb{R}^3} f dv$$

$$= \frac{3}{2}nkT + nM|V|^2 - \frac{1}{2}nM|V|^2$$

$$= \frac{3}{2}nkT + \frac{1}{2}\rho|V|^2. \tag{1-23}$$

这里利用了 (1-19)、(1-18) 及 (1-16)-(1-17) 式. 总能量是内能和宏观动能之和. 注意到 $\frac{3}{2}nkT = \frac{3}{2}\frac{kT}{M}\rho$, 单位质量的内能为

$$e = \frac{3}{2}\frac{kT}{M}. \tag{1-24}$$

为了决定分布函数 $f(t,x,v)$, 并论述关于气体非平衡性质的普遍理论, 我们要建立 f 满足的方程 —— 玻尔兹曼方程. 这是分子数守恒律在数学上的描述.

为了得到这个方程, 考察时刻 t 处于 (x,v) 状态的分子的运动. 设作用在分子上的外力为 $F(t,x,v)$ (往往可假设它与 v 无关, 因为外力通常是宏观作用的). 于是作用在单个分子每单位质量上的作用力为

$$g(t,x,v) = \frac{F(t,x,v)}{M}. \tag{1-25}$$

在一个时间间隔 dt 中, 设分子间不发生碰撞, 于是原先在 t 时刻处于 (x,v) 的分子, 在 $t+dt$ 时刻就将处于 (x',v'), 其中

$$x' = x + vdt, \quad v' = v + gdt. \tag{1-26}$$

相应地, 在 t 时刻处于 (x,v) 的体积微元 $dxdv$ 内所有分子, 在 $t+dt$ 时刻就会由于运动而处于 (x',v') 的体积微元中. 注意到

$$dx'dv' = \left| \det \frac{\partial(x',v')}{\partial(x,v)} \right| dxdt,$$

而变换 (1-26) 的雅可比行列式 $\det \dfrac{\partial(x',v')}{\partial(x,v)}$ 为

$$\begin{vmatrix} 1 & 0 & 0 & dt & 0 & 0 \\ 0 & 1 & 0 & 0 & dt & 0 \\ 0 & 0 & 1 & 0 & 0 & dt \\ \dfrac{\partial g_1}{\partial x_1}dt & \dfrac{\partial g_1}{\partial x_2}dt & \dfrac{\partial g_1}{\partial x_3}dt & 1 & 0 & 0 \\ \dfrac{\partial g_2}{\partial x_1}dt & \dfrac{\partial g_2}{\partial x_2}dt & \dfrac{\partial g_2}{\partial x_3}dt & 0 & 1 & 0 \\ \dfrac{\partial g_3}{\partial x_1}dt & \dfrac{\partial g_3}{\partial x_2}dt & \dfrac{\partial g_3}{\partial x_3}dt & 0 & 0 & 1 \end{vmatrix} = 1 + O(dt^2).$$

不计在今后讨论中不起作用的高阶小量, 就有

$$dx'dv' = dxdt. \tag{1-27}$$

于是, 在 t 时刻、在 (x,v) 处的体积微元 $dxdv$ 中的分子数为

$$dV = f(t,x,v)dxdv. \tag{1-28}$$

而在 $t+dt$ 时刻、在 (x',v') 处的相应体积微元中的分子数则为

$$dN' = f(t+dt, x', v')dxdv. \tag{1-29}$$

如果分子间不发生相互作用 (碰撞), 那么 t 时刻在 (x, v) 处的体积微元内的所有分子, 在 $t + dt$ 时刻都会运动到 (x', v') 处的相应体积微元之内, 从而有

$$dN = dN'. \tag{1-30}$$

但实际上, 由于分子间的相互作用 (碰撞), 一方面有些原先不在 (x, v) 处的体积微元 $dxdv$ 内的分子会散射到 (x', v') 处的相应体积微元内; 另一方面, 原先在 (x, v) 处的体积微元 $dxdv$ 内的有些分子也会散射到 (x', v') 处的相应体积微元之外. 于是, (1-30) 式一般并不成立, 而应代之以

$$dN' - dN = Jdtdxdv. \tag{1-31}$$

上式右端表示由于散射而引起的粒子在体积微元内的净增益, 它应和 dx, dv 及 dt 成正比, 故有上述形式, 而 J 将在下文中决定.

由 (1-28)-(1-29) 及 (1-26) 式, 不计高阶小量, 就有

$$\begin{aligned}
dN' - dN &= f(t + dt, x', v')dxdv - f(t, x, v)dxdv \\
&= (f(t + dt, x + vdt, v + gdt) - f(t, x, v))\, dxdv \\
&= \left(\frac{\partial f}{\partial t} + v \cdot \nabla_x f + g \cdot \nabla_v f \right) dxdvdt,
\end{aligned} \tag{1-32}$$

其中记

$$\nabla_x = \left(\frac{\partial}{\partial x_1}, \frac{\partial}{\partial x_2}, \frac{\partial}{\partial x_3} \right), \quad \nabla_v = \left(\frac{\partial}{\partial v_1}, \frac{\partial}{\partial v_2}, \frac{\partial}{\partial v_3} \right).$$

由 (1-31)-(1-32) 式, 就得到 $f(t, x, v)$ 应满足的偏微分方程

$$\frac{\partial f}{\partial t} + v \cdot \nabla_x f + g \cdot \nabla_v f = J, \tag{1-33}$$

它称为玻尔兹曼方程. 在上述方程中, 可将其右端 J 写为

$$J = J_+ - J_-, \tag{1-34}$$

其中 J_+ 与 J_- 的意义如下: 表示在时间间隔 $[t, t + dt]$ 中因为碰撞而离开原先考察的体积微元 $dxdv$ 的分子总数, 即具有下述性质的碰撞的次数, 其中两个碰撞分子中有一个开始在 (x, v) 处的体积微元 $dxdv$ 中; 而表示在时间间隔 $[t, t + dt]$ 中因为碰撞而进入原先考察的体积微元 $dxdv$ 的分子总数, 即具有下述性质的碰撞的次数, 其中两个碰撞分子中有一个开始在 (x, v) 处的体积微元 $dxdv$ 中; 这样, J 就是在 $[t, t + dt]$ 时间内粒子在 (x, v) 处的体积微元 $dxdv$ 中的净增益数, J 称为碰撞项. 当分子在电磁场中运动时, 外力表示为: $g = E + \dfrac{v}{c} \times B$.

1.1.2   Maxwell 方程

电磁场的基本方程组又称为 Maxwell 方程组, 其积分形式为

$$\oint_S E \cdot dS = \frac{1}{\varepsilon_0} \sum q, \tag{1-35}$$

$$\oint_C E \cdot dl = -\oint_C \frac{\partial B}{\partial t} \cdot dS, \tag{1-36}$$

$$\oint_S B \cdot dS = 0, \tag{1-37}$$

$$\oint_C B \cdot dl = \mu_0 \sum I_c + \mu_0 \varepsilon_0 \int \frac{\partial E}{\partial t} \cdot dS. \tag{1-38}$$

(1-35) 表示, 电场强度对任意封闭曲面的通量, 只决定于包围在该封闭曲面内的电量的代数和, 它反映了电荷以发散的方式激发电场, 这种电场的电场线是有头有尾的. 这一方程就是高斯定理, 它是以库仑定律为基础导出来的, 原只适用于静电场, Maxwell 把它推广到了变化的电场.

(1-36) 式表示, 电场强度对任意闭合路径的环流取决于磁感应强度的变化率对该闭合路径所圈围面积的通量, 它表明变化的磁场必伴随着电场, 而变化的磁场是涡旋电场的涡旋中心. 这一方程式来源于法拉第电磁感应定律, 它是一个普遍的结论.

(1-37) 式表示磁感应强度对任意封闭曲面的通量恒为零, 它反映了自然界中不存在磁荷这一事实. 这一方程式原来是在稳恒磁场中得到的, Maxwell 把它推广到变化的磁场中.

(1-38) 式表示磁感应强度对任意闭合路径的环流取决于通过该闭合路径所圈围面积的传导电流和电场强度的变化率的通量, 它反映了传导电流和变化的电场都是磁场的涡旋中心, 同时也表明变化的电场必伴随着磁场. 这一方程式起源于稳恒磁场的安培环路定理, 加上 Maxwell 的位移电流假设后, 已使用于随时间变化的电流和磁场.

(1-35)-(1-38) 式就是根据特殊条件下的场方程, 经过推广和修正得到的电磁场的基本方程组. 其正确性将由方程组所预言的结论是否被实验事实而判定.

Maxwell 方程组中, 同一方程式内既有磁学量, 又有电学量, 说明随时间变化的电场和磁场是不可分割地联系在一起的. 若场矢量不随时间变化, 即 $\partial B/\partial t = 0$, $\partial E/\partial t = 0$, 则 Maxwell 方程 (1-35)-(1-38) 式就分成两组独立的方程组: 一组为静电场的基本方程, 另一组为稳恒电流磁场的基本方程.

Maxwell 方程组在形式上并不对称. E 对封闭曲面的通量不为零, 但 B 对封闭曲面的通量恒为零. E 的环流只决定于 $\partial B/\partial t$, B 的环流不仅与 $\partial E/\partial t$ 有关, 还与

称之为电流的附加项有关. 场方程式不对称的根本原因是自然界存在电荷, 却不存在磁荷, 当然也就不存在类似于电流的 "磁流" 了.

接下来给出微分形式的 Maxwell 方程组, 为此首先引入一些已知结论如下:

$$\nabla \cdot E = \frac{\rho}{\varepsilon_0}, \quad \text{或} \quad \int_{\Gamma} E \cdot n dS = \frac{1}{\varepsilon_0} \int_{\Omega} \rho dV, \tag{1-39}$$

$$\nabla \times E = -\frac{\partial B}{\partial t}, \quad \text{或} \quad \oint_l E \cdot dl = -\int_S \frac{\partial B}{\partial t} \cdot n dS, \tag{1-40}$$

其中 l 为静电场中任一封闭曲线.

$$\nabla \cdot B = 0, \quad \text{或} \quad \oint_S B \cdot n dS = 0, \tag{1-41}$$

$$\nabla \times B = \mu_0 j, \quad \text{或} \quad \oint_l B \cdot dl = \mu_0 \int_S j \cdot n dS, \tag{1-42}$$

及

$$\frac{\partial \rho}{\partial t} + \nabla \cdot j = 0, \quad \text{或} \quad \frac{d}{dt} \oint_{\Omega} \rho dV = -\int_{\Gamma} j \cdot n dS. \tag{1-43}$$

上述五式适用范围各不相同. (1-39) 式是从库仑定律得来的, 适用于静电场或由稳定电流产生的电场; (1-42) 式从安培–毕奥–萨法尔定律得来, 适用于静磁场; (1-40) 式是从不稳定的情况总结出来的, 但当时的实验还只限于变化较慢的范围, 在迅速变化的范围内成立与否还有待于考察; 至于 (1-41) 式, 它表示磁场无源, 即无磁单极存在, 至今仍被认为是一个合理的假设; 而 (1-43) 式则在一般情况下成立.

(1-39) 式虽是从静电场的库仑定律推出来的, 但以后未发现与实验相冲突, 可认为它适用于一般情况, 即尽管库仑定律在普遍情况不成立, 但每个单位正电荷共发出 $\frac{1}{\varepsilon_0}$ 电通量仍然正确. 对法拉第电磁感应定律, 假定其在讯变的情况下也成立, 即假设 (1-40) 式对一般情形也正确, 从而 (1-41) 式也如此.

以上这些都是不必修改的. 但 (1-42) 式却不能用于不稳定的情况, 否则将与电荷守恒定律相矛盾. 事实上, 由 (1-42) 有

$$\nabla \cdot j = \frac{1}{\mu_0} \nabla \cdot \nabla \times B = 0,$$

再利用 (1-43) 式, 立即有 $\frac{\partial \rho}{\partial t} = 0$, 即从而 j 均与 t 无关, 这就化为稳定的情况. 由于电荷守恒定律是由实验证实的普遍规律, 故必须修正 (1-42) 式. 注意到将 (1-39) 式对 t 求导一次可得

$$\frac{\partial \rho}{\partial t} = \varepsilon_0 \nabla \cdot \frac{\partial E}{\partial t}. \tag{1-44}$$

因此若将 (1-42) 式改为

$$\nabla \times B = \mu_0 \varepsilon_0 \frac{\partial E}{\partial t} + \mu_0 j, \tag{1-45}$$

矛盾就可以得到解决. 事实上, 将上式两端作用 $\nabla\cdot$, 得

$$\nabla \cdot \left(\varepsilon_0 \frac{\partial E}{\partial t} + j \right) = 0. \tag{1-46}$$

(1-44) 与 (1-46) 式给出电荷守恒方程 (1-43) 式. (1-45) 式告诉我们, 不仅电流能激发磁场, 而且变化的电场也能激发磁场, 正像变化的磁场也能激发电场一样. 比较 (1-40) 与 (1-45) 可以看出, $\partial B / \partial t$ 与 $\partial E / \partial t$ 前的符号相反. 这是因为当电场增加时, 激发的磁场按右手螺旋法则决定; 而当磁场增加时, 感应电流要阻止此磁场的增加, 应按左手法则决定.

将 (1-39)-(1-41) 及 (1-45) 式联合起来就得到真空中的 Maxwell 方程组, 其微分形式

$$\nabla \cdot E = \frac{\rho}{\varepsilon_0}, \tag{1-47}$$

$$\nabla \times E = -\frac{\partial B}{\partial t}, \tag{1-48}$$

$$\nabla \cdot B = 0, \tag{1-49}$$

$$\nabla \times B = \mu_0 \left(\varepsilon_0 \frac{\partial E}{\partial t} + j \right). \tag{1-50}$$

与其相伴还有电荷守恒方程

$$\frac{\partial \rho}{\partial t} + \nabla \cdot j = 0. \tag{1-51}$$

我们恒假设 ρ 及 j 满足此方程. Maxwell 方程组的前两式决定了电场的散度与旋度, 后两式决定了磁场的散度与旋度, 并通过第二、第四式把电场及磁场联系起来. 这种联系是电磁场以波动形式运动的根据.

1.1.3 形式的推导

从 Boltzmann 方程出发推导流体动力学模型的一种方法是距方法. 像在 1.1.1 中提及的那样, 它们包含对 Boltzmann 方程解的分布函数以及一系列必要条件的假设. 如何充分接近这些条件, 通常只能由物理意义来决定. 考虑描述一种类型带电粒子 (比如电子) 的经典 Boltzmann 方程:

$$\partial_t F + v \cdot \nabla_x F - \frac{q}{m} E \cdot \nabla_v F = Q(F). \tag{1-52}$$

带有低密度碰撞项:

$$Q(F) = \int_3 \phi(x, v, v')(MF' - M'F) dv',$$

其中 Maxwellian 的定义如下:

$$M(v) = \left(\frac{m}{2\pi k_B T}\right)^{3/2} \exp\left(\frac{-m|v|^2}{2k_B T}\right).$$

分布函数 F 的第 j 阶距定义为秩为 j 的张量 $M^{(j)}$, 其组成部分依赖时间和空间, 形式如下

$$M_{i_1,\cdots,i_j}^j(x,t) = \int_{\mathbb{R}^3} v_{i_1}\cdots v_{i_j} F(x,v,t)dv, \quad \text{对于 } j \geqslant 1,$$

$$M^{(0)}(x,t) = \int_{\mathbb{R}^3} F(x,v,t)dv,$$

该矩的相关性表现为它们与物理量按简单的方式相关联. 例如:

$$\begin{aligned}
&M^{(0)}, \quad n, \quad \text{空间位置数量密度,} \\
&-qM^{(1)}, \quad J, \quad \text{电流密度,} \\
&\frac{m}{2}\mathrm{tr}M^{(2)}, \quad \mathcal{E}, \quad \text{能量密度,}
\end{aligned} \tag{1-53}$$

这里符号 tr 表示对矩阵取迹.

距方程可以由 Boltzmann 方程乘上 v 的不同次幂然后在速度空间上积分得到. 由此推出无限层次模型

$$\begin{aligned}
&\partial_t M^{(0)} + \nabla_x \cdot M^{(1)} = 0, \\
&\partial_t M^{(1)} + \nabla_x \cdot M^{(2)} + \frac{q}{m}M^{(0)}E = \int_{\mathbb{R}^3} vQ(F)dv, \\
&\partial_t M^{(2)} + \nabla_x \cdot M^{(3)} + 2\frac{q}{m}M^{(1)}\otimes E = \int_{\mathbb{R}^3} v\otimes vQ(F)dv.
\end{aligned} \tag{1-54}$$

依照距的物理解释可知这些方程表示守恒律. 第一个方程表示电量守恒. 层次模型 (1-54) 的实际应用一方面受限于所有的距都是耦合的, 使得对于距的有限数目不能给出一个闭合的层次结构的截断系统. 另一方面, 源于碰撞积分的那些项通常不按简单方式依赖距. 通过对分布函数做假设来克服这些困难, 事先固定分布函数依赖于速度. 这通常引入依赖由 (1-54) 的一个截断决定参数的空间位置和时间. 类似地, 从 Vlasov-Maxwell-Boltzmann 方程可以获得 Euler/Navier-Stokes-Maxwell 方程组.

接下来给出漂移扩散模型的推导过程, 下面使用的第一距方法是受 Hilbert 展开的结果启发给出的. 设 $h(x,v)$ 为方程

$$Q(h) = vM$$

的一个特解, 令

$$F(x,v,t) = n(x,t)M(v) + \frac{1}{\mu(x)k_B T}J(x,t) \cdot h(x,v),\qquad(1\text{-}55)$$

其中 $\mu(x)$ 满足

$$\int_{\mathbb{R}^3} v \otimes h(x,t)dv = -\mu(x)U_T I_3.$$

直接积分可得 (1-55) 的距的关系如下:

$$M^{(0)} = n, \quad -qM^{(1)} = J, \quad M^{(2)} = n\frac{k_B T}{m}I_3.$$

再与 (1-53) 对比可以发现 (1-55) 中符号 n 和 J 的选择是正确的. 能量密度由下式给出

$$\mathcal{E}^{(0)} = \frac{3}{2}k_B T n.$$

(1-54) 中前两个方程满足:

$$\begin{aligned}&q\partial_t n - \nabla_x J = 0,\\&-\frac{\mu m}{q}\partial_t J + q\mu\left(U_T\nabla_x n + nE\right) = J.\end{aligned}\qquad(1\text{-}56)$$

因子 $\mu m/q$ 乘上电流密度的时间导数为电流密度松弛时间. 通常假设松弛时间比漂移扩散近似中特征时间常数小[126]. 因此, (1-56) 中的项 $-(\mu m/q)\partial_t J$ 可以忽略, 于是从 (1-56) 可得单极的漂移扩散模型.

　　下面是流体动力学模型的推导过程, 一个对分布函数不同的假设源于描述刚球体内稀薄气体的碰撞项[10]. 在这种情形下, 碰撞项的空流行是五维的且它的元素可写为

$$F(x,v,t) = n\left(\frac{m}{2\pi k_B T}\right)^{3/2}\exp\left(\frac{-m|v-\bar{v}|^2}{2k_B T_e}\right).\qquad(1\text{-}57)$$

此处 n, T_e 与 $\bar{v}$ 的三个分量是自由参数[10]. 形如 (1-57) 的分布函数可以用作对带有依赖空间位置和时间的参数的距方法的一个假设. n, T_e 与 $\bar{v}$ 可被分别解释为数量密度、有效温度以及平均速度. 有效温度可以不同于晶格温度, 因为某些高影响通过 (1-57) 被考虑进去是合情合理的. 关于 (1-57) 的距, 有

$$M^{(0)} = n, \quad M^{(1)} = n\bar{v}, \quad M^{(2)} = n\left(\bar{v}\otimes\bar{v} + \frac{k_B T_e}{m}I_3\right).$$

由此可得能量密度可改写为一个 kinetic 及热作用:

$$\mathcal{E} = n\left(\frac{m|\bar{v}|^2}{2} + \frac{3}{2}k_B T_e\right).$$

关于未知变量的确定, 我们用到了 (1.41) 中前两个方程与第三个方程的迹. 由直接但冗长的计算可得通常被称之为半导体流体动力学模型:

$$\partial_t n + \nabla \cdot (n\bar{v}) = 0,$$
$$\partial_t \bar{v} + (\bar{v} \cdot \nabla)\bar{v} + \frac{k_B}{mn}\nabla(nT_e) + \frac{q}{m}E = (\partial_t \bar{v})_c, \qquad (1\text{-}58)$$
$$\partial_t T_e + \frac{2}{3}T_e \nabla \cdot \bar{v} + \bar{v} \cdot \nabla T_e = (\partial_t T_e)_c.$$

其中

$$(\bar{v} \cdot \nabla)\bar{v} = \bar{v}_1 \frac{\partial \bar{v}}{\partial x_1} + \bar{v}_2 \frac{\partial \bar{v}}{\partial x_2} + \bar{v}_3 \frac{\partial \bar{v}}{\partial x_3}, \quad \bar{v} = (\bar{v}_1, \bar{v}_2, \bar{v}_3).$$

若忽略源于碰撞项的右端项, (1-58) 就为电场中带电粒子气体动力学 Euler 方程组. 当应用到半导体问题时, 这些项表现出这个假设的微弱性质. 它们形式如下:

$$(\partial_t \bar{v})_c = \frac{1}{n}\int_{\mathbb{R}^3} v Q(F) dv,$$
$$(\partial_t T_e)_c = \frac{m}{3k_B n}\int_{\mathbb{R}^3} |v|^2 Q(F) dv - \frac{m}{3k_B n}\bar{v} \cdot \int_{\mathbb{R}^3} v Q(F) dv.$$

通常, 得到积分关于参数的依赖性是不太可能的. 为了模拟碰撞项的目的经常更换为松弛时间近似. 建议读者参见文献 [3] 中模型, 它看起来似乎满足文献的假设.

在文献 [5] 中, 模型 (1-58) 在半导体的背景下被引入, 附加的热传导项

$$-\frac{2}{3k_B n}\nabla \cdot (\kappa \nabla T_e)$$

被增加到温度连续性方程的左端. 此处, κ 表示电子气体热传导率.

在截断处, (1-58) 中微分方程的类型从亚音速变为超音速流. 在超音速的机制下, 电子激波的出现是有可能的. 感兴趣的读者可以在文献 [43] 中发现一个关于非线性波的简要讨论. 文献 [53] 中提出了一个带有考虑能量流的不同模型. 文献 [54] 通过扰动方法导出来了一个简化的版本, 它可被解释为是对漂移扩散模型的一个修改. 其特殊的吸引力在于这样一个事实: 高场效应是通过与实验兼容的方式建模.

1.2 摄动方法的发展史

所谓的摄动方法, 也叫渐近方法, 是指可用于简化和解决大量的有关大小参数的数学问题的一系列技术. 其技术主要是分析的而非数值的, 为分析由微分方程控制的物理过程提供了一种非常有效的方法. 其解往往可以被构造成显示的解析形

式, 或者当不能构造时原方程也可以推导得到一个更简单、更容易获得数值解的约化方程.

回顾渐近方法的历史, 渐近方法的研究大体分为两个阶段: 经典渐近分析阶段和奇异摄动分析阶段, 特别流体力学的若干进展与摄动理论方面取得的重要进展密切相关. 渐近性在数学中绝不是一个新的领域. 关于渐近展开的第一次表述是在 1843 年公开发表的, 是当时柯西谈到下面著名的欧拉伽马对数函数中的斯特林级数时提到的:

$$\ln \Gamma(x) = \left(x - \frac{1}{2}\right)\ln x - x + \frac{1}{2}\ln 2\pi + \sum_{n=1}^{N} \frac{B_{2n}}{2n(2n-1)}\frac{1}{x^{2n-1}} + \cdots. \qquad (1\text{-}59)$$

柯西指出在上面公式中右边是带有伯努利数 B_{2n} 的级数, 虽然对于 x 的所有取值都是发散的, 但当 x 取很大且为正时, 是可以用来计算 $\ln\Gamma(x)$ 的. 四十年后这一渐近性问题被 Poincaré 于 1886 年用来考察一些特定类型的线性常微分方程解的 "远场" 特性, 他论证了这些解形式上可以构造成发散的级数, 但当变量 x 取很大值时, 可以像上述公式中的 $\ln\Gamma(x)$ 一样很有用处. Poincaré 把这类级数命名为渐近级数. 这个阶段可以称为 "经典渐近阶段", 这根源于 Poincaré 在 1886 年的分析, 其主要涉及的是坐标展开. 如同 (1-59) 一样, 这些都是关于起着大、小参数作用的独立变量 x 的渐近展开. 之后数年备受关注, 这已发展成为应用数学研究领域的一个新方向, 最终发展成为现代分析中最强有力的工具之一, 特别是该方法在微分方程中有着广泛的理论基础.

奇异摄动理论在很多关于参数展开的渐近理论发展过程中引起了人们的广泛关注. 这个领域的发展在很大程度上受到了在流体力学理论被首先应用的思想和洞察力的激发. 流体运动的控制方程, 即 Navier-Stokes 方程是非线性偏微分方程, 如果能够解决, 它将能被用来描述各种各样的复杂物理现象, 包括湍流的流体动力学不稳定性、湍流的变迁、刚体表面的边界层分离和尾涡的形成、流体的不唯一性和迟滞性等. 由于涉及的过程非常复杂, 对于求出 Navier-Stokes 方程的解析解是几乎不可能的, 除非在极少的极其简单的情况下, 例如方程的非线性项突然消失. 特别是雷诺数很大, 或者在复杂的几何情形下, 数值解的取得也是很困难的. 这就是为什么学习流体传统方法的时候是建立在简化 Navier-Stokes 方程基础上的, 即当雷诺数很大时流体作为显著非粘性流体来处理, 或者当马赫数 M_∞ 很小时流体变为不可压流体.

经常用于流体理论的参数可以细分为两类. 第一类参数属于无量纲的相似参数, 像雷诺数和马赫数, 这些参数决定了发生在运动流体中正在进行的物理过程的相关意义. 因此假设这个问题中存在一个或者多个相似参数取大值或小值, 并应用于控制方程的渐近分析, 从而不仅能推导出简化的运动方程, 同样重要的是, 它还能揭示出所考虑的非线性现象的物理机制. 第二类参数是几何参数, 像机翼的长宽比和它关于弦的相对厚度, 机翼动力学的大量知识是建立在假设长宽比 $\lambda \ll 1$, 并将机翼上的气流看作是准二维基础上的. 另外一个被广泛应用的近似值是来自于薄机翼的假设 $\varepsilon \ll 1$, 它使得流体几何图形和机翼表面边界条件公式都得到明显的简化. 这种近似值如何被用于非粘性流体, 这成为亚音速和超音速流体的薄型机翼理论课的一个部分, 读者可以查阅相关文献.

摄动方法在现代形式上成为物理过程的理论分析方面一个最强有力的工具之一, 其中的第一个例子归功于 1904 年 Prandtl 发表的关于边界层理论方面具有开创性的一篇讨论班论文中. 在 Prandtl 的研究之前, 一般认为低粘性流体可以用非粘性的欧拉方程来描述, 后者则通过令 Re = ∞ 从 Navier-Stokes 方程中得出. Prandtl 确信流经刚体的大雷诺数的流体, 欧拉方程在流体的主要部分都能成立, 但在刚体的表面却不适用. 在与墙相邻的薄面附近存在边界层, 它有另外一组方程即 Prandtl 的边界层方程来描述.

1.3 本书的主要内容介绍

本书主要介绍奇异摄动理论与渐近匹配方法, 边界层理论与多尺度结构稳定性理论和电磁流体动力学方程组的适定性与渐近机理, 系统地给出了奇异摄动的基本理论和主要研究方法, 严格地建立了电磁流体和经典流体之间的本质联系以及电磁流体动力学模型的多尺度结构稳定性理论. 全书共 5 章.

第 1 章是引言部分, 介绍电磁流体动力学模型、奇异摄动方法的发展历史和本书的主要章节内容.

第 2 章是预备知识, 主要介绍一些不等式技巧、奇异摄动理论的基本方法和边界层理论. 我们以经典的常微分方程的两点边值问题特别是 Friedrich's 模型问题为例来介绍奇异摄动问题的一般步骤和几种常用的奇异摄动分析方法, 如奇异摄动匹配渐近展开法 (MMAE)、连续补充展开方法 (SCEM) 等. 奇异摄动理论的一个重要应用是边界层问题. 这一章给出的例子都有显式解, 尽管看起来简单, 但它们包含奇异摄动理论的基本思想, 为后面研究复杂的偏微分方程特别是流体动力学方程的边界层问题奠定了坚实的基础. 我们非常希望能通过这本书给读者提供一些奇异摄动方面的必要的基本原理、一些专用于边界层的标准渐近方法, 以及奇异摄动理论在来源于半导体材料、等离子体物理、受控核聚变和航空航天等应用科学中的电磁流体动力学模型方面的应用.

第 3 章研究电磁流体动力学可压 Navier-Stokes/Euler-Maxwell 方程的渐近机理, 主要分为: 可压 Navier-Stokes/Euler-Maxwell 方程的大时间渐近性与衰减速率、可压 Euler-Maxwell 方程的拟中性极限与零张弛极限三个部分. 3.1 节研究电磁流体动力学可压 Navier-Stokes/Euler-Maxwell 方程的大时间渐近性与衰减速率, 其中, 3.1.1 小节研究等离子体双极等熵可压 Euler-Maxwell 方程组解的整体存在性, 主要研究三维空间环上的等离子体双极可压 Euler-Maxwell 方程组周期问题, 采用能量方法和能量函数的凸性方法, 在初值是一个常数平衡解的小摄动前提下, 证明了双极可压 Euler-Maxwell 方程组周期问题在其常数平衡解附近具有渐近稳定光滑整体解; 3.1.2 小节考虑等离子体物理中的双极完全可压缩 Navier-Stokes-Maxwell 方程组, 借助经典的能量方法和对称子技巧, 研究了三维全空间中的 Cauchy 问题, 在初值为一个小摄动的条件下, 证明当时间趋于无穷大时, 该问题的整体光滑解收敛到平衡态; 3.1.3 小节研究了 $\mathbb{R}^3$ 中双极非等熵可压缩 Euler-Maxwell 方程组的初始值问题, 得到了光滑解的整体存在性和解的衰减速率, 结果表明两种带电粒子的密度之和, 温度之和与磁场强度的 L^n 模以同样的衰减速率 $(1+t)^{-\frac{3}{2}+\frac{3}{2n}}$ 收敛到平衡态, 然而两种带电粒子的密度之差与温度之差的 L^n 模以衰减速率 $(1+t)^{-2-\frac{1}{n}}$, 速度和电场强度的 L^n 模以衰减速率 $(1+t)^{-\frac{3}{2}+\frac{1}{2n}}$ 收敛. 这种带电粒子输运现象说明双极非等熵可压缩 Euler-Maxwell 方程组和单极非等熵、双极等熵可压缩 Euler-Maxwell 方程组之间有着本质的区别. 3.2 节通过拟中性机制, 获得了从可压缩 Euler-Maxwell 方程组到不可压缩 e-MHD 方程组的严格推导. 对于一般的初值, 借助研究 ϵ- 加权 Liapunov 函数, 严格证明了可压缩 Euler-Maxwell 方程组收敛到环上不可压缩 e-MHD 方程组. 建立了关于 ϵ 一致的先验估计, 其中一个重要的技巧是运用梯度的旋度–散度分解和 Maxwell 方程组为波动型方程这一特性. 3.3 节研究 Euler-Maxwell 方程组光滑周期解问题, 它是一个可对称双曲守恒律系统. 结果表明, 当松弛时间趋于零时, Euler-Maxwell 系统收敛至漂移–扩散方程组, 至少是关于局部时间的. 此外, 在常数平衡态附近建立了具有渐近性态光滑解的整体存在性.

　　第 4 章研究电磁流体动力学可压 Euler/Navier-Stokes-Poisson 方程的渐近机理, 主要分为: 可压 Euler/Navier-Stokes-Poisson 方程的大时间渐近性与衰减速率与可压 Navier-Stokes-Poisson 方程的渐近极限两个部分. 其中, 4.1.1 小节在空间 $\mathbb{R}^N$ 中研究了半导体多维等熵流体力学模型 Cauchy 问题整体光滑解的渐近行为. 结果表明, 当时间 $t \to +\infty$ 时, 该问题光滑解按指数速率衰减至稳态解. 4.1.2 小节研究等离子体物理科学中的三维可压 Navier-Stokes-Poisson 方程初边值问题解的整体存在性与长时间渐近性, 使用精细的能量估计证明了当初值是稳态解的小扰动时该问题存在唯一整体光滑解, 而且当 $t \to \infty$ 时该整体光滑解以指数速率趋于稳态解. 4.2.1 小节研究了等离子体物理中带粘性的和不带粘性的 Euler-Poisson 方程在环 $\mathbb{T}^d (d \geqslant 1)$ 上的拟中性极限问题, 证明了其拟中性机制是不可压的 Euler 或 Navier-Stokes 方程. 同时, 在不可压的 Euler 或 Navier-Stokes 方程在初值附近具有整体光滑解的情况下, 得到了当德拜长度 $\lambda \to 0$ 时粘性的和不带粘性的 Euler-

Poisson 方程在环 $\mathbb{T}^d(d \geqslant 1)$ 上的大振幅光滑解的大时间存在性. 特别地, 得到了在任意时间区间上, 具有充分小的德拜长度的粘性和无粘性的 Euler-Poisson 方程在环 $\mathbb{T}^d$ 上的大振幅光滑解的存在性. 这些结果的证明基于经典能量方法的直接拓展、调整的能量方法、迭代方法以及标准的紧性方法. 4.2.2 小节在环 $\mathbb{T}^d$ 上研究了 Navier-Stokes-Poisson 方程组的拟中性与无粘性联合极限. 在弱解意义下, 对于一般的初值, 严格证明了 Navier-Stokes-Poisson 方程组收敛到不可压 Euler 方程.

第 5 章研究半导体漂流扩散方程的拟中性极限, 主要分为: 半导体漂流扩散方程的绝热边界问题以及接触 Dirichlet 边界问题两个部分. 其中, 5.1.1 小节研究了一维空间中带 P-N 结的双极半导体 (即带固定的后置双极电荷) 依赖于时间的漂流扩散模型的消失 Debye 长度极限 (空间电荷中性极限). 对于具有一般符号变化的掺杂轮廓, 通过使用奇异摄动分析中的多尺度展开方法和古典能量方法, 严格论证了在空间平均平方范数下拟中性极限 (零 Debye 长度极限) 关于时间一致成立. 证明中的关键点在于引进了一个 λ- 加权 Liapunov 型泛函, 由此得到关于 Debye 长度尺度的一致估计. 5.2 节研究接触边界条件的漂流扩散模型的拟中性极限问题, 从物理上来说, 接触边界也是非常有趣且研究具有接触边界的半导体更加接近物理实际; 从数学上来说, 研究具有接触边界的半导体可以为将来研究不连续 doping 轮廓情形下的内层问题做准备.

第2章 预 备 知 识

本章介绍一些预备知识, 主要是给出一些基本的不等式, 介绍奇异摄动的基本理论和基本方法, 也介绍边界层的基本理论.

2.1 不等式技巧

在偏微分方程的研究中, 不等式的巧妙使用是一个基本技巧. 这一节我们收集与本书密切相关的一些不等式, 也通过给出一些不等式的证明来展现不等式证明的一些基本技巧. 应该指出, 即使一些基本的不等式, 其证明也需要前沿的数学理论.

2.1.1 几个常用的不等式

1. Young 不等式

设 $a > 0, b > 0, p > 1, q > 1, \dfrac{1}{p} + \dfrac{1}{q} = 1$, 则有 $ab \leqslant \dfrac{a^p}{p} + \dfrac{b^q}{q}$.

2. 带 ε 的 Young 不等式

设 $a > 0, b > 0, \varepsilon > 0, p > 1, q > 1, \dfrac{1}{p} + \dfrac{1}{q} = 1$, 则有

$$ab \leqslant \frac{\varepsilon a^p}{p} + \frac{\varepsilon^{-\frac{q}{p}} b^p}{q} \leqslant \varepsilon a^p + \varepsilon^{-\frac{q}{p}} b^p.$$

特别地, 当 $p = q = 2$ 时, 它变为 $ab \leqslant \varepsilon a^2 + \dfrac{b^2}{4\varepsilon}$ (带 ε 的 Cauchy 不等式).

3. Hölder 不等式

设 $p > 1, q > 1$ 且 $\dfrac{1}{p} + \dfrac{1}{q} = 1$, 若 $f \in L^p(\Omega), g \in L^q(\Omega)$, 则 $f \cdot g \in L^1(\Omega)$ 且

$$\int_\Omega |fg| dx \leqslant \|f\|_{L^p(\Omega)} \|g\|_{L^q(\Omega)}.$$

这里

$$\|f\|_{L^p(\Omega)} = \|f\|_{0,p} = \|f\|_{0,p,\Omega} = \left(\int_\Omega |f(x)|^p dx \right)^{\frac{1}{p}}, \quad p < \infty,$$

$$\|f\|_{L^\infty(\Omega)} = \|f\|_{0,\infty} = \|f\|_{0,\infty,\Omega} = ess \sup_{x \in \Omega} |f(x)| = \inf_{\substack{|E|=0 \\ E \subset \Omega}} (\sup_{\Omega \backslash E} |f(x)|).$$

特别地, 当 $p = q = 2$ 时, 有

$$\int_\Omega |fg| dx \leqslant \|f\|_{L^2(\Omega)} \|g\|_{L^2(\Omega)} \quad (\text{Schwarz 不等式}).$$

一般地, 带 $P(x) \geqslant 0$ 权的 Hölder 不等式:

$$\int_\Omega |f(x)g(x)| P(x) dx \leqslant \left(\int |f(x)|^p P(x) dx \right)^{\frac{1}{p}} \left(\int |g(x)|^q P(x) dx \right)^{\frac{1}{q}}.$$

Hölder 不等式的推广形式

若 $\lambda_1 + \lambda_2 + \cdots + \lambda_n = 1, \lambda_i > 0, P \geqslant 0$, 则有

$$\int_\Omega |f_1 f_2 \cdots f_n| P dx \leqslant \left(\int_\Omega |f_1|^{\frac{1}{\lambda_1}} P dx \right)^{\lambda_1} \cdots \left(\int_\Omega |f_n|^{\frac{1}{\lambda_n}} P dx \right)^{\lambda_n},$$

或

$$\sum |a_k b_k| \leqslant \left(\sum |a_k|^p \right)^{\frac{1}{p}} \left(\sum |b_k|^q \right)^{\frac{1}{q}}.$$

4. 闵克夫 Minkowski 不等式

设 $1 \leqslant p < \infty, f, g \in L^p(\Omega)$, 则 $f + g \in L^p(\Omega)$, 且

$$\|f + g\|_{L^p} \leqslant \|f\|_{L^p} + \|g\|_{L^p},$$

一般地, 当 $p \geqslant 1$ 时, 有

$$\left\| \sum_{i=1}^n f_i \right\|_{L^p} \leqslant \sum_{i=1}^n \|f_i\|_{L^p}, \quad \left\| \int_\Omega f(x,y) dy \right\|_{L_x^p(\Omega)} \leqslant \int_\Omega \|f(x,y)\|_{L_x^p(\Omega)} dy.$$

5. 逆 Young, Hölder 和 Minkowski 不等式

设 $0 < p < 1$, 由 $\dfrac{1}{p} + \dfrac{1}{q} = 1$ 得 $q = \dfrac{p}{p-1} < 0$. 此时有

逆 Young 不等式

$$xy \geqslant \frac{1}{p} x^p + \frac{1}{q} y^q, x, y \geqslant 0;$$

逆 Hölder 不等式

设 $f \in L^p(\Omega), 0 < \int |g|^q P dx < \infty$, 则

$$\int |f| |g| P dx \geqslant \left(\int |f|^p P dx \right)^{\frac{1}{p}} \cdot \left(\int |g|^q P dx \right)^{\frac{1}{q}};$$

逆 Minkowski 不等式

设 $f, g \in L^p(\Omega)$, 则

$$\left[\int_\Omega (|f|+|g|)^p P dx\right]^{\frac{1}{p}} \geqslant \left(\int |f|^p P dx\right)^{\frac{1}{p}} + \left(\int |g|^p P dx\right)^{\frac{1}{p}}.$$

6. $\mathbb{R}^n$ 上的 Cauchy-Schwarz 不等式

对于 $x, y \in R^n, |x| = \left(\sum_{i=1}^n x_i{}^2\right)^{\frac{1}{2}}$, 有 $|x \cdot y| \leqslant |x||y|$ 或 $\left|\sum_{i=1}^n x_i y_i\right| \leqslant \left(\sum_{i=1}^n x_i{}^2\right)^{\frac{1}{2}} \left(\sum_{i=1}^n y_i{}^2\right)^{\frac{1}{2}}.$

一般地, 如果 $A = (a_{ij})_{n \times n}$ 是对称的正定 $n \times n$ 矩阵, 则

$$\left|\sum_{i,j=1}^n a_{ij} x_i y_j\right| \leqslant \left(\sum_{i,j=1}^n a_{ij} x_i x_j\right)^{\frac{1}{2}} \left(\sum_{i,j=1}^n a_{ij} y_i y_j\right)^{\frac{1}{2}} \quad (x, y \in \mathbb{R}^n).$$

7. Gronwall 不等式 (微分形式)

(i) 让 $\eta(\cdot)$ 是非负连续可微函数 (或非负绝对连续函数) 在 $t \in [0, T]$ 上满足

$$\eta'(t) \leqslant \varphi(t)\eta(t) + \phi(t), \quad t \in [0, T].$$

其中 $\varphi(t), \phi(t)$ 是非负可积函数, 则

$$\eta(t) \leqslant e^{\int_0^t \varphi(s)ds}[\eta(0) + \int_0^t \phi(s)ds], \quad \forall t \in [0, T].$$

(ii) 特别地, 如果 $\eta' \leqslant \varphi\eta, t \in [0, T], \eta(0) = 0$, 则在 $[0, T]$ 上, 恒有 $\eta(t) \equiv 0$.

8. Gronwall 不等式 (积分形式)

(i) 设 $\xi(t)$ 是 $[0, T]$ 上的非负可积函数, 对 a.e. $t \in [0, T]$ 有

$$\xi(t) \leqslant C_1 \int_0^t \xi(s)ds + C_2$$

对某个 $C_1, C_2 > 0$ 成立, 则

$$\xi(t) \leqslant C_2(1 + C_1 t e^{C_1 t})$$

a.e. 于 $t \in [0, T]$.

(ii) 如果 $\xi(t) \leqslant C_1 \int_0^t \xi(s)ds$ a.e. 于 $t \in [0, T]$, 则 $\xi(t) \equiv 0$ a.e. 于 $t \in [0, T]$.

9. Gagliardo-Nirenberg 不等式

$$\left\|D^j u\right\|_{L^p} \leqslant C \left\|u\right\|_{L^q}^{1-\lambda} \left\|D^m u\right\|_{L^r}^{\lambda}, \quad u \in L^q(\mathbb{R}^n) \cap W^{m,r}(\mathbb{R}^n),$$

其中 $\dfrac{1}{p} = \dfrac{j}{n} + \lambda \left(\dfrac{1}{r} - \dfrac{m}{n} \right) + \dfrac{1-\lambda}{q}, 1 \leqslant q, r \leqslant \infty, j, m$ 是整数, $0 \leqslant j \leqslant m, j/m \leqslant$ $\lambda \leqslant 1$.

若 $p \in [2, +\infty)$ 满足 $\dfrac{1}{p} > \dfrac{1}{2} - \dfrac{1}{d}$, 则存在常数 C 使得对任意区域 $\Omega \in \mathbb{R}^d$, 对任意 $u \in H_0^1(\Omega)$ 有

$$\|u\|_{L^p(\Omega)} \leqslant C \|u\|_{L^2(\Omega)}^{1-\sigma} \|\nabla u\|_{L^2(\Omega)}^\sigma, \quad 这里 \sigma = \frac{d(p-2)}{2p},$$

特别地, $d = 3, \Omega = \mathbb{R}^3$ 时, 有

$$\|u\|_{L^p(\Omega)} \leqslant C \|u\|_{L^2(\Omega)}^{1-\sigma} \|\nabla u\|_{L^2(\Omega)}^\sigma, \quad \sigma = \frac{3(p-2)}{2p} \in [0,1];$$

$$\Omega = \mathbb{R}^3, p = 4 \text{ 时}, \quad \|u\|_{L^4(\Omega)} \leqslant C \|u\|_{L^2(\Omega)}^{\frac{1}{4}} \|\nabla u\|_{L^2(\Omega)}^{\frac{3}{4}};$$

$$\Omega = \mathbb{R}^3, p = 6 \text{ 时}, \quad \sigma = 1, \quad \text{且} \|u\|_{L^6(\mathbb{R}^3)} \leqslant C \|\nabla u\|_{L^2(\mathbb{R}^3)}.$$

10. Hardy-Littlewood-Sobolev 不等式

1) 设 $0 < \gamma < n, 1 < p < q < +\infty$, 且

$$\frac{1}{q} = \frac{1}{p} + \frac{\gamma}{n} - 1,$$

则 $\||x|^{-\gamma} * f(x)\|_{L^q(\mathbb{R}^n)} \leqslant C \|f\|_{L^p(\mathbb{R}^n)}$. 这里 $*$ 表示卷积.

2) 设 $1 < p, \ q < +\infty$, 且 $\dfrac{1}{p} + \dfrac{1}{q} + \dfrac{\gamma}{n} = 2, \ 0 < \lambda < n$, 则

$$\iint_{\mathbb{R}^n \times \mathbb{R}^n} \frac{f(x)g(y)}{|x-y|^\lambda} dx dy \leqslant C(p, \gamma, \lambda, n) \|f\|_{L^p(\mathbb{R}^n)} \|g\|_{L^q(\mathbb{R}^n)}.$$

11. Friedrichhs 不等式

$$\int_\Omega u^2 dx \leqslant K \left(\int_\Omega |\nabla u|^2 dx + \int_{\partial\Omega} u^2 dS_x \right), \quad \Omega \text{ 有界};$$

$$\int_\Omega u^2 dx \leqslant K \left(\int_\Omega |\nabla u|^2 dx + \frac{1}{\mathrm{mes}(\Omega)} \left(\int_\Omega u dx \right)^2 \right).$$

2.1.2　Hardy 型不等式

1. 若 $f(x) \geqslant 0$, 则

$$\int_0^\infty x^{-r} [F(x)]^p dx \leqslant \left(\frac{p}{|r-1|} \right)^p \int_0^\infty x^{-r} (x f(x))^p dx,$$

这里 $p > 1, r \neq 1$ 并且

$$F(x) = \int_0^x f(t)dt, \quad r > 1,$$

$$F(x) = \int_x^\infty f(t)dt, \quad r < 1.$$

如果 $p > 1$, $f(x) \geqslant 0$, 且 $F(x) = \int_0^x f(t)dt$, 则

$$\int_0^{+\infty} \left(\frac{F(x)}{x} \right)^p dx \leqslant \left(\frac{p}{p-1} \right)^p \int_0^{+\infty} f^p dx.$$

等号成立当且仅当 $f \equiv 0$.

更一般地, $\||x|^{-1} u\|_{L^p(\mathbb{R}^n)} \leqslant C(p, n) \|\nabla u\|_{L^p(\mathbb{R}^n)}$.

证明　为了说明证明的思想, 只给出 $p > r > 1$ 情形的证明, 一般情形参考文献 [55]. 记 $f_n(x) = \min\{f(x), n\} \geqslant 0, F_n(x) = \int_0^x f_n(x)dx, \forall x > 0.$

如果 $r > 1$, 那么

$$\int_0^X x^{-r}(F_n(x))^p dx$$

$$= -\frac{1}{(r-1)} \int_0^X (F_n(x))^p \partial_x \left(x^{-r+1} \right) dx$$

$$= -\frac{1}{(r-1)} (F_n(x))^p x^{-r+1} \Big|_0^X + \frac{1}{(r-1)} \int_0^X x^{-r+1} p(F_n(x))^{p-1} \partial_x (F_n(x)) dx.$$

因为 $0 \leqslant \dfrac{(F_n(x))^p}{x^{r-1}} = \dfrac{\left(\int_0^x f_n(t)dt \right)^p}{x^{r-1}} \leqslant \dfrac{n^p x^p}{x^{r-1}} \to 0 (x \to 0), \quad p > r - 1$, 所以

$$\int_0^X x^{-r} [F_n(x)]^p dx$$

$$< \frac{p}{r-1} \int_0^X x^{-r+1} (F_n(x))^{p-1} f_n(x) dx$$

$$= \frac{p}{r-1} \int_0^X x^{-r+1+\frac{r(p-1)}{p}} x^{-\frac{r(p-1)}{p}} (F_n(x))^{p-1} f_n(x) dx$$

$$\leqslant \frac{p}{r-1} \left(\int_0^X x^{-r} (F_n(x))^p dx \right)^{\frac{p-1}{p}} \cdot \left(\int_0^X x^{(-r+1)p+r(p-1)} (f_n(x))^p dx \right)^{\frac{1}{p}},$$

于是

$$\left(\int_0^X x^{-r} (F_n(x))^p dx \right)^{\frac{1}{p}} \leqslant \frac{p}{(r-1)} \int_0^X x^{-r} (x f_n(x))^p dx.$$

令 $n \to \infty, X \to \infty$, 有

$$\int_0^\infty x^{-r}(F(x))^p dx \leqslant \frac{p}{(r-1)} \int_0^\infty x^{-r}(xf(x))^p dx.$$

证毕.

2. 若 $y(0) = y(1) = 0, y' \in L^2$, 则 $\displaystyle\int_0^1 \frac{y^2}{x(1-x)} dx \leqslant \frac{1}{2} \int_0^1 (y')^2 dx$.

证明　等式成立等价于 $y''(x(1-x)) + 2y = 0$, 解出 y 可以计算出最佳系数 $\dfrac{1}{2}$.

$$\int_0^1 \left(\frac{1}{2}(y')^2 - \frac{y^2}{x(1-x)} \right) dx$$

$$= \int_0^1 \left(\frac{(y')^2}{2} - \frac{y^2}{x(1-x)} \right) dx + \frac{1}{2} \int_0^1 \left[-y^2 \left(\frac{1-2x}{x(1-x)} \right)' + y^2 \left(\frac{1-2x}{x(1-x)} \right)' \right] dx$$

$$= \int_0^1 \left[\frac{(y')^2}{2} - \frac{y^2}{x(1-x)} - \frac{1}{2} \cdot \frac{-2x(1-x) - (1-2x)^2}{(x(1-x))^2} y^2 - \frac{1-2x}{2x(1-x)} (y^2)' \right] dx$$

$$= \int_0^1 \left[\frac{(y')^2}{2} - \frac{1-2x}{2x(1-x)} 2yy' + \frac{(1-2x)^2}{2(x(1-x))^2} y^2 \right] dx$$

$$= \frac{1}{2} \int_0^1 \left(y' - \frac{1-2x}{x(1-x)} y \right)^2 dx \geqslant 0.$$

故

$$\int_0^1 \frac{y^2}{x(1-x)} dx \leqslant \frac{1}{2} \int_0^1 (y')^2 dx.$$

3. 若 $y' \in L^2, y(0) = 0$, 则

$$\int_0^\infty \frac{y^4}{x^3} dx < \frac{3}{2} \left(\int_0^\infty (y')^2 dy \right)^2.$$

且当 $y = \dfrac{x}{ax+b}, a, b > 0$ 时, 等式成立.

4. 若 $l > k > 1$, $r = \dfrac{1}{k} - 1, y' > 0, y' \in L^k, y(0) = 0$, 则

$$\int_0^\infty \frac{y^l}{x^{1-r}} dx < K \left(\int_0^\infty (y')^k dx \right)^{1/k},$$

这里 $K = \dfrac{1}{l-r-1} \left[\dfrac{r\Gamma\left(\dfrac{1}{r}\right)}{\Gamma\left(\dfrac{1}{r}\right) \Gamma\left(\dfrac{l-1}{r}\right)} \right]$, 除非

$$y = \frac{x}{(ax^r + b)^{1/r}}.$$

2.1.3 其他不等式

1. $\displaystyle\sup_{x\in\mathbb{R}} F(x) \leqslant \sqrt{2}\left(\int_{\mathbb{R}^1} |F(x)|^2 dx\right)^{\frac{1}{4}}\left(\int_{\mathbb{R}^1} (F_x(x))^2 dx\right)^{\frac{1}{4}}\quad (F(-\infty)=0).$

证明

$$F^2(x) = \int_{-\infty}^x \frac{d}{dx} F^2(x)dx = 2\int_{-\infty}^x F(x)F_x(x)dx,$$

故

$$F^2(x) \leqslant 2\int_{-\infty}^{+\infty} |F(x)|\,|F_x(x)|\,dx \leqslant 2\left(\int_{-\infty}^{+\infty} |F(x)|^2 dx\right)^{\frac{1}{2}}\left(\int_{-\infty}^{+\infty} |F_x(x)|^2 dx\right)^{\frac{1}{2}}.$$

即

$$|F(x)| \leqslant \sqrt{2}\left(\int_{-\infty}^{+\infty} |F(x)|^2 dx\right)^{\frac{1}{4}}\left(\int_{-\infty}^{+\infty} |F_x(x)|^2 dx\right)^{\frac{1}{4}}, \quad \forall x\in\mathbb{R}^1.$$

2. $\|F(x)\|_{L^4(\mathbb{R}^1)} \leqslant \sqrt[4]{2}\,\|F(x)\|_{L^2(\mathbb{R}^1)}^{\frac{3}{4}}\,\|F_x(x)\|_{L^2(\mathbb{R}^1)}^{\frac{1}{4}}.$

证明

$$\begin{aligned}
\|F(x)\|_{L^4(\mathbb{R}^1)}^4 &= \int |F(x)|^4 dx = \left(\sup_x |F(x)|\right)^2 \int |F(x)|^2 dx \\
&\leqslant 2\left(\int |F(x)|^2 dx\right)^{1/2}\left(\int (F_x(x))^2 dx\right)^{1/2}\int |F(x)|^2 dx \\
&\leqslant 2\left(\int |F(x)|^2 dx\right)^{\frac{3}{2}}\left(\int (F_x(x))^2 dx\right)^{\frac{1}{2}}.
\end{aligned}$$

一般地, 如果 $u\in H_0^1(\mathbb{R}^n)$, 则

$$\|F(x)\|_{L^4(\mathbb{R}^n)} \leqslant C(n)\,\|F(x)\|_{L^2(\mathbb{R}^n)}^{1-\frac{n}{4}}\,\|\nabla F(x)\|_{L^2(\mathbb{R}^n)}^{\frac{n}{4}}, \quad n=1,2,3.$$

3. $\|u\|_{L^\infty(\mathbb{R}^2)} \leqslant C(\|u\|_{L^2(\mathbb{R}^2)} + \|u_x\|_{L^2(\mathbb{R}^2)} + \|u_{yy}\|_{L^2(\mathbb{R}^2)})$ (或 x 与 y 对换).

证明 $\|u\|_{L^\infty(\mathbb{R}^2)} = \left|\left(\int \hat{u}(\xi)e^{ix\cdot\xi}d\xi\right)\right|_{L^\infty(\mathbb{R}^2)} \leqslant \int |\hat{u}(\xi)|d\xi = \|\hat{u}\|_{L^1(\mathbb{R}^2)}.$

而

$$\|\hat{u}(\xi)\|_{L^1(\mathbb{R}^2)}^2 \leqslant \int_{\mathbb{R}^2} (1+|\xi_1|^2+|\xi_2|^4)|\hat{u}(\xi)|^2 d\xi \cdot \int_{\mathbb{R}^2} (1+|\xi_1|^2+|\xi_2|^4)^{-1} d\xi,$$

且

$$\begin{aligned}
\int_{\mathbb{R}^2} (1+|\xi_1|^2+|\xi_2|^4)^{-1} d\xi &= \int_{-\infty}^{\infty} (1+\eta_1^2)^{-1} d\eta_1 \cdot \int_{-\infty}^{\infty} \left(1+|\xi_2|^4\right)^{-1+\frac{1}{2}} d\xi_2 \\
&= \int_{-\infty}^{\infty} \frac{1}{1+\eta_1^2} d\eta_1 \cdot \int_{-\infty}^{\infty} \frac{d\xi_2}{\sqrt{1+|\xi_2|^4}} < +\infty,
\end{aligned}$$

于是

$$\|\hat{u}(\xi)\|_{L^1(\mathbb{R}^2)}^2 \leqslant C \int_{\mathbb{R}^2} (1 + |\xi_1|^2 + |\xi_2|^4)|\hat{u}(\xi)|^2 d\xi.$$

故

$$\|u\|_{L^\infty(\mathbb{R}^2)} \leqslant C(\|u\|_{L^2(\mathbb{R}^2)} + \|u_x\|_{L^2(\mathbb{R}^2)} + \|u_{yy}\|_{L^2(\mathbb{R}^2)}).$$

一般地, 只要 $s_1, s_2 > 0, \dfrac{1}{s_1} + \dfrac{1}{s_2} < 2$, 则

$$\|u\|_{L^\infty(\mathbb{R}^2)} \leqslant C \left(\|u\|_{L^2(\mathbb{R}^2)} + \left\||\widehat{\partial_1|^{s_1}}u\right\|_{L^2(\mathbb{R}^2)} + \left\||\widehat{\partial_2|^{s_2}}u\right\|_{L^2(\mathbb{R}^2)} \right).$$

这里 $\widehat{|\partial_1|^{s_1}}u = |\xi_1|^{s_1}\hat{u}(\xi), \widehat{|\partial_2|^{s_2}}u = |\xi_2|^{s_2}\hat{u}(\xi)$, 高维也有类似公式.

4. $\|f(x,y)\|_{L_x^2(L_y^\infty)} \leqslant \sqrt{2}\|f\|_{L^2(\mathbb{R}^2)}^{\frac{1}{2}}\|f_y\|_{L^2(\mathbb{R}^2)}^{\frac{1}{2}}$.

证明 由

$$\sup_y |f(x,y)| \leqslant \sqrt{2}\left(\int f^2(x,y)dy\right)^{\frac{1}{4}}\left(\int f_y^{\,2}(x,y)dy\right)^{\frac{1}{4}}$$

得到

$$\left(\int \left(\sup_y |f(x,y)|\right)^2 dx\right)^{\frac{1}{2}}$$
$$\leqslant 2^{\frac{1}{2}}\left(\int \left[\left(\int f^2(x,y)dy\right)^{\frac{1}{2}}\left(\int f_y^{\,2}(x,y)dy\right)^{\frac{1}{2}}\right]dx\right)^{\frac{1}{2}}$$
$$\leqslant 2^{\frac{1}{2}}\left(\iint f^2(x,y)dydx\right)^{\frac{1}{4}}\left(\iint f_y^{\,2}(x,y)dydx\right)^{\frac{1}{4}}.$$

一般地, $\|f(x)\|_{L_{x'}^2(L_{x_n}^{+\infty})} \leqslant \sqrt{2}\|f\|_{L^2(\mathbb{R}^n)}^{\frac{1}{2}}\|f_{x_n}\|_{L^2(\mathbb{R}^n)}^{\frac{1}{2}}$.

5. $\iint |fgh|dxdy \leqslant C\|f\|_{L^2(\mathbb{R}^2)}\|g\|_{L^2(\mathbb{R}^2)}^{\frac{1}{2}}\|g_y\|_{L^2(\mathbb{R}^2)}^{\frac{1}{2}}\|h\|_{L^2(\mathbb{R}^2)}^{\frac{1}{2}}\|h_x\|_{L^2(\mathbb{R}^2)}^{\frac{1}{2}}$.

证明

$$\iint |fgh|(x,y)dxdy$$
$$\leqslant \iint |fg|(x,y)\sup_{x\in\mathbb{R}}|h(x,y)|dy$$
$$\leqslant \int \left(\int f^2(x,y)dx\right)^{\frac{1}{2}}\left(\int g^2(x,y)dx\right)^{\frac{1}{2}}\sup_{x\in\mathbb{R}}|h(x,y)|\,dy$$
$$\leqslant C\sup_{y\in\mathbb{R}}\left(\int g^2(x,y)dx\right)^{\frac{1}{2}}\|f\|_{L^2(\mathbb{R}^2)}\left(\int\left(\int h^2(x,y)dx\right)^{\frac{1}{2}}\left(\int h_x^{\,2}(x,y)dx\right)^{\frac{1}{2}}dy\right)^{\frac{1}{2}}$$
$$\leqslant C\sup_{y\in\mathbb{R}}\left(\int g^2(x,y)dx\right)^{\frac{1}{2}}\|f\|_{L^2(\mathbb{R}^2)}\|h\|_{L^2(\mathbb{R}^2)}^{\frac{1}{2}}\|h_x\|_{L^2(\mathbb{R}^2)}^{\frac{1}{2}}.$$

而由

$$\left(\int g^2(x,y)dx\right)^4$$

$$\leqslant (\sqrt{2})^4 \int \left(\int g^2(x,y)dx\right)^2 dy \cdot \int \left|\partial_y \int g^2(x,y)dx\right|^2 dy$$

$$= (\sqrt{2})^4 \cdot 4 \int \left(\int g^2(x,y)dx\right)^2 dy \cdot \int \left(\int |gg_y|dx\right)^2 dy$$

$$\leqslant (\sqrt{2})^4 \cdot 4 \left(\int \left(\int g^4(x,y)dy\right)^{\frac{1}{2}} dx\right)^2 \int \left(\int g^2 dx\right)\left(\int g_y{}^2 dx\right) dy$$

$$\leqslant (\sqrt{2})^4 \cdot 4 \cdot 2 \left(\int \left[\left(\int g^2 dy\right)^{\frac{3}{4}}\left(\int |g_y|^2 dy\right)^{\frac{1}{4}}\right] dx\right)^2 \sup_y \int g^2(x,y)dx \, \|g_y\|_{L^2(\mathbb{R}^2)}^2$$

$$\leqslant (\sqrt{2})^4 \cdot 4 \cdot 2 \left(\int\int g^2 dy dx\right)^{\frac{3}{2}}\left(\int\int |g_y|^2 dy dx\right)^{\frac{1}{2}} \sup_y \int g^2(x,y)dx \, \|g_y\|_{L^2(\mathbb{R}^2)}^2$$

得到 $\sup_y \int g^2(x,y)dx \leqslant 2^{\frac{5}{3}}\|g\|_{L^2(\mathbb{R}^2)}\|g_y\|_{L^2(\mathbb{R}^2)}$，故

$$\iint |fgh|dxdy \leqslant C\|f\|_{L^2(\mathbb{R}^2)}\|g\|_{L^2(\mathbb{R}^2)}^{\frac{1}{2}}\|g_y\|_{L^2(\mathbb{R}^2)}^{\frac{1}{2}}\|h\|_{L^2(\mathbb{R}^2)}^{\frac{1}{2}}\|h_x\|_{L^2(\mathbb{R}^2)}^{\frac{1}{2}}.$$

6. 若 $f(x) \geqslant 0$，则

$$\left[\int_0^\infty f(x)dx\right]^{a\mu+b\lambda} \leqslant C(a,b,\lambda,\mu)\left[\int_0^\infty x^{a-1-\lambda}f(x)^a dx\right]^\mu \left[\int_0^\infty x^{b-1+\mu}f(x)^b dx\right]^\lambda,$$

这里 $a > 1,\ b > 1,\ 0 < \lambda < a,\ 0 < \mu < b$.

7. 卷积不等式

$$\|K*f\|_{L^p} \leqslant \|K\|_{L^1}\|f\|_{L^p}.$$

证明

$$\|K*f\|_{L^p}^p = \int\left(\left|\int K(x-y)f(y)dy\right|\right)^p dx \leqslant \int\left(\int |K(x-y)|\,|f(y)|\,dy\right)^p dx$$

$$= \int\left(\int |K(x-y)|^{1-\frac{1}{p}}|K(x-y)|^{\frac{1}{p}}|f(y)|\,dy\right)^p dx, \quad \frac{1}{p'}+\frac{1}{p}=1,$$

$$\leqslant \int\left(\int |K(x-y)|^{(1-\frac{1}{p})p'}dy\right)^{\frac{p}{p'}}\left(\int |K(x-y)|\,|f(y)|^p dy\right)dx$$

$$\leqslant \left(\int |K(x-y)|dy\right)^{\frac{p}{p'}}\int\left(\int |K(x-y)|dx\right)\cdot |f(y)|^p dy$$

$$= \left(\int |K(y)|\, dy \right)^{\frac{p}{p'}+1} \cdot \int |f(y)|^p dy \qquad \frac{p}{p'} + 1 = p$$

$$= \left(\int |K(y)|\, dy \right)^{p} \int |f(y)|^p dy.$$

于是

$$\|K * f\|_{L^p} \leqslant \|K\|_{L^1} \|f\|_{L^p} \qquad (\Omega \subseteq \mathbb{R}^n \text{有界、无界都对}).$$

2.2　奇异摄动方法介绍

物理学中使用的数学模型通常可化为一个没有显示解的微分方程问题, 而且当小参数出现或计算区域很大时, 计算它们的数值解也变得相当困难. 在这种情形下, 往往通过令参数为零或者将研究限制在一个较小的区域, 就能简化模型, 这就是摄动问题. 当小参数趋于零, 记为 $\varepsilon \to 0$ 时, 可能出现两种情况, 一种是原问题的解当 $\varepsilon \to 0$ 时并不在其定义域内一致地趋向约化问题的解, 另一种是在其定义域内一致地趋向约化问题的解. 为了解决这个相对困难的数学问题, 奇异摄动问题就由此产生了.

为了清楚地描述奇异摄动问题, 下面考虑一个积分微分算子 L_ε 并求方程 $L_\varepsilon[\Phi_\varepsilon(x)] = 0$ 的一个解 $\Phi_\varepsilon(x)$, 这里 x 是区域 D 中的变量, $0 < \varepsilon \leqslant \varepsilon_0$, ε_0 是一个固定的充分小的正常数. 参数 ε 是一个无量纲参数, 其蕴含着整个问题都是用无量纲变量来表示的. 设 $L_0[\Phi_0(x)] = 0$ 就是所谓的简化问题, 称之为约化方程. 先考虑简单问题, 假定范数 $\Phi_\varepsilon - \Phi_0$ 在研究区域 D 中很小. 用最大模范数, 有

$$\max_D |\Phi_\varepsilon - \Phi_0| < K\delta(\varepsilon),$$

其中 K 是一个不依赖于 ε 的正常数, $\delta(\varepsilon)$ 是一个正函数且 $\lim_{\varepsilon \to 0} \delta(\varepsilon) = 0$.

如果这种性质满足, 这个问题就称为一个正则摄动问题. 如果一些问题在整个区域 D 中不满足上述性质, 并且在比区域小的一个区域 D 中有一个奇点出现, 那它就被称为一个奇异摄动问题.

在本章考虑的模型中, Φ_ε 是已知的. 下面举例说明摄动问题的基本概念. 主要困难之处以及解决困难的主要方法, 以及介绍奇异摄动的基本理论、基本技巧和主要方法.

2.2.1　正则问题和奇异问题

1. 线性振动

线性振动问题是正则摄动问题的典型例子. 为了进一步地探讨正则摄动问题, 考虑下面的方程

$$L_\varepsilon y = \frac{d^2 y}{dx^2} + 2\varepsilon \frac{dy}{dx} + y = 0, \quad x > 0, \tag{2-1}$$

且服从于初始条件

$$y|_{x=0} = 0, \quad \frac{dy}{dx}|_{x=0} = 1. \tag{2-2}$$

这里函数 $y(x, \varepsilon)$ 中 $x > 0$, ε 是一个充分小的正参数. 所有量都是无量纲化的.

当振动的阻尼很小时, 方程 (2-1) 模拟了质点具有阻尼的弹性振动系统中的运动. 这里 "小" 的含义在下面的分析中非常重要. 下面的小质量物理问题是很有趣的.

设 $y^*(t, m, \beta, \kappa, I_0)$ 是质点离开平衡位置时关于时间的位置函数. κ 是弹性常数, β 是阻尼系数. 如果质点是从具有冲量 I_0 的平衡位置开始运动的, 那么由牛顿第二运动定律可得

$$m\frac{d^2 y^*}{dt^2} + \beta\frac{dy^*}{dt} + \kappa y^* = 0 \tag{2-3}$$

且服从于初始条件

$$y^*|_{t=0} = 0, \quad m\frac{dy^*}{dt}|_{t=0} = I_0. \tag{2-4}$$

设 y 和 x 都是无量纲变量

$$y = \frac{y^*}{L}, \quad x = \frac{t}{T},$$

其中 L 和 T 分别是长度和时间尺度. 由于物体运动源自于冲量, 故取 $T = \frac{mL}{I_0}$ 是合理的.

有了这些新的变量, (2-3) 就可以写成无量纲化形式

$$\frac{I_0^2}{mL^2\kappa}\frac{d^2 y}{dx^2} + \frac{\beta I_0}{mL\kappa}\frac{dy}{dx} + y = 0 \tag{2-5}$$

且服从于初始条件

$$y|_{x=0} = 0, \quad \frac{dy}{dx}|_{x=0} = 1. \tag{2-6}$$

这样两个无量纲量就产生了, 并且都与任意的长度 L 有关, L 可以使用 $L = \frac{I_0}{\sqrt{mk}}$ 和 $L = \frac{\beta I_0}{mk}$ 两种方式来定义. 物理上, 两个系数不是同一个数量级的, 当研究其中一个的小性时, 另一个为 $O(1)$ 数量级, 即可研究其渐近分析理论. 下面举两个例子:

1) 如果是弹性阻尼, 第一组 $\frac{I_0^2}{mL^2k}$ 比第二组 $\frac{\beta I_0}{mLk}$ 要大的多, 并且 $L = \frac{I_0}{\sqrt{mk}}$ 和 $T = \sqrt{\frac{m}{k}}$, 因此小参数可以定义为 $\varepsilon = \frac{\beta}{2\sqrt{mk}}$.

从下面的讨论中我们能明白只要 x 有界, 相应的问题就是典型的正则摄动问题, 同时这也是个小阻尼的例子. 方程 (2-5) 化成

$$\frac{d^2y}{dx^2} + 2\varepsilon\frac{dy}{dx} + y = 0. \tag{2-7}$$

根据 Poincaré 的做法, 当 $\varepsilon \to 0$ 时, 解的渐近行为可以按 ε 的幂展开为

$$y(x,\varepsilon) = y_0(x) + \varepsilon y_1(x) + \varepsilon^2 y_2(x) + \cdots. \tag{2-8}$$

对于一个泰勒级数展开, 式子中 "$\cdots$" 意味着省略项要比 ε^2 小, 并且近似性随着 ε 越来越小而越来越好.

将展开式代入到初始方程并令相同 ε 幂的系数相等, 下面的方程来自于 ε 的零次幂系数和一次幂系数:

a) $\dfrac{d^2y_0}{dx^2} + y_0 = 0, \quad y_0\,|_{x=0} = 0, \quad \dfrac{dy_0}{dx}\,|_{x=0} = 1,$

b) $\dfrac{d^2y_1}{dx^2} + y_1 = -2\dfrac{dy_0}{dx}, \quad y_1\,|_{x=0} = 0, \quad \dfrac{dy_1}{dx}\,|_{x=0} = 1.$

关于 y_0 的第一个问题是约化问题, 能够得出无阻尼解

$$y_0 = \sin x.$$

关于 y_1 的第二问题能得到一个修正函数

$$y_1 = -x\sin x,$$

于是, 一个近似解为

$$y = (1 - \varepsilon x)\sin x + \cdots. \tag{2-9}$$

从 $|y-y_0| \leqslant \varepsilon|x\sin x| \leqslant \varepsilon|x|$ 可以看出, 在有限时间区间 $0 < x < \tau$(τ 不依赖于 ε) 内这个近似是一致有效的, 修正是很小的. 如果时间区间很大, 这个近似是无效的, 通过令 $\varepsilon\tau = 1$ 可以清楚地明白这一点. 当时间区间太大时, 在展开式中出现奇点, 所以这类问题被称为 "无穷时间问题". 这个专业术语来自于行星运动轨迹的研究. 在小的时间尺度下由摄动方法获得的解是有效的, 但是 "无穷时间" 情形例如超过以一百年为数量阶的时间尺度, 那它将没有什么实际意义.

拿上述的近似解与精确解做比较, 我们可以获得启发. 由 (2-9) 给出的近似解正是精确解

$$y(x,\varepsilon) = \frac{e^{-\varepsilon x}}{\sqrt{1-\varepsilon^2}}\sin\sqrt{1-\varepsilon^2}x.$$

泰勒级数展开的第一项.

2) 质量小, 长度和时间尺度是

$$L = \frac{\beta I_0}{mk}, \quad \text{和} \quad T = \frac{\beta}{k}.$$

小参数 ε 是由 $\varepsilon = \frac{mk}{\beta^2}$ 定义的, (2-5) 化成

$$\varepsilon \frac{d^2y}{dx^2} + \frac{dy}{dx} + y = 0, \quad y|_{x=0} = 0, \quad \frac{dy}{dx}|_{x=0} = 1. \tag{2-10}$$

这个问题是个典型的奇异摄动问题, 这类奇异摄动问题恰好就是本书的研究主题. 后面几章主要研究这类问题.

2. 无穷时间问题

考虑方程

$$L_\varepsilon y = \frac{dy}{dx} + \varepsilon y = 0, \tag{2-11}$$

服从初始条件

$$y|_{x=0} = 1. \tag{2-12}$$

求它在 $x \geqslant 0$ 时的解. 用如同 (2-8) 一样的展开, 找到一个形如

$$y(x,\varepsilon) = y_0(x) + \varepsilon y_1(x) + \varepsilon^2 y_2(x) + \cdots + \varepsilon^n y_n(x) + \cdots$$

的 y 的近似值.

将这个展开式代入 (2-11) 并使得相同 ε 幂的系数相等, 得出下列相继的方程结果:

1) $\dfrac{dy_0}{dx} = 0$ 具有初始条件 $y_0|_{x=0} = 1$.

2) $\dfrac{dy_1}{dx} = -y_0$ 具有初始条件 $y_1|_{x=0} = 1$.

3) $\dfrac{dy_n}{dx} = -y_{n-1}$ 具有初始条件 $y_n|_{x=0} = 1$.

整理关于 $y_0, y_1, \cdots y_n$ 的这些解, 得出

$$y(x,\varepsilon) = 1 - \varepsilon x + \varepsilon^2 \frac{x^2}{2} + \cdots + (-1)^n \varepsilon^n \frac{x^n}{n!} + \cdots . \tag{2-13}$$

从精确解

$$y(x,\varepsilon) = e^{-\varepsilon x}, \tag{2-14}$$

及 $|e^{-\varepsilon x} - (1 - \varepsilon x)| \leqslant \varepsilon^2(|x|^2 + \cdots)$ 可以看出困难之所在了 (图 2.1).

当 x 变得很大时, 对于任何考虑的项数, 上面的展开将不再有效. 另一方面, 当 ε 很小和 x 有界时, 无穷级数 (2-13) 收敛到精确解 (2-14), 并且级数的部分和就是精确解的近似. 这就是说当 x 有界时, 所考虑的展开式 (2-13) 是一个收敛级数, 而其部分和就是渐近展开的最简化形式.

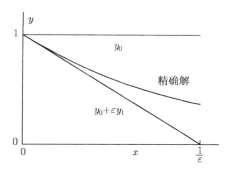

图 2.1 (2-11) 的近似解由 (2-13) 给出; y 的精确解由 (2-14) 给出

当 x 大于原点的邻域时, 为了将大时间 x 的奇性转移到原点的邻域, 进行坐标变换

$$t = \frac{1}{x+1}.$$

令 $Y(t,\varepsilon) \equiv y(x,\varepsilon)$, 我们能将 (2-11) 写成

$$L_\varepsilon Y = t^2 \frac{dY}{dt} - \varepsilon Y = 0 \tag{2-15}$$

并服从于条件

$$Y|_{t=1} = 1. \tag{2-16}$$

一个直接的展开

$$Y(t,\varepsilon) = Y_0(t) + \varepsilon Y_1(t) + \varepsilon^2 Y_2(t) + \cdots.$$

导出近似解

$$Y(t,\varepsilon) = 1 + \varepsilon\left(1 - \frac{1}{t}\right) + \varepsilon^2\left(\frac{1}{2} - \frac{1}{t} + \frac{1}{2t^2}\right) + \cdots. \tag{2-17}$$

相继的高阶近似在原点附近有越来越多的奇性 (图 2.2). 这能通过展开下面的精确解来看出:

$$Y(t,\varepsilon) = \exp\left[-\varepsilon\left(\frac{1}{t} - 1\right)\right]. \tag{2-18}$$

这个特点在其他类似的问题中也存在, 但我们可以使用一个特殊的方法来处理. 下面考虑方程

$$L_\varepsilon y = (x + \varepsilon y)\frac{dy}{dx} + y = 0, \quad y|_{x=1} = 1. \tag{2-19}$$

现在在区间 $0 \leqslant x \leqslant 1$ 中求解. 展开式

$$y(x,\varepsilon) = y_0(x) + \varepsilon y_1(x) \cdots.$$

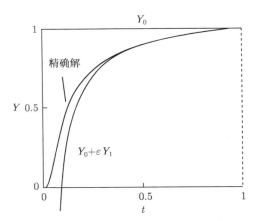

图 2.2　(2-15) 的近似解由 (2-17) 给出; Y 的精确解由 (2-18) 给出

导出下列方程

1) $x\dfrac{dy_0}{dx} + y_0 = 0$ 具有初始条件 $y_0\,|_{x=1} = 1$.

2) $x\dfrac{dy_1}{dx} + y_1 = -y_0\dfrac{dy_0}{dx}$ 具有初始条件 $y_1\,|_{x=1} = 0$.

从结果

$$y(x,\varepsilon) = \frac{1}{x} + \varepsilon\frac{1}{2x}\left(1 - \frac{1}{x^2}\right) + \cdots \tag{2-20}$$

能清楚地看出在原点附近, 二阶近似比一阶近似的奇性多 (图 2.3). 其精确解

$$y(x,\varepsilon) = -\frac{x}{\varepsilon} + \sqrt{\frac{x^2}{\varepsilon^2} + \frac{2}{\varepsilon} + 1} \tag{2-21}$$

在原点是有界的, 此时, 对于任意大于零的 ε 值, 有

$$y(0,\varepsilon) = \sqrt{\frac{2}{\varepsilon} + 1}.$$

这是一个典型的 "无穷时间" 问题.

3. 奇异问题

奇异摄动问题的原型是由 Friedrichs[39] 引入的, 用来证明由 Prandtl[21, 117] 提出的边界层和粘性流体的一个匹配问题. 我们以一个常微分方程问题为例来介绍奇异摄动问题. 考虑下面的方程

$$L_\varepsilon y \equiv \varepsilon\frac{d^2 y}{dx^2} + \frac{dy}{dx} - a = 0, \quad 0 < a < 1, \tag{2-22}$$

服从于边界条件

$$y\,|_{x=0} = 0, \quad y\,|_{x=1} = 1. \tag{2-23}$$

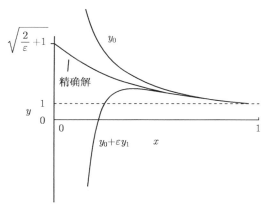

图 2.3 (2-19) 的近似解由 (2-20) 给出; y 的精确解由 (2-21) 给出

在区间 $0 \leqslant x \leqslant 1$ 中求解问题 (2-22)-(2-23). 这是一个比初值问题复杂一些的边值问题, 像本节的其他研究问题一样, 它的精确解是已知的. $\varepsilon = 0$ 时, 它的约化问题是

$$L_0 y_0 = \frac{dy_0}{dx} - a = 0.$$

其解由 $y_0 = ax + A$ 给出. 这里的 A 是一个常数, 是由边界条件决定的. 一般地, 同时满足原问题 (2-22)-(2-23) 的两个边界条件是不可能的, 这个特点是某些奇异问题所特有的. 当 $\varepsilon = 0$ 时, 约化问题中方程的阶要比原问题方程的阶要低.

如果 $x = 0$ 处的边界条件被强行地赋予, 则解变成 $y_0 = ax$. 此时由于 $y_0(1) = a$, 所以这种近似不是一致有效的. 类似地, 如果强行赋加 $x = 1$ 的边界条件, 则解变成

$$y_0 = ax + 1 - a, \tag{2-24}$$

它使得 $y_0(0) = 1 - a$. 此时近似解 (2-18) 的边界条件在原点不满足 (2-22), 这表明这是一个非一致收敛区域问题. (2-22) 的精确解是

$$y(x, \varepsilon) = ax + (1 - a) \frac{1 - \exp\left(-\dfrac{x}{\varepsilon}\right)}{1 - \exp\left(-\dfrac{1}{\varepsilon}\right)}. \tag{2-25}$$

对于 $x > 0$, 当 $\varepsilon \to 0$, 这个好的精确解 $y = ax + 1 - a + \cdots$ 能由图 2.4 给出. 这表明约化问题在 $x = 1$ 处不满足边界条件, 而且非一致收敛区域仅位于原点附近.

上述问题导致奇异的非一致收敛区域的重要原因是一个是二阶微分方程, 一个是一阶微分方程, 为了保证所提出的定解问题的适定性, 需要给出个数不一样的边界条件, 这导致了奇异摄动问题. 在不知道精确解的前提下能否回答这个问题? 第一个启示会在下一节出现.

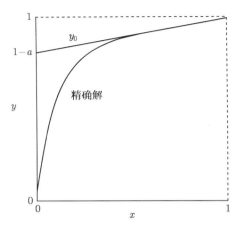

图 2.4　(2-22)-(2-23) 的近似解由 (2-24) 给出; y 的精确解由 (2-25) 给出

2.2.2　奇异摄动问题的近似方法

解决奇异摄动问题有很多方法, 参见 [21], 下面介绍其中一些最常见的方法.

1. 渐近展开匹配方法 (method of matched asymptotic expansions)

渐近展开匹配方法, 简记为 MMAE, 已经成为一些高深数学研究的主要课题, 并在物理上广泛应用. 在 1950 年自 Friedrichs 提出他的模型后, 这种潜在的思想就得以萌发. 此后这些思想蓬勃发展并被运用于粘性流体方程. 很多学者对于 MMAE 的发展有重要的贡献, 不再一一列举, 参见 [21]. 虽然对于 MMAE 已经有了很多非常有价值的工作, 但将它规范成一种一般的数学理论还是不可能的. 启发式的规则是可以得到的, 而且在数学物理问题, 尤其是流体动力学方面的应用是非常有效的.

再次考虑 Friedrichs 的模型 (2-22), 其精确解表明除了在原点的邻域外

$$\lim_{\varepsilon \to 0} y(x, \varepsilon) = y_0(x) = ax + 1 - a,$$

而在原点的边界条件为

$$y\,|_{x=0} = 0, \quad y_0\,|_{x=0} = 1 - a.$$

接下来的两个观察非常重要:

1) 如果极限展开过程中用变量 $X = x/\varepsilon$ 替换变量 x, 则得到

$$\lim_{\varepsilon \to 0} y(x, \varepsilon) = Y_0(X) = (1 - a)(1 - e^{-X}).$$

这个过程是期望考虑一个具有指数衰减的快变量函数. 由于 X 所含的区域比 x 所含的区域要离原点近, 所以能期望得到一个更好的近似. 实际上, 条件 $Y_0\,|_{x=0} = 0$ 能满足. 但因为

$$Y_0\,|_{x=1} = (1 - a)(1 - e^{-1/\varepsilon})$$

在 $x = 1$ 处的条件此时不再满足. 结果令人吃惊, 但我们一定注意到 X 属于一个比较大的区域 $0 \leqslant X \leqslant \dfrac{1}{\varepsilon}$, 并且当 X 有界时被忽略的项在整个区域将不能再被忽略.

2) 第二个观察是导出渐近匹配思想的理论基础. 就刚才的讨论, 它满足下面的异常结果

$$\lim_{X \to \infty} Y_0(X) = \lim_{x \to 0} y_0(x) = 1 - a.$$

这两个观察是从精确解的行为出发得到的, 即得到在近似解不满足的边界点附近解具有一个快变量的结构而且应该具有某种衰减性, 同时快变量函数在无穷远处的极限为近似解在边界点处的极限值. 假设不知道精确解, 我们如何设想一种启发式方法来构造近似解? 上述两点具有一般的普遍性. 下面介绍奇异摄动方法的一般理论, 一般分为下面的六个步骤:

第一步　求解约化问题

由约化问题得出

$$y_0 = ax + A.$$

为了确定常数 A, 可以使用两个边界条件中的一个, 但到底用哪一个是个有待思考的问题. 甚至现在也搞不清到底由哪个边界条件确定. 这个问题我们会在后面一些具体的微分方程奇异摄动问题研究中再具体讨论. 对于模拟物理问题的方程, 有关这个问题的回答是由物理现象决定的. 例如, 在研究粘性流体流经具有高雷诺数的扁平板时, 由 Navier-Stokes 方程导出的约化问题为欧拉方程, 就不能够使用 Navier-Stokes 方程在边界墙上的无滑移边界条件.

假设约化问题的边界条件问题的提法已经推理解决, 且非一致性区域也已知. 在 Friedrichs 的模型的情况下, 这就意味着约化问题的解是

$$y_0(x) = ax + 1 - a.$$

第二步　确定快尺度及快变量函数

边界条件在原点不满足, 其原因是在第一步中解与远离原点的区域有关. 为了修复靠近原点的解的行为, 就要通过引入变量变换

$$X_\alpha = \frac{x}{\varepsilon^\alpha}$$

来扩大原点的邻域. 这里的 α 是一个严格的正常数. 于是, 当 x 很小时, X_α 一定保持有界. 通过令

$$Y_\alpha(X, \varepsilon) = y(x, \varepsilon),$$

主宰方程 (2-22) 能化成

$$\varepsilon^{1-2\alpha}\frac{d^2Y_\alpha}{dX_\alpha^2} + \varepsilon^{-\alpha}\frac{dY_\alpha}{dX_\alpha} = a.$$

现在, 使用两个原则将 α 的值调整到最佳值: 如果 $\alpha < 1$ 或者 $\alpha > 1$, 约化问题导致一个在接近原点时不能产生急剧变化的解; 注意二个导数项务必保持, 另一选择是下一个主宰项是一阶导数项. 这样通过观察, 我们清晰地明白 α 的最佳选择应该是 $\alpha = 1$.

令

$$X_1 = X \quad 和 \quad Y_1 = Y,$$

方程化为

$$\frac{d^2Y}{dX^2} + \frac{dY}{dX} = \varepsilon a.$$

第三步　求解快变量 (边界层或其他层) 方程

对于上面的方程, 约化问题是

$$\frac{d^2Y_0}{dX^2} + \frac{dY_0}{dX} = 0.$$

一般解是

$$Y_0(X) = A + Be^{-X},$$

这里 A 和 B 是两个待定常数. 自然地该解应该满足原点处的边界条件, 这样可得

$$Y_0(X) = A(1 - e^{-X}).$$

好像第二个在 $x = 1$ 处的边界条件也应该被满足, 但是由于被 X 覆盖的区域太大, 所以在 $x = 1$ 处的边界条件也被满足的结果是错. 事实上, 如同 $y_0(x)$ 在原点附近不是一个有效的近似一样, $Y_0(x)$ 在 X 无界时也是无效的, 尤其是在 $x = 1$ 的邻域内.

第四步　匹配条件的推导

为了寻找丢失的条件, 假设一定存在一个重叠的区域, 在这重叠的区域中对于小的 y_0 的行为等同于对于大 X 的 $Y_0(X)$ 的行为. 这可以表述成是由快变量 $X_\beta = x/\varepsilon^\beta$ 形成的中间区域. 当 $0 < \beta < 1$ 时, 得到

$$y_0(x) = 1 - a + a\varepsilon^\beta X_\beta = 1 - a + \cdots,$$
$$Y_0(X) = A(1 - e^{-X_\beta/\varepsilon^{1-\beta}}) = A + \cdots.$$

由此可以看到当 X_β 固定并且 $\varepsilon \to 0$ 时, 得到 $A = 1 - a$.

用这种方法, 靠近原点的有效近似能通过以后称之为 " 中间匹配 "

$$Y_0(X) = (1-a)(1 - e^{-X})$$

的一种匹配技巧来确定.

一种更简单直接的方法是取极限. 由于极限存在, 所谓的渐近匹配准则

$$\lim_{X \to \infty} Y_0(X) = \lim_{x \to 0} y_0(x)$$

能确定的相同的值. 在后面具体的渐近问题中, 通常快变量定解问题的适定条件就使用这样一个渐近匹配准则来获得, 即为了保证快变量问题的适定性, 直接将上面的匹配条件补充到快变量问题中去即可.

第五步　构造一致有效的近似解

我们需要构造一个在区域内部满足方程、在边界上满足边界条件或满足初值条件的一个一致有效的近似解. 其办法为: 通过将两个在各自有效区域得到的近似解相加并减去它们的共同重复部分, 我们能够实验性地构造一个一致有效的近似解, 称为 UVA, 即

$$y_{\mathrm{app}} = y_0(x) + Y_0(X) - (1-a),$$

由此得

$$y_{\mathrm{app}} = ax + (1-a)(1-e^{-X}). \tag{2-26}$$

容易验证 y_{app} 在 $y_0(x)$ 和 $Y_0(X)$ 各自有效的区域中退化到 $y_0(x)$ 和 $Y_0(X)$.

在图 2.5 中, 将精确解和 $a = 0.2$ 和 $\varepsilon = 0.25$ 时的混合解 (2-26) 相比较. 由图可以看出即使 ε 值不是很小的情况下近似程度也是非常好的. 如果 ε 更小一些, 近似程度更高. 事实上, ε 的小性估计起来总是困难的.

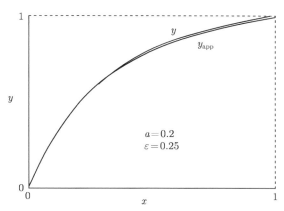

图 2.5　源自 (2-22)-(2-23). 混合解由 (2-26) 给出, 精确解由 (2-25) 给出

第六步　近似解的一致有效性的证明

这一步需要考虑精确解与近似解关于小参数的误差估计. 例如

$$|y(x,\varepsilon) - y_{\mathrm{app}}| = \left| ax + (1-a)\frac{1-\exp\left(-\dfrac{x}{\varepsilon}\right)}{1-\exp\left(-\dfrac{1}{\varepsilon}\right)} - \left(ax + (1-a)\left(1-\exp\left(-\dfrac{x}{\varepsilon}\right)\right)\right) \right|$$

$$= (1-a)\left(1-\exp\left(-\frac{x}{\varepsilon}\right)\right)\exp\left(-\frac{1}{\varepsilon}\right)$$

$$\leqslant (1-a)\exp\left(-\frac{1}{\varepsilon}\right) \to 0, \quad \varepsilon \to 0.$$

由于这里的方程有显示解, 这种收敛速率的证明是容易的. 通常对于一般的奇异摄动问题这一步是非常困难的. 对于不同的问题需要使用不同的方法或技巧, 有时候特别是对于不能获得定解问题的显示解情形获得关于小参数一致的先验估计是很难的.

上述描述的思想是奇异摄动理论中渐近展开匹配法的基本理论架构.

2. 连续补充展开方法 (the successive complementary expansion method)

下面介绍和渐近匹配方法基本思想稍有区别的一种奇异摄动方法[69, 73]. 假设 $y_0(x)$ 已经已知, 来寻找一个一致有效的近似解. 假设一致有效的近似解的形式为

$$y_{a1} = y_0(x) + Y_0^*(X).$$

此时这个近似解既满足方程又满足近似条件.

对于 Friedrichs 方程 (2-22), 有

$$L_\varepsilon y_{a1} = \varepsilon\frac{d^2y_0}{dx^2} + \frac{dy_0}{dx} - a + \frac{1}{\varepsilon}\left[\frac{d^2Y_0^*}{dX^2} + \frac{dY_0^*}{dX}\right] = \frac{1}{\varepsilon}\left[\frac{d^2Y_0^*}{dX^2} + \frac{dY_0^*}{dX}\right].$$

因为 $\dfrac{d^2y_0}{dx^2}$ 为零, 所以这种情况很特殊. 如果设等式的右边为零并且边界条件满足, 则解为

$$Y_0^* = A + Be^{-X},$$

服从边界条件

$$Y_0^*(0) = a - 1 \quad \text{和} \quad Y_0^*\left(\frac{1}{\varepsilon}\right) = 0,$$

由此得出

$$Y_0^*(X) = (1-a)\frac{e^{-1/\varepsilon} - e^{-X}}{1 - e^{-1/\varepsilon}},$$

再加上 $y_0(x)$, 精确解就能得到.

注意这里解出的 Y_0^* 不仅依赖于 X 而且还依赖于 ε, 所以上述方法是不常用的. 通常使用改良版的上述渐近方法, 依赖于 ε 的方程和不依赖于 ε 的方程会被清楚地分离. 接受 ε 的依赖性使我们拥有了一种新的渐近方法, 被称为连续补充展开方法, 即 SCEM.

早期提出的这种渐近方法坚持要求 Y_0^* 和 ε 无关. 因为 $e^{-1/\varepsilon}$ 很小, 可以忽略这一项, 从而满足了这种方法的基本要求. 此时

$$Y_0^*(X) = (a-1)e^{-X},$$

现在 Y_0^* 和 ε 无关, 只依赖于快变量, 而且满足边界条件

$$Y_0^*(0) = a - 1 = -y_0(0) \quad \text{和} \quad Y_0^*(X \to \infty) = 0.$$

如果再加上 y_0, 我们会发现与前面在渐近展开匹配方法中得到的近似解 (2-26)

$$y_{\text{app}} = ax + (1-a)(1 - e^{-X})$$

相同.

事实上, 比较上面的两种方法会发现如果要求 Y_0^* 不依赖于 ε, 那么连续补充展开方法 (SCEM) 等价渐近展开匹配方法 (MMAE), 只是做法上稍有区别. 渐近展开匹配法的基本思想是先获得内解, 此时内解不是一致有效解, 如不满足原点处的边界条件. 这样在原点附近构造一个快变量形式的解, 利用渐近匹配条件与内解相接, 其近似解的构造需要减去重叠的一个值. 而连续补充渐近展开法的基本思想是直接给内解补充一个快变量的函数作为一致有效的近似解, 快变量函数在快变量趋于无穷大时趋于零这一补充条件. 应该注意的是渐近展开匹配准则等价于假设了一个一致有效的近似解形式.

3. 多尺度方法

多尺度方法的潜在思想是建立在寻找一致有效近似解的基础上的, 参见 Mahony[89].

在 Friedrichs 模型的例子中, 我们知道一个一致有效近似不能由单独的一个变量 x 描述, 另外一个快变量 X 也是必须的. 与连续补充展开方法 (SCEM) 相比较, 除了

$$y(x, \varepsilon) \equiv Y(x, X, \varepsilon) \tag{2-27}$$

中有两个相互独立的变量 x 和 X 外, 解的结构中没有其他假设. 这里有两个尺度 x 和 X.

初始方程 (2-22) 化为了一个偏微分方程

$$\frac{\partial^2 Y}{\partial X^2} + \frac{\partial Y}{\partial X} + \varepsilon\left(2\frac{\partial^2 Y}{\partial x \partial X} + \frac{\partial Y}{\partial x}\right) + \varepsilon^2 \frac{\partial^2 Y}{\partial x^2} = \varepsilon a.$$

函数 Y 定义在矩形区域 $\left[0 \leqslant x \leqslant 1, 0 \leqslant X \leqslant \dfrac{1}{\varepsilon}\right]$ 中, 确定解的已知边界条件不够.

然而, 我们的目标不是寻找精确解而是近似解. 看下面的一个展开形式

$$Y(x, X, \varepsilon) = Y_0(x, X) + \varepsilon Y_1(x, X) + O(\varepsilon^2).$$

两个约化方程为

1) $\dfrac{\partial^2 Y_0}{\partial X^2} + \dfrac{\partial Y_0}{\partial X} = 0$ 服从于边界 $Y_0(0,0) = 0$ 和 $Y_0(1, \infty) = 1$.

2) $\dfrac{\partial^2 Y_1}{\partial X^2} + \dfrac{\partial Y_1}{\partial X} = a - \left(2 \dfrac{\partial^2 Y_0}{\partial x \partial X} + \dfrac{\partial Y_0}{\partial x} \right).$

第一个方程的一般解为

$$Y_0(x, X) = A(x) + B(x)e^{-X}.$$

边界条件给出

$$A(0) + B(0) = 0, \quad A(1) = 1.$$

由于满足这一边界条件的函数是非常多的, 所以确定函数 $A(x)$ 和 $B(x)$ 仅使用边值条件是不够的, 我们需要给出另一限制原则. 然而, 第二个方程给出

$$\frac{\partial^2 Y_1}{\partial X^2} + \frac{\partial Y_1}{\partial X} = a - \frac{dA}{dx} + \frac{dB}{dx}e^{-X},$$

能够导出

$$Y_1(x, X) = C(x) + D(x)e^{-X} + X \left(a - \frac{dA}{dx} \right) - \frac{dB}{dx} X e^{-X}.$$

通常确定低阶待定函数的一个较合理的原则是假设高阶的近似不再有比一阶近似更加奇异的奇性项.

这就意味着 $\dfrac{Y_1}{Y_0}$ 一定有界, 且在整个考察区域内不依赖于 ε. 于是, 有

$$a - \frac{dA}{dx} = 0, \quad \frac{dB}{dx} = 0.$$

这个微分方程组在边界条件下的解为

$$A(x) = ax + 1 - a, \quad B(x) = a - 1.$$

因此, Y_0 的解表示为

$$Y_0(x, X) = ax + (1 - a)(1 - e^{-X}).$$

这与由 MMAE 和 SCEM 得到的近似一致.

4. Poincaré-Lighthill 方法

这种方法的根源很古老, 但应用很有限, 可追溯至 Poincaré 在 1892 年的一篇论文, 他为 Lighthill 提供了基本思想. 后来, Lighthill 在 1949 年介绍了这种方法的

一个更一般的版本, 接着 Kuo 发表了两篇论文, 将这种方法应用于粘性流体问题中. 这里为了向 Poincaré 这位伟大的数学家和 Lighthill 这位流动力学家的贡献致敬, 我们称它为 PL 方法.

考虑已经谈过的 (2-19)

$$L_\varepsilon y = (x + \varepsilon y)\frac{dy}{dx} + y = 0, \quad y|_{x=1} = 1. \tag{2-28}$$

我们寻找它在区域 $0 \leqslant x \leqslant 1$ 的解.

精确解在直线 $2x = -\varepsilon y$ (图 2.6) 上有奇性, 并且当 ε 很小时寻找近似解会将奇性转移到 $x = 0$ 上. 如果不改善这种状况, 相继的近似会有越来越多的奇性. 这个想法说明了由直接展开的近似有好的形式, 但是展开的位置不恰当. 于是, y 与 x 的展开不仅要和 ε 有关, 并且还要与替换 ε 的 s 相关, 即将 y 和 x 都展开为 s 和 ε 的幂级数. 在某种意义上说, 变量 y 和 x 做了个形如下面的微小变换

$$y(x, \varepsilon) = y_0(s) + \varepsilon y_1(s) + \varepsilon^2 y_2(s) + \cdots, \tag{2-29}$$

$$x(s, \varepsilon) = s + \varepsilon x_1(s) + \varepsilon^2 x_2(s) + \cdots. \tag{2-30}$$

代入初始方程并使相同 ε 幂的系数相等, 得到下面两个方程

$$s\frac{dy_0}{ds} + y_0 = 0, \quad y_0|_{s=1} = a,$$

$$s\frac{dy_1}{ds} + y_1 = -\frac{dy_0}{ds}\left(x_1 + y_0 - s\frac{dx_1}{ds}\right).$$

第一个方程的解为

$$y_0(s) = \frac{1}{s},$$

这与在直接展开式中将 s 替换成 x 得到的解是一样的.

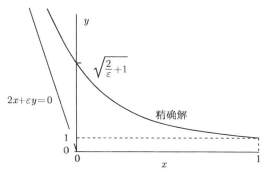

图 2.6　源自 (2-28). 精确解 y 是由 (2-21) 给出的

将第二个方程写为

$$\frac{d}{ds}(sy_1) = \frac{1}{s^2}\left(x_1 + \frac{1}{s} - s\frac{dx_1}{ds}\right),$$

它有一个由下式给出的一般解:

$$y_1(s) = \frac{A}{s} - \frac{1}{s^2}\left[x_1(s) + \frac{1}{2s}\right], \quad 这里 A 是一个任意常数.$$

Lighthill 构想的基本原则可以阐述为高阶的近似逼近 (在原点) 不应该比一阶近似逼近更加奇异. 因此未知函数 $x_1(s)$ 由下式确定

$$\frac{x_1(s)}{s} + \frac{1}{2s^2} = B(s),$$

这里的 $B(s)$ 是 s 的有界函数. 于是二阶近似解为

$$y_1(s) = \frac{A}{s} - \frac{B(s)}{s}.$$

这个方法的特点是 $x_1(s)$ 是不完全确定的. 任意一个 s 的正则函数都可取为函数 B. 因此, 选取 $x_1(s)$ 在 $x = 1$ 不为零是有用的. 此外, 简单是一个最好的想法, 于是 B 取为常数 $\frac{1}{2}$. 导出的解为

$$y(x, \varepsilon) = \frac{1}{s} + \cdots,$$

$$x(s, \varepsilon) = s + \frac{\varepsilon}{2}\left(s - \frac{1}{s}\right) + \cdots.$$

在这个模型问题中, 如果 s 能被消掉, 那么精确解就能找到.

5. 重整化群方法

重整化群方法[16] 主要应用于震荡问题. 毫无疑问也能应用于边界层和无穷时间问题. 一般的思想是给整合常数 一定的自由度以便消除更进一步的奇性或者加速渐近展开的收敛性. 重整化群方法无疑是很基本的, 但是运用起来却是很精细的, 但缺少文献上更详尽的解释.

这里只介绍重整化群方法在描述最简单的无穷时间问题

$$L_\varepsilon y = \frac{dy}{dt} + \varepsilon y = 0 \tag{2-31}$$

方面的一个应用.

当 t 很大时, 显示解包含了一个含有二阶的奇点 (见 2.1.2 节). 到二阶的 "简单的" 渐近展开式为

$$y(t, \varepsilon) = A_0[1 - \varepsilon(t - t_0)] + \cdots,$$

这里的 A_0 和 t_0 是两个整合常数, 它们是由不确定的初始条件所决定的. 很明显, 当 t 很大时, 这个展开不是一致有效的. 考虑到展开的阶数, 令

$$A_0 = [1 + \varepsilon a_1(t_0, \mu)] A(\mu). \tag{2-32}$$

这里的 t_0 是任意时间, A 是 A_0 的重整化部分, a_1 是一个未知函数. 针对考虑的阶数, 有

$$y = A(\mu)[1 + \varepsilon a_1(t_0, \mu) - \varepsilon(t - \mu) - \varepsilon(\mu - t_0)] + \cdots.$$

通过令 $a_1 = \mu - t_0$, 由于 t_0, 发散部分能被消掉, 有

$$y = A(\mu)[1 - \varepsilon(t - \mu)] + \cdots. \tag{2-33}$$

除了 μ 是任意的, 这种形式和 "简单的" 展开式相同. 对任意的时间 t , 重整化的标准由

$$\frac{\partial y}{\partial \mu} = 0$$

给出. 于是由 (2-33) 并限制 $t = \mu$ 可得 A 的微分方程为

$$\frac{dA}{d\mu} + \varepsilon A = 0,$$

解之得: $A = A_1 e^{-\varepsilon \mu}$. 代入 (2-33) 得

$$y = A_1 e^{-\varepsilon \mu}[1 - \varepsilon(t - \mu)] + \cdots,$$

这里的 A_1 为常数.

令 $\mu = t$, 一个渴望阶数的一致有效近似就能被获得如下

$$y(t, \varepsilon) = A_1 e^{-\varepsilon t} + \cdots.$$

这个近似无异于精确解, 但模型是非常简单的.

2.2.3 总结

奇异摄动问题是物理中经常遇到的问题, 我们可以提出很多渐近方法来解决它. 在这些众多方法中有一种共同的思想, 就是要纠正或避免一阶逼近中的非一致有效这一特征. 渐近展开匹配方法, MMAE, 就延承这个逻辑. 渐近展开匹配方法包括了在不同重要区域中寻找近似, 以及这些近似被匹配使得其能达到一致有效.

2.3 流体动力学方程的边界层理论

2.3.1 一个边界层例子

极限 $\mathrm{Re} \to \infty$ 的数学例子来自于 L. Prandtl.

考察下面的方程

$$m\frac{d^2x}{dt^2} + k\frac{dx}{dt} + cx = 0. \tag{2-34}$$

$$x(t=0) = 0. \tag{2-35}$$

其中 m 为振子质量, k 为阻尼系数, c 为弹性常数, x 是质点从初始位置起的位移, t 是时间. 其精确解为

$$x_m = A[e^{-ct/k} - e^{-kt/m}],$$

其中 A 是一个能由第二个初始条件确定的自由条件.

对于 (2-34), 如果得到约化的微分方程为

$$k\frac{dx}{dt} + cx = 0. \tag{2-36}$$

其精确解为

$$x_0 = Ae^{-ct/k}, \tag{2-37}$$

而它不满足初始条件 (2-35). 在 $t > 0$ 时满足方程 (2-34), 因此它是一个大时间解 (称为外解). 对于小时间解 (内层解), 也可以从方程 (2-34) 导出一个内层方程. 为达到这个目的, 通过 "拉伸" 时间坐标来引入一个新的变量

$$t^* = \frac{t}{m} \tag{2-38}$$

及 $X = X(t^*)$ 代入方程 (2-34), 我们导出

$$\frac{d^2X}{dt^*} + k\frac{dX}{dt^*} + mcX = 0. \tag{2-39}$$

其精确解为

$$X(t^*) = A[e^{-mct^*/k} - e^{-kt^*}],$$

如果 $m \equiv 0$, 我们得到能找出 "内部解" 的一个简化的微分方程

$$\frac{d^2x_i}{dt^{*2}} + k\frac{dx_i}{dt^*} = 0, \quad x_i(t^*) = A_1e^{-kt^*} + A_2. \tag{2-40}$$

它应该满足初始条件 (2-35), 于是有 $A_1 = A_2$.

通过匹配"内层解"与对应于方程 (2-37) 的"外解", 能确定常数 A_2. 方程 (2-37) 和 (2-40) 在一个重叠的区域一定相等, 即对于一个中间时间, 下式一定成立

$$\lim_{t^* \to \infty} x_i(t^*) = \lim_{t \to 0} x_0(t). \tag{2-41}$$

由此推出

$$A_1 = A_2 \quad \text{和} \quad x_i(t^*) = A(1 - e^{-kt^*}) \tag{2-42}$$

它满足方程及初值 $x_i(t^* = 0) = 0$ 及 $t^* \to \infty$ 时 $x_i(t^*) \to x_0(0)$. 这样, (2-37) 是 (2-34) 在 $t > 0$ 上的解, (2-42) 是 (2-34) 在 $t \approx 0$ 附近的解 $x_i(t^*) = x_i(t/m)$. 于是从方程 (2-37) 得到的"外解"和从方程 (2-42) 中得到的"内层解"分别应用于它们各自的有效区域, 然后就能表示出在整个区域上一致有效的解. 这能通过将两个解相加而得到. 注意相加时, 每个解的公共部分只能考虑一次, 即一定要减去重叠的部分. 一致有效解如下:

$$x(t) = x_0(t) + x_i(t^*) - \lim_{t^* \to \infty} x_i(t^*) = x_0(t) + x_i(t^*) - \lim_{t \to 0} x_0(t),$$

2.3.2　Prandtl 边界层理论

考虑飞机飞行设计中一个具体的流体动力学问题. 在机翼附近的流体只有远离机翼时才是真正意义上的无粘性流体. 然而, 对于稳定的不可压流体, 作为控制方程的 Navier-Stokes 方程, 在无量纲的形式中, 其物理参数只有雷诺数. 现在, 如果远离机翼, 特征长度尺度就是雷诺数的倒数, 和整体相比是非常小的. 忽略了雷诺数倒数的项, 我们得到的欧拉方程好像粘性消失了. 并非流体的粘性系数取了另外的值, 而是远离了机翼后速度的梯度足够小, 粘性的影响可以被忽略不计. 这就意味着特征长度尺度的改变将使我们考虑气流壁附近的粘性影响是必不可少的. 因此, 基于后一种的长度尺度上的雷诺数将不再很大. 靠近机翼, Navier-Stokes 方程推导成边界层方程, 此时这个模型比满足于边界条件的 Navier-Stokes 模型要简单.

如何用在远离机翼时有效的欧拉方程的解和靠近机翼时有效的边界层方程的解去构造一种 Navier-Stokes 方程的一致有效的近似解呢? 这是解决这类特殊问题的关键之所在. 即使研究高雷诺数流体外的其他一般摄动问题, 也是这种主要的思路. 如何去寻找一些特征退化的问题和它们的有效区域, 如何将它们联系起来, 并最终构造一个初始问题的近似, 这些都是统领本书议题的关键点. 本小节将奇异摄动的基本理论用以解决流体动力学学科中的边界层问题, 建立形式的流体动力学边界层理论.

在流体力学中, 当研究高雷诺数流体的时候, 一个基本的问题是渐近结构问题, 其中边界层问题是其最困难的问题之一. 尽管与边界层问题有关的具有非常深刻见

解力的文章很多, 但一般的粘性可压和不可压流体的边界层问题并没有被解决, 严格的数学证明还没有被给出.

我们以有界区域上的二维稳态不可压 Navier-Stokes 方程为例来介绍流体力学中的 Prandtl 边界层问题.

考虑流经一个截面的层流问题, 例如, 没有边界的大气层中飞机机翼周围的层流问题. 假设这个流体是一个二维不可压缩平稳流问题, 它可以通过稳态 Navier-Stokes 方程来描述.

我们使用直角坐标系 (x, y), 其中这个系统中所有量都用无量纲化形式来表示. 坐标轴 x 和 y 的参考长度为 L, 速度的参考速度为 V^*, 压力的参考压力为 $\rho(V^*)^2$. 于是无量纲化的 Navier-Stokes 方程有如下形式:

$$\frac{\partial U}{\partial x} + \frac{\partial V}{\partial y} = 0, \tag{2-43}$$

$$U\frac{\partial U}{\partial x} + V\frac{\partial U}{\partial y} = -\frac{\partial P}{\partial x} + \frac{1}{R}\frac{\partial^2 U}{\partial x^2} + \frac{1}{R}\frac{\partial^2 U}{\partial y^2}, \tag{2-44}$$

$$U\frac{\partial V}{\partial x} + V\frac{\partial V}{\partial y} = -\frac{\partial P}{\partial y} + \frac{1}{R}\frac{\partial^2 V}{\partial x^2} + \frac{1}{R}\frac{\partial^2 V}{\partial y^2}. \tag{2-45}$$

其中 $U = u/V^*$ 和 $V = v/V^*$ 分别是 x 轴和 y 轴方向的分速度, $P = p/(\rho(V*)^2)$ 是压力, ρ 表示流体密度, μ 表示粘性系数, 有时也会用到它的运动粘性系数 $\nu = \mu/\rho$. 雷诺数 R 是通过如下公式定义的:

$$R = \frac{\rho V L}{\mu}.$$

现在的问题是当流体的雷诺数很大时, Navier-Stokes 方程是否可以简化为一个简单的方程?

定义两个区域: 一个是远离截面的无粘性流体区域, 另一个是截面附近的一个边界层区域. 在无粘性流体区域: 速度的显著变化会在远处发生, 而在空间任何一个方向的数量级是一样的. 尺度 L 是浸入在流体中的机翼的弦长. 在边界层中, 需要两个尺度. 沿着与截面平行的方向, 尺度依然是机翼的弦长, 但是, 在和截面相切的法方向, 一个适当的长度为 l, 定义为 $l = LR^{-1/2}$.

尺度 l 和 L 之间的关系可以通过假设速度特征时间 l^2/L 和对流特征时间 L/V^* 是同一数量级的量来获得. 这种关系是边界层理论的基础. 定义小参数 ε 为

$$\varepsilon^2 = \frac{1}{R}. \tag{2-46}$$

在无粘性流体区域, Navier-Stokes 方程可以转化为欧拉方程. 在这个区域中, 流体的分速度和压力采用如下展开:

$$U = u_1(x, y) + \cdots, \quad V = v_1(x, y) + \cdots, \quad P = p_1(x, y) + \cdots, \tag{2-47}$$

以及欧拉方程可以写为

$$\frac{\partial u_1}{\partial x} + \frac{\partial v_1}{\partial y} = 0, \tag{2-48}$$

$$u_1 \frac{\partial u_1}{\partial x} + v_1 \frac{\partial u_1}{\partial y} = -\frac{\partial p_1}{\partial x}, \tag{2-49}$$

$$u_1 \frac{\partial v_1}{\partial x} + v_1 \frac{\partial v_1}{\partial y} = -\frac{\partial p_1}{\partial y}. \tag{2-50}$$

注 2.3.1 使用量纲变量, 欧拉方程为

$$\frac{\partial u}{\partial x} + \frac{\partial v}{\partial y} = 0. \tag{2-51}$$

$$\rho u \frac{\partial u}{\partial x} + \rho v \frac{\partial u}{\partial y} = -\frac{\partial p}{\partial x}, \tag{2-52}$$

$$\rho u \frac{\partial v}{\partial x} + \rho v \frac{\partial v}{\partial y} = -\frac{\partial p}{\partial y}. \tag{2-53}$$

其中 u, v, p 分别和 u_1, v_1, p_1 相对应. 对于 x 轴和 y 轴, 和无量纲形式的记号一样保持不变. 因为在截面处, 无滑动条件并不能满足, 因此, 引进一个边界层结构是非常有必要的. 这里用到的坐标系和这个截面息息相关 (图 2.7). 为了方便, 依然使用变量和 (在平板绕流的情况下, 所用到的变量与用在 Navier-Stokes 方程中的变量相同). x 轴是与截面平行的方向, y 轴是与截面垂直的法向方向. 在边界层区域, 分速度和压力可作如下展开:

$$U = \mathrm{U}(x, Y) + \cdots, \quad V = \varepsilon \mathrm{V}(x, Y) + \cdots, \quad P = \mathrm{P}(x, Y) + \cdots, \tag{2-54}$$

这里的 Y 是快变量:

$$Y = \frac{y}{\varepsilon}. \tag{2-55}$$

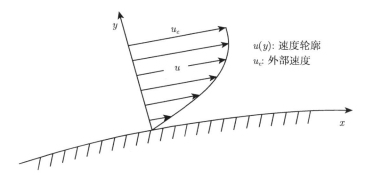

图 2.7 表示边界层中的速度轮廓, 其中 $u(y)$ 为速度轮廓, u_e 为外部速度

一阶边界层方程为

$$\frac{\partial U}{\partial X} + \frac{\partial V}{\partial Y} = 0, \tag{2-56}$$

$$U\frac{\partial U}{\partial X} + V\frac{\partial U}{\partial Y} = -\frac{\partial P}{\partial X} + \frac{\partial^2 U}{\partial Y^2}, \tag{2-57}$$

$$0 = -\frac{\partial P}{\partial Y}. \tag{2-58}$$

注 2.3.2　根据带有量纲的变量, 边界层方程也可以写为

$$\frac{\partial u}{\partial x} + \frac{\partial v}{\partial y} = 0, \tag{2-59}$$

$$\rho u\frac{\partial u}{\partial x} + \rho v\frac{\partial u}{\partial y} = -\frac{\partial p}{\partial x} + \mu\frac{\partial^2 u}{\partial y^2}, \tag{2-60}$$

$$0 = -\frac{\partial p}{\partial y}. \tag{2-61}$$

这里 u, v, p 分别与 U, V, P 相对应.

由于边界层的存在, 截面处的无滑动条件才可以满足. 特别地, 在局部 $Y = 0$ 处, 有 $U = 0, V = 0$ 成立.

如果用 E 和 I 分别表示外部和内部展开算子 (其分别对应于无粘性流体区域和边界层区域), 那么

$$IEU = EIU, \tag{2-62}$$

$$IEV = EIV, \tag{2-63}$$

$$IEP = EIP. \tag{2-64}$$

同时, 对于 1 阶, 有

$$\lim_{Y \to \infty} U(x, Y) = u_1(x, 0), \tag{2-65}$$

$$v_1(x, 0) = 0, \tag{2-66}$$

$$\lim_{Y \to \infty} p(x, Y) = p_1(x, 0). \tag{2-67}$$

通常在很多文献里, 记号 U_e 被用作在机翼截面处由欧拉方程计算的一个速度. 速度 U_e 与伯努利方程中的静态压力有关. 而且因为在这个在边界层中压力在与截面垂直的法向方向是一个常量, 于是有

$$\frac{\partial P}{\partial x} = \frac{dP}{dx} = -U_e\frac{dU_e}{dx}. \tag{2-68}$$

注 2.3.3　根据量纲化形式, 前面的方程为

$$\frac{\partial p}{\partial x} = \frac{dp}{dx} = -\rho u_e\frac{du_e}{dx}. \tag{2-69}$$

注意在边界层的边缘处, 速度分量并没有边界条件, 它的边界条件由边界层流和无粘性流体的下一阶匹配条件来确定.

结合无穷远处的均匀流体的条件, 以及边界截面处的边界条件 $v_1(x,0) = 0$, 欧拉方程可以独立于边界层方程来求解. 那么, 欧拉方程的解的输出就是速度函数 $U_e(x,0) = u_1(x,0)$, 它是边界层方程的输入速度.

因此, 理论上, 下面的计算会频繁地进行:

第一步: 通过求解垂直于截面的法向方向具有零速度分量的欧拉方程来计算真实机翼周围的无粘性流体. 这个计算, 尤其是给我们提供了截面处的输入速度 $U_e(x)$.

第二步: 边界层的发展是通过把速度分布 $U_e(x)$ 作为输入速度进行计算的.

第三步: 无粘流体通过求解线性化的欧拉方程来进行校正. 事实上, 输出流的高阶展开式如下:

$$U = u_1(x, y) + \varepsilon u_2(x, y) + \cdots, \tag{2-70}$$

$$V = v_1(x, y) + \varepsilon v_2(x, y) + \cdots, \tag{2-71}$$

$$P = p_1(x, y) + \varepsilon p_2(x, y) + \cdots, \tag{2-72}$$

容易验证 u_2, v_2, p_2 满足线性化的欧拉方程.

应该注意, 上面的推导只是一个形式的推导, 严格的证明是公开的. 同样对于非稳态问题, 也有一个类似于上面的形式边界层理论推导, 但严格的证明也是公开的.

第 3 章　电磁流体动力学可压缩 Navier-Stokes/Euler-Maxwell 方程的渐近机理

本章研究电磁流体动力学可压 Navier-Stokes/Euler-Maxwell 方程的渐近机理, 主要分为: 可压 Navier-Stokes/Euler-Maxwell 方程的大时间渐近性与衰减速率、可压 Euler-Maxwell 方程的拟中性极限与零张弛极限三个部分.

3.1　电磁流体动力学可压缩 Navier-Stokes/Euler-Maxwell 方程的大时间渐近性与衰减速率

3.1.1　等离子体双极等熵可压缩 Euler-Maxwell 方程组解的整体存在性

等离子体可压 Euler-Maxwell 方程组是一个描述电子与离子在其自相容电磁场中运动规律的重要物理模型, 许多知名数学家对其进行了研究. 一方面, 对于单极 Euler-Maxwell 方程组, 目前已有一些关于存在性与渐近性态的结果. 2000 年, 陈贵强等[13] 借助补偿紧性法证明了一维单极 Euler-Maxwell 方程组的熵解的整体存在性. 2011 年, 彭跃军等[115] 与 Ueda 等[137] 分别在三维的环与全空间证明了小初值解的整体存在性, 同年, 段仁军[29] 在三维全空间研究了解的衰减速率. 另一方面, 对于双极 Euler-Maxwell 方程组, 目前仅有一些渐近极限方面的结果, 尚无整体存在性结果. 因此, 本小节重点关注双极 Euler-Maxwell 方程组的周期光滑解的整体存在性.

本小节研究形式如下的等离子体双极可压 Euler-Maxwell 方程组:

$$\partial_t n_\mu + \nabla \cdot (n_\mu u_\mu) = 0, \tag{3-1}$$

$$\partial_t (n_\mu u_\mu) + \nabla \cdot (n_\mu u_\mu \otimes u_\mu) + \nabla p(n_\mu) = q_\mu n_\mu (E + \gamma u_\mu \times B) - \frac{n_\mu u_\mu}{\tau_\mu}, \tag{3-2}$$

$$\gamma \lambda^2 \partial_t E - \nabla \times B = \gamma (n_e u_e - n_i u_i), \tag{3-3}$$

$$\gamma \partial_t B + \nabla \times E = 0, \tag{3-4}$$

$$\lambda^2 \nabla \cdot E = n_i - n_e, \quad \nabla \cdot B = 0, \tag{3-5}$$

其中 $\mu = e, i$, $(t, x) \in (0, \infty) \times \mathrm{T}$, $\mathrm{T} = \left(\dfrac{\mathbb{R}}{2\pi}\right)^3$, 表示三维的环. 变量 $n_e = n_e(t, x)$,

$n_i = n_i\,(t, x)$ 分别表示电子密度、离子密度，$u_e = u_e\,(t, x) = (u_{e1}, u_{e2}, u_{e3})\,(t, x)$，$u_i = u_i\,(t, x) = (u_{i1}, u_{i2}, u_{i3})\,(t, x)$，$E = E\,(t, x) = (E_1, E_2, E_3)\,(t, x)$，$B = B\,(t, x) = (B_1, B_2, B_3)\,(t, x)$ 分别表示电子运动速率、离子运动速率、电场强度、磁场强度. 参数 $\lambda > 0$ 表示尺度化德拜长度，$\gamma = \dfrac{1}{c}$ 表示光速的倒数，τ_e, τ_i 分别表示电子与离子的动量松弛时间. $q_e = -1$，$q_i = 1$ 分别表示电子与离子的带电荷数. 函数 $p\,(n_\mu)$ 表示带电粒子运动产生的压差，满足 $p'\,(n_\mu) > 0$，$(E + \gamma u_\mu \times B)$ 表示洛伦兹力.

不失一般性，令参数 $\gamma = \lambda = \tau_\mu = 1$，于是双极 Euler-Maxwell 方程组 (3-1)-(3-5) 简化为

$$\partial_t n_\mu + \nabla \cdot (n_\mu u_\mu) = 0, \tag{3-6}$$

$$\partial_t\,(n_\mu u_\mu) + \nabla \cdot (n_\mu u_\mu \otimes u_\mu) + \nabla p\,(n_\mu) = q_\mu n_\mu\,(E + u_\mu \times B) - n_\mu u_\mu, \tag{3-7}$$

$$\partial_t E - \nabla \times B = n_e u_e - n_i u_i, \tag{3-8}$$

$$\partial_t B + \nabla \times E = 0, \tag{3-9}$$

$$\nabla \cdot E = n_i - n_e, \quad \nabla \cdot B = 0, \tag{3-10}$$

其中 $\mu = e, i$，$(t, x) \in (0, \infty) \times \mathrm{T}$，初始条件为

$$(n_\mu, u_\mu, E, B)\,(0, x) = (n_{\mu 0}, u_{\mu 0}, E_0, B_0)\,(x), \quad x \in \mathrm{T}. \tag{3-11}$$

下面给出本小节的结构. 首先，研究双极 Euler-Maxwell 方程组 (3-6)-(3-10) 的基本性质，发现其耗散结构正则性降低发生在能量估计的耗散部分；其次，给出存在性结论，并证明其中有关解的渐近性态估计；最后，给出先验估计的详细证明.

接下来给出方程组 (3-6)-(3-10) 的基本性质. 首先，易知 (3-10) 式成立仅需要求其在 $t = 0$ 时成立即可，即

$$\nabla \cdot E_0 = n_{i0} - n_{e0}, \quad \nabla \cdot B_0 = 0, \tag{3-12}$$

其次，断言方程组 (3-6)-(3-10) 满足下面的能量守恒律：

$$\left\{ n_e \mathrm{E}_e + n_i \mathrm{E}_i + \frac{1}{2}\left(|E|^2 + |B|^2\right) \right\}_t + \nabla \cdot (n_e u_e \mathrm{E}_e + p\,(n_e)\,u_e + n_i u_i \mathrm{E}_i$$
$$+ p\,(n_i)\,u_i + E \times B) + n_e |u_e|^2 + n_i |u_i|^2 = 0, \tag{3-13}$$

其中能量函数 $\mathrm{E}_\mu = \mathrm{E}_\mu\,(n_\mu, u_\mu)$ 定义如下：

$$\mathrm{E}_\mu\,(n_\mu, u_\mu) := \frac{1}{2}|u_\mu|^2 + \Phi_\mu\,(n_\mu), \quad \Phi_\mu\,(n_\mu) := \int_1^{n_\mu} \frac{p\,(\eta)}{\eta^2}\,d\eta.$$

易知：总能量 $\mathrm{H} := n_e \mathrm{E}_e + n_i \mathrm{E}_i + \dfrac{1}{2}\left(|E|^2 + |B|^2\right)$ 关于变量 $\tilde{w} := (n_e, u_e, n_i, u_i, E, B)$

为严格凸函数, 因此可被认为是具有耗散结构对称双曲组的熵[136]. 又因势函数 $\Phi_\mu(n_\mu)$ 关于变量 $v_\mu := 1/n_\mu$ 为严格凸函数, 从而能量函数 E_μ 关于变量 (v_μ, u_μ) 也是严格凸函数. 基于总能量函数 $H = H(\tilde{w})$ 的凸性, 引入相关能量形式

$$\tilde{H} := H(\tilde{w}) - H(\tilde{w}_\infty) - D_{\tilde{w}}H(\tilde{w}_\infty)(\tilde{w} - \tilde{w}_\infty),$$

这里 $\tilde{w}_\infty = (1, 0, 1, 0, 0, B_\infty)$ 是方程组 (3-6)-(3-10) 的常数平衡解, $D_{\tilde{w}}H(\tilde{w})$ 表示 $H(\tilde{w})$ 关于 $\tilde{w}$ 的 Frechet 导数. 直接计算可得

$$\tilde{H} = n_e\tilde{E}_e + n_i\tilde{E}_i + \frac{1}{2}\left(|E|^2 + |B - B_\infty|^2\right), \tag{3-14}$$

这里

$$\tilde{E}_\mu(n_\mu, u_\mu) := \frac{1}{2}|u_\mu|^2 + \tilde{\Phi}_\mu(n_\mu), \quad \tilde{\Phi}_\mu(n_\mu) := \int_1^{n_\mu} \frac{p(\eta) - p(1)}{\eta^2}d\eta.$$

有趣的是, 如果记 $\hat{\Phi}_\mu(v_\mu) = \Phi_\mu(n_\mu)$, 那么

$$\tilde{\Phi}_\mu(n_\mu) = \hat{\Phi}_\mu(v_\mu) - \hat{\Phi}_\mu(1) - \hat{\Phi}'_\mu(1)(v_\mu - 1).$$

接下来, 由 (3-13) 式与方程组 (3-6)-(3-10) 可得

$$\left\{n_e\tilde{E}_e + n_i\tilde{E}_i + \frac{1}{2}\left(|E|^2 + |B - B_\infty|^2\right)\right\}_t$$
$$+\nabla \cdot \left(n_e u_e\tilde{E}_e + (p(n_e) - p(1))u_e + n_i u_i\tilde{E}_i\right.$$
$$\left.+ (p(n_i) - p(1))u_i + E \times (B - B_\infty)\right) + n_e|u_e|^2 + n_i|u_i|^2 = 0. \tag{3-15}$$

最终可知方程组 (3-6)-(3-9) 是可对称化的双曲守恒律组. 事实上, 记 $\mathbb{R}^{14}$ 中的列向量

$$w = (n_e, u_e, n_i, u_i, E, B)^{\mathrm{T}}, \quad w_\infty = (1, 0, 1, 0, 0, B_\infty)^{\mathrm{T}},$$
$$w_0 = (n_{e0}, u_{e0}, n_{i0}, u_{i0}, E_0, B_0)^{\mathrm{T}}. \tag{3-16}$$

于是, 方程组 (3-6)-(3-9) 可改写为如下形式:

$$A^0(w)w_t + \sum_{j=1}^{3} A^j(w)w_{x_j} + L(w)w = 0, \tag{3-17}$$

其中, 系数矩阵定义如下:

$$
A^0(w) = \begin{pmatrix}
\dfrac{p_e^*}{n_e} & 0 & 0 & 0 & 0 & 0 \\
0 & n_e I & 0 & 0 & 0 & 0 \\
0 & 0 & \dfrac{p_i^*}{n_i} & 0 & 0 & 0 \\
0 & 0 & 0 & n_i I & 0 & 0 \\
0 & 0 & 0 & 0 & I & 0 \\
0 & 0 & 0 & 0 & 0 & I
\end{pmatrix},
$$

$$
L(w) = \begin{pmatrix}
0 & 0 & 0 & 0 & 0 & 0 \\
0 & n_e(I - \Omega_B) & 0 & 0 & n_e I & 0 \\
0 & 0 & 0 & 0 & 0 & 0 \\
0 & 0 & 0 & n_i(I + \Omega_B) & -n_i I & 0 \\
0 & -n_e I & 0 & n_i I & 0 & 0 \\
0 & 0 & 0 & 0 & 0 & 0
\end{pmatrix},
$$

$$
\sum_{j=1}^{3} A^j(w)\xi_j = \begin{pmatrix}
\dfrac{p_e^*}{n_e} u_e^* & p_e^* \xi & 0 & 0 & 0 & 0 \\
p_e^* \xi^{\mathrm{T}} & n_e u_e^* I & 0 & 0 & 0 & 0 \\
0 & 0 & \dfrac{p_i^*}{n_i} u_i^* & p_i^* \xi & 0 & 0 \\
0 & 0 & p_i^* \xi^{\mathrm{T}} & n_i u_i^* I & 0 & 0 \\
0 & 0 & 0 & 0 & 0 & -\Omega_\xi \\
0 & 0 & 0 & 0 & \Omega_\xi & 0
\end{pmatrix},
$$

其中 $u_\mu^* = u_\mu \cdot \xi$, $p_\mu^* = p'(n_\mu)$, $(\mu = e, i)$. I 表示 3×3 单位阵, 对于 $\xi = (\xi_1, \xi_2, \xi_3) \in \mathbb{R}^3$, 反对称矩阵 $\Omega_\xi E^{\mathrm{T}} = (\xi \times E)^{\mathrm{T}}$ 定义如下:

$$
\Omega_\xi = \begin{pmatrix}
0 & -\xi_3 & \xi_2 \\
\xi_3 & 0 & -\xi_1 \\
\xi_2 & \xi_1 & 0
\end{pmatrix}.
$$

由上述定义易知: $\Omega_\xi E^{\mathrm{T}} = (\xi \times E)^{\mathrm{T}}$.

本小节的主要结果如下:

定理 3.1.1(整体存在性)　令 $s \geqslant 3$, 如果初值 w_0 满足 $w_0 - w_\infty \in H^s$ 及相容性条件 (3-12), 那么, 存在正常数 ε_0 使得: 若 $\|w_0 - w_\infty\|_{H^s} \leqslant \varepsilon_0$, 则周期问题 (3-6)-(3-11) 存在整体唯一解 $w(t, x)$ 满足 $w - w_\infty \in C([0, \infty); H^s) \cap C^1([0, \infty); H^{s-1})$ 且对任意 $t \geqslant 0$,

$$
\|(w - w_\infty)\|_{H^s}^2 + \int_0^t \left(\|(n_e - 1, u_e, n_i - 1, u_i)(\tau)\|_{H^s}^2 \right.
$$

$$
\left. + \|E(\tau)\|_{H^{s-1}}^2 + \|\partial_x B(\tau)\|_{H^{s-2}}^2 \right) d\tau \leqslant C \|(w_0 - w_\infty)\|_{H^s}^2, \tag{3-18}
$$

进而, 对任意 $x \in \mathrm{T}$, 当 $t \to \infty$ 时, 解 $w(t, x)$ 一致收敛于常数稳态解 w_∞, 更精确的有: 当 $t \to \infty$ 时,

$$\|(n_e - 1, u_e, n_i - 1, u_i, E)(t)\|_{W^{s-2,\infty}} \to 0, \tag{3-19}$$

$$\|(B - B_\infty)(t)\|_{W^{s-4,\infty}} \to 0, \quad s \geqslant 4. \tag{3-20}$$

对于解的高阶导数, 类似的有估计:

推论 3.1.1　　令 $s \geqslant 3$ 及定理 3.1.1 的条件成立. 记 $w(t, x)$ 为周期问题 (3-6)-(3-11) 的解, 那么 $w(t, x)$ 关于时间 t 的导数满足下面一致估计:

$$
\begin{aligned}
&\|\partial_t w(t)\|_{H^{s-1}}^2 \\
&+ \int_0^t \left(\|\partial_\tau (n_e, u_e, n_i, u_i)(\tau)\|_{H^{s-1}}^2 + \|\partial_\tau (E, B)(\tau)\|_{H^{s-2}}^2 \right) d\tau \\
&\leqslant C \|(w_0 - w_\infty)\|_{H^s}^2.
\end{aligned}
\tag{3-21}
$$

为证明上述结论, 引入以下记号:

$$M(t) := \sup_{0 \leqslant \tau \leqslant t} \|(w - w_\infty)(\tau)\|_{W^{1,\infty}}, \quad N(t) := \sup_{0 \leqslant \tau \leqslant t} \|(w - w_\infty)(\tau)\|_{H^s},$$

$$D(t)^2 := \int_0^t \left(\|(n_e - 1, u_e, n_i - 1, u_i)(\tau)\|_{H^s}^2 + \|E(\tau)\|_{H^{s-1}}^2 + \|\partial_x B(\tau)\|_{H^{s-2}}^2 \right) d\tau,$$

$$I(t)^2 := \int_0^t \|(n_e - 1, u_e, n_i - 1, u_i)(\tau)\|_{L^\infty}^2 d\tau.$$

然后, 可得一个形式如下的先验估计结果:

命题 3.1.1　　令 $s \geqslant 3$ 及定理 3.1.1 的条件成立. 记 $w(t, x)$ 为周期问题 (3-6)-(3-11) 的解, 那么 $w(t, x)$ 关于时间 t 的导数满足下面一致估计: 如果初值 w_0 满足 $w_0 - w_\infty \in H^s$ 及相容性条件 (3-12), 那么, 存在不依赖 T 的正常数 ε_1 和 C 使得: 若 $N(T) \leqslant \varepsilon_1$, 则对任意 $t \geqslant 0$, 成立

$$N(t)^2 + D(t)^2 \leqslant C \|(w_0 - w_\infty)\|_{H^s}^2. \tag{3-22}$$

基于先验估计式 (3-22), 下面证明定理 3.1.1.

定理 3.1.1 的证明　　整体存在性的证明可由命题 3.1.1 中的先验估计式 (3-22)、结合对称双曲组的局部存在性理论以及运用标准的连续性方法讨论得到. 这里, 先认为 (3-18) 式、(3-21) 式成立, 后面将给出详细证明过程. 现在仅证明渐近稳定结果 (3-19) 式与 (3-20) 式.

首先, 引入环上的 Gagliardo-Nirenberg 不等式

$$\|v\|_{L^\infty} \leqslant C \|v\|_{L^2}^{\frac{1}{4}} \|v\|_{L^2}^{\frac{3}{4}}, \tag{3-23}$$

由 (3-18) 式与 (3-21) 式, 并结合 Hölder 不等式可得

$$\int_0^\infty \left| \frac{d}{dt} \left\| (n_\mu - 1)(t) \right\|_{H^{s-1}}^2 \right| dt \leqslant C \left\| w - w_0 \right\|_{H^s}^2,$$

上式联合 (3-18) 式可得: $\left\| (n_\mu - 1)(t) \right\|_{H^{s-1}}^2$ 与 $\frac{d}{dt} \left\| (n_\mu - 1)(t) \right\|_{H^{s-1}}^2$, 关于 $t \in (0, \infty)$ 可积, 也即

$$\left\| (n_\mu - 1)(t) \right\|_{H^{s-1}}^2 \in W^{1,1}(0, \infty).$$

于是, 当 $t \to \infty$ 时, $\left\| (n_\mu - 1)(t) \right\|_{H^{s-1}} \to 0$. 再由 (3-23) 式可得: 当 $t \to \infty$ 时,

$$\left\| (n_\mu - 1)(t) \right\|_{W^{s-2,\infty}} \leqslant C \left\| (n_\mu - 1)(t) \right\|_{H^{s-2}}^{\frac{1}{4}} \left\| \partial_x n_\mu(t) \right\|_{H^{s-2}}^{\frac{3}{4}}.$$

此处用到了 (3-18) 式中 $\left\| (n_\mu - 1)(t) \right\|_{H^s}$ 的一致有界性. 类似 $n_\mu - 1$ 有: 当 $t \to \infty$ 时, $\left\| u_\mu(t) \right\|_{W^{s-2,\infty}} \to 0$.

然后由 (3-18) 式和 (3-21) 式关于的估计可得

$$\left\| E(t) \right\|_{H^{s-2}}^2 \in W^{1,1}(0, \infty).$$

进而, 当 $t \to \infty$ 时, $\left\| E(t) \right\|_{H^{s-2}} \to 0$.

类似 $n_\mu - 1$ 有: 当 $t \to \infty$ 时, $\left\| E(t) \right\|_{W^{s-2,\infty}} \to 0$.

最后, 证明 (3-20) 式. 由 (3-18) 式、(3-21) 式关于的估计可得

$$\left\| \partial_x B(t) \right\|_{H^{s-3}}^2 \in W^{1,1}(0, \infty).$$

进而有: 当 $t \to \infty$ 时, $\left\| \partial_x B(t) \right\|_{H^{s-3}} \to 0$.

再由 (3-23) 式与 (3-18) 式可得: 当 $s \geqslant 4$ 时, 令 $t \to \infty$ 可得

$$\left\| (B - B_\infty)(t) \right\|_{W^{s-4,\infty}} \to 0.$$

证毕.

以下分四个引理来证明先验估计结果, 即证命题 3.1.1. 设 $W(t, x)$ 为周期问题 (3-6)-(3-11) 的解, 满足:

$$w - w_\infty \in C\left([0, \infty); H^s\right) \cap C^1\left([0, \infty); H^{s-1}\right)$$

以及对任意 $t \in [0, T]$,

$$\left\| (w - w_\infty)(t) \right\|_{H^s} \leqslant \bar{\delta}, \tag{3-24}$$

这里正常数 $\bar{\delta}$ 适当小.

基于总能量函数的凸性方法, 可得如下能量估计结果:

引理 3.1.1   若命题 3.1.1 条件成立, 则对任意 $t \in [0,T]$ 有

$$\left\| (w - w_\infty)(t) \right\|_{L^2}^2 + \int_0^t \left\| (u_e, u_i)(\tau) \right\|_{L^2}^2 d\tau \leqslant C \left\| (w_0 - w_\infty) \right\|_{L^2}^2. \tag{3-25}$$

证明   因总能量 $\tilde{H}$ 关于变量 $\tilde{w} := (n_e, u_e, n_i, u_i, E, B)$ 是凸函数, 那么当 $|\tilde{w} - \tilde{w}_\infty|$ 适当小时, $\tilde{H}$ 等价于 $|\tilde{w} - \tilde{w}_\infty|^2$. 因此, 当 $|\tilde{w} - \tilde{w}_\infty| \leqslant \bar{\delta}$ 时, 存在正常数 c, C, 使得

$$c|\tilde{w} - \tilde{w}_\infty|^2 \leqslant \tilde{H} \leqslant C|\tilde{w} - \tilde{w}_\infty|^2.$$

然后在 $(0, \infty) \times T$ 上积分 (3-13) 式, 即得 (3-24) 式. 证毕.

下面给出解的导函数的能量估计.

引理 3.1.2   若命题 3.1.1 条件成立, 则对任意 $t \in [0,T]$, 关于解的导函数, 成立下式:

$$\left\| \partial_x w(t) \right\|_{H^{s-1}}^2 + \int_0^t \left\| \partial_x (u_e, u_i)(\tau) \right\|_{H^{s-1}}^2 d\tau$$
$$\leqslant C \left\| \partial_x w_0 \right\|_{H^{s-1}}^2 + CM(t)D(t)^2 + CN(t)D(t). \tag{3-26}$$

证明   首先, (3-17) 式可改写为如下方程组:

$$\partial_t n_e + u_e \nabla n_e + n_e \nabla \cdot u_e = 0, \tag{3-27}$$

$$\partial_t u_e + (u_e \cdot \nabla) u_e + \frac{p_e^*}{n_e} \nabla n_e + E + u_e \times B_\infty + u_e = -u_e \times (B - B_\infty), \tag{3-28}$$

$$\partial_t n_i + u_i \nabla n_i + n_i \nabla \cdot u_i = 0, \tag{3-29}$$

$$\partial_t u_i + (u_i \cdot \nabla) u_i + \frac{p_i^*}{n_i} \nabla n_i - E - u_i \times B_\infty + u_i = -u_i \times (B - B_\infty), \tag{3-30}$$

$$\partial_t E - \nabla \times B - (u_e - u_i) = (n_e - 1) u_e - (n_i - 1) u_i, \tag{3-31}$$

$$\partial_t B + \nabla \times E = 0, \tag{3-32}$$

令 $1 \leqslant l \leqslant s$, 对 (3-27)-(3-32) 求 ∂_x^l 可得

$$\partial_x^l \partial_t n_e + u_e \cdot \nabla \partial_x^l n_e + n_e \nabla \cdot \partial_x^l u_e = f_{1e}^l, \tag{3-33}$$

$$\partial_x^l \partial_t u_e + u_e \cdot \nabla \partial_x^l u_e + \frac{p_e^*}{n_e} \nabla \partial_x^l n_e + \partial_x^l E + \partial_x^l u_e + \partial_x^l u_e \times B_\infty$$
$$= f_{2e}^l - \partial_x^l (u_e \times (B - B_\infty)), \tag{3-34}$$

$$\frac{p_i^*}{n_i^2} \left(\partial_x^l \partial_t n_i + u_i \cdot \nabla \partial_x^l n_i \right) + \frac{p_i^*}{n_i} \nabla \cdot \partial_x^l u_i = \frac{p_i^*}{n_i^2} f_{1i}^l, \tag{3-35}$$

$$\partial_x^l \partial_t u_i + u_i \cdot \nabla \partial_x^l u_i + \frac{p_i^*}{n_i} \nabla \partial_x^l n_i - \partial_x^l u_i \times B_\infty - \partial_x^l E + \partial_x^l u_i$$

$$= f_{2i}^l + \partial_x^l \left(u_i \times (B - B_\infty) \right), \tag{3-36}$$

$$\partial_x^l \partial_t E - \nabla \times \partial_x^l B - \partial_x^l (u_e - u_i) = \partial_x^l ((n_e - 1) u_e - (n_i - 1) u_i), \tag{3-37}$$

$$\partial_x^l \partial_t B + \nabla \times \partial_x^l E = 0. \tag{3-38}$$

此处

$$f_{1\mu}^l := -\left[\partial_x^l, u_\mu \cdot \nabla \right] n_\mu - \left[\partial_x^l, n_\mu \nabla \cdot \right] u_\mu,$$

$$f_{2\mu}^l := -\left[\partial_x^l, \frac{p'(n_\mu)}{n_\mu} \nabla \right] n_\mu - \left[\partial_x^l, (u_\mu \cdot \nabla) \right] u_\mu.$$

上述交换子 $[\cdot, \cdot]$ 定义如下：

$$[A, B] := AB - BA. \tag{3-39}$$

现在, 对 (3-33)-(3-38) 式分别乘以 $\partial_x^l n_e$、$\partial_x^l u_e$、$\partial_x^l n_i$、$\partial_x^l u_i$、$\partial_x^l E$、$\partial_x^l B$ 然后求和可得

$$H_t^l + \left| \partial_x^l u_e \right|^2 + \left| \partial_x^l u_i \right|^2 + \nabla \cdot F^l = \Re^l + \mathbb{S}^l, \tag{3-40}$$

其中

$$H^l := \frac{1}{2} \sum_{\mu=e,i} \left(\frac{p_\mu^*}{n_\mu} (\partial_x^l n_\mu)^2 + \left| \partial_x^l u_\mu \right|^2 \right) + \frac{1}{2} \left(\left| \partial_x^l E \right|^2 + \left| \partial_x^l B \right|^2 \right),$$

$$F^l := \partial_x^l E \times \partial_x^l B + \frac{1}{2} \sum_{\mu=e,i} \left\{ \frac{p_\mu^*}{n_\mu} \partial_x^l n_\mu \partial_x^l u_\mu + u_\mu \left(\frac{p_\mu^*}{n_\mu^2} (\partial_x^l n_\mu)^2 + \left| \partial_x^l u_\mu \right|^2 \right) \right\},$$

$$\Re^l := \sum_{\mu=e,i} \left\{ \frac{1}{2} \left(\left(\frac{p_\mu^*}{n_\mu^2} \right)_t + \nabla \cdot \left(\frac{p_\mu^*}{n_\mu^2} u_\mu \right) \right) (\partial_x^l n_\mu)^2 + \frac{1}{2} \nabla \cdot u_\mu \left| \partial_x^l u_\mu \right|^2 \right.$$

$$\left. + \nabla \left(\frac{p_\mu^*}{n_\mu} \right) \cdot \partial_x^l n_\mu \partial_x^l u_\mu + \frac{p_\mu^*}{n_\mu^2} \partial_x^l n_\mu f_{1\mu}^l + \partial_x^l u_\mu f_{2\mu}^l \right\},$$

$$\mathbb{S}^l := \partial_x^l E \cdot \partial_x^l ((n_e - 1) u_e - (n_i - 1) u_i) - \partial_x^l u_e \cdot \partial_x^l (u_e \times (B - B_\infty))$$

$$+ \partial_x^l u_i \cdot \partial_x^l (u_i \times (B - B_\infty)).$$

在上积分 (3-40) 式可得

$$\frac{d}{dt} \int_T H^l dx + \left\| \partial_x^l (u_e, u_i) \right\|_{L^2}^2 \leqslant R^l + S^l, \tag{3-41}$$

这里 $S^l := \int_T |\mathbb{S}^l| dx, R^l = \int_T |\Re^l| dx$. 又因当 $|w - w_\infty| \leqslant \bar{\delta}$ 时, H^l 等价于二次函数 $\left| \partial_x^l w \right|^2$.

故关于积分 (3-41) 式, 并关于 $l_{(1 \leqslant l \leqslant s)}$ 求和可得

$$\|\partial_x w(t)\|_{H^{s-1}}^2 + \int_0^t \|\partial_x (u_e, u_i)(\tau)\|_{H^{s-1}}^2 d\tau$$

$$\leqslant C\|\partial_x w_0\|_{H^{s-1}}^2 + C\sum_{l=1}^s \int_0^t (R^l + S^l)(\tau)d\tau. \tag{3-42}$$

为证 (3-26) 式, 从 (3-42) 式右端可以看出, 只需证明下面两式:

$$\int_0^t R^l(\tau)d\tau \leqslant CM(t)D(t)^2, \tag{3-43}$$

$$\int_0^t S^l(\tau)d\tau \leqslant CM(t)D(t)^2 + CN(t)I(t)D(t). \tag{3-44}$$

因 $|\partial_t n_\mu| \leqslant C|\partial_x(n_\mu, u_\mu)|$, 故

$$R^l \leqslant C\|\partial_x(n_e, u_e, n_i, u_i)\|_{L^\infty} \|\partial_x^l(n_e, u_e, n_i, u_i)\|_{L^2}^2,$$

这里用到交换子估计

$$\|(f_{1\mu}^l, f_{2\mu}^l)\|_{L^2} \leqslant C\|\partial_x(n_\mu, u_\mu)\|_{L^\infty} \|\partial_x^l(n_\mu, u_\mu)\|_{L^2}.$$

于是, 当 $1 \leqslant l \leqslant s$ 时,

$$\int_0^t R^l(\tau)d\tau \leqslant CM(t)D(t)^2.$$

此即 (3-43) 式. 又

$$\|\partial_x^l(uv)\|_{L^2} \leqslant C\left(\|u\|_{L^\infty}\|\partial_x^l v\|_{L^2} + \|v\|_{L^\infty}\|\partial_x^l u\|_{L^2}\right)$$

所以, 类似地有

$$S^l \leqslant C\|(n_\mu - 1, u_\mu)\|_{L^\infty}\|\partial_x^l(n_\mu, u_\mu)\|_{L^2}\|\partial_x^l(E, B)\|_{L^2},$$

积分可得: 当 $1 \leqslant l \leqslant s$ 时,

$$\int_0^t S^l(\tau)d\tau \leqslant CM(t)D(t)^2 + CN(t)I(t)D(t).$$

此即 (3-44) 式. 证毕.

注 3.1.1 由 (3-25) 式联合 (3-26) 式可得: 对任意 $t \in [0, T]$, 成立下面能量不等式

$$\|(w - w_\infty)(t)\|_{H^s}^2 + \int_0^t \|(u_e, u_i)(\tau)\|_{H^s}^2 d\tau$$

$$\leqslant C\|w_0 - w_\infty\|_{H^s}^2 + CM(t)D(t)^2 + CN(t)I(t)D(t). \tag{3-45}$$

下面两个引理主要证明能量估计式 (3-18) 的耗散部分.

引理 3.1.3　若命题 3.1.1 条件成立, 则对任意 $t \in [0, T]$, $\varepsilon > 0$, 有

$$\int_0^t \left(\|(n_e - 1, n_i - 1)(\tau)\|_{H^s}^2 + \|E(\tau)\|_{H^{s-1}}^2 \right) d\tau$$

$$\leqslant \varepsilon \int_0^t \|\partial_x B(\tau)\|_{H^{s-2}}^2 d\tau + C_\varepsilon \|w_0 - w_\infty\|_{H^s}^2$$

$$+ C_\varepsilon \left(M(t) D(t)^2 + N(t) I(t) D(t) \right). \tag{3-46}$$

这里正数 C_ε 的取值依赖 ε.

证明　易知式 (3-27)-(3-32) 可改写为如下形式:

$$\partial_t n_e + \nabla \cdot u_e = g_{1e}, \tag{3-47}$$

$$\partial_t u_e + a_\infty \nabla n_e + E + u_e \times B_\infty + u_e = g_{2e}, \tag{3-48}$$

$$\partial_t n_i + \nabla \cdot u_i = g_{1i}, \tag{3-49}$$

$$\partial_t u_i + a_\infty \nabla n_i - E - u_i \times B_\infty + u_i = g_{2i}, \tag{3-50}$$

$$\partial_t E - \nabla \times B - (u_e - u_i) = g_3, \tag{3-51}$$

$$\partial_t B + \nabla \times E = 0, \tag{3-52}$$

这里

$$a_\infty := p'(1),$$

$$g_{1e} := -\left(u_e \cdot \nabla n_e + (n_e - 1) \nabla \cdot u_e \right),$$

$$g_{1i} := -\left(u_i \cdot \nabla n_i + (n_i - 1) \nabla \cdot u_i \right),$$

$$g_{2e} := -u_e \cdot \nabla u_e - \left(\frac{p_e^*}{n_e} - a_\infty \right) \nabla n_e - u_e \times (B - B_\infty),$$

$$g_{2i} := -u_i \cdot \nabla u_i - \left(\frac{p_i^*}{n_i} - a_\infty \right) \nabla n_i + u_i \times (B - B_\infty),$$

$$g_3 := (n_e - 1) u_e - (n_i - 1) u_i.$$

然后对 (3-47)-(3-51) 式分别乘以 $-a_\infty \nabla \cdot u_e$, $-a_\infty \nabla n_e + E$, $-a_\infty \nabla \cdot u_i$, $a_\infty \nabla n_i - E$, $u_e - u_i$, 并求和可得

$$a_\infty \sum_{\mu = e, i} \left(\nabla n_\mu \cdot \partial_t u_\mu - \partial_t n_\mu \nabla \cdot u_\mu - (\nabla \cdot u_\mu)^2 \right) + \partial_t \left(E \cdot (u_e - u_i) \right)$$

$$+ |a_\infty \nabla n_e + E|^2 - |u_e - u_i|^2 + |a_\infty \nabla n_i - E|^2 - (u_e - u_i) \cdot \nabla \times B$$

$$+ (a_\infty \nabla n_i - E) \cdot (-u_i \times B_\infty + u_i)$$

$$+ (a_\infty \nabla n_e + E) \cdot (u_e \times B_\infty + u_e) = \psi_1^0, \tag{3-53}$$

这里

$$\psi_1^0 := \sum_{\mu=e,i} \left(-a_\infty g_{1\mu} \nabla \cdot u_\mu + (a_\infty \nabla n_\mu + E) \cdot g_{2\mu} \right) + (u_e - u_i) \cdot g_3.$$

因 $\nabla \cdot E = n_i - n_e$, 故

$$|a_\infty \nabla n_e + E|^2 + |a_\infty \nabla n_i - E|^2$$
$$= a_\infty^2 \left(|\nabla n_e|^2 + |\nabla n_i|^2 \right) + 2|E|^2 + 2a_\infty (n_e - n_i)^2 + 2a_\infty \nabla \cdot ((n_e - n_i) E),$$

又因

$$\nabla n_\mu \cdot \partial_t u_\mu - \partial_t n_\mu \nabla \cdot u_\mu = \nabla \cdot ((n_\mu - 1) \partial_t u_\mu) - ((n_\mu - 1) \nabla \cdot u_\mu)_t,$$

所以, (3-53) 式可改写为

$$\left(H_1^0 \right)_t + \mathfrak{A}_1^0 + \nabla \cdot F_1^0 = \mathfrak{M}_1^0 + \psi_1^0, \tag{3-54}$$

其中

$$H_1^0 := -a_\infty \sum_{\mu=e,i} (n_\mu - 1) \nabla \cdot u_\mu + (u_e - u_i) \cdot E,$$

$$\mathfrak{A}_1^0 := 2a_\infty (n_e - n_i)^2 + a_\infty^2 \sum_{\mu=e,i} |\nabla n_\mu|^2 + 2|E|^2,$$

$$F_1^0 := a_\infty \sum_{\mu=e,i} (n_\mu - 1) \partial_t u_\mu + 2a_\infty (n_e - n_i) E,$$

$$\mathfrak{M}_1^0 = |u_e - u_i|^2 - (a_\infty \nabla n_e + E) \cdot (u_e \times B_\infty + u_e) + (u_e - u_i) \cdot \nabla \times B$$
$$+ a_\infty \left((\nabla \cdot u_e)^2 + (\nabla \cdot u_i)^2 \right) + (a_\infty \nabla n_i + E) \cdot (-u_i \times B_\infty + u_i).$$

然后, 在 T 上积分 (3-54) 式, 再应用 Poincaré 不等式与 Young 不等式有

$$\frac{d}{dt} \int_T H_1^0 dx + c \left(\|(n_e - 1, n_i - 1)\|_{H^1}^2 + \|E\|_{L^2}^2 \right)$$
$$\leqslant \varepsilon \|\partial_x B\|_{L^2}^2 + C_\varepsilon \|(u_e, u_i)\|_{H^1}^2 + \Psi_1^0. \tag{3-55}$$

此处 $\Psi_1^0 := \displaystyle\int_T \psi_1^0 dx$, 正常数 C_ε 的取值依赖 ε.

另外, 类似 (3-54) 式, 对于导函数 $\partial_x^l w$ 成立:

$$\left(H_1^l \right)_t + \mathfrak{A}_1^l + \nabla \cdot F_1^l = \mathfrak{M}_1^l + \psi_1^l, \tag{3-56}$$

这里 $1 \leqslant l \leqslant s - 1$.

$$H_1^l := a_\infty \sum_{\mu=e,i} \partial_x^l (1 - n_\mu) \nabla \cdot \partial_x^l u_\mu + \partial_x^l (u_e - u_i) \cdot \partial_x^l E,$$

$$\mathfrak{A}_1^l := 2a_\infty \left(\partial_x^l \left(n_e - n_i\right)\right)^2 + 2\left|\partial_x^l E\right|^2 + a_\infty^2 \sum_{\mu=e,i} \left|\nabla \partial_x^l n_\mu\right|^2,$$

$$\mathfrak{M}_1^l := \left(a_\infty \nabla \partial_x^l n_i - \partial_x^l E\right) \cdot \left(-\partial_x^l u_i \times B_\infty + \partial_x^l u_i\right)$$
$$- \left(a_\infty \nabla \partial_x^l n_e + \partial_x^l E\right) \cdot \left(\partial_x^l u_e \times B_\infty + \partial_x^l u_e\right)$$
$$+ \left|\partial_x^l \left(u_e - u_i\right)\right|^2 + \nabla \times \partial_x^l \left(u_e - u_i\right) \cdot \partial_x^l B$$
$$+ a_\infty \left(\left(\nabla \cdot \partial_x^l u_e\right)^2 + \left(\nabla \cdot \partial_x^l u_i\right)^2\right),$$

$$F_1^l := \partial_x^l \left(u_e - u_i\right) \times \partial_x^l \left(B - B_\infty\right) + a_\infty \sum_{\mu=e,i} \partial_x^l \left(n_\mu - 1\right) \partial_x^l \partial_t u_\mu$$
$$+ 2a_\infty \partial_x^l \left(n_e - n_i\right) \partial_x^l E,$$

$$\psi_1^l := a_\infty \sum_{\mu=e,i} \left(-\nabla \cdot \partial_x^l u_\mu \partial_x^l g_{1\mu} + \nabla \partial_x^l n_\mu \cdot \partial_x^l g_{2\mu}\right)$$
$$+ \partial_x^l E \partial_x^l \left(g_{2e} - g_{2i}\right) + \partial_x^l \left(u_e - u_i\right) \cdot \partial_x^l g_3.$$

在 T 上积分 (3-56) 式, 则有相应于 (3-55) 式的估计式:

$$\frac{d}{dt} \int_T \mathrm{H}_1^l dx + c \left\|\partial_x^l \left(n_e - 1, n_i - 1\right)\right\|_{H^1}^2 + c \left\|\partial_x^l E\right\|_{L^2}^2$$
$$\leqslant \varepsilon \left\|\partial_x^l \left(B - B_\infty\right)\right\|_{L^2}^2 + C_\varepsilon \left\|\partial_x^l \left(u_e, u_i\right)\right\|_{H^1}^2 + \Psi_1^l. \tag{3-57}$$

其中 $1 \leqslant l \leqslant s - 1$, $\Psi_1^l := \int_T \left|\psi_1^l\right| dx$. 因为

$$\left|\int_T \mathrm{H}_1^l dx\right| \leqslant C \left(\left\|\partial_x^l \left(n_e - 1, n_i - 1, E\right)\right\|_{L^2}^2 + \left\|\partial_x^l \left(u_e, u_i\right)\right\|_{H^1}^2\right),$$

故 (3-55)+(3-57) 并关于 $1 \leqslant l \leqslant s - 1$ 求和, 然后关于 t 积分可得

$$\int_0^t \left(\left\|\left(n_e - 1, n_i - 1\right)(\tau)\right\|_{H^s}^2 + \left\|E(\tau)\right\|_{H^{s-1}}^2\right) d\tau$$
$$\leqslant \varepsilon \int_0^t \left\|\partial_x B(\tau)\right\|_{H^{s-2}}^2 d\tau + C_\varepsilon \left\|w_0 - w_\infty\right\|_{H^s}^2$$
$$+ C_\varepsilon \left(M(t)D(t)^2 + N(t)I(t)D(t)\right). \tag{3-58}$$

于是 (3-46) 式成立. 证毕.

引理 3.1.4　若命题 3.1.1 条件成立, 则对任意 $t \in [0, T]$ 有

$$\int_0^t \left\|\partial_x B(\tau)\right\|_{H^{s-2}}^2 d\tau \leqslant C \left(\left\|w_0 - w_\infty\right\|_{H^{s-1}}^2 + \int_0^t \left\|\partial_x E(\tau)\right\|_{H^{s-2}}^2 d\tau\right)$$
$$+ C \left(M(t)D(t)^2 + N(t)I(t)D(t)\right). \tag{3-59}$$

证明   (3-31)-(3-32) 分别乘以 $-\nabla \times B$, $-\nabla \times E$ 并求和可得

$$-(E \cdot \nabla \times B)_t + |\nabla \times B|^2 - \nabla \cdot (E \times B_t) = \mathfrak{M}_2^0 + \psi_2^0.$$

此处

$$\mathfrak{M}_2^0 := -(u_e - u_i) \cdot \nabla \times B + |\nabla \times E|^2, \quad \psi_2^0 = -((n_e - 1)u_e - (n_i - 1)u_i) \cdot \nabla \times B.$$

类似地有

$$\left|\nabla \times \partial_x^l B\right|^2 - \left(\partial_x^l E \cdot \nabla \times \partial_x^l B\right)_t - \nabla \cdot \left(\partial_x^l E \times \partial_x^l B_t\right) = \mathfrak{M}_2^l + \psi_2^l, \tag{3-60}$$

此处,

$$\mathfrak{M}_2^l := -\partial_x^l (u_e - u_i) \cdot \nabla \times \partial_x^l B + \left|\nabla \times \partial_x^l E\right|^2,$$

$$\psi_2^l := -\partial_x^l ((n_e - 1)u_e - (n_i - 1)u_i) \cdot \nabla \times \partial_x^l B.$$

在 T 上积分 (3-60) 式, 并应用 Hölder 不等式可得

$$-\frac{d}{dt} \int_{\mathrm{T}} \partial_x^l E \cdot \nabla \times \partial_x^l B dx + c \left\|\nabla \times \partial_x^l B\right\|_{L^2}^2$$

$$\leqslant \left\|\nabla \times \partial_x^l E\right\|_{L^2}^2 + C \left\|\partial_x^l (u_e - u_i)\right\|_{L^2}^2 + \Psi_2^l, \tag{3-61}$$

这里 $\Psi_2^l := \int_{\mathrm{T}} |\psi_2^l| dx$. 于是, (3-61) 式关于 t 积分, 然后再关于 $l_{(1 \leqslant l \leqslant s-2)}$ 求和可得

$$\int_0^t \|\partial_x B(\tau)\|_{H^{s-2}}^2 d\tau \leqslant C \left(\|w_0 - w_\infty\|_{H^{s-1}}^2 + \int_0^t \|\partial_x E(\tau)\|_{H^{s-2}}^2 d\tau\right)$$

$$+ C \left(M(t)D(t)^2 + N(t)I(t)D(t)\right). \tag{3-62}$$

从而, (3-59) 式成立. 证毕.

基于上述四个引理的准备工作, 下面证明先验估计.

命题 3.1.1 的证明   首先, (3-59) 代入 (3-46), 并取适当小即得

$$\int_0^t \left(\|(n_e - 1, n_i - 1)(\tau)\|_{H^s}^2 + \|E(\tau)\|_{H^{s-1}}^2\right) d\tau$$

$$\leqslant C \|w_0 - w_\infty\|_{H^s}^2 + CM(t)D(t)^2 + CN(t)I(t)D(t). \tag{3-63}$$

接下来, (3-63) 代回 (3-59) 得

$$\int_0^t \|\partial_x B(\tau)\|_{H^{s-2}}^2 d\tau$$

$$\leqslant C \|w_0 - w_\infty\|_{H^{s-1}}^2 + C \left(M(t)D(t)^2 + N(t)I(t)D(t)\right). \tag{3-64}$$

联合 (3-45), (3-63), (3-64) 可得

$$
\begin{aligned}
& \|(w - w_\infty)(t)\|_{H^s}^2 \\
& + \int_0^t \left\{ \|(n_e - 1, u_e, n_i - 1, u_i)(\tau)\|_{H^s}^2 + \|E(\tau)\|_{H^{s-1}}^2 + \|\partial_x B(\tau)\|_{H^{s-2}}^2 \right\} d\tau \\
& \leqslant C \left(\|w_0 - w_\infty\|_{H^s}^2 + M(t)D(t)^2 + N(t)I(t)D(t) \right).
\end{aligned}
$$

再由 (3-24) 式的小性条件得

$$
N(t)^2 + D(t)^2 \leqslant C \|w_0 - w_\infty\|_{H^s}^2 + C \left(M(t)D(t)^2 + N(t)I(t)D(t) \right). \tag{3-65}
$$

由于当 $s \geqslant 3$ 时 $M(t) \leqslant C_1 N(t)$, 且 $I(t) \leqslant CD(t)$. 所以, 由 (3-65) 式可得: 当 $s \geqslant 3$ 时,

$$
N(t)^2 + D(t)^2 \leqslant C \|w_0 - w_\infty\|_{H^s}^2 + C_2 N(t)D(t)^2. \tag{3-66}
$$

取 $\varepsilon_1 = \min \left\{ \bar{\delta}/C_1, 1/(2C_2) \right\}$, 并设 $N(t) \leqslant \varepsilon_1$, 那么当 $\bar{\delta}$ 足够小时, (3-24) 小性条件满足. 进而可由 (3-66) 得

$$
N(t)^2 + D(t)^2 \leqslant C \|w_0 - w_\infty\|_{H^s}^2.
$$

证毕.

推论 3.1.1 的证明　类似 (3-18) 的推导过程, 结合 (3-27)-(3-32) 可得

$$
\|\partial_t w\|_{H^{s-1}} \leqslant C \|w - w_\infty\|_{H^s},
$$

$$
\|\partial_t (n_\mu, u_\mu)\|_{H^{s-1}} \leqslant C \left(\|\partial_x (n_\mu, u_\mu)\|_{H^{s-1}} + \|(u_\mu, E)\|_{H^{s-1}} \right),
$$

$$
\|\partial_t (E, B)\|_{H^{s-2}} \leqslant C \|\partial_x (E, B)\|_{H^{s-2}} + C \|u_\mu\|_{H^{s-1}},
$$

这里用到了 (3-18) 式中的一致估计式:

$$
\|w - w_\infty\|_{H^s} \leqslant C.
$$

上式结合 (3-18) 式可得: 估计式 (3-21) 成立. 证毕.

3.1.2　双极完全可压缩 Navier-Stokes-Maxwell 方程组整体光滑解的渐近行为

目前有许多关于等离子体物理模型的相关研究, 当不考虑流体的粘性时, 就是著名的 Euler-Maxwell 方程组. 对于一维等熵的 Euler-Maxwell 方程组, Chen, Jerome, Wang[13] 运用补偿紧性法证明了熵解的整体存在性. 对于三维等熵的 Euler-Maxwell 方程组, 环上的周期问题和全空间上的 Cauchy 问题光滑小震荡解的整体存在性及其渐近行为分别由 Ueda, Wang, Kawashima[137], Peng, Wang, Gu[115] 获

得; 当时间 t 趋于无穷大时, 光滑小震荡解的衰减速率由 Ueda, Kawashima[136] 获得; 关于小参数渐近极限问题的研究, 参见 [110]. 对于三维非等熵的 Euler-Maxwell 方程组, Yang, Wang[145] 研究了扩散松弛极限; Wang, Feng, Li[141] 给出了光滑小震荡解的衰减速率.

当考虑流体的粘性时, 就是本小节研究的 Navier-Stokes-Maxwell 方程组. 目前尚无关于双极完全可压缩 Navier-Stokes-Maxwell 方程组的解的整体存在性与渐近行为方面的相关研究. 因此, 本小节重点研究上述问题.

研究等离子体双极完全可压缩 Navier-Stokes-Maxwell 方程组, 形式如下:

$$\partial_t n^\nu + \nabla \cdot (n^\nu u^\nu) = 0, \tag{3-67}$$

$$\partial_t (m_\nu n^\nu u^\nu) + \nabla \cdot (m_\nu n^\nu u^\nu \otimes u^\nu) + \nabla p_\nu = q_\nu n^\nu (E + \gamma u^\nu \times B) + \eta_\nu \Delta u^\nu, \tag{3-68}$$

$$\partial_t \Psi_\nu + \nabla \cdot (\Psi_\nu u^\nu + u^\nu p_\nu) = q_\nu n^\nu u^\nu E - \frac{\Psi_\nu - e_* n^\nu}{\tau_\nu} + u^\nu \Delta u^\nu, \tag{3-69}$$

$$\gamma \lambda^2 \partial_t E - \nabla \times B = -\gamma \left(q_e n^e u^e + q_i n^i u^i \right), \tag{3-70}$$

$$\lambda^2 \nabla \cdot E = n^i - n^e, \quad \nabla \cdot B = 0,, \tag{3-71}$$

$$\gamma \partial_t B + \nabla \times E = 0, \quad (t, x) \in \mathbb{R}^+ \times \mathbb{R}^3, \tag{3-72}$$

其中 $\nu = e, i$, $q_e = -1 (q_i = 1)$ 表示电子 (离子) 的带电荷数. 未知函数分别为: 密度 $n^\nu > 0$, 速度 $u^\nu = (u_1^\nu, u_2^\nu, u_3^\nu)$, 绝对温度 $\theta^\nu > 0$, 内能 $e_\nu = \frac{3}{2} K_B \theta^\nu$, 压差函数 $p_\nu = \frac{2}{3} n^\nu e_\nu$, 总能量 $\Psi_\nu = n^\nu \left(e_\nu + \frac{1}{2} m_\nu |u^\nu|^2 \right)$, 电场强度 E, 磁场强度 B. 此外, 常数 $m_\nu > 0$, $\frac{1}{\gamma} = c,, \eta_\nu > 0, \theta_* > 0, e_* = \frac{3}{2} K_B \theta_*, \tau_\nu > 0, \lambda > 0, K_B > 0$ 分别表示粒子质量, 光速, 粘性系数, 背景温度, 介质内能, 能量松弛时间, 尺度化的 Debye 长度, Boltzmann 常数. 一般地, 令 $m_\nu = \gamma = \eta_\nu = \tau_\nu = \lambda = 1$, 则方程组 (3-67)-(3-72) 转化为

$$\partial_t n^\nu + \nabla \cdot (n^\nu u^\nu) = 0, \tag{3-73}$$

$$\partial_t u^\nu + (u^\nu \cdot \nabla) u^\nu + \frac{1}{n^\nu} \nabla (n^\nu \theta^\nu) = q_\nu (E + u^\nu \times B) + \frac{1}{n^\nu} \Delta u^\nu, \tag{3-74}$$

$$\partial_t \theta^\nu + \frac{2}{3} \theta^\nu \nabla \cdot u^\nu + u^\nu \cdot \nabla \theta^\nu = -\theta^\nu + \theta_* - \frac{1}{3} |u^\nu|^2, \tag{3-75}$$

$$\partial_t E - \nabla \times B = n^e u^e - n^i u^i, \tag{3-76}$$

$$\nabla \cdot E = n^i - n^e, \quad \nabla \cdot B = 0. \tag{3-77}$$

$$\partial_t B + \nabla \times E = 0, \quad (t, x) \in \mathbb{R}^+ \times \mathbb{R}^3. \tag{3-78}$$

其中 $\nu = e, i$, 初始条件为

$$\left(n^\nu, u^\nu, \theta^\nu, E, B\right)\big|_{t=0} = \left(n^{\nu 0}, u^{\nu 0}, \theta^{\nu 0}, E^0, B^0\right), \quad x \in \mathbb{R}^3. \tag{3-79}$$

满足如下相容性条件:

$$\nabla \cdot E^0 = n^{i0} - n^{e0}, \nabla \cdot B^0 = 0, \quad x \in \mathbb{R}^3. \tag{3-80}$$

当 $n^\nu, \theta^\nu > 0$ 时, 方程组 (3-73)-(3-78) 为可对称化的双曲抛物组. 关于完全可压缩的 Navier-Stokes 方程组, Nash[106] 与 Serrin[127] 证明了真空不出现情况下经典解的局部存在唯一性定理. 于是借助 Kato[79] 的结果可知, 只要初值光滑, Cauchy问题 (3-73)-(3-79) 就一定存在局部唯一光滑解.

命题 3.1.2(局部存在唯一性)　令 (3-80) 成立, 整数 $s \geqslant 4$, 常数 $n_*, \theta_* > 0$. 对给定常数 $\kappa > 0$, 初值 $n^{\nu 0}, \theta^{\nu 0} \geqslant 2\kappa$. 则如果

$$\left(n^{\nu 0} - n_*, u^{\nu 0}, \theta^{\nu 0} - \theta_*, E^0, B^0\right) \in H^s\left(\mathbb{R}^3\right),$$

那么存在 $T > 0$ 使得问题 (3-73)-(3-79) 存在局部唯一光滑解, 满足:

$$(t, x) \in [0, T] \times \mathbb{R}^3,$$

$$u^\nu \in C^1\left([0, T]; H^{s-2}\left(\mathbb{R}^3\right)\right) \cap C\left([0, T]; H^s\left(\mathbb{R}^3\right)\right),$$

$$\left(n^\nu - n_*, \theta^\nu - \theta_*, E, B\right) \in C^1\left([0, T]; H^{s-1}\left(\mathbb{R}^3\right)\right) \cap C\left([0, T]; H^s\left(\mathbb{R}^3\right)\right).$$

本小节的主要结果如下:

定理 3.1.2　令 (3-80) 成立, 整数 $s \geqslant 4$, 常数 $n_*, \theta_* > 0$. 那么存在常数 $\delta_0 > 0$足够小, 不依赖于任何时间 $t > 0$, 使得若

$$\left\|\left(n^{\nu 0} - n_*, u^{\nu 0}, \theta^{\nu 0} - \theta_*, E^0, B^0\right)\right\|_{H^s} \leqslant \delta_0,$$

则 Cauchy 问题 (3-73)-(3-79) 存在唯一整体光滑解

$$\left(n^\nu - n_*, \theta^\nu - \theta_*, E, B\right) \in C^1\left(\mathbb{R}^+; H^{s-1}\left(\mathbb{R}^3\right)\right) \cap C\left(\mathbb{R}^+; H^s\left(\mathbb{R}^3\right)\right),$$

$$u^\nu \in C^1\left(\mathbb{R}^+; H^{s-2}\left(\mathbb{R}^3\right)\right) \cap C\left(\mathbb{R}^+; H^s\left(\mathbb{R}^3\right)\right). \tag{3-81}$$

进而有

$$\lim_{t \to +\infty} \left\|\left(n^e(t) - n^i(t), \theta^\nu(t) - \theta_*\right)\right\|_{H^{s-1}} = 0,$$

$$\lim_{t \to +\infty} \left\|\nabla n^\nu(t)\right\|_{H^{s-2}} = 0, \tag{3-82}$$

$$\lim_{t \to +\infty} \left\|\nabla u^\nu(t)\right\|_{H^{s-3}} = 0, \tag{3-83}$$

$$\lim_{t \to +\infty} \|\nabla E(t)\|_{H^{s-2}} = 0, \tag{3-84}$$

$$\lim_{t \to +\infty} \|\nabla^2 B(t)\|_{H^{s-4}} = 0. \tag{3-85}$$

注 3.1.2　方程组 (3-73)-(3-78) 中速度粘性项 Δu^ν 和温度耗散项 $\theta^\nu - \theta_*$ 在证明定理 3.1.2 的过程中起关键作用.

本小节其余部分结构如下: 首先给出能量估计, 旨在证明定理 3.1.2 的整体存在性部分; 其次, 建立电磁场的耗散估计, 从而获得解的大时间行为.

众所周知, 解的整体存在性可由解的局部存在性、解的一致先验估计结合连续性的讨论方法得到. 于是下面的主要任务就是通过能量方法建立解的先验估计, 从而完成解的整体存在性的证明.

首先引入一些记号. 对于常数 $0 < \gamma < 1$, 表达式 $f \sim g$ 意指 $\gamma g \leqslant f \leqslant \dfrac{1}{\gamma} g$. 用 $\|\cdot\|_s$ 表示常用 Sobolev 空间 $H^s(\mathbb{R}^3)$ 的范数, 用 $\|\cdot\|$ 和 $\|\cdot\|_\infty$ 分别表示空间 $L^2(\mathbb{R}^3)$ 和 $L^\infty(\mathbb{R}^3)$ 的范数. 用 $\langle \cdot, \cdot \rangle$ 表示空间 $L^2(\mathbb{R}^3)$ 上的内积.

对于多重指标 $\alpha = (\alpha_1, \alpha_2, \alpha_3) \in \mathbb{N}^3$, 记

$$\partial^\alpha = \partial_{x_1}^{\alpha_1} \partial_{x_2}^{\alpha_2} \partial_{x_3}^{\alpha_3}, \quad |\alpha| = \alpha_1 + \alpha_2 + \alpha_3.$$

现在设 $(n^\nu, u^\nu, \theta^\nu, E, B)$ 为 Cauchy 问题 (3-73)-(3-80) 的唯一光滑解. 令

$$n^\nu = n_* + N^\nu, \quad \theta^\nu = \theta_* + \Theta^\nu, \tag{3-86}$$

$$
U^\nu = \begin{pmatrix} N^\nu \\ u^\nu \\ \Theta^\nu \end{pmatrix}, \quad
U = \begin{pmatrix} U^e \\ U^i \end{pmatrix}, \quad
W = \begin{pmatrix} U \\ E \\ B \end{pmatrix},
$$

$$
U^{\nu 0} = \begin{pmatrix} N^{\nu 0} \\ u^{\nu 0} \\ \Theta^{\nu 0} \end{pmatrix}, \quad
U^0 = \begin{pmatrix} U^{e0} \\ U^{i0} \end{pmatrix}, \quad
W^0 = \begin{pmatrix} U^0 \\ E^0 \\ B^0 \end{pmatrix},
\tag{3-87}
$$

其中 $N^{\nu 0} = n^{\nu 0} - n_*, \Theta^{\nu 0} = \theta^{\nu 0} - \theta_*$. 于是方程组 (3-73)-(3-78) 可改写为

$$\partial_t N^\nu + u^\nu \cdot \nabla N^\nu + (n_* + N^\nu) \nabla \cdot u^\nu = 0, \tag{3-88}$$

$$\partial_t u^\nu + \frac{\theta_* + \Theta^\nu}{n_* + N^\nu} \nabla N^\nu + (u^\nu \cdot \nabla) u^\nu + \nabla \Theta^\nu = q_\nu (E + u^\nu \times B) + \frac{\Delta u^\nu}{n_* + N^\nu}, \tag{3-89}$$

$$\partial_t \Theta^\nu + \frac{2}{3} (\theta_* + \Theta^\nu) \nabla \cdot u^\nu + u^\nu \cdot \nabla \Theta^\nu = -\Theta^\nu - \frac{1}{3} |u^\nu|^2, \tag{3-90}$$

$$\partial_t E - \nabla \times B = (n_* + N^e) u^e - (n_* + N^i) u^i, \tag{3-91}$$

$$\nabla \cdot E = N^i - N^e, \quad \nabla \cdot B = 0, \tag{3-92}$$

$$\partial_t B + \nabla \times E = 0, \quad (t,x) \in \mathbb{R}^+ \times \mathbb{R}^3. \tag{3-93}$$

进而, 由 (3-87) 可知 (3-88)-(3-90) 改写如下形式:

$$\partial_t U^\nu + \sum_{j=1}^3 A_j^\nu \left(n^\nu, u^\nu, \theta^\nu\right) \partial_j U^\nu = K_I^\nu(W) + K_{II}^\nu(U^\nu), \tag{3-94}$$

此处,

$$A_j^\nu = \begin{pmatrix} u_j^\nu & n^\nu e_j^{\mathrm{T}} & 0 \\ \dfrac{\theta^\nu}{n^\nu} e_j & u_j^\nu I_3 & e_j \\ 0 & \dfrac{2}{3}\theta^\nu e_j^{\mathrm{T}} & u_j^\nu \end{pmatrix}, \quad 1 \leqslant j \leqslant 3, \tag{3-95}$$

$$K_I^\nu(W) = \begin{pmatrix} 0 \\ q_\nu\left(E + u^\nu \times B\right) \\ -\dfrac{1}{3}|u^\nu|^2 \end{pmatrix}, \tag{3-96}$$

$$K_{II}^\nu(U^\nu) = \begin{pmatrix} 0 \\ \dfrac{\Delta u^\nu}{n^\nu} \\ -\Theta^\nu \end{pmatrix}, \tag{3-97}$$

其中 (e_1, e_2, e_3) 为 $\mathbb{R}^3$ 的标准正交基, I_3 为单位矩阵.

易知, 当 $n_* + N^\nu, \theta_* + \Theta^\nu > 0$ 时, (3-94) 关于 U^ν 是可对称化的双曲抛物组. 这是因为常数 $n_*, \theta_* > 0$ 且本节考察的是小震荡解 $N^\nu, \Theta^\nu \to 0$, 从而有 $n_* + N^\nu, \theta_* + \Theta^\nu > 0$. 令

$$A_0^\nu\left(n^\nu, \theta^\nu\right) = \begin{pmatrix} \dfrac{\theta^\nu}{n^\nu} & 0 & 0 \\ 0 & n^\nu I_3 & 0 \\ 0 & 0 & \dfrac{3n^\nu}{2\theta^\nu} \end{pmatrix},$$

则

$$\tilde{A}_j^\nu = A_0^\nu A_j^\nu = \begin{pmatrix} \dfrac{\theta^\nu}{n^\nu} u_j^\nu & \theta^\nu e_j^{\mathrm{T}} & 0 \\ \theta^\nu e_j & n^\nu u_j^\nu I_3 & n^\nu e_j \\ 0 & n^\nu e_j^{\mathrm{T}} & \dfrac{3n^\nu}{2\theta^\nu} u_j^\nu \end{pmatrix}, \quad j = 1, 2, 3.$$

从而由 $A_0^\nu\left(n^\nu, \theta^\nu\right)$ 的正定性和对任意 $1 \leqslant j \leqslant 3$, $\tilde{A}_j^\nu$ 的对称性知, (3-94) 关于是可对称化的双曲抛物组.

令 $T > 0$, W 为命题 3.1.2 给出, 定义在区间 $[0, T]$ 上, 初值为 W^0 的方程组 (3-94) 的光滑解. 定义

$$\omega_T = \sup_{0 \leqslant t \leqslant T} \|W(t)\|_s, \tag{3-98}$$

及任意常数 $C > 0$ 不依赖任何时间 t, T.

易知, 当 $s \geqslant 2$ 时, $H^s(\mathbb{R}^3) \hookrightarrow L^\infty(\mathbb{R}^3)$ 嵌入连续, 于是存在常数 $C_m > 0$, 使得

$$\|f\|_\infty \leqslant C_m \|f\|_s, \quad \forall f \in H^s(\mathbb{R}^3).$$

若 $\omega_T \leqslant \dfrac{\min\{n_*, \theta_*\}}{2C_m}$, 则由 (3-98) 可得 $\|(N^\nu, \Theta^\nu)\|_\infty \leqslant \dfrac{\min\{n_*, \theta_*\}}{2C_m}$, 进而有

$$\frac{\min\{n_*, \theta_*\}}{2C_m} \leqslant n_* + N^\nu, \quad \theta_* + \Theta^\nu \leqslant \frac{3\max\{n_*, \theta_*\}}{2C_m}.$$

此外, 由 Moser 型积分不等式知, 对任意光滑函数 g 有 $\displaystyle\sup_{0 \leqslant t \leqslant T} \|g(W(t))\|_s \leqslant C.$

接下来进行能量估计, 首先建立 L^2 估计如下.

引理 3.1.5　在定理 3.1.2 的条件下, 若 $\omega_T \leqslant \dfrac{\min\{n_*, \theta_*\}}{2C_m}$, 则 $\forall t \in [0, T]$, 有

$$\|W(t)\|^2 + \sum_{\nu=e,i} \int_0^t \|(\nabla u^\nu, \Theta^\nu)(\tau)\|^2 d\tau$$

$$\leqslant C\|W^0\|^2 + C\int_0^t \|U(\tau)\|_s \sum_{\nu=e,i} \left(\|\nabla N^\nu(\tau)\|_1^2 + \|(\nabla u^\nu, \Theta^\nu)(\tau)\|_2^2 \right) d\tau. \tag{3-99}$$

证明　首先, 令 (3-94) 与 $2A_0^\nu(n^\nu, \theta^\nu)U^\nu$ 在空间 $L^2(\mathbb{R}^3)$ 上内积可得

$$\frac{d}{dt} \langle A_0^\nu(n^\nu, \theta^\nu)U^\nu, U^\nu \rangle$$

$$= \langle \operatorname{div} A^\nu(n^\nu, u^\nu, \theta^\nu)U^\nu, U^\nu \rangle + 2 \langle A_0^\nu(n^\nu, \theta^\nu)(K_I^\nu(W) + K_{II}^\nu(U^\nu)), U^\nu \rangle, \tag{3-100}$$

其中

$$\operatorname{div} A^\nu(n^\nu, u^\nu, \theta^\nu) = \partial_t A_0^\nu(n^\nu, \theta^\nu) + \sum_{j=1}^3 \partial_j \tilde{A}_j^\nu(n^\nu, u^\nu, \theta^\nu). \tag{3-101}$$

因为

$$\partial_t A_0^\nu(n^\nu, \theta^\nu) = \begin{pmatrix} \dfrac{\partial_t \Theta^\nu}{n^\nu} - \dfrac{\theta^\nu \partial_t N^\nu}{|n^\nu|^2} & 0 & 0 \\ 0 & \partial_t N^\nu I_3 & 0 \\ 0 & 0 & \dfrac{3}{2}\left(\dfrac{\partial_t N^\nu}{\theta^\nu} - \dfrac{n^\nu \partial_t \Theta^\nu}{|\theta^\nu|^2} \right) \end{pmatrix},$$

再由 (3-88), (3-90) 及 $\omega_T \leqslant \dfrac{\min\{n_*, \theta_*\}}{2C_m}$ 知

$$\|\partial_t N^\nu\| \leqslant C\|\nabla u^\nu\|_1, \quad \|\partial_t N^\nu\|_\infty \leqslant C\|\nabla u^\nu\|_2,$$

$$\|\partial_t \Theta^\nu\| \leqslant C\left(\|\nabla u^\nu\|_1 + \|\Theta^\nu\|_1\right), \quad \|\partial_t N^\nu\|_\infty \leqslant C\left(\|\nabla u^\nu\|_2 + \|\Theta^\nu\|_3\right),$$

所以

$$
\begin{aligned}
\|\partial_t A_0^\nu\left(n^\nu, \theta^\nu\right)\| &\leqslant C\|(\nabla u^\nu, \Theta^\nu)\|_1, \\
\|\partial_t A_0^\nu\left(n^\nu, \theta^\nu\right)\|_\infty &\leqslant C\left(\|\nabla u^\nu\|_2 + \|\Theta^\nu\|_3\right).
\end{aligned}
\tag{3-102}
$$

现在开始估计 (3-100) 的右端各项. 对于第一项, 直接计算并运用 (3-88) 的第一式可得

$$
\begin{aligned}
&\left\langle \mathrm{div} A^\nu\left(n^\nu, u^\nu, \theta^\nu\right) U^\nu, U^\nu\right\rangle \\
&= \left\langle \frac{|N^\nu|^2}{n^\nu}, \partial_t \Theta^\nu\right\rangle + 2\left\langle \frac{\theta^\nu}{n^\nu}\nabla \cdot u^\nu, |N^\nu|^2\right\rangle + 2\left\langle u^\nu \cdot \nabla N^\nu, \Theta^\nu\right\rangle \\
&\quad + \left\langle \frac{u^\nu \cdot \nabla \Theta^\nu}{n^\nu}, |N^\nu|^2\right\rangle + 2\left\langle u^\nu \cdot \nabla \Theta^\nu, N^\nu\right\rangle \\
&\quad - \frac{3}{2}\left\langle \frac{n^\nu}{|\theta^\nu|^2}|\Theta^\nu|^2, \partial_t \Theta^\nu\right\rangle - \frac{3}{2}\left\langle \frac{n^\nu}{|\theta^\nu|^2}|\Theta^\nu|^2, u^\nu \cdot \nabla \Theta^\nu\right\rangle.
\end{aligned}
$$

其中

$$
\left|\left\langle \frac{|N^\nu|^2}{n^\nu}, \partial_t \Theta^\nu\right\rangle\right| \leqslant C\|N^\nu\|_s \|(\nabla N^\nu, \nabla u^\nu, \Theta^\nu)\|_1^2,
$$

$$
\left|\left\langle \frac{\theta^\nu}{n^\nu}\nabla \cdot u^\nu, |N^\nu|^2\right\rangle\right| \leqslant C\|N^\nu\|_s \left(\|\nabla N^\nu\|_1^2 + \|\nabla u^\nu\|^2\right),
$$

$$
\left|\left\langle u^\nu \cdot \nabla N^\nu, \Theta^\nu\right\rangle\right| \leqslant C\|U^\nu\|_s \left(\|\nabla N^\nu\|^2 + \|\nabla u^\nu\|_1^2\right),
$$

$$
\left|\left\langle \frac{u^\nu \cdot \nabla \Theta^\nu}{n^\nu}, |N^\nu|^2\right\rangle\right| \leqslant C\|U^\nu\|_s \|(\nabla N^\nu, \nabla u^\nu, \Theta^\nu)\|_1^2,
$$

$$
\left|\left\langle u^\nu \cdot \nabla \Theta^\nu, N^\nu\right\rangle\right| \leqslant C\|U^\nu\|_s \left(\|\nabla \Theta^\nu\|^2 + \|\nabla u^\nu\|_1^2\right),
$$

$$
\left|\left\langle \frac{n^\nu}{|\theta^\nu|^2}|\Theta^\nu|^2, \partial_t \Theta^\nu\right\rangle\right| \leqslant C\|U^\nu\|_s \|\Theta^\nu\|^2,
$$

$$
\left|\left\langle \frac{n^\nu}{|\theta^\nu|^2}|\Theta^\nu|^2, u^\nu \cdot \nabla \Theta^\nu\right\rangle\right| \leqslant C\|U^\nu\|_s \left(\|\nabla u^\nu\|_1^2 + \|\Theta^\nu\|_2^2\right),
$$

于是关于第一项有

$$
\left\langle \mathrm{div} A^\nu\left(n^\nu, u^\nu, \theta^\nu\right) U^\nu, U^\nu\right\rangle \leqslant C\|U^\nu\|_s \left(\|\nabla N^\nu\|_1^2 + \|(\nabla u^\nu, \Theta^\nu)\|_2^2\right).
$$

对于第二项, 由 (3-96)-(3-97) 可得

$$\langle A_0^\nu (n^\nu, \theta^\nu) (K_I^\nu (W) + K_{II} (U^\nu)), U^\nu \rangle$$

$$\leqslant q_\nu \langle n^\nu u^\nu, E \rangle - \|\nabla u^\nu\|^2 - \frac{3}{2} \left\langle \frac{n^\nu}{\theta^\nu}, |\Theta^\nu|^2 \right\rangle + C \|u^\nu\| \left(\|\nabla u^\nu\|_1^2 + \|\Theta^\nu\|^2 \right).$$

故

$$\frac{d}{dt} \langle A_0^\nu U^\nu, U^\nu \rangle + 2\|\nabla u^\nu\|^2 + 3 \left\langle \frac{n^\nu}{\theta^\nu}, |\Theta^\nu|^2 \right\rangle$$

$$\leqslant C\|U^\nu\|_s \left(\|\nabla N^\nu\|_1^2 + \|(\nabla u^\nu, \Theta^\nu)\|_2^2 \right) + 2q_\nu \langle n^\nu u^\nu, E \rangle. \tag{3-103}$$

另一方面, 对 (3-91)-(3-93) 中的 Maxwell 方程进行标准的能量估计可得

$$\frac{d}{dt} \left(\|E\|^2 + \|B\|^2 \right) = 2 \langle n^e u^e - n^i u^i, E \rangle. \tag{3-104}$$

令 (3-103), (3-104) 关于求和可得

$$\frac{d}{dt} \left(\sum_{\nu=e,i} \langle A_0^\nu U^\nu, U^\nu \rangle + \|E\|^2 + \|B\|^2 \right)$$

$$+ 2 \sum_{\nu=e,i} \|\nabla u^\nu\|^2 + 3 \sum_{\nu=e,i} \left\langle \frac{n^\nu}{\theta^\nu}, |\Theta^\nu|^2 \right\rangle$$

$$\leqslant C\|U^\nu\|_s \left(\|\nabla N^\nu\|_1^2 + \|(\nabla u^\nu, \Theta^\nu)\|_2^2 \right). \tag{3-105}$$

由矩阵 $A_0^\nu (n^\nu, \theta^\nu)$ 的正定性可知

$$\sum_{\nu=e,i} \langle A_0^\nu (n^\nu, \theta^\nu) U^\nu, U^\nu \rangle + \|E\|^2 + \|B\|^2 \sim \|W\|^2.$$

又注意到 $\left\langle \dfrac{n^\nu}{\theta^\nu}, |\Theta^\nu|^2 \right\rangle \sim \|\Theta^\nu\|^2$, 从而对 (3-105) 在 $[0,t]$ 上积分可得 (3-99). 证毕.

接下来建立高阶的能量估计, 为此定义

$$D_s(t) = \sum_{\nu=e,i} \left(\|\nabla N^\nu\|_{s-1}^2 + \|(\nabla u^\nu, \Theta^\nu)\|_s^2 \right)(t).$$

引理 3.1.6 在定理 3.1.2 的条件下, 若 $\omega_T \leqslant \dfrac{\min\{n_*, \theta_*\}}{2C_m}$, 则 $\forall t \in [0, T]$, 有

$$\|W(t)\|_s^2 + \sum_{\nu=e,i} \int_0^t \|(\nabla u^\nu, \Theta^\nu)(\tau)\|_s^2 d\tau$$

$$\leqslant C \|W^0\|_s^2 + C \int_0^t \|W(\tau)\|_s D_s(\tau) d\tau. \tag{3-106}$$

证明　对于 $\alpha \in \mathbb{N}^3$, $1 \leqslant |\alpha| \leqslant s$, 对 (3-94) 求 ∂^α, 然后乘以对称子 $A_0^\nu(n^\nu, \theta^\nu)$ 可得

$$A_0^\nu \partial_t \partial^\alpha U + \sum_{j=1}^{3} \tilde{A}_j^\nu \partial_j \partial^\alpha U = A_0^\nu \partial^\alpha \left(K_I^\nu(W) + K_{II}^\nu(U^\nu)\right) + J_\alpha^\nu, \tag{3-107}$$

其中 $J_\alpha^\nu = -\sum_{j=1}^{3} A_0^\nu \left(\partial^\alpha \left(A_j^\nu \partial_j U^\nu\right) - A_j^\nu \partial^\alpha \partial_j U^\nu\right)$. 由 $\omega_T \leqslant \dfrac{\min\{n_*, \theta_*\}}{2C_m}$, Moser 型积分不等式及 Cauchy-Schwarz 不等式可得

$$\begin{aligned}
\|J_\alpha^\nu\| &\leqslant C \|A_0^\nu\|_\infty \left\|\partial^\alpha \left(A_j^\nu \partial_j U^\nu\right) - A_j^\nu \partial^\alpha \partial_j U^\nu\right\| \\
&\leqslant C \|A_0^\nu\|_\infty \left(\|\nabla A_j^\nu\|_{s-1}^2 + \|\partial_j U^\nu\|_{s-1}^2\right) \\
&\leqslant C \|\nabla U^\nu\|_{s-1}^2 .
\end{aligned} \tag{3-108}$$

令 (3-107) 与 $2\partial^\alpha U^\nu$ 在空间 $L^2(\mathbb{R}^3)$ 上内积可得

$$\begin{aligned}
&\frac{d}{dt} \langle A_0^\nu \partial^\alpha U^\nu, \partial^\alpha U^\nu \rangle \\
&= 2 \langle J_\alpha^\nu, \partial^\alpha U^\nu \rangle + \langle \operatorname{div} A^\nu \partial^\alpha U^\nu, \partial^\alpha U^\nu \rangle \\
&\quad + 2 \langle A_0^\nu \partial^\alpha U^\nu, \partial^\alpha \left(K_I^\nu(W) + K_{II}^\nu(U^\nu)\right) \rangle .
\end{aligned} \tag{3-109}$$

由 (3-101)-(3-102) 及 $\tilde{A}_j^\nu(n^\nu, u^\nu, \theta^\nu)$ 的表达式可知

$$\|\operatorname{div} A^\nu(n^\nu, u^\nu, \theta^\nu)\|_\infty \leqslant C \|U^\nu\|_s. \tag{3-110}$$

现在开始估计 (3-109) 的右端各项. 对于前两项, 由 (3-108), (3-110) 及 Cauchy-Schwarz 不等式可得

$$2 \langle J_\alpha^\nu, \partial^\alpha U^\nu \rangle + \langle \operatorname{div} A^\nu \partial^\alpha U^\nu, \partial^\alpha U^\nu \rangle \leqslant C \|U^\nu\|_s \|\nabla U^\nu\|_{s-1}^2 . \tag{3-111}$$

对于最后一项, 由 (3-96)-(3-97) 可得

$$\begin{aligned}
&\langle A_0^\nu \partial^\alpha U^\nu, \partial^\alpha K_I^\nu(W) \rangle \\
&\leqslant q_\nu \langle \partial^\alpha (n^\nu u^\nu), \partial^\alpha E \rangle + C \|(\Theta^\nu, E, B)\|_s \|\nabla U^\nu\|_{s-1}^2 ,
\end{aligned}$$

与

$$\begin{aligned}
&\langle A_0^\nu \partial^\alpha U^\nu, \partial^\alpha K_{II}^\nu(U^\nu) \rangle \\
&\leqslant -\|\partial^\alpha \nabla u^\nu\|^2 - \frac{3}{2} \left\langle \frac{n^\nu}{\theta^\nu}, |\partial^\alpha \Theta^\nu|^2 \right\rangle + C \|u^\nu\|_s D_s(t).
\end{aligned}$$

故而可得

$$2 \sum_{\nu=e,i} \langle A_0^\nu \partial^\alpha U^\nu, \partial^\alpha (K_I^\nu (W) + K_{II}^\nu (U^\nu)) \rangle$$

$$\leqslant 2 \langle \partial^\alpha (n^i u^i - n^e u^e), \partial^\alpha E \rangle + C \|U\|_s D_s(t)$$

$$- 2 \sum_{\nu=e,i} \left(\|\partial^\alpha \nabla u^\nu\|^2 + \frac{3}{2} \left\langle \frac{n^\nu}{\theta^\nu}, |\partial^\alpha \Theta^\nu|^2 \right\rangle \right).$$

再结合 (3-109), (3-111) 可知

$$\frac{d}{dt} \sum_{\nu=e,i} \langle A_0^\nu \partial^\alpha U^\nu, \partial^\alpha U^\nu \rangle + 2 \sum_{\nu=e,i} \left(\|\partial^\alpha \nabla u^\nu\|^2 + \frac{3}{2} \left\langle \frac{n^\nu}{\theta^\nu}, |\partial^\alpha \Theta^\nu|^2 \right\rangle \right)$$

$$\leqslant 2 \langle \partial^\alpha (n^i u^i - n^e u^e), \partial^\alpha E \rangle + C \|U\|_s D_s(t). \tag{3-112}$$

另一方面, 对 (3-91)-(3-93) 中的 Maxwell 方程高阶能量估计易知

$$\frac{d}{dt} \left(\|\partial^\alpha E\|^2 + \|\partial^\alpha B\|^2 \right) = 2 \langle \partial^\alpha (n^e u^e - n^i u^i), \partial^\alpha E \rangle. \tag{3-113}$$

令 (3-112) 与 (3-113) 求和可得

$$\frac{d}{dt} \left(\sum_{\nu=e,i} \langle A_0^\nu \partial^\alpha U^\nu, \partial^\alpha U^\nu \rangle + \|\partial^\alpha E\|^2 + \|\partial^\alpha B\|^2 \right)$$

$$+ 2 \sum_{\nu=e,i} \left(\|\partial^\alpha \nabla u^\nu\|^2 + \frac{3}{2} \left\langle \frac{n^\nu}{\theta^\nu}, |\partial^\alpha \Theta^\nu|^2 \right\rangle \right) \leqslant C \|U\|_s D_s(t). \tag{3-114}$$

注意到:

$$\sum_{\nu=e,i} \langle A_0^\nu \partial^\alpha U^\nu, \partial^\alpha U^\nu \rangle + \|\partial^\alpha E\|^2 + \|\partial^\alpha B\|^2 \sim \|\partial^\alpha W\|^2,$$

$$\left\langle \frac{n^\nu}{\theta^\nu}, |\partial^\alpha \Theta^\nu|^2 \right\rangle \sim \|\partial^\alpha \Theta^\nu\|^2.$$

令 (3-114) 关于 $1 \leqslant |\alpha| \leqslant s$ 求和, 并在 $[0,t]$ 上积分, 联合 (3-99), 适当调整系数即得 (3-106). 证毕.

引理 3.1.7　在定理 3.1.2 的条件下, 若 $\omega_T \leqslant \dfrac{\min\{n_*, \theta_*\}}{2C_m}$, 则存在常数 C_1, C_2, 不依赖 t, T 使得 $\forall t \in [0, T]$ 有

$$\|W(t)\|_s^2 + \int_0^t D_s(\tau) d\tau + \int_0^t \|N^e(\tau) - N^i(\tau)\|_{s-1}^2 d\tau$$

$$\leqslant C_1 \|W^0\|_s^2 + C_2 \int_0^t \|W(\tau)\|_s D_s(\tau) d\tau. \tag{3-115}$$

证明　对于 $\alpha \in \mathbb{N}^3$, $|\alpha| \leqslant s - 1$, 对 (3-89) 求 ∂^α, 然后在空间 $L^2(\mathbb{R}^3)$ 上与 $\nabla \partial^\alpha N^\nu$ 内积可得

$$\left\langle \frac{\theta^\nu}{n^\nu}, |\partial^\alpha \nabla N^\nu|^2 \right\rangle - q_\nu \left\langle \partial^\alpha E, \partial^\alpha \nabla N^\nu \right\rangle$$

$$= -\frac{d}{dt} \left\langle \partial^\alpha u^\nu, \partial^\alpha \nabla N^\nu \right\rangle + \left\langle \partial^\alpha u^\nu, \partial^\alpha \nabla \partial_t N^\nu \right\rangle - I_1^\nu(t) - \sum_{\beta < \alpha} C_\alpha^\beta I_2^\nu(t), \quad (3\text{-}116)$$

此处

$$I_1^\nu(t) = \left\langle u^\nu \nabla \partial^\alpha u^\nu, \partial^\alpha \nabla N^\nu \right\rangle + \left\langle \partial^\alpha \nabla \Theta^\nu, \partial^\alpha \nabla N^\nu \right\rangle$$

$$- \left\langle \frac{\partial^\alpha \Delta u^\nu}{n^\nu}, \partial^\alpha \nabla N^\nu \right\rangle - q_\nu \left\langle u^\nu \times \partial^\alpha B, \partial^\alpha \nabla N^\nu \right\rangle,$$

$$I_2^\nu(t) = \left\langle \partial^{\alpha-\beta} \left(\frac{\theta^\nu}{n^\nu} \right) \partial^\beta \nabla N^\nu, \partial^\alpha \nabla N^\nu \right\rangle + \left\langle \partial^{\alpha-\beta} u^\nu \partial^\beta \nabla u^\nu, \partial^\alpha \nabla N^\nu \right\rangle$$

$$- q_\nu \left\langle \partial^{\alpha-\beta} u^\nu \times \partial^\beta B, \partial^\alpha \nabla N^\nu \right\rangle - \left\langle \partial^{\alpha-\beta} \left(\frac{1}{n^\nu} \right) \partial^\beta \Delta u^\nu, \partial^\alpha \nabla N^\nu \right\rangle.$$

易知, 当 $|\alpha| = 0$ 时, $I_2^\nu(t)$ 消失.

首先, 注意到 $n^\nu, \theta^\nu \geqslant \dfrac{\min\{n_*, \theta_*\}}{2C_m} > 0$, 于是有 $\dfrac{\theta^\nu}{n^\nu} \geqslant C^{-1}$. 故

$$\sum_{\nu=e,i} \left\langle \frac{\theta^\nu}{n^\nu}, |\partial^\alpha \nabla N^\nu|^2 \right\rangle + \left\langle \partial^\alpha E, \partial^\alpha \nabla \left(N^e - N^i \right) \right\rangle$$

$$= \sum_{\nu=e,i} \left\langle \frac{\theta^\nu}{n^\nu}, |\partial^\alpha \nabla N^\nu|^2 \right\rangle + \left\| \partial^\alpha \left(N^e - N^i \right) \right\|^2$$

$$\geqslant C^{-1} \left(\sum_{\nu=e,i} \left\| \partial^\alpha \nabla N^\nu \right\|^2 + \left\| \partial^\alpha \left(N^e - N^i \right) \right\|^2 \right). \quad (3\text{-}117)$$

再由 (3-88) 可得

$$\left\langle \partial^\alpha u^\nu, \partial^\alpha \nabla \partial_t N^\nu \right\rangle = - \left\langle \partial^\alpha \nabla \cdot u^\nu, \partial^\alpha \partial_t N^\nu \right\rangle$$

$$\leqslant C \left\| \nabla u^\nu \right\|_{s-1}^2 + C \| u^\nu \|_s \left\| \nabla (N^\nu, u^\nu) \right\|_{s-1}^2. \quad (3\text{-}118)$$

当 $|\alpha| = 0$ 时, 由 Cauchy-Schwarz 不等式得

$$|I_1^\nu(t)| \leqslant \varepsilon \| \nabla N^\nu \|^2 + C \left(\| \nabla u^\nu \|_1^2 + \| \nabla \Theta^\nu \|^2 \right) + C \| (u^\nu, B) \|_1 \| \nabla (N^\nu, u^\nu) \|_1^2.$$

当 $|\alpha| \geqslant 1$ 时, 类似地有

$$|I_1^\nu(t) + I_2^\nu(t)| \leqslant \varepsilon \| \partial^\alpha \nabla N^\nu \|^2 + C \left\| (\nabla u^\nu, \Theta^\nu) \right\|_s^2 + C \| W \|_s D_s(t).$$

于是联合 (3-116)-(3-118) 可得

$$C^{-1}\left(\sum_{\nu=e,i}\|\partial^\alpha\nabla N^\nu\|^2 + \|\partial^\alpha\left(N^e-N^i\right)\|^2\right)$$

$$\leqslant -\frac{d}{dt}\sum_{\nu=e,i}\langle\partial^\alpha u^\nu,\partial^\alpha\nabla N^\nu\rangle + \varepsilon\sum_{\nu=e,i}\|\partial^\alpha\nabla N^\nu\|^2$$

$$+C\sum_{\nu=e,i}\|(\nabla u^\nu,\Theta^\nu)\|_s^2 + C\|W\|_s D_s(t).$$

上式关于 $|\alpha|\leqslant s-1$ 求和, 并取 $\varepsilon>0$ 足够小, 然后在 $[0,t]$ 上积分可得

$$\int_0^t\left(\sum_{\nu=e,i}\|\nabla N^\nu(\tau)\|_{s-1}^2 + \|(N^e(\tau)-N^i(\tau))\|_{s-1}^2\right)d\tau$$

$$\leqslant C\int_0^t\sum_{\nu=e,i}\|(\nabla u^\nu,\Theta^\nu)(\tau)\|_s^2 d\tau + C\int_0^t\|W\|_s D_s(\tau)d\tau$$

$$-\sum_{\nu=e,i}\sum_{|\alpha|\leqslant s-1,}\langle\partial^\alpha u^\nu(\tau),\partial^\alpha\nabla N^\nu(\tau)\rangle\big|_0^t.$$

最后注意到:

$$\langle\partial^\alpha u^{\nu 0},\partial^\alpha\nabla N^{\nu 0}\rangle\leqslant C\|u^{\nu 0}\|_{s-1}\|N^{\nu 0}\|_s\leqslant C\|W^0\|_s^2,$$

$$\langle\partial^\alpha u^\nu(t),\partial^\alpha\nabla N^\nu(t)\rangle\leqslant C\|W(t)\|_s^2.$$

再联合 (3-106), 适当调整系数可得 (3-105). 证毕.

下面给出定理 3.1.2 中解的整体存在性的证明. 由引理 3.1.7 可知, 若 $C_2\omega_T<1$, 则

$$\|W(t)\|_s\leqslant C_1^{\frac{1}{2}}\|W^0\|_s, \quad \forall t\in[0,T].$$

于是, 可以选取初值 $\|W^0\|_s\leqslant\delta_0$ 充分小, 使得

$$C_1^{\frac{1}{2}}\delta_0<\min\left\{\frac{n_*}{2C_m},\frac{\theta_*}{2C_m},\frac{1}{C_2}\right\},$$

从而有 $\omega_T\leqslant\dfrac{\min\{n_*,\theta_*\}}{2C_m}$ 及 $C_2\omega_T<1$, 于是解的整体存在性可由命题 3.1.2 解的局部存在性结论结合标准的连续性讨论方法得到. 证毕.

在本小节的最后给出解的大时间行为, 为此首先建立电磁场耗散估计.

对 $s'\geqslant1$, 可由 N^ν, ∇u^ν, Θ^ν, ∇E 与 $\nabla^2 B$ 在空间 $L^2\left([0,T];H^{s'}\left(\mathbb{R}^3\right)\right)$ 的一致能量估计获得解的大时间行为, 为此建立以下两个引理.

引理 3.1.8　在定理 3.1.2 的条件下, 若 $\omega_T \leqslant \dfrac{\min\{n_*, \theta_*\}}{2C_m}$, 则存在常数 $\varepsilon > 0$, 使得对任意 $t \in [0, T]$, 有

$$\int_0^t \|\nabla E(\tau)\|_{s-2}^2 d\tau$$

$$\leqslant C \int_0^t \|W(\tau)\|_s \left(D_s(\tau) + \|\nabla E(\tau)\|_{s-2}^2 \right) d\tau + C \|W^0\|_s^2$$

$$+ \varepsilon \int_0^t \|\nabla^2 B(\tau)\|_{s-3}^2 d\tau. \tag{3-119}$$

证明　对于 $\alpha \in \mathbb{N}^3$, $|\alpha| \leqslant s - 1$, 对 (3-89) 求 ∂^α, 然后在空间 $L^2(\mathbb{R}^3)$ 上与 $\partial^\alpha E$ 内积可得

$$\frac{d}{dt} \langle \partial^\alpha u^\nu, \partial^\alpha E \rangle - q_\nu \|\partial^\alpha E\|^2 = \langle \partial^\alpha u^\nu, \partial^\alpha \partial_t E \rangle - R_1^\nu(t) - \sum_{\beta < \alpha} C_\alpha^\beta R_2^\nu(t), \tag{3-120}$$

其中

$$R_1^\nu(t) = \langle u^\nu \nabla \partial^\alpha u^\nu, \partial^\alpha E \rangle + \left\langle \frac{\theta^\nu}{n^\nu} \partial^\alpha \nabla N^\nu, \partial^\alpha E \right\rangle$$

$$+ \langle \partial^\alpha \nabla \Theta^\nu, \partial^\alpha E \rangle - q_\nu \langle u^\nu \times \partial^\alpha B, \partial^\alpha E \rangle - \left\langle \frac{\partial^\alpha \Delta u^\nu}{n^\nu}, \partial^\alpha E \right\rangle,$$

$$R_2^\nu(t) = \langle \partial^{\alpha-\beta} u^\nu \partial^\beta \nabla u^\nu, \partial^\alpha E \rangle + \left\langle \partial^{\alpha-\beta} \left(\frac{\theta^\nu}{n^\nu} \right) \partial^\beta \nabla N^\nu, \partial^\alpha E \right\rangle$$

$$- q_\nu \langle \partial^{\alpha-\beta} u^\nu \times \partial^\beta B, \partial^\alpha E \rangle - \left\langle \partial^{\alpha-\beta} \left(\frac{1}{n^\nu} \right) \partial^\beta \Delta u^\nu, \partial^\alpha E \right\rangle.$$

由 (3-91), Cauchy-Schwarz 不等式可得

$$\langle \partial^\alpha u^\nu, \partial^\alpha \partial_t E \rangle \leqslant \varepsilon \|\nabla^2 B\|_{s-3}^2 + C \|\nabla u^\nu\|_{s-1}^2 + C \|N^\nu\|_s \|\nabla u^\nu\|_{s-2}^2. \tag{3-121}$$

类似引理 3.1.7 的证明过程可得

$$|R_1^\nu(t)| + \sum_{\beta < \alpha} C_\alpha^\beta |R_2^\nu(t)|$$

$$\leqslant \varepsilon \|\partial^\alpha E\|^2 + C \|\nabla N^\nu\|_{s-1}^2 + C \|(\nabla u^\nu, \Theta^\nu)\|_s^2$$

$$+ C \|(E, B)\|_s \left(D_s(t) + \|\nabla E\|_{s-2}^2 \right). \tag{3-122}$$

因此由 (3-120)-(3-122) 可得

$$2\|\partial^\alpha E\|^2 + \frac{d}{dt} \langle \partial^\alpha (u^e - u^i), \partial^\alpha E \rangle$$

$$\leqslant \varepsilon \|\nabla^2 B\|_{s-3}^2 + \varepsilon \|\partial^\alpha E\|^2 + C D_s(t) + C \|(E, B)\|_s \left(D_s(t) + \|\nabla E\|_{s-2}^2 \right).$$

取 $\varepsilon > 0$ 充分小, 上式关于 $1 \leqslant |\alpha| \leqslant s - 1$ 求和, 然后在 $t \in [0, T]$ 上积分, 并注意到以下事实:

对任意 $[0, t]$ 有 $|\langle \partial^\alpha u^\nu, \partial^\alpha E \rangle| \leqslant C \|W(t)\|_s^2$,

联合 (3-115) 可得 (3-119). 证毕.

引理 3.1.9 在定理 3.1.2 的条件下, 若 $\omega_T \leqslant \dfrac{\min\{n_*, \theta_*\}}{2 C_m}$, 则对任意 $t \in [0, T]$, 有

$$\int_0^t \left(\left\| \nabla E(\tau) \right\|_{s-2}^2 + \left\| \nabla^2 B(\tau) \right\|_{s-3}^2 \right) d\tau$$

$$\leqslant C \int_0^t \|W(\tau)\|_s \left(D_s(\tau) + \|\nabla E(\tau)\|_{s-2}^2 \right) d\tau + C \left\| W^0 \right\|_s^2. \tag{3-123}$$

证明 对于 $\alpha \in \mathbb{N}^3$, $1 \leqslant |\alpha| \leqslant s - 2$, 对 (3-91) 求 ∂^α, 然后在空间 $L^2(\mathbb{R}^3)$ 上与 $\nabla \times \partial^\alpha B$ 内积可得

$$\|\nabla \times \partial^\alpha B\|^2 \leqslant \frac{d}{dt} \langle \partial^\alpha E, \nabla \times \partial^\alpha B \rangle + \varepsilon \|\nabla \times \partial^\alpha B\|^2$$

$$+ C \left\| \nabla^2 E \right\|_{s-3}^2 + C \|B\|_s \|\nabla(N^\nu, u^\nu)\|_{s-1}^2 + C \|\nabla u^\nu\|_{s-3}^2. \tag{3-124}$$

注意到, 对任意 $t \in [0, T]$, 有

$$|\langle \partial^\alpha \nabla \times B, \partial^\alpha E \rangle| \leqslant C \|W(t)\|_s^2, \quad 1 \leqslant |\alpha| \leqslant s - 2.$$

取 $\varepsilon > 0$ 充分小, 在 $[0, t]$ 上积分 (3-124), 并关于 $1 \leqslant |\alpha| \leqslant s - 2$ 求和, 联合 (3-119) 可得 (3-123)). 证毕.

本小节最后给出定理 3.1.2 中解的大时间行为的证明, 由引理 3.1.7 知, 存在常数 δ_0 使得, 若 $\omega_T \leqslant \delta_0$, 则

$$\|W(t)\|_s^2 + \int_0^t \left(D_s + \left\| N^e - N^i \right\|_{s-1}^2 \right)(\tau) d\tau \leqslant C \left\| W^0 \right\|_s^2. \tag{3-125}$$

因 $n^e - n^i = N^e - N^i$, $\nabla n^\nu = \nabla N^\nu$, 再由 (3-106) 可知

$$n^e - n^i \in L^2\left(\mathbb{R}^+; H^{s-1}\right) \cap L^\infty\left(\mathbb{R}^+; H^s\right),$$

$$\nabla n^\nu \in L^2\left(\mathbb{R}^+; H^{s-1}\right) \cap L^\infty\left(\mathbb{R}^+; H^{s-1}\right),$$

$$\nabla u^\nu \in L^2\left(\mathbb{R}^+; H^s\right) \cap L^\infty\left(\mathbb{R}^+; H^{s-1}\right),$$

$$\Theta^\nu \in L^2\left(\mathbb{R}^+; H^s\right) \cap L^\infty\left(\mathbb{R}^+; H^s\right),$$

这里及以下符号 H^s 表示空间 $H^s(\mathbb{R})$. 再由 (3-88)-(3-90) 可得

$$\partial_t n^\nu, \partial_t \Theta^\nu, \partial_t \left(n^e - n^i\right) \in L^\infty\left(\mathbb{R}^+; H^{s-1}\right),$$

$$\partial_t \nabla u^\nu \in L^\infty\left(\mathbb{R}^+; H^{s-3}\right).$$

于是可知

$$n^e - n^i, \Theta^\nu \in L^2\left(\mathbb{R}^+; H^{s-1}\right) \cap W^{1,\infty}\left(\mathbb{R}^+; H^{s-1}\right),$$

$$\nabla n^\nu \in L^2\left(\mathbb{R}^+; H^{s-2}\right) \cap W^{1,\infty}\left(\mathbb{R}^+; H^{s-2}\right),$$

$$\nabla u^\nu \in L^2\left(\mathbb{R}^+; H^{s-3}\right) \cap W^{1,\infty}\left(\mathbb{R}^+; H^{s-3}\right).$$

从而可知 (3-82)-(3-83) 成立. 类似地, 由 (3-123) 和 (3-125) 可得

$$\nabla E \in L^2\left(\mathbb{R}^+; H^{s-2}\right) \cap L^\infty\left(\mathbb{R}^+; H^{s-1}\right),$$

$$\nabla^2 B \in L^2\left(\mathbb{R}^+; H^{s-3}\right) \cap L^\infty\left(\mathbb{R}^+; H^{s-2}\right).$$

从 (3-91)-(3-93) 中的 Maxwell 方程可得

$$\partial_t \nabla E \in L^2\left(\mathbb{R}^+; H^{s-3}\right) \cap L^\infty\left(\mathbb{R}^+; H^{s-2}\right),$$

故

$$\nabla E \in L^2\left(\mathbb{R}^+; H^{s-2}\right) \cap W^{1,\infty}\left(\mathbb{R}^+; H^{s-2}\right).$$

从而可知 (3-84) 成立. 进而有

$$\partial_t B \in L^2\left(\mathbb{R}^+; H^{s-2}\right) \cap W^{1,\infty}\left(\mathbb{R}^+; H^{s-2}\right),$$

因此,

$$\partial_t \nabla^2 B \in L^2\left(\mathbb{R}^+; H^{s-4}\right) \cap W^{1,\infty}\left(\mathbb{R}^+; H^{s-4}\right).$$

于是 (3-85) 得证. 证毕.

3.1.3　双极非等熵可压缩 Euler-Maxwell 方程组 Cauchy 问题整体光滑解的渐近性态

本小节研究 $\mathbb{R}^3$ 中双极非等熵可压缩 Euler-Maxwell 方程组的初值问题, 其形式如下

$$\begin{cases} \partial_t N_e + \nabla \cdot (N_e u_e) = 0, \\ \partial_t (m_e N_e u_e) + \nabla \cdot (m_e N_e u_e \otimes u_e) + \nabla p_e = -N_e(E + u_e \times B) - m_e N_e u_e, \\ \partial_t (N_e \mathcal{E}_e) + \nabla \cdot (N_e u_e \mathcal{E}_e + u_e p_e) = -N_e u_e E - N_e |u_e|^2 - N_e(\theta_e - \theta_*), \\ \partial_t N_i + \nabla \cdot (N_i u_i) = 0, \\ \partial_t (m_i N_i u_i) + \nabla \cdot (m_i N_i u_i \otimes u_i) + \nabla p_i = N_i(E + u_i \times B) - m_i N_i u_i, \\ \partial_t (N_i \mathcal{E}_i) + \nabla \cdot (N_i u_i \mathcal{E}_i + u_i p_i) = N_i u_i E - N_i |u_i|^2 - N_i(\theta_i - \theta_*), \\ \partial_t E - \nabla \times B = N_e u_e - N_i u_i, \\ \partial_t B + \nabla \times E = 0, \\ \nabla \cdot E = N_i - N_e, \quad \nabla \cdot B = 0, \quad (t, x) \in (0, \infty) \times \mathbb{R}^3, \end{cases}$$

$$(3\text{-}126)$$

其中未知变量分别是密度 $N_\mu > 0$, 速度 $u_\mu = (u_\mu^1, u_\mu^2, u_\mu^3)$, 绝对温度 $\theta_\mu > 0$, 质量 m_μ, 总能量 $\mathcal{E}_\mu = \frac{1}{2} m_\mu |u_\mu|^2 + C_\nu m_\mu \theta_\mu$, 压差函数 $p_\mu = R_\nu N_\mu \theta_\mu$, 这里 $\mu = e, i$, 电场强度 E 和磁场强度 B. 进而, 常数 $\theta_* > 0$, $C_\nu > 0$, $R_\nu > 0$ 分别表示背景温度, 热比容和热传导系数. 不失一般性, 取 $m_\mu = C_\nu = R_\nu = \theta_* = 1$. 于是, 方程组 (3-126) 转化为

$$
\begin{cases}
\partial_t N_e + \nabla \cdot (N_e u_e) = 0, \\
\partial_t u_e + (u_e \cdot \nabla) u_e + \dfrac{\theta_e}{N_e} \nabla N_e + \nabla \theta_e = -(E + u_e \times B) - u_e, \\
\partial_t \theta_e + \nabla \cdot (\theta_e u_e) + (\theta_e - 1) = 0, \\
\partial_t N_i + \nabla \cdot (N_i u_i) = 0, \\
\partial_t u_i + (u_i \cdot \nabla) u_i + \dfrac{\theta_i}{N_i} \nabla N_i + \nabla \theta_i = (E + u_i \times B) - u_i, \\
\partial_t \theta_i + \nabla \cdot (\theta_i u_i) + (\theta_i - 1) = 0, \\
\partial_t E - \nabla \times B = N_e u_e - N_i u_i, \\
\partial_t B + \nabla \times E = 0, \\
\nabla \cdot E = N_i - N_e, \quad \nabla \cdot B = 0, \quad (t, x) \in (0, \infty) \times \mathbb{R}^3.
\end{cases}
\tag{3-127}
$$

其初始条件为

$$
(N_\mu, u_\mu, \theta_\mu, E, B)|_{t=0} = (N_{\mu 0}, u_{\mu 0}, \theta_{\mu 0}, E_0, B_0), \quad x \in \mathbb{R}^3,
\tag{3-128}
$$

满足下面相容性条件

$$
\nabla \cdot E_0 = N_{i0} - N_{e0}, \quad \nabla \cdot B_0 = 0, \quad x \in \mathbb{R}^3.
\tag{3-129}
$$

众所周知, 在 $N_\mu, \theta_\mu > 0$ 的条件下, Euler-Maxwell 方程组 (3-127) 是一个可对称化的双曲方程组. 因此, 只要初值光滑, Cauchy 问题 (3-127)-(3-128) 就存在唯一局部光滑解. 对于简化的一维单极等熵 Euler-Maxwell 方程组, 借助补偿紧性法, Chen-Jerome-Wang 等证明了的熵解的整体存在性[13]. 对于三维等熵 Euler-Maxwell 方程组, 环上周期问题和全空间 Cauchy 问题的小震荡解的整体存在性和渐近行为分别被 Peng-Wang-Gu[115] 与 Ueda-Wang-Kawashima[137] 研究, 对于时间 t 趋于无穷大时光滑解的衰减速率则被 Duan[29] 与 Ueda-Kawashima[136] 分别研究. 对于小参数的渐近极限问题, 参看 [112, 113] 以及其参考文献. 对于双极等熵 Euler-Maxwell 方程组, 其光滑解的整体存在性和渐近行为由 Duan-Liu-Zhu[30] 得到. 近来, Yang-Wang[145] 研究了三维非等熵单极 Euler-Maxwell 方程组的扩散松弛极限问题, Feng-Wang-Kawashima[36] 研究了其光滑解整体存在性与其渐近行为.

然而, 目前尚无关于三维空间中双极非等熵可压缩 Euler-Maxwell 方程组光滑解的整体存在性与渐近行为方面的研究. 因此, 本小节的目的就是在平衡解的附近建立光滑小解的整体存在性以及考察解在时间 t 趋于无穷大时的衰减速率. 主要结果如下.

定理 3.1.3   设 (3-129) 成立. 如果对于 $s \geqslant 4$, $\|[N_{\mu 0} - 1, u_{\mu 0}, \theta_{\mu 0} - 1, E_0, B_0]\|_s \leqslant \delta_0$, 那么, 初始值问题 (3-127)-(3-128) 存在唯一光滑整体解, 满足

$$[N_\mu - 1, u_\mu, \theta_\mu - 1, E, B] \in C^1\big([0, T); H^{s-1}(\mathbb{R}^3)\big) \cap C\big([0, T); H^s(\mathbb{R}^3)\big)$$

与

$$\sup_{t \geqslant 0} \|[N_\mu(t) - 1, u_\mu(t), \theta_\mu(t) - 1, E(t), B(t)]\|_s$$
$$\leqslant C_0 \|[N_{\mu 0} - 1, u_{\mu 0}, \theta_{\mu 0} - 1, E_0, B_0]\|_s,$$

其中常数 $\delta_0, C_0 > 0$ 不依赖于时间 t.

此外, 如果 $\|[N_{\mu 0} - 1, u_{\mu 0}, \theta_{\mu 0} - 1, E_0, B_0]\|_{L^1 \cap H^{13}} \leqslant \delta_1$, 那么解 $[N_\mu(t, x), u_\mu(t, x), \theta_\mu(t, x), E(t, x), B(t, x)]$ 满足

$$\|[N_e(t) - N_i(t), \theta_e(t) - \theta_i(t)]\|_{L^n} \leqslant C_1(1 + t)^{-2 - \frac{1}{n}}, \tag{3-130}$$

$$\|[N_e(t) + N_i(t) - 2, \theta_e(t) + \theta_i(t) - 2]\|_{L^n} \leqslant C_1(1 + t)^{-\frac{3}{2} + \frac{3}{2n}}, \tag{3-131}$$

$$\|u_e(t) \pm u_i(t), E(t)\|_{L^n} \leqslant C_1(1 + t)^{-\frac{3}{2} + \frac{1}{2n}}, \tag{3-132}$$

$$\|B(t)\|_{L^n} \leqslant C_1(1 + t)^{-\frac{3}{2} + \frac{3}{2n}}, \tag{3-133}$$

对任意 $t \geqslant 0, 2 \leqslant n \leqslant \infty$. 其中, 常数 $\delta_1, C_1 > 0$ 也不依赖于时间 t.

注 3.1.3   我们强调双极非等熵可压缩 Euler-Maxwell 方程组 (3-127) 中的速度与温度的松弛项在证明定理 3.1.3 的过程中起了关键作用.

注 3.1.4   注意到, 定理 3.1.3 中取两种流体的背景密度和背景温度为同一值. 实际上, 这个假设不是必须的. 如果去掉这个假设, 仍会得到与定理 3.1.3 相同衰减速率的相似结果, 只不过会增加一些额外的分析和计算方面的困难而已, 故略.

借助精细的能量方法和傅里叶分析法, 我们完成了定理 3.1.3 的证明. 应该指出, 非等熵的情形要比等熵的情形更为复杂. 例如, 对于等熵可压缩 Euler-Maxwell 方程组, Duan[29], Duan-Liu-Zhu[30] 通过尺度变换引入一个新的变量, 直接就把它化为一个对称双曲组. 但是由于双极非等熵模型的复杂性, 此方法失效. 在这里, 借助标准的对称子技巧来建立能量估计. 此外, 在建立能量估计和寻求大时间衰减速率的过程中, 我们又遇到了因两种带电粒子之间以及其温度场之间的相互作用

所产生的困难. 为了克服这些困难, 引入两种带电粒子的密度之和、速度之和、温度之和以及密度之差、速度之差、温度之差等函数, 然后在傅里叶空间研究这些和 (差) 函数的性质, 从而可以得到双极密度、双极速度、双极温度的相关性质. 这是可以通过先寻求两个相应的线性方程组解的衰减速率, 进而利用 Duhamel 原理和精细的能量估计得到非等熵双极 Euler-Maxwell 方程组解的衰减速率来完成. 另外, 我们发现非等熵双极 Euler-Maxwell 方程组所的对应的线性方程组中的和函数 ρ_2, $\nabla \cdot u_2$ 与 Θ_2 满足的常微分方程是三阶的, 然而等熵双极 Euler-Maxwell 方程组相应的和函数满足二阶的常微分方程, 从而导致我们运用傅里叶分析法寻求非等熵 Euler-Maxwell 方程组所对应的线性方程组解的衰减速率要更为复杂. 这种现象说明非等熵与等熵系统存在本质的区别.

接下来给出本小节用到的一些记号.

$f \sim g$ 表示 $\gamma g \leqslant f \leqslant \dfrac{1}{\gamma} g$, 其中常数 $0 < \gamma < 1$.

H^s 表示标准的 Sobolev 空间 $W^{s,2}(\mathbb{R}^3)$. $\dot{H}^s$ 表示相应的 s 阶齐次 Sobolev 空间. 记 $L^2 = H^0$.

空间 H^s 的模表示为 $\|\cdot\|_s$, 并记 $\|\cdot\| = \|\cdot\|_0$.

$\langle \cdot, \cdot \rangle$ 表示 Hilbert 空间 $L^2(\mathbb{R}^3)$ 上的内积.

对于多重指标 $\alpha = (\alpha_1, \alpha_2, \alpha_3)$, 记 $\partial^\alpha = \partial_{x_1}^{\alpha_1} \partial_{x_2}^{\alpha_2} \partial_{x_3}^{\alpha_3} = \partial_1^{\alpha_1} \partial_2^{\alpha_2} \partial_3^{\alpha_3}$ 以及 $|\alpha| = \alpha_1 + \alpha_2 + \alpha_3$.

对可积函数 $f: \mathbb{R}^3 \to \mathbb{R}$, 其傅里叶变换定义为

$$\hat{f}(k) = \int_{\mathbb{R}^3} e^{-ix \cdot k} f(x) dx, \quad x \cdot k := \sum_{j=1}^{3} x_j k_j, \quad k \in \mathbb{R}^3,$$

这里 $i = \sqrt{-1} \in \mathbb{C}$ 为虚数单位.

本小节结构如下. 首先, 给出初值问题的变形并且建立解的整体存在唯一性. 其次, 研究相应的线性齐次方程组, 得到对应解的 $L^m - L^n$ 衰减性质与其显式表达式. 最后, 研究变换后的非线性方程组的衰减速率, 并完成定理 3.1.3 的证明.

接下来研究方程组 (3-127) 的整体解, 首先准备工作如下, 设 $[N_\mu(t,x), u_\mu(t,x), \theta_\mu(t,x), E(t,x), B(t,x)]$ 为双极非等熵可压缩 Euler-Maxwell 方程组 (3-127) 初始值问题的光滑解, 其初值满足 (3-129), 由 (3-128) 给出. 令

$$N_\mu(t,x) = 1 + \rho_\mu(t,x), \theta_\mu(t,x) = 1 + \Theta_\mu(t,x). \tag{3-134}$$

则, (3-127)-(3-129) 可改写为

$$\begin{cases} \partial_t \rho_e + \nabla \cdot ((1+\rho_e)u_e) = 0, \\[2mm] \partial_t u_e + (u_e \cdot \nabla)u_e + \dfrac{1+\Theta_e}{1+\rho_e}\nabla\rho_e + \nabla\Theta_e = -(E + u_e \times B) - u_e, \\[2mm] \partial_t \Theta_e + \nabla \cdot ((1+\Theta_e)u_e) + \Theta_e = 0, \\[2mm] \partial_t \rho_i + \nabla \cdot ((1+\rho_i)u_i) = 0, \\[2mm] \partial_t u_i + (u_i \cdot \nabla)u_i + \dfrac{1+\Theta_i}{1+\rho_i}\nabla\rho_i + \nabla\Theta_i = (E + u_i \times B) - u_i, \\[2mm] \partial_t \Theta_i + \nabla \cdot ((1+\Theta_i)u_i) + \Theta_i = 0, \\[2mm] \partial_t E - \nabla \times B - u_e + u_i = \rho_e u_e - \rho_i u_i, \\[2mm] \partial_t B + \nabla \times E = 0, \\[2mm] \nabla \cdot E = \rho_i - \rho_e, \quad \nabla \cdot B = 0, \quad (t,x) \in (0,\infty) \times \mathbb{R}^3, \end{cases} \tag{3-135}$$

初始条件为

$$S|_{t=0} = S_0 := [\rho_{\mu 0}, u_{\mu 0}, \Theta_{\mu 0}, E_0, B_0], \quad x \in \mathbb{R}^3, \tag{3-136}$$

满足相容性条件

$$\nabla \cdot E_0 = \rho_{i0} - \rho_{e0}, \quad \nabla \cdot B_0 = 0, \quad x \in \mathbb{R}^3. \tag{3-137}$$

这里, $\rho_{\mu 0} = N_{\mu 0} - 1$.

下面, 始终假设 $s \geqslant 4$. 此外, 对于 $S = [\rho_\mu, u_\mu, \Theta_\mu, E, B]$, 用 $\mathfrak{E}_s(S(t))$, $\mathfrak{E}_s^h(S(t))$, $\mathfrak{D}_s(S(t))$ 与 $\mathfrak{D}_s^h(S(t))$ 分别表示能量函数、高阶能量函数、耗散函数与高阶耗散函数, 形式分别如下

$$\mathfrak{E}_s(S(t)) \sim \|[\rho_\mu, u_\mu, \Theta_\mu, E, B]\|_s^2, \tag{3-138}$$

$$\mathfrak{E}_s^h(S(t)) \sim \|\nabla[\rho_\mu, u_\mu, \Theta_\mu, E, B]\|_{s-1}^2, \tag{3-139}$$

$$\begin{aligned} \mathfrak{D}_s(S(t)) \sim \ & \|\nabla[\rho_e, \rho_i]\|_{s-1}^2 + \|[u_e, u_i, \Theta_e, \Theta_i]\|_s^2 \\ & + \|E\|_{s-1}^2 + \|\nabla B\|_{s-2}^2 + \|\rho_e - \rho_i\|^2 \end{aligned} \tag{3-140}$$

与

$$\begin{aligned} \mathfrak{D}_s^h(S(t)) \sim \ & \|\nabla^2[\rho_e, \rho_i]\|_{s-2}^2 + \|\nabla[u_e, u_i, \Theta_e, \Theta_i]\|_{s-1}^2 \\ & + \|\nabla E\|_{s-2}^2 + \|\nabla^2 B\|_{s-3}^2 + \|\nabla[\rho_e - \rho_i]\|^2, \end{aligned} \tag{3-141}$$

至此, 关于变换后的初值问题 (3-135)-(3-136), 我们有存在性结果如下.

命题 3.1.3　设 $S_0 = [\rho_{\mu 0}, u_{\mu 0}, \Theta_{\mu 0}, E_0, B_0]$ 满足相容性条件 (3-137). 如果 $\mathfrak{E}_s(S_0)$ 足够小, 那么, 对任意 $t \geqslant 0$, 初值问题 (3-135)-(3-136) 存在唯一非零整体解 $S = [\rho_\mu, u_\mu, \Theta_\mu, E, B]$ 满足

$$S \in C^1\big([0,T); H^{s-1}(\mathbb{R}^3)\big) \cap C\big([0,T); H^s(\mathbb{R}^3)\big), \tag{3-142}$$

及

$$\mathfrak{E}_s(S(t)) + \lambda \int_0^t \mathfrak{D}_s(S(s))ds \leqslant \mathfrak{E}_s(S_0). \tag{3-143}$$

显然, 定理 3.1.3 中的存在性结果可以由命题 3.1.3 直接得到. 此外, 在对初值 $S_0 = [\rho_{\mu 0},\, u_{\mu 0},\, \Theta_{\mu 0},\, E_0,\, B_0]$ 附加正则性和可积性条件后, 由命题 3.1.3 所得光滑解确实具有某种衰减速率. 为此, 定义 $\omega_s(S_0)$ 如下

$$\omega_s(S_0) = \|S_0\|_s + \|[\rho_{\mu 0}, u_{\mu 0}, \Theta_{\mu 0}, E_0, B_0]\|_{L^1}, \tag{3-144}$$

其中 $s \geqslant 4$. 于是, 得到衰减性结果如下.

命题 3.1.4 假设初值 $S_0 = [\rho_{\mu 0},\, u_{\mu 0},\, \Theta_{\mu 0},\, E_0,\, B_0]$ 满足 (3-137). 如果 $\omega_{s+2}(S_0)$ 充分小, 那么初值问题 (3-135)-(3-137) 存在光滑解 $S = [\rho_\mu,\, u_\mu,\, \Theta_\mu,\, E,\, B]$, 满足, 对任意 $t \geqslant 0$,

$$\|S(t)\|_s \leqslant C\omega_{s+2}(S_0)(1+t)^{-\frac{3}{4}}, \tag{3-145}$$

进而, 若 $\omega_{s+6}(S_0)$ 充分小, 则解满足, 对任意 $t \geqslant 0$,

$$\|\nabla S(t)\|_{s-1} \leqslant C\omega_{s+6}(S_0)(1+t)^{-\frac{5}{4}}. \tag{3-146}$$

因此, 借助鞋带法和上述命题 3.1.4, 可以得到衰减速率 (3-130)-(3-133).

接下来做加权能量估计. 这一部分给出命题 3.1.4 关于初值问题 (3-135)-(3-136) 光滑解的整体存在唯一性的证明. 方程组 (3-135) 是拟线性可对称化双曲组, 因此 (3-135) 存在局部唯一解如下.

引理 3.1.10(局部光滑解, 参看 [79, 90]) 令 $s > \dfrac{5}{2}$ 及 $(\rho_{\mu 0}, u_{\mu 0}, \Theta_{\mu 0}, E_0, B_0)$ $\in H^s(\mathbb{R}^3)$. 则存在 $T > 0$ 使得 Cauchy 问题 (3-127)-(3-128) 有唯一光滑解 $(N_\mu, u_\mu, \theta_\mu, E, B)$ 满足 $(\rho_\mu, u_\mu, \Theta_\mu, E, B) \in C^1\big([0,T); H^{s-1}(\mathbb{R}^3)\big) \cap C\big([0,T); H^s(\mathbb{R}^3)\big)$.

所以, 借助连续性讨论方法和下面的一个先验估计, 就可以得到满足 (3-142) 与 (3-143) 的光滑解的整体存在唯一性.

定理 3.1.4 对 $T > 0$, 假设方程组 (3-135) 的局部光滑解 $S = [\rho_\mu, u_\mu, \Theta_\mu, E, B] \in C^1\big([0,T); H^{s-1}(\mathbb{R}^3)\big) \cap C\big([0,T); H^s(\mathbb{R}^3)\big)$ 满足

$$\sup_{0 \leqslant t \leqslant T} \|S(t)\|_s \leqslant \delta, \tag{3-147}$$

这里 $t \in (0,T)$, $\delta \leqslant \delta_0$ 且 δ_0 充分小. 那么, 存在常数 $0 < \gamma < 1$ 使得对任意 $0 \leqslant t \leqslant T$, 成立

$$\frac{d}{dt}\mathfrak{E}_s(S(t)) + \gamma\mathfrak{D}_s(S(t)) \leqslant C[\mathfrak{E}_s(S(t))^{\frac{1}{2}} + \mathfrak{E}_s(S(t))]\mathfrak{D}_s(S(t)). \tag{3-148}$$

证明　我们将分以下五步完成证明. 第一步, 借助加权能量方法, 建立方程组 (3-135) 的欧拉方程与麦克斯韦方程的相关估计. 在第二至第四步, 运用方程组 (3-135) 的反对称结构得到 ρ_μ, E 和 B 的相关耗散估计.

第一步, 断言下式成立

$$\frac{d}{dt}\|S\|_s^2 + \|[u_e, u_i, \Theta_e, \Theta_i]\|_s^2$$
$$\leqslant C\|S\|_s \left(\|[u_e, u_i, \Theta_e, \Theta_i]\|_s^2 + \|\nabla[\rho_e, \rho_i]\|_{s-1}^2\right). \tag{3-149}$$

事实上, 对任意 $|\alpha| \leqslant s$, 运用方程组 (3-135) 的前六个方程, 对 $\partial^\alpha \rho_\mu$, $\partial^\alpha u_\mu$ 与 $\partial^\alpha \Theta_\mu$ 做加权能量估计可得

$$\frac{1}{2}\frac{d}{dt}\sum_{\mu=e,i}\left(\left\langle \frac{1+\Theta_\mu}{1+\rho_\mu}, |\partial^\alpha\rho_\mu|^2\right\rangle + \left\langle 1+\rho_\mu, |\partial^\alpha u_\mu|^2\right\rangle + \left\langle \frac{1+\rho_\mu}{1+\Theta_\mu}, |\partial^\alpha\Theta_\mu|^2\right\rangle\right)$$
$$+ \sum_{\mu=e,i}\left(\left\langle 1+\rho_\mu, |\partial^\alpha u_\mu|^2\right\rangle + \left\langle \frac{1+\rho_\mu}{1+\Theta_\mu}, |\partial^\alpha\Theta_\mu|^2\right\rangle\right) + \left\langle (1+\rho_e)\partial^\alpha E, \partial^\alpha u_e\right\rangle$$
$$- \left\langle (1+\rho_i)\partial^\alpha E, \partial^\alpha u_i\right\rangle = -\sum_{\beta<\alpha} C_\beta^\alpha I_{\alpha,\beta}(t) + I_1(t). \tag{3-150}$$

此处

$$I_{\alpha,\beta}(t) = I_{\alpha,\beta}^e(t) + I_{\alpha,\beta}^i(t), \quad I_1(t) = I_1^e(t) + I_1^i(t),$$

其中

$$I_{\alpha,\beta}^e(t) = \left\langle \frac{1+\Theta_e}{1+\rho_e}\partial^{\alpha-\beta}\rho_e\nabla\partial^\beta u_e, \partial^\alpha\rho_e\right\rangle + \left\langle \frac{1+\Theta_e}{1+\rho_e}\partial^{\alpha-\beta}u_e\nabla\partial^\beta\rho_e, \partial^\alpha\rho_e\right\rangle$$
$$+ \left\langle \frac{1+\rho_e}{1+\Theta_e}\partial^{\alpha-\beta}u_e\nabla\partial^\beta\Theta_e, \partial^\alpha\Theta_e\right\rangle + \left\langle \frac{1+\rho_e}{1+\Theta_e}\partial^{\alpha-\beta}\Theta_e\nabla\partial^\beta u_e, \partial^\alpha\Theta_e\right\rangle$$
$$+ \left\langle (1+\rho_e)\partial^{\alpha-\beta}u_e\nabla\partial^\beta u_e, \partial^\alpha u_e\right\rangle$$
$$+ \left\langle (1+\rho_e)\partial^{\alpha-\beta}\left(\frac{1+\Theta_e}{1+\rho_e}\right)\nabla\partial^\beta\rho_e, \partial^\alpha u_e\right\rangle$$
$$+ \left\langle (1+\rho_e)\partial^{\alpha-\beta}u_e\times\partial^\beta B, \partial^\alpha u_e\right\rangle,$$
$$I_{\alpha,\beta}^i(t) = \left\langle \frac{1+\Theta_i}{1+\rho_i}\partial^{\alpha-\beta}\rho_i\nabla\partial^\beta u_i, \partial^\alpha\rho_i\right\rangle + \left\langle \frac{1+\Theta_i}{1+\rho_i}\partial^{\alpha-\beta}u_i\nabla\partial^\beta\rho_i, \partial^\alpha\rho_i\right\rangle$$
$$+ \left\langle \frac{1+\rho_i}{1+\Theta_i}\partial^{\alpha-\beta}u_i\nabla\partial^\beta\Theta_i, \partial^\alpha\Theta_i\right\rangle + \left\langle \frac{1+\rho_i}{1+\Theta_i}\partial^{\alpha-\beta}\Theta_i\nabla\partial^\beta u_i, \partial^\alpha\Theta_i\right\rangle$$
$$+ \left\langle (1+\rho_i)\partial^{\alpha-\beta}u_i\nabla\partial^\beta u_i, \partial^\alpha u_i\right\rangle$$
$$+ \left\langle (1+\rho_i)\partial^{\alpha-\beta}\left(\frac{1+\Theta_i}{1+\rho_i}\right)\nabla\partial^\beta\rho_i, \partial^\alpha u_i\right\rangle$$
$$- \left\langle (1+\rho_i)\partial^{\alpha-\beta}u_i\times\partial^\beta B, \partial^\alpha u_i\right\rangle,$$

$$I_1^e(t) = \frac{1}{2} \left\langle \partial_t \left(\frac{1+\Theta_e}{1+\rho_e} \right), |\partial^\alpha \rho_e|^2 \right\rangle + \langle \nabla\Theta_e \partial^\alpha u_e, \partial^\alpha \rho_e \rangle + \langle \nabla\rho_e \partial^\alpha u_e, \partial^\alpha \Theta_e \rangle$$

$$+ \frac{1}{2} \left\langle \nabla \cdot \left(\frac{1+\Theta_e}{1+\rho_e} u_e \right), |\partial^\alpha \rho_e|^2 \right\rangle + \frac{1}{2} \left\langle \partial_t \left(\frac{1+\rho_e}{1+\Theta_e} \right), |\partial^\alpha \Theta_e|^2 \right\rangle$$

$$+ \frac{1}{2} \left\langle \nabla \cdot \left(\frac{1+\rho_e}{1+\Theta_e} u_e \right), |\partial^\alpha \Theta_e|^2 \right\rangle - \langle (1+\rho_e) u_e \times \partial^\alpha B, \partial^\alpha u_e \rangle,$$

$$I_1^i(t) = \frac{1}{2} \left\langle \partial_t \left(\frac{1+\Theta_i}{1+\rho_i} \right), |\partial^\alpha \rho_i|^2 \right\rangle + \langle \nabla\Theta_i \partial^\alpha u_i, \partial^\alpha \rho_i \rangle + \langle \nabla\rho_i \partial^\alpha u_i, \partial^\alpha \Theta_i \rangle$$

$$+ \frac{1}{2} \left\langle \nabla \cdot \left(\frac{1+\Theta_i}{1+\rho_i} u_i \right), |\partial^\alpha \rho_i|^2 \right\rangle + \frac{1}{2} \left\langle \partial_t \left(\frac{1+\rho_i}{1+\Theta_i} \right), |\partial^\alpha \Theta_i|^2 \right\rangle$$

$$+ \frac{1}{2} \left\langle \nabla \cdot \left(\frac{1+\rho_i}{1+\Theta_i} u_i \right), |\partial^\alpha \Theta_i|^2 \right\rangle + \langle (1+\rho_i) u_i \times \partial^\alpha B, \partial^\alpha u_i \rangle,$$

这里运用了分部积分. 当 $|\alpha| = 0$ 时有

$$I_1(t) = I_1^e(t) + I_1^i(t)$$

$$= \sum_{\mu=e,i} \left(\frac{1}{2} \left\langle \partial_{\Theta_\mu} \left(\frac{1+\Theta_\mu}{1+\rho_\mu} \right) \partial_t \Theta_\mu + \partial_{\rho_\mu} \left(\frac{1+\Theta_\mu}{1+\rho_\mu} \right) \partial_t \rho_\mu, |\rho_\mu|^2 \right\rangle \right.$$

$$+ \frac{1}{2} \left\langle \partial_{\Theta_\mu} \left(\frac{1+\Theta_\mu}{1+\rho_\mu} u_\mu \right) \nabla\Theta_\mu + \partial_{u_\mu} \left(\frac{1+\Theta_\mu}{1+\rho_\mu} u_\mu \right) \nabla \cdot u_\mu \right.$$

$$\left. + \partial_{\rho_\mu} \left(\frac{1+\Theta_\mu}{1+\rho_\mu} u_\mu \right) \nabla\rho_\mu, |\rho_\mu|^2 \right\rangle + \langle \nabla\Theta_\mu u_\mu, \rho_\mu \rangle$$

$$+ \frac{1}{2} \left\langle \partial_{\Theta_\mu} \left(\frac{1+\rho_\mu}{1+\Theta_\mu} \right) \partial_t \Theta_\mu + \partial_{\rho_\mu} \left(\frac{1+\rho_\mu}{1+\Theta_\mu} \right) \partial_t \rho_\mu, |\Theta_\mu|^2 \right\rangle$$

$$+ \frac{1}{2} \left\langle \partial_{\Theta_\mu} \left(\frac{1+\rho_\mu}{1+\Theta_\mu} u_\mu \right) \nabla\Theta_\mu + \partial_{u_\mu} \left(\frac{1+\rho_\mu}{1+\Theta_\mu} u_\mu \right) \nabla \cdot u_\mu \right.$$

$$\left. + \partial_{\rho_\mu} \left(\frac{1+\rho_\mu}{1+\Theta_\mu} u_\mu \right) \nabla\rho_\mu, |\Theta_\mu|^2 \right\rangle \right) + \langle \nabla\rho_\mu u_\mu, \Theta_\mu \rangle$$

$$- \langle (1+\rho_e) u_e \times B, u_e \rangle + \langle (1+\rho_i) u_i \times B, u_i \rangle$$

$$= \sum_{\mu=e,i} \left(-\frac{1}{2} \left\langle \partial_{\Theta_\mu} \left(\frac{1+\Theta_\mu}{1+\rho_\mu} \right) \nabla \cdot (u_\mu (1+\Theta_\mu)) \right. \right.$$

$$\left. + \partial_{\rho_\mu} \left(\frac{1+\Theta_\mu}{1+\rho_\mu} \right) \nabla \cdot (u_\mu (1+\rho_\mu)), |\rho_\mu|^2 \right\rangle$$

$$+ \frac{1}{2} \left\langle \partial_{\Theta_\mu} \left(\frac{1+\Theta_\mu}{1+\rho_\mu} u_\mu \right) \nabla\Theta_\mu + \partial_{u_\mu} \left(\frac{1+\Theta_\mu}{1+\rho_\mu} u_\mu \right) \nabla \cdot u_\mu \right.$$

$$\left. + \partial_{\rho_\mu} \left(\frac{1+\Theta_\mu}{1+\rho_\mu} u_\mu \right) \nabla\rho_\mu, |\rho_\mu|^2 \right\rangle$$

$$- \frac{1}{2} \left\langle \partial_{\Theta_\mu} \left(\frac{1+\rho_\mu}{1+\Theta_\mu} \right) \nabla \cdot (u_\mu (1+\Theta_\mu)) \right.$$

$$+\partial_{\rho_\mu}\left(\frac{1+\rho_\mu}{1+\Theta_\mu}\right)\nabla\cdot(u_\mu(1+\rho_\mu)),|\Theta_\mu|^2\Big\rangle$$

$$+\frac{1}{2}\left\langle\partial_{\Theta_\mu}\left(\frac{1+\rho_\mu}{1+\Theta_\mu}u_\mu\right)\nabla\Theta_\mu+\partial_{u_\mu}\left(\frac{1+\rho_\mu}{1+\Theta_\mu}u_\mu\right)\nabla\cdot u_\mu\right.$$

$$+\partial_{\rho_\mu}\left(\frac{1+\rho_\mu}{1+\Theta_\mu}u_\mu\right)\nabla\rho_\mu,|\Theta_\mu|^2\Big\rangle$$

$$+\langle\nabla\rho_\mu u_\mu,\Theta_\mu\rangle+\langle\nabla\Theta_\mu u_\mu,\rho_\mu\rangle)-\langle(1+\rho_e)u_e\times B,u_e\rangle+\langle(1+\rho_i)u_i\times B,u_i\rangle$$

$$\leqslant C\|\rho_\mu\|\|\rho_\mu\|_{L^\infty}\left\{\left\|\partial_{\Theta_\mu}\left(\frac{1+\Theta_\mu}{1+\rho_\mu}\right)\right\|_{L^\infty}\left(\|1+\Theta_\mu\|_{L^\infty}\|\nabla\cdot u_\mu\|+\|\nabla\Theta_\mu\|_{L^\infty}\|u_\mu\|\right)\right.$$

$$+\left\|\partial_{\rho_\mu}\left(\frac{1+\Theta_\mu}{1+\rho_\mu}\right)\right\|_{L^\infty}\left(\|1+\rho_\mu\|_{L^\infty}\|\nabla\cdot u_\mu\|+\|\nabla\rho_\mu\|_{L^\infty}\|u_\mu\|\right)$$

$$+\left\|\partial_{\Theta_\mu}\left(\frac{1+\Theta_\mu}{1+\rho_\mu}u_\mu\right)\right\|_{L^\infty}\|\nabla\Theta_\mu\|+\left\|\partial_{u_\mu}\left(\frac{1+\Theta_\mu}{1+\rho_\mu}u_\mu\right)\right\|_{L^\infty}\|\nabla\cdot u_\mu\|$$

$$+\left\|\partial_{\rho_\mu}\left(\frac{1+\Theta_\mu}{1+\rho_\mu}u_\mu\right)\right\|_{L^\infty}\|\nabla\rho_\mu\|\right\}+C\|\Theta_\mu\|\|\Theta_\mu\|_{L^\infty}$$

$$\left\{\left\|\partial_{\Theta_\mu}\left(\frac{1+\rho_\mu}{1+\Theta_\mu}\right)\right\|_{L^\infty}\left(\|1+\Theta_\mu\|_{L^\infty}\|\nabla\cdot u_\mu\|+\|\nabla\Theta_\mu\|_{L^\infty}\|u_\mu\|\right)\right.$$

$$+\left\|\partial_{\rho_\mu}\left(\frac{1+\rho_\mu}{1+\Theta_\mu}\right)\right\|_{L^\infty}\left(\|1+\rho_\mu\|_{L^\infty}\|\nabla\cdot u_\mu\|+\|\nabla\rho_\mu\|_{L^\infty}\|u_\mu\|\right)$$

$$+\left\|\partial_{\Theta_\mu}\left(\frac{1+\rho_\mu}{1+\Theta_\mu}u_\mu\right)\right\|_{L^\infty}\|\nabla\Theta_\mu\|$$

$$+\left\|\partial_{u_\mu}\left(\frac{1+\rho_\mu}{1+\Theta_\mu}u_\mu\right)\right\|_{L^\infty}\|\nabla\cdot u_\mu\|+\left\|\partial_{\rho_\mu}\left(\frac{1+\rho_\mu}{1+\Theta_\mu}u_\mu\right)\right\|_{L^\infty}\|\nabla\rho_\mu\|\right\}$$

$$+C\|\nabla\rho_\mu\|\|u_\mu\|\|\Theta_\mu\|_{L^\infty}+C\|\nabla\Theta_\mu\|\|u_\mu\|\|\rho_\mu\|_{L^\infty}$$

$$+C\|1+\rho_\mu\|_{L^\infty}\|u_\mu\|\|B\|\|u_\mu\|_{L^\infty}$$

$$\leqslant C\left(\|\nabla u_\mu\|+\|u_\mu\|+\|\nabla\Theta_\mu\|+\|\nabla\rho_\mu\|\right)\left(\|\rho_\mu\|\|\nabla\rho_\mu\|_1+\|\Theta_\mu\|\|\nabla\Theta_\mu\|_1\right)$$

$$+C\|\nabla\rho_\mu\|\|u_\mu\|\|\nabla\Theta_\mu\|+\|\nabla\Theta_\mu\|\|u_\mu\|\|\nabla\rho_\mu\|_1+C\|u_\mu\|\|B\|\|\nabla u_\mu\|_1$$

$$\leqslant C\|[\rho_\mu,u_\mu,\Theta_\mu,B]\|\left(\|\nabla\rho_\mu\|_1^2+\|u_\mu\|_2^2+\|\nabla\Theta_\mu\|_1^2\right),$$

进而可被 (3-149) 的右端项控制, 这里我们也用到了 (3-147). 当 $|\alpha|\geqslant1$, 类似可得

$$I_{\alpha,\beta}(t)+I_1(t)\leqslant C\|[\rho_\mu,u_\mu,\Theta_\mu,B]\|_s\left(\|\nabla\rho_\mu\|_{s-1}^2+\|[u_\mu,\Theta_\mu]\|_s^2\right),$$

同样也可被 (3-149) 的右端项控制. 另外, 在方程组 (3-135) 中, 对 $\partial^\alpha E$ 与 $\partial^\alpha B$ 关于 $|\alpha|\leqslant s$ 做标准的能量估计有

$$\frac{1}{2}\frac{d}{dt}\left(\|\partial^\alpha E\|^2+\|\partial^\alpha B\|^2\right)-\langle(1+\rho_e)\partial^\alpha u_e-(1+\rho_i)\partial^\alpha u_i,\partial^\alpha E\rangle$$

$$=\langle\partial^{\alpha-\beta}\rho_e\partial^\alpha u_e-\partial^{\alpha-\beta}\rho_i\partial^\alpha u_i,\partial^\alpha E\rangle$$

$$\leqslant C\|E\|_s \left(\|u_\mu\|_s^2 + \|\nabla\rho_\mu\|_{s-1}^2 \right), \tag{3-151}$$

同样也可被 (3-149) 的右端项控制. 于是, 借助 (3-147), 对 (3-150) 与 (3-151) 关于 $|\alpha| \leqslant s$ 求和可得 (3-149).

第二步, 断言下式成立

$$\frac{d}{dt} \sum_{|\alpha|\leqslant s-1} \sum_{\mu=e,i} \langle \partial^\alpha u_\mu, \nabla\partial^\alpha\rho_\mu \rangle + \gamma\left(\|\nabla[\rho_e, \rho_i]\|_{s-1}^2 + \|\rho_e - \rho_i\|^2 \right)$$

$$\leqslant C(\|u_\mu\|_s^2 + \|\Theta_\mu\|_s^2) + C\|[\rho_\mu, u_\mu, \Theta_\mu, B]\|_s^2 \left(\|\nabla\rho_\mu\|_{s-1}^2 + \|[u_\mu, \Theta_\mu]\|_s^2 \right). \tag{3-152}$$

实际上, 方程组 (3-135) 可改写为

$$\begin{cases} \partial_t\rho_e + \nabla \cdot u_e = g_{1e}, \\ \partial_t u_e + \nabla\rho_e + \nabla\Theta_e + u_e + E = g_{2e}, \\ \partial_t\Theta_e + \nabla \cdot u_e + \Theta_e = g_{3e}, \\ \partial_t\rho_i + \nabla \cdot u_i = g_{1i}, \\ \partial_t u_i + \nabla\rho_i + \nabla\Theta_i + u_i - E = g_{2i}, \\ \partial_t\Theta_i + \nabla \cdot u_i + \Theta_i = g_{3i}, \\ \partial_t E - \nabla \times B - u_e + u_i = g_{4e} - g_{4i}, \\ \partial_t B + \nabla \times E = 0, \\ \nabla \cdot E = \rho_i - \rho_e, \quad \nabla \cdot B = 0, \quad (t, x) \in (0, \infty) \times \mathbb{R}^3, \end{cases} \tag{3-153}$$

其中

$$\begin{cases} g_{1e} = -\rho_e\nabla \cdot u_e - u_e\nabla\rho_e, \\ g_{2e} = -(u_e \cdot \nabla)u_e - \left(\dfrac{\Theta_e + 1}{1 + \rho_e} - 1 \right)\nabla\rho_e - u_e \times B, \\ g_{3e} = -\Theta_e\nabla \cdot u_e - u_e\nabla\Theta_e, \\ g_{4e} = \rho_e u_e, \\ g_{1i} = -\rho_i\nabla \cdot u_i - u_i\nabla\rho_i, \\ g_{2i} = -(u_i \cdot \nabla)u_i - \left(\dfrac{\Theta_i + 1}{1 + \rho_i} - 1 \right)\nabla\rho_i + u_i \times B, \\ g_{3i} = -\Theta_i\nabla \cdot u_i - u_i\nabla\Theta_i, \\ g_{4i} = \rho_i u_i. \end{cases} \tag{3-154}$$

令 $|\alpha| \leqslant s-1$, 对方程组 (3-153) 的第二个方程求 ∂^α, 再乘上 $\nabla\partial^\alpha\rho_e$, 在 $\mathbb{R}^3$ 上积分, 利用 (3-135) 的最后一个方程, 并借助 (3-153) 的第一个方程替换 $\partial_t\rho_e$ 可得

$$\frac{d}{dt}\langle\partial^\alpha u_e, \nabla\partial^\alpha\rho_e\rangle + \|\nabla\partial^\alpha\rho_e\|^2 + \|\partial^\alpha\rho_e\|^2 - \langle\partial^\alpha\rho_i, \partial^\alpha\rho_e\rangle + \langle\nabla\partial^\alpha\Theta_e, \partial^\alpha\rho_e\rangle$$

$$= \|\partial^\alpha\nabla \cdot u_e\|^2 + \langle\partial^\alpha\nabla\rho_e, \partial^\alpha g_{2e}\rangle - \langle\partial^\alpha u_e, \nabla\partial^\alpha\rho_e\rangle - \langle\partial^\alpha\nabla \cdot u_e, \partial^\alpha g_{1e}\rangle.$$

运用 (3-153) 的第四与第五个方程, 类似可得

$$\frac{d}{dt} \langle \partial^\alpha u_i, \nabla \partial^\alpha \rho_i \rangle + \|\nabla \partial^\alpha \rho_i\|^2 + \|\partial^\alpha \rho_i\|^2 - \langle \partial^\alpha \rho_i, \partial^\alpha \rho_e \rangle + \langle \nabla \partial^\alpha \Theta_i, \nabla \partial^\alpha \rho_i \rangle$$
$$= \|\partial^\alpha \nabla \cdot u_i\|^2 + \langle \partial^\alpha \nabla \rho_i, \partial^\alpha g_{2i} \rangle - \langle \partial^\alpha u_i, \nabla \partial^\alpha \rho_i \rangle - \langle \partial^\alpha \nabla \cdot u_i, \partial^\alpha g_{1i} \rangle .$$

进而, 上述两式求和可得

$$\frac{d}{dt} \left(\langle \partial^\alpha u_e, \nabla \partial^\alpha \rho_e \rangle + \langle \partial^\alpha u_i, \nabla \partial^\alpha \rho_i \rangle \right) + \|\nabla \partial^\alpha \rho_e\|^2 + \|\nabla \partial^\alpha \rho_i\|^2 + \|\partial^\alpha (\rho_e - \rho_i)\|^2$$
$$= \|\partial^\alpha \nabla \cdot u_e\|^2 + \|\partial^\alpha \nabla \cdot u_i\|^2 - \langle \nabla \partial^\alpha \Theta_i, \nabla \partial^\alpha \rho_i \rangle - \langle \nabla \partial^\alpha \Theta_e, \nabla \partial^\alpha \rho_e \rangle$$
$$+ \langle \partial^\alpha \nabla \rho_e, \partial^\alpha g_{2e} \rangle - \langle \partial^\alpha u_e, \nabla \partial^\alpha \rho_e \rangle - \langle \partial^\alpha \nabla \cdot u_e, \partial^\alpha g_{1e} \rangle$$
$$+ \langle \partial^\alpha \nabla \rho_i, \partial^\alpha g_{2i} \rangle - \langle \partial^\alpha u_i, \nabla \partial^\alpha \rho_i \rangle - \langle \partial^\alpha \nabla \cdot u_i, \partial^\alpha g_{1i} \rangle .$$

因此, 运用 Cauchy-Schwarz 不等式可得

$$\frac{d}{dt} \left(\langle \partial^\alpha u_e, \nabla \partial^\alpha \rho_e \rangle + \langle \partial^\alpha u_i, \nabla \partial^\alpha \rho_i \rangle \right)$$
$$+ \lambda \left(\|\nabla \partial^\alpha \rho_e\|^2 + \|\nabla \partial^\alpha \rho_i\|^2 + \|\partial^\alpha (\rho_e - \rho_i)\|^2 \right)$$
$$\leqslant C \left(\|\partial^\alpha \nabla \cdot u_\mu\|^2 + \|\partial^\alpha u_\mu\|^2 + \|\partial^\alpha \nabla \Theta_\mu\|^2 + \|\partial^\alpha g_{1\mu}\|^2 + \|\partial^\alpha g_{2\mu}\|^2 \right). \quad (3\text{-}155)$$

借助于 $g_{j\mu}$ 的定义 $(j = 1, 2)$, 可以验证

$$\|\partial^\alpha g_{1\mu}\|^2 + \|\partial^\alpha g_{2\mu}\|^2 \leqslant C \|[\rho_\mu, u_\mu, \Theta_\mu, B]\|_s^2 \left(\|\nabla \rho_\mu\|_{s-1}^2 + \|u_\mu\|_s^2 + \|\Theta_\mu\|_s^2 \right),$$

将其代入 (3-155), 并关于 $|\alpha| \leqslant s - 1$ 求和可得 (3-152).

第三步, 断言下式成立

$$\frac{d}{dt} \sum_{|\alpha| \leqslant s-1} \langle \partial^\alpha (u_e - u_i), \partial^\alpha E \rangle + \gamma \|E\|_{s-1}^2$$
$$\leqslant C \|[u_\mu, \Theta_\mu]\|_s^2 + C \|\nabla \rho_\mu\|_{s-1}^2 + C \|u_\mu\|_s \cdot \|\nabla B\|_{s-2}$$
$$+ C \|S\|_s^2 \left(\|\nabla \rho_\mu\|_{s-1}^2 + \|[u_\mu, \Theta_\mu]\|_s^2 \right). \quad (3\text{-}156)$$

事实上, 对任意 $|\alpha| \leqslant s - 1$, 由 (3-153) 的第二和第五个方程可得

$$\partial_t (u_e - u_i) + \nabla (\rho_e - \rho_i) + \nabla (\Theta_e - \Theta_i) + 2E = g_{2e} - g_{2i} - (u_e - u_i). \quad (3\text{-}157)$$

对 (3-157) 求 ∂^α, 然后乘上 $\partial^\alpha E$, 并在 $\mathbb{R}^3$ 上积分, 最后借助于 (3-135) 的第七个方程替换 $\partial_t E$ 可得

$$\frac{d}{dt} \langle \partial^\alpha (u_e - u_i), \partial^\alpha E \rangle + \|\partial^\alpha (\rho_e - \rho_i)\|^2 + 2\|\partial^\alpha E\|^2$$
$$= -\langle \partial^\alpha (\Theta_e - \Theta_i), \partial^\alpha (\rho_e - \rho_i) \rangle + \langle \partial^\alpha (u_e - u_i), \partial^\alpha E \rangle + \langle \partial^\alpha (u_e - u_i), \nabla \times \partial^\alpha B \rangle$$
$$+ \|\partial^\alpha (u_e - u_i)\|^2 + \langle \partial^\alpha (u_e - u_i), \partial^\alpha (\rho_e u_e - \rho_i u_i) \rangle + \langle \partial^\alpha (g_{2e} - g_{2i}), \partial^\alpha E \rangle,$$

运用 Cauchy-Schwarz 不等式, 进而可得

$$
\begin{aligned}
&\frac{d}{dt} \left\langle \partial^\alpha \left(u_e - u_i \right), \partial^\alpha E \right\rangle + \gamma \|\partial^\alpha E\|^2 \\
&\leqslant C \left(\|\partial^\alpha u_\mu\|^2 + \|\partial^\alpha \Theta_\mu\|^2 + \|\partial^\alpha \nabla \rho_\mu\|^2 \right) + C \|[u_e, u_i]\|_s \|\nabla B\|_{s-2} \\
&\quad + C \|[\rho_\mu, u_\mu, \Theta_\mu, B]\|_s^2 \left(\|\nabla \rho_\mu\|_{s-1}^2 + \|[u_\mu, \Theta_\mu]\|_s^2 \right).
\end{aligned}
$$

因此, 对上述表达式关于 $|\alpha| \leqslant s - 1$ 求和可得 (3-156).

第四步, 断言下式成立

$$
\begin{aligned}
&\frac{d}{dt} \sum_{|\alpha| \leqslant s-2} \left\langle \partial^\alpha E, -\nabla \times \partial^\alpha B \right\rangle + \gamma \|\nabla B\|_{s-2}^2 \\
&\leqslant C(\|[u_\mu, E]\|_{s-1}^2 + \|\nabla \rho_\mu\|_{s-1}^2 \|u_\mu\|_s^2).
\end{aligned}
\tag{3-158}
$$

实际上, 对任意 $|\alpha| \leqslant s - 2$, 对 (3-135) 的第七个方程求 ∂^α, 乘上 $-\partial^\alpha \nabla \times B$, 在 $\mathbb{R}^3$ 上积分, 再利用 (3-135) 的第八个方程可得

$$
\begin{aligned}
&\frac{d}{dt} \sum_{|\alpha| \leqslant N-2} \left\langle \partial^\alpha E, -\nabla \times \partial^\alpha B \right\rangle + \|\nabla \times \partial^\alpha B\|^2 \\
&= \|\nabla \times \partial^\alpha E\|^2 - \left\langle \partial^\alpha \left(u_e - u_i \right), \nabla \times \partial^\alpha B \right\rangle + \left\langle \partial^\alpha \left(\rho_e u_e - \rho_i u_i \right), -\nabla \times \partial^\alpha B \right\rangle.
\end{aligned}
$$

进而, 运用 Cauchy-Schwarz 不等式并关于 $|\alpha| \leqslant s - 2$ 求和即得 (3-158). 这里用到了

$$
\|\partial^\alpha \partial_i B\| = \|\partial_i \triangle^{-1} \nabla \times (\nabla \times \partial^\alpha B)\| \leqslant C \|\nabla \times \partial^\alpha B\|,
$$

其中 $1 \leqslant i \leqslant 3$, 缘于 $\nabla \cdot B = 0$ 及 $\partial_i \triangle^{-1} \nabla$ 是 L^m 到 L^m 的有界算子, $1 < m < \infty$, 参看 [133].

第五步, 基于上述四步建立 (3-148). 定义能量函数

$$
\begin{aligned}
\mathfrak{E}_s(S(t)) = \|S\|_s^2 &+ \mathfrak{K}_1 \sum_{|\alpha| \leqslant s-1} \sum_{\mu=e,i} \left\langle \partial^\alpha u_\mu, \nabla \partial^\alpha \rho_\mu \right\rangle \\
&+ \mathfrak{K}_2 \sum_{|\alpha| \leqslant s-1} \left\langle \partial^\alpha \left(u_e - u_i \right), \partial^\alpha E \right\rangle + \mathfrak{K}_3 \sum_{|\alpha| \leqslant s-2} \left\langle \partial^\alpha E, -\nabla \times \partial^\alpha B \right\rangle,
\end{aligned}
$$

这里待定常数 $0 < \mathcal{K}_3 \ll \mathcal{K}_2 \ll \mathcal{K}_1 \ll 1$. 注意到如果 $0 < \mathcal{K}_i \ll 1$ 充分小, $i = 1, 2, 3$, 那么 $\mathfrak{E}_s(S(t)) \sim \|S\|_s^2$. 此外, 对 (3-149), (3-152)$\times \mathcal{K}_1$, (3-156)$\times \mathcal{K}_2$ 与 (3-158)$\times \mathcal{K}_3$ 求和可得, 存在 $0 < \gamma < 1$ 使得

$$\frac{d}{dt}\mathfrak{E}_s(S(t)) + \|[u_e, u_i, \Theta_e, \Theta_i]\|_s^2 + \gamma\mathfrak{K}_1(\|\nabla[\rho_e, \rho_i]\|_{s-1}^2 + \|\rho_e - \rho_i\|^2)$$

$$+ \gamma\mathfrak{K}_2\|E\|_{s-1}^2 + \gamma\mathfrak{K}_3\|\nabla B\|_{s-2}^2$$

$$\leqslant C[\mathfrak{E}_s(S(t))^{\frac{1}{2}} + \mathfrak{E}_s(S(t))]\mathfrak{D}_s(S(t)) + C\mathfrak{K}_1(\|u_\mu\|_s^2 + \|\Theta_\mu\|_s^2)$$

$$+ C\mathfrak{K}_2\left(\|[u_\mu, \Theta_\mu]\|_s^2 + \|\nabla\rho_\mu\|_{s-1}^2\right) + C\mathfrak{K}_2\|u_\mu\|_s\|\nabla B\|_{s-2} + C\mathfrak{K}_3\|[u_\mu, E]\|_{s-1}^2$$

$$\leqslant C[\mathfrak{E}_s(S(t))^{\frac{1}{2}} + \mathfrak{E}_s(S(t))]\mathfrak{D}_s(S(t)) + C\mathfrak{K}_1(\|u_\mu\|_s^2 + \|\Theta_\mu\|_s^2)$$

$$+ C\mathfrak{K}_2\left(\|[u_\mu, \Theta_\mu]\|_s^2 + \|\nabla\rho_\mu\|_{s-1}^2\right) + \frac{1}{2}C\left(\mathfrak{K}_2^{\frac{1}{2}}\|u_\mu\|_s^2 + \mathfrak{K}_2^{\frac{3}{2}}\|\nabla B\|_{s-2}^2\right)$$

$$+ C\mathfrak{K}_3\|[u_\mu, E]\|_{s-1}^2.$$

令 $0 < \mathcal{K}_3 \ll \mathcal{K}_2 \ll \mathcal{K}_1 \ll 1$ 充分小且 $\mathcal{K}_2^{\frac{3}{2}} \ll \mathcal{K}_3$, 可得 (3-148). 至此, 完成了定理 3.1.4 的证明. □

接下来研究非线性方程组 (3-135) 对应的线性齐次化方程组. 为了得到 3.4 节中非线性方程组 (3-135) 解的衰减性质, 我们来考察线性齐次化方程组 (3-153) 解的衰减速率. 引入变换

$$\rho_1 = \frac{\rho_e - \rho_i}{2}, \quad u_1 = \frac{u_e - u_i}{2}, \quad \Theta_1 = \frac{\Theta_e - \Theta_i}{2}. \tag{3-159}$$

于是, 由 (3-135) 可得, $S_1 = [\rho_1, u_1, \Theta_1, E, B]$ 满足

$$\begin{cases} \partial_t\rho_1 + \nabla \cdot u_1 = \dfrac{1}{2}(g_{1e} - g_{1i}), \\ \partial_t u_1 + \nabla\rho_1 + \nabla\Theta_1 + E + u_1 = \dfrac{1}{2}(g_{2e} - g_{2i}), \\ \partial_t\Theta_1 + \nabla \cdot u_1 + \Theta_1 = \dfrac{1}{2}(g_{3e} - g_{3i}), \\ \partial_t E - \nabla \times B - 2u_1 = g_{4e} - g_{4i}, \\ \partial_t B + \nabla \times E = 0, \\ \dfrac{1}{2}\nabla \cdot E = -\rho_1, \nabla \cdot B = 0, \quad (t, x) \in (0, \infty) \times \mathbb{R}^3, \end{cases} \tag{3-160}$$

初值为 $S_1|_{t=0} = S_{1,0} := [\rho_{1,0}, u_{1,0}, \Theta_{1,0}, E_0, B_0], x \in \mathbb{R}^3$, 满足相容性条件 $\dfrac{1}{2}\nabla \cdot E_0 = -\rho_{1,0}, \nabla \cdot B_0 = 0$, 其中 $[\rho_{1,0}, u_{1,0}, \Theta_{1,0}]$ 由 $[\rho_{\mu 0}, u_{\mu 0}, \Theta_{\mu 0}]$ 通过变换 (3-159) 给出. 进而引入另一变换

$$\rho_2 = \frac{\rho_e + \rho_i}{2}, \quad u_2 = \frac{u_e + u_i}{2}, \quad \Theta_2 = \frac{\Theta_e + \Theta_i}{2}. \tag{3-161}$$

于是 $S_2 = [\rho_2, u_2, \Theta_2]$ 满足

$$\begin{cases} \partial_t\rho_2 + \nabla \cdot u_2 = \dfrac{1}{2}(g_{1e} + g_{1i}), \\ \partial_t u_2 + \nabla\rho_2 + \nabla\Theta_2 + u_2 = \dfrac{1}{2}(g_{2e} + g_{2i}), \\ \partial_t\Theta_2 + \nabla \cdot u_2 + \Theta_2 = \dfrac{1}{2}(g_{3e} + g_{3i}), \quad (t, x) \in (0, \infty) \times \mathbb{R}^3, \end{cases} \tag{3-162}$$

初值为 $S_2|_{t=0} = S_{2,0} := [\rho_{2,0}, u_{2,0}, \Theta_{2,0}]$, $x \in \mathbb{R}^3$, 这里 $[\rho_{2,0}, u_{2,0}, \Theta_{2,0}]$ 由 $[\rho_{\mu 0}, u_{\mu 0}, \Theta_{\mu 0}]$ 通过变换 (3-161) 给出. 因此, 定义解 $S_1 = [\rho_1, u_1, \Theta_1, E, B]$ 与 $S_2 = [\rho_2, u_2, \Theta_2]$ 分别如下

$$
\begin{aligned}
S_1(t) = {} & e^{tL_1} S_{1,0} \\
& + \frac{1}{2} \int_0^t e^{(t-y)L_1} \left[g_{1e} - g_{1i}, g_{2e} - g_{2i}, g_{3e} - g_{3i}, 2\left(g_{4e} - g_{4i}\right) \right](y) dy,
\end{aligned} \quad (3\text{-}163)
$$

和

$$
S_2(t) = e^{tL_2} S_{2,0} + \frac{1}{2} \int_0^t e^{(t-y)L_2} \left[g_{1e} + g_{1i}, g_{2e} + g_{2i}, g_{3e} + g_{3i} \right](y) dy, \quad (3\text{-}164)
$$

这里 $e^{tL_1} U_{1,0}$ 与 $e^{tL_2} U_{2,0}$, 分别表示下面的齐次方程组初值问题 (3-165)-(3-166) 和 (3-168)-(3-169) 的解.

方程组 (3-160) 对应的齐次方程组为

$$
\begin{cases}
\partial_t \rho_1 + \nabla \cdot u_1 = 0, \\
\partial_t u_1 + \nabla \rho_1 + \nabla \Theta_1 + E + u_1 = 0, \\
\partial_t \Theta_1 + \nabla \cdot u_1 + \Theta_1 = 0, \\
\partial_t E - \nabla \times B - 2u_1 = 0, \\
\partial_t B + \nabla \times E = 0, \\
\dfrac{1}{2} \nabla \cdot E = -\rho_1, \quad \nabla \cdot B = 0, \quad (t, x) \in (0, \infty) \times \mathbb{R}^3,
\end{cases} \quad (3\text{-}165)
$$

初值为

$$
S_1|_{t=0} = S_{1,0} := [\rho_{1,0}, u_{1,0}, \Theta_{1,0}, E_0, B_0], \quad x \in \mathbb{R}^3, \quad (3\text{-}166)
$$

满足相容性条件

$$
\frac{1}{2} \nabla \cdot E_0 = -\rho_{1,0}, \quad \nabla \cdot B_0 = 0. \quad (3\text{-}167)
$$

另外, 方程组 (3-165) 对应的齐次方程组为

$$
\begin{cases}
\partial_t \rho_2 + \nabla \cdot u_2 = 0, \\
\partial_t u_2 + \nabla \rho_2 + \nabla \Theta_2 + u_2 = 0, \\
\partial_t \Theta_2 + \nabla \cdot u_2 + \Theta_2 = 0, \quad (t, x) \in (0, \infty) \times \mathbb{R}^3,
\end{cases} \quad (3\text{-}168)
$$

初值为

$$
S_2|_{t=0} = S_{2,0} := [\rho_{2,0}, u_{2,0}, \Theta_{2,0}], x \in \mathbb{R}^3. \quad (3\text{-}169)
$$

这里 $[\rho_{2,0}, u_{2,0}, \Theta_{2,0}]$ 由变换 (3-164) 给出. 下面, 始终用 $S_1 = [\rho_1, u_1, \Theta_1, E, B]$ 和 $S_2 = [\rho_2, u_2, \Theta_2]$ 分别表示线性齐次化方程组 (3-165) 与 (3-168) 的解.

首先, 对于齐次线性化方程组 (3-165)-(3-166), 类似我们在文献 [36] 中的方法, 可得如下 $L^m - L^n$ 衰减速率如下.

命题 3.1.5 设 $S_1(t) = e^{tL_1} S_{1,0}$ 为初始问题 (3-165)-(3-166) 具有初值 $S_{1,0} = [\rho_{1,0}, u_{1,0}, \Theta_{1,0}, E_0, B_0]$ 满足 (3-166) 的一个光滑解. 则 $S_1 = [\rho_1, u_1, \Theta_1, E, B]$ 满足下面的衰减性质, 对任意 $t \geqslant 0$,

$$
\begin{cases}
\|[\rho_1(t), \Theta_1(t)]\| \leqslant C e^{-\frac{t}{2}} \|[\rho_{1,0}, u_{1,0}, \Theta_{1,0}]\|, \\
\|u_1(t)\| \leqslant C e^{-\frac{t}{2}} \|[\rho_{1,0}, \Theta_{1,0}]\| + C(1+t)^{-\frac{5}{4}} \|[u_{1,0}, E_0, B_0]\|_{L^1 \cap \dot{H}^2}, \\
\|E(t)\| \leqslant C(1+t)^{-\frac{5}{4}} \|[u_{1,0}, \Theta_{1,0}, E_0, B_0]\|_{L^1 \cap \dot{H}^3}, \\
\|B(t)\| \leqslant C(1+t)^{-\frac{3}{4}} \|[u_{1,0}, E_0, B_0]\|_{L^1 \cap \dot{H}^2},
\end{cases}
\tag{3-170}
$$

$$
\begin{cases}
\|[\rho_1(t), \Theta_1(t)]\|_{L^\infty} \leqslant C e^{-\frac{t}{2}} \|[\rho_{1,0}, u_{1,0}, \Theta_{1,0}]\|_{L^2 \cap \dot{H}^2}, \\
\|u_1(t)\|_{L^\infty} \leqslant C e^{-\frac{t}{2}} \|[\rho_{1,0}, \Theta_{1,0}]\|_{L^1 \cap \dot{H}^2} + C(1+t)^{-2} \|[u_{1,0}, E_0, B_0]\|_{L^1 \cap \dot{H}^5}, \\
\|E(t)\|_{L^\infty} \leqslant C(1+t)^{-2} \|[u_{1,0}, \Theta_{1,0}, E_0, B_0]\|_{L^1 \cap \dot{H}^6}, \\
\|B(t)\|_{L^\infty} \leqslant C(1+t)^{-\frac{3}{2}} \|[u_{1,0}, E_0, B_0]\|_{L^1 \cap \dot{H}^5},
\end{cases}
\tag{3-171}
$$

及

$$
\begin{cases}
\|\nabla B(t)\| \leqslant C(1+t)^{-\frac{5}{4}} \|[u_{1,0}, E_0, B_0]\|_{L^1 \cap \dot{H}^4}, \\
\|\nabla^N [E(t), B(t)]\| \leqslant C(1+t)^{-\frac{5}{4}} \|[u_{1,0}, \Theta_{1,0}, E_0, B_0]\|_{L^2 \cap \dot{H}^{N+3}}.
\end{cases}
\tag{3-172}
$$

接下来给出 (3-168)-(3-169) 的显式解, 首先寻求初值问题 (3-168)-(3-169) 解 $U_2 = [\rho_2, u_2, \Theta_2]$ 的傅里叶变换的显式表达式.

由 (3-168) 的三个方程可得

$$
\partial_{ttt}\rho_2 + 2\partial_{tt}\rho_2 - 2\Delta\partial_t\rho_2 + \partial_t\rho_2 - \Delta\rho_2 = 0,
\tag{3-173}
$$

初值为

$$
\begin{cases}
\rho_2 |_{t=0} = \rho_{2,0}, \\
\partial_t \rho_2 |_{t=0} = -\nabla \cdot u_{2,0}, \\
\partial_{tt} \rho_2 |_{t=0} = \Delta\rho_{2,0} + \nabla \cdot u_{2,0} + \Delta\Theta_{2,0}.
\end{cases}
\tag{3-174}
$$

对 (3-173) 和 (3-174) 进行傅里叶变换可得

$$
\partial_{ttt}\hat{\rho}_2 + 2\partial_{tt}\hat{\rho}_2 + (1+2|k|^2)\partial_t\hat{\rho}_2 + |k|^2\hat{\rho}_2 = 0,
\tag{3-175}
$$

初值为

$$
\begin{cases}
\hat{\rho}_2 |_{t=0} = \hat{\rho}_{2,0}, \\
\partial_t \hat{\rho}_2 |_{t=0} = -i|k|\tilde{k} \cdot \hat{u}_{2,0}, \\
\partial_{tt} \hat{\rho}_2 |_{t=0} = -|k|^2\hat{\rho}_{2,0} + i|k|\tilde{k} \cdot \hat{u}_{2,0} - |k|^2\hat{\Theta}_{2,0}.
\end{cases}
\tag{3-176}
$$

本书, 记 $\tilde{k} = \dfrac{k}{|k|}$. 则 (3-175) 的特征方程为

$$F(\mathfrak{X}) := \mathfrak{X}^3 + 2\mathfrak{X}^2 + \left(1 + 2|k|^2\right)\mathfrak{X} + |k|^2 = 0.$$

上述特征方程的根具有如下性质.

引理 3.1.11　令 $|k| \neq 0$. 方程 $F(\mathfrak{X}) = 0, \mathfrak{X} \in \mathbb{C}$ 有一实根 $\eta = \eta(|k|) \in \left(-\dfrac{1}{2}, 0\right)$
和两个共轭复根 $\mathfrak{X}_{\pm} = \phi \pm i\psi$ 其中 $\phi = \phi(|k|) \in \left(-1, -\dfrac{3}{4}\right)$ 及 $\psi = \psi(|k|) \in (0, +\infty)$
满足

$$\phi = -1 - \frac{\eta}{2}, \quad \psi = \frac{1}{2}\sqrt{3\eta^2 + 4\eta + 8|k|^2}. \tag{3-177}$$

η, ϕ, ψ 在 $|k| > 0$ 上光滑, $\sigma(|k|)$ 关于 $|k| > 0$ 严格递减, 并满足

$$\lim_{|k| \to 0} \eta(|k|) = 0, \quad \lim_{|k| \to \infty} \eta(|k|) = -\frac{1}{2}.$$

此外, 成立下面渐近性估计, 当 $|k| \leqslant 1$ 且任意小时, 有

$$\eta(|k|) = -O(1)|k|^2, \quad \phi(|k|) = -1 + O(1)|k|^2, \quad \psi(|k|) = O(1)|k|$$

以及当 $|k| \geqslant 1$ 任意大时, 有

$$\eta(|k|) = -\frac{1}{2} + O(1)|k|^{-2}, \quad \phi(|k|) = -\frac{3}{4} - O(1)|k|^{-2}, \quad \psi(|k|) = O(1)|k|,$$

此处 $O(1)$ 表示严格正数.

证明　设 $|k| \neq 0$. 首先发现方程 $F(\mathfrak{X}) = 0$ 在 $\mathfrak{X} \in \mathbb{R}$ 可能存在一个实根. 因为

$$F'(\mathfrak{X}) = 3\mathfrak{X}^2 + 4\mathfrak{X} + 1 + 2|k|^2 > 0,$$

及 $F\left(-\dfrac{1}{2}\right) = -\dfrac{1}{8} < 0$, $F(0) = |k|^2 > 0$, 所以方程 $F(\mathfrak{X}) = 0$ 有且只有一个实根
$\eta = \eta(|k|)$ 满足 $-\dfrac{1}{2} < \eta < 0$. 对方程 $F(\eta(|k|)) = 0$ 关于 $|k|$ 求导可得

$$\eta'(|k|) = \frac{-|k|\,(2 + 4\eta)}{3\eta^2 + 4\eta + 1 + 2|k|^2} < 0,$$

所以 $\eta(\cdot)$ 关于 $|k| > 0$ 严格递减. 因 $F(\eta) = 0$ 可改写为

$$\eta\left[\frac{\eta(\eta + 2)}{1 + 2|k|^2} + 1\right] = -\frac{|k|^2}{1 + 2|k|^2},$$

从而当 $|k| \to 0$ 与 $|k| \to \infty$ 时, η 分别有相应极限 0 与 $-\dfrac{1}{2}$.

$F(\eta(|k|)) = 0$ 也等价于

$$\eta + \frac{1}{2} = \frac{\frac{1}{2}(\eta + 1)^2}{(\eta + 1)^2 + 2|k|^2}.$$

故而可得, 当 $|k| < 1$ 任意小时, 成立 $\eta(|k|) = -O(1)|k|^2$, 及当 $|k| \geqslant 1$ 任意大时, 成立 $\eta(|k|) = -\frac{1}{2} + O(1)|k|^{-2}$. 接下来, 寻找 $F(\mathfrak{x}) = 0$ 在 $\mathfrak{x} \in \mathbb{C}$ 的复根. 当 $\eta \in \mathbb{R}$ 时, $F(\eta) = 0$, 从而 $F(\mathfrak{x}) = 0$ 可分解为

$$F(\mathfrak{x}) = (\mathfrak{x} - \eta)\left[\left(\mathfrak{x} + 1 + \frac{\eta}{2}\right)^2 + \frac{3}{4}\eta^2 + \eta + 2|k|^2\right] = 0.$$

因此, 存在两个共轭复根 $\mathfrak{x}_{\pm} = \phi \pm i\psi$ 满足

$$\left(\mathfrak{x} + 1 + \frac{\eta}{2}\right)^2 + \frac{3}{4}\eta^2 + \eta + 2|k|^2 = 0.$$

通过求解上述方程, 我们发现 $\phi = \phi(|k|)$, $\psi = \psi(|k|)$ 具有 (3-177) 的形式. 于是, 从 $\eta(|k|)$ 在 $|k| = 0$ 和 ∞ 的渐近行为可直接得到 $\phi(|k|)$, $\psi(|k|)$ 的渐近行为. 至此, 完成了引理 3.1.11 的证明.　　　　　　　　　　　□

基于引理 3.1.11, 可以定义 (3-175) 解形式如下

$$\hat{\rho}_2(t, k) = c_1(k)e^{\eta t} + e^{\phi t}\left(c_2(k)\cos\psi t + c_3(k)\sin\psi t\right), \tag{3-178}$$

其中 $c_i(k)$, $1 \leqslant i \leqslant 3$, 将由 (3-176) 确定. 事实上, 由 (3-176) 可得

$$\begin{bmatrix} \hat{\rho}_2|_{t=0} \\ \partial_t\hat{\rho}_2|_{t=0} \\ \partial_{tt}\hat{\rho}_2|_{t=0} \end{bmatrix} = A\begin{bmatrix} c_1 \\ c_2 \\ c_3 \end{bmatrix}, \quad A = \begin{bmatrix} 1 & 1 & 0 \\ \eta & \phi & \psi \\ \eta^2 & \phi^2 - \psi^2 & 2\phi\psi \end{bmatrix}. \tag{3-179}$$

直接计算可得

$$\det A = \psi\left[\psi^2 + (\eta - \phi)^2\right] = \psi\left(3\eta^2 + 4\eta + 1 + 2|k|^2\right) > 0$$

和

$$A^{-1} = \frac{1}{\det A}\begin{bmatrix} \left(\phi^2 + \psi^2\right)\psi & -2\phi\psi & \psi \\ \eta\left(\eta - 2\phi\right)\psi & 2\phi\psi & -\psi \\ \eta\left(\phi^2 - \psi^2 - \eta\phi\right) & \psi^2 + \eta^2 - \phi^2 & \phi - \eta \end{bmatrix}.$$

注意到 (3-179) 结合 (3-176) 可得

$$[c_1, c_2, c_3]^{\mathrm{T}} = \frac{1}{3\eta^2 + 4\eta + 1 + 2|k|^2}$$

$$\cdot \begin{bmatrix} \phi^2 + \psi^2 - |k|^2 & i\,|k|\,(2\phi + 1) & -|k|^2 \\ \eta^2 - 2\eta\phi + |k|^2 & -i\,|k|\,(2\phi + 1) & |k|^2 \\ \dfrac{\eta\left(\phi^2 - \psi^2 - \eta\phi\right) - (\phi - \eta)\,|k|^2}{\psi} & \dfrac{i\,|k|}{\psi}\left(\phi^2 - \eta^2 - \psi^2 + \phi - \eta\right) & \dfrac{\eta - \phi}{\psi}|k|^2 \end{bmatrix}$$

$$\cdot \begin{bmatrix} \hat{\rho}_{2,0} \\ \tilde{k} \cdot \hat{u}_{2,0} \\ \hat{\Theta}_{2,0} \end{bmatrix}.$$

这里, $[\cdot]^{\mathrm{T}}$ 表示向量的转置. 将 ϕ 与 ψ 的表达式代入, 然后进一步化简可得

$$[c_1, c_2, c_3]^{\mathrm{T}} = \frac{1}{3\eta^2 + 4\eta + 1 + 2|k|^2}$$

$$\cdot \begin{bmatrix} (\eta + 1)^2 + |k|^2 & -i\,|k|\,(\eta + 1) & -|k|^2 \\ 2(\eta + 1) + |k|^2 & i\,|k|\,(\eta + 1) & |k|^2 \\ \dfrac{\eta(\eta + 1) + \left(1 - \dfrac{1}{2}\eta\right)|k|^2}{\psi} & \dfrac{i\,|k|}{\psi}\left(\dfrac{3}{2}\eta^2 + \dfrac{3}{2}\eta + 2|k|^2\right) & \dfrac{1 + \dfrac{3}{2}\eta}{\psi}|k|^2 \end{bmatrix} \begin{bmatrix} \hat{\rho}_{2,0} \\ \tilde{k} \cdot \hat{u}_{2,0} \\ \hat{\Theta}_{2,0} \end{bmatrix}.$$

$$\tag{3-180}$$

类似地, 从 (3-168) 的三个方程可得

$$\partial_{ttt}\hat{\Theta}_2 + 2\partial_{tt}\hat{\Theta}_2 + \left(1 + 2|k|^2\right)\partial_t \hat{\Theta}_2 + |k|^2 \hat{\Theta}_2 = 0, \tag{3-181}$$

其初值为

$$\begin{cases} \hat{\Theta}_2|_{t=0} = \hat{\Theta}_{2,0}, \\ \partial_t \hat{\Theta}_2|_{t=0} = -i|k|\tilde{k} \cdot \hat{u}_{2,0} - \hat{\Theta}_{2,0}, \\ \partial_{tt} \hat{\Theta}_2|_{t=0} = -|k|^2 \hat{\rho}_{2,0} + 2i|k|\tilde{k} \cdot \hat{u}_{2,0} + \left(1 - |k|^2\right)\hat{\Theta}_{2,0}. \end{cases} \tag{3-182}$$

基于引理 3.1.11, 也可以定义 (3-181) 的解形如

$$\hat{\Theta}_2(t, k) = c_4(k)e^{\eta t} + e^{\phi t}\left(c_5(k)\cos\psi t + c_6(k)\sin\psi t\right), \tag{3-183}$$

其中 $c_i(k)$, $4 \leqslant i \leqslant 6$, 将由 (3-182) 确定. 实际上, 由 (3-182) 计算可得

$$[c_4, c_5, c_6]^{\mathrm{T}} = \frac{1}{3\eta^2 + 4\eta + 1 + 2|k|^2}$$

$$\cdot \begin{bmatrix} -|k|^2 & -i\,|k|\,(1 + \eta) & (1 + \eta)\eta + |k|^2 \\ |k|^2 & i\,|k|\,(1 + \eta) & (1 + 2\eta)(1 + \eta) + |k|^2 \\ \dfrac{\dfrac{3}{2}\eta + 1}{\psi}|k|^2 & \dfrac{-i|k|}{\psi}\left(\dfrac{3}{2}\eta(\eta + 2) + 1 + 2|k|^2\right) & -\dfrac{|k|^2 + \dfrac{1}{2}\eta(|k|^2 + 1 + \eta)}{\psi} \end{bmatrix} \begin{bmatrix} \hat{\rho}_{2,0} \\ \tilde{k} \cdot \hat{u}_{2,0} \\ \hat{\Theta}_{2,0} \end{bmatrix}.$$

$$\tag{3-184}$$

类似地, 再次利用 (3-168) 的三个方程可得

$$\partial_{ttt}(\tilde{k}\cdot\hat{u}_2) + 2\partial_{tt}(\tilde{k}\cdot\hat{u}_2) + (1+2|k|^2)\partial_t(\tilde{k}\cdot\hat{u}_2) + |k|^2(\tilde{k}\cdot\hat{u}_2) = 0, \tag{3-185}$$

初值为

$$\begin{cases} \tilde{k}\cdot\hat{u}_2|_{t=0} = \tilde{k}\cdot\hat{u}_{2,0}, \\ \partial_t(\tilde{k}\cdot\hat{u}_2)|_{t=0} = -i|k|\hat{\rho}_{2,0} - \tilde{k}\cdot\hat{u}_{2,0} - i|k|\hat{\Theta}_{2,0}, \\ \partial_{tt}(\tilde{k}\cdot\hat{u}_2)|_{t=0} = i|k|\hat{\rho}_{2,0} + (1-2|k|^2)\tilde{k}\cdot\hat{u}_{2,0} + 2i|k|\hat{\Theta}_{2,0}. \end{cases} \tag{3-186}$$

基于引理 3.1.11, 可以验证 (3-185) 的解具有以下形式

$$\tilde{k}\cdot\hat{u}_2(t,k) = c_7(k)e^{\eta t} + e^{\phi t}\left(c_8(k)\cos\psi t + c_9(k)\sin\psi t\right), \tag{3-187}$$

其中

$$[c_7,\ c_8,\ c_9]^{\mathrm{T}} = \frac{1}{3\eta^2 + 4\eta + 1 + 2|k|^2}$$

$$\cdot \begin{bmatrix} -i|k|(1+\eta) & \eta(1+\eta) & -i|k|\eta \\ i|k|(1+\eta) & (1+\eta)(1+2\eta)+2|k|^2 & i|k|\eta \\ \dfrac{-i|k|}{\psi}\left(\dfrac{3}{2}\eta(\eta+1)-2|k|^2\right) & \dfrac{-\eta(1+\eta-2|k|^2)}{2\psi} & \dfrac{i|k|}{\psi}\left(-\dfrac{3}{2}\eta(\eta+2)+2|k|^2-1\right) \end{bmatrix}$$

$$\cdot \begin{bmatrix} \hat{\rho}_{2,0} \\ \tilde{k}\cdot\hat{u}_{2,0} \\ \hat{\Theta}_{2,0} \end{bmatrix}. \tag{3-188}$$

进而, 对方程组 (3-168) 的第二个方程取旋度然后关于 x 做傅里叶变换可得

$$\partial_t\left(\tilde{k}\times(\tilde{k}\times\hat{u}_2)\right) + \tilde{k}\times(\tilde{k}\times\hat{u}_2) = 0. \tag{3-189}$$

初始条件为

$$\tilde{k}\times(\tilde{k}\times\hat{u}_2)|_{t=0} = \tilde{k}\times(\tilde{k}\times\hat{u}_{2,0}). \tag{3-190}$$

求解 (3-189)-(3-190) 可得

$$\tilde{k}\times(\tilde{k}\times\hat{u}_2) = e^{-t}\left(\tilde{k}\times(\tilde{k}\times\hat{u}_{2,0})\right). \tag{3-191}$$

综上所述, 可以得到解 $S_2 = [\rho_2,\ u_2,\ \Theta_2]$ 的傅里叶变换的显式表达式.

定理 3.1.5　令 $S_2 = [\rho_2,\ u_2,\ \Theta_2]$ 为线性齐次化方程组初值问题 (3-168)-(3-169) 的解. 对 $(t,k)\in(0,\infty)\times\mathbb{R}^3$ 且 $|k|\neq 0$, 成立以下分解

$$\begin{bmatrix} \hat{\rho}_2(t,k) \\ \hat{u}_2(t,k) \\ \hat{\Theta}_2(t,k) \end{bmatrix} = \begin{bmatrix} \hat{\rho}_2(t,k) \\ \hat{u}_{2\|}(t,k) \\ \hat{\Theta}_2(t,k) \end{bmatrix} + \begin{bmatrix} 0 \\ \hat{u}_{2\perp}(t,k) \\ 0 \end{bmatrix}, \tag{3-192}$$

其中 $\hat{u}_{2||}, \hat{u}_{2\perp}$ 定义分别为

$$\hat{u}_{2||} = \tilde{k}\tilde{k} \cdot \hat{u}_2, \quad \hat{u}_{2\perp} = -\tilde{k} \times (\tilde{k} \times \hat{u}_2) = (I_3 - \tilde{k} \otimes \tilde{k})\hat{u}_2.$$

因此, 存在矩阵 $H_{5\times 5}^{I}(t,k)$ 和 $H_{3\times 3}^{II}(t,k)$ 满足

$$\begin{bmatrix} \hat{\rho}_2(t,k) \\ \hat{u}_{2||}(t,k) \\ \hat{\Theta}_2(t,k) \end{bmatrix} = H_{5\times 5}^{I}(t,k) \begin{bmatrix} \hat{\rho}_{2,0}(k) \\ \hat{u}_{2||,0}(k) \\ \hat{\Theta}_{2,0}(k) \end{bmatrix} \tag{3-193}$$

与

$$\hat{u}_{2\perp}(t,k) = H_{3\times 3}^{II}(t,k) \ \hat{u}_{2\perp,0}(k) , \tag{3-194}$$

其中 $H_{5\times 5}^{I}$ 由 $\hat{\rho}_2(t,k)$, $\hat{u}_{2||}(t,k)$, $\hat{\Theta}_2(t,k)$ 的显式表达式 (3-178), (3-187), (3-183) 确定; $c_i(k)(1 \leqslant i \leqslant 9)$ 由 $\hat{\rho}_{2,0}(k)$, $\hat{u}_{2||,0}(k)$, $\hat{\Theta}_{2,0}(k)$ 的显式表达式 (3-180), (3-188), (3-184) 定义; $H_{3\times 3}^{II}$ 由 $\hat{u}_{2\perp}(t,k)$ 关于 $\hat{u}_{2\perp,0}(k)$ 的表达式 (3-191) 确定.

接下来将运用定理 3.1.5 得到解 $S_2 = [\rho_2, u_2, \Theta_2]$ 每个分量的 $L^m - L^n$ 关于时间的衰减性. 为此, 严格寻求 $\hat{S}_2 = [\hat{\rho}_2, \hat{u}_2, \hat{\Theta}_2]$ 的频度估计如下.

引理 3.1.12 令 $U_2 = [\rho_2, u_2, \Theta_2]$ 为线性齐次化初始值问题 (3-168)-(3-169) 的解. 则存在常数 $\gamma > 0, C > 0$ 使得对任意 $(t,k) \in (0,\infty) \times \mathbb{R}^3$, 成立

$$|\hat{\rho}_2(t,k)| \leqslant C \left| \left[\hat{\rho}_{2,0}(t,k), \hat{u}_{2,0}(t,k), \hat{\Theta}_{2,0}(t,k) \right] \right|$$
$$\cdot \begin{cases} e^{-\gamma t} + e^{-\gamma|k|^2 t}, & \text{若 } |k| \leqslant 1, \\ e^{-\gamma t} + e^{\frac{-\gamma}{|k|^2}t}, & \text{若 } |k| > 1, \end{cases} \tag{3-195}$$

$$|\hat{u}_2(t,k)| \leqslant Ce^{-t}|\hat{u}_{2,0}(k)|$$
$$+ C \left| \left[\hat{\rho}_{2,0}(k), \hat{u}_{2,0}(k), \hat{\Theta}_{2,0}(k) \right] \right|$$
$$\cdot \begin{cases} e^{-\gamma t} + |k| \, e^{-\gamma|k|^2 t}, & \text{若 } |k| \leqslant 1, \\ |k|^{-1}e^{-\gamma t} + e^{\frac{-\gamma}{|k|^2}t}, & \text{若 } |k| > 1, \end{cases} \tag{3-196}$$

及

$$\left| \hat{\Theta}_2(t,k) \right| \leqslant C \left| \left[\hat{\rho}_{2,0}(t,k), \hat{u}_{2,0}(t,k), \hat{\Theta}_{2,0}(t,k) \right] \right|$$
$$\cdot \begin{cases} e^{-\gamma t} + e^{-\gamma|k|^2 t}, & \text{若 } |k| \leqslant 1, \\ e^{-\gamma t} + e^{\frac{-\gamma}{|k|^2}t}, & \text{若 } |k| > 1, \end{cases} \tag{3-197}$$

证明 首先, 考察由 (3-195) 定义的 $\hat{\rho}_2$ 的上界. 事实上, 运用引理 3.1.11, 由 (3-180) 直接计算可得

$$\begin{bmatrix} c_1 \\ c_2 \\ c_3 \end{bmatrix} = \begin{bmatrix} O(1) & -O(1)|k|i & -O(1)|k|^2 \\ O(1) & O(1)|k|i & O(1)|k|^2 \\ O(1)|k| & -O(1)|k|^2 i & O(1)|k| \end{bmatrix} \begin{bmatrix} \hat{\rho}_{2,0} \\ \tilde{k} \cdot \hat{u}_{2,0} \\ \hat{\Theta}_{2,0} \end{bmatrix},$$

当 $|k| \to 0$ 时, 以及

$$\begin{bmatrix} c_1 \\ c_2 \\ c_3 \end{bmatrix} = \begin{bmatrix} O(1) & -O(1)|k|^{-1}i & -O(1) \\ O(1) & O(1)|k|^{-1}i & O(1) \\ O(1)|k|^{-1} & -O(1)i & O(1)|k|^{-1} \end{bmatrix} \begin{bmatrix} \hat{\rho}_{2,0} \\ \tilde{k} \cdot \hat{u}_{2,0} \\ \hat{\Theta}_{2,0} \end{bmatrix}$$

当 $|k| \to \infty$.

所以, 把上述计算代入 (3-178) 可得

$$\hat{\rho}_2(t,k) = \left(O(1)\hat{\rho}_{2,0} - O(1)|k|i\tilde{k} \cdot \hat{u}_{2,0} - O(1)|k|^2 \hat{\Theta}_{2,0} \right) e^{\eta t}$$
$$+ \left(O(1)\hat{\rho}_{2,0} + O(1)|k|i\tilde{k} \cdot \hat{u}_{2,0} + O(1)|k|^2 \hat{\Theta}_{2,0} \right) e^{\phi t} \cos\psi t$$
$$+ \left(O(1)|k|\hat{\rho}_{2,0} - O(1)|k|^2 i\tilde{k} \cdot \hat{u}_{2,0} + O(1)|k|\hat{\Theta}_{2,0} \right) e^{\phi t} \sin\psi t,$$

当 $|k| \to 0$ 时, 及

$$\hat{\rho}_2(t,k) = \left(O(1)\hat{\rho}_{2,0} - O(1)|k|^{-1}i\tilde{k} \cdot \hat{u}_{2,0} - O(1)\hat{\Theta}_{2,0} \right) e^{\eta t}$$
$$+ \left(O(1)\hat{\rho}_{2,0} + O(1)|k|^{-1}i\tilde{k} \cdot \hat{u}_{2,0} + O(1)\hat{\Theta}_{2,0} \right) e^{\phi t} \cos\psi t$$
$$+ \left(O(1)|k|^{-1}\hat{\rho}_{2,0} - O(1)i\tilde{k} \cdot \hat{u}_{2,0} + O(1)|k|^{-1}\hat{\Theta}_{2,0} \right) e^{\phi t} \sin\psi t,$$

当 $|k| \to \infty$ 时. 基于引理 3.1.11, 我们发现存在常数 $\gamma > 0$ 满足

$$\begin{cases} \eta(k) \leqslant -\gamma |k|^2, & \phi(k) = -1 - \dfrac{\eta}{2} \leqslant -\gamma, \quad \text{当 } |k| \leqslant 1, \\[2mm] \eta(k) \leqslant -\gamma, & \phi(k) = -1 - \dfrac{\eta}{2} \leqslant -\dfrac{\gamma}{|k|^2}, \quad \text{当 } |k| \geqslant 1. \end{cases}$$

因此, 当 $|k| \leqslant 1$, 成立

$$|\hat{\rho}_2(t,k)| \leqslant C \left(e^{-\gamma t} + e^{-\gamma |k|^2 t} \right) \left| \left[\hat{\rho}_{2,0}, \tilde{k} \cdot \hat{u}_{2,0}, \hat{\Theta}_{2,0} \right] \right|,$$

及当 $|k| \geqslant 1$ 时, 成立

$$|\hat{\rho}_2(t,k)| \leqslant C \left(e^{-\gamma t} + e^{-\frac{\gamma}{|k|^2} t} \right) \left| \left[\hat{\rho}_{2,0}, \tilde{k} \cdot \hat{u}_{2,0}, \hat{\Theta}_{2,0} \right] \right|.$$

进而有

$$|\hat{\rho}_2(t,k)| \leqslant C \left| \left[\hat{\rho}_{2,0}, \hat{u}_{2,0}, \hat{\Theta}_{2,0} \right] \right| \cdot \begin{cases} \left(e^{-\gamma t} + e^{-\gamma |k|^2 t} \right), & \text{若 } |k| \leqslant 1, \\[2mm] \left(e^{-\gamma t} + e^{-\frac{\gamma}{|k|^2} t} \right), & \text{若 } |k| \geqslant 1. \end{cases}$$

类似可得 (3-196) 及 (3-197). 至此, 完成了引理 3.1.12 的证明.   □

从引理 3.1.12 出发, 直接可以得到解 $S_2 = [\rho_2, u_2, \Theta_2]$ 每个变量的衰减性质, 我们省去详细步骤. 可参看 [36].

定理 3.1.6   令 $1 \leqslant m, l \leqslant 2 \leqslant n \leqslant \infty, j \geqslant 0$ 及整数 $b \geqslant 0$. 设 $S_2(t) = e^{tL_2}U_{2,0}$ 为初始值问题 (3-168)-(3-169) 的解. 于是, 对任意 $t \geqslant 0$, $S_2 = [\rho_2, u_2, \Theta_2]$ 满足如下衰减性质:

$$\left\|\nabla^b \rho_2(t)\right\|_{L^n} \leqslant C(1+t)^{-\frac{3}{2}\left(\frac{1}{m}-\frac{1}{n}\right)-\frac{b}{2}}\left\|[\rho_{2,0}, u_{2,0}, \Theta_{2,0}]\right\|_{L^m}$$
$$+ C(1+t)^{-\frac{j}{2}}\left\|\nabla^{b+\left[j+3\left(\frac{1}{l}-\frac{1}{n}\right)\right]_+}[\rho_{2,0}, u_{2,0}, \Theta_{2,0}]\right\|_{L^l}, \quad (3\text{-}198)$$

$$\left\|\nabla^b u_2(t)\right\|_{L^n} \leqslant C(1+t)^{-\frac{3}{2}\left(\frac{1}{m}-\frac{1}{n}\right)-\frac{b+1}{2}}\left\|[\rho_{2,0}, u_{2,0}, \Theta_{2,0}]\right\|_{L^m}$$
$$+ C(1+t)^{-\frac{j}{2}}\left\|\nabla^{b+\left[j+3\left(\frac{1}{l}-\frac{1}{n}\right)\right]_+}[\rho_{2,0}, u_{2,0}, \Theta_{2,0}]\right\|_{L^l}, \quad (3\text{-}199)$$

$$\left\|\nabla^b \Theta_2(t)\right\|_{L^n} \leqslant C(1+t)^{-\frac{3}{2}\left(\frac{1}{m}-\frac{1}{n}\right)-\frac{b}{2}}\left\|[\rho_{2,0}, u_{2,0}, \Theta_{2,0}]\right\|_{L^m}$$
$$+ C(1+t)^{-\frac{j}{2}}\left\|\nabla^{b+\left[j+3\left(\frac{1}{l}-\frac{1}{n}\right)\right]_+}[\rho_{2,0}, u_{2,0}, \Theta_{2,0}]\right\|_{L^l}, \quad (3\text{-}200)$$

其中

$$\left[j + 3\left(\frac{1}{l}-\frac{1}{n}\right)\right]_+ = \begin{cases} j, & \text{当 } l = n = 2 \text{ 且 } j \text{ 为一整数,} \\ \left[j + 3\left(\frac{1}{l}-\frac{1}{n}\right)\right]_- + 1, & \text{其他,} \end{cases}$$

这里 $[\cdot]_-$ 表示取整数.

基于定理 3.1.6, 我们列出一些特殊情形以备后用.

推论 3.1.2   设 $S_2(t) = e^{tL_2}S_{2,0}$ 为初始值问题 (3-168)-(3-169) 的解. 那么, 对任意 $t \geqslant 0$, $S_2 = [\rho_2, u_2, \Theta_2]$ 满足

$$\begin{cases} \left\|\rho_2(t)\right\| \leqslant C(1+t)^{-\frac{3}{4}}\left\|[\rho_{2,0}, u_{2,0}, \Theta_{2,0}]\right\|_{L^1 \cap \dot{H}^2}, \\ \left\|u_2(t)\right\| \leqslant C(1+t)^{-\frac{5}{4}}\left\|[\rho_{2,0}, u_{2,0}, \Theta_{2,0}]\right\|_{L^1 \cap \dot{H}^3}, \\ \left\|\Theta_2(t)\right\| \leqslant C(1+t)^{-\frac{3}{4}}\left\|[\rho_{2,0}, u_{2,0}, \Theta_{2,0}]\right\|_{L^1 \cap \dot{H}^2}, \end{cases} \quad (3\text{-}201)$$

$$\begin{cases} \left\|\nabla\rho_2(t)\right\| \leqslant C(1+t)^{-\frac{5}{4}}\left\|[\rho_{2,0}, u_{2,0}, \Theta_{2,0}]\right\|_{L^1 \cap \dot{H}^4}, \\ \left\|\nabla u_2(t)\right\| \leqslant C(1+t)^{-\frac{7}{4}}\left\|[\rho_{2,0}, u_{2,0}, \Theta_{2,0}]\right\|_{L^1 \cap \dot{H}^5}, \\ \left\|\nabla\Theta_2(t)\right\| \leqslant C(1+t)^{-\frac{5}{4}}\left\|[\rho_{2,0}, u_{2,0}, \Theta_{2,0}]\right\|_{L^1 \cap \dot{H}^4} \end{cases} \quad (3\text{-}202)$$

与

$$\begin{cases} \left\|\rho_2(t)\right\|_{L^\infty} \leqslant C(1+t)^{-\frac{3}{2}}\left\|[\rho_{2,0}, u_{2,0}, \Theta_{2,0}]\right\|_{L^1 \cap \dot{H}^5}, \\ \left\|u_2(t)\right\|_{L^\infty} \leqslant C(1+t)^{-2}\left\|[\rho_{2,0}, u_{2,0}, \Theta_{2,0}]\right\|_{L^1 \cap \dot{H}^6}, \\ \left\|\Theta_2(t)\right\|_{L^\infty} \leqslant C(1+t)^{-\frac{3}{2}}\left\|[\rho_{2,0}, u_{2,0}, \Theta_{2,0}]\right\|_{L^1 \cap \dot{H}^5}. \end{cases} \quad (3\text{-}203)$$

下面给出方程组 (3-135) 的衰减速率, 首先研究能量函数的衰减速率. 这一部分证明命题 3.1.4 中 (3-145) 关于能量 $\|S(t)\|_s^2$ 的衰减速率. 以如下引理作为开始, 它可以直接从定理 3.1.4 的证明过程获得.

引理 3.1.13 令 $S = [\rho_\mu, u_\mu, \Theta_\mu, E, B]$ 为初值问题 (3-135)-(3-136) 具有初值 $S_0 = [\rho_{\mu 0}, u_{\mu 0}, \Theta_{\mu 0}, E_0, B_0]$ 满足 (3-137) 的解. 那么, 如果 $\mathfrak{E}_s(S_0)$ 充分小, 对任意 $t \geqslant 0$, 成立

$$\frac{d}{dt}\mathfrak{E}_s(S(t)) + \lambda \mathfrak{D}_s(S(t)) \leqslant 0. \tag{3-204}$$

基于引理 3.1.13, 可以验证下式成立

$$(1+t)^p \mathfrak{E}_s(S(t)) + \gamma \int_0^t (1+y)^p \mathfrak{D}_s(S(y))dy$$

$$\leqslant \mathfrak{E}_s(S_0) + p \int_0^t (1+y)^{p-1} \mathfrak{E}_s(S(y))dy$$

$$\leqslant \mathfrak{E}_s(S_0) + Cp \int_0^t (1+y)^{p-1} \left(\|B(y)\|^2 + \|(\rho_e + \rho_i)(y)\|^2 + \mathfrak{D}_{s+1}(S(y)) \right) dy,$$

此处用到了 $\mathfrak{E}_s(S(t)) \leqslant \|B(t)\|^2 + \|(\rho_e + \rho_i)(t)\|^2 + \mathfrak{D}_{s+1}(S(t))$. 再次运用 (3-204), 可得

$$\mathfrak{E}_{s+2}(S(t)) + \gamma \int_0^t \mathfrak{D}_{s+2}(S(y))dy \leqslant \mathfrak{E}_{s+2}(S_0)$$

与

$$(1+t)^{p-1} \mathfrak{E}_{s+1}(S(t)) + \gamma \int_0^t (1+y)^{p-1} \mathfrak{D}_{s+1}(S(y))dy$$

$$\leqslant \mathfrak{E}_{s+1}(S_0) + C(p-1) \int_0^t (1+y)^{p-2} \left(\|B(y)\|^2 + \|(\rho_e + \rho_i)(y)\|^2 \right.$$

$$\left. + \mathfrak{D}_{s+2}(S(y)) \right) dy.$$

所以, 通过迭代上述估计结果, 有

$$(1+t)^p \mathfrak{E}_s(S(t)) + \gamma \int_0^t (1+y)^p \mathfrak{D}_s(S(y))dy$$

$$\leqslant C\mathfrak{E}_{s+2}(S_0) + C \int_0^t (1+y)^{p-1} \left(\|B(y)\|^2 + \|(\rho_e + \rho_i)(y)\|^2 \right) dy, \tag{3-205}$$

其中 $1 < p < 2$.

现在, 估计 (3-205) 右端的积分项. 将 (3-170) 关于 B 的估计和 (3-201) 关于 ρ_2 的估计分别代入 (3-163) 及 (3-164) 可得

$$\|B(t)\| \leqslant C(1+t)^{-\frac{3}{4}} \|[u_{1,0}, E_0, B_0]\|_{L^1 \cap \dot{H}^2}$$

$$+ C \int_0^t (1+t-y)^{-\frac{3}{4}} \|[g_{2e}(y) - g_{2i}(y), g_{4e}(y) - g_{4i}(y)]\|_{L^1 \cap \dot{H}^2} dy, \tag{3-206}$$

$$\|(\rho_e + \rho_i)(t)\| \leqslant C \|\rho_2(t)\| \leqslant C(1+t)^{-\frac{3}{4}} \|[\rho_{\mu 0}, u_{\mu 0}, \Theta_{\mu 0}]\|_{L^1 \cap \dot{H}^2}$$

$$+ C \int_0^t (1+t-y)^{-\frac{3}{4}} \|[g_{1e} + g_{1i}, g_{2e} + g_{2i}, g_{3e} + g_{3i}](y)\|_{L^1 \cap \dot{H}^2} dy. \quad (3\text{-}207)$$

对任意 $0 \leqslant y \leqslant t$, 直接验证有

$$\|[g_{2e}(y) - g_{2i}(y),\ g_{4e}(y) - g_{4i}(y)]\|_{L^1 \cap \dot{H}^2} \leqslant C\mathfrak{E}_s(S(y)) \leqslant C(1+y)^{-\frac{3}{2}} \mathfrak{E}_{s,\infty}(S(t)),$$

$$\|[g_{1e} + g_{1i}, g_{2e} + g_{2i}, g_{3e} + g_{3i}](y)\|_{L^1 \cap \dot{H}^2} \leqslant C\mathfrak{E}_s(S(y)) \leqslant C(1+y)^{-\frac{3}{2}} \mathfrak{E}_{s,\infty}(S(t)),$$

其中 $\mathfrak{E}_{s,\infty}(S(t)) := \sup\limits_{0 \leqslant y \leqslant t} (1+y)^{\frac{3}{2}} \mathfrak{E}_s(S(y))$. 将上述两个不等式分别代入 (3-206) 和 (3-207) 可得

$$\|B(t)\| \leqslant C(1+t)^{-\frac{3}{4}} \left(\|[u_{\mu 0}, E_0, B_0]\|_{L^1 \cap \dot{H}^2} + \mathfrak{E}_{s,\infty}(S(t)) \right) \quad (3\text{-}208)$$

与

$$\|(\rho_e + \rho_i)(t)\| \leqslant C(1+t)^{-\frac{3}{4}} \left(\|[\rho_{\mu 0}, u_{\mu 0}, \Theta_{\mu 0}]\|_{L^1 \cap \dot{H}^2} + \mathfrak{E}_{s,\infty}(S(t)) \right). \quad (3\text{-}209)$$

下面, 寻求 $\mathfrak{E}_{s,\infty}(S(t))$ 的一致界. 将导出 $\mathfrak{E}_s(S(t))$ 或 $\|S(t)\|_s^2$ 的衰减速率. 事实上, 在 (3-205) 中取 $p = \frac{3}{2} + \varepsilon$ 且 $\varepsilon > 0$ 充分小, 然后运用 (3-208) 与 (3-209) 可得

$$(1+t)^{\frac{3}{2}+\varepsilon} \mathfrak{E}_s(S(t)) + \gamma \int_0^t (1+y)^{\frac{3}{2}+\varepsilon} \mathfrak{D}_s(S(y)) dy$$

$$\leqslant C\mathfrak{E}_{s+2}(S_0) + C(1+t)^\varepsilon \left(\|[\rho_{\mu 0}, u_{\mu 0}, \Theta_{\mu 0}, E_0, B_0]\|_{L^1 \cap \dot{H}^2}^2 + [\mathfrak{E}_{s,\infty}(S(t))]^2 \right),$$

进而有

$$(1+t)^{\frac{3}{2}} \mathfrak{E}_s(S(t)) \leqslant C \left(\mathfrak{E}_{s+2}(S_0) + \|[\rho_{\mu 0}, u_{\mu 0}, \Theta_{\mu 0}, E_0, B_0]\|_{L^1}^2 + [\mathfrak{E}_{s,\infty}(S(t))]^2 \right),$$

于是

$$\mathfrak{E}_{s,\infty}(S(t)) \leqslant C \left(\omega_{s+2}(S_0)^2 + [\mathfrak{E}_{s,\infty}(S(t))]^2 \right),$$

由于 $\omega_{s+2}(S_0) > 0$ 足够小, 从而对任意 $t \geqslant 0$, 成立 $\mathfrak{E}_{s,\infty}(S(t)) \leqslant C\omega_{s+2}(S_0)^2$, 进而有 $\|S(t)\|_s \leqslant C\mathfrak{E}_s(S(t))^{\frac{1}{2}} \leqslant C\omega_{s+2}(S_0)(1+t)^{-\frac{3}{4}}$, 此即 (3-145).

接下来寻求高阶能量函数 $\|\nabla S(t)\|_{s-1}^2$ 的衰减速率, 也即命题 3.1.4 中的 (3-146). 以如下引理作为开始.

引理 3.1.14　令 $S = [\rho_\mu,\ u_\mu,\ \Theta_\mu,\ E,\ B]$ 为初始值问题 (3-135)-(3-136) 在命题 3.1.3 的意义下, 具有初值 $S_0 = [\rho_{\mu 0},\ u_{\mu 0},\ \Theta_{\mu 0},\ E_0,\ B_0]$ 满足 (3-137) 的解. 那

么, 若 $\mathfrak{E}_s(S_0)$ 足够小, 则存在高阶能量函数 $\mathfrak{E}_s^h(\cdot)$ 和相应的耗散函数 $\mathfrak{D}_s^h(\cdot)$, 对任意 $t \geqslant 0$, 成立

$$\frac{d}{dt}\mathfrak{E}_s^h(S(t)) + \gamma \mathfrak{D}_s^h(S(t)) \leqslant 0, \tag{3-210}$$

证明　该证明过程与定理 3.1.4 的证明类似. 实际上, 取 $|\alpha| \geqslant 1$, 那么相应于 (3-149), (3-152), (3-156) 与 (3-158), 可以验证下面的不等式成立

$$\frac{d}{dt} \|\nabla S\|_{s-1}^2 + \|\nabla[u_e, u_i, \Theta_e, \Theta_i]\|_{s-1}^2 \leqslant C\|S\|_s \|\nabla[\rho_e, \rho_i, u_e, u_i, \Theta_e, \Theta_i]\|_{s-1}^2,$$

$$\frac{d}{dt} \sum_{1 \leqslant |\alpha| \leqslant s-1} \sum_{\mu=e,i} \langle \partial^\alpha u_\mu, \nabla \partial^\alpha \rho_\mu \rangle + \gamma \left(\|\nabla^2[\rho_e, \rho_i]\|_{s-2}^2 + \|\nabla[\rho_e - \rho_i]\|^2 \right)$$
$$\leqslant C \left(\|\nabla u_\mu\|_{s-1}^2 + \|S\|_s^2 \|\nabla[\rho_\mu, u_\mu, \Theta_\mu]\|_{s-1}^2 \right),$$

$$\frac{d}{dt} \sum_{1 \leqslant |\alpha| \leqslant s-1} \langle \partial^\alpha(u_e - u_i), \partial^\alpha E \rangle + \gamma \|\nabla E\|_{s-2}^2$$
$$\leqslant C \left(\|\nabla[u_\mu, \Theta_\mu]\|_{s-1}^2 + \|\nabla^2 \rho_\mu\|_{s-2}^2 + \|\nabla u_\mu\|_{s-1} \|\nabla^2 B\|_{s-3} \right.$$
$$\left. + \|S\|_s^2 \|\nabla[\rho_\mu, u_\mu, \Theta_\mu]\|_{s-1}^2 \right),$$

及

$$\frac{d}{dt} \sum_{1 \leqslant |\alpha| \leqslant s-2} \langle \partial^\alpha E, -\nabla \times \partial^\alpha B \rangle + \gamma \|\nabla^2 B\|_{s-3}^2$$
$$\leqslant C(\|\nabla E\|_{s-2}^2 + \|\nabla u_\mu\|_{s-1}^2 + \|\nabla[\rho_\mu, u_\mu]\|_{s-1}^2 \|S\|_s^2).$$

现在, 与定理 3.1.4 的第五步类似, 定义

$$\mathfrak{E}_s(S(t)) = \|\nabla S\|_{s-1}^2 + \mathfrak{K}_1 \sum_{1 \leqslant |\alpha| \leqslant s-1} \sum_{\mu=e,i} \langle \partial^\alpha u_\mu, \nabla \partial^\alpha \rho_\mu \rangle$$
$$+ \mathfrak{K}_2 \sum_{1 \leqslant |\alpha| \leqslant s-1} \langle \partial^\alpha(u_e - u_i), \partial^\alpha E \rangle$$
$$+ \mathfrak{K}_3 \sum_{1 \leqslant |\alpha| \leqslant s-2} \langle \partial^\alpha E, -\nabla \times \partial^\alpha B \rangle, \tag{3-211}$$

类似地, 取 $0 < \mathfrak{K}_3 \ll \mathfrak{K}_2 \ll \mathfrak{K}_1 \ll 1$ 充分小, 并且 $\mathfrak{K}_2^{\frac{3}{2}} \ll \mathfrak{K}_3$, 使得 $\mathfrak{E}_s^h(S(t)) \sim \|\nabla S(t)\|_{s-1}^2$, 也即 $\mathfrak{E}_s^h(\cdot)$ 的确是满足 (3-139) 的高阶能量函数, 此外, 相应于定义 (3-211), 我们对上述四个估计线性求和可得 (3-210). 至此, 完成了引理 3.1.14 的证明.　□

基于引理 3.1.14, 可以验证下式成立

$$\frac{d}{dt}\mathfrak{E}_s^h(S(t)) + \gamma\mathfrak{E}_s^h(S(t)) \leqslant C\left(\|\nabla B\|^2 + \|\nabla^s[E,B]\|^2 + \|\nabla(\rho_e + \rho_i)\|^2\right),$$

进而有

$$\mathfrak{E}_s^h(S(t)) \leqslant e^{-\gamma t}\mathfrak{E}_s^h(S_0)$$
$$+C\int_0^t e^{-\gamma(t-y)}\left(\|\nabla B(y)\|^2 + |\nabla^s[E,B](y)\|^2 + \|\nabla(\rho_e+\rho_i)(y)\|^2\right)dy. \quad (3\text{-}212)$$

现在, 开始估计上述不等式右端的积分项. 注意到双极非等熵方程组中 E 和 B 的方程与它们在双极等熵方程组中的形式相同, 于是类似文献 [30], 有

引理 3.1.15　令 $S = [\rho_\mu, u_\mu, \Theta_\mu, E, B]$ 为初始值问题 (3-135)-(3-136) 在命题 3.1.3 的意义下, 具有初值 $S_0 = [\rho_{\mu 0}, u_{\mu 0}, \Theta_{\mu 0}, E_0, B_0]$ 满足 (3-137) 的解. 若 $\omega_{s+6}(S_0)$ 足够小, 那么, 对任意 $t \geqslant 0$, 成立

$$\|\nabla B(t)\|^2 + \|\nabla^s[E(t), B(t)]\|^2 + \|\nabla(\rho_e+\rho_i)(t)\|^2 \leqslant C\omega_{s+6}(S_0)^2(1+t)^{-\frac{5}{2}}. \quad (3\text{-}213)$$

证明　将估计式 (3-172) 代入解 $S_1(t)$ 的表达式 (3-163) 可得

$$\|\nabla B(t)\|$$
$$\leqslant C(1+t)^{-\frac{5}{4}}\|[u_{\mu 0}, E_0, B_0]\|_{L^1 \cap \dot{H}^4}$$
$$+C\int_0^t (1+t-y)^{-\frac{5}{4}}\|[g_{2e}(y)-g_{2i}(y), g_{4e}(y)-g_{4i}(y)]\|_{L^1 \cap \dot{H}^4}dy$$
$$\leqslant C(1+t)^{-\frac{5}{4}}\|[u_{\mu 0}, E_0, B_0]\|_{L^1 \cap \dot{H}^4} + C\int_0^t (1+t-y)^{-\frac{5}{4}}\|S(y)\|_{\max\{5,s\}}^2 dy$$
$$\leqslant C(1+t)^{-\frac{5}{4}}\|[u_{\mu 0}, E_0, B_0]\|_{L^1 \cap \dot{H}^4} + C\int_0^t (1+t-y)^{-\frac{5}{4}}\omega_{s+6}(S_0)^2(1+y)^{-\frac{3}{2}}dy$$
$$\leqslant C\omega_{s+6}(S_0)(1+t)^{-\frac{5}{4}}$$

与

$$\|\nabla^s[E(t), B(t)]\|$$
$$\leqslant C(1+t)^{-\frac{5}{4}}\|[u_{\mu 0}, \Theta_{\mu 0}, E_0, B_0]\|_{L^2 \cap \dot{H}^{s+3}} + C\int_0^t (1+t-y)^{-\frac{5}{4}}\|[g_{2e}(y)-g_{2i}(y),$$
$$g_{3e}(y)-g_{3i}(y), g_{4e}(y)-g_{4i}(y)]\|_{L^2 \cap \dot{H}^{s+3}}dy$$
$$\leqslant C(1+t)^{-\frac{5}{4}}\|[u_{\mu 0}, \Theta_{\mu 0}, E_0, B_0]\|_{L^2 \cap \dot{H}^{s+3}} + C\int_0^t (1+t-y)^{-\frac{5}{4}}\|S(y)\|_{s+4}^2 dy$$
$$\leqslant C(1+t)^{-\frac{5}{4}}\|[u_{\mu 0}, \Theta_{\mu 0}, E_0, B_0]\|_{L^2 \cap \dot{H}^{s+3}}$$

$$+C\int_0^t (1+t-y)^{-\frac{5}{4}}\omega_{s+6}(S_0)^2(1+y)^{-\frac{3}{2}}\,dy$$
$$\leqslant C\omega_{s+6}(S_0)(1+t)^{-\frac{5}{4}}.$$

类似地, 将 (3-202) 中关于 ρ_2 的估计代入解 $S_2(t)$ 的表达式 (3-164) 可得

$$\|\nabla(\rho_e+\rho_i)(t)\|$$
$$\leqslant C(1+t)^{-\frac{5}{4}}\|[\rho_{\mu 0},u_{\mu 0},\Theta_{\mu 0}]\|_{L^1\cap\dot{H}^4}$$
$$+C\int_0^t (1+t-y)^{-\frac{5}{4}}\|[g_{1e}(y)+g_{1i}(y),g_{2e}(y)+g_{2i}(y),g_{3e}(y)+g_{3i}(y)]\|_{L^1\cap\dot{H}^4}\,dy$$
$$\leqslant C(1+t)^{-\frac{5}{4}}\|[\rho_{\mu 0},u_{\mu 0},\Theta_{\mu 0}]\|_{L^1\cap\dot{H}^4}+C\int_0^t (1+t-y)^{-\frac{5}{4}}\|S(y)\|^2_{\max\{5,s\}}\,dy$$
$$\leqslant C(1+t)^{-\frac{5}{4}}\|[\rho_{\mu 0},u_{\mu 0},\Theta_{\mu 0}]\|_{L^2\cap\dot{H}^{s+3}}+C\int_0^t (1+t-y)^{-\frac{5}{4}}\omega_{s+6}(S_0)^2(1+y)^{-\frac{3}{2}}\,dy$$
$$\leqslant C\omega_{s+6}(S_0)(1+t)^{-\frac{5}{4}}.$$

此处, 我们用到了 (3-145) 和 $\omega_{s+6}(S_0)$ 的小性条件. 至此, 完成了引理 3.1.15 的证明. □

因此, 将 (3-213) 代入 (3-212), 可得

$$\mathfrak{E}_s^h(S(t))\leqslant e^{-\gamma t}\mathfrak{E}_s^h(S_0)+C\omega_{s+6}(S_0)^2(1+t)^{-\frac{5}{2}}.$$

因为对任意 $t\geqslant 0$, $\mathfrak{E}_s^h(S(t))\sim\|\nabla S(t)\|_{s-1}^2$ 成立, 于是 (3-146) 成立. 至此, 完成了命题 3.1.4 的证明.

下面在 L^n, $2\leqslant n\leqslant+\infty$ 中寻求初值问题 (3-135)-(3-136) 的解 $S=[\rho_\mu,u_\mu,\Theta_\mu,E,B]$ 的衰减速率, 从而完成定理 3.1.3 第二部分的证明. 下面始终假设 $\omega_{13}(S_0)$ 充分小. 首先, 对 $s\geqslant 4$, 由命题 3.1.4 可知, 若 $\omega_{s+6}(S_0)$ 充分小, 则

$$\|S(t)\|_s\leqslant C\omega_{s+2}(S_0)(1+t)^{-\frac{3}{4}}, \tag{3-214}$$

若 $\omega_{s+6}(S_0)$ 充分小, 则

$$\|\nabla S(t)\|_{s-1}\leqslant C\omega_{s+6}(S_0)(1+t)^{-\frac{5}{4}}. \tag{3-215}$$

现在, 开始依次估计 B, $[u_e-u_i,E]$, u_e+u_i, $[\rho_e-\rho_i,\Theta_e-\Theta_i]$ 与 $[\rho_e+\rho_i,\Theta_e+\Theta_i]$. $\|B\|_{L^n}$ 的估计. 对于 L^2 的速率估计, 从 (3-214) 容易得到

$$\|B(t)\|\leqslant C\omega_6(S_0)(1+t)^{-\frac{3}{4}}.$$

对于 L^∞ 的速率估计, 将 (3-171) 中关于 B 的 L^∞ 估计代入 (3-163) 可得

$$\|B(t)\|_{L^\infty} \leqslant C(1+t)^{-\frac{3}{2}} \|[u_{\mu 0}, E_0, B_0]\|_{L^1 \cap \dot{H}^5}$$
$$+ C \int_0^t (1+t-y)^{-\frac{3}{2}} \|[g_{2e} - g_{2i}, g_{4e} - g_{4i}](y)\|_{L^1 \cap \dot{H}^5} dy.$$

由 (3-214) 可得

$$\|[g_{2e} - g_{2i}, g_{4e} - g_{4i}](t)\|_{L^1 \cap \dot{H}^5} \leqslant C \|S(t)\|_6^2 \leqslant C\omega_8(S_0)^2 (1+t)^{-\frac{3}{2}},$$

因此

$$\|B(t)\|_{L^\infty} \leqslant C\omega_8(S_0)(1+t)^{-\frac{3}{2}}.$$

故而, 通过 $L^2 - L^\infty$ 内插可得

$$\|B(t)\|_{L^n} \leqslant C\omega_8(S_0)(1+t)^{-\frac{3}{2} + \frac{3}{2n}}, \quad 2 \leqslant n \leqslant \infty. \tag{3-216}$$

$\|[u_e - u_i, E]\|_{L^n}$ 的估计. 对于 L^2 速率, 将 (3-170) 中关于 $u_e - u_i$ 和 E 的 L^2 估计代入 (3-163) 可得

$$\|(u_e - u_i)(t)\| \leqslant C(1+t)^{-\frac{5}{4}} \left(\|[\rho_{\mu 0}, \Theta_{\mu 0}]\| + \|[u_{\mu 0}, E_0, B_0]\|_{L^1 \cap \dot{H}^2} \right)$$
$$+ C \int_0^t (1+t-y)^{-\frac{5}{4}} \|[g_{1e} - g_{1i}, g_{3e} - g_{3i}](y)\| dy$$
$$+ C \int_0^t (1+t-y)^{-\frac{5}{4}} \|[g_{2e} - g_{2i}, g_{4e} - g_{4i}](y)\|_{L^1 \cap \dot{H}^2} dy$$

与

$$\|E(t)\| \leqslant C(1+t)^{-\frac{5}{4}} \|[u_{\mu 0}, \Theta_{\mu 0}, E_0, B_0]\|_{L^1 \cap \dot{H}^3}$$
$$+ C \int_0^t (1+t-y)^{-\frac{5}{4}} \|[g_{2e} - g_{2i}, g_{3e} - g_{3i}, g_{4e} - g_{4i}](y)\|_{L^1 \cap \dot{H}^3} dy.$$

由 (3-214) 可得

$$\|[g_{1e} - g_{1i}, g_{3e} - g_{3i}](t)\| + \|[g_{2e} - g_{2i}, g_{3e} - g_{3i}, g_{4e} - g_{4i}](t)\|_{L^1 \cap \dot{H}^3}$$
$$\leqslant C \|S(t)\|_4^2 \leqslant C\omega_6(S_0)^2 (1+t)^{-\frac{3}{2}},$$

进而可知

$$\|[u_e - u_i, E](t)\| \leqslant C\omega_6(S_0)(1+t)^{-\frac{5}{4}}. \tag{3-217}$$

对于 L^∞ 速率, 将 (3-171) 中关于 $u_e - u_i$ 和 E 的 L^∞ 估计代入 (3-163) 可得

$$\|(u_e - u_i)(t)\|_{L^\infty} \leqslant C(1+t)^{-2} \left(\|[\rho_{\mu 0}, \Theta_{\mu 0}]\|_{L^1 \cap \dot{H}^2} + \|[u_{\mu 0}, E_0, B_0]\|_{L^1 \cap \dot{H}^5} \right)$$
$$+ C \int_0^t (1+t-y)^{-2} \|[g_{1e} - g_{1i}, g_{3e} - g_{3i}](y)\|_{L^1 \cap \dot{H}^2} dy$$
$$+ C \int_0^t (1+t-y)^{-2} \|[g_{2e} - g_{2i}, g_{4e} - g_{4i}](y)\|_{L^1 \cap \dot{H}^5} dy$$

与

$$\|E(t)\|_{L^\infty} \leqslant C(1+t)^{-2}\|[u_{\mu 0}, \Theta_{\mu 0}, E_0, B_0]\|_{L^1 \cap \dot{H}^6}$$
$$+ C \int_0^t (1+t-y)^{-2}\|[g_{2e} - g_{2i}, g_{3e} - g_{3i}, g_{4e} - g_{4i}](y)\|_{L^1 \cap \dot{H}^6} dy.$$

由于

$$\|[g_{1e} - g_{1i}, g_{2e} - g_{2i}, g_{3e} - g_{3i}, g_{4e} - g_{4i}](t)\|_{L^1}$$
$$\leqslant C\|S(t)\|(\|(u_e - u_i)(t)\| + \|S(t)\| + \|\nabla S(t)\|)$$
$$\leqslant \omega_{10}(S_0)^2(1+t)^{-\frac{3}{2}},$$

和

$$\|[g_{1e} - g_{1i}, g_{2e} - g_{2i}, g_{3e} - g_{3i}, g_{4e} - g_{4i}](t)\|_{\dot{H}^5 \cap \dot{H}^6}$$
$$\leqslant C \|\nabla S(t)\|_6^2 \leqslant \omega_{13}(S_0)^2(1+t)^{-\frac{5}{2}},$$

所以, 成立

$$\|[u_e(t) - u_i(t), \ E(t)]\|_{L^\infty} \leqslant C\omega_{13}(S_0)^2(1+t)^{-\frac{3}{2}}.$$

故而, 通过 $L^2 - L^\infty$ 内插可得

$$\|[u_e(t) - u_i(t), \ E(t)]\|_{L^n} \leqslant C\omega_{13}(S_0)(1+t)^{-\frac{3}{2}+\frac{1}{2n}}, \quad 2 \leqslant n \leqslant \infty. \tag{3-218}$$

$\|u_e + u_i\|_{L^n}$ 的估计. 对于 L^2 速率, 将 (3-201) 中关于 $u_e + u_i$ 的 L^2 估计代入 (3-164) 可得

$$\|(u_e + u_i)(t)\|$$
$$\leqslant C(1+t)^{-\frac{5}{4}}\|[\rho_{\mu 0}, u_{\mu 0}, \Theta_{\mu 0}]\|_{L^1 \cap \dot{H}^3}$$
$$+ C \int_0^t (1+t-y)^{-\frac{5}{4}}\|[g_{1e} + g_{1i}, g_{2e} + g_{2i}, g_{3e} + g_{3i}](y)\|_{L^1 \cap \dot{H}^3} dy.$$

由 (3-214) 可知

$$\|[g_{1e} + g_{1i}, g_{2e} + g_{2i}, g_{3e} + g_{3i}](t)\|_{L^1 \cap \dot{H}^3} \leqslant C\|S(t)\|_4^2 \leqslant \omega_6(S_0)^2(1+t)^{-\frac{3}{2}},$$

因此

$$\|(u_e + u_i)(t)\| \leqslant C\omega_6(S_0)(1+t)^{-\frac{5}{4}}.$$

对于 L^∞ 速率, 将 (3-203) 中关于 $u_e + u_i$ 的 L^∞ 估计代入 (3-164) 可得

$$\|(u_e + u_i)(t)\|_{L^\infty}$$
$$\leqslant C(1+t)^{-2}\|[\rho_{\mu 0}, u_{\mu 0}, \Theta_{\mu 0}]\|_{L^1 \cap \dot{H}^6}$$
$$+ C \int_0^t (1+t-y)^{-2}\|[g_{1e} + g_{1i}, g_{2e} + g_{2i}, g_{3e} + g_{3i}](y)\|_{L^1 \cap \dot{H}^6} dy$$

再由 (3-214) 可知

$$\|[g_{1e} + g_{1i}, g_{2e} + g_{2i}, g_{3e} + g_{3i}](t)\|_{L^1 \cap \dot{H}^6} \leqslant C\|S(t)\|_7^2 \leqslant \omega_9(S_0)^2(1+t)^{-\frac{3}{2}},$$

因此

$$\|u_e(t) + u_i(t)\|_{L^\infty} \leqslant C\omega_9(S_0)(1+t)^{-\frac{3}{2}}.$$

故而, 通过 $L^2 - L^\infty$ 内插可得

$$\|u_e(t) + u_i(t)\|_{L^n} \leqslant C\omega_9(S_0)(1+t)^{-\frac{3}{2}+\frac{1}{2n}}, \tag{3-219}$$

这里 $2 \leqslant n \leqslant \infty$.

于是, 联合 (3-218) 与 (3-219) 可知

$$\|u_\mu(t)\|_{L^n} \leqslant C\omega_{13}(S_0)(1+t)^{-\frac{3}{2}+\frac{1}{2n}}, \quad 2 \leqslant n \leqslant \infty. \tag{3-220}$$

$\|[\rho_e - \rho_i, \Theta_e - \Theta_i]\|_{L^n}$ 及 $\|[\rho_e + \rho_i, \Theta_e + \Theta_i]\|_{L^n}$ 的估计. 对于 L^2 速率, 将 (3-170) 中关于 $\rho_e - \rho_i$ 和 $\Theta_e - \Theta_i$ 的 L^2 估计代入 (3-163) 可得

$$
\begin{aligned}
&\|[\rho_e - \rho_i, \Theta_e - \Theta_i](t)\| \\
&\leqslant Ce^{-\frac{t}{2}}\|[\rho_{\mu0}, u_{\mu0}, \Theta_{\mu0}]\| \\
&\quad + C\int_0^t e^{-\frac{t-y}{2}}\|[g_{1e} - g_{1i}, g_{2e} - g_{2i}, g_{3e} - g_{3i}](y)\|dy.
\end{aligned}
\tag{3-221}
$$

由于

$$
\begin{aligned}
&\|[g_{1e} - g_{1i}, g_{2e} - g_{2i}, g_{3e} - g_{3i}](t)\| \\
&\leqslant C\left(\|\nabla S(t)\|_1^2 + \|(u_e + u_i)(t)\|\|B(t)\|_{L^\infty}\right) \leqslant C\omega_{10}(S_0)^2(1+t)^{-\frac{5}{2}},
\end{aligned}
$$

此处用到了 (3-215), (3-216) 与 (3-219). 于是由 (3-221) 即可得到下面估计

$$\|[\rho_e - \rho_i, \Theta_e - \Theta_i](t)\| \leqslant C\omega_{10}(S_0)(1+t)^{-\frac{5}{2}}. \tag{3-222}$$

类似估计 $\|[\rho_e - \rho_i, \Theta_e - \Theta_i]\|$, 将 (3-201) 中关于 $[\rho_e + \rho_i, \Theta_e + \Theta_i]$ 的 L^2 估计代入 (3-164) 可得

$$\|[\rho_e + \rho_i, \Theta_e + \Theta_i](t)\| \leqslant C\omega_6(S_0)(1+t)^{-\frac{3}{4}}. \tag{3-223}$$

联合 (3-222) 与 (3-223) 可知

$$\|[\rho_\mu, \Theta_\mu](t)\| \leqslant C\omega_{10}(S_0)(1+t)^{-\frac{3}{4}}. \tag{3-224}$$

对于 L^∞ 速率, 将 (3-171) 中关于 $[\rho_e - \rho_i, \Theta_e - \Theta_i]$ 的 L^∞ 估计代入 (3-163) 可得

$$\|[\rho_e - \rho_i, \Theta_e - \Theta_i](t)\|_{L^\infty}$$
$$\leqslant Ce^{-\frac{t}{2}}\|[\rho_{\mu 0}, u_{\mu 0}, \Theta_{\mu 0}]\|_{L^2 \cap \dot{H}^2}$$
$$+ C\int_0^t e^{-\frac{t-y}{2}}\|[g_{1e} - g_{1i}, g_{2e} - g_{2i}, g_{3e} - g_{3i}](y)\|_{L^2 \cap \dot{H}^2} dy. \tag{3-225}$$

注意到下式成立

$$\|[g_{1e} - g_{1i}, g_{2e} - g_{2i}, g_{3e} - g_{3i}](t)\|_{L^2 \cap \dot{H}^2}$$
$$\leqslant C\|\nabla S(t)\|_4 \left(\|[\rho_\mu(t), \Theta_\mu(t)]\| + \|u_\mu(t)\| + \|[u_\mu(t), B(t)]\|_{L^\infty}\right)$$
$$\leqslant C\omega_{13}(S_0)^2 (1+t)^{-2}, \tag{3-226}$$

这里用到了 (3-215), (3-216), (3-220) 与 (3-224). 进而由 (3-225) 可知

$$\|[\rho_e - \rho_i, \Theta_e - \Theta_i](t)\|_{L^\infty} \leqslant C\omega_{13}(S_0)(1+t)^{-2}.$$

因此, 通过 $L^2 - L^\infty$ 内插可知

$$\|[\rho_e - \rho_i, \Theta_e - \Theta_i]\|_{L^n} \leqslant C\omega_{13}(S_0)(1+t)^{-2-\frac{1}{n}}, \quad 2 \leqslant n \leqslant \infty. \tag{3-227}$$

对于 $\|[\rho_e + \rho_i, \Theta_e + \Theta_i]\|_{L^\infty}$, 将 (3-203) 中关于 $[\rho_e + \rho_i, \Theta_e + \Theta_i]$ 的 L^∞ 估计代入 (3-164) 可得下面衰减估计

$$\|[\rho_e + \rho_i, \Theta_e + \Theta_i](t)\|_{L^\infty} \leqslant C\omega_8(S_0)(1+t)^{-\frac{3}{2}}. \tag{3-228}$$

故而, 联合 (3-223) 与 (3-228) 可得

$$\|[\rho_e + \rho_i, \Theta_e + \Theta_i](t)\|_{L^n} \leqslant C\omega_8(S_0)(1+t)^{-\frac{3}{2}+\frac{3}{2n}}. \tag{3-229}$$

因此, (3-227), (3-229), (3-218)-(3-219) 与 (3-216) 分别给出了估计式 (3-130), (3-131), (3-132) 与 (3-133). 至此, 完成了定理 3.1.3 的证明. □

3.2 电磁流体动力学可压缩Euler-Maxwell方程的拟中性极限

记 n 和 u 分别为等离子体中带电粒子密度和速度向量, E 与 B 分别为电场强度和磁场强度. 它们是关于时间 $t > 0$ 和三维位置矢量 $x \in \Omega$ 的向量函数, 这里 $\Omega = \mathbb{T} = (\mathbb{R}/2\pi\mathbb{Z})^3$ 为三维环. 描述电磁场 E, B 的 Maxwell 方程组, 通过带电粒子间的洛伦兹力, 与描述电子流运动的 Euler 方程组相耦合. 当假定等离子体中离子不动, 形成具有固定单位密度的一致背景态, 可压电子流的动力学就符合 (尺度化) 的单极 Euler-Maxwell 系统[4, 11, 121]:

$$\partial_t n + \nabla \cdot (nu) = 0, \tag{3-230}$$

$$\partial_t(nu) + \mathrm{div}(nu \otimes u) + \nabla p(n) = -n(E + \gamma u \times B), \tag{3-231}$$

$$\gamma\epsilon\partial_t E - \nabla \times B = \gamma nu, \quad \gamma\partial_t B + \nabla \times E = 0, \tag{3-232}$$

$$\epsilon\nabla \cdot E = 1 - n, \quad \nabla \cdot B = 0, \tag{3-233}$$

这里 $x \in \Omega$, $t > 0$, 具有初始条件

$$(n, u, E, B)(t = 0) = (n_0^\epsilon, u_0^\epsilon, E_0^\epsilon, B_0^\epsilon), \tag{3-234}$$

其中 $x \in \Omega$. 在上述方程组中, $p = p(n)$ 为关于 $n > 0$ 的压力函数, 通常假定是光滑和严格递增的, $j = nu$ 为电流密度及 $E + \gamma u \times B$ 表示洛仑兹力. 方程组 (3-329)-(3-330) 分别描述电子的质量守恒和动量守恒, 同时 (3-331)-(3-332) 为 Maxwell 方程组. 易知, 方程组 (3-332) 对于方程组 (3-331) 是冗余的, 只要它们在初值满足即可. 然而, 在此系统中保留的冗余方程在渐近极限中可以消失.

按照需要的尺度, 无量纲参数 ϵ 与 γ 可以独立的选取. ϵ 与 γ 在物理上分别表示 Debye 长度和 $\dfrac{1}{c}$, 这里 $c = (\epsilon_0\nu_0)^{-\frac{1}{2}}$ 为光速, 其中 ϵ_0 及 ν_0 分别为真空介电常数和导磁系数. 因此, 物理上, 极限 $\epsilon \to 0$ 被称作拟中性极限, 极限 $\gamma \to 0$ 为非相对论极限.

本节着重考察所谓的拟中性机制. 于是, 在这里只考虑下面拟中性尺度: $\gamma = O(1)$ 及 $\epsilon \ll 1$.

现在, 在系统 (3-329)-(3-332) 中, 形式上令 $\epsilon = 0$, 可得所谓的电子磁流体动力学模型 (e-MHD) 方程组如下[7]:

$$\partial_t u + u \cdot \nabla u + E = -\gamma u \times B, \tag{3-235}$$

$$-\nabla \times B = \gamma u, \quad \nabla \cdot B = 0, \tag{3-236}$$

$$\gamma\partial_t B + \nabla \times E = 0, \quad n = 1. \tag{3-237}$$

本节的主要目的是严格证明 Euler-Maxwell 系统 (3-329)-(3-332) 光滑解在时间区间上的上述形式极限, 在该时间区间上不可压 e-MHD 方程组存在一个光滑解 (严格证明见后面内容).

从奇异扰动理论来看, Euler-Maxwell 系统的拟中性极限 $\epsilon \to 0$ 是双曲系统的一个奇异扰动问题. 对于对称双曲组系统的奇异扰动理论的研究, 可参看文献 [82, 83, 125]. 但是, 拟中性极限问题是非常不同于由 Klainerman 和 Majida 在文献 [82, 83] 中研究的对称双曲组系统的小马赫数极限问题, 这是因为奇异性是由描述耦合电磁场的 Euler-Maxwell 系统的 Maxwell 部分造成的, 运用双曲系统主部对称子的技巧并不能克服这个困难. 因此, 由 Klainerman 和 Majda[82, 83] 发展, 进而又

被 Schochet[125] 推广的对称双曲组奇异扰动理论, 不能运用到这里来获得关于 ϵ 的解的一致先验估计. 实际上, 源自对称双曲组系统的 Euler 方程组的小马赫数极限问题的本质奇异性, 可以被双曲系统的对称子消除. 然而, 除了 Euler-Maxwell 系统的 Maxwell 部分造成的奇异性之外, 这里还存在由于 Euler 部分耦合电场源项产生的额外奇异性.

应当指出, 处理拟中性极限的一个主要困难在于电场中的震荡行为. 通常, 获得关于 ϵ 的电场的一致估计是件困难的事情.

本节通过详细的能量方法, 研究一个 ϵ- 加权 Liapunov- 型函数克服这个困难. 然而, 由于误差方程的复杂性, 仅用标准的能量估计技巧, 是不容易获得关于 ϵ 的一致的先验能量界. 因此, 为了得到能量的界, 需要新技巧来建立一致的先验估计. 鉴于第 3.2.2 节给出详细的估计过程是很冗长而复杂的, 因此有必要在这里给出一些主要的步骤. 首先, 基于 Euler-Maxwell 系统的 L^2 能量守恒, 并注意到在 Euler-Maxwell 系统的 Euler 部分和 Maxwell 部分之间的一个消去关系, 就可获得一个 ϵ 型的 L^2 能量估计. 但同时, 出现了一个关于误差密度函数的额外奇异项. 为控制它, 引入通用速度的旋度场和磁场, 并得到相应的旋度方程和散度方程. 因此, 再由精细的能量估计和向量分析技巧即可以建立高阶的旋度和散度 Sobolev 能量估计. 然后, 基于梯度的旋度-散度分解, 获得 Euler 部分的一个关于密度和速度 ϵ 加权高阶 Sobolev 能量估计. 最后, 基于波动型的 Maxwell 方程组建立电场和磁场的高阶的 ϵ 加权 Sobolev 能量估计. 联合这些估计, 引入一个 ϵ- 加权 Liapunov- 型函数, 可得一个熵积分不等式.

与 Euler-Maxwell 方程组的研究相比, 目前已有很多关于 Euler-Poisson 方程组及它们的渐近分析的研究. 参看文献 [6, 8, 19, ?, 131, 139, 142] 以及它们的参考文献. 第一个关于带有松弛项的 Euler-Maxwell 方程组的研究是由陈贵强等在文献 [13] 中进行的, 他们应用分步 Godunov 格式与补偿列紧法得到了一维 Euler-Maxwell 方程组的弱解存在性. 文章 [13] 还指出了方程组 (3-329)-(3-332) 在半导体理论的一些新的应用. 从那以后, 很少有关于 Euler-Maxwell 方程组的研究. 最近, 通过非相对论极限的研究, Euler-Maxwell 系统收敛到可压 Euler-Poisson 系统在文献 [110] 中获得了证明. 非相对论极限是对给定的 $\epsilon > 0$, 关于 $\gamma \to 0$ 取极限. 检查下一节中的证明, 可以发现本节结果 ($\gamma > 0$ 给定与 $\epsilon \to 0$) 可以延拓至 $\gamma \to 0$ 及 $\epsilon \to 0$ 的情形. 为了看得更清晰, 在估计中保留了参数 γ. 最后, 附带指出文献 [7] 中研究了一个与本节相关的 Vlasov-Maxwell 系统渐近极限的问题.

下面给出一些记号与预备知识如下:

1) 本节 $\nabla = \nabla_x$ 表示梯度, $\alpha = (\alpha_1, \cdots, \alpha_d)$ 与 β 等为多重指标, $H^s(\Omega)$ 表示环 Ω 上的标准 Sobolev 空间, 它由傅里叶变换定义, 即, $f \in H^s(\Omega)$ 当且仅当

$$\|f\|_s^2 = (2\pi)^d \sum_{k \in \mathcal{Z}^d} (1 + |k|^2)^s |(\mathcal{F}f)(k)|^2 < +\infty,$$

其中 $(\mathcal{F}f)(k) = \displaystyle\int_\Omega f(x)e^{-ikx}dx$ 为 $f \in H^s(\Omega)$ 的傅里叶变换. 注意到, 若 $\displaystyle\int_\Omega f(x)dx = 0$, 则 $\|f\|_{L^2(\Omega)} \leqslant \|\nabla f\|_{L^2(\Omega)}$.

2) 回顾基本 Moser-type 积分不等式[82, 83]: 对于 $f, g, v \in H^s$ 及任意非负多重指标 $\alpha, |\alpha| \leqslant s$,

(i) $\|D_x^\alpha(fg)\|_{L^2} \leqslant C_s(\|f\|_{L^\infty}\|D_x^s g\|_{L^2} + \|g\|_{L^\infty}\|D_x^s f\|_{L^2}), s \geqslant 0,$

(ii) $\|D_x^\alpha(fg) - fD_x^\alpha g\|_{L^2} \leqslant C_s(\|D_x f\|_{L^\infty}\|D_x^{s-1}g\|_{L^2} + \|g\|_{L^\infty}\|D_x^s f\|_{L^2}), s \geqslant 1.$

3) 下面的向量分析公式将多次用到, 参看文献 [11].

$$\operatorname{div}(f \times g) = \nabla \times f \cdot g - \nabla \times g \cdot f, \tag{3-238}$$

$$f \cdot \nabla g = (\nabla \times g) \times f + \nabla(f \cdot g) - \nabla f \cdot g, \quad \nabla f \cdot g = \sum_{j=1}^{3} \nabla f_j g_j, \tag{3-239}$$

$$f \cdot \nabla f = (\nabla \times f) \times f + \nabla\left(\frac{|f|^2}{2}\right), \tag{3-240}$$

$$\nabla \times (f \times g) = f \operatorname{div} g - g \operatorname{div} f + (g \cdot \nabla)f - (f \cdot \nabla)g. \tag{3-241}$$

3.2.1   e-MHD 的适定性及其主要结果

当 $n > 0$, 对于 Euler-Maxwell 系统 (3-329)-(3-333) 的光滑解而言, (3-330) 等价于

$$\partial_t u + (u \cdot \nabla)u + \nabla h(n) = -(E + \gamma u \times B),$$

此处熵函数 $h(n)$ 定义如下

$$h(n) = \int_1^n \frac{p'(s)}{s}ds.$$

于是, 鉴于 ϵ 为一个奇异扰动参数, 问题 (3-329)-(3-333) 可改写为

$$\partial_t n^\epsilon + \nabla \cdot (n^\epsilon u^\epsilon) = 0, \tag{3-242}$$

$$\partial_t u^\epsilon + (u^\epsilon \cdot \nabla)u^\epsilon + \nabla h(n^\epsilon) = -(E^\epsilon + \gamma u^\epsilon \times B^\epsilon), \tag{3-243}$$

$$\gamma\epsilon\partial_t E^\epsilon - \nabla \times B^\epsilon = \gamma n^\epsilon u^\epsilon, \quad \gamma\partial_t B^\epsilon + \nabla \times E^\epsilon = 0, \tag{3-244}$$

$$\epsilon\nabla \cdot E^\epsilon = 1 - n^\epsilon, \quad \nabla \cdot B^\epsilon = 0, \tag{3-245}$$

$$(n^\epsilon, u^\epsilon, E^\epsilon, B^\epsilon)(t = 0) = (n_0^\epsilon, u_0^\epsilon, E_0^\epsilon, B_0^\epsilon), \tag{3-246}$$

这里正常数 γ 是一阶的. 这意味着, 在取极限的时候, 磁场不会消失.

另一方面, 极限系统 (3-235)-(3-237) 可改写为

$$\partial_t u^0 + u^0 \cdot \nabla u^0 + E^0 = -\gamma u^0 \times B^0, \tag{3-247}$$

$$-\nabla \times B^0 = \gamma u^0, \quad \nabla \cdot B^0 = 0, \tag{3-248}$$

$$\gamma \partial_t B^0 + \nabla \times E^0 = 0, \quad n^0 = 1. \tag{3-249}$$

引入通用旋度 $\omega^0 = \nabla \times (u^0 - \gamma A^0)$, 其中 A^0 为磁场势满足 $\nabla \times A^0 = B^0$ 与 $\nabla \cdot A^0 = 0$, 再由等式 (3-240), e-MHD 方程组 (3-247)-(3-249) 可改写为下面不同的形式

$$\partial_t \omega^0 + u^0 \cdot \nabla \omega^0 - \omega^0 \cdot \nabla u^0 = 0, \quad -\Delta u^0 + \gamma^2 u^0 = \nabla \times \omega^0.$$

因此, 存在性的结果和不可压的 Euler 方程组[85] 的结果相同. 特别地有, 如果初值光滑, 那么就可以获得局部光滑解. 于是, 对于 e-MHD 方程组, 附加初值如下:

$$u^0(t=0) = u_0^0, \quad B^0(t=0) = B_0^0. \tag{3-250}$$

现在总结 e-MHD 方程组的光滑解存在性结果如下:

命题 3.2.1　假设 $u_0^0, B_0^0 \in C^\infty(\Omega)$ 满足 $-\nabla \times B_0^0 = \gamma u_0^0, \nabla \cdot B_0^0 = 0$. 那么, 存在最大存在时间 $0 < T_* \leqslant \infty$ (若 $d = 2, T_* = \infty$), 使得在区间 $[0, T_*)$ 上, 不可压 e-MHD 方程组 (3-247)-(3-250) 存在唯一光滑解 $(u^0, B^0, E^0) \in C^\infty(\Omega \times [0, T_*))$.

对于可压 Euler-Maxwell 方程组 (3-334)-(3-338), 主要结果如下.

定理 3.2.1(全局收敛)　令 $s_0 > \dfrac{3}{2} + 2$ 及 $\gamma > 0$ 固定. 若 $u_0^0, B_0^0 \in C^\infty(\Omega)$ 满足 $-\nabla \times B_0^0 = \gamma u_0^0, \nabla \cdot B_0^0 = 0, n_0^\epsilon, E_0^\epsilon, B_0^\epsilon$ 满足 $\epsilon \nabla \cdot E_0^\epsilon = 1 - n_0^\epsilon, \nabla \cdot B_0^\epsilon = 0$. 假设

$$\|(n_0^\lambda - 1 + \epsilon \nabla \cdot E^0(t=0), u_0 - u_0^0, B_0^\epsilon - B_0^0)\|_{H^{s_0}(\Omega)}$$
$$+ \|\sqrt{\epsilon}(E_0^\epsilon - E^0(t=0))\|_{H^{s_0}(\Omega)} \leqslant C\sqrt{\epsilon}, \tag{3-251}$$

其中, 正常数 C 不依赖 ϵ. 记 $T_*, 0 < T_* \leqslant \infty$ $(d = 2, T_* = \infty)$, 为不可压 e-MHD 方程组 (3-247)-(3-250) 光滑解 $(u^0, B^0, E^0) \in C^\infty(\Omega \times [0, T_*))$ 的最大存在时间. 那么, 对任意 $T_0 < T_*$, 存在常数 $\epsilon_0(T_0)$ 及 $\tilde{M}(T_0)$, 仅依赖 T_0 和初值, 使得 Euler-Maxwell 方程组 (3-334)-(3-337) 存在定义于区间 $[0, T_0]$ 上的经典解 $(n^\lambda, u, E^\epsilon, B^\epsilon)$, 满足

$$\|(n^\lambda - 1 + \epsilon \nabla \cdot E^0, u - u^0, B^\epsilon - B^0)(\cdot, t)\|_{H^{s_0}(\Omega)}$$
$$+ \|\sqrt{\epsilon}(E^\epsilon - E^0)\|_{H^{s_0-1}(\Omega)} \leqslant \tilde{M}(T_0)\sqrt{\epsilon}, \tag{3-252}$$

其中 $0 < \epsilon \leqslant \epsilon_0, 0 \leqslant t \leqslant T_0$.

注 3.2.1　如果 (3-251) 可改写为

$$\|(n_0^\lambda - 1, u_0 - u_0^0, B_0^\epsilon - B_0^0)\|_{H^{s_0}(\Omega)} \leqslant C\sqrt{\epsilon}, \quad \|E_0^\epsilon\|_{H^{s_0}(\Omega)} \leqslant C.$$

那么, 本文结果就包含好初值 $(E_0^\epsilon = E^0(t = 0))$ 和坏初值 $(E_0^\epsilon \neq E^0(t = 0))$ 两类情形.

3.2.2 主要结果的证明

本小节严格证明可压缩 Euler-Maxwell 方程组收敛到不可压缩 e-MHD 方程组, 也即, 应用奇异扰动的渐近展开和经典的能量方法来证明定理 3.2.1. 下面, 常数 C 不依赖参数 ϵ, 在不同的地方值可以不同. 借助奇异扰动的渐近展开方法, 开始误差方程组的推导.

首先给出误差方程组的推导和光滑解的局部存在性, 记 $(n^\epsilon, u^\epsilon, E^\epsilon, B^\epsilon)$ 为问题 (3-334)-(3-338) 的解, 设 (u^0, E^0, B^0) 为由命题 3.2.1 给出的, 不可压 e-MHD 方程组定义在区间 $[0, T_*)$ 的解. 记

$$(N^\epsilon, U^\epsilon, F^\epsilon, G^\epsilon) = (n^\epsilon - 1 + \epsilon\nabla \cdot E^0, u^\epsilon - u^0, E^\epsilon - E^0, B^\epsilon - B^0). \tag{3-253}$$

显然, $(N^\epsilon, U^\epsilon, F^\epsilon, G^\epsilon)$ 满足下面问题:

$$\begin{cases} N^\epsilon + \nabla \cdot ((N^\epsilon + 1 - \epsilon\nabla \cdot E^0)U^\epsilon + N^\epsilon u^0) = \epsilon(\partial_t \nabla \cdot E^0 + \nabla \cdot (u^0 \nabla \cdot E^0)), \\ \partial_t U^\epsilon + [(U^\epsilon + u^0) \cdot \nabla]U^\epsilon + (U^\epsilon \cdot \nabla)u^0 + F^\epsilon + \nabla(h(N^\epsilon + 1 - \epsilon\nabla \cdot E^0) \\ \quad -h(1 - \epsilon\nabla \cdot E^0)) = -\gamma((U^\epsilon + u^0) \times G^\epsilon + U^\epsilon \times B^0) + \epsilon h'(1 - \epsilon\nabla \cdot E^0)\nabla(\nabla \cdot E^0), \\ \epsilon\gamma\partial_t F^\epsilon - \nabla \times G^\epsilon = \gamma((N^\epsilon + 1 - \epsilon\nabla \cdot E^0)U^\epsilon + N^\epsilon u^0) - \epsilon\gamma(\partial_t E^0 + u^0\nabla \cdot E^0), \\ \gamma\partial_t G^\epsilon + \nabla \times F^\epsilon = 0, \\ \epsilon\nabla \cdot F^\epsilon = -N^\epsilon, \quad \nabla \cdot G^\epsilon = 0, \\ (N^\epsilon, U^\epsilon, F^\epsilon, G^\epsilon)|_{t=0} = (n_0^\epsilon - 1 + \epsilon\nabla \cdot E^0(t = 0), u_0^\epsilon - u_0^0, E_0^\epsilon - E^0(t = 0), B_0^\epsilon - B_0^0). \end{cases}$$
$$\tag{3-254}$$

注意到, $1 - \epsilon\nabla \cdot E^0$ 替代形式渐近解 1, 用以表示密度 n^ϵ 的渐近解. 这意味着方程 $\epsilon\nabla \cdot F^\epsilon = -N^\epsilon$ 是齐次的, 这对下面的分析是非常关键的.

记

$$W_I^\epsilon = \begin{pmatrix} N^\epsilon \\ U^\epsilon \end{pmatrix}, \quad W_{II}^\epsilon = \begin{pmatrix} F^\epsilon \\ G^\epsilon \end{pmatrix}, \quad W^\epsilon = \begin{pmatrix} W_I^\epsilon \\ W_{II}^\epsilon \end{pmatrix} = \begin{pmatrix} N^\epsilon \\ U^\epsilon \\ F^\epsilon \\ G^\epsilon \end{pmatrix},$$

$$W_0^\epsilon = \begin{pmatrix} N_0^\epsilon \\ U_0^\epsilon \\ F_0^\epsilon \\ G_0^\epsilon \end{pmatrix} = \begin{pmatrix} n_0^\epsilon - 1 + \epsilon\nabla \cdot E^0(t = 0) \\ u_0^\epsilon - u_0^0 \\ E_0^\epsilon - E^0(t = 0) \\ B_0^\epsilon - B_0^0 \end{pmatrix}, \quad D_0^\epsilon = \begin{pmatrix} I_{4\times4} & 0 \\ 0 & \begin{pmatrix} \epsilon\gamma I_{3\times3} & 0 \\ 0 & \gamma I_{3\times3} \end{pmatrix} \end{pmatrix},$$

$$A_i(W^\epsilon) = \begin{pmatrix} \begin{pmatrix} (U^\epsilon + u^0)_i & (N^\epsilon + 1 - \epsilon\nabla \cdot E^0)e_i^{\mathrm{T}} \\ h'(N^\epsilon + 1 - \epsilon\nabla \cdot E^0)e_i & (U^\epsilon + u^0)_i I_{3\times 3} \end{pmatrix} & 0 \\ 0 & \begin{pmatrix} 0 & B_i \\ B_i^{\mathrm{T}} & 0 \end{pmatrix} \end{pmatrix},$$

$$H_1(W_I^\epsilon) = \begin{pmatrix} -\epsilon U^\epsilon \cdot \nabla(\nabla \cdot E^0) \\ (U^\epsilon \cdot \nabla)u^0 - \epsilon(h'(N^\epsilon + 1 - \epsilon\nabla \cdot E^0) - h'(1 - \epsilon\nabla \cdot E^0))\nabla(\nabla \cdot E^0) \\ 0 \\ 0 \end{pmatrix},$$

$$H_2(F^\epsilon) = \begin{pmatrix} 0 \\ F^\epsilon \\ 0 \\ 0 \end{pmatrix}, \quad H_3(W_I^\epsilon, G^\epsilon) = \begin{pmatrix} 0 \\ (U^\epsilon + u^0) \times G^\epsilon + U^\epsilon \times B^0 \\ ((N^\epsilon + 1 - \epsilon\nabla \cdot E^0)U^\epsilon + N^\epsilon u^0) \\ 0 \end{pmatrix}$$

与

$$R^\epsilon = \begin{pmatrix} R_n^\epsilon \\ R_u^\epsilon \\ R_E^\epsilon \\ R_B^\epsilon \end{pmatrix} = \begin{pmatrix} \partial_t \nabla \cdot E^0 + \nabla \cdot (u^0 \nabla \cdot E^0) \\ h'(1 - \epsilon\nabla \cdot E^0)\nabla(\nabla \cdot E^0) \\ -\gamma(\partial_t E^0 + u^0 \nabla \cdot E^0) \\ 0 \end{pmatrix},$$

这里 (e_1, e_2, e_3) 为 $\mathbb{R}^3$ 的标准正交基, $I_{d\times d}$ $(d = 3, 4)$ 为 $d \times d$ 为单位矩阵, y_i 表示 $y \in \mathbb{R}^3$ 的第 i 个分量以及

$$B_1 = \begin{pmatrix} 0 & 0 & 0 \\ 0 & 0 & 1 \\ 0 & -1 & 0 \end{pmatrix}, \quad B_2 = \begin{pmatrix} 0 & 0 & -1 \\ 0 & 0 & 0 \\ 1 & 0 & 0 \end{pmatrix}, \quad B_3 = \begin{pmatrix} 0 & 1 & 0 \\ -1 & 0 & 0 \\ 0 & 0 & 0 \end{pmatrix}.$$

另外, 注意到, 由 (3-254)$_{1,3}$ 出发可知, 误差系统 (3-254) 中的冗余方程组 $\epsilon\nabla \cdot F^\epsilon = -N^\epsilon$ 与 $\nabla \cdot G^\epsilon = 0$ 成立, 只要它们满足初始条件. 因此, 问题 (3-254) 关于变量 W^ϵ 可改写为

$$\begin{cases} D_0^\epsilon \partial_t W^\epsilon + \sum_{i=1}^{3} A_i(W^\epsilon)\partial_{x_i} W^\epsilon + H_1(W_I^\epsilon) + H_2(F^\epsilon) \\ \quad = \epsilon R^\epsilon - \gamma H_3(W_I^\epsilon, G^\epsilon), \\ W^\epsilon|_{t=0} = W_0^\epsilon, \end{cases} \tag{3-255}$$

且

$$\epsilon\nabla \cdot F^\epsilon(x, 0) = -N^\epsilon(x, 0), \quad \nabla \cdot G^\epsilon(x, 0) = 0,$$

上式的成立可由初始条件保证.

不难看出方程组 (3-348) 关于 W^ϵ 是可对称化的双曲组, 也即, 若引入

$$A_0(W^\epsilon) = \left(\begin{array}{cc} \left(\begin{array}{cc} h'(N^\epsilon + 1 - \epsilon\nabla\cdot E^0) & 0 \\ 0 & (N^\epsilon + 1 - \epsilon\nabla\cdot E^0)I_{3\times 3} \end{array} \right) & 0 \\ 0 & I_{6\times 6} \end{array} \right),$$

为正定阵, 当 $N^\epsilon + 1 - \epsilon\nabla\cdot E^0 \geqslant M_0 > 0$ 对于 $\epsilon \ll 1$ 及 $\|N^\epsilon\|_{L^\infty} \leqslant \frac{1}{2}$, 于是 $\tilde{A}_i(W^\epsilon) = A_0(W^\epsilon)A_i(W^\epsilon)$ 为对称阵, 这里 $1 \leqslant i \leqslant 3$. 注意到, 对所有光滑解, Euler-Maxwell 系统 (3-334)-(3-338) 等价于 (3-254) 或 (3-348). 故由标准的对称双曲组局部光滑解存在性理论 (参看文献 [90]) 有

命题 3.2.2 令 $M > 0$, $u_0^0, B_0^0 \in C^\infty$ 给定, $W_0^\epsilon \in H^s, s > \frac{3}{2}+2$ 及 $\|N_0^\epsilon\|_{H^s(\Omega)} \leqslant \delta$ 对任意给定 $\delta > 0$ (待定充分小使得 $M\delta C_s \leqslant \frac{1}{2}$, 其中 C_s 为 Sobolev 嵌入常数). 于是, 对任意给定 $\epsilon(\ll 1)$, 存在最大存在时间 $0 < T_\epsilon(\delta) \leqslant \infty$ 及定义在 $[0, T_\epsilon)$ 上满足 $\sup_{0\leqslant t\leqslant T_\epsilon} \|N^\epsilon(t)\|_{H^s(\Omega)} \leqslant M\delta$ 的系统 (3-254) 或 (3-348) 的唯一解 $W^\epsilon \in \bigcap_{l=0}^{1} C^l([0, T_\epsilon); H^{s-l}(\Omega))$. 进而, 对给定的 ϵ(充分小), 可得

$$\lim_{t\to T_\epsilon} \|N^\epsilon(t)\|_{H^s(\Omega)} = M\delta \text{ 或者 } \lim_{t\to T_\epsilon} \|(U^\epsilon, F^\epsilon, G^\epsilon)(\cdot, t)\|_{H^s(\Omega)} = +\infty. \qquad (3\text{-}256)$$

注意到, 常数矩阵 D_0^ϵ 不是和矩阵 $A_0(C + \epsilon W^\epsilon)$ 以同样的方式依赖 ϵ, 其中 C 为常向量. 于是由 Klainerman 和 Majda[82, 83] 发展, 进而又被 Schochet[125] 推广的对称双曲组奇异扰动理论, 不能运用到这里来获得关于 ϵ 的解 W^ϵ 的一致先验估计. 实际上, Euler 方程组的零马赫数极限问题的本质奇异性, 源自双曲系统的主部, 可以用双曲系统的对称子克服. 然而, 除了 Euler-Maxwell 系统的 Maxwell 部分造成的奇异性之外, 这里还存在由于 Euler 部分耦合电场源项 $H_2(F^\epsilon)$ 产生的额外奇异性. 鉴于矩阵 D_0^ϵ 的奇异结构, 想要获得关于 ϵ 的电场误差 F^ϵ 的一致先验估计, 通常是困难的.

接下来给出收敛速率和一致先验估计, 通过建立关于 ϵ 的先验估计来获得误差函数 $(N^\epsilon, U^\epsilon, F^\epsilon, B^\epsilon)$ 的收敛速率. 所得结果是, 在不依赖 ϵ 的一个时间区间上, (3-334)-(3-338) 的精确解 $(n^\epsilon, u^\epsilon, E^\epsilon, B^\epsilon)$ 存在, 并且当 $\epsilon \to 0$ 时, $(n^\epsilon, u^\epsilon, E^\epsilon, B^\epsilon)$ 收敛到不可压 Euler 方程组 (3-247)-(3-250) 的解 (n^0, u^0, E^0, B^0).

为了严格证明这个收敛, 只需获得 (3-254) 或 (3-348) 关于参数 ϵ 的光滑解的一致估计. 接下来将通过精细的能量方法来建立关于 ϵ 的一致先验估计. 由于证明过程较长, 故这里有必要简要给出推导一致先验估计的基本思想. 第一, 基于 Euler-Maxwell 系统的 L^2 估计能量守恒, 并注意到在 Euler-Maxwell 系统的 Euler 部分和

Maxwell 部分之间存在一个消去关系, 即可得到一个 ϵ 型的 L^2 能量估计. 第二, 引入一个通用速度旋度和磁场, 并得到相应的旋度方程和散度方程. 因此, 由精细的能量估计和向量分析技巧可以建立高阶的旋度和散度 Sobolev 能量估计. 然后, 基于梯度的旋度 - 散度分解, 就可获得 Euler 部分的一个关于密度和速度 ϵ 加权高阶 Sobolev 能量估计. 最终, 基于 Maxwell 方程组的波动型, 建立了电场和磁场的高阶的 ϵ 加权 Sobolev 能量估计. 联合这些估计, 引入一个 ϵ- 加权 Liapunov- 型函数, 可得一个熵积分不等式, 它将导出所期待的结果.

接下来, 重复指标表示求和, $(\cdot,\cdot)$ 表示 Ω 中的标量或者向量函数的 L^2 内积. $\int_{\Omega}$ 简记为 $\int$ 及

$$\|\cdot\| = \|\cdot\|_{L^2(\Omega)}, \quad \|\cdot\|_l = \|\cdot\|_{H^l(\Omega)}, \quad l \in \mathbb{N}^*.$$

令 T_* 为前面给出的渐近解序列的最大存在时间. 方便起见, 引入 ϵ 加权 Sobolev 范数

$$\|W^\epsilon(t)\|_{l,*} = \|(N^\epsilon, U^\epsilon, G^\epsilon)(t)\|_l,$$

$$\|\|W^\epsilon(t)\|\|_l = \left(\|W^\epsilon(t)\|_{l,*}^2 + \left\| \left(\frac{N^\epsilon}{\sqrt{\epsilon}}, \sqrt{\epsilon}\gamma F^\epsilon, \epsilon\gamma\partial_t F^\epsilon \right)(t) \right\|_{l-1}^2 \right)^{\frac{1}{2}},$$

$$\|\|W^\epsilon\|\|_{l,T} = \sup_{0 \leqslant t \leqslant T} \|\|W^\epsilon(t)\|\|_l, \quad l \in \mathbb{N}^*.$$

本节主要估计如下.

命题 3.2.3　设整数 l 满足 $l > \dfrac{3}{2} + 2$. 假定

$$\|\|W_0^\epsilon\|\|_l \leqslant D_1\sqrt{\epsilon}, \tag{3-257}$$

其中 ϵ 充分小, 常数 $D_1 > 0$ 不依赖 ϵ. 于是, 对任意 $T_0 \in (0, T_*)$, 存在常数 $D_2 > 0$, $\epsilon_0 > 0$, 依赖 T_0, 使得, 对任意 $\epsilon \leqslant \epsilon_0$, $T_\epsilon \geqslant T_0$, 定义在 $[0, T_\epsilon)$ 上的 (3-254) 的解 $W^\epsilon(t)$, 满足

$$\|\|W^\epsilon\|\|_{l,T_0} \leqslant D_2\sqrt{\epsilon}. \tag{3-258}$$

本小节余下部分旨在证明这个结果.

首先, 参照假设 (3-257), 再由命题 3.2.2 给出的局部存在性和 Sobolev 嵌入引理可知, 存在 $\epsilon_0 > 0$, 使得, 对所有 $\epsilon \leqslant \epsilon_0$, 系统 (3-254) 或 (3-348) 存在光滑解 W^ϵ, 定义在区间 $[0, T^\epsilon)$, 满足

$$\sup_{0 \leqslant t \leqslant T_\epsilon} \|N^\epsilon(t)\|_{L^\infty(\Omega)} \leqslant C_s \sup_{0 \leqslant t \leqslant T_\epsilon} \|N^\epsilon(t)\|_{H^s(\Omega)} \leqslant MC_s D_1\sqrt{\epsilon} \leqslant \frac{1}{2}. \tag{3-259}$$

这里 $\delta = D_1\sqrt{\epsilon}$ 如命题 3.2.3 中所取, 待定大常数 M 不依赖 ϵ. 因此, 余下部分, 对于任意给定 $T_0 < T_*$, 建立保证 $T^\epsilon \geqslant T_0$ 成立的关于 ϵ 的一致先验估计.

下面, 假设命题 3.2.3 的条件成立, 通过能量方法, 分以下几步建立先验估计.

对任意不依赖于 ϵ 的 $T_1 < 1$, 记 $T = T^\epsilon = \min\{T_1, T_\epsilon\}$, 其中常数 $C > 0$ 依赖 T_0, D_1 但不依赖 M, T_1, T 和 ϵ.

接下来建立 L^2- 估计. 基于 Euler-Maxwell 系统的 L^2 能量估计守恒, 可以得到误差函数 W^ϵ 的 L^2 能量估计. 基本思想是消去电场的震荡 F^ϵ, 运用 Euler-Maxwell 方程组中介于 Euler 部分和 Maxwell 部分的特殊结构, 并引入额外奇异项 $\left\|\dfrac{N^\epsilon}{\sqrt{\epsilon}}\right\|$.

引理 3.2.1　对任意 $0 < t < T$, 充分小的 ϵ 而言, 有

$$\int \left\{ |U^\epsilon|^2 + \int_0^{N^\epsilon} (h(1 - \epsilon\nabla \cdot E^0 + s) - h(1 - \epsilon\nabla \cdot E^0))ds + \epsilon|F^\epsilon|^2 + |G^\epsilon|^2 \right\}(t)dx$$

$$\leqslant \int \left\{ |U^\epsilon|^2 + \int_0^{N^\epsilon} (h(1 - \epsilon\nabla \cdot E^0 + s) - h(1 - \epsilon\nabla \cdot E^0))ds + \epsilon|F^\epsilon|^2 + |G^\epsilon|^2 \right\}(t=0)dx$$

$$+ \int_0^t \left\{ \|\sqrt{\epsilon}F^\epsilon\|^2 + C(\|W^\epsilon\|_{l,*}^2 + \|W^\epsilon\|_{l,*} + 1)\left\|\left(N^\epsilon, U^\epsilon, \nabla U^\epsilon, \gamma G^\epsilon, \frac{N^\epsilon}{\sqrt{\epsilon}}\right)\right\|^2 \right\}(s)ds$$

$$+ C\epsilon^2 + C\epsilon. \tag{3-260}$$

证明　令误差系统 (3-254) 的第二个方程与 U^ϵ 取 L^2 内积, 然后分部积分, 可得

$$\frac{d}{dt}(U^\epsilon, U^\epsilon) + 2(F^\epsilon, U^\epsilon)$$
$$= \big(\mathrm{div}(U^\epsilon + u^0)U^\epsilon, U^\epsilon\big) + 2\big(h(1 - \epsilon\nabla \cdot E^0 + N^\epsilon) - h(1 - \epsilon\nabla \cdot E^0), \mathrm{div}U^\epsilon\big)$$
$$- 2\big(U^\epsilon\nabla u^0 + \gamma(U^\epsilon \times B^0 + (U^\epsilon + u^0) \times G^\epsilon) - \epsilon R_u^\epsilon, U^\epsilon\big). \tag{3-261}$$

现在开始估计 (3-261) 右端各项.

对第一和第三项, 应用渐近解 (u^0, E^0, B^0) 的性质、Cauchy-Schwarz 不等式和 Sobolev 引理, 可得

$$\big(\mathrm{div}(U^\epsilon + u^0)U^\epsilon, U^\epsilon\big) \leqslant C(\|W^\epsilon(t)\|_{l,*} + 1)\|U^\epsilon\|^2 \tag{3-262}$$

及

$$-2\big(U^\epsilon\nabla u^0 + \gamma(U^\epsilon \times B^0 + (U^\epsilon + u^0) \times G^\epsilon) - \epsilon R_u^\epsilon, U^\epsilon\big)$$
$$\leqslant C(\|W^\epsilon(t)\|_{l,*} + 1)\|(U^\epsilon, \gamma G^\epsilon)\|^2 + C\epsilon^2. \tag{3-263}$$

对于第二项, 注意到误差方程 (3-254) 的第一个方程可改写为

$$\mathrm{div}U^\epsilon = -(\partial_t N^\epsilon + \mathrm{div}(N^\epsilon(U^\epsilon + u^0))) + \epsilon(\mathrm{div}(\nabla \cdot E^0 U^\epsilon) + R_n^\epsilon),$$

再由 (3-259), 对充分小的 ϵ 可得

$$\begin{aligned}
&(h(1 - \epsilon\nabla \cdot E^0 + N^\epsilon) - h(1 - \epsilon\nabla \cdot E^0), \mathrm{div}U^\epsilon)\\
={}&-\int (h(1 - \epsilon\nabla \cdot E^0 + N^\epsilon) - h(1 - \epsilon\nabla \cdot E^0))(\partial_t N^\epsilon + \mathrm{div}(N^\epsilon(U^\epsilon + u^0)))dx\\
&+\epsilon\int (h(1 - \epsilon\nabla \cdot E^0 + N^\epsilon) - h(1 - \epsilon\nabla \cdot E^0))(\mathrm{div}(\nabla \cdot E^0 U^\epsilon) + R_n^\epsilon)dx\\
={}&-\frac{d}{dt}\int\int_0^{N^\epsilon} (h(1 - \epsilon\nabla \cdot E^0 + s) - h(1 - \epsilon\nabla \cdot E^0))dsdx\\
&+\int\int_0^{N^\epsilon} (h'(1 - \epsilon\nabla \cdot E^0 + s) - h'(1 - \epsilon\nabla \cdot E^0))\partial_t(1 - \epsilon\nabla \cdot E^0)dsdx\\
&-\int (h(1 - \epsilon\nabla \cdot E^0 + N^\epsilon) - h(1 - \epsilon\nabla \cdot E^0))\mathrm{div}(N^\epsilon(U^\epsilon + u^0))dx\\
&+\epsilon\int (h(1 - \epsilon\nabla \cdot E^0 + N^\epsilon) - h(1 - \epsilon\nabla \cdot E^0))(\mathrm{div}(\nabla \cdot E^0 U^\epsilon) + R_n^\epsilon)dx\\
\leqslant{}&-\frac{d}{dt}\int\int_0^{N^\epsilon} (h(1 - \epsilon\nabla \cdot E^0 + s) - h(1 - \epsilon\nabla \cdot E^0))dsdx\\
&+C(\|W^\epsilon(t)\|_{l,*} + 1)\|(N^\epsilon, U^\epsilon, \nabla U^\epsilon)\|^2 + C\epsilon^2. \tag{3-264}
\end{aligned}$$

联合 (3-261) 及 (3-262)-(3-264), 可得

$$\begin{aligned}
&\frac{d}{dt}[(U^\epsilon, U^\epsilon) + \int\int_0^{N^\epsilon} (h(1 - \epsilon\nabla \cdot E^0 + s) - h(1 - \epsilon\nabla \cdot E^0))dsdx] + 2(F^\epsilon, U^\epsilon)\\
&\leqslant C(\|W^\epsilon(t)\|_{l,*} + 1)\|(N^\epsilon, U^\epsilon, \nabla U^\epsilon, \gamma G^\epsilon)\|^2 + C\epsilon^2. \tag{3-265}
\end{aligned}$$

对误差系统 (3-254) 中 Maxwell 方程组的第一个方程乘以 $\dfrac{1}{\gamma}F^\epsilon$ 然后对第二个方程乘以 $\dfrac{1}{\gamma}G^\epsilon$, 再由分部积分可得

$$\begin{aligned}
&\frac{d}{dt}(\epsilon\|F^\epsilon\|^2 + \|G^\epsilon\|^2) + \frac{2}{\gamma}\int (\nabla \times F^\epsilon \cdot G^\epsilon - \nabla \times G^\epsilon \cdot F^\epsilon)dx - 2(U^\epsilon, F^\epsilon)\\
&= 2(N^\epsilon(U^\epsilon + u^0), F^\epsilon) - 2(\epsilon\nabla \cdot E^0 U^\epsilon, F^\epsilon) + \frac{2}{\gamma}(\epsilon R_E^\epsilon, F^\epsilon). \tag{3-266}
\end{aligned}$$

一方面, 利用向量分析公式 (3-238) 可知, 出现在 Sobolev 能量估计中的 $O\left(\dfrac{1}{\gamma}\right)$ 一项消失, 也即

$$\int (\nabla \times F^\epsilon \cdot G^\epsilon - \nabla \times G^\epsilon \cdot F^\epsilon)dx = \int \mathrm{div}(F^\epsilon \times G^\epsilon)dx = 0 \tag{3-267}$$

另一方面, 利用 Young 不等式可得

$$(N^\epsilon(U^\epsilon + u^0), F^\epsilon) \leqslant \epsilon \|F^\epsilon\|^2 + \frac{1}{4\epsilon} \|N^\epsilon(U^\epsilon + u^0)\|^2$$

$$\leqslant \epsilon \|F^\epsilon\|^2 + C(\|U^\epsilon(t)\|_l^2 + 1) \left\|\frac{N^\epsilon}{\sqrt{\epsilon}}\right\|^2, \qquad (3\text{-}268)$$

这里出现了奇异项 $\left\|\dfrac{N^\epsilon}{\sqrt{\epsilon}}\right\|$ 与

$$-2(\epsilon \nabla \cdot E^0 U^\epsilon, F^\epsilon) + \frac{2}{\gamma}(\epsilon R_E^\epsilon, F^\epsilon) \leqslant \epsilon \|F^\epsilon\|^2 + C\epsilon \|U^\epsilon\|^2 + C\epsilon. \qquad (3\text{-}269)$$

于是, 联合 (3-266) 与 (3-267)-(3-269) 可得

$$\frac{d}{dt}(\epsilon \|F^\epsilon\|^2 + \|G^\epsilon\|^2) - 2(U^\epsilon, F^\epsilon)$$

$$\leqslant \epsilon \|F^\epsilon\|^2 + C\epsilon \|U^\epsilon\|^2 + C(\|U^\epsilon(t)\|_l^2 + 1) \left\|\frac{N^\epsilon}{\sqrt{\epsilon}}\right\|^2 + C\epsilon. \qquad (3\text{-}270)$$

联合 (3-265) 与 (3-270), 可得

$$\frac{d}{dt} \int \left\{ |U^\epsilon|^2 + \int_0^{N^\epsilon} (h(1 - \epsilon \nabla \cdot E^0 + s) - h(1 - \epsilon \nabla \cdot E^0))ds + \epsilon |F^\epsilon|^2 + |G^\epsilon|^2 \right\}(t)dx$$

$$\leqslant \|\sqrt{\epsilon} F^\epsilon\|^2 + C(\|W^\epsilon(t)\|_{l,*}^2 + \|W^\epsilon(t)\|_{l,*} + 1) \left\|\left(N^\epsilon, U^\epsilon, \nabla U^\epsilon, \gamma G^\epsilon, \frac{N^\epsilon}{\sqrt{\epsilon}}\right)\right\|^2 + C\epsilon^2 + C\epsilon,$$

由此可得 (3-260).

至此完成了引理 3.2.1 的证明.　　　　　　　　　　　　　　　　　　　　□

注意到上述方法, 是基于 Euler-Maxwell 系统 L^2- 守恒律的, 不能推广到高阶 Sobolev 能量估计, 这是因为 Euler-Maxwell 系统的高阶导数没有守恒律. 因此, 必须借助别的方法. 基本思想是通过建立旋度和散度的一致先验估计, 来获得关于 ϵ 的一致估计 $\left\|\dfrac{N^\epsilon}{\sqrt{\epsilon}}(t)\right\|_{l-1}$. 为此, 需要散度和旋度的方程.

接下来给出散度和旋度方程的推导. 对误差系统 (3-254) 中的动量方程求 $curl$, 再由误差系统 (3-254) 中磁场误差方程 $\gamma \partial_t G^\epsilon + \nabla \times F^\epsilon = 0$, 可得

$$\partial_t(\nabla \times U^\epsilon) + \nabla \times ([(U^\epsilon + u^0) \cdot \nabla]U^\epsilon) + \nabla \times ((U^\epsilon \cdot \nabla)u^0) - \gamma \partial_t G^\epsilon$$

$$= -\gamma \nabla \times ((U^\epsilon + u^0) \times G^\epsilon + U^\epsilon \times B^0). \qquad (3\text{-}271)$$

由 $\mathrm{div}G^\epsilon = 0$ 可知, 存在向量函数 $\mathcal{G}^\epsilon$ 满足

$$G^\epsilon = \nabla \times \mathcal{G}^\epsilon. \qquad (3\text{-}272)$$

应用向量分析公式 (3-239) 与 (3-240) 可得

$$\nabla \times ([(U^\epsilon + u^0) \cdot \nabla]U^\epsilon)$$
$$= \nabla \times ((\nabla \times U^\epsilon) \times (U^\epsilon + u^0)) - \nabla \times (\nabla u^0 \cdot U^\epsilon). \qquad (3\text{-}273)$$

因此, 将 (3-272) 与 (3-273) 代入 (3-271) 方程可得

$$\partial_t(\nabla \times (U^\epsilon - \gamma \mathcal{G}^\epsilon)) + \nabla \times ((\nabla \times (U^\epsilon - \gamma \mathcal{G}^\epsilon)) \times (U^\epsilon + u^0)) = \mathcal{J}_1^\epsilon, \qquad (3\text{-}274)$$

这里

$$\mathcal{J}_1^\epsilon = \nabla \times (\nabla u^0 \cdot U^\epsilon) - \nabla \times ((U^\epsilon \cdot \nabla)u^0) - \gamma \nabla \times (U^\epsilon \times B^0)$$

满足

$$\|\mathcal{J}_1^\epsilon\|_{l-1} \leqslant C\|U^\epsilon\|_l. \qquad (3\text{-}275)$$

此处需要 $u^0 \in H^{l+1}$.

接下来, 引入通常的旋度 $\omega^\epsilon = \nabla \times (U^\epsilon - \gamma \mathcal{G})$, 然后由 (3-274) 可知 ω^ϵ 满足下面的旋度方程

$$\partial_t\omega^\epsilon + (U^\epsilon + u^0) \cdot \nabla\omega^\epsilon - \omega^\epsilon \cdot \nabla(U^\epsilon + u^0) + \omega^\epsilon \mathrm{div}(U^\epsilon + u^0) = \mathcal{J}_1^\epsilon. \qquad (3\text{-}276)$$

这里用到了向量公式 (3-241).

对误差系统 (3-254) 中动量方程取 div, 并运用方程 $\epsilon \mathrm{div} F^\epsilon = -N^\epsilon$, 可得下面散度方程

$$\partial_t \mathrm{div} U^\epsilon + \mathrm{div}([(U^\epsilon + u^0) \cdot \nabla]U^\epsilon) - \frac{N^\epsilon}{\epsilon} + \Delta(h(N^\epsilon + 1 - \epsilon \nabla \cdot E^0) - h(1 - \epsilon \nabla \cdot E^0))$$
$$= -\gamma \mathrm{div}((U^\epsilon + u^0) \times G^\epsilon) + \mathcal{J}_2^\epsilon, \qquad (3\text{-}277)$$

此处

$$\mathcal{J}_2^\epsilon = -\epsilon \mathrm{div}(R_u^\epsilon) - \mathrm{div}((U^\epsilon \cdot \nabla)u^0) - \gamma \mathrm{div}(U^\epsilon \times B^0)$$

满足

$$\|\mathcal{J}_2^\epsilon\|_{l-1} \leqslant C\|U^\epsilon\|_l + C\epsilon. \qquad (3\text{-}278)$$

下面给出旋度的估计, 运用旋度方程 (3-276) 来控制 $\|\nabla \times U^\epsilon\|_{l-1}$.

引理 3.2.2　对任意 $0 < t < T$ 有

$$\|\nabla \times U^\epsilon(t)\|_{l-1}^2$$
$$\leqslant C(\|\nabla \times U^\epsilon(t=0)\|_{l-1}^2 + \gamma^2\|G^\epsilon(t=0)\|_{l-1}^2) + C\gamma^2\|G^\epsilon(t)\|_{l-1}^2$$
$$+ C\int_0^t (\|W^\epsilon(s)\|_{l,*} + 1)(\|\nabla \times U^\epsilon(s)\|_{l-1}^2 + \gamma^2\|G^\epsilon(s)\|_{l-1}^2)ds. \qquad (3\text{-}279)$$

证明 令 $\alpha \in \mathbb{N}^3$ 满足 $|\alpha| \leqslant l-1$ 及 $l > \dfrac{3}{2} + 2$. 对方程 (3-276) 取 ∂_x^α 然后乘以 $\partial_x^\alpha \omega^\epsilon$, 分部积分, 可得基本 Friedrich 能量估计

$$\frac{d}{dt}\|\partial_x^\alpha \omega^\epsilon\|^2 = (\operatorname{div}(U^\epsilon + u^0)\partial_x^\alpha \omega^\epsilon, \partial_x^\alpha \omega) + 2(H_\alpha^{(1)}, \partial_x^\alpha \omega)$$
$$+2\left(\partial_x^\alpha\left(\omega^\epsilon \cdot \nabla(U^\epsilon + u^0) - \omega^\epsilon \operatorname{div}(U^\epsilon + u^0) + \mathcal{J}_1^\epsilon\right), \partial_x^\alpha \omega^\epsilon\right), \quad (3\text{-}280)$$

此处, 交换子 $H_\alpha^{(1)}$ 定义为

$$H_\alpha^{(1)} = -[\partial_x^\alpha((U^\epsilon + u^0) \cdot \nabla \omega^\epsilon) - (U^\epsilon + u^0) \cdot \nabla \partial_x^\alpha \omega^\epsilon],$$

可估计如下

$$\|H_\alpha^{(1)}\| \leqslant C(\|\nabla(U^\epsilon + u^0)\|_{L^\infty}\|\partial_x^{l-2}\nabla \omega^\epsilon\| + \|\nabla \omega^\epsilon\|_{L^\infty}\|\partial_x^{l-1}(U^\epsilon + u^0)\|)$$
$$\leqslant C(\|\nabla(U^\epsilon + u^0)\|_{l-1}\|\partial_x^{l-2}\nabla \omega^\epsilon\| + \|\nabla \omega^\epsilon\|_{l-2}\|\partial_x^{s-1}(U^\epsilon + u^0)\|)$$
$$\leqslant C(\|W^\epsilon(t)\|_{l,*} + 1)\|\omega^\epsilon\|_{l-1}. \quad (3\text{-}281)$$

这里运用了 Sobolev 引理及 $l > \dfrac{3}{2} + 2$.

利用交换子 $H_\alpha^{(1)}$ 的估计 (3-281) 和 $\mathcal{J}_1^\epsilon$ 的性质 (3-275), 再借助 Cauchy-Schwarz 不等式与 Sobolev 引理可得

$$(\operatorname{div}(U^\epsilon + u^0)\partial_x^\alpha \omega^\epsilon, \partial_x^\alpha \omega) \leqslant C(\|W^\epsilon(t)\|_{l,*} + 1)\|\omega^\epsilon\|_{l-1}^2, \quad (3\text{-}282)$$

$$2(H_\alpha^{(1)}, \partial_x^\alpha \omega) \leqslant C(\|W^\epsilon(t)\|_{l,*} + 1)\|\omega^\epsilon\|_{l-1}^2, \quad (3\text{-}283)$$

及

$$\left(\partial_x^\alpha\left(\omega^\epsilon \cdot \nabla(U^\epsilon + u^0) - \omega^\epsilon \operatorname{div}(U^\epsilon + u^0) + \mathcal{J}_1^\epsilon\right), \partial_x^\alpha \omega^\epsilon\right)$$
$$\leqslant C(\|W^\epsilon(t)\|_{l,*} + 1)\|\omega^\epsilon\|_{l-1}^2. \quad (3\text{-}284)$$

联合 (3-280) 与 (3-282), (3-283) 及 (3-284), 可得

$$\frac{d}{dt}\|\omega^\epsilon\|_{l-1}^2 \leqslant C(\|W^\epsilon(t)\|_{l,*} + 1)\|\omega^\epsilon\|_{l-1}^2,$$

对任意 $0 < t < T$ 有

$$\|\omega^\epsilon(t)\|_{l-1}^2 \leqslant C\|\omega^\epsilon(t=0)\|_{l-1}^2$$
$$+C\int_0^t (\|W^\epsilon(s)\|_{l,*} + 1)\|\omega^\epsilon(s)\|_{l-1}^2 ds. \quad (3\text{-}285)$$

运用 ω^ϵ 的定义, 可知

$$\|\nabla \times U^\epsilon\|_{l-1}^2 \leqslant 2\|\omega^\epsilon\|_{l-1}^2 + 2\gamma^2\|G^\epsilon\|_{l-1}^2 \tag{3-286}$$

与

$$\|\omega^\epsilon(t)\|_{l-1}^2 \leqslant 2\|\nabla \times U^\epsilon(t)\|_{l-1}^2 + 2\gamma^2\|G^\epsilon\|_{l-1}^2. \tag{3-287}$$

因此 (3-285)-(3-287) 给出估计 (3-279).

引理 3.2.2 证明结束. □

接下来给出散度的估计, 运用散度方程 (3-277) 来估计 $\|\mathrm{div}U^\epsilon\|_{l-1}$.

引理 3.2.3　令多重指标 α 满足 $|\alpha| \leqslant l-1$. 于是, 对任意 $0 < t < T$, 有

$$\begin{aligned}
&\left[\|\partial_x^\alpha \mathrm{div}U^\epsilon\|^2 + \frac{1}{\epsilon}\left(\frac{1}{1-\epsilon\nabla\cdot E^0}\partial_x^\alpha N^\epsilon, \partial_x^\alpha N^\epsilon\right)\right.\\
&\left.+\left(\frac{h'(N^\epsilon+1-\epsilon\nabla\cdot E^0)}{N^\epsilon+1-\epsilon\nabla\cdot E^0}\partial_x^\alpha\nabla N^\epsilon, \partial_x^\alpha\nabla N^\epsilon\right)\right](t)\\
&\leqslant C\left[\|\partial_x^\alpha \mathrm{div}U^\epsilon\|^2 + \frac{1}{\epsilon}\left(\frac{1}{1-\epsilon\nabla\cdot E^0}\partial_x^\alpha N^\epsilon, \partial_x^\alpha N^\epsilon\right)\right.\\
&\left.+\left(\frac{h'(N^\epsilon+1-\epsilon\nabla\cdot E^0)}{N^\epsilon+1-\epsilon\nabla\cdot E^0}\partial_x^\alpha\nabla N^\epsilon, \partial_x^\alpha\nabla N^\epsilon\right)\right](t=0)\\
&+C\int_0^t(\|W^\epsilon(s)\|_{l,*}+1)\|W^\epsilon(s)\|_{l,*}^2 ds\\
&+C\gamma^2\int_0^t(\|U^\epsilon(s)\|_l^2+1)\|G^\epsilon(s)\|_l^2 ds + C\epsilon^2 + C\epsilon.
\end{aligned} \tag{3-288}$$

证明　令 $\alpha \in \mathbb{N}^3$ 满足 $|\alpha| \leqslant l-1$ 及 $l > \dfrac{3}{2} + 2$. 对方程 (3-277) 取 ∂_x^α, 然后与 $\partial_x^\alpha \mathrm{div}U^\epsilon$ 在 L^2 做内积, 分部积分后可得下述能量方程

$$\begin{aligned}
&\frac{d}{dt}\|\partial_x^\alpha \mathrm{div}U^\epsilon\|^2\\
&= (\mathrm{div}(U^\epsilon+u^0)\partial_x^\alpha\mathrm{div}U^\epsilon, \partial_x^\alpha\mathrm{div}U^\epsilon) + 2(\mathcal{H}_\alpha^{(2)}, \partial_x^\alpha\mathrm{div}U^\epsilon)\\
&+\frac{2}{\epsilon}(\partial_x^\alpha N^\epsilon, \partial_x^\alpha\mathrm{div}U^\epsilon) - 2(\partial_x^\alpha\Delta(h(N^\epsilon+1-\epsilon\nabla\cdot E^0)-h(1-\epsilon\nabla\cdot E^0)), \partial_x^\alpha\mathrm{div}U^\epsilon)\\
&-2\gamma\left(\partial_x^\alpha\mathrm{div}((U^\epsilon+u^0)\times G^\epsilon), \partial_x^\alpha\mathrm{div}U^\epsilon\right) + 2(\partial_x^\alpha\mathcal{J}_2^\epsilon, \partial_x^\alpha\mathrm{div}U^\epsilon),
\end{aligned} \tag{3-289}$$

这里交换子定义为

$$\mathcal{H}_\alpha^{(2)} = -\{\partial_x^\alpha\mathrm{div}([(U^\epsilon+u^0)\cdot\nabla]U^\epsilon) - [(U^\epsilon+u^0)\cdot\nabla]\partial_x^\alpha\mathrm{div}U^\epsilon\},$$

可估计如下

$$\|\mathcal{H}_\alpha^{(2)}\| \leqslant C\|\nabla(U^\epsilon + u^0)\|_{L^\infty}\|\partial_x^{l-1}\nabla U^\epsilon\| + C\|\nabla U^\epsilon\|_{L^\infty}\|\partial_x^l(U^\epsilon + u^0)\|$$

$$\leqslant C\|\nabla(U^\epsilon + u^0)\|_{l-1}\|\partial_x^{l-1}\nabla U^\epsilon\| + C\|\nabla U^\epsilon\|_{l-1}\|\partial_x^l(U^\epsilon + u^0)\|$$

$$\leqslant C(\|U^\epsilon\|_l + 1)\|U^\epsilon\|_l.$$

于是, 由 Cauchy-Schwarz 不等式、Sobolev 引理及 $\mathcal{J}_2^\epsilon$ 的估计 (3-278), 可得

$$(\mathrm{div}(U^\epsilon + u^0)\partial_x^\alpha \mathrm{div}U^\epsilon, \partial_x^\alpha \mathrm{div}U^\epsilon) + 2(\mathcal{H}_\alpha^{(2)}, \partial_x^\alpha \mathrm{div}U^\epsilon)$$

$$\leqslant C(\|U^\epsilon\|_l + 1)\|U^\epsilon\|_l^2 + C\|\mathcal{H}_\alpha^{(2)}\|\|\partial_x^\alpha \mathrm{div}U^\epsilon\|$$

$$\leqslant C(\|W^\epsilon(t)\|_{l,*} + 1)\|U^\epsilon\|_l^2 \tag{3-290}$$

以及

$$-2\gamma\left(\partial_x^\alpha \mathrm{div}((U^\epsilon + u^0) \times G^\epsilon), \partial_x^\alpha \mathrm{div}U^\epsilon\right) + 2(\partial_x^\alpha \mathcal{J}_2^\epsilon, \partial_x^\alpha \mathrm{div}U^\epsilon)$$

$$\leqslant C\gamma^2(\|U^\epsilon\|_l^2 + 1)\|G^\epsilon\|_l^2 + \|W^\epsilon(t)\|_{l,*}^2 + C\epsilon^2. \tag{3-291}$$

余下任务是估计方程 (3-289) 右端另外两项, 它们是更难控制的. 为此, 改写误差系统 (3-254) 中的密度方程为下面两个形式:

$$\mathrm{div}U^\epsilon = -\frac{\partial_t N^\epsilon + \mathrm{div}(N^\epsilon(U^\epsilon + u^0)) - \epsilon U^\epsilon \cdot \nabla(\nabla \cdot E^0) - \epsilon R_n^\epsilon}{1 - \epsilon\nabla \cdot E^0} \tag{3-292}$$

以及

$$\mathrm{div}U^\epsilon = -\frac{\partial_t N^\epsilon + (U^\epsilon + u^0) \cdot \nabla N^\epsilon + N^\epsilon \mathrm{div}u^0 - \epsilon U^\epsilon \cdot \nabla(\nabla \cdot E^0) - \epsilon R_n^\epsilon}{N^\epsilon + 1 - \epsilon\nabla \cdot E^0}. \tag{3-293}$$

下面, 用 $\mathrm{div}U^\epsilon$ 的第一个公式 (3-292) 来估计电场项, 同时, 用第二个公式 (3-293) 来估计非线性压强项积分避免速度的 $(l+1)^{th}$ 阶导数, 因为现在进行的是 H^l 能量估计.

首先控制奇异项 $O\left(\dfrac{1}{\epsilon}\right)$.

$$I_1 = \frac{2}{\epsilon}(\partial_x^\alpha N^\epsilon, \partial_x^\alpha \mathrm{div}U^\epsilon)$$

$$= -\frac{2}{\epsilon}\left(\partial_x^\alpha N^\epsilon, \partial_x^\alpha\left(\frac{\partial_t N^\epsilon + \mathrm{div}(N^\epsilon(U^\epsilon + u^0)) - \epsilon U^\epsilon \cdot \nabla(\nabla \cdot E^0) - \epsilon R_n^\epsilon}{1 - \epsilon\nabla \cdot E^0}\right)\right)$$

$$= -\frac{2}{\epsilon}\left(\partial_x^\alpha N^\epsilon, \partial_x^\alpha\left(\frac{\partial_t N^\epsilon}{1 - \epsilon\nabla \cdot E^0}\right)\right) - \frac{2}{\epsilon}\left(\partial_x^\alpha N^\epsilon, \partial_x^\alpha\left(\frac{\mathrm{div}(N^\epsilon(U^\epsilon + u^0))}{1 - \epsilon\nabla \cdot E^0}\right)\right)$$

$$+ 2\left(\partial_x^\alpha N^\epsilon, \partial_x^\alpha\left(\frac{U^\epsilon \cdot \nabla(\nabla \cdot E^0)}{1 - \epsilon\nabla \cdot E^0}\right)\right) + 2\left(\partial_x^\alpha N^\epsilon, \partial_x^\alpha\left(\frac{R_n^\epsilon}{1 - \epsilon\nabla \cdot E^0}\right)\right)$$

$$= \sum_{i=1}^4 I_1^{(i)}. \tag{3-294}$$

现在估计 (3-294) 中的各项.

对于 $I_1^{(1)}$, 由 Cauchy-Schwarz 不等式, 及事实 $\left\| \partial_t \left(\dfrac{1}{1 - \epsilon \nabla \cdot E^0} \right) \right\|_{L^\infty} \leqslant C\epsilon$, 可得

$$
\begin{aligned}
I_1^{(1)} &= -\frac{2}{\epsilon} \left(\partial_x^\alpha N^\epsilon, \partial_x^\alpha \left(\frac{\partial_t N^\epsilon}{1 - \epsilon \nabla \cdot E^0} \right) \right) \\
&= -\frac{2}{\epsilon} \left(\frac{1}{1 - \epsilon \nabla \cdot E^0} \partial_x^\alpha N^\epsilon, \partial_x^\alpha \partial_t N^\epsilon \right) - \frac{2}{\epsilon} (\mathcal{H}_\alpha^{(2)}, \partial_x^\alpha N^\epsilon) \\
&= -\frac{1}{\epsilon} \frac{d}{dt} \left(\frac{1}{1 - \epsilon \nabla \cdot E^0} \partial_x^\alpha N^\epsilon, \partial_x^\alpha N^\epsilon \right) + \frac{1}{\epsilon} \left(\partial_t \left(\frac{1}{1 - \epsilon \nabla \cdot E^0} \right) \partial_x^\alpha N^\epsilon, \partial_x^\alpha N^\epsilon \right) \\
&\quad - \frac{2}{\epsilon} (\mathcal{H}_\alpha^{(2)}, \partial_x^\alpha N^\epsilon) \\
&\leqslant -\frac{1}{\epsilon} \frac{d}{dt} \left(\frac{1}{1 - \epsilon \nabla \cdot E^0} \partial_x^\alpha N^\epsilon, \partial_x^\alpha N^\epsilon \right) + C \| \partial_x^\alpha N^\epsilon \|^2 + \frac{C}{\epsilon} \| \mathcal{H}_\alpha^{(3)} \| \| \partial_x^\alpha N^\epsilon \|, \quad (3\text{-}295)
\end{aligned}
$$

此处交换子定义为

$$
\mathcal{H}_\alpha^{(3)} = \partial_x^\alpha \left(\frac{\partial_t N^\epsilon}{1 - \epsilon \nabla \cdot E^0} \right) - \frac{1}{1 - \epsilon \nabla \cdot E^0} \partial_x^\alpha \partial_t N^\epsilon,
$$

控制如下

$$
\begin{aligned}
\| \mathcal{H}_\alpha^{(3)} \| &\leqslant C \left\| \nabla \left(\frac{1}{1 - \epsilon \nabla \cdot E^0} \right) \right\|_{L^\infty} \| \partial_x^{l-2} \partial_t N^\epsilon \| + C \| \partial_t N^\epsilon \|_{L^\infty} \left\| \partial_x^{l-1} \left(\frac{1}{1 - \epsilon \nabla \cdot E^0} \right) \right\| \\
&\leqslant C\epsilon \| \partial_t N^\epsilon \|_{l-2} \\
&\leqslant C\epsilon \| (N^\epsilon, U^\epsilon) \|_{l-1} + C\epsilon (\| U^\epsilon \|_{l-1} + 1) \| N^\epsilon \|_{l-1} + C\epsilon^2. \quad (3\text{-}296)
\end{aligned}
$$

这里用到了 $\left\| \nabla \left(\dfrac{1}{1 - \epsilon \nabla \cdot E^0} \right) \right\|_{L^\infty} \leqslant C\epsilon$ 及 $l > \dfrac{3}{2} + 2$.

联合 (3-295) 与 (3-296), 可得

$$
I_1^{(1)} \leqslant -\frac{1}{\epsilon} \frac{d}{dt} \left(\frac{1}{1 - \epsilon \nabla \cdot E^0} \partial_x^\alpha N^\epsilon, \partial_x^\alpha N^\epsilon \right) + C(\| U^\epsilon \|_{l-1} + 1) \| W^\epsilon(t) \|_{l,*}^2 + C\epsilon^2. \quad (3\text{-}297)
$$

对于 $I_1^{(2)}$, 直接计算可得

$$
\begin{aligned}
I_1^{(2)} &= -\frac{2}{\epsilon} \left(\partial_x^\alpha N^\epsilon, \partial_x^\alpha \left(\frac{\operatorname{div}(N^\epsilon(U^\epsilon + u^0))}{1 - \epsilon \nabla \cdot E^0} \right) \right) \\
&= -\frac{2}{\epsilon} \left(\partial_x^\alpha N^\epsilon, \frac{1}{1 - \epsilon \nabla \cdot E^0} \partial_x^\alpha \left(\operatorname{div}(N^\epsilon(U^\epsilon + u^0)) \right) \right) - \frac{2}{\epsilon} (\partial_x^\alpha N^\epsilon, \mathcal{H}_\alpha^{(4)}) \\
&= -\frac{2}{\epsilon} \left(\partial_x^\alpha N^\epsilon, \frac{1}{1 - \epsilon \nabla \cdot E^0} \partial_x^\alpha \left((U^\epsilon + u^0) \cdot \nabla N^\epsilon + N^\epsilon \operatorname{div}(U^\epsilon + u^0) \right) \right)
\end{aligned}
$$

$$-\frac{2}{\epsilon}(\partial_x^\alpha N^\epsilon \mathcal{H}_\alpha^{(4)})$$

$$= \frac{1}{\epsilon}\left(\partial_x^\alpha N^\epsilon, \operatorname{div}\left(\frac{1}{1-\epsilon\nabla\cdot E^0}(U^\epsilon + u^0)\right)\partial_x^\alpha N^\epsilon\right)$$

$$- \frac{2}{\epsilon}\left(\partial_x^\alpha N^\epsilon, \frac{1}{1-\epsilon\nabla\cdot E^0}\partial_x^\alpha N^\epsilon \operatorname{div}(U^\epsilon + u^0)\right)$$

$$- \frac{2}{\epsilon}(\partial_x^\alpha N^\epsilon, \mathcal{H}_\alpha^{(4)}) - \frac{2}{\epsilon}\sum_{i=5}^{i=6}\left(\frac{1}{1-\epsilon\nabla\cdot E^0}\partial_x^\alpha N^\epsilon, \mathcal{H}_\alpha^{(i)}\right), \qquad (3\text{-}298)$$

此处, 交换子 $\mathcal{H}_\alpha^{(i)}, i = 4, 5, 6$ 分别定义如下

$$\mathcal{H}_\alpha^{(4)} = \partial_x^\alpha\left(\frac{\operatorname{div}(N^\epsilon(U^\epsilon + u^0))}{1-\epsilon\nabla\cdot E^0}\right) - \frac{1}{1-\epsilon\nabla\cdot E^0}\partial_x^\alpha(\operatorname{div}(N^\epsilon(U^\epsilon + u^0))),$$

$$\mathcal{H}_\alpha^{(5)} = \partial_x^\alpha((U^\epsilon + u^0)\cdot\nabla N^\epsilon) - (U^\epsilon + u^0)\cdot\partial_x^\alpha\nabla N^\epsilon,$$

$$\mathcal{H}_\alpha^{(6)} = \partial_x^\alpha(N^\epsilon\operatorname{div}(U^\epsilon + u^0)) - \partial_x^\alpha N^\epsilon\operatorname{div}(U^\epsilon + u^0),$$

借助 Sobolev 引理, 它们可以分别估计如下:

$$\|\mathcal{H}_\alpha^{(4)}\| \leqslant C\left\|\nabla\left(\frac{1}{1-\epsilon\nabla\cdot E^0}\right)\right\|_{L^\infty}\|\partial_x^{l-2}(\operatorname{div}(N^\epsilon(U^\epsilon + u^0)))\|$$

$$+ C\|\operatorname{div}(N^\epsilon(U^\epsilon + u^0))\|_{L^\infty}\left\|\partial_x^{l-1}\left(\frac{1}{1-\epsilon\nabla\cdot E^0}\right)\right\|$$

$$\leqslant C\left\|\nabla\left(\frac{1}{1-\epsilon\nabla\cdot E^0}\right)\right\|_{L^\infty}\|\partial_x^{l-2}(\operatorname{div}(N^\epsilon(U^\epsilon + u^0)))\|$$

$$+ C\|\operatorname{div}(N^\epsilon(U^\epsilon + u^0))\|_{l-2}\left\|\partial_x^{l-1}\left(\frac{1}{1-\epsilon\nabla\cdot E^0}\right)\right\|$$

$$\leqslant C\epsilon(\|U^\epsilon\|_l + 1)\|N^\epsilon\|_{l-1}, \qquad (3\text{-}299)$$

$$\|\mathcal{H}_\alpha^{(5)}\| \leqslant C\|\nabla(U^\epsilon + u^0)\|_{L^\infty}\|\partial_x^{l-2}\nabla N^\epsilon\| + C\|\nabla N^\epsilon\|_{L^\infty}\|\partial_x^{l-1}(U^\epsilon + u^0)\|$$

$$\leqslant C\|\nabla(U^\epsilon + u^0)\|_{l-1}\|\partial_x^{l-2}\nabla N^\epsilon\| + C\|\nabla N^\epsilon\|_{l-2}\|\partial_x^{l-1}(U^\epsilon + u^0)\|$$

$$\leqslant C(\|U^\epsilon\|_l + 1)\|N^\epsilon\|_{l-1}, \qquad (3\text{-}300)$$

$$\|\mathcal{H}_\alpha^{(6)}\| \leqslant C\|\nabla\operatorname{div}(U^\epsilon + u^0)\|_{L^\infty}\|\partial_x^{l-2}N^\epsilon\| + C\|N^\epsilon\|_{L^\infty}\|\partial_x^{l-1}\operatorname{div}(U^\epsilon + u^0)\|$$

$$\leqslant C\|\nabla\operatorname{div}(U^\epsilon + u^0)\|_{l-2}\|\partial_x^{l-2}N^\epsilon\| + C\|N^\epsilon\|_{l-1}\|\partial_x^{l-1}\operatorname{div}(U^\epsilon + u^0)\|$$

$$\leqslant C(\|U^\epsilon\|_l + 1)\|N^\epsilon\|_{l-1}. \qquad (3\text{-}301)$$

此处用到了 $\left\|\nabla\left(\dfrac{1}{1-\epsilon\nabla\cdot E^0}\right)\right\|_{L^\infty} \leqslant C\epsilon$ 与 $l > \dfrac{3}{2} + 2$.

因此, 联合 (3-298) 与 (3-299)-(3-301), 再借助 Cauchy-Schwarz 不等式可得

$$I_1^{(2)} \leqslant \frac{C}{\epsilon}(\|U^\epsilon\|_l + 1)\|N^\epsilon\|_{l-1}^2. \qquad (3\text{-}302)$$

再次, 由 Cauchy-Schwarz 不等式可知, $I_1^{(3)}$ 可以控制如下

$$I_1^{(3)} = 2\left(\partial_x^\alpha N^\epsilon, \partial_x^\alpha\left(\frac{U^\epsilon \cdot \nabla(\nabla \cdot E^0)}{1 - \epsilon\nabla \cdot E^0}\right)\right) \leqslant C\|W^\epsilon(t)\|_{l,*}^2. \tag{3-303}$$

最终, 估计 $I_1^{(4)}$. 因 R_n^ϵ 关于 ϵ 没有光滑性 (仅仅是一致有界), 故必须应用 $\left\|\dfrac{N^\epsilon}{\sqrt{\epsilon}}\right\|_{l-1}$ 来控制 $I_1^{(4)}$. 所以, 改写 $I_1^{(4)}$ 为

$$I_1^{(4)} = 2\left(\partial_x^\alpha N^\epsilon, \partial_x^\alpha\left(\frac{R_n^\epsilon}{1 - \epsilon\nabla \cdot E^0}\right)\right) = 2\left(\frac{\partial_x^\alpha N^\epsilon}{\sqrt{\epsilon}}, \sqrt{\epsilon}\,\partial_x^\alpha\left(\frac{R_n^\epsilon}{1 - \epsilon\nabla \cdot E^0}\right)\right).$$

于是, 由 Cauchy-Schwarz 不等式和 R_n^ϵ 的一致有界性, 可得

$$I_1^{(4)} \leqslant \frac{C}{\epsilon}\|N^\epsilon\|_{l-1}^2 + C\epsilon. \tag{3-304}$$

联合 (3-294) 与 (3-297), (3-302), (3-303), (3-304), 可得

$$I_1 \leqslant -\frac{1}{\epsilon}\frac{d}{dt}\left(\frac{1}{1 - \epsilon\nabla \cdot E^0}\partial_x^\alpha N^\epsilon, \partial_x^\alpha N^\epsilon\right) + C(\|U^\epsilon\|_l + 1)\|W^\epsilon(t)\|_l^2 + C\epsilon. \tag{3-305}$$

接下来, 控制压力项 I_2.

$$\begin{aligned}
I_2 &= -2(\partial_x^\alpha\Delta(h(N^\epsilon+1 - \epsilon\nabla \cdot E^0) - h(1 - \epsilon\nabla \cdot E^0)), \partial_x^\alpha\text{div}U^\epsilon)\\
&= -2\Big(\partial_x^\alpha\text{div}\big(h'(N^\epsilon+1 - \epsilon\nabla \cdot E^0)\nabla N^\epsilon\\
&\quad -\epsilon(h'(N^\epsilon+1 - \epsilon\nabla \cdot E^0) - h'(1 - \epsilon\nabla \cdot E^0))\nabla(\nabla \cdot E^0)), \partial_x^\alpha\text{div}U^\epsilon\Big)\\
&= -2\Big(\text{div}\big(h'(N^\epsilon+1 - \epsilon\nabla \cdot E^0)\partial_x^\alpha\nabla N^\epsilon\big), \partial_x^\alpha\text{div}U^\epsilon\Big) - 2(\mathcal{H}_\alpha^{(7)}, \partial_x^\alpha\text{div}U^\epsilon)\\
&\quad +2\epsilon\Big(\partial_x^\alpha\text{div}\big((h'(N^\epsilon+1 - \epsilon\nabla \cdot E^0) - h'(1 - \epsilon\nabla \cdot E^0))\nabla(\nabla \cdot E^0)\big), \partial_x^\alpha\text{div}U^\epsilon\Big)\\
&= I_2^{(1)} + I_2^{(2)} + I_2^{(3)}, \tag{3-306}
\end{aligned}$$

此处

$$\begin{aligned}
I_2^{(1)} &= -2\Big(\text{div}\big(h'(N^\epsilon+1 - \epsilon\nabla \cdot E^0)\nabla\partial_x^\alpha N^\epsilon\big), \partial_x^\alpha\text{div}U^\epsilon\Big),\\
I_2^{(2)} &= -2(\mathcal{H}_\alpha^{(7)}, \partial_x^\alpha\text{div}U^\epsilon),\\
I_2^{(3)} &= 2\epsilon\Big(\partial_x^\alpha\text{div}\big((h'(N^\epsilon+1 - \epsilon\nabla \cdot E^0) - h'(1 - \epsilon\nabla \cdot E^0))\nabla(\nabla \cdot E^0)\big), \partial_x^\alpha\text{div}U^\epsilon\Big)
\end{aligned}$$

以及交换子 $\mathcal{H}_\alpha^{(7)}$ 定义为

$$\begin{aligned}
\mathcal{H}_\alpha^{(7)} &= \partial_x^\alpha\text{div}\big(h'(N^\epsilon+1 - \epsilon\nabla \cdot E^0)\nabla N^\epsilon\big) - \text{div}\big(h'(N^\epsilon+1 - \epsilon\nabla \cdot E^0)\partial_x^\alpha\nabla N^\epsilon\big)\\
&= \partial_x^\alpha\big(h'(N^\epsilon+1 - \epsilon\nabla \cdot E^0)\text{div}\nabla N^\epsilon\big) - h'(N^\epsilon+1 - \epsilon\nabla \cdot E^0)\partial_x^\alpha\text{div}\nabla N^\epsilon\\
&\quad +\partial_x^\alpha\big(\nabla h'(N^\epsilon+1 - \epsilon\nabla \cdot E^0)\nabla N^\epsilon\big) - \nabla h'(N^\epsilon+1 - \epsilon\nabla \cdot E^0)\partial_x^\alpha\nabla N^\epsilon.
\end{aligned}$$

注意到, $I_2^{(3)}$ 仅仅包含误差函数 W_I^ϵ 的 l^{th} 阶导数, 容易估计为

$$I_2^{(3)} \leqslant \|U^\epsilon\|_l^2 + C\|N^\epsilon\|_l^2. \tag{3-307}$$

此处用到了极限系统的正则性, 也即, $\|E^0\|_{l+2} \leqslant C$.

由交换子估计的技巧可知

$$\|\mathcal{H}_\alpha^{(7)}\| \leqslant C\|\nabla h'(N^\epsilon + 1 - \epsilon\nabla \cdot E^0)\|_{L^\infty}\|\partial_x^{l-2}\mathrm{div}\nabla N^\epsilon\|$$
$$+ C\|\mathrm{div}\nabla N^\epsilon\|_{L^\infty}\|\partial_x^{l-1}h'(N^\epsilon + 1 - \epsilon\nabla \cdot E^0)\|$$
$$+ C\|\nabla^2 h'(N^\epsilon + 1 - \epsilon\nabla \cdot E^0)\|_{L^\infty}\|\partial_x^{l-2}\nabla N^\epsilon\|$$
$$+ C\|\nabla N^\epsilon\|_{L^\infty}\|\partial_x^{l-1}\nabla h'(N^\epsilon + 1 - \epsilon\nabla \cdot E^0)\|$$
$$\leqslant C(\|N^\epsilon\|_l + 1)\|N^\epsilon\|_l,$$

再由 Cauchy-Schwarz 不等式可得

$$I_2^{(2)} \leqslant C(\|N^\epsilon\|_l + 1)\|W^\epsilon(t)\|_{l,*}^2. \tag{3-308}$$

接下来, 估计 $I_2^{(1)}$. 由介于密度和散度的关系式 (3-293) 可得

$$I_2^{(1)} = 2\Big(\mathrm{div}\big(h'(N^\epsilon + 1 - \epsilon\nabla \cdot E^0)\partial_x^\alpha\nabla N^\epsilon\big),$$
$$\partial_x^\alpha\left(\frac{\partial_t N^\epsilon + (U^\epsilon + u^0) \cdot \nabla N^\epsilon - \epsilon U^\epsilon \cdot \nabla(\nabla \cdot E^0) + N^\epsilon\mathrm{div}u^0 - \epsilon R_n^\epsilon}{N^\epsilon + 1 - \epsilon\nabla \cdot E^0}\right)\Big)$$
$$= -2\left(h'(N^\epsilon + 1 - \epsilon\nabla \cdot E^0)\partial_x^\alpha\nabla N^\epsilon, \nabla\partial_x^\alpha\left(\frac{\partial_t N^\epsilon}{N^\epsilon + 1 - \epsilon\nabla \cdot E^0}\right)\right)$$
$$- 2\left(h'(N^\epsilon + 1 - \epsilon\nabla \cdot E^0)\partial_x^\alpha\nabla N^\epsilon, \nabla\partial_x^\alpha\left(\frac{(U^\epsilon + u^0) \cdot \nabla N^\epsilon}{N^\epsilon + 1 - \epsilon\nabla \cdot E^0}\right)\right)$$
$$- 2\left(h'(N^\epsilon + 1 - \epsilon\nabla \cdot E^0)\partial_x^\alpha\nabla N^\epsilon, \nabla\partial_x^\alpha\left(\frac{-\epsilon U^\epsilon \cdot \nabla(\nabla \cdot E^0) + N^\epsilon\mathrm{div}u^0 - \epsilon R_n^\epsilon}{N^\epsilon + 1 - \epsilon\nabla \cdot E^0}\right)\right)$$
$$= \sum_{i=1}^3 I_{21}^{(i)}. \tag{3-309}$$

现在估计 $I_2^{(1)}$ 中的各项. 对于 $I_{21}^{(1)}$ 和 $I_{21}^{(2)}$, 有

$$I_{21}^{(1)} = -2\left(h'(N^\epsilon + 1 - \epsilon\nabla \cdot E^0)\partial_x^\alpha\nabla N^\epsilon, \nabla\partial_x^\alpha\left(\frac{\partial_t N^\epsilon}{N^\epsilon + 1 - \epsilon\nabla \cdot E^0}\right)\right)$$
$$= -\frac{d}{dt}\left(\frac{h'(N^\epsilon + 1 - \epsilon\nabla \cdot E^0)}{(N^\epsilon + 1 - \epsilon\nabla \cdot E^0)}\partial_x^\alpha\nabla N^\epsilon, \partial_x^\alpha\nabla N^\epsilon\right)$$
$$+ \left(\partial_t\left(\frac{h'(N^\epsilon + 1 - \epsilon\nabla \cdot E^0)}{(N^\epsilon + 1 - \epsilon\nabla \cdot E^0)}\right)\partial_x^\alpha\nabla N^\epsilon, \partial_x^\alpha\nabla N^\epsilon\right)$$

$$-2\left(h'(N^\epsilon+1-\epsilon\nabla\cdot E^0)\partial_x^\alpha\nabla N^\epsilon,\mathcal{H}_\alpha^{(8)}\right)$$

$$\leqslant-\frac{d}{dt}\left(\frac{h'(N^\epsilon+1-\epsilon\nabla\cdot E^0)}{2(N^\epsilon+1-\epsilon\nabla\cdot E^0)}\partial_x^\alpha\nabla N^\epsilon,\partial_x^\alpha\nabla N^\epsilon\right)$$

$$+C(\|W^\epsilon(t)\|_{l,*}+1)\|W^\epsilon(t)\|_{l,*}^2 \tag{3-310}$$

及

$$I_{21}^{(2)}=-2\left(h'(N^\epsilon+1-\epsilon\nabla\cdot E^0)\partial_x^\alpha\nabla N^\epsilon,\nabla\partial_x^\alpha\left(\frac{(U^\epsilon+u^0)\cdot\nabla N^\epsilon}{N^\epsilon+1-\epsilon\nabla\cdot E^0}\right)\right)$$

$$=\left(\mathrm{div}\left(\frac{h'(N^\epsilon+1-\epsilon\nabla\cdot E^0)(U^\epsilon+u^0)}{(N^\epsilon+1-\epsilon\nabla\cdot E^0)}\right)\partial_x^\alpha\nabla N^\epsilon,\partial_x^\alpha\nabla N^\epsilon\right)$$

$$-2\left(h'(N^\epsilon+1-\epsilon\nabla\cdot E^0)\partial_x^\alpha\nabla N^\epsilon,\mathcal{H}_\alpha^{(9)}\right)$$

$$\leqslant C(\|W^\epsilon(t)\|_{l,*}+1)\|W^\epsilon(t)\|_{l,*}^2 \tag{3-311}$$

因为交换子

$$\mathcal{H}_\alpha^{(8)}=\nabla\partial_x^\alpha\left(\frac{\partial_t N^\epsilon}{N^\epsilon+1-\epsilon\nabla\cdot E^0}\right)-\frac{\partial_t\nabla\partial_x^\alpha N^\epsilon}{N^\epsilon+1-\epsilon\nabla\cdot E^0}$$

与

$$\mathcal{H}_\alpha^{(9)}=\nabla\partial_x^\alpha\left(\frac{(U^\epsilon+u^0)\cdot\nabla N^\epsilon}{N^\epsilon+1-\epsilon\nabla\cdot E^0}\right)-\frac{(U^\epsilon+u^0)\cdot\nabla(\partial_x^\alpha\nabla N^\epsilon)}{N^\epsilon+1-\epsilon\nabla\cdot E^0}$$

可分别估计如下

$$\|\mathcal{H}_\alpha^{(8)}\|\leqslant C\left\|\nabla\left(\frac{1}{N^\epsilon+1-\epsilon\nabla\cdot E^0}\right)\right\|_{L^\infty}\|\partial_x^{l-1}\partial_t N^\epsilon\|$$

$$+C\|\partial_t N^\epsilon\|_{L^\infty}\left\|\partial_x^l\left(\frac{1}{N^\epsilon+1-\epsilon\nabla\cdot E^0}\right)\right\|$$

$$\leqslant C(\|W^\epsilon(t)\|_{l,*}+1)\|W^\epsilon(t)\|_{l,*}+C\epsilon^2$$

及

$$\|\mathcal{H}_\alpha^{(9)}\|\leqslant C\left\|\nabla\left(\frac{U^\epsilon+u^0}{N^\epsilon+1-\epsilon\nabla\cdot E^0}\right)\right\|_{L^\infty}\|\partial_x^{l-1}\nabla N^\epsilon\|$$

$$+C\|\nabla N^\epsilon\|_{L^\infty}\left\|\partial_x^l\left(\frac{U^\epsilon+u^0}{N^\epsilon+1-\epsilon\nabla\cdot E^0}\right)\right\|$$

$$\leqslant C(\|W^\epsilon(t)\|_{l,*}+1)\|W^\epsilon(t)\|_{l,*}+C\epsilon^2.$$

由 Cauchy-Schwarz 不等式和 u^0,E^0 的正则性可得

$$I_{21}^{(3)}=-2\left(h'(N^\epsilon+1-\epsilon\nabla\cdot E^0)\partial_x^\alpha\nabla N^\epsilon,\nabla\partial_x^\alpha\left(\frac{-\epsilon U^\epsilon\cdot\nabla(\nabla\cdot E^0)+N^\epsilon\mathrm{div}u^0-\epsilon R_n^\epsilon}{N^\epsilon+1-\epsilon\nabla\cdot E^0}\right)\right)$$

$$\leqslant C\|W^\epsilon(t)\|_{l,*}^3+C\|W^\epsilon(t)\|_{l,*}^2+C\epsilon^2. \tag{3-312}$$

联合 (3-309) 与 (3-310)-(3-312) 可得

$$
\begin{aligned}
I_2^{(1)} \leqslant & -\frac{d}{dt}\left(\frac{h'(N^\epsilon + 1 - \epsilon \nabla \cdot E^0)}{(N^\epsilon + 1 - \epsilon \nabla \cdot E^0)}, \partial_x^\alpha \nabla N^\epsilon, \partial_x^\alpha \nabla N^\epsilon\right) \\
& + C(\|W^\epsilon(t)\|_{l,*} + 1)\|W^\epsilon(t)\|_{l,*}^2 + C\epsilon^2.
\end{aligned} \tag{3-313}
$$

联合 (3-306) 与 (3-307), (3-308) 及 (3-313), 可得

$$
\begin{aligned}
I_2 \leqslant & -\frac{d}{dt}\left(\frac{h'(N^\epsilon + 1 - \epsilon \nabla \cdot E^0)}{(N^\epsilon + 1 - \epsilon \nabla \cdot E^0)}\partial_x^\alpha \nabla N^\epsilon, \partial_x^\alpha \nabla N^\epsilon\right) \\
& + C(\|W^\epsilon(t)\|_{l,*} + 1)\|W^\epsilon(t)\|_{l,*}^2 + C\epsilon^2.
\end{aligned} \tag{3-314}
$$

联合 (3-289) 与 (3-290), (3-291), (3-305) 及 (3-314) 可得

$$
\begin{aligned}
\frac{d}{dt}&\left[\|\partial_x^\alpha \mathrm{div}U^\epsilon\|^2 + \frac{1}{\epsilon}\left(\frac{1}{1 - \epsilon \nabla \cdot E^0}\partial_x^\alpha N^\epsilon, \partial_x^\alpha N^\epsilon\right)\right. \\
&\left.+ \left(\frac{h'(N^\epsilon + 1 - \epsilon \nabla \cdot E^0)}{N^\epsilon + 1 - \epsilon \nabla \cdot E^0}\partial_x^\alpha \nabla N^\epsilon, \partial_x^\alpha \nabla N^\epsilon\right)\right] \\
&\leqslant C(\|W^\epsilon\|_{l,*} + 1)\|W^\epsilon(t)\|_{l,*}^2 + C\gamma^2(\|U^\epsilon\|_l^2 + 1)\|G^\epsilon\|_l^2 + C\epsilon^2 + C\epsilon,
\end{aligned}
$$

进而可得 (3-288). 引理 3.2.3 证毕. □

最终, 给出电磁场的高阶能量估计. 对于电场, 借助 Maxwell 方程组的波公式, 可以建立它的能量估计如下.

引理 3.2.4 对任意 $0 < t \leqslant T$, 有

$$
\begin{aligned}
& (\epsilon^2\gamma^2(\kappa - 1)\|\partial_t F^\epsilon\|_{l-1}^2 + (\kappa - 1)\epsilon\gamma^2\|F^\epsilon\|_{l-1}^2 + \kappa\epsilon\|\nabla \times F^\epsilon\|_{l-1}^2)(t) \\
& + \int_0^t (\epsilon\|\nabla \times F^\epsilon\|_{l-1}^2 + \frac{2}{3}\epsilon\gamma^2\|F^\epsilon\|_{l-1}^2)(s)ds \\
& \leqslant C(\epsilon^2\gamma^2\kappa\|\partial_t F^\epsilon\|_{l-1}^2 + \kappa\epsilon\gamma^2\|F^\epsilon\|_{l-1}^2 + \kappa\epsilon\|\nabla \times F^\epsilon\|_{l-1}^2)(t = 0) \\
& + C\epsilon^{\frac{3}{2}}\gamma^2\int_0^t \|\frac{N^\epsilon}{\sqrt{\epsilon}}\|_{l-1}\|F^\epsilon\|_{l-1}^2)(s)ds \\
& + C\kappa^2\gamma^2\int_0^t (\|\|W^\epsilon(t)\|\|_l^4 + \|\|W^\epsilon(t)\|\|_l^2 + 1)\|\|W^\epsilon(t)\|\|_l^2(s)ds + C\gamma^2\epsilon^2 \quad (3\text{-}315)
\end{aligned}
$$

此处, 正常数 $\kappa > 1$ 不依赖 ϵ.

证明 由误差方程组 (3-254) 中 Maxwell 方程可得 F^ϵ 满足如下形式的波方程

$$
\epsilon\gamma\partial_{tt}F^\epsilon - \frac{1}{\gamma}\Delta F^\epsilon + \frac{1}{\gamma}\nabla\mathrm{div}F^\epsilon + \gamma F^\epsilon = -\gamma N^\epsilon F^\epsilon + \gamma\epsilon\nabla \cdot E^0 F^\epsilon + \mathcal{J}_3^\epsilon, \quad (3\text{-}316)
$$

这里

$$\mathcal{J}_3 = \gamma(N^\epsilon + 1 - \epsilon\nabla \cdot E^0)\Big(-[(U^\epsilon + u^0) \cdot \nabla]U^\epsilon - (U^\epsilon \cdot \nabla)u^0$$
$$-\nabla(h(N^\epsilon + 1 - \epsilon\nabla \cdot E^0) - h(1 - \epsilon\nabla \cdot E^0)) - \gamma((U^\epsilon + u^0) \times G^\epsilon + U^\epsilon \times B^0)$$
$$+\epsilon R_u^\epsilon\Big) + \gamma\partial_t(N^\epsilon + 1 - \epsilon\nabla \cdot E^0)U^\epsilon + \gamma u^0 \partial_t N^\epsilon + \gamma\partial_t u^0 N^\epsilon + \epsilon\partial_t R_E^\epsilon \quad (3\text{-}317)$$

满足

$$\|\mathcal{J}_3\|_{l-1} \leqslant C\gamma(\|W^\epsilon(t)\|_l^2 + \|W^\epsilon(t)\|_l + 1)\|W^\epsilon(t)\|_l + C\gamma\epsilon. \quad (3\text{-}318)$$

令多重指标 α 满足 $|\alpha| \leqslant l-1, l > \dfrac{3}{2} + 2$. 对 (3-316) 取 ∂_x^α, 再乘以 $\partial_x^\alpha F^\epsilon + \kappa\partial_t\partial_x^\alpha F^\epsilon$, 分部积分可得

$$\frac{1}{2}\frac{d}{dt}\int(\epsilon\gamma\kappa|\partial_t\partial_x^\alpha F^\epsilon|^2 + 2\epsilon\gamma\partial_x^\alpha F^\epsilon\partial_t\partial_x^\alpha F^\epsilon + \kappa\gamma|\partial_x^\alpha F^\epsilon|^2 + \frac{\kappa}{\gamma}|\partial_x^\alpha(\nabla \times F^\epsilon)|^2)dx$$
$$-\epsilon\gamma\int|\partial_t\partial_x^\alpha F^\epsilon|^2 dx + \int\left(\frac{1}{2\gamma}|\partial_x^\alpha(\nabla \times F^\epsilon)|^2 + \gamma|\partial_x^\alpha F^\epsilon|^2\right)dx$$
$$= -\gamma\int\partial_x^\alpha(N^\epsilon F^\epsilon)(\partial_x^\alpha F^\epsilon + \kappa\partial_t\partial_x^\alpha F^\epsilon)dx + \gamma\epsilon\int\partial_x^\alpha(\nabla \cdot E^0 F^\epsilon)(\partial_x^\alpha F^\epsilon + \kappa\partial_t\partial_x^\alpha F^\epsilon)dx$$
$$+ \int\partial_x^\alpha\mathcal{J}_3(\partial_x^\alpha F^\epsilon + \kappa\partial_t\partial_x^\alpha F^\epsilon)dx. \quad (3\text{-}319)$$

接下来用 $\dfrac{2}{3}\gamma\|F^\epsilon\|_{l-1}$ 和 $\gamma\epsilon\|\partial_t F^\epsilon\|_{l-1}$ 来控制 (3-319) 的右端项. 首先有

$$-\gamma\int\partial_x^\alpha(N^\epsilon F^\epsilon)(\partial_x^\alpha F^\epsilon + \kappa\partial_t\partial_x^\alpha F^\epsilon)dx$$
$$= -\gamma\int(N^\epsilon\partial_x^\alpha F^\epsilon\partial_x^\alpha F^\epsilon + \kappa N^\epsilon\partial_x^\alpha F^\epsilon\partial_t\partial_x^\alpha F^\epsilon)dx - \gamma\int\mathcal{H}_\alpha^{(10)}(\partial_x^\alpha F^\epsilon + \kappa\partial_t\partial_x^\alpha F^\epsilon)dx$$
$$\leqslant \gamma\left(\|N^\epsilon\|_{L^\infty} + \frac{1}{6}\right)\int|\partial_x^\alpha F^\epsilon|^2 dx + 6\gamma\kappa^2\|N^\epsilon\|_{L^\infty}^2\int|\partial_t\partial_x^\alpha F^\epsilon|^2 dx$$
$$+\gamma\|\mathcal{H}_\alpha^{(10)}\|(\|\partial_x^\alpha F^\epsilon\| + \kappa\|\partial_t\partial_x^\alpha F^\epsilon\|)$$
$$\leqslant \gamma\left(C\|N^\epsilon\|_{l-1} + \frac{1}{6}\right)\int|\partial_x^\alpha F^\epsilon|^2 dx + C\gamma\kappa^2\|N^\epsilon\|_{l-1}^2\int|\partial_t\partial_x^\alpha F^\epsilon|^2 dx$$
$$+C\gamma\|N^\epsilon\|_{s-1}\|F^\epsilon\|_{l-1}(\|\partial_x^\alpha F^\epsilon\| + \kappa\|\partial_t\partial_x^\alpha F^\epsilon\|)$$
$$\leqslant \gamma\left(C\|N^\epsilon\|_{l-1} + \frac{1}{3}\right)\|F^\epsilon\|_{l-1}^2 + C\gamma\kappa^2\|N^\epsilon\|_{l-1}^2\|\partial_t F^\epsilon\|_{l-1}^2$$
$$= \gamma\left(C\|\frac{N^\epsilon}{\sqrt{\epsilon}}\|_{l-1}\sqrt{\epsilon} + \frac{1}{3}\right)\|F^\epsilon\|_{l-1}^2 + C\kappa^2\|\frac{N^\epsilon}{\sqrt{\epsilon}}\|_{l-1}^2\epsilon\gamma\|\partial_t F^\epsilon\|_{l-1}^2, \quad (3\text{-}320)$$

此处, 交换子

$$\mathcal{H}_\alpha^{(10)} = \partial_x^\alpha(N^\epsilon F^\epsilon) - N^\epsilon\partial_x^\alpha F^\epsilon$$

可以估计如下

$$\|\mathcal{H}_\alpha^{(10)}\| \leqslant C\|\nabla N^\epsilon\|_{L^\infty}\|\partial_x^{l-2}F^\epsilon\| + C\|F^\epsilon\|_{L^\infty}\|\partial_x^{l-1}N^\epsilon\|$$

$$\leqslant C\|\nabla N^\epsilon\|_{l-2}\|\partial_x^{l-2}F^\epsilon\| + C\|F^\epsilon\|_{l-1}\|\partial_x^{l-1}N^\epsilon\|$$

$$\leqslant C\|N^\epsilon\|_{l-1}\|F^\epsilon\|_{l-1}.$$

于是, 和建立 (3-320) 类似可得

$$\gamma\epsilon\int\partial_x^\alpha(\nabla\cdot E^0 F^\epsilon)(\partial_x^\alpha F^\epsilon + \kappa\partial_t\partial_x^\alpha F^\epsilon)dx \leqslant C\epsilon\gamma(\|F^\epsilon\|_{l-1}^2 + \|\partial_t F^\epsilon\|_{l-1}^2). \quad (3\text{-}321)$$

最终, 由 Cauchy-Schwarz 不等式, 可得

$$\int\partial_x^\alpha\mathcal{J}_3(\partial_x^\alpha F^\epsilon + \kappa\partial_t\partial_x^\alpha F^\epsilon)dx$$

$$\leqslant \frac{\gamma}{3}\|\partial_x^\alpha F^\epsilon\|^2 + C\gamma^{-1}\|\partial_x^\alpha\mathcal{J}_3\|^2 + \frac{C}{\epsilon\gamma}\|\partial_x^\alpha\mathcal{J}_3\|^2 + C\epsilon\gamma\kappa^2\|\partial_x^\alpha\partial_t F^\epsilon\|^2. \quad (3\text{-}322)$$

联合 (3-319) 与 (3-320), (3-321) 及 (3-322) 可得

$$\frac{1}{2}\frac{d}{dt}\int(\epsilon\gamma\kappa|\partial_t\partial_x^\alpha F^\epsilon|^2 + 2\epsilon\gamma\partial_x^\alpha F^\epsilon\partial_t\partial_x^\alpha F^\epsilon + \kappa\gamma|\partial_x^\alpha F^\epsilon|^2 + \frac{\kappa}{\gamma}|\partial_x^\alpha(\nabla\times F^\epsilon)|^2)dx$$

$$+ \int(\frac{1}{2\gamma}|\partial_x^\alpha(\nabla\times F^\epsilon)|^2 + \frac{\gamma}{3}|\partial_x^\alpha F^\epsilon|^2)dx$$

$$\leqslant \gamma C\|\frac{N^\epsilon}{\sqrt{\epsilon}}\|_{l-1}\sqrt{\epsilon}\|F^\epsilon\|_{l-1}^2 + C\kappa^2\|\frac{N^\epsilon}{\sqrt{\epsilon}}\|_{l-1}^2\epsilon\gamma\|\partial_t F^\epsilon\|_{l-1}^2 + C\epsilon\gamma(\|F^\epsilon\|_{l-1}^2 + \|\partial_t F^\epsilon\|_{l-1}^2)$$

$$+ C\gamma^{-1}\|\partial_x^\alpha\mathcal{J}_3\|^2 + \frac{C}{\epsilon\gamma}\|\partial_x^\alpha\mathcal{J}_3\|^2 + C\epsilon\gamma(\kappa^2+1)\|\partial_x^\alpha\partial_t F^\epsilon\|^2. \quad (3\text{-}323)$$

再由 (3-323), 易得 (3-315). 引理 3.2.4 证毕. □

对于磁场, 可以通过对电场的估计和磁场梯度的旋度–散度分解技巧来控制.

引理 3.2.5 对任意 $0 < t \leqslant T$, 有

$$\|\nabla G^\epsilon\|_{l-1} \leqslant \|\epsilon\gamma\partial_t F^\epsilon\|_{l-1} + C\gamma(\|N^\epsilon\|_{l-1}+1)\|U^\epsilon\|_{l-1} + C\gamma\|N^\epsilon\|_{l-1} + C\gamma\epsilon. \quad (3\text{-}324)$$

证明 因 $\nabla\cdot G^\epsilon = 0$, 由磁场梯度的旋度–散度分解公式

$$\|\nabla G^\epsilon\|_{l-1} \leqslant \|\nabla\times G^\epsilon\|_{l-1} + \|\nabla\cdot G^\epsilon\|_{l-1}, \quad (3\text{-}325)$$

足以控制 $\|\nabla\times G^\epsilon\|_{l-1}$.

应用误差系统 (3-254) 的第三个方程可得

$$\|\nabla\times G^\epsilon\|_{l-1} \leqslant \|\epsilon\gamma\partial_t F^\epsilon\|_{l-1} + \gamma\|((N^\epsilon + 1 - \epsilon\nabla\cdot E^0)U^\epsilon + N^\epsilon u^0)\|_{l-1} + C\gamma\epsilon$$

$$\leqslant \|\epsilon\gamma\partial_t F^\epsilon\|_{l-1} + C\gamma(\|N^\epsilon\|_{l-1}+1)\|U^\epsilon\|_{l-1} + C\gamma\|N^\epsilon\|_{l-1} + C\gamma\epsilon. \quad (3\text{-}326)$$

联合 (3-325) 与 (3-326) 可得 (3-324). 引理 3.2.5 证毕. □

接下来完成命题 3.2.2 的证明. 引入 ϵ- 加权 Sobolev 型能量函数

$$\Gamma^\epsilon(t) = \|\|W^\epsilon(t)\|\|_l^2.$$

于是, 由 (3-260), (3-279), (3-288), (3-315) 及 (3-324) 可知, 存在 $\epsilon_0 > 0$, 仅仅依赖 T_0, 使得, 对任意 $0 < \epsilon \leqslant \epsilon_0$ 及任意 $0 < t < T$, 有

$$\Gamma^\epsilon(t) \leqslant C\Gamma^\epsilon(t=0) + C\int_0^t ((\Gamma^\epsilon + \sqrt{\Gamma^\epsilon} + 1)\Gamma^\epsilon)(s)ds + C\epsilon. \tag{3-327}$$

现在, 希望证明存在 $0 < T_1 < 1$ 与 $\epsilon_0 > 0$ 使得对任意 $0 < \epsilon \leqslant \epsilon_0, T_\epsilon \geqslant T_1$. 不然, 对任意 $T_1 < 1$ 与充分小 $\epsilon_0 > 0$, 存在 $0 < \epsilon \leqslant \epsilon_0$ 使得 $T_\epsilon < T_1$ 且进而有 $T = T_\epsilon$. 由命题 3.3.2 与 (3-256) 可得, 对任意给定的 C, 存在 $M = M(C)$ 充分大使得 $\lim_{t \to T_\epsilon-} \Gamma^\epsilon(t) \geqslant M^2 D_1^2 \epsilon \geqslant 4C\epsilon$. 因为 $\Gamma^\epsilon(t=0) \leqslant C\epsilon$, 因此可得, 存在 $0 < T_1^\epsilon < T_\epsilon < T_1$ 使得

$$\Gamma^\epsilon(T_1^\epsilon) = 3C\epsilon.$$

选取 $0 < T_2^\epsilon \leqslant T_1^\epsilon < T_1$ 使得

$$\Gamma^\epsilon(T_2^\epsilon) = 3C\epsilon, \Gamma^\epsilon(t) < 3C\epsilon \text{ 对任意 } 0 \leqslant t < T_2^\epsilon. \tag{3-328}$$

由 (3-327) 和 (3-328) 可得

$$\begin{aligned}
\Gamma^\epsilon(T_2^\epsilon) &< C\int_0^{T_2^\epsilon} (3C\epsilon + \sqrt{3C\epsilon} + 1)3C\epsilon ds + 2C\epsilon \\
&\leqslant CT_1(3C\epsilon + \sqrt{3C\epsilon} + 1)3C\epsilon + 2C\epsilon \\
&\leqslant \frac{5}{2}C\epsilon,
\end{aligned}$$

这里仅取 T_1 充分小即可. 这与 (3-328) 相矛盾.

因 $\Gamma^\epsilon(t=0) \leqslant C\epsilon$, 于是由 (3-327) 可知, 存在 ϵ_0 充分小使得, 对任意 $\epsilon \leqslant \epsilon_0$, $0 < t < T$ 有

$$\Gamma^\epsilon(t) \leqslant C\epsilon,$$

这将导出先验估计 (3-258).

最终, 关于 $[T_1, 2T_1], [2T_1, 3T_1], \cdots$ 有限次重复上述步骤, 可以延拓 $T_\epsilon \geqslant T_0$ 对任意 $T_0 < T_*$. 命题 3.2.2 的证明完毕. □

本节最后完成定理 3.2.1 的证明, 参照误差函数 $N^\epsilon, U^\epsilon, F^\epsilon, G^\epsilon$ 的定义, u^0, E^0, B^0 的正则性和误差系统 (3-254), 再由定理 3.2.1 的假设 (3-251) 可得

$$\|\sqrt{\epsilon}F^\epsilon(t=0)\|_{s_0-1} \leqslant C\sqrt{\epsilon},$$

$$\left\|\frac{N^\epsilon}{\sqrt{\epsilon}}(t=0)\right\|_{s_0-1} = \sqrt{\epsilon}\|\nabla\cdot F^\epsilon(t=0)\|_{s_0-1} \leqslant \sqrt{\epsilon}\|F^\epsilon(t=0)\|_{s_0} \leqslant C\sqrt{\epsilon}.$$

进而知, 命题 3.2.3 中的假设 (3-257) 成立. 因此, 由命题 3.2.2 的结果可得 (3-252). 定理 3.2.1 证毕.　　　　　　　　　　　　　　　　　　　　　　　　　　　□

注 3.2.2　　由命题 3.2.3 的证明过程可知, 常数 C 仅仅依赖极限系统解的界. 因此, 可能把本文的结果延拓到 $\epsilon \to 0$ 与 $\gamma \to 0$ 这两个情形. 这就是在上述证明过程中保留 γ 的原因所在. 在将来的工作中, 详细讨论这个问题.

3.3　电磁流体动力学可压缩 Euler-Maxwell 方程的零张弛极限

记 n 和 u 分别为等离子体中带电粒子的密度和速度向量, E 与 B 分别为电场强度和磁场强度. 它们是关于时间 $t > 0$ 和三维空间坐标 $x \in \Omega$ 的向量函数, 这里 $\Omega = \mathbb{R}^d$ 为三维全空间或者 $\Omega = \mathbb{T} = (\mathbb{R}/2\pi\mathbb{Z})^3$ 为三维环. 描述电磁场 E, B 的 Maxwell 方程组, 通过带电粒子间的洛伦兹力, 与描述电子流运动的 Euler 方程组相耦合. 假设等离子体中的离子不动, 也即变为一个具有固定单位密度的一致背景态. 这意味着离子的密度为 1 且速度为 0. 在这些假设之下, 具有松弛的可压电子流的动力学符合 (尺度化) 的单极 Euler-Maxwell 系统[13]:

$$\partial_t n + \mathrm{div}(nu) = 0, \tag{3-329}$$

$$\partial_t(nu) + \mathrm{div}(nu\otimes u) + \nabla p(n) = -n(E + \gamma u\times B) - \frac{nu}{\tau}, \tag{3-330}$$

$$\gamma\epsilon\partial_t E - \nabla\times B = \gamma nu, \quad \gamma\partial_t B + \nabla\times E = 0, \tag{3-331}$$

$$\epsilon\mathrm{div}E = 1 - n, \quad \mathrm{div}B = 0, \tag{3-332}$$

这里 $x \in \Omega$ 以及 $t > 0$, 具有初始条件:

$$(n, u, E, B)(t=0) = (n_0, u_0, E_0, B_0), \tag{3-333}$$

其中 $x \in \Omega$. 在上述方程组中, 压力函数 $p = p(n)$ 关于 $n > 0$ 光滑和严格递增, $j = nu$ 为电流密度, $E + \gamma u\times B$ 表示洛伦兹力. 方程组 (3-329)-(3-330) 分别描述质量守恒律和具有电子松弛项的动量守恒律, (3-331)-(3-332) 为 Maxwell 方程组. 易知, 方程组 (3-332) 对于方程组 (3-331) 是冗余的, 因为只要它们在初值成立即可.

方程组 (3-329)-(3-332) 可以被看作是, 描述等离子体中电子相位密度发展的 Vlasov-Maxwell 系统流体力学版本[7].

下面, 回顾基本 Moser-type 积分不等式[82, 90]: 对于 $f, g, v \in H^s$ 及任意非负多重指标 $\alpha, |\alpha| \leqslant s$,

(i) $\|D_x^\alpha(fg)\|_{L^2} \leqslant C_s(\|f\|_{L^\infty}\|D_x^s g\|_{L^2} + \|g\|_{L^\infty}\|D_x^s f\|_{L^2}), s \geqslant 0$,

(ii) $\|D_x^\alpha(fg) - f D_x^\alpha g\|_{L^2} \leqslant C_s(\|D_x f\|_{L^\infty}\|D_x^{s-1} g\|_{L^2} + \|g\|_{L^\infty}\|D_x^s f\|_{L^2}), s \geqslant 1$.

3.3.1　本节的主要结果

当 $n > 0$, 对于 Euler-Maxwell 系统 (3-329)-(3-333) 的光滑解而言, 第二个方程 (3-330) 等价于

$$\partial_t u + (u \cdot \nabla)u + \nabla h(n) = -(E + \gamma u \times B) - \frac{u}{\tau},$$

这里熵 $h(n)$ 定义为

$$h(n) = \int_1^n \frac{p'(s)}{s} ds.$$

于是问题 (3-329)-(3-333) 可改写为

$$\partial_t n + \mathrm{div}(nu) = 0, \tag{3-334}$$

$$\partial_t u + (u \cdot \nabla)u + \nabla h(n) = -(E + \gamma u \times B) - \frac{u}{\tau}, \tag{3-335}$$

$$\gamma\epsilon\partial_t E - \nabla \times B = \gamma nu, \quad \gamma\partial_t B + \nabla \times E = 0, \tag{3-336}$$

$$\epsilon \mathrm{div} E = 1 - n, \quad \mathrm{div} B = 0, \tag{3-337}$$

$$(n, u, E, B)(t = 0) = (n_0, u_0, E_0, B_0), \tag{3-338}$$

其中正常数 γ 和 ϵ 给定, τ 为松弛时间. 下面给出本节的主要结果.

定理 3.3.1(光滑解的整体存在性)　设 $s \geqslant s_0 \geqslant \frac{3}{2} + 2$. 记 B^0 为任意给定常数. 那么, 存在充分小的正常数 $\delta > 0$ 及 $C > 0$ 使得, 若

$$\|(n_0 - 1, u_0, E_0, B_0 - B^0)(\cdot)\|_{H^s(\Omega)} \leqslant \delta, \tag{3-339}$$

则系统 (3-329)-(3-332) 存在唯一整体解 $(n, u, E, B) \in C([0, \infty); H^s(\Omega))$ 满足, 对于 $t > 0$,

$$\|(n - 1, u, E, B - B^0)(\cdot, t)\|_{H^s(\Omega)}^2 + \int_0^t \|(n - 1, u)(\cdot, t)\|_{H^s(\Omega)}^2 dt$$
$$\leqslant C\|(n_0 - 1, u_0, E_0, B_0 - B^0)(\cdot)\|_{H^s(\Omega)}^2. \tag{3-340}$$

进而

$$\lim_{t \to \infty} \sup_{x \in \Omega} |(n-1, u)(x, t)| = 0. \tag{3-341}$$

注 3.3.1　利用本节的方法, 定理 3.3.1 容易推广到双极 Euler-Maxwell 系统. 此处略去. 此外, 利用本节方法, 可以得到比目前已有关于松弛可压 Euler 系统更好的结果[20, 147]. 也即, 可以证明, 当 $t \to \infty$, 具有松弛项可压 Euler 系统的任意光滑整体小解, 按指数速率衰减到常数平衡态.

3.3.2　误差方程与局部存在

设 (n, u, E, B) 为问题 (3-334)-(3-338) 的未知解, $w_s = (1, 0, 0, B^0)$ 为问题 (3-334)-(3-338) 的一个常数平衡解, 此处 B^0 为一常数.

记

$$(N, u, E, G) = (n-1, u, E, B - B^0), \tag{3-342}$$

满足下面问题:

$$\partial_t N + \mathrm{div}((1+N)U) = 0, \quad x \in \Omega, \quad t > 0, \tag{3-343}$$

$$\partial_t u + (u \cdot \nabla)u + \nabla h(1+N)$$
$$= -(E + \gamma u \times (B^0 + G)) - \frac{u}{\tau}, \quad x \in \Omega, \quad t > 0, \tag{3-344}$$

$$\gamma \epsilon \partial_t E - \nabla \times G = \gamma(1+N)u, \quad \gamma \partial_t G + \nabla \times E = 0, \quad x \in \Omega, \quad t > 0, \tag{3-345}$$

$$\epsilon \mathrm{div} E = -N, \quad \mathrm{div} G = 0, \quad x \in \Omega, \quad t > 0, \tag{3-346}$$

$$(N, u, E, G)(t=0)$$
$$= (N_0, u_0, E_0, G_0) = (n_0 - 1, u_0, E_0, B_0 - B^0), \quad x \in \Omega. \tag{3-347}$$

令

$$W_I = \begin{pmatrix} N \\ u \end{pmatrix}, \quad W_{II} = \begin{pmatrix} E \\ G \end{pmatrix}, \quad W = \begin{pmatrix} W_I \\ W_{II} \end{pmatrix} = \begin{pmatrix} N \\ u \\ E \\ G \end{pmatrix},$$

$$W_0 = \begin{pmatrix} N_0 \\ u_0 \\ E_0 \\ G_0 \end{pmatrix}, \quad D_0 = \begin{pmatrix} I_{4 \times 4} & 0 \\ 0 & D_0^{II} \end{pmatrix} = \begin{pmatrix} I_{4 \times 4} & 0 \\ 0 & \begin{pmatrix} \epsilon \gamma I_{3 \times 3} & 0 \\ 0 & \gamma I_{3 \times 3} \end{pmatrix} \end{pmatrix},$$

$$A_i(W) = \begin{pmatrix} A_i^I(W^I) & 0 \\ 0 & A_i^{II} \end{pmatrix} = \begin{pmatrix} \begin{pmatrix} u_i & (N+1)e_i^{\mathrm{T}} \\ h'(N+1)e_i & u_i I_{3 \times 3} \end{pmatrix} & 0 \\ 0 & \begin{pmatrix} 0 & B_i \\ B_i^{\mathrm{T}} & 0 \end{pmatrix} \end{pmatrix},$$

$$H_1(W) = \begin{pmatrix} H_1^I(W) \\ H_1^{II}(W) \end{pmatrix} = \begin{pmatrix} 0 \\ -E \\ u \\ 0 \end{pmatrix}, \quad H_2(W) = \begin{pmatrix} H_2^I(W) \\ H_2^{II}(W) \end{pmatrix} = \begin{pmatrix} 0 \\ -\dfrac{u}{\tau} \\ 0 \\ 0 \end{pmatrix},$$

$$H_3(W) = \begin{pmatrix} H_3^I(W) \\ H_3^{II}(W) \end{pmatrix} = \begin{pmatrix} 0 \\ -\gamma u \times B^0 \\ 0 \\ 0 \end{pmatrix}, \quad H_4(W) = \begin{pmatrix} H_4^I(W) \\ H_4^{II}(W) \end{pmatrix} = \begin{pmatrix} 0 \\ -\gamma u \times G \\ Nu \\ 0 \end{pmatrix},$$

其中 (e_1, e_2, e_3) 为 $\mathbb{R}^3$ 的标准正交基, $I_{d \times d}$ $(d = 3, 4)$ 为 $d \times d$ 单位矩阵, y_i 表示 $y \in \mathbb{R}^3$ 的第 i 个分量以及

$$B_1 = \begin{pmatrix} 0 & 0 & 0 \\ 0 & 0 & 1 \\ 0 & -1 & 0 \end{pmatrix}, \quad B_2 = \begin{pmatrix} 0 & 0 & -1 \\ 0 & 0 & 0 \\ 1 & 0 & 0 \end{pmatrix}, \quad B_3 = \begin{pmatrix} 0 & 1 & 0 \\ -1 & 0 & 0 \\ 0 & 0 & 0 \end{pmatrix}.$$

由 (3-343)-(3-345) 可知, 系统 (3-343)-(3-347) 的冗余方程 $\epsilon \mathrm{div} F^\epsilon = -N^\epsilon$ 与 $\mathrm{div} G^\epsilon = 0$ 成立, 只要它们满足初始条件. 于是问题 (3-343)-(3-345) 关于变量 W^ϵ 可以改写为下面矩阵形式

$$\begin{cases} D_0 \partial_t W + \sum_{i=1}^{3} A_i(W) \partial_{x_i} W = \sum_{j=1}^{4} H_j(W), \\ W(t = 0) = W_0, \end{cases} \tag{3-348}$$

及

$$\epsilon \mathrm{div} E(x, 0) = -N(x, 0), \quad \mathrm{div} G(x, 0) = 0,$$

上式成立可由对初值的假设保证.

不难看出关于 W 的方程组 (3-348) 是可对称化的双曲组, 也即, 若引入

$$A_0(W) = \begin{pmatrix} \begin{pmatrix} h'(N+1) & 0 \\ 0 & (N+1)I_{3 \times 3} \end{pmatrix} & 0 \\ 0 & I_{6 \times 6} \end{pmatrix},$$

则只要 $\|N\|_{L^\infty} \leqslant \dfrac{1}{2}$ 就有 $N + 1 \geqslant M_0 > 0$, 从而 A_0 为正定矩阵, $A_0 D_0$ 及对所有 $1 \leqslant i \leqslant 3$ 而言, $\tilde{A}_i(W) = A_0(W) A_i(W)$ 是对称的. 注意到, 对于光滑解而言, Euler-Maxwell 系统 (3-334)-(3-338) 等价于 (3-343)-(3-345) 或 (3-348). 因此, 由标准的对称双曲组局部光滑解存在性理论 (见 [79, 90]) 可得结果如下.

命题 3.3.1   若 $W_0 \in H^s(\Omega)$, $s > \dfrac{3}{2} + 2$ 及对于给定 $\kappa > 0$ 有 $\|N_0\|_{H^s(\Omega)} \leqslant \kappa$($\kappa$ 的选取满足 $1 + N_0 > 0$ 即可, 如可取 $\kappa C_s < 1$, 这里 C_s 为 Sobolev 嵌入常数). 于是, 存在最大存在时间 $0 < T(\kappa, \|W_0(\cdot)\|_{H^s(\Omega)}) \leqslant \infty$, 使得系统 (3-343)-(3-347) 或 (3-348) 在 $[0, T)$ 上存在唯一光滑解 $W \in \bigcap\limits_{l=0}^{1} C^l([0, T_\tau); H^{s-l}(\Omega))$.

接下来给出主要结果的证明, 分别记 $\|\|W(t)\|\|^2 = \|\|W_I(t)\|\|^2 + \|\|W_{II}(t)\|\|^2$, $\|\|W_I(t)\|\| = \|(N, u)\|_{H^s(\Omega)}$, $\|\|W_{II}(t)\|\| = \|(E, G)\|_{H^s(\Omega)}$. 下面, 常数 C 不依赖于 τ 和时间 $T > 0$, 在不同的地方值可以不同.

为证明定理 3.3.1, 关键在于建立如下先验估计.

命题 3.3.2(先验估计)   若存在 $\delta > 0$ 充分小使得, 对任意 $T > 0$, 有

$$\sup_{0 \leqslant t \leqslant T} \|\|W(t)\|\| \leqslant \delta, \tag{3-349}$$

那么, 对于 $t \in [0, T]$, 估计式 (3-340) 成立.

分以下几个步骤完成命题 3.3.2 的证明.

步骤 1: $W(t)$ 的 $L^2(\Omega)$ 估计

基于 Euler-Maxwell 系统 (3-334)-(3-338) 的 L^2 守恒律

$$\frac{d}{dt} \int_{\Omega} \left(n|u|^2 + 2 \int^n h(s)ds + \epsilon|E|^2 + |B - B^0|^2 \right)(x, t)dx = -\frac{2}{\tau} \int_{\Omega} |u|^2(x, t)dx,$$

可得 $W(t)$ 的 $L^2(\Omega)$ 估计.

引理 3.3.1   在命题 3.3.2 的假设条件之下, 有

$$\|W(t)\|^2_{L^2(\Omega)} + \frac{2}{\tau} \int_0^t \|u(t)\|^2_{L^2(\Omega)}dt \leqslant C\|W(0)\|^2_{L^2(\Omega)}, \quad 0 \leqslant t \leqslant T. \tag{3-350}$$

步骤 2: $W(t)$ 的 $H^s(\Omega)$ 估计

由高阶的 Sobolev 估计可得

引理 3.3.2   在命题 3.3.2 的假设条件之下, 有

$$\|\|W(t)\|\|^2 + \frac{1}{\tau} \|N(t)\|^2_{H^{s-1}(\Omega)} + \int_0^t \left(\|N(t)\|^2_{H^s(\Omega)} + \frac{1}{\tau} \|u(t)\|^2_{H^s(\Omega)} \right)dt$$

$$\leqslant C\|\|W(0)\|\|^2 + \frac{C}{\tau} \|N(0)\|^2_{H^{s-1}(\Omega)} + \frac{C}{\tau} \int_0^t \|\|W_I(t)\|\|_{H^s(\Omega)} \|N(t)\|^2_{H^{s-1}(\Omega)}dt$$

$$+ C \int_0^t \left(\|\|W_{II}\|\|\|\|W_I(t)\|\|^2 + \|\|W_I(t)\|\|^3 \right)dt, \quad 0 \leqslant t \leqslant T. \tag{3-351}$$

证明   引理 3.3.2 证明的基本思想是运用 $W_I(t)$ 的 $H^s(\Omega)$ 估计来控制 $W_{II}(t)$

的 $H^s(\Omega)$ 估计. 为此, 改写系统 (3-348) 为下述矩阵形式

$$\partial_t W_I + \sum_{i=1}^{3} A_i^I(W_I)\partial_{x_i} W_I = \sum_{j=1}^{4} H_j^I(W), \tag{3-352}$$

$$D_0^{II}\partial_t W_{II} + \sum_{i=1}^{3} A_i^{II}\partial_{x_i} W_{II} = \sum_{j=1}^{4} H_j^{II}(W). \tag{3-353}$$

此处矩阵 $A_i^I(W_I)$ 仅依赖于 W_I, 而 A_i^{II} 为一常数矩阵.

令多重指标 α 满足 $0 \leqslant |\alpha| \leqslant s$.

对方程组 (3-352) 求 ∂_x^α, 然后乘以对称子 $A_0^I(N)$, 可得

$$A_0^I(N)\partial_t\partial_x^\alpha W_I + \sum_{i=1}^{3} A_0^I(N)A_i^I(W_I)\partial_{x_i}\partial_x^\alpha W_I = \sum_{j=1}^{4} A_0^I(N)\partial_x^\alpha H_j^I(W) + J_1, \tag{3-354}$$

此处矩阵 J_1 定义为

$$J_1 = -\sum_{i=1}^{3} A_0^I(N)[\partial_x^\alpha(A_i^I(W_I)\partial_{x_i} W_I) - A_i^I(W_I)\partial_{x_i}\partial_x^\alpha W_I],$$

控制如下

$$\begin{aligned}
\|J_1\|_{L^2(\Omega)} &\leqslant C_s\|A_0^I(N)\|_{L^\infty}\Big(\|\nabla A_i^I(W_I)\|_{L^\infty}\|D_x^{s-1}\partial_{x_i} W_I\|_{L^2(\Omega)} \\
&\quad + \|\partial_{x_i} W_I\|_{L^\infty}\|D_x^s A_i^I(W_I)\|_{L^2(\Omega)}\Big) \\
&\leqslant C_s\||W_I\||^3, \tag{3-355}
\end{aligned}$$

其中常数 C 不依赖 τ.

类似地, 对方程组 (3-353) 求 ∂_x^α, 然后由 D_0^{II} 和 A_j^{II} 为常数矩阵这一事实, 可得

$$D_0^{II}\partial_t\partial_x^\alpha W_{II} + \sum_{i=1}^{3} A_i^{II}\partial_{x_i}\partial_x^\alpha W_{II} = \sum_{j=1}^{4} \partial_x^\alpha H_j^{II}(W), \tag{3-356}$$

现在对方程组 (3-354) 与 (3-356) 分别关于 $\partial_x^\alpha W_I$ 和 $\partial_x^\alpha W_{II}$ 取内积, 然后再对所得方程组求和, 并利用矩阵 $A_0^I(N)A_j^I(W_I)$ 的对称性, 可得 Friendich 型能量不等式

$$\begin{aligned}
&\frac{d}{dt}\int_\Omega (A_0(N)\partial_x^\alpha W \cdot \partial_x^\alpha W)(x,t)dx \\
&= 2\int_\Omega ((J_1 \cdot \partial_x^\alpha W_I)(x,t)dx + \int_\Omega (\operatorname{div} A^I(W_I)\partial_x^\alpha W_I \cdot \partial_x^\alpha W_I)(x,t)dx \\
&\quad + 2\sum_{j=1}^{4}\int_\Omega (A_0^I(N)\partial_x^\alpha H_j^I(W) \cdot \partial_x^\alpha W_I + \partial_x^\alpha H_j^{II}(W) \cdot \partial_x^\alpha W_{II})(x,t)dx, \tag{3-357}
\end{aligned}$$

这里

$$\operatorname{div} A^I(W_I) = \frac{\partial A_0^I(N)}{\partial t} + \sum_{i=1}^{3} \frac{\partial A_i^I(W_I)}{\partial x_i},$$

控制如下

$$\|\operatorname{div} A^I(W_I)\|_{L^\infty(\Omega)} \leqslant C(1 + \||W_I\||)\||W_I\||. \tag{3-358}$$

下面开始估计 (3-357) 的右端各项.

对于前两项, 由 Cauchy-Schwarz 不等式与估计 (3-355) 和 (3-358), 可得

$$\int_\Omega (J_1 \cdot \partial_x^\alpha W_I)(x,t)dx + \int_\Omega (\operatorname{div} A^I(W_I)\partial_x^\alpha W_I \cdot \partial_x^\alpha W_I)(x,t)dx$$
$$\leqslant C(1 + \||W_I\||)\||W_I\||^3. \tag{3-359}$$

对于第三项, 利用 $A_0^I(N), H_i(W), i = 1, \cdots, 4$ 的定义以及注意到在 $H_i^I(W)$ 和 $H_i^{II}(W)$ 之间存在某种消去关系, 可得

$$2\sum_{j=1}^{4} \int_\Omega (A_0^I(N)\partial_x^\alpha H_j^I(W) \cdot \partial_x^\alpha W_I + \partial_x^\alpha H_j^{II}(W) \cdot \partial_x^\alpha W_{II})(x,t)dx$$
$$= -\frac{2}{\tau} \int_\Omega (1+N)|\partial_x^\alpha u|^2(x,t)dx - 2\int_\Omega [(N\partial_x^\alpha E + (1+N)\partial_x^\alpha(u \times G))\partial_x^\alpha u$$
$$+ \partial_x^\alpha(Nu)\partial_x^\alpha E](x,t)dx$$
$$\leqslant -\frac{1}{\tau} \int_\Omega |\partial_x^\alpha u|^2(x,t)dx + C\||W_{II}\||\||W_I\||^2. \tag{3-360}$$

这里用到了基本 Sobolev 不等式 $\|\partial_x^\alpha(fg)\|_{L^2(\Omega)} \leqslant \|fg\|_{H^s(\Omega)} \leqslant \|f\|_{H^s(\Omega)}\|g\|_{H^s(\Omega)}$, $0 \leqslant |\alpha| \leqslant s$ 及 $s \geqslant s_0$.

将 (3-359) 与 (3-360) 代入 (3-357), 并关于 t 在 $[0,t], t \in [0,T]$, 上积分可得

$$\||W(t)\||^2 + \frac{1}{\tau} \int_0^t \|u(\cdot,t)\|_{H^s(\Omega)}^2 dt$$
$$\leqslant C\||W(t=0)\||^2 + C\int_0^t [\||W_{II}\||\||W_I\||^2 + (1 + \||W_I\||)\||W_I\||^3](t)dt. \tag{3-361}$$

此处常数 C 依赖 ϵ 和 γ, 但不依赖于 τ 和时间 $T > 0$.

为了使 (3-361) 的右端第二项能被其左端项控制, 下面运用 Euler-Maxwell 系统的 Euler 部分建立 N 和 u 之间的关系.

令多重指标 β 满足 $0 \leqslant |\beta| \leqslant s-1$.

对方程组 (3-344) 求 ∂_x^β, 然后与 $\partial_x^\beta \nabla N$ 做内积, 可得

$$
(h'(1+N)\partial_x^\beta \nabla N, \partial_x^\beta \nabla N) + (\partial_x^\beta E, \partial_x^\beta \nabla N)
$$
$$
= -(\partial_x^\beta (h'(1+N)\nabla N) - h'(1+N)\partial_x^\beta \nabla N, \partial_x^\beta \nabla N) - (\partial_x^\beta \partial_t u, \partial_x^\beta \nabla N)
$$
$$
-(\partial_x^\beta (u \cdot \nabla u + \gamma u \times (B^0 + G)), \partial_x^\beta \nabla N) - \frac{1}{\tau}(\partial_x^\beta u, \partial_x^\beta \nabla N). \tag{3-362}
$$

下面估计 (3-362) 中的每一项.

首先, 有

$$
(h'(1+N)\partial_x^\beta \nabla N, \partial_x^\beta \nabla N) + (\partial_x^\beta E, \partial_x^\beta \nabla N)
$$
$$
= (h'(1+N)\partial_x^\beta \nabla N, \partial_x^\beta \nabla N) - (\partial_x^\beta \mathrm{div} E, \partial_x^\beta N)
$$
$$
= (h'(1+N)\partial_x^\beta \nabla N, \partial_x^\beta \nabla N) + \frac{1}{\epsilon}\|\partial_x^\beta N\|_{L^2(\Omega)}^2
$$
$$
\geqslant \frac{h'\left(\dfrac{1}{2}\right)}{2}\|N\|_{H^s(\Omega)}^2. \tag{3-363}
$$

由交换子的估计技巧可得

$$
-(\partial_x^\beta (h'(1+N)\nabla N) - h'(1+N)\partial_x^\beta \nabla N, \partial_x^\beta \nabla N)
$$
$$
\leqslant \frac{h'\left(\dfrac{1}{2}\right)}{8}\|N\|_{H^s(\Omega)}^2 + C\|N\|_{H^{s-1}(\Omega)}^4. \tag{3-364}
$$

$$
-(\partial_x^\beta \partial_t u, \partial_x^\beta \nabla N) = (\partial_x^\beta \partial_t \mathrm{div} u, \partial_x^\beta N)
$$
$$
= \frac{d}{dt}(\partial_x^\beta \mathrm{div} u, \partial_x^\beta N) - (\partial_x^\beta \mathrm{div} u, \partial_x^\beta \partial_t N)
$$
$$
= \frac{d}{dt}(\partial_x^\beta \mathrm{div} u, \partial_x^\beta N) + (\partial_x^\beta \mathrm{div} u, \partial_x^\beta \mathrm{div}((1+N)u))
$$
$$
\leqslant \frac{d}{dt}(\partial_x^\beta \mathrm{div} u, \partial_x^\beta N) + (\partial_x^\beta \mathrm{div} u, \partial_x^\beta \mathrm{div}((1+N)u))
$$
$$
\leqslant \frac{d}{dt}(\partial_x^\beta \mathrm{div} u, \partial_x^\beta N) + (1 + \|N\|_{H^s(\Omega)})\|u\|_{H^s(\Omega)}^2, \tag{3-365}
$$

$$
-(\partial_x^\beta (u \cdot \nabla u + \gamma u \times (B^0 + G)), \partial_x^\beta \nabla N)
$$
$$
\leqslant \frac{h'\left(\dfrac{1}{2}\right)}{8}\|N\|_{H^s(\Omega)}^2 + C(1 + \|u\|_{H^s(\Omega)}^2)\|u\|_{H^{s-1}(\Omega)}^2
$$
$$
+ C\|G\|_{H^{s-1}(\Omega)}^2\|u\|_{H^{s-1}(\Omega)}^2. \tag{3-366}
$$

因望得到关于 τ 的一致估计, 故而必须处理包含 $\dfrac{1}{\tau}$ 的一项.

$$-\frac{1}{\tau}(\partial_x^\beta u, \partial_x^\beta \nabla N)$$

$$=\frac{1}{\tau}(\partial_x^\beta \mathrm{div} u, \partial_x^\beta N)$$

$$=-\frac{1}{\tau}\left(\partial_x^\beta \left(\frac{\partial_t N + u \cdot \nabla N}{1+N}\right), \partial_x^\beta N\right)$$

$$=-\frac{1}{\tau}\left(\frac{\partial_t \partial_x^\beta N}{1+N}, \partial_x^\beta N\right) - \frac{1}{\tau}\left(\frac{u \cdot \nabla \partial_x^\beta N}{1+N}, \partial_x^\beta N\right)$$

$$\quad -\frac{1}{\tau}\left(\partial_x^\beta \left(\frac{\partial_t N}{1+N}\right) - \frac{\partial_t \partial_x^\beta N}{1+N}, \partial_x^\beta N\right) - \frac{1}{\tau}\left(\partial_x^\beta \left(\frac{u \cdot \nabla N}{1+N}\right) - \frac{u \cdot \nabla \partial_x^\beta N}{1+N}, \partial_x^\beta N\right)$$

$$\leqslant -\frac{1}{2\tau}\frac{d}{dt}\left(\frac{1}{1+N}\partial_x^\beta N, \partial_x^\beta N\right) + \frac{C}{\tau}\|W_I(t)\|\|N(t)\|_{H^{s-1}(\Omega)}^2. \tag{3-367}$$

这里用到了交换子估计

$$\left\|\partial_x^\beta \left(\frac{\partial_t N}{1+N}\right) - \frac{\partial_t \partial_x^\beta N}{1+N}\right\|_{L^2}$$

$$\leqslant C\left(\left\|\nabla \left(\frac{1}{1+N}\right)\right\|_{L^\infty}\|D_x^{s-2}\partial_t N\|_{L^2} + \|\partial_t N\|_{L^\infty}\left\|D_x^{s-1}\left(\frac{1}{1+N}\right)\right\|_{L^2}\right)$$

$$\leqslant C(\|N\|_{H^{s-1}}\|W_I(t)\| + \|W_I(t)\|\|N\|_{H^{s-1}})$$

$$\leqslant C\|N\|_{H^{s-1}}\|W_I(t)\|,$$

$$\left\|\partial_x^\beta \left(\frac{u \cdot \nabla N}{1+N}\right) - \frac{u \cdot \nabla \partial_x^\beta N}{1+N}\right\|_{L^2}$$

$$\leqslant C\left(\left\|\nabla \left(\frac{u}{1+N}\right)\right\|_{L^\infty}\|D_x^{s-2}\nabla N\|_{L^2} + \|\nabla N\|_{L^\infty}\left\|D_x^{s-1}\left(\frac{u}{1+N}\right)\right\|_{L^2}\right)$$

$$\leqslant C(\|W_I(t)\|\|N\|_{H^{s-1}} + \|N\|_{H^{s-1}}\|W_I(t)\|)$$

$$\leqslant C\|N\|_{H^{s-1}}\|W_I(t)\|,$$

其中 $s \geqslant s_0 \geqslant \frac{3}{2} + 2$.

因此, 由 (3-362) 结合 (3-363)-(3-367), 可得

$$\frac{1}{\tau}\|N(t)\|_{H^{s-1}(\Omega)}^2 - \sum_{0\leqslant|\beta|\leqslant s-1}(\partial_x^\beta \mathrm{div} u, \partial_x^\beta N) + \int_0^t \|N(t)\|_{H^s(\Omega)}^2 dt$$

$$\leqslant \|W(0)\|^2 + \frac{C}{\tau}\|N(0)\|_{H^{s-1}(\Omega)}^2 + \frac{C}{\tau}\int_0^t \|W_I(t)\|_{H^s(\Omega)}\|N(t)\|_{H^{s-1}(\Omega)}^2 dt$$

$$\quad +C\int_0^t (\|W_I(t)\|^2 + \|W_I(t)\|^3 + \|W_I(t)\|^4)dt$$

$$\quad +C\int_0^t \|W_I(t)\|^2\|W_{II}(t)\|^2 dt. \tag{3-368}$$

联合 (3-361) 与 (3-368), 并利用 $\||W(t)\|| \leqslant \delta$ 的小性条件 (关于充分小的 δ), 可得 (3-351).

步骤 3: 命题 3.3.2 证明的完成

现在, 对任意给定 $\tau > 0$, 利用假设 $\||W(t)\|| \leqslant \delta$ (关于充分小的 δ), 由估计式 (3-351) 可知, 存在正常数 C, 依赖 τ 但不依赖任意给定时间 $T > 0$, 使得

$$\||W(t)\||^2 + \int_0^t \||W_I(t)\||^2 dt \leqslant C\||W(t=0)\||^2, \quad 0 \leqslant t \leqslant T,$$

由此可得估计式 (3-340).

一旦得到了 (3-340), 立得 (3-341). 事实上, 由 (3-340) 和方程组 (3-343)-(3-347) 可得

$$\int_0^\infty \|(n-1,u)(\cdot,t)\|_{H^s(\Omega)}^2 dt < \infty$$

及

$$\|\partial_t(n-1,u)\|_{H^{s-1}(\Omega)} \leqslant C < \infty,$$

并由此可得 (3-341).

定理 3.3.1 可由局部存在性理论 (命题 3.3.1), 命题 3.3.2 给出的先验估计 (3-340), 再结合标准的连续性讨论方法得到.

注 3.3.2　在上述估计式中保留参数 τ, 这是因为能得到 Euler-Maxwell 系统光滑整体小解的松弛极限. 也即, 由先验估计 (3-351) 得存在常数 C 和 $\tau_0 > 0$ 使得, 对任意 $\tau \leqslant \tau$, Euler-Maxwell 系统 (3-334)-(3-338) 存在唯一整体光滑小解 $(n^\tau, u^\tau, E^\tau, B^\tau) \in C([0,\infty]; H^s(\Omega))$ 满足: 当 $\tau \to 0$ 时,

$$\|(n^\tau - 1, u^\tau, E^\tau, B^\tau - B^0)(\cdot,t)\|_{H^s(\Omega)} + \frac{1}{\tau}\|(n^\tau - 1)(\cdot,t)\|_{H^{s-1}(\Omega)}$$

$$\leqslant C\|(n^\tau - 1, u^\tau, E^\tau, B^\tau - B^0)(\cdot,t=0)\|_{H^s(\Omega)} + \frac{C}{\tau}\|(n^\tau - 1)(\cdot,t=0)\|_{H^{s-1}(\Omega)} \to 0.$$

第4章 等离子体压缩
Euler/Navier-Stokes-Poisson 方程的渐近机理

这一章研究电磁流体动力学可压 Euler/Navier-Stokes-Poisson 方程的渐近机理, 主要分为: 可压 Euler/Navier-Stokes-Poisson 方程的大时间渐近性与衰减速率与可压 Navier-Stokes-Poisson 方程的渐近极限两个部分.

4.1 压缩 Euler/Navier-Stokes-Poisson 方程的大时间渐近性与衰减速率

4.1.1 全空间上带张弛项的 Euler-Poisson 方程的大时间衰减性

在单极半导体中, 描述电子流运动规律的等熵流体力学模型形如[72, 98]:

$$
\begin{cases}
n_t + \nabla \cdot (nu) = 0, \\
u_t + (u \cdot \nabla)u + \dfrac{1}{n}\nabla p(n) = \nabla\Phi - \dfrac{u}{\tau}, \\
\Delta\Phi = n - b(x), \quad \Phi \to 0, \quad \text{当}|x| \to +\infty,
\end{cases}
\tag{4-1}
$$

其中 $(x, t) \in \mathbb{R}^N \times [0, +\infty)$, $N = 2, 3$, 这里 n, u, Φ 分别表示电子密度, 电子速度与电场势. 常数 $\tau > 0$ 表示速度松弛时间, 函数 $b(x)$ 表示给定带正电背景离子的密度 (掺杂浓度), 压差函数 $p = p(n)$ 满足 $n^2 p'(n)$ 为从 $[0, +\infty)$ 到 $[0, +\infty)$ 的严格递增函数. 通常假设

$$
p(n) = a^2 n^\gamma, \quad n > 0, \quad a \neq 0, \quad \gamma \geqslant 1. \tag{4-2}
$$

模型 (4-1)-(4.2) 是一个简化的高维流体动力学模型, Degond 和 Markowich 在文献 [25] 中首次研究了该模型的稳态情形. 对于一维的情形, 模型 (4-1) 的 Cauchy 问题与初边值问题已被广泛研究 (参看文献, 如 [15, 24, 42, 65, 67, 68, 88, 93, 95, 148]). 在稳态情形下, Degond 与 Markowich 在 [24] 中证明了亚音速情况下稳态解的存在唯一性. Gamba 在 [42] 中讨论了跨音速情况下稳态解的存在唯一性. 在动力学情形下, Zhang 在 [148] 以及 Marcati 与 Natalini 在 [93] 中运用补偿紧性法分别研究了一维初边值问题和 Cauchy 问题弱解的存在性. 与上述两个问题相对应的零松弛极限结果分别在 [68] 和 [93] 中获得. Luo, Natalini 和 Xin 在 [88] 中以及 Hsiao 与

Yang 在 [67] 中分别研究了模型 (4-1) 的 Cauchy 问题与初边值问题光滑解的渐近行为, 在合适的掺杂浓度 $b(x)$ 以及压差函数 $p(n)$ 的假设条件之下, 证明了相应的简化流体力学模型和漂移 - 扩散模型的稳态解是按指数速率 (局部) 渐近稳定的.

当然, 研究模型 (4-1)-(4-2) 的高维情形是更加重要和更加有意义的, 但遗憾的是, 到目前为止, 结果甚少. 这是因为本质困难在于如何建立弱解或光滑解的整体存在性以及相关的问题. 除了文献 [79, 90] 给出的局部经典解之外, 只有在亚音速情形下的稳态解, 动力学情形下具有几何 (对称) 结构或无旋度解在文献 [15, 25, 50, 64, 65] 分别得到了研究. Chen 和 Wang 在 [15] 中证明了系统 (4-1) 具有几何结构的弱解的整体存在唯一性. Hsiao 和 Wang 在文献 [64, 65] 中分别考察了该系统光滑解的整体存在性与渐近行为. 在 [64] 中研究了系统 (4-1) 的球对称解, $\gamma = 1$ 及 $\Omega = \{x \in \mathbb{R}^N : 0 < R_1 \leqslant |x| \leqslant R_2 < +\infty\}$. 在 [65] 中研究了 $\gamma > 1$ 与 $\Omega = \{x \in \mathbb{R}^N : |x| \geqslant R_1 > 0\}$ 的情形. 最近, Guo 在 [50] 中研究了无松弛、无几何对称的 Euler-Poisson 方程组, 并揭示了如果初值光滑, 无旋且在流体稳态附近小扰动, 那么, Euler-Poisson 方程组就存在整体光滑, 无旋解. 然而, [50] 中所用的方法对于有旋的流体则失效.

本节去掉几何假设这一条件, 考虑更加一般的 N-维问题. 简单起见, 仅讨论掺杂浓度为一正常数的情形.

分别定义电场 e 与拟-Fermi 电场势函数 $h(n)$ 为: $e = \nabla\Phi$ 及 $h'(n) = \dfrac{1}{n}p'(n)$. 于是, 系统 (4-1) 转化为

$$\begin{cases} n_t + \nabla \cdot (nu) = 0, \\ u_t + (u \cdot \nabla)u + \nabla h(n) = e - \dfrac{u}{\tau}, \\ \nabla \cdot e = n - b(x) \end{cases} \tag{4-3}$$

这里 $x \in \mathbb{R}^N, t > 0$.

考察 (4-3) 的 Cauchy 问题光滑解, 其初值为

$$n(x,0) = n_0(x), \quad u(x,0) = u_0(x), \quad x \in \mathbb{R}^N, N = 2, 3. \tag{4-4}$$

由格林公式, $(4\text{-}1)_3$ 与 $(4\text{-}1)_1$ 可得

$$e(x,t) = \nabla\Phi(x,t) = \nabla\Delta^{-1}(n_0(x) - b(x)) - \nabla\Delta^{-1}\nabla \cdot \int_0^t (nu)(x,s)ds. \tag{4-5}$$

因此, (4-1) 可以简化为具有非局部项的守恒律组, 形如 :

$$\begin{cases} n_t + \nabla \cdot (nu) = 0, \\ u_t + (u \cdot \nabla)u + \nabla h(n) = \nabla\Delta^{-1}(n_0(x) - b(x)) - \nabla\Delta^{-1}\nabla \cdot \int_0^t (nu)(x,s)ds - \dfrac{u}{\tau}. \end{cases}$$

在给出主要结果之前, 先给出 Cauchy 问题 (4-3)-(4-4) 解的局部存在性定理, 它可通过标准的压缩映照讨论得到, 故此处略去证明过程, 参看文献, 如 [15, 79, 90].

命题 4.1.1(局部存在性)   假设 $b(x) = \mathcal{N} > 0$(正常数) 以及 $n(x, 0) - \mathcal{N} \in H^3(\mathbb{R}^N), u(x, 0) \in H^3(\mathbb{R}^N), \nabla\Phi(x, 0) \in H^3(\mathbb{R}^N)$. 那么, 模型 (1.3)-(1.4) 存在定义在最大存在区间 $[0, T_{\max})$ 上的唯一光滑解 $(n(x, t), u(x, t), e(x, t))$ 满足 :

$$n, u, e \in C^1(R^N \times [0, T_{\max}))$$

与

$$n(x, t) - \mathcal{N}, u(x, t), e(x, t) \in L^\infty(0, T; H^3(\mathbb{R}^N)),$$

这里 $T_{\max} > 0$. 此外, 若 $T_{\max} < \infty$, 则, 当 $t \to T_{\max}$ 时,

$$\|(n(\cdot, t) - \mathcal{N}, u(\cdot, t), e(\cdot, t))\|_{H^3(\mathbb{R}^N)}^2 + \|(n_t, u_t, e_t)(\cdot, t)\|_{H^2(\mathbb{R}^N)}^2$$
$$+ \int_0^t (\|(n(\cdot, \tau) - \mathcal{N}, u(\cdot, \tau), e(\cdot, \tau))\|_{H^3(\mathbb{R}^N)}^2 + \|(n_t, u_t, e_t)(\cdot, \tau)\|_{H^2(\mathbb{R}^N)}^2)d\tau \to \infty.$$

注 4.1.1   因非局部项 $\nabla\Delta^{-1}\nabla \cdot \int_0^t (nu)(x, s)ds$ 是 $\int_0^t (nu)(x, s)ds$ 的 Riesz 变换积的求和, 于是, 由 Riesz 变换的 L^2 有界性, 参看文献 [133], 可得

$$\|\nabla\Delta^{-1}\nabla \cdot \int_0^t (nu)(x, s)ds\|_{H^3(\mathbb{R}^N)} \leqslant C\|\int_0^t (nu)(x, s)ds\|_{H^3(\mathbb{R}^N)},$$

此处常数 $C > 0$. 注意到这个关键事实, 命题 1.1 的解的局部存在性的证明就比较容易获得.

现在, 给出本节的主要结果, 解的整体存在性与大时间行为如下:

定理 4.1.1   假设 $b(x) = \mathcal{N} > 0$, (4-2) 式成立. 若 $n(\cdot, 0) - \mathcal{N} \in H^3(\mathbb{R}^N), u(\cdot, 0) \in H^3(\mathbb{R}^N), e(\cdot, 0) \in H^3(\mathbb{R}^N)$. 则存在正常数 δ_0, 仅依赖 $\mathcal{N}$, 使得, 如果

$$\|(n(\cdot, 0) - \mathcal{N}, u(\cdot, 0), e(\cdot, 0))\|_{H^3(\mathbb{R}^N)} + \|(n_t, u_t, e_t)(\cdot, 0)\|_{H^2(\mathbb{R}^N)} \leqslant \delta_0,$$

那么, 问题 (4-3)-(4-4) 就存在唯一光滑整体解 (n, u, e). 进而有

$$\|(n(\cdot, t) - \mathcal{N}, u(\cdot, t), e(\cdot, t))\|_{H^3(\mathbb{R}^N)}^2 + \|(n_t, u_t, e_t)(\cdot, t)\|_{H^2(\mathbb{R}^N)}^2$$
$$\leqslant C_1[\|(n(\cdot, 0) - \mathcal{N}, u(\cdot, 0), e(\cdot, 0))\|_{H^3(\mathbb{R}^N)}^2$$
$$+ \|(n_t, u_t, e_t)(\cdot, 0)\|_{H^2(\mathbb{R}^N)}^2] \exp(-\alpha_1 t),$$

其中 α_1, C_1 为正常数.

注 4.1.2   参数 δ_0 是用以测量光滑解与平衡态之间的偏差, 可以依赖松弛时间 τ.

本小节中 $a_i, b_i, c_i, C, C_i, D, D_i, K_i, \lambda$ 表示一般常数, 仅依赖 $\mathcal{N}$. 重复指标表示从 1 到 N 的求和. $H^m(\mathbb{R}^N)$, $m \in Z_+$, 表示常用的 m 阶 Sobolev 空间, 其模定义如下 :

$$\|g\|_{H^m(\mathbb{R}^N)} = \sum_{0 \leqslant |\alpha| \leqslant m} \|\partial_x^\alpha g\|,$$

这里 $\|\cdot\| = \|\cdot\|_{L^2(\mathbb{R}^N)}$, $\partial_x^\alpha = \partial_1^{\alpha_1} \partial_2^{\alpha_2} \cdots \partial_N^{\alpha_N}$, $\sum_{i=1}^N \alpha_i = |\alpha|$ 以及 $\partial_i = \partial_{x_i}$. 空间 $\mathbb{R}^N$ 上的欧几里得模定义为 $|\cdot|$, 内积定义为 $a \cdot b$, 其中 $a, b \in \mathbb{R}^N$. 对于向量值函数 $f = (f_1, \cdots, f_m)$ 和模为 $|||\cdot|||$ 的标量函数空间 X 而言, $f \in X$ 意指 f 的每个分量都属于 X; 记

$$|||f||| := |||f_1||| + |||f_2||| + \cdots + |||f_m|||, \quad \partial f = \partial_x f = (\partial_i f_j)_{N \times m}, \partial_x^k f = \partial_x(\partial_x^{k-1} f).$$

特别地有

$$\partial_x V_t = (\partial_1 V_t, \partial_2 V_t, \cdots, \partial_N V_t), \quad \partial_x^2 V_t = (\partial_1^2 V_t, \partial_1 \partial_2 V_t, \cdots, \partial_N^2 V_t),$$

$$\|\partial_x^3 u\|^2 = \sum_{i,j,k,h=1}^N \int_{\mathbb{R}^N} |\partial_i \partial_j \partial_k u_h|^2 dx.$$

此外, 在不引起混淆的情况下, 积分区域 $\mathbb{R}^N$ 通常会被省略.

以下标准不等式在本节会重复使用. 第一个为

$$|ab| \leqslant \epsilon a^2 + \frac{b^2}{4\epsilon}, \quad \epsilon > 0. \tag{4-6}$$

此外, 作为 Young 不等式和 Gagliado-Nirenberg 不等式[21] 的推论, 有

$$\|u\|_{L^p} \leqslant C(N, p) \|u\|^{\frac{N}{p} - \frac{N}{2} + 1} \|\nabla u\|^{\frac{N}{2} - \frac{N}{p}}, \tag{4-7}$$

其中, 当 $N = 2$ 时, $u \in H^1, p \geqslant 2$; 当 $N = 3$ 时, $p \in [2, 6]$. 此处, (4-7) 中, 正常数 $C(N, p)$ 仅依赖 p, N.

接下来针对流体动力学模型使用能量方法来证明定理 4.1.1. 首先, 令

$$n(x, t) = \mathcal{N} + V(x, t), \tag{4-8}$$

$$e(x, t) = \nabla \Phi(x, t). \tag{4-9}$$

则, 函数 (V, u, e) 满足系统 :

$$\begin{cases} V_t + \mathrm{div}((\mathcal{N} + V)u) = 0, \\ u_t + (u \cdot \nabla)u + \nabla(h(\mathcal{N} + V) - h(\mathcal{N})) = e - u, \\ \mathrm{div}\, e = V. \end{cases} \tag{4-10}$$

(此处, 不失一般性, 取了 $\tau = 1$.)

为证明定理 4.1.1, 首先建立以下先验估计.

命题 4.1.2 存在正常数 δ_1, α, C, 仅依赖 $\mathcal{N}$, 使得, 对任意 $T > 0$, 若

$$\sup_{0 \leqslant t \leqslant T} (\|(V, u, e)(\cdot, t)\|_{H^3(\mathbb{R}^N)} + \|(V_t, u_t, e_t)(\cdot, t)\|_{H^2(\mathbb{R}^N)}) \leqslant \delta_1, \tag{4-11}$$

则对任意 $t \in [0, T]$,

$$\|(V, u, e)(\cdot, t)\|_{H^3(\mathbb{R}^N)}^2 + \|(V_t, u_t, e_t)(\cdot, t)\|_{H^2(\mathbb{R}^N)}^2$$
$$\leqslant C(\|(V, u, e)(\cdot, 0)\|_{H^3(\mathbb{R}^N)}^2 + \|(V_t, u_t, e_t)(\cdot, 0)\|_{H^2(\mathbb{R}^N)}^2) \exp(-\alpha t). \tag{4-12}$$

证明 首先, 由先验假设 (4-11) 和 Sobolev 不等式可得

$$\sup_{x \in \mathbb{R}^N} |(V, \partial_x V, V_t, u, \partial_x u, u_t, e, \partial_x e, e_t)|$$
$$\leqslant C(\|(V, u, e)(\cdot, t)\|_{H^3(\mathbb{R}^N)} + \|(V_t, u_t, e_t)(\cdot, t)\|_{H^2(\mathcal{T}^N)}) \leqslant C\delta_1. \tag{4-13}$$

由 (4-6), $(4\text{-}10)_1$ 以及 (4-13) 易知

$$\|\partial_x^i V_t\| \leqslant C \sum_{k=0}^{i+1} (\|\partial_x^k u\| + \|\partial_x^k V\|), \quad i = 0, 1, 2. \tag{4-14}$$

对 $(4\text{-}10)_3$ 求导数 ∂_x^j, $j = 1, 2, 3$, 并对所得方程乘以 $\partial_x^j \Phi$, 然后在 $\mathbb{R}^N$ 上积分.

分部积分, 并运用 $e = \nabla\Phi$, (4-13) 以及 (4-6) 可得

$$\int |\partial_x^j e|^2 dx = \int \partial_x^{j-1} V \partial_x^{j-1} \mathrm{div} e dx \leqslant \frac{1}{2} \int |\partial_x^j e|^2 dx + C \int |\partial_x^{j-1} V|^2 dx,$$

也即

$$\|\partial_x^j e\|^2 \leqslant C \|\partial_x^{j-1} V\|^2, \quad j = 1, 2, 3. \tag{4-15}$$

类似地有

$$\|e_t\| \leqslant C(\|u\| + \|V\|),$$
$$\|\partial_x^m e_t\| \leqslant C \sum_{k=0}^{m} (\|\partial_x^k u\| + \|\partial_x^k V\|), \quad m = 1, 2. \tag{4-16}$$

在 $(4\text{-}10)_2$ 的两端取 ∂_t^l 可得

$$\partial_t^l u_t + \partial_t^l (u \cdot \nabla u) + \partial_t^l \nabla (h(\mathcal{N} + V) - h(\mathcal{N})) = \partial_t^l e - \partial_t^l u. \tag{4-17}$$

对 (4-17) 乘以 $\partial_t^l u$, $l = 0, 1$ 再在 R^N 上积分. 运用分部积分可知

$$\frac{1}{2} \frac{d}{dt} \|\partial_t^l u\|^2 + \|\partial_t^l u\|^2 - \int \partial_t^l (h(\mathcal{N} + V) - h(\mathcal{N})) \partial_t^l \mathrm{div} u dx$$
$$+ \int \partial_t^l \Phi \partial_t^l \mathrm{div} u dx + \int \partial_t^l (u \cdot \nabla u) \partial_t^l u dx = 0, \quad l = 0, 1. \tag{4-18}$$

下面, 将估计 (4-18) 中的各个积分项.

由 (4-13) 知, 存在 $\delta_1 > 0$ 使得

$$\frac{\mathcal{N}}{2} \leqslant n^\lambda + V \leqslant 2\mathcal{N}. \tag{4-19}$$

运用 (4-19) 与 (4-2), 可知存在 $\delta_1 > 0$ 使得

$$0 < D_1 \leqslant h^{(k)}(n^\lambda + V) \leqslant D_2 < \infty, \tag{4-20}$$

这里 k 为任意正整数. 于是可得

$$-\int (h(\mathcal{N}+V) - h(\mathcal{N}))\mathrm{div}u\,dx = \int (h(\mathcal{N}+V) - h(\mathcal{N}))\frac{V_t + u\nabla V}{\mathcal{N}+V}dx$$

$$= \frac{d}{dt}\int\int_0^V \frac{h(s+\mathcal{N}) - h(\mathcal{N})}{s+\mathcal{N}}dsdx + \int \frac{h'(\mathcal{N}+\theta V)}{\mathcal{N}+V}Vu\cdot\nabla V\,dx$$

$$\geqslant \frac{d}{dt}\int\int_0^V \frac{h(s+\mathcal{N}) - h(\mathcal{N})}{s+\mathcal{N}}dsdx - C\delta_1\int(|u|^2 + |\nabla V|^2)dx, \tag{4-21}$$

$$-\int \partial_t(h(\mathcal{N}+V) - h(\mathcal{N}))\partial_t\mathrm{div}u\,dx$$

$$= \int \partial_t(h(\mathcal{N}+V) - h(\mathcal{N}))\partial_t\left(\frac{V_t + u\nabla V}{\mathcal{N}+V}\right)dx$$

$$= \int h'(n^\lambda + V)\partial_t V\left[\frac{1}{n^\lambda+V}(V_{tt} + (u\cdot\nabla V)_t) - \frac{V_t}{(n^\lambda+V)^2}(V_t + u\cdot\nabla V)\right]dx$$

$$\geqslant \frac{d}{dt}\int \frac{h'(n^\lambda+V)}{2(n^\lambda+V)}V_t^2dx - C\delta_1\int V_t^2dx - \int \frac{h'(n^\lambda+V)u}{n^\lambda+V}\cdot\nabla(\frac{V_t^2}{2})dx$$

$$\geqslant \frac{d}{dt}\int \frac{h'(n^\lambda+V)}{2(n^\lambda+V)}V_t^2dx - C\delta_1\int V_t^2dx. \tag{4-22}$$

此处, 正常数 θ 满足: $0 < \theta < 1$, 这里也用到了 $|V|, |V_t|, |u|$ 以及 $|\nabla V|$ 的小性条件, 就如 δ_1 的小性保证 (4-13) 中各项的小性那样.

由 (4-10)$_1$ 和 (4-10)$_3$ 可知, 对于 $l = 0, 1$ 有

$$\int \partial_t^l\Phi\partial_t^l\mathrm{div}u\,dx = -\frac{1}{\mathcal{N}}\int \partial_t^l\Phi\partial_t^l(V_t + \mathrm{div}(Vu))dx$$

$$= -\frac{1}{\mathcal{N}}\int \partial_t^l\Phi\partial_t^l\mathrm{div}e_t dx + \frac{1}{\mathcal{N}}\int \partial_t^l e\partial_t^l(Vu)dx$$

$$= \frac{1}{2\mathcal{N}}\frac{d}{dt}\|\partial_t^l e\|^2 + \frac{1}{\mathcal{N}}\int \partial_t^l e\partial_t^l(Vu)dx$$

$$\geqslant \frac{1}{2\mathcal{N}}\frac{d}{dt}\|\partial_t^l e\|^2 - c\delta_1\int(|\partial_t^l e|^2 + |u|^2 + V^2 + |u_t|^2 + V_t^2)dx \tag{4-23}$$

和

$$\int \partial_t^l (u \cdot \nabla u) \partial_t^l u \, dx \geqslant -C\delta_1 \int (|\partial_t^l u|^2 + |\nabla u|^2) dx.$$ (4-24)

于是, (4-18) 结合 (4-21)- (4-24) 可得

$$\frac{1}{2}\frac{d}{dt}\int \left[|u|^2 + |u_t|^2 + \int_0^V \frac{h(s+\mathcal{N}) - h(\mathcal{N})}{s+\mathcal{N}} ds + \frac{h'(n^\lambda + V)}{(n^\lambda + V)} V_t^2 + \frac{1}{\mathcal{N}}(|e|^2 + |e_t|^2)\right] dx$$

$$+ C\int |(u, u_t)|^2 dx \leqslant C\delta_1 \|(V, \nabla V, V_t, \nabla u)\|^2.$$ (4-25)

在 $(4\text{-}10)_2$ 的两端取 div 并对所得方程乘上 divu, 然后在 $\mathbb{R}^N$ 上积分, 再由分部积分可得

$$\frac{1}{2}\frac{d}{dt}\|\mathrm{div}u\|^2 + \|\mathrm{div}u\|^2 = -\int \mathrm{div}\nabla(h(\mathcal{N}+V) - h(\mathcal{N}))\mathrm{div}u \, dx$$

$$+ \int \mathrm{div}e\,\mathrm{div}u \, dx - \int \mathrm{div}(u \cdot \nabla u)\mathrm{div}u \, dx.$$ (4-26)

应用 $(4\text{-}10)_1$, (4-6) 以及 $|V_t|, |\nabla V|, |u|$ 和 $|\nabla u|$ 的小性条件可得

$$-\int \mathrm{div}\nabla(h(\mathcal{N}+V) - h(\mathcal{N}))\mathrm{div}u \, dx = \int \nabla(h(\mathcal{N}+V) - h(\mathcal{N}))\nabla\mathrm{div}u \, dx$$

$$= -\int \nabla(h(\mathcal{N}+V) - h(\mathcal{N}))\nabla\left(\frac{V_t + u\nabla V}{n^\lambda + V}\right) dx$$

$$= -\int h'(n^\lambda + V)\nabla V \left[\frac{1}{n^\lambda + V}(\nabla V_t + \nabla(u \cdot \nabla V)) - \frac{\nabla V}{(n^\lambda + V)^2}(V_t + \mathrm{div}(V_u))\right] dx$$

$$\leqslant -\frac{d}{dt}\int \frac{h'(n^\lambda + V)}{2(n^\lambda + V)}|\nabla V|^2 dx + \frac{1}{2}\int \partial_t\left(\frac{h'(n^\lambda + V)}{n^\lambda + V}\right)|\nabla V|^2 dx$$

$$- \int \frac{h'(n^\lambda + V)}{n^\lambda + V} u \cdot \nabla\left(\frac{|\nabla V|^2}{2}\right) dx + C\delta_1 \int |\nabla V|^2 dx$$

$$\leqslant -\frac{d}{dt}\int \frac{h'(n^\lambda + V)}{2(n^\lambda + V)}|\nabla V|^2 dx + C\delta_1 \int |\nabla V|^2 dx,$$ (4-27)

$$\int \mathrm{div}e\,\mathrm{div}u \, dx = \int V \mathrm{div}u \, dx$$

$$= -\frac{1}{\mathcal{N}}\int V(V_t + \mathrm{div}(Vu)) dx = -\frac{1}{2\mathcal{N}}\frac{d}{dt}\int V^2 dx + \frac{1}{\mathcal{N}}\int Vu \cdot \nabla V \, dx$$

$$\leqslant -\frac{1}{2\mathcal{N}}\frac{d}{dt}\|V\|^2 + C\delta_1\|V\|_{H^1}$$ (4-28)

与

$$-\int \mathrm{div}(u \cdot \nabla u)\mathrm{div}u dx = -\int \partial_i(u^j\partial_j u^i)\partial_k u^k dx$$

$$= -\int \partial_i u^j \partial_j u^i \mathrm{div}u dx + \int \frac{1}{2}(\mathrm{div}u)^3 dx \leqslant C\delta_1 \int |\nabla u|^2 dx. \quad (4\text{-}29)$$

因此, (4-26) 联合 (4-27)- (4-29), 可得

$$\frac{1}{2}\frac{d}{dt}\left\|\left(\mathrm{div}u, \left(\frac{h'(n^\lambda+V)}{n^\lambda+V}\right)^{\frac{1}{2}}\nabla V, \mathcal{N}^{-\frac{1}{2}}V\right)\right\|^2 + \|\mathrm{div}u\|^2 \leqslant C\delta_1\|(V, \nabla V, \nabla u)\|^2. \quad (4\text{-}30)$$

类似地, 对 (4-10)$_2$ 取 curl 并对所得方程与 curl$u$ 在 $L^2(\mathbb{R}^N)$ 取内积可得

$$\frac{1}{2}\frac{d}{dt}\|\mathrm{curl}u\|^2 + \|\mathrm{curl}u\|^2 = -\int \mathrm{curl}(u \cdot \nabla u)\mathrm{curl}u dx. \quad (4\text{-}31)$$

直接计算并应用分部积分可得

$$\int \mathrm{curl}(u \cdot \nabla u)\mathrm{curl}u dx$$

$$= -\int (\partial_k(u^j\partial_j u^i) - \partial_i(u^j\partial_j u^k))(\partial_k u^i - \partial_i u^k)dx$$

$$= -\int (\partial_k u^j\partial_j u^i - \partial_i u^j\partial_j u^k)(\partial_k u^i - \partial_i u^k)dx - \int u^j\partial_j\left(\frac{(\mathrm{curl}u)^2}{2}\right)dx$$

$$\leqslant C\delta_1\|\nabla u\|^2. \quad (4\text{-}32)$$

所以, (4-31) 结合 (4-32) 可得

$$\frac{1}{2}\frac{d}{dt}\|\mathrm{curl}u\|^2 + \|\mathrm{curl}u\|^2 \leqslant C\delta_1\|\nabla u\|^2. \quad (4\text{-}33)$$

联合 (4-30) 与 (4-33), 借助于 δ_1 的小性条件可得

$$\frac{d}{dt}\int\left[|\nabla u|^2 + \frac{1}{\mathcal{N}}|V|^2 + \frac{h'(n^\lambda+V)}{2(n^\lambda+V)}|\nabla V|^2\right]dx + C\|\nabla u\|^2 \leqslant C\delta_1\|(V, \nabla V)\|^2. \quad (4\text{-}34)$$

另一方面, 由 (4-10)$_2$ 与 ∇V 在 $L^2(\mathbb{R}^N)$ 内积可得

$$\int h'(n^\lambda+V)|\nabla V|^2 dx = \int e\nabla V dx - \int(u_t+u)\nabla V dx - \int u \cdot \nabla u \nabla V dx. \quad (4\text{-}35)$$

应用 (4-10)$_3$ 与 (4-6), 容易发现

$$\int e\nabla V dx = -\int \mathrm{div}eV dx = -\|V\|^2, \quad (4\text{-}36)$$

$$-\int u \cdot \nabla u \nabla V dx \leqslant C\delta_1\|(\nabla V, \nabla u)\|^2 \quad (4\text{-}37)$$

与

$$-\int (u_t + u)\nabla V\,dx \leqslant \epsilon\|\nabla V\|^2 + C\|(u, u_t)\|^2. \tag{4-38}$$

因此, (4-35) 联合 (4-36)-(4-38), 可得

$$\|(V, \nabla V)\|^2 \leqslant C\|(u_t, \nabla u)\|^2, \tag{4-39}$$

借助于 (4-20) 以及 δ_1 与 ϵ 的小性条件.

联合 $i = 0$ 时的 (4-25), (4-34), (4-39), (4-14) 以及 (4-16)$_1$, 可得

$$\frac{1}{2}\frac{d}{dt}\int \left[|u|^2 + |u_t|^2 + \int_0^V \frac{h(s + \mathcal{N}) - h(\mathcal{N})}{s + \mathcal{N}}ds + \frac{h'(n^\lambda + V)}{n^\lambda + V}V_t^2\right.$$
$$\left. + \frac{1}{\mathcal{N}}(|e|^2 + |e_t|^2) + |\nabla u|^2 + \frac{1}{\mathcal{N}}|V|^2 + \frac{h'(n^\lambda + V)}{n^\lambda + V}|\nabla V|^2\right]dx$$
$$+ C\int |(V, \nabla V, V_t, u, u_t, \nabla u, e_t)|^2 dx \leqslant 0. \tag{4-40}$$

由 (4-10)$_2$ 与 (4-13), 可得

$$\|e\|^2 \leqslant C\|(u, u_t, \nabla V, \nabla u)\|^2. \tag{4-41}$$

应用 (4-10)$_1$ 和 (4-10)$_3$, 可得

$$-\int \partial_x e \partial_x u\,dx = -\int \partial_x \nabla \Phi \partial_x u\,dx$$
$$= \int \partial_x \Phi \partial_x \operatorname{div} u\,dx = -\frac{1}{\mathcal{N}}\int \partial_x \Phi \partial_x (V_t + \operatorname{div}(V_u))dx$$
$$= \frac{1}{\mathcal{N}}\int \partial_x e \partial_x e_t\,dx + \frac{1}{\mathcal{N}}\int \partial_x e \partial_x (V u)dx$$
$$= \frac{1}{2\mathcal{N}}\frac{d}{dt}\|\partial_x e\|^2 + \frac{1}{\mathcal{N}}\int \partial_x e \partial_x (V u)dx,$$

由此可得

$$\frac{d}{dt}\int \frac{1}{2\mathcal{N}}|\partial_x e|^2 dx \leqslant C\|(\partial_x e, \partial_x u, \partial_x V)\|^2. \tag{4-42}$$

因此, (4-40) 联合 (4-41), (4-42) 以及 $j = 1$ 时的 (4-15), 可得

$$\frac{d}{dt}\int \left[|u|^2 + |u_t|^2 + \int_0^V \frac{h(s + \mathcal{N}) - h(\mathcal{N})}{s + \mathcal{N}}ds + \frac{h'(n^\lambda + V)}{2(n^\lambda + V)}V_t^2 + |e|^2\right.$$
$$\left. + \frac{\lambda}{\mathcal{N}}(|\nabla E^\lambda|^2 + |e_t|^2) + |\nabla u|^2 + \frac{1}{\mathcal{N}}|V|^2 + \frac{h'(n^\lambda + V)}{2(n^\lambda + V)}|\nabla V|^2\right]dx$$
$$+ C\int |(V, \nabla V, V_t, u, u_t, \nabla u, e, \nabla E^\lambda, e_t)|^2 dx \leqslant 0, \tag{4-43}$$

这里, 常数 $\lambda > 0$.

下一步是获得高阶导数的估计. 对 $(4\text{-}10)_2$ 关于 x 微分并对所得方程乘上 $\partial_x^2 u$, 然后在 $\mathbb{R}^N$ 上积分. 再由分部积分可得

$$\frac{d}{dt}\int \frac{1}{2}|\partial_x^2 u|^2 dx + \int |\partial_x^2 u|^2 dx - \int \partial_x^2(h(\mathcal{N}+V)-h(\mathcal{N}))\partial_x^2(\mathrm{div}u)dx$$
$$+ \int \partial_x^2\Phi\partial_x^2(\mathrm{div}u)dx + \int \partial_x^2(u\cdot\nabla u)\partial_x^2 u dx = 0. \tag{4-44}$$

下面将给出 (4-44) 的积分项估计.

应用 $(4\text{-}10)_1$, (4-2), (4-13), (4-14) 以及 $(4\text{-}10)_3$, 可得

$$-\int \partial_x^2(h(\mathcal{N}+V)-h(\mathcal{N}))\partial_x^2(\mathrm{div}u)dx$$
$$=\int \partial_x^2(h(\mathcal{N}+V)-h(\mathcal{N}))\partial_x^2\left(\frac{V_t+u\nabla V}{n^\lambda+V}\right)dx$$
$$\geqslant \int \frac{h'(n^\lambda+V)}{n^\lambda+V}\partial_x^2 V(\partial_x^2 V_t + u^j\partial_j(\partial_x^2 V))dx$$
$$+\int \frac{h''(n^\lambda+V)}{n^\lambda+V}\partial_m V\partial_l V(\partial_m\partial_l V_t + u^j\partial_j\partial_m\partial_l V)dx$$
$$-C\delta_1\int(|\partial_x^2 V|^2 + |\partial_x V|^2 + |\partial_x V_t|^2 + |\partial_x^2 u|^2)dx$$
$$\geqslant \frac{d}{dt}\int \left(\frac{h'(n^\lambda+V)}{2(n^\lambda+V)}|\partial_x^2 V|^2 + \frac{h''(n^\lambda+V)}{n^\lambda+V}\partial_m V\partial_l V\partial_m\partial_l V\right)dx$$
$$-C\delta_1\|(\partial_x V, \partial_x^2 V, \partial_x u, \partial_x^2 u)\|^2 \tag{4-45}$$

与

$$\int \partial_x^2\Phi\partial_x^2(\mathrm{div}u)dx$$
$$=-\frac{1}{\mathcal{N}}\int \partial_x^2\Phi\partial_x^2(V_t + \mathrm{div}(V_u))dx$$
$$=\frac{1}{\mathcal{N}}\int \partial_x^2 e\partial_x^2 e_t dx + \frac{1}{\mathcal{N}}\int \partial_x^2 e\partial_x^2(Vu)dx$$
$$\geqslant \frac{1}{2\mathcal{N}}\frac{d}{dt}\int |\partial_x^2 e|^2 dx - C\delta_1\|(\partial_x^2 e, \partial_x^2 V, \partial_x^2 u, \partial_x V, \partial_x u)\|^2. \tag{4-46}$$

与 (4-32) 相同, 容易得到

$$\int \partial_x^2(u\cdot\nabla u)\partial_x^2 u dx \geqslant -C\delta_1\|\partial_x^2 u\|^2. \tag{4-47}$$

因此, (4-44) 联合 (4-45)-(4-47), 可得

$$\frac{d}{dt}\int\left(\frac{1}{2}|\partial_x^2 u|^2+\frac{1}{2\mathcal{N}}|\partial_x^2 e|^2+\frac{h'(n^\lambda+V)}{2(n^\lambda+V)}|\partial_x^2 V|^2+\frac{h''(n^\lambda+V)}{n^\lambda+V}\partial_m V\partial_l V\partial_m\partial_l V\right)dx$$

$$+C\int|\partial_x^2 u|^2 dx-C\delta_1\int(|\partial_x V|^2+|\partial_x^2 V|^2+|\partial_x u|^2+|\partial_x^2 e|^2)dx\leqslant 0. \tag{4-48}$$

对 $(4\text{-}10)_2$ 关于 x 微分, 对所得方程乘上 $\partial_x\nabla V$. 分部积分可得

$$\|(\partial_x V,\partial_x^2 V)\|^2\leqslant C\|(\partial_x u,\partial_x^2 u)\|^2. \tag{4-49}$$

对 $(4\text{-}10)_2$ 取 $\partial_x\partial_t$, 并对所得方程关于 $\partial_x u_t$ 在 $L^2(\mathbb{R}^N)$ 上取内积可得

$$\frac{1}{2}\frac{d}{dt}\|\partial_x u_t\|^2+\|\partial_x u_t\|^2-\int[\partial_x(h(\mathcal{N}+V)-h(\mathcal{N}))_t-\partial_x\Phi_t]\partial_x\mathrm{div} u_t dx$$

$$+\int\partial_x(u\cdot\nabla u)_t\partial_x u_t dx=0. \tag{4-50}$$

应用 $(4\text{-}10)_1$, $(4\text{-}10)_3$, (4-6) 和 (4-14), 运用冗长但直接的计算可得

$$-\int[\partial_x(h(\mathcal{N}+V)-h(\mathcal{N}))_t-\partial_x\Phi_t]\partial_x\mathrm{div} u_t dx$$

$$=\int\partial_x(h'(n^\lambda+V)V_t)\partial_x\left(\frac{V_t+u\cdot\nabla V}{n^\lambda V}\right)_t dx-\frac{1}{\mathcal{N}}\int\partial_x\Phi_t\partial_x(V_t+\mathrm{div}(V_u))_t dx$$

$$\geqslant\frac{d}{dt}\int\left(\frac{h'(n^\lambda+V)}{2(n^\lambda+V)}|\partial_x V_t|^2+\frac{1}{2\mathcal{N}}|\partial_x e_t|^2\right)dx$$

$$-C\delta_1\|(\nabla u,\partial_x^2 u,\partial_x u_t,V_t,V_{tt},\partial_x V,\partial_x V_t,\partial_x^2 V)\|^2$$

$$\geqslant\frac{d}{dt}\int\left(\frac{h'(n^\lambda+V)}{2(n^\lambda+V)}|\partial_x V_t|^2+\frac{1}{2\mathcal{N}}|\partial_x e_t|^2\right)dx$$

$$-C\delta_1\|(\nabla u,\partial_x^2 u,\partial_x u_t,\partial_x V,\partial_x^2 V)\|^2 \tag{4-51}$$

与

$$\int\partial_x(u\cdot\nabla u)_t\partial_x u_t dx\geqslant-C\delta_1\|(\partial_x u_t,\partial_x^2 u)\|^2. \tag{4-52}$$

所以, (4-50) 联合 $m=1$ 时的 (4-16), (4-51) 与 (4-52), 可得

$$\frac{d}{dt}\int\left(\frac{1}{2}|\partial_x u_t|^2+\frac{h'(n^\lambda+V)}{2}|\partial_x V_t|^2+\frac{1}{2\mathcal{N}}|\partial_x e_t|^2\right)dx+C\|(\partial_x u_t,\partial_x e_t)\|^2$$

$$\leqslant C\delta_1\|(\partial_x^2 u,\partial_x^2 V)\|^2+C\|(\partial_x u,\partial_x V)\|^2 \tag{4-53}$$

借助于 δ_1 的小性条件.

联合 (4-48), (4-49), (4-53), $i = 1$ 时的 (4-14) 与 $j = 2$ 时的 (4-15), 可得

$$\frac{d}{dt} \int \left(\frac{1}{2} |\partial_x^2 u|^2 + \frac{1}{2\mathcal{N}} |\partial_x^2 e|^2 + \frac{h'(n^\lambda + V)}{2(n^\lambda + V)} |\partial_x^2 V|^2 + \frac{h''(n^\lambda + V)}{n^\lambda + V} \partial_m V \partial_l V \partial_m \partial_l V \right.$$

$$\left. + \frac{1}{2} |\partial_x u_t|^2 + \frac{h'(n^\lambda + V)}{2} |\partial_x V_t|^2 + \frac{1}{2\mathcal{N}} |\partial_x e_t|^2 \right) dx$$

$$+ C \|(\partial_x V_t, \partial_x^2 V, \partial_x^2 u, \partial_x^2 e, \partial_x u_t, \partial_x e_t)\|^2 \leqslant C \|(\partial_x u, \partial_x V)\|^2. \tag{4-54}$$

现在转为估计三阶导数项. 注意到, 在估计一、二阶导数时, 我们运用了 $|(V, \partial_x V, u, \partial_x u, e, \partial_x e)|$ 以及 $|(V_t, u_t, e_t)|$ 的小性条件, 它们可以由 (4-13) 以及 δ_1 的小性保证成立. 然而, 上面讨论在三阶导数估计时失效, 这是因为无法得到 $|(\partial_x^2 V, \partial_x^2 u, \partial_x^2 e)|$ 与 $|(\partial_x V_t, \partial_x u_t, \partial_x e_t)|$ 的小性条件. 因此, 我们给出详细的过程.

对 (4-10)$_2$ 关于 x 三次微分并对所得方程乘上 $\partial_x^3 u$. 分部积分可得

$$\frac{1}{2} \frac{d}{dt} \|\partial_x^3 u\|^2 + \|\partial_x^3 u\|^2 - \int \partial_x^3 (h(\mathcal{N} + V) - h(\mathcal{N})) \partial_x^3 \text{div} u \, dx$$

$$- \int \partial_x^3 e \partial_x^3 u \, dx + \int \partial_x^3 (u \cdot \nabla u) \partial_x^3 u \, dx = 0. \tag{4-55}$$

下面将给出 (4-55) 中的各个积分项估计.

首先, 计算可得

$$- \int \partial_x^3 (h(\mathcal{N} + V) - h(\mathcal{N})) \partial_x^3 \text{div} u \, dx$$

$$= \int \partial_x^3 (h(\mathcal{N} + V) - h(\mathcal{N})) \partial_x^3 \left(\frac{V_t + u \cdot \nabla V}{\mathcal{N} + V} \right) dx$$

$$= \int \{ h'(n^\lambda + V) \partial_x^3 V + h''(n^\lambda + V)(\partial_h V \partial_m \partial_l V + \cdots) + h'''(n^\lambda + V) \partial_h V \partial_m V \partial_l V \}$$

$$\cdot \left\{ \frac{1}{n^\lambda + V} (\partial_x^3 V_t + u \cdot \nabla \partial_x^3 V + \partial_h u \cdot \nabla \partial_m \partial_l V + \cdots + \partial_h \partial_m u \cdot \nabla \partial_l V + \cdots + \partial_x^3 u \cdot \nabla V) \right.$$

$$- \frac{\partial_h V}{(n^\lambda + V)^2} (\partial_m \partial_l V_t + u \cdot \nabla \partial_m \partial_l u + \cdots + \partial_m \partial_l u \cdot \nabla V)$$

$$- \cdots - \left(\frac{\partial_h \partial_m V}{(n^\lambda + V)^2} - \frac{2 \partial_m V \partial_h V}{(n^\lambda + V)^3} \right) (\partial_l V_t + u \cdot \nabla \partial_l V + \partial_l u \cdot \nabla V)$$

$$- \cdots + \left(-\frac{\partial_x^3 V}{(n^\lambda + V)^2} + \frac{2(\partial_m \partial_l V \partial_h V + \cdots)}{(n^\lambda + V)^3} - \frac{6 \partial_h V \partial_m V \partial_l V}{(n^\lambda + V)^4} \right) (V_t + u \cdot \nabla V) \right\} dx \tag{4-56}$$

$$\geqslant \frac{d}{dt}\int\left\{\frac{h'(n^\lambda+V)}{2(n^\lambda+V)}|\partial_x^3 V|^2+\frac{1}{n^\lambda+V}[h''(n^\lambda+V)(\partial_h V\partial_m\partial_l V+\partial_m V\partial_h\partial_l V+\partial_l V\partial_h\partial_m V)\right.$$

$$\left.+h'''(n^\lambda+V)\partial_h V\partial_m V\partial_l V]\partial_h\partial_m\partial_l V\right\}dx$$

$$-C\delta_1\int(|\partial_x^3 V|^2+|\partial_x^3 u|^2)dx+\int\frac{h'(n^\lambda+V)}{n^\lambda+V}u\cdot\nabla\left(\frac{|\partial_x^3 V|^2}{2}\right)dx$$

$$+\int\frac{h'(n^\lambda+V)}{n^\lambda+V}(\partial_h\partial_m u\cdot\nabla\partial_l V+\cdots)\partial_h\partial_m\partial_l V dx$$

$$-\int\frac{h'(n^\lambda+V)}{(n^\lambda+V)^2}\partial_h\partial_m V(\partial_l V_t+u\cdot\nabla\partial_l V)\partial_h\partial_m\partial_l V dx$$

$$-\cdots-\int\left\{\frac{h''(n^\lambda+V)}{n^\lambda+V}(\partial_h V_t\partial_m\partial_l V\partial_h\partial_m\partial_l V+\cdots+u\cdot\nabla\partial_h V\partial_m\partial_l V\partial_h\partial_m\partial_l V\right.$$

$$\left.+\cdots+\partial_h V\partial_m\partial_l V\partial_h\partial_m u\cdot\nabla\partial_l V+\cdots+\partial_h V\partial_m\partial_l V(\partial_l V_t+u\cdot\nabla\partial_l V)\partial_h\partial_m V+\cdots\right\}dx$$

$$-\int\frac{h''(n^\lambda+V)}{(n^\lambda+V)^2}\partial_h V\partial_m\partial_l V\partial_h\partial_m V(\partial_l V_t+u\cdot\nabla\partial_l V)dx$$

$$-C\delta_1(\|(\partial_x V,\partial_x u)\|_{H^1}^2+\|\partial_x V_t\|_{H^1}^2) \tag{4-57}$$

$$\geqslant \frac{d}{dt}\int\left\{\frac{h'(n^\lambda+V)}{2(n^\lambda+V)}|\partial_x^3 V|^2+\frac{1}{n^\lambda+V}[h''(n^\lambda+V)(\partial_h V\partial_m\partial_l V+\partial_m V\partial_h\partial_l V+\partial_l V\partial_h\partial_m V)\right.$$

$$\left.+h'''(n^\lambda+V)\partial_h V\partial_m V\partial_l V]\partial_h\partial_m\partial_l V\right\}dx-C\delta_1\|(\partial_x^3 V,\partial_x^2 V,\partial_x V,\partial_x^3 u,\partial_x^2 u,\partial_x u)\|^2$$

$$-\epsilon\|\partial_x^3 V\|^2-C(\epsilon)\int(|\partial_x^2 u|^4+|\partial_x^2 V|^4+|\partial_x V_t|^4)dx. \tag{4-58}$$

此处借助了 Cauchy-Schwarz 不等式 (4-6), 其中 ϵ 为一正常数不依赖 δ_1 (仅依赖 $\mathcal{N}$). 这里和以下部分, 用 $\cdots$ 表示那些与第一项有着相同结构的项.

应用式 (4-14), (4-13), (4-7), (4-11) 以及 $N=2,3$, 可得

$$\int(|\partial_x^2 u|^4+|\partial_x^2 V|^4+|\partial_x V_t|^4)dx$$

$$\leqslant C\int(|\partial_x^2 u|^4+|\partial_x^2 V|^4)dx+C\delta_1\|\partial_x u\|^2$$

$$\leqslant C\|\partial_x^2 u\|^{4-N}\|\partial_x\partial_x^2 u\|^N+C\|\partial_x^2 V\|^{4-N}\|\partial_x\partial_x^2 V\|^N+C\delta_1\|\partial_x u\|^2$$

$$\leqslant C\|\partial_x^2 u\|^{4-N}\|\partial_x\partial_x^2 u\|^{N-2}\|\partial_x\partial_x^2 u\|^2$$

$$+C\|\partial_x^2 V\|^{4-N}\|\partial_x\partial_x^2 V\|^{N-2}\|\partial_x\partial_x^2 V\|^2+C\delta_1\|\partial_x u\|^2$$

$$\leqslant C\delta_1\|\partial_x\partial_x^2 u\|^2+C\delta_1\|\partial_x\partial_x^2 V\|^2+C\delta_1\|\partial_x u\|^2. \tag{4-59}$$

因此, (4-58), 联合 (4-59), 可得

$$-\int \partial_x^3(h(\mathcal{N}+V)-h(\mathcal{N}))\partial_x^3\mathrm{div}udx$$

$$\geqslant \frac{d}{dt}\int\left\{\frac{h'(n^\lambda+V)}{2(n^\lambda+V)}|\partial_x^3V|^2+\frac{1}{n^\lambda+V}[h''(n^\lambda+V)(\partial_hV\partial_m\partial_lV+\partial_mV\partial_h\partial_lV+\partial_lV\partial_h\partial_mV)\right.$$

$$\left.+h'''(n^\lambda+V)\partial_hV\partial_mV\partial_lV]\partial_h\partial_m\partial_lV\right\}dx$$

$$-C\delta_1\|(\partial_x^3V,\partial_x^2V,\partial_xV,\partial_x^3u,\partial_x^2u,\partial_xu)\|-\epsilon\|\partial_x^3V\|^2. \tag{4-60}$$

与 (4-46) 中相似, 有

$$-\int \partial_x^3e\partial_x^3udx=\int \partial_x^3\Phi\partial_x^3\mathrm{div}udx$$

$$=-\frac{1}{\mathcal{N}}\int \partial_x^3\Phi\partial_x^3(V_t+\mathrm{div}(V_u))dx$$

$$=\frac{1}{\mathcal{N}}\int \partial_x^3e\partial_x^3e_tdx+\frac{1}{\mathcal{N}}\int \partial_x^3e\partial_x^3(Vu)dx$$

$$\geqslant \frac{1}{2\mathcal{N}}\frac{d}{dt}\|\partial_x^3e\|^2-C\delta_1\|(\partial_x^3V,\partial_x^2V,\partial_x^3u,\partial_x^2u,\partial_x^3e)\|^2. \tag{4-61}$$

直接计算并分部积分可得

$$\int \partial_x^3(u\cdot\nabla u)\partial_x^3udx$$

$$=-\int(\partial_h\partial_m\partial_lu\cdot\nabla u+\partial_m\partial_lu\cdot\nabla\partial_hu$$

$$+\cdots+\partial_lu\cdot\nabla\partial_h\partial_mu+\cdots+u\cdot\nabla\partial_h\partial_m\partial_lu)\partial_h\partial_m\partial_ludx$$

$$\geqslant -C\delta_1\int|\partial_x^3u|^2dx-\epsilon\int|\partial_x^3u|^2dx-C(\epsilon)\int|\partial_x^2u|^4dx$$

$$\geqslant -(C\delta_1+\epsilon)\|\partial_x^3u\|^2-C\delta_1\|\partial_xu\|^2 \tag{4-62}$$

借助了 Cauchy-Schwarz 不等式 (4-6), (4-59) 以及 $|u|$ 与 $|\nabla u|$ 的小性条件.

所以, (4-55) 联合 (4-60), (4-61) 以及 (4-62), 可得

$$\frac{d}{dt}\int\left\{\frac{1}{2}|\partial_x^3u|^2+\frac{1}{2\mathcal{N}}|(h(\mathcal{N}+V)-h(\mathcal{N}))l_x^3e|^2\right.$$

$$+\frac{h'(n^\lambda+V)}{2(n^\lambda+V)}|\partial_x^3V|^2+\frac{1}{n^\lambda+V}[h''(n^\lambda+V)(\partial_hV\partial_m\partial_lV$$

$$\left.+\partial_mV\partial_h\partial_lV+\partial_lV\partial_h\partial_mV)+h'''(n^\lambda+V)\partial_hV\partial_mV\partial_lV]\partial_h\partial_m\partial_lV\right\}dx$$

$$+C\|\partial_x^3u\|^2-C\delta_1\|(\partial_x^3V,\partial_x^2V,\partial_xV,\partial_x^2u,\partial_xu,\partial_x^3e)\|^2-\epsilon\|\partial_x^3V\|^2\leqslant 0 \tag{4-63}$$

借助了 ϵ 与 δ_1 的小性条件.

与 (4-49) 类似可得

$$\|(\partial_x^2 V, \partial_x^3 V)\|^2 \leqslant C\|((h(\mathcal{N} + V) - h(\mathcal{N}))l_x u, \partial_x^2 u, \partial_x^3 u)\|^2. \tag{4-64}$$

再与 (4-50) 类似可得

$$\frac{1}{2}\frac{d}{dt}\|\partial_x^2 u_t\|^2 + \|\partial_x^2 u_t\|^2 - \int [\partial_x^2(h(\mathcal{N} + V) - h(\mathcal{N}))_t - \partial_x^2 \Phi_t]\partial_x^2 \mathrm{div} u_t dx$$
$$+ \int \partial_x^2(u \cdot \nabla u)_t \partial_x^2 u_t dx = 0. \tag{4-65}$$

如在 (4-51) 和 (4-60) 那样, 通过冗长但直接的算可得

$$-\int (\partial_x^2(h(\mathcal{N} + V) - h(\mathcal{N}))_t - \partial_x^2 \Phi_t)\partial_x^2 \mathrm{div} u_t dx$$

$$= \int \partial_x^2(h'(n^\lambda + V)V_t)\partial_x^2 \left(\frac{V_t + u \cdot \nabla V}{n^\lambda + V}\right)_t dx - \frac{1}{\mathcal{N}}\int \partial_x^2 \Phi_t \partial_x^2(V_t + \mathrm{div}(V_u))_t dx$$

$$\geqslant \frac{d}{dt}\int \frac{h'(n^\lambda + V)}{2(n^\lambda + V)}|\partial_x^2 V_t|^2 + \frac{1}{2\mathcal{N}}|\partial_x^2 e_t|^2)dx$$

$$-C\delta_1\|(\partial_x^3 u, \partial_x^2 u, \partial_x^2 u, \partial_x u_t, \partial_x^2 V_t, \partial_x V_t, \partial_x V_{tt}, \partial_x V, \partial_x^2 V, \partial_x^3 V)\|^2$$

$$\geqslant \frac{d}{dt}\int \left(\frac{h'(n^\lambda + V)}{2(n^\lambda + V)}|\partial_x^2 V_t|^2 + \frac{1}{2\mathcal{N}}|\partial_x^2 e_t|^2\right) dx$$

$$-C\delta_1\|(\partial_x u, \partial_x^2 u, \partial_x^3 u, \partial_x u_t, \partial_x^2 u_t, \partial_x V, \partial_x^2 V, \partial_x^3 V, \partial_x^2 e_t)\|^2 \tag{4-66}$$

与

$$\int \partial_x^2(u \cdot \nabla u)_t \partial_x^2 u_t dx \geqslant -C\delta_1\|(\partial_x u_t, \partial_x^2 u_t, \partial_x^2 u, \partial_x^3 u)\|^2. \tag{4-67}$$

所以, (4-65) 联合 (4-66) 以及 (4-67) 可得

$$\frac{d}{dt}\int \left(\frac{1}{2}|\partial_x^2 u_t|^2 + \frac{h'(n^\lambda + V)}{2(n^\lambda + V)}|\partial_x^2 V_t|^2 + \frac{1}{2\mathcal{N}}|\partial_x^2 e_t|^2\right) dx + C\|\partial_x^2 u_t\|^2$$

$$\leqslant C\delta_1\|(\partial_x^3 u, \partial_x^3 V, \partial_x^2 e_t)\|^2 + C\|(\partial_x u, \partial_x u_t, \partial_x^2 u, \partial_x V, \partial_x^2 V)\|^2. \tag{4-68}$$

联合 (4-63), (4-64), (4-68), $i = 2$ 时的 (4-14), $j = 3$ 时的 (4-15) 以及 $m = 2$ 时的 (4-16) 可得

$$\frac{d}{dt}\int \left\{\frac{1}{2}|\partial_x^3 u|^2 + \frac{1}{2\mathcal{N}}|\partial_x^3 e|^2 + \frac{h'(n^\lambda + V)}{2(n^\lambda + V)}|\partial_x^3 V|^2 + \frac{1}{n^\lambda + V}[h''(n^\lambda + V)(\partial_h V \partial_m \partial_l V\right.$$

$$+ \partial_m V \partial_h \partial_l V + \partial_l V \partial_h \partial_m V) + h'''(n^\lambda + V)\partial_h V \partial_m V \partial_l V]\partial_h \partial_m \partial_l V$$

$$+ \frac{1}{2}|\partial_x^2 u_t|^2 + \frac{h'(n^\lambda + V)}{2}|\partial_x^2 V_t|^2 + \frac{1}{2\mathcal{N}}|\partial_x^2 e_t|^2\right\} dx$$

$$+ C\|(\partial_x^2 V_t, \partial_x^3 V, \partial_x^3 u, \partial_x^2 u_t, \partial_x^3 e, \partial_x^2 e_t)\|^2 \leqslant C\|(\partial_x u, \partial_x^2 u, \partial_x V, \partial_x^2 V)\|^2, \tag{4-69}$$

这里借助了 ϵ 与 δ_1 的小性条件.

最终, 联合 (4-43), (4-54) 以及 (4-69), 并借助于 δ_1 的小性可得

$$\frac{d}{dt}\int Gdx + C(\|(V,u,e)\|_{H^3}^2 + \|(V_t,u_t,e_t)\|_{H^2}^2) \leqslant 0, \qquad (4\text{-}70)$$

这里

$$G = A_1\Bigg\{A_2\Bigg[\frac{1}{2}(|u|^2+|u_t|^2+\int_0^V\frac{h(s+\mathcal{N})-h(\mathcal{N})}{s+\mathcal{N}}ds+\frac{h'(n^\lambda+V)}{(n^\lambda+V)}V_t^2+|e|^2$$

$$+\frac{\lambda}{n^\lambda}(|\nabla E^\lambda|^2+|e_t|^2)+|\nabla u|^2$$

$$+\frac{1}{\mathcal{N}}|V|^2+\frac{h'(n^\lambda+V)}{(n^\lambda+V)}|\nabla V|^2)+\frac{1}{2}|\partial_x^2u|^2+\frac{1}{2\mathcal{N}}|\partial_x^2e|^2+\frac{h'(n^\lambda+V)}{2(n^\lambda+V)}|\partial_x^2V|^2$$

$$+\frac{h''(n^\lambda+V)}{n^\lambda+V}\partial_mV\partial_lV\partial_m\partial_lV+\frac{1}{2}|\partial_xu_t|^2+\frac{h'(n^\lambda+V)}{2}|\partial_xV_t|^2+\frac{1}{2\mathcal{N}}|\partial_xe_t|^2\Bigg]\Bigg\}$$

$$+\Bigg\{\frac{1}{2}|\partial_x^3u|^2+\frac{1}{2\mathcal{N}}|\partial_x^3e|^2+\frac{h'(n^\lambda+V)}{2(n^\lambda+V)}|\partial_x^3V|^2+\frac{1}{n^\lambda+V}[h''(n^\lambda+V)$$

$$(\partial_hV\partial_m\partial_lV+\partial_mV\partial_h\partial_lV+\partial_lV\partial_h\partial_mV)+h'''(n^\lambda+V)\partial_hV\partial_mV\partial_lV]\partial_h\partial_m\partial_lV$$

$$+\frac{1}{2}|\partial_x^2u_t|^2+\frac{h'(n^\lambda+V)}{2}|\partial_x^2V_t|^2+\frac{1}{2\mathcal{N}}|\partial_x^2e_t|^2\Bigg\}$$

此处 A_1 与 A_2 为正常数.

容易看出 G 满足:

$$c(\|(V,u,e)(\cdot,t)\|_{H^3}^2+\|(V_t,u_t,e_t)(\cdot,t)\|_{H^2}^2)\leqslant\int Gdx$$

$$\leqslant C(\|(V,u,e)(\cdot,t)\|_{H^3}^2+\|(V_t,u_t,e_t)(\cdot,t)\|_{H^2}^2), \qquad (4\text{-}71)$$

其中正常数 $C > c$ 以及 $A_1, A_2 > 0$.

所以, 由 (4-70) 与 (4-71) 可得 (4-12). 命题 4.2.1 得证.

定理 4.1.1 可由局部存在性定理 (命题 4.1.1), 先验估计 (命题 4.1.1 给出) 并结合标准的连续性讨论方法得到, 详细过程可参考文献 [61].

4.1.2 等离子体物理中的三维压缩 Navier-Stokes-Poisson 方程组的渐近性

考虑如下等离子体物理科学中的 Navier-Stokes-Poisson(NPS) 方程组:

$$\begin{cases} n_t + \nabla \cdot (nu) = 0, \\ u_t + (u \cdot \nabla)u + \nabla h(n) = \nabla\Phi + \dfrac{\varepsilon\Delta u}{n}, \\ \Delta\Phi = n - b(x). \end{cases} \qquad (4\text{-}72)$$

这里 $x \in \Omega, t > 0, \Omega \subset \mathbb{R}^3$ 是有界光滑区域, 其边界为 $\partial\Omega$. n, u, Φ 分别表示电子密度、电子运动速度和电场的电势. 函数 $b(x)$ 表示给定的背景离子密度. NPS 模型描述等离子体物理科学中可压电子在给定的背景密度下在电场的作用下的运动规律[4, 139, 142]. 近年来, NSP 系统的研究已经得到广泛关注, 可压 NSP 系统在大初值情形下弱解的整体存在性参考 [28, 149], 拟中性极限和相关渐近极限已被证明[23, 74], 可压 NSP 系统和相关系统的弱解的渐近行为和稳定性分析参考 [31, 34]. 应该指出, 最近几年对于半导体 Euler-Poisson 方程的定解问题适定性、大时间渐近性以及小参数的渐近极限问题等研究结果已经相当完备. 例如, 对于渐近行为, Yan Guo 和 Walter Strauss[51] 证明了带绝缘边界条件和接触边界条件的 Euler-Poisson 系统的全局光滑解的存在性, 并证明了全局光滑解以指数速率趋于稳态解. 在无界区域 $\mathbb{R}^n$ 中, Hsiao、Markowich 和 Shu Wang[63] 研究了常数背景离子密度和常数稳态解情形下的 Euler-Poisson 系统解的渐近行为, 而 Ali[1] 考虑了一般背景离子密度和稳态解有小扰动的非等熵情形. 相对而言, 对于 NSP 系统需要做更多的研究.

对于模型 (4-72), 其初边值条件分别为

$$(n, u)(t = 0) = (n_0, u_0), \tag{4-73}$$

$$u|_{\partial\Omega} = 0, \quad \frac{\partial\Phi}{\partial\nu}|_{\partial\Omega} = 0. \tag{4-74}$$

这里 ν 表示的单位外法向量. 通过椭圆 Neumann 边值问题相差常数意义下的唯一性, 我们规化 Φ 的平均为零, 即

$$\frac{1}{|\Omega|} \int_\Omega \Phi(x, t) dx = 0. \tag{4-75}$$

我们也记 $\Phi_0 = \Phi(t = 0)$ 是如下椭圆系统的解.

$$\begin{cases} \Delta\Phi(t = 0) = n_0 - b(x), \\ \dfrac{\partial\Phi(t = 0)}{\partial\nu}|_{\partial\Omega} = 0, \\ \dfrac{1}{|\Omega|} \displaystyle\int_\Omega \Phi(x, t = 0) dx = 0. \end{cases} \tag{4-76}$$

从物理学方面来讲, 三维 NSP 模型 (4-72)-(4-74) 比 Euler-Poisson 方程或一维模型更接近于实际现象. 此三维可压 Navier-Stokes-Poission 方程有许多独特的性质, 比如涡量的影响, 这在 1D 情形是不存在的, 这就使问题变得更具有挑战性. 因此, 对模型 (4-72)-(4-74) 和其渐近行为的研究显得尤为重要.

∂ 表示关于 x 和 t 求 $|\partial|$ 阶导数, $\|\cdot\|$ 表示关于空间变量 x 的 L^2 范数.

首先注意 NSP 模型 (4-72)-(4-74) 能被写成如下形式的带非线性源项的 Navier-Stokes 方程:

$$
\begin{cases}
n_t + \nabla \cdot (nu) = 0, \\
u_t + (u \cdot \nabla)u + \nabla h(n) = \nabla \Phi + \dfrac{\varepsilon \Delta u}{n}, \\
\nabla \Phi = \nabla \Phi(t = 0) - \nabla(-\Delta)^{-1} \nabla \cdot \displaystyle\int_0^t u(s) ds.
\end{cases}
\tag{4-77}
$$

其中 $(-\Delta)^{-1}$ 表示带着零平均以及 Neumann 边界条件的 $-\Delta$ 的逆算子, 这样使用椭圆算子的正则性理论和 NS 方程局部光滑解的存在性和唯一性理论, 可得如下的 NSP 方程组初边值问题 (4-72)-(4-74) 的局部存在唯一性定理.

定理 4.1.2(局部存在唯一性)　假设 $b(x) = B > 0$. 设 Ω 是 $\mathbb{R}^d$ 中的光滑有界区域. $h : (0, \infty) \to (0, \infty)$, 并且 $h(\cdot) > 0, h'(\cdot) > 0$, 则存在仅依赖于 B 的正常数 δ 使得如果初始条件 $[n_0, u_0]$ 满足:

$$
\sum_{|\partial| \leqslant 3} \|\partial n_0 - \partial B\| + \sum_{|\partial| \leqslant 3} \|\partial u_0\| \leqslant \delta,
$$

以及 $\Phi_0 = \Phi(t = 0)$ 满足 (4-76) 则模型 (4-72)-(4-74) 存在唯一的光滑解 (n, u, Φ) 满足:

$$
n(x, t) - B, u(x, t), \Phi(x, t) \in L^\infty(0, T; H^3(\mathbb{R}^3))
$$

(定义解的最大存在区间为 $[0, T_{\max}), T_{\max} > 0$). 并且如果 $T_{\max} < \infty$, 则 $t \to T_{\max}$,

$$
\sum_{|\partial| \leq 3} \|\partial n(t, \cdot) - \partial B\| + \sum_{|\partial| \leq 3} \|\partial u(t, \cdot)\| + \int_0^t \sum_{|\partial| \leq 3} (\|\partial n(\tau, \cdot) - \partial B\| + \|\partial u(\tau, \cdot)\|) d\tau \to \infty.
$$

有了局部存在性定理后, 给出关于全局光滑解的存在性和渐近行为的重要结论.

定理 4.1.3　在定理 4.1.2 的假设下, 模型 (4-72)-(4-74) 存在唯一的整体光滑解 (n, u, Φ) 而且有

$$
\sum_{|\partial| \leq 3} \|\partial n(t, \cdot) - \partial B\| + \sum_{|\partial| \leq 3} \|\partial u(t, \cdot)\| \leq C e^{-\gamma t} \left\{ \sum_{|\partial| \leq 3} \|\partial n_0 - \partial B\| + \sum_{|\partial| \leq 3} \|\partial u_0\| \right\}.
$$

其中 C 和 γ 为正常数.

留下的部分给出定理 4.1.3 的证明.

下面考虑带初边值条件 (4-73)-(4-74) 的 Navier-Stokes-Poisson 模型 (4-72) 的大时间渐近性, 主要用经典能量方法和对称算子方法分步证明定理 4.1.3.

令 $\sigma(t, x) = n(t, x) - B$, 则 (σ, u, Φ) 满足下列系统:

$$\sigma_t + \nabla \cdot ([\sigma + B]u) = 0, \tag{4-78}$$

$$u_t + u \cdot \nabla u + \nabla(h(\sigma + B) - h(B)) = \nabla\Phi + \frac{\varepsilon\Delta u}{\sigma + B}, \tag{4-79}$$

$$\Delta\Phi = \sigma. \tag{4-80}$$

$u = (u^i)_{1 \leqslant i \leqslant 3}$. 因此有

$$\begin{cases} \sigma_t + \sigma_{,i}u^i + [\sigma + B]u^i_{,i} = 0, \\ u^i_t + u^j u^i_{,j} + \{h(\sigma + B) - h(B)\}_{,i} - \dfrac{\varepsilon u^i_{,jj}}{\sigma + B} = \Phi_{,i}, \\ \Phi_{,ii} = \sigma. \end{cases}$$

令 $q = h'$, 则有 $\{h(\sigma + B) - h(B)\}_{,i} = q(\sigma + B)\sigma_{,i}$, 记 $\Phi_{,i} = \Delta^{-1}\sigma_{,i}$ 把上式写为矩阵形式有

$$\begin{pmatrix} \sigma_t \\ u^1_t \\ u^2_t \\ u^3_t \end{pmatrix} + \begin{pmatrix} u^1 & B+\sigma & 0 & 0 \\ q(B+\sigma) & u^1 & 0 & 0 \\ 0 & 0 & u^1 & 0 \\ 0 & 0 & 0 & u^1 \end{pmatrix} \begin{pmatrix} \sigma_{,1} \\ u^1_{,1} \\ u^2_{,1} \\ u^3_{,1} \end{pmatrix}$$

$$+ \begin{pmatrix} u^2 & 0 & B+\sigma & 0 \\ 0 & u^2 & 0 & 0 \\ q(B+\sigma) & 0 & u^2 & 0 \\ 0 & 0 & 0 & u^2 \end{pmatrix} \begin{pmatrix} \sigma_{,2} \\ u^1_{,2} \\ u^2_{,2} \\ u^3_{,2} \end{pmatrix}$$

$$+ \begin{pmatrix} u^3 & 0 & 0 & B+\sigma \\ 0 & u^3 & 0 & 0 \\ 0 & 0 & u^3 & 0 \\ q(B+\sigma) & 0 & 0 & u^3 \end{pmatrix} \begin{pmatrix} \sigma_{,3} \\ u^1_{,3} \\ u^2_{,3} \\ u^3_{,3} \end{pmatrix}$$

$$+ \begin{pmatrix} 0 \\ -\dfrac{\varepsilon}{B+\sigma}\Delta u^1 - \Delta^{-1}\sigma_{,1} \\ -\dfrac{\varepsilon}{B+\sigma}\Delta u^2 - \Delta^{-1}\sigma_{,2} \\ -\dfrac{\varepsilon}{B+\sigma}\Delta u^3 - \Delta^{-1}\sigma_{,3} \end{pmatrix} = 0.$$

记 $w = \begin{pmatrix} \sigma \\ u \end{pmatrix}$, 对上式左乘对称算子 $D = \mathrm{diag}[q(\sigma + B), \sigma + B, \sigma + B, \sigma + B]$, 则可以得到

$$Dw_t + A^1 w_{,1} + A^2 w_{,2} + A^3 w_{,3} + L = 0, \tag{4-81}$$

其中

$$A^1 = \begin{pmatrix} u^1 q(B+\sigma) & (B+\sigma)q(B+\sigma) & 0 & 0 \\ (B+\sigma)q(B+\sigma) & (B+\sigma)u^1 & 0 & 0 \\ 0 & 0 & (B+\sigma)u^1 & 0 \\ 0 & 0 & 0 & (B+\sigma)u^1 \end{pmatrix},$$

$$A^2 = \begin{pmatrix} u^2 q(B+\sigma) & 0 & (B+\sigma)q(B+\sigma) & 0 \\ 0 & (B+\sigma)u^2 & 0 & 0 \\ (B+\sigma)q(B+\sigma) & 0 & (B+\sigma)u^2 & 0 \\ 0 & 0 & 0 & (B+\sigma)u^2 \end{pmatrix},$$

$$A^3 = \begin{pmatrix} u^3 q(B+\sigma) & 0 & 0 & (B+\sigma)q(B+\sigma) \\ 0 & (B+\sigma)u^3 & 0 & 0 \\ 0 & 0 & (B+\sigma)u^3 & 0 \\ (B+\sigma)q(B+\sigma) & 0 & 0 & (B+\sigma)u^3 \end{pmatrix},$$

向量 L 为

$$L = \begin{pmatrix} 0 \\ -\varepsilon\Delta u^1 - (B+\sigma)\Delta^{-1}\sigma_{,1} \\ -\varepsilon\Delta u^2 - (B+\sigma)\Delta^{-1}\sigma_{,2} \\ -\varepsilon\Delta u^3 - (B+\sigma)\Delta^{-1}\sigma_{,3} \end{pmatrix}.$$

定义范数 $|||w(t)|||^2 \equiv \sum_{|\alpha|\leq 3} ||\partial^\alpha w(t)||^2$. 注意到 (记 $q = q(\sigma+B), n = \sigma+B$).

$$-\frac{1}{2}A^i_{,i} = \begin{pmatrix} -\frac{1}{2}\{u^i q\}_{,i} & -\frac{1}{2}\{nq\}_{,1} & -\frac{1}{2}\{nq\}_{,2} & -\frac{1}{2}\{nq\}_{,3} \\ -\frac{1}{2}\{nq\}_{,1} & -\frac{1}{2}\{nu^i\}_{,i} & 0 & 0 \\ -\frac{1}{2}\{nq\}_{,2} & 0 & -\frac{1}{2}\{nu^i\}_{,i} & 0 \\ -\frac{1}{2}\{nq\}_{,3} & 0 & 0 & -\frac{1}{2}\{nu^i\}_{,i} \end{pmatrix},$$

此矩阵为对称矩阵, 因此, 对于任意向量 ν, 有

$$\left|v \cdot \left(-\frac{1}{2}A^i_{,i}\right)v\right| \leq C|||w||| \cdot |v|^2. \tag{4-82}$$

记 $E(t) = \int_\Omega \frac{1}{2}\{B|u|^2 + |\nabla\Phi|^2 + h'(B)\sigma^2\}dx.$

引理 4.1.1　下面的经典能量估计式成立:

$$\frac{d}{dt}E(t) + \varepsilon \int_{\Omega} |\nabla u|^2 \leqq C|||w|||^3. \tag{4-83}$$

证明　对 (4-79) 式内积 nu 并积分得

$$\int \left\{ nu \cdot u_t + nu \cdot (u \cdot \nabla u) + nu \cdot \nabla\{h(B + \sigma) - h(B)\} - nu \cdot \nabla\Phi \right.$$
$$\left. - nu \cdot \frac{\varepsilon\Delta u}{B + \sigma} \right\} dx = 0,$$

其中

$$\int_{\Omega} nu \cdot u_t dx = \frac{1}{2}\frac{d}{dt}\int_{\Omega} n|u|^2 dx,$$

$$\int_{\Omega} nu \cdot (u \cdot \nabla u) = \frac{1}{2}\int_{\Omega} \sigma_t |u|^2 dx,$$

$$\int_{\Omega} -nu \cdot \nabla\Phi dx = \int_{\Omega} \nabla \cdot (nu)\Phi dx = -\int_{\Omega} \sigma_t \Phi dx$$
$$= -\int_{\Omega} \Delta\Phi_t \Phi dx = \frac{1}{2}\frac{d}{dt}\int_{\Omega} |\nabla\Phi|^2 dx,$$

$$\int_{\Omega} nu \cdot \nabla\{h(\sigma + B) - h(B)\}dx = -\int_{\Omega} \nabla \cdot (nu)\{h(B + \sigma) - h(B)\}dx$$
$$= \int_{\Omega} \sigma_t\{h(\sigma + B) - h(B)\}dx = \frac{d}{dt}\int_{\Omega}\int_0^{\sigma}\{h(s + B) - h(B)\}dsdx,$$

$$\int_{\Omega} -nu \cdot \frac{\varepsilon\Delta u}{n}dx = -\int_{\Omega} u \cdot \varepsilon\Delta u dx = \varepsilon\int_{\Omega} |\nabla u|^2 dx.$$

因此有

$$\frac{d}{dt}\int_{\Omega}\{\frac{1}{2}n|u|^2 + \frac{1}{2}|\nabla\Phi|^2 + \int_0^{\sigma}\{h(s + B) - h(B)\}ds\}dx$$
$$+ \frac{1}{2}\int_{\Omega} \sigma_t|u|^2 dx + \varepsilon\int |\nabla u|^2 dx \equiv 0.$$

由于

$$\int_0^{\sigma}\{h(s + B) - h(B)\}ds \leqslant h'(B + \theta\sigma)\sigma^2,$$

其中 $0 < \theta < 1$, 则在稳态解 $[B, 0, 0]$ 点附近即可得 (4-83) 式.

　　然而, 经典能量估计不能推广到高阶导数, 下面使用对称算子法来估计的高阶导数.

引理 4.1.2　让 $|||w(t)||| \leqslant \delta$ 充分小, 则存在一个正常数 $C > 0$ 使得对于 $k = 0, 1, 2, 3$ 有

$$\frac{1}{2}\frac{d}{dt}\int_{\Omega}\{\partial_t^k w \cdot D\partial_t^k w + |\nabla\partial_t^k\Phi|^2\}dx + \varepsilon\int_{\Omega}|\partial_t^k\nabla u|^2 dx \leqslant C|||w|||^3.$$

证明　由引理 4.1.1 知情形 $k = 0$ 成立, 现估计 $\partial_t^k w\ (k = 1, 2, 3)$, 对方程 (4-81) 取 ∂_t^k, 得

$$D\{\partial_t^k w\}_t + \sum_{j=1}^3 A^j\{\partial_t^k w\}_{,j} + \begin{pmatrix} 0 \\ -\varepsilon\partial_t^k\Delta u \end{pmatrix} - \begin{pmatrix} 0 \\ \partial_t^k\{n\nabla\Delta^{-1}\sigma\} \end{pmatrix}$$

$$= -\sum_{l\neq 0}\begin{pmatrix} l \\ k \end{pmatrix}\{\partial_t^l D\partial_t^{k-l}w_t - \partial_t^l A\partial_t^{k-l}w_{,j}\}. \tag{4-84}$$

对 (4-84) 式两边乘以 $\partial_t^k w$, 并在 Ω 上积分. 首先处理上式左边, 积分第一项为

$$\int_{\Omega}\partial_t^k w \cdot D\{\partial_t^k w\}_t = \frac{1}{2}\frac{d}{dt}\int_{\Omega}\partial_t^k w \cdot D\partial_t^k w - \frac{1}{2}\int_{\Omega}\partial_t^k w \cdot D_t\partial_t^k w$$

$$= \frac{1}{2}\frac{d}{dt}\int_{\Omega}\partial_t^k w \cdot D\partial_t^k w + O(|||w|||^3),$$

由于 $D_t = \dfrac{\partial D}{\partial w}w_t$ 至少线性依赖于摄动项. 第二项为

$$\partial_t^k w \cdot \sum A^j\{\partial_t^k w\}_{,j} = \frac{1}{2}[\partial_t^k w \cdot \sum A^j\{\partial_t^k w\}]_{,j} - \frac{1}{2}\partial_t^k w \cdot \sum A_{,j}^j\partial_t^k w.$$

上式第一项为

$$\int_{\Omega}\frac{1}{2}[\partial_t^k w \cdot \sum A^j\{\partial_t^k w\}]_{,j} = \int_{\partial\Omega}\frac{1}{2}\partial_t^k w \cdot \sum A^j v_j\{\partial_t^k w\}ds \equiv 0,$$

因此由式 (4-82) 知积分第二项为

$$\int_{\Omega}\partial_t^k w \cdot \sum A^j\{\partial_t^k w\}_{,j} \leqslant C|||w|||^3.$$

积分第三项为

$$\int_{\Omega}\partial_t^k u \cdot \{-\varepsilon\partial_t^k\Delta u\} = \varepsilon\int_{\Omega}|\partial_t^k\Delta u|^2.$$

积分第四项为

$$-\int_{\Omega}\partial_t^k u \cdot \partial_t^k\{n\nabla\Delta^{-1}\sigma\}$$

$$= -\int_{\Omega}\partial_t^k un \cdot \nabla\Delta^{-1}\partial_t^k\sigma - \sum_{l=1}^k\int_{\Omega}\partial_t^k u \cdot \partial_t^l\sigma\Delta^{-1}\partial_t^{k-l}\sigma$$

$$= \sum_{l\neq 0}\left\{\int_{\Omega}\partial_t^{k-l}u \cdot \partial_t^l\sigma\nabla\Delta^{-1}\partial_t^k\sigma - \int_{\Omega}\partial_t^k u \cdot \partial_t^l\sigma\Delta^{-1}\partial_t^{k-l}\sigma\right\}$$

$$-\int_{\Omega}\partial_t^k\{un\} \cdot \nabla\Delta^{-1}\partial_t^k\sigma.$$

上式第二项 $l \ne 0$ 求和项被 $C|||w|||^3$ 控制.

$$-\int_\Omega \partial_t^k \{un\} \cdot \nabla \Delta^{-1} \partial_t^k \sigma = \int_\Omega \nabla \cdot \partial_t^k \{un\} \cdot \Delta^{-1} \partial_t^k \sigma = -\int_\Omega \partial_t^{k+l} \sigma \cdot \Delta^{-1} \partial_t^k \sigma$$

$$= \frac{1}{2} \frac{d}{dt} \int_\Omega |\nabla \partial_t^k \Phi|^2.$$

现在处理 (4-84) 式右边项, 由于 B 独立于时间 t, 则可得

$$\partial_t D(w) = \frac{\partial D}{\partial w} w_t, \quad \partial_t A^j(w) = \frac{\partial A^j}{\partial w} w_t, \quad \partial_t B(w) = \frac{\partial B}{\partial w} w_t, \quad \partial_t f(w) = \frac{\partial f}{\partial w} w_t.$$

由于 $l > 0$, 3D 中的 Sobolev 嵌入使得 (4-84) 式右边的 L^2 范数被 $C|||w|||^2$ 控制, 因此便得结论.

下面做混合导数的估计.

引理 4.1.3 让 ∂ 表示至多 2 阶混合导数, 则对使得 $|||W|||$ 充分小的模型 (4-72)-(4-74) 的任意解 (σ, u) 有

$$\partial \{\nabla \times u\}(t)^2 \le |||w(0)|||^2 + C \int_0^t |||w(s)|||^3 ds. \tag{4-85}$$

证明 现估计 u 的旋度, 令 $\omega = \nabla \times u$. 对 (4-79) 式求 $\nabla \times$ 得

$$\omega_t + \nabla \times [(u \cdot)u] = \times \left[\frac{\varepsilon \Delta u}{n} \right].$$

其中

$$\nabla \times [(u \cdot)u] = -(u \cdot \nabla)\omega + (\omega \cdot \nabla)u,$$

$$\nabla \times \left[\frac{\varepsilon \Delta u}{n} \right] = \frac{\varepsilon}{n} \nabla \times (\Delta u) + \nabla \left(\frac{\varepsilon}{n} \right) \times \Delta u = \frac{\varepsilon}{n} \Delta \omega + \nabla \left(\frac{\varepsilon}{n} \right) \times \Delta u.$$

对上式求至多二阶混合导数 ∂, 两边同乘以 $\partial \omega$ 并积分, 得

$$\frac{1}{2} \frac{d}{dt} ||\partial \omega(t)||^2 - \varepsilon \int_\Omega \partial \left\{ \frac{\Delta \omega}{n} \right\} \partial \omega dx \leqslant C|||w|||^3.$$

其中

$$-\varepsilon \int_\Omega \partial \left\{ \frac{\Delta \omega}{n} \right\} \partial \omega dx = -\varepsilon \int_\Omega \frac{1}{n} \partial(\Delta \omega) \partial \omega dx + \varepsilon \int_\Omega \frac{\partial n \Delta \omega}{n^2} dx$$

$$\leqslant \varepsilon \int_\Omega \frac{1}{n} |\nabla(\partial \omega)|^2 dx + C|||w|||^3 \le C|||w|||^3.$$

因此有

$$\frac{1}{2} \frac{d}{dt} \partial ||\omega(t)||^2 \leqslant C|||w|||^3.$$

对上式从 0 到 t 积分便得结论.

引理 4.1.4　让 (σ, u) 是使得 $|||W|||$ 充分小的模型 (4-72)-(4-74) 的一个解, 则存在一个正常数 c_0 使得

$$c_0|||w(t)|||^2 \leq \sum_{j \leq 3} \int_\Omega \partial_t^j w \cdot D\partial_t^j w dx + |||w(0)|||^2 + C\int_0^t |||w(s)|||^3 ds. \tag{4-86}$$

证明　由方程 (4-79) 得

$$\nabla\{q(B)\sigma\} - \nabla\Phi = -u_t - (u \cdot \nabla)u - \nabla\{h(\sigma + B) - h(B) - q(B)\sigma\} + \frac{\varepsilon\Delta u}{\sigma + B}. \tag{4-87}$$

对上式两边乘以 $\nabla\{q(B)\sigma\}$, 左式为

$$\int_\Omega |\nabla\{q(B)\sigma\}|^2 + \int_\Omega \Delta\Phi q(B)\sigma = \int_\Omega |\nabla\{q(B)\sigma\}|^2 + \int_\Omega q(B)\sigma^2.$$

由方程 (4-79) 得

$$\nabla \cdot u = -\frac{1}{B + \sigma}\{\sigma_t + \nabla\sigma \cdot u\}. \tag{4-88}$$

注意到 (4-87)、(4-88) 式右边均被 u_t, σ_t 和 u 控制, 因此, 对于 $||W|| \leq \delta$ 充分小, 得

$$||\sigma||^2 + ||\nabla\sigma||^2 + ||\nabla \cdot u||^2 \leq C(||u_t||^2 + ||\sigma_t||^2 + ||u||^2 + |||w|||^3).$$

对 (4-87)、(4-88) 关于 t 求导, 显然每个时间导数到 $\nabla\sigma$ 和 $\nabla \cdot u$ 二阶又被 $\sum_{j \leq 3} \int_\Omega \partial_t^j w \cdot D\partial_t^j w dx$ 控制. 关于导数类似, 因此结合引理 4.1.4 即得结论.

下面说明使得 $|||W|||$ 充分小的模型 (4-72)-(4-74) 的解 (σ, u), $|||W|||^2$ 被 $\sum_{j=0}^3 ||\partial_t^j \nabla u(t)||^2$ 控制.

引理 4.1.5　对使得 $|||W|||$ 充分小的模型 (4-72)-(4-74) 的任意解 (σ, u) 有

$$\sum_{j=0}^2 \left\{ ||\partial_t^j \sigma||^2 + ||\partial_t^j \nabla\Phi||^2 + ||\partial_t^j \nabla\sigma||^2 \right\} \leq C \left\{ \sum_{j=0}^3 ||\partial_t^j \nabla u||^2 + C|||w|||^3 \right\}. \tag{4-89}$$

证明　对 (4-87) 式关于 $-\nabla\Phi$ 做内积, 结合已知条件 $\frac{\partial\Phi}{\partial\nu}|_{\partial\Omega} = 0$, 则方程左边为

$$-\int_\Omega \nabla\Phi \cdot \nabla\{q(B)\sigma\} + \int_\Omega |\nabla\Phi|^2$$

$$= \int_\Omega \{\Delta\Phi\}\{q(B)\sigma\} + \int_\Omega |\nabla\Phi|^2 = \int_\Omega q(B)\sigma^2 + \int_\Omega |\nabla\Phi|^2.$$

另一方面, (4-87) 式右边中间两项的 L^2 范数被 $C|||W|||^2$ 控制. 因此, 可以得到

$$||\sigma|| + ||\nabla\Phi|| \le C||\nabla u_t|| + C||\nabla u|| + C|||w|||^2.$$

由 (4-87) 式得

$$||\nabla\sigma|| \le C\{||\nabla\{q(B)\sigma\}|| + ||\sigma||\} \le C||\nabla u_t|| + C||\nabla u|| + C|||w|||^2.$$

为了估计 σ_t, 对 (4-87) 式关于 t 求导:

$$\nabla\{q(B)\sigma_t\} - \nabla\Phi_t$$
$$= -u_{tt} - [(u \cdot \nabla)u - \nabla\{h(\sigma + B) - h(B) - q(B)\sigma\}]_t + \left\{\frac{\varepsilon\Delta u}{\sigma + B}\right\}_t.$$

重复上面过程, 可以得到

$$||\sigma_t|| + ||\nabla\Phi_t|| + ||\nabla\sigma_t|| \le C\{||\nabla u_t|| + ||\nabla u_{tt}|| + C|||w|||^2\}.$$

关于时间再求一次导数, 重复上边步骤, 便得结论.

引理 4.1.6　　存在 $\delta > 0, C > 0$ 使得如果 (σ, u) 是使 $|||W||| \le \delta$ 的模型 (4-72)-(4-74) 的一个解, 则有

$$|||w(t)|||^2 \le C\sum_{j=0}^{3}||\partial_t^j\nabla u||^2 + C|||w(0)|||^2$$
$$+ C\int_0^t |||w(s)|||^3 ds + C\frac{d}{dt}\int_\Omega q(B)\Delta\sigma_t\sigma_{tt}dx. \tag{4-90}$$

证明　　由 (4-89) 式得到了 σ 和 $\nabla\sigma$ 的 L^2 估计, 由 (4-85) 式得到了 $\nabla \times u$ 的估计, 显然 (4-88) 式右边的 L^2 范数被 $C\{||\sigma_t|| + ||u||\}$ 控制, 因此完成了 W 的一阶估计.

下面考虑 W 的二阶导数, 由 (4-85)、(4-89) 式得到了 u_{tt}, σ_{tt}, $\nabla\sigma_t$ 和 $\nabla \times u_t$ 的估计.

为了估计 $\nabla \cdot u_t$, 对方程 (4-79) 关于 t 求导:

$$(B + \sigma)\nabla \cdot u_t = -\sigma_{tt} - \nabla(B + \sigma) \cdot u_t - \nabla\sigma_t \cdot u - \sigma_t(\nabla \cdot u),$$

上式右边的 L^2 范数被 $C\sum_{j=0}^{2}||\partial_t^j\nabla u|| + C|||w|||^2$ 控制.

为了 $\Delta\sigma$ 估计, 对 (4-79) 式求 $\nabla\cdot$ 得

$$\Delta\{h(\sigma + B) - h(B)\} - \sigma = -\nabla \cdot u_t - \nabla \cdot \{u \cdot \nabla u\} + \nabla \cdot \left(\frac{\varepsilon\Delta u}{\sigma + B}\right).$$

由于 $\Delta\{h(\sigma+B)-h(B)\}=q(\sigma+B)\Delta\sigma+\nabla\{q(\sigma+B)\}\cdot\nabla\sigma$, 因此有

$$q(\sigma+B)\Delta\sigma=-\nabla\{q(\sigma+B)\}\cdot\nabla\sigma+\sigma-\nabla\cdot u_t-\nabla\cdot\{u\cdot\nabla u\}+\nabla\cdot\left(\frac{\varepsilon\Delta u}{\sigma+B}\right). \quad (4\text{-}91)$$

和前面讨论类似, 上式右边的 L^2 范数被 $C\sum_{j=0}^{2}||\partial_t^j\nabla u||+C|||w|||$ 控制.

下面来估计二阶导数项中的最后一项 $\nabla(\nabla\cdot u)$, 由 (4-88) 式得

$$\nabla(\nabla\cdot u)=-\nabla\left[\frac{1}{(B+\sigma)}\{\sigma_t+\nabla\sigma\cdot u\}\right]$$

$$=-\frac{1}{(B+\sigma)}\{\nabla\sigma_t+\nabla[\nabla\sigma\cdot u]\}+\frac{\nabla\sigma}{(B+\sigma)^2}\{\sigma_t+\nabla\sigma\cdot u\}. \quad (4\text{-}92)$$

因此, $\nabla(\nabla\cdot u)$ 的 L^2 范数被 $C\sum_{j=0}^{3}||\partial_t^j\nabla u||+C|||w|||^2$ 控制, 结合引理 4.1.1 即得到所有的二阶导数项估计.

最后来估计 W 的三阶导数, 由 (4-85)、(4-89) 式已经得到了 $\nabla\sigma_{tt}$ 和 $\partial^2\nabla\times u$ 的估计, 对 (4-92) 式关于 t 求导得到 $\nabla(\nabla\cdot u)_t$ 的估计, 其中包括所有的 $u_{,ijk},1\leqslant i,j\leqslant 3$ 估计. 对方程 ((4-91) 求梯度可知 $|\nabla^3\sigma||_{L^2}$ 被 (4-90) 式右边项所控制.

下面估计 σ_{ttt}. 由 ∂_t(4-78)-$B\nabla\cdot$(4-79) 得

$$\sigma_{tt}-B\nabla\cdot\{q\nabla\sigma\}$$

$$=B(\Delta q)\sigma-B\sigma-\{\nabla\cdot(\sigma u)\}_t+B\nabla\cdot\{(\nabla\cdot u)u\}-B\nabla\cdot\left(\frac{\varepsilon\Delta u}{n}\right)-B\Delta Q_2,$$

其中 $Q_2\equiv Q(B+\sigma)-Q(B)-q(B)\sigma, q=Q'$. 对上式再关于 t 求导, 得

$$\sigma_{ttt}-B\nabla\cdot\{q\nabla\sigma_t\}=\partial_t[B(\Delta q)\sigma-B\sigma-\{\nabla\cdot(\sigma u)\}_t$$

$$+B\nabla\cdot\{(\nabla\cdot u)u\}-B\nabla\cdot\left(\frac{\varepsilon u}{n}\right)-BQ_2]\equiv Z.$$

显然, Z 的范数被 $C\left\{\sum_{j=0}^{3}||\partial_t^j\nabla u(t)||\right\}+C||w||^3$ 控制.

上式两边乘以 σ_{ttt}, 得

$$\sigma_{ttt}^2=\{B\nabla\cdot[q\nabla\sigma_t]\sigma_{tt}\}_t-\nabla\cdot\{Bq\nabla\sigma_{tt}\sigma_{tt}\}+q\nabla\sigma_{tt}\cdot\nabla\{B\sigma_{tt}\}+Z\sigma_{ttt}. \quad (4\text{-}93)$$

现只需处理 (4-93) 式右端的中间两项. 由 (4-92) 式知, 积分第三项被 $C\left\{\sum_{j=0}^{3}||\partial_t^j\nabla u(t)||^2\right\}+C|||w|||^2$ 控制.

另一方面, 由方程 (4-79) 和边界条件 $u|_{\partial\Omega} = 0, \frac{\partial\Phi}{\partial V}|_{\partial\Omega} = 0$ 得

$$
\begin{aligned}
0 =& v \cdot \left\{ u_t + (u \cdot \nabla)u + \nabla[q\sigma + Q_2] - \nabla\Phi - \frac{\varepsilon\Delta u}{n} \right\} \\
=& v_i u^j u^i_{,j} + \nabla\{q\sigma + Q_2\} \cdot v \\
=& u^j \partial_j(v \cdot u) - u^j u^i v_{i,j} + q\nabla\sigma \cdot v + (v \cdot \nabla q)\sigma + v \cdot \nabla Q_2.
\end{aligned}
$$

严拓 ν 到 Ω 中, 因此有

$$
q\nabla\sigma \cdot v = \sum u^j u^i v_{i,j} - (v \cdot \nabla q)\sigma - v \cdot \nabla Q_2.
$$

因此, (4-93) 式右端第二项积分为

$$
\begin{aligned}
-\int_\Omega \nabla \cdot \{Bq\nabla\sigma_{tt}\sigma_{tt}\} =& -\int_{\partial\Omega} B\{q\nabla\sigma \cdot v\}_{tt}\sigma_{tt}ds \\
=& -\int_{\partial\Omega} B\{u^j u^i v_{i,j} - (v \cdot \nabla q)\sigma - v \cdot \nabla Q_2\}_{tt}\sigma_{tt}ds.
\end{aligned}
$$

因此有

$$
C||w|| \cdot \{||\sigma_{tt}|| + ||\nabla\sigma_{tt}||\} \le \varepsilon||w||^2 + C_\varepsilon\{||\sigma_{tt}|| + ||\nabla\sigma_{tt}||\} + C|||w|||^3,
$$

其中 ε 任意小, 即完成了 σ_{ttt} 的估计.

对 (4-88) 式求 ∂_t^2, 得到 $(\nabla \cdot u)_{tt}$ 的估计, 因此得到 $(\nabla u)_{tt}$ 的估计. 进一步对 (4-91) 式关于 t 求导, 得到 $\Delta\sigma_t$ 的估计. 最后, 对 (4-88) 式求 ∂_{ij}^2 得到 $\partial_{ij}(\nabla \cdot u)$ 的估计, 因此得到 u_{ijk} 的估计.

接下来综合以上所有的分步估计式, 可得:

定理 4.1.4　存在 $C > 0, \gamma > 0$ 使得模型 (4-72)-(4-74) 存在唯一的全局光滑解 (σ, u) 满足:

$$
\sup_{0 \le t \le \infty} e^{\gamma t}|||w(t)||| \le C|||w(0)|||.
$$

证明　由引理 4.1.1 知:

$$
\frac{1}{2}\frac{d}{dt}\int_\Omega \{\partial_t^k w \cdot D\partial_t^k w + |\nabla\partial_t^k\Phi|^2\}dx + \varepsilon\int |\partial_t^k\nabla u|^2 dx \le C|||w|||^3.
$$

结合以上不等式和 α(4-89) 式, 得

$$
\frac{1}{2}\frac{d}{dt}\sum_{k=0}^3 \int_\Omega \{\partial_t^k w \cdot D\partial_t^k w + |\nabla\partial_t^k\Phi|^2\}dx + \alpha|||w(t)|||^2
$$

$$
\le C|||w(t)|||^3 + C\alpha|||w(0)|||^2 + C\alpha\int_0^t |||w(s)|||^3 ds, \tag{4-94}
$$

其中 α 为待定的小的正常数, 其中

$$\int_\Omega Bq\Delta\sigma_t\sigma_{tt}dx \le C|||w|||^2.$$

令

$$y(t) \equiv \frac{1}{2}\sum_{k=0}^{3}\int_\Omega \{\partial_t^k w \cdot D\partial_t^k w + |\nabla\partial_t^k\Phi|^2\}dx - C\alpha\int_\Omega Bq\Delta\sigma_t\sigma_{tt}dx,$$

现取 $\alpha < c_0/6C^2$ 由 (4-86) 式得

$$y(t) \ge \frac{c_0}{3}|||w(t)|||^2 - |||w(0)|||^2 - \int_0^t |||w(s)|||^3 ds. \tag{4-95}$$

另一方面, 显然存在 $K > 0$ 使得 $y(t) \le K|||w(t)|||^2$ 则由 (4-94) 式可知:

$$y'(t) + \frac{\alpha}{K}y(t) \le C\{|||w(t)|||^3 + |||w(0)|||^2 + \int_0^t |||w(s)|||^3 ds\}.$$

上式两边同乘以 $e^{\frac{\alpha}{K}t}$, 然后从 0 到 t 积分, 令 $\gamma = \alpha/K < 4/3$, 得

$$e^{\gamma t}y(t) \le y(0) + C\Big\{\int_0^t e^{\gamma\tau}|||w(\tau)|||^3 + e^{\gamma\tau}|||w(0)|||^2$$
$$+ \int_0^t e^{\gamma\tau}\int_0^\tau |||w(s)|||^3 ds d\tau\Big\}.$$

结合 (4-95) 式得

$$\frac{c_0}{2}e^{\gamma t}|||w(t)|||^2$$

$$\le C|||w(0)|||^2 + C\int_0^t e^{\gamma\tau}|||w(\tau)|||^3 d\tau + C\int_0^t e^{\gamma\tau}\int_0^\tau |||w(s)|||^3 ds d\tau$$

$$\le C|||w(0)|||^2 + C\int_0^t e^{-\frac{\gamma\tau}{2}}\{e^{\gamma\tau}|||w(\tau)|||^2\}^{\frac{3}{2}}d\tau$$

$$+ C\int_0^t e^{\gamma\tau}\int_0^\tau e^{-\frac{3\gamma\tau}{2}}\{e^{\gamma\tau}|||w(s)|||^2\}^{\frac{3}{2}}ds d\tau$$

$$\le C|||w(0)|||^2 + C\int_0^t e^{-\frac{\gamma\tau}{2}}d\tau \times \sup_{0\le s\le t}\{e^{\gamma s}|||w(s)|||^2\}^{\frac{3}{2}}$$

$$\le C|||w(0)|||^2 + C\sup_{0\le s\le t}\{e^{\gamma s}|||w(s)|||^2\}^{\frac{3}{2}}.$$

由于 $|||W(0)|||$ 是小量, 则有

$$\sup_{0\le s\le t} e^{\gamma s}|||w(s)|||^2 \le C|||w(0)|||^2.$$

对于任意时间 t. 由于局部存在性成立, 因此由此先验估计即可得定理 4.1.3 结论.

4.2　压缩 Euler/Navier-Stokes-Poisson 方程的拟中性极限

4.2.1　压缩 Euler-Poisson 方程的拟中性极限

本小节主要研究 Euler-Poisson 系统的拟中性极限问题:

$$\partial_t n^\lambda + \mathrm{div}(n^\lambda u^\lambda) = 0, \quad x \in \mathbb{T}^d,\ t > 0, \tag{4-96}$$

$$\partial_t u^\lambda + u^\lambda \cdot \nabla u^\lambda + \nabla h(n^\lambda) = \nabla V^\lambda, \quad x \in \mathbb{T}^d,\ t > 0, \tag{4-97}$$

$$\lambda^2 \Delta V^\lambda = n^\lambda - 1, \quad x \in \mathbb{T}^d,\ t > 0, \tag{4-98}$$

$$n^\lambda(t=0) = {n^\lambda}_0, \quad u^\lambda(t=0) = u_0^\lambda, \quad x \in \mathbb{T}^d, \tag{4-99}$$

和带粘性的 Euler-Poisson 系统 (即可压的 Navier-Stokes-Poisson 系统)

$$\partial_t n^\lambda + \mathrm{div}(n^\lambda u^\lambda) = 0, \tag{4-100}$$

$$\partial_t u^\lambda + u^\lambda \cdot \nabla u^\lambda + \nabla h(n^\lambda) = \frac{1}{n^\lambda}(n^\lambda \nu \Delta u^\lambda + (\mu+\nu)\nabla \mathrm{div} u^\lambda) + \nabla V^\lambda, \tag{4-101}$$

$$\lambda^2 \Delta V^\lambda = n^\lambda - 1, \tag{4-102}$$

$$n^\lambda(t=0) = n_0^\lambda, \quad u^\lambda(t=0) = u_0^\lambda \tag{4-103}$$

的拟中性极限问题. 其中, $\mathbb{T}^d$ 是一个 d 维的环, $d \geqslant 1, \lambda$ 为 (尺度变换后) 德拜长度, μ, ν 是满足 $0 < \nu \leqslant 1$ 和 $\mu + \dfrac{2}{3}\nu > 0$ 的常数. 这里 $n^\lambda, u^\lambda, V^\lambda$ 分别表示电子密度、电子速度和静电位势. 焓函数 $h(s)$ 满足 $h'(s) = \dfrac{1}{s}P'(s)$, $P(s)$ 是压力-密度函数, 且具有性质: $s^2 P'(s)$ 是从 $[0, +\infty)$ 到 $[0, +\infty)$ 上的严格递增函数. 假设

$$P(s) = a^2 s^\gamma, \quad s > 0, a \neq 0, \gamma \geqslant 1. \tag{4-104}$$

Euler-Poisson 系统 (4-96)-(4-99) 是描述等离子体动力学行为的双流模型的一个简化模型, 这里可压的电子流与它自身的电场相互作用以对抗常数的带电离子背景, 参见文献 [50]. 近来 [50] 研究了 $\mathbb{R}^d$ 上 小振幅解的整体存在性. 当然, 等离子体物理关注的是关于德拜长度的大尺度结构. 对于这样的尺度, 等离子体是中性的, 即没有电荷分离或电场. 这种情况下, 形式的极限系统是下述关于未知函数 (u^0, p^0) 的理想流体的不可压 Euler 方程

$$\mathrm{div}\ u^0 = 0, \quad x \in \mathbb{T}^d, t > 0, \tag{4-105}$$

$$u_t^0 + u^0 \cdot \nabla u^0 = \nabla p^0, \quad x \in \mathbb{T}^d, t > 0, \tag{4-106}$$

$$u^0(t=0) = u_0^0, \quad x \in \mathbb{T}^d. \tag{4-107}$$

该极限问题在等离子体中有广泛的应用, 但在数学上迄今没有关于该极限的严格证明. 此外, 带粘性的 Euler-Poisson 系统是包含耗散的另一个物理模型, 见 [22], 其也可以看作是 Euler-Poisson 系统 (4-96)-(4-99) 的粘性近似. 形式上, 它是真实世界中粘性流体中的不可压 Navier-Stokes 方程的一个新的近似, 即: 令 $\lambda = 0$, 则有 $n^\lambda = 1$, 于是形式上我们回到下述关于未知函数 (u^0, p^0) 的不可压 Navier-Stokes 方程

$$\operatorname{div} u^0 = 0, \quad x \in \mathbb{T}^d, t > 0,$$

$$u_t^0 - \nu \Delta u^0 + u^0 \cdot \nabla u^0 = \nabla p^0, \quad x \in \mathbb{T}^d, t > 0,$$

$$u^0(t = 0) = u_0^0, \quad x \in \mathbb{T}^d.$$

这个工作是对于小时间或大时间的充分光滑解严格证明这些形式极限.

关于拟中性极限 $\lambda \to 0$, 目前只有部分结果. 特别地, Brenier [6], Grenier[46−48] 和 Masmoudi [100] 对于 Vlasov-Poisson 系统中; Gasser 等 [44, 45], Jüngel 和 Peng [76] 对于漂流–扩散方程中; Cordier 和 Grenier[18, 19] 对于一维等熵的 Euler-Poisson 在双极 (两种离子) 情形或者被认为是处于热力学平衡而被描述为所谓的可以写成 $n_e = \exp(-V^\lambda)$ 的形式的 Maxwell-Boltzmann 关系的无质量的电子的双极情形; 研究了极限 $\lambda \to 0$. 我们也参考了 [17] 对 Euler-Poisson 系统的行波分析以及拟中性极限中的跃变关系研究.

从奇异摄动理论的观点来看, 在 Euler-Poisson 系统中极限 $\lambda \to 0$ 是一个带有 -2 阶算子的双曲系统的奇异摄动问题, 参见 [18]. 关于奇异摄动理论我们参考了文献 [82, 83], 特别是 [82] 关于一阶线性双曲系统的奇异摄动结果 (主要的例子是弱可压流体的不可压极限). 然而, 由于拟中性极限问题中的奇性是由耦合的电场所引起, 这与 Klainerman 和 Majda 在文献 [82, 83] 中提到的关于可对称化双曲系统的具有奇性的低 Mach 数极限理论有很大不同, 这种奇性并不能通过双曲系统主部的对称子来消除, 这是文献 [82, 83] 中用到的关键点, 其中在同一时刻, 同一对称子可以分别将非奇异的 $O(1)$ 部分和大奇异的 $O\left(\dfrac{1}{\epsilon}\right)$ 部分对称化.

处理拟中性极限的一个主要困难是电场的振荡行为, 通常很难得到电场关于德拜长度 λ 的一致估计.

我们提到 Cordier 和 Grenier [18, 19] 运用仿微分能量技术严格研究了有无质量电子的一维等热 Euler-Poisson 系统的拟中性极限, 他们证明了 (双极的) Euler-Poisson 系统到不可压的 Euler 方程关于时间的局部收敛性, 与这里给出的问题有很大不同. 同二维的情形一样, 本小节证明了 (单极) 等熵的任意维情形的 Euler(Navier Stokes)-Poisson 系统到不可压的 Euler(Navier-Stokes) 方程组关于时间的局部收

敛性, 这些是受 Brenier[6] 的启发, 而文献 [6] 证明了 Vlasov-Poisson 系统到不可压 Euler 方程的收敛性. 同时对于二维环的情形, 如果德拜长度充分小, 我们可以得到任意时间区间上粘性的和无粘性的 Euler-Poisson 系统的大振幅解的长时间存在性, 参见下面的定理 4.2.2 或定理 4.2.3. 此外, 对于粘性的流体, 我们的稳定性结果不仅是针对 λ, 而且也针对 $\nu \to 0$. 更有意义的是, 我们的结果表明: 对于可压的 Navier-Stokes-Poisson 系统, 两个渐近极限, 即德拜长度 $\lambda \to 0$ 和粘性消失极限 $\nu \to 0$ 可以彼此交换顺序. 另一方面, 我们所运用的方法也有很大不同. [19] 中关键的分析是应用仿微分技术处理电场空间位置方向上的一个导数的丧失 (事实上, 文献 [19] 利用出现在 Poisson 方程 $\lambda^2 \Delta V^\lambda = n^\lambda - \exp(-V^\lambda)$) 中的非线性光滑项 $\exp(-V^\lambda)$ 得到了电场关于德拜长度的一致估计). 但是, 导数的丧失不能给出在时间方向上的紧性, 参见文献 [19] 中 (5.3), 这就导致了仿微分能量估计的有效性. 我们面临的情况是, 不能得到电场关于德拜长度的任何一致估计, 这就给下述主要定理的证明带来一些技术上的困难. 本节中采用的方法是建立关于德拜长度的局部光滑解在时间上的一致存在性, 受文献 [82, 83] 的启发, 引入适当的关于德拜长度的加权能量范数, 然后运用经典能量方法的直接拓展和迭代方法. 我们对于渐近极限的证明基于一致的先验估计, 其导出的关键步骤是建立关于电场的一个先验的 λ-权 Sobolev 范数估计, 这个估计的得出需要处理一个形如 $\int G D_x^\alpha \nabla V^\lambda D_x^\alpha u^\lambda$ 的关键内积的估计, 而这个内积的估计要用到由质量守恒方程和 Poisson 方程引起的密度和电场之间的空间依赖关系, 参见下面的 (4-115) 和 (4-116); 然后是基于标准的紧性估计. 由于缺乏时间方向上的紧性, 我们运用调整的能量方法得到了极限系统解的正则性. 本节中所用的方法可以应用到建立量子流体力学 Euler-Poisson 系统的渐近极限和研究粘性流体中 Navier-Stokes 方程的粘性消失极限. 特别有趣的是, 我们的证明方法是运用二维环情形不可压 Navier-Stokes 方程组整体光滑解的时间衰减率以及在定理 4.2.2 和 4.2.4 证明过程中出现的一些常数界的精确计算, 可以改进二维环的情形具有不依赖于任意给定的时间 T 的小德拜长度的 Euler-Poisson 系统的大振幅光滑解的整体存在性证明.

需要指出的是, 本小节仅考虑好初值的情形. 对于坏初值的情形, 需要一些像对波传播的研究一样的很重要的技术, 这些技术 Grenier [49], Masmoudi [100], Schochet[125] 和 Ukai [138] 等在不同的领域曾用来处理关于时间的摄动. 但是, 即使令人信服的方法需要重要的技术支撑, 将目前的收敛结果推广到一般初值也是很有可能的, 这将是我们将来进一步研究的主题之一.

我们也提及许多对相关的单纯的 Euler 模型或者半导体物理中带动量松弛的 Euler-Poisson 模型的光滑解或者弱解的大时间行为和整体存在性研究做出贡献的数学家. 关于这个主题的更多参考, 见 [12, 25, 63, 92, 93, 118, 129, 148].

下面给出本节所用的一些记号.

$H^s(\mathbb{T}^d)$ 是 $\mathbb{T}^d$ 上的标准的 Sobolev 空间, 其可以通过傅里叶级数来定义, 即 $f \in H^s(\mathbb{T}^d)$ 当且仅当

$$\|f\|_s^2 = (2\pi)^d \sum_{k \in \mathcal{Z}^d} (1 + |k|^2)^s |(\mathcal{F}f)(k)|^2 < +\infty,$$

其中 $(\mathcal{F}f)(k) = \int_{\mathbb{T}^d} f(x)e^{-ikx}dx$ 是 $f \in H^s(\mathbb{T}^d)$ 的傅里叶级数. 注意如果 $\int_{\mathbb{T}^d} f(x)dx = 0$, 那么 $\|f\|_{L^2(\mathbb{T}^d)} \leqslant \|\nabla f\|_{L^2(\mathbb{T}^d)}$. $\nabla = \nabla_x$ 表示梯度, $\alpha = (\alpha_1, \cdots, \alpha_d), \beta$ 等表示多重指标.

我们还需要下述基本的 Moser 型微积分不等式 [82, 83]:

已知 $f, g, v \in H^s$, 对于非负的多重指标 $\alpha, |\alpha| \leqslant s$,

(i) $\|D_x^\alpha(fg)\|_{L^2} \leqslant C_s(|f|_\infty \|D_x^s g\|_{L^2} + |g|_\infty \|D_x^s f\|_{L^2}), s \geqslant 0$;

(ii) $\|D_x^\alpha(fg) - f D_x^\alpha g\|_{L^2} \leqslant C_s(|D_x f|_\infty \|D_x^{s-1} g\|_{L^2} + |g|_\infty \|D_x^s f\|_{L^2}), s \geqslant 1$;

(iii) $\|D_x^s A(v)\|_{L^2} \leqslant C_s \sum_{j=1}^s |D_v A(v)|_\infty (1 + |\nabla v|_\infty)^{s-1} \|D_x^s v\|_{L^2}, s \geqslant 1$.

接下来给出本节的主要定理. 为此, 首先回顾一下关于不可压 Euler (或者 Navier-Stokes) 方程组充分正则解的存在性的一个经典结果 (见 [78, 102]).

命题 4.2.1 设 u_0^0 满足 $u_0^0 \in H^s$ (或 H^{s+1}), $s > \dfrac{d}{2} + 2$, $\mathrm{div}\, u_0^0 = 0$. 则存在 $0 < T_* \leqslant \infty$ (如果 $d = 2, T_* = \infty$), 最大的存在时间, 在此时间内不可压的 Euler (或 Navier-Stokes) 方程组右唯一的光滑解 (u^0, p^0) 且满足: 对任意的 $T_0 < T_*$,

$$\sup_{0 \leqslant t \leqslant T_0} \left(\|u^0\|_{H^s} + \|\partial_t u^0\|_{H^{s-1}} + \|\nabla p^0\|_{H^s} + \|\partial_t \nabla p^0\|_{H^{s-1}} \right) \leqslant C(T_0). \quad (4\text{-}108)$$

对于 Euler-Poisson 方程组 (4-96)-(4-99), 有如下的收敛结果.

定理 4.2.1(局部收敛性)　假设 $(n_0^\lambda, u_0^\lambda) = (1, u_0^0)$ 满足 $u_0^0 \in H^s, s > \dfrac{d}{2} + 3$, $\mathrm{div}\, u_0^0 = 0$. 那么存在一个仅依赖于初值但不依赖于 λ_0 的固定时间区间 $[0, T]$, $T > 0$, 和一个仅依赖于初值的常数 λ_0, 使得 Euler-Poisson 系统 (4-96)-(4-99) 在 $[0, T]$ 上有一个经典的光滑解 $(n^\lambda, u^\lambda, V^\lambda)$, 对任意的 $0 < \lambda \leqslant \lambda_0$ 和 $0 \leqslant t \leqslant T$ 满足

$$\|(n^\lambda - 1, u^\lambda, \lambda \nabla V^\lambda)(t, \cdot)\|_{H^s(\mathbb{T}^d)}$$
$$+ \|(\partial_t n^\lambda, \partial_t u^\lambda, \lambda \partial_t \nabla V^\lambda)(t, \cdot)\|_{H^{s-1}(\mathbb{T}^d)} \leqslant 2M_0, \quad (4\text{-}109)$$

其中 $M_0 = \|u_0^0\|_{H^s} + \|u_0^0 \cdot \nabla u_0^0\|_{H^{s-1}}$. 特别地, 当 $\lambda \to 0$,

$n^\lambda \to 1$ 强收敛于 $L^\infty([0, T], H^{s-1}(\mathbb{T}^d)) \cap C([0, T], H^{s-\epsilon}(\mathbb{T}^d))$ 任意的 $\epsilon > 0$,

$\partial_t n^\lambda \to 0$ 强收敛于 $L^\infty([0,T], H^{s-2}(\mathbb{T}^d))$,

$u^\lambda \rightharpoonup u^0$ 弱 * 收敛于 $L^\infty([0,T], H^s(\mathbb{T}^d))$,

$\mathrm{div}\, u^\lambda \to 0$ 强收敛于 $L^\infty([0,T], H^{s-2}(\mathbb{T}^d))$,

$\partial_t u^\lambda \rightharpoonup \partial_t u^0$ 弱 * 收敛于 $L^\infty([0,T], H^{s-1}(\mathbb{T}^d))$,

$u^\lambda \to u^0$ 一致收敛于 $C([0,T], H^{s-\epsilon}(\mathbb{T}^d))$ 对任意的 $\epsilon > 0$,

$\nabla V^\lambda \rightharpoonup \nabla p^0$ 弱 * 收敛于 $L^\infty([0,T], H^{s-1}(\mathbb{T}^d))$. (4-110)

此外, $u^0 \in C^1([0,T] \times \mathbb{T}^d)$ 是定义在 $[0,T]$ 上的具有压力 p^0 和初值 u_0^0 的不可压 Euler 方程组的光滑解.

注 4.2.1 定理 4.2.1 的一个直接推论是不可压 Euler 方程组的一些正则解的局部存在性. 因此, 等离子体物理中具有小德拜长度的 Euler-Poisson 方程组可以视为不可压 Euler 方程组的一种近似.

注 4.2.2 同样的结果对于不可压的初值 $(1, u_0^0)$ 的小的 "好准备" 摄动仍然成立, 这样可以避免初始时间层的出现. 我们将讨论坏准备初值的情形, 这种情形允许初始层的出现. 另外, 如果 $n_0^\lambda = 1, u_0^\lambda \in C^\infty$, 那么将得到一个和定理 4.2.1 相同的 C^∞ 结果.

注 4.2.3 在导出解的一阶时间导数的 Sobolev 范数估计时, 条件 $s > \dfrac{d}{2} + 3$ 是必需的, 见下面的 (4-169), 而此估计能在 $\lambda \to 0$ 的极限过程中得到关于时间的必要紧性.

定理 4.2.2(整体收敛性) 假设 $n^\lambda = 1, u_0^\lambda = u_0^0 + \lambda \tilde{u}_0$ 关于 λ 一致满足 $\mathrm{div}\, u_0^0 = 0, u_0^0, \tilde{u}_0 \in H^{s+1}, s > \dfrac{d}{2} + 2, \|\tilde{u}_0\|_{s+1} \leqslant M_1$. 设 $T_*, 0 < T_* \leqslant \infty$ ($d = 2, T_* = \infty$) 为具有初值 u_0^0 的不可压 Euler 方程光滑解 (u^0, p^0) 的最大存在时间, 那么对任意的 $T_0 < T_*$, 存在仅依赖于 T_0 和初值的常数 $\lambda_0(T_0)$ 和 $M(T_0)$, 使得 Euler-Poisson 系统 (4-96)-(4-99) 有一个经典的光滑解 $(n^\lambda, u^\lambda, V^\lambda)$, 定义在 $[0, T_0]$ 上, 且对任意的 $0 < \lambda \leqslant \lambda_0$ 和 $0 \leqslant t \leqslant T_0$ 满足

$$\|(n^\lambda - 1, u^\lambda - u^0, \lambda \nabla(V^\lambda - p^0))(t, \cdot)\|_{H^s(\mathbb{T}^d)} \leqslant M(T_0)\lambda. \tag{4-111}$$

注 4.2.4 如果 $u_0^0, \tilde{u}_0 \in C^\infty$, 那么会得到与定理 4.2.2 类似的一个 C^∞ 结果.

注 4.2.5 同样, 如果初始值关于 λ 的级数有一个更高阶的纠正, 那么可以得到关于 λ 的级数的更高阶的收敛结果.

注 4.2.6 由于 $d = 2, T_* = \infty$, 故收敛关于时间是整体的. 另外, 可以立即得到定理 4.2.2 的一个推论是具有充分小的德拜长度 λ 的 Euler-Poisson 系统的大振幅解在任意时间区间上的长时间存在性.

对于粘性的 Euler-Poisson 系统 (4-100)-(4-103) (可压的 Navier-Stokes-Poisson 系统), 有类似的定理 4.2.1 和定理 4.2.2.

定理 4.2.3(局部收敛性)　假设 $(n_0^\lambda, u_0^\lambda) = (1, u_0^0)$ 满足 $u_0^0 \in H^{s+1}$, $s > \dfrac{d}{2} + 3$, $\text{div}\, u_0^0 = 0$. 那么存在一个确定的时间区间 $[0, T]$, $T > 0$ 仅依赖于初值而不依赖于 λ, ν, 和一个仅依赖于初值的常数 λ_0', 使得粘性的 Euler-Poisson 系统 (4-100)-(4-103) 在 $[0, T]$ 有一个经典的光滑解 $(n^\lambda, u^\lambda, V^\lambda)$, 对于任意的 $0 < \lambda \leqslant \lambda_0'$ 和 $0 \leqslant t \leqslant T$ 满足

$$\|(n^\lambda - 1, u^\lambda, \lambda \nabla V^\lambda)(t, \cdot)\|_{H^s(\mathbb{T}^d)}$$

$$+ \|(\partial_t n^\lambda, \partial_t u^\lambda, \lambda \partial_t \nabla V^\lambda)(t, \cdot)\|_{H^{s-1}(\mathbb{T}^d)} \leqslant 2M_0', \tag{4-112}$$

其中 $M_0' = \|u_0^0 \cdot \nabla u_0^0\|_{H^{s-1}} + \|u_0^0\|_{H^{s+1}}$.

特别当 $\lambda \to 0$ 时,

$n^\lambda \to 1$ 强收敛于 $L^\infty([0, T], H^{s-1}(\mathbb{T}^d)) \cap C([0, T], H^{s-\epsilon}(\mathbb{T}^d))$ 对任意的 $\epsilon > 0$,

$\partial_t n^\lambda \to 0$ 强收敛于 $nL^\infty([0, T], H^{s-2}(\mathbb{T}^d))$,

$u^\lambda \to u^0$ 弱 * 收敛于 $L^\infty([0, T], H^s(\mathbb{T}^d))$,

$\text{div}\, u^\lambda \to 0$ 强收敛于 $L^\infty([0, T], H^{s-2}(\mathbb{T}^d))$,

$\partial_t u^\lambda \rightharpoonup \partial_t u^0$ 弱 * 收敛于 $L^\infty([0, T], H^{s-1}(\mathbb{T}^d))$,

$u^\lambda \to u^0$ 一致收敛于 $C([0, T], H^{s-\epsilon}(\mathbb{T}^d))$ 对任意的 $\epsilon > 0$,

$\nabla V^\lambda \rightharpoonup \nabla p^0$ 弱 * 收敛于 $L^\infty([0, T], H^{s-2}(\mathbb{T}^d))$. $\tag{4-113}$

此外, u^0 为定义在区间 $[0, T]$ 具有初值 u_0^0 的不可压 Navier-Stokes 方程组的经典光滑解.

注 4.2.7　因在定理 4.2.3 中的估计关于 ν 是一致的, 因此对某些固定的常数 c 使得 $\mu + 2\nu \leqslant c\nu$, 定理 4.2.3 不仅是关于 λ 而且也是关于 ν 的一个稳定性结果, 即可以得到一个从粘性的 Euler-Poisson 系统到可压的 Euler-Poisson 系统的一个粘性消失极限 (或者无粘性极限) 的结果. 此外, 还可以用类似的方法证明不可压的 Navier-Stokes 方程组到不可压 Euler 方程组的收敛性, 见注 4.2.10. 因此, 粘性消失极限 $\nu \to 0$ 和德拜长度极限 $\lambda \to 0$ 可以相互交换顺序.

定理 4.2.4(整体收敛性)　假设 $n_0^\lambda = 1, u_0^\lambda = u_0^0 + \lambda \tilde{u}_0$ 关于 λ 一致满足 $\text{div}\, u_0^0 = 0, u_0^0, \tilde{u}_0 \in H^{s+2}, s > \dfrac{d}{2} + 2$. 设 $T_*, 0 < T_* \leqslant \infty\ (d = 2, T_* = \infty)$, 具有初值 u_0^0 的不可压 Navier-Stokes 方程组的光滑解 (u^0, p^0) 存在的最大时间. 那么, 对任意的 $T_0 < T_*$, 存在仅依赖于 T_0 和初值的常数 $\lambda_0'(T_0)$ 和 $M'(T_0)$, 使得粘性的 Euler-Poisson 系统 (4-100)-(4-103) 在 $[0, T_0]$ 有一个经典的光滑解 $(n^\lambda, u^\lambda, V^\lambda)$, 对于任意的 $0 < \lambda \leqslant \lambda_0'$ 和 $0 \leqslant t \leqslant T_0$ 满足:

$$\|(n^\lambda - 1, u^\lambda - u^0, \lambda \nabla(V^\lambda - p^0))(t, \cdot)\|_{H^s(\mathbb{T}^d)} \leqslant M'(T_0)\lambda. \tag{4-114}$$

注 4.2.8　由于当 $d = 2$ 时，$T_* = \infty$，故定理 4.2.4 的收敛结果是全局的. 另外，由定理 4.2.4 立即可以得到对于二维环 $\mathbb{T}^2$ 上具有充分小的德拜长度 λ 的 Navier-Stokes-Poisson 系统的大振幅解在任意时间区间上的长时间存在性.

注 4.2.9　从下述定理 4.2.2 和定理 4.2.4 的证明过程来看，我们知道这里所用的方法可以改进得到给定时间 $T > 0$ 的关于充分小的德拜长度的独立性，因此可以建立 Navier-Stokes-Poisson 系统在二维环上对于小德拜长度的大振幅解的更强的整体存在性.

接下来研究 Euler-Poisson 系统 (4-96)-(4-99).

在这一部分，将通过经典能量方法的直接拓展、调整的能量方法、迭代方法和标准的紧性方法证明主要定理，即关于 Euler-Poisson 方程组的定理 4.2.1 和定理 4.2.2，关键点是处理由 Euler-Poisson 系统的 Poisson 部分引起的电场项积分的更高阶 Sobolev 能量估计.

首先给出下述引理，这是建立电场能量估计的关键所在.

引理 4.2.1　如果 $y = (y_0^\lambda, y_*)^{\mathrm{T}} \in (H^{s_1})^{d+1}$，$s_1 > \dfrac{d}{2} + 2$，$\rho \in H^{s_1-1}, a \in (H^{s_1-1})^d$，$\partial_t \rho, \nabla \rho, \nabla a \in L^\infty$，$\nabla p^0 \in (H^{s_1+1})^d$，$\nabla p_t^0 \in (H^{s_1})^d$ and $f_0 \in H^{s_1-1}$. 设 $(\mathbf{y}^\lambda, \widetilde{V}^\lambda)$ 是

$$\partial_t y_0^\lambda + a \cdot \nabla y_0^\lambda + (1 + \rho) \operatorname{div} y_* = f_0, \tag{4-115}$$

$$\lambda^2 \Delta \widetilde{V}^\lambda = \tau \lambda \Delta p^0 + y_0^\lambda, \quad \int_{\mathcal{T}} \widetilde{V}^\lambda dx = 0 \tag{4-116}$$

的一个解. 那么有下列估计

$$
\begin{aligned}
(GD_x^\alpha \nabla \widetilde{V}^\lambda, D_x^\alpha \mathbf{y}_*^\lambda) \leqslant & -\frac{\lambda^2}{2} \frac{d}{dt} \Big((GD_x^\beta \Delta \widetilde{V}^\lambda, D_x^\beta \Delta \widetilde{V}^\lambda) + (G\nabla \widetilde{V}^\lambda, \nabla \widetilde{V}^\lambda) \Big) \\
& + \frac{\lambda^2}{2} C_s C_g \Big(1 + |\partial_t \rho|_{L_x^2} + |\nabla \rho|_\infty \|a\|_{s_1-1} + \|a\|_{s_1-1} \Big) \|\nabla \widetilde{V}^\lambda\|_{s_1}^2 \\
& + \frac{1}{\lambda^2} C_s C_g^2 (\|\rho\|_{s_1-1}^2 + |\nabla \rho|_\infty^2 (1 + \|\rho\|_{s_1-1}^2 + \|a\|_{s_1-1}^2)) \|y\|_{s_1}^2 \\
& + \tau^2 C_s C_g^2 \|a\|_{s_1-1}^2 \|\nabla p^0\|_{s_1}^2 + \tau^2 C_s C_g^2 (1 + |\nabla \rho|_\infty^2) \|\nabla p_t^0\|_{s_1}^2 \\
& + \frac{1}{\lambda^2} C_s C_g^2 (1 + |\nabla \rho|_\infty^2) \|f_0\|_{s_1-1}^2, \tag{4-117}
\end{aligned}
$$

其中，α (β) 是长度为 $\leqslant s_1(s_1 - 1)$ 的多重指标，$C_g = \max\{|G|_\infty, |G'|_\infty\}$，$G = G(\rho)$ 是任意给定的有界 $C^1([0, +\infty))$ 函数. 这里和以后，常数 C_s 仅依赖 Sobolev 常数.

引理 4.2.1 的证明　首先将 (4-115) 重新写为

$$\text{div } y_* = -\partial_t y_0^\lambda - a \cdot \nabla y_0^\lambda - \rho \text{ div } y_* + f_0$$

$$= -\lambda^2 \Delta \widetilde{V}_t^\lambda + \lambda\tau\Delta p_t^0 - \lambda^2 a \cdot \nabla\Delta\widetilde{V}^\lambda + \lambda\tau a \cdot \nabla\Delta p^0 - \rho \text{ div } y_* + f_0. \quad (4\text{-}118)$$

由分部积分和 (4-118), 可得

$$(G(\rho)\nabla\widetilde{V}^\lambda, y_*) = -(G(\rho)\widetilde{V}^\lambda, \text{ div } y_*) - (\nabla G(\rho)\widetilde{V}^\lambda, y_*)$$

$$= \lambda^2(G(\rho)\widetilde{V}^\lambda, \Delta V_t^\lambda) - \lambda\tau(G(\rho)\widetilde{V}^\lambda, \Delta p_t^0)$$

$$+ \lambda^2(G(\rho)\widetilde{V}^\lambda, a \cdot \nabla\Delta\widetilde{V}^\lambda) - \lambda\tau(G(\rho)\widetilde{V}^\lambda, a \cdot \nabla\Delta p^0)$$

$$+ (G(\rho)\widetilde{V}^\lambda, \rho \text{ div } y_*) - (G(\rho)\widetilde{V}^\lambda, f_0) - (\nabla G(\rho)\widetilde{V}^\lambda, y_*)$$

$$= \sum_{j=1}^{7} I_j. \quad (4\text{-}119)$$

现在估计 (4-119) 的每一项,

$$I_1 = \lambda^2(G\widetilde{V}^\lambda, \Delta V_t^\lambda) = -\lambda^2(G\nabla\widetilde{V}^\lambda, \nabla V_t^\lambda) - \lambda^2(\nabla G\widetilde{V}^\lambda, \nabla V_t^\lambda)$$

$$= -\frac{\lambda^2}{2}\frac{d}{dt}(G\nabla\widetilde{V}^\lambda, \nabla\widetilde{V}^\lambda) + \frac{\lambda^2}{2}(\partial_t G\nabla\widetilde{V}^\lambda, \nabla\widetilde{V}^\lambda) - \lambda^2(\nabla G\widetilde{V}^\lambda, \nabla\widetilde{V}_t^\lambda)$$

$$\leqslant -\frac{\lambda^2}{2}\frac{d}{dt}(G\nabla\widetilde{V}^\lambda, \nabla\widetilde{V}^\lambda) + \frac{\lambda^2}{2}|\partial_t G|_\infty(\nabla\widetilde{V}^\lambda, \nabla\widetilde{V}^\lambda) + \lambda^2|\nabla G|_\infty(\widetilde{V}^\lambda, \nabla V_t^\lambda)$$

$$\leqslant -\frac{\lambda^2}{2}\frac{d}{dt}(G\nabla\widetilde{V}^\lambda, \nabla\widetilde{V}^\lambda) + \frac{\lambda^2}{2}(1 + |G'|_\infty|\partial_t\rho|_\infty)(\nabla\widetilde{V}^\lambda, \nabla\widetilde{V}^\lambda)$$

$$+ \lambda^2|G'|_\infty^2|\nabla\rho|_\infty^2(\nabla\widetilde{V}_t^\lambda, \nabla\widetilde{V}_t^\lambda). \quad (4\text{-}120)$$

由 Poisson 方程 (4-116) 和密度方程 (4-115), 有

$$\lambda^2\|\partial_t\nabla\widetilde{V}^\lambda\|_{L^2}^2 \leqslant 3\tau^2\|\nabla p_t^0\|_{L^2}^2 + \frac{3}{\lambda^2}\|y_{0t}\|_{L^2}^2$$

$$\leqslant 3\tau^2\|\nabla p_t^0\|_{L^2}^2 + \frac{3}{\lambda^2}\Big(|a|_\infty^2\|\nabla y_0\|_{L^2}^2 + \|f_0\|_{L^2}^2 + |1 + \rho|_\infty^2\|\text{ div } y_*\|_{L^2}^2\Big)$$

$$\leqslant 3\tau^2\|\nabla p_t^0\|_{L^2}^2 + \frac{3}{\lambda^2}\Big((|a|_\infty^2 + |1 + \rho|_\infty^2)\|\nabla y\|_{L^2}^2 + \|f_0\|_{L^2}^2\Big). \quad (4\text{-}121)$$

这里用到了 $\displaystyle\int_{\mathbb{T}^d} \widetilde{V}^\lambda dx = 0.$

那么, 结合 (4-120) 和 (4-121), 有

$$
\begin{aligned}
I_1 \leqslant & -\frac{\lambda^2}{2}\frac{d}{dt}(G\nabla\widetilde{V}^\lambda, \nabla\widetilde{V}^\lambda) + \frac{\lambda^2}{2}(1 + |G'|_\infty|\partial_t\rho|_\infty)(\nabla\widetilde{V}^\lambda, \nabla\widetilde{V}^\lambda) \\
& + |G''|_\infty^2|\nabla\rho|_{L_x^2}^2\left\{3\tau^2\|\nabla p_t^0\|_{L^2}^2 + \frac{3}{\lambda^2}\Big((|a|_\infty^2 + |1 + \rho|_\infty^2)\|\nabla y\|_{L^2}^2 + \|f_0\|_{L^2}^2\Big)\right\} \\
\leqslant & -\frac{\lambda^2}{2}\frac{d}{dt}(G\nabla\widetilde{V}^\lambda, \nabla\widetilde{V}^\lambda) + \frac{\lambda^2}{2}(1 + |G'|_\infty|\partial_t\rho|_\infty)(\nabla\widetilde{V}^\lambda, \nabla\widetilde{V}^\lambda) \\
& + 3|G'|_\infty^2|\nabla\rho|_\infty^2\tau^2\|\nabla p_t^0\|_{L^2}^2 \\
& + \frac{3|G'|_\infty^2|\nabla\rho|_\infty^2}{\lambda^2}\Big((|a|_\infty^2 + |1 + \rho|_\infty^2)\|\nabla y\|_{L^2}^2 + \|f_0\|_{L^2}^2\Big).
\end{aligned}
$$

I_2 能被下式确定有界

$$
\lambda^2(\nabla\widetilde{V}^\lambda, \nabla\widetilde{V}^\lambda) + \tau^2|G|_\infty^2\|\nabla p_t^0\|_1^2.
$$

其他项可以用类似的方法处理. 于是有

$$
\begin{aligned}
(G\nabla\widetilde{V}^\lambda, y_*^\lambda) \leqslant & -\frac{\lambda^2}{2}\frac{d}{dt}(G\nabla\widetilde{V}^\lambda, \nabla\widetilde{V}^\lambda) + \frac{\lambda^2}{2}C_sC_g(1 + |\partial_t\rho|_\infty)(\nabla\widetilde{V}^\lambda, \nabla\widetilde{V}^\lambda) \\
& + \frac{1}{\lambda^2}C_sC_g^2\Big(|\nabla\rho|_\infty^2(2 + |a|_\infty^2 + |\rho|_\infty^2) + |\rho|_\infty^2\Big)\|y\|_1^2 \\
& + \tau^2C_g^2|a|_\infty^2\|\nabla p^0\|_2^2 + \tau^2C_sC_g^2(1 + |\nabla\rho|_\infty^2)\|\nabla p_t^0\|_1^2 \\
& + \frac{1}{\lambda^2}C_sC_g^2(1 + |\nabla\rho|_\infty^2)\|f_0\|_{L^2}^2 + \lambda^2|G|_\infty|a|_\infty\|\nabla\widetilde{V}^\lambda\|_2^2. \quad (4\text{-}122)
\end{aligned}
$$

接下来, 给出电场的高阶估计. 对 $1 \leqslant |\alpha| \leqslant s_1$, 直接计算可得

$$
\begin{aligned}
(GD_x^\alpha\nabla\widetilde{V}^\lambda, D_x^\alpha y_*) &= (GD_x^\beta\nabla(\nabla\widetilde{V}^\lambda), D_x^\beta\nabla y_*) \\
&= -(GD_x^\beta\nabla(\Delta\widetilde{V}^\lambda), D_x^\beta y_*) - (\nabla G \cdot D_x^\beta\nabla(\nabla\widetilde{V}^\lambda), D_x^\beta y_*) \\
&= (GD_x^\beta\Delta\widetilde{V}^\lambda, D_x^\beta \operatorname{div} y_*) + (\nabla GD_x^\beta\Delta\widetilde{V}^\lambda - \nabla G \cdot D_x^\beta\nabla(\nabla\widetilde{V}^\lambda), D_x^\beta y_*) \\
&= \sum_{j=1}^2 J_j. \quad\quad\quad (4\text{-}123)
\end{aligned}
$$

同上, 第二个积分 J_2 in (4-123) 可以被下式控制.

$$
\lambda^2\|\nabla\widetilde{V}^\lambda\|_{s_1}^2 + \frac{|G'|_\infty^2|\nabla\rho|_\infty^2}{\lambda^2}\|y\|_{s_1}^2. \quad\quad\quad (4\text{-}124)
$$

现在计算 J_1.

$$
\begin{aligned}
J_1 =& -\lambda^2(GD_x^\beta\Delta\widetilde{V}^\lambda, D_x^\beta\Delta\widetilde{V}_t^\lambda) + \lambda\tau(GD_x^\beta\Delta\widetilde{V}^\lambda, D_x^\beta\Delta p_t^0) \\
& -\lambda^2(GD_x^\beta\Delta\widetilde{V}^\lambda, D_x^\beta(a\cdot\nabla\Delta V^\lambda)) + \lambda\tau(G(\rho)D_x^\beta\Delta\widetilde{V}^\lambda, D_x^\beta(a\cdot\nabla\Delta p^0)) \\
& -(GD_x^\beta\Delta\widetilde{V}^\lambda, D_x^\beta(\rho\,\mathrm{div}\,y_\star)) + (GD_x^\beta\Delta\widetilde{V}^\lambda, D_x^\beta f_0) \\
=& \sum_1^6 J_{1j}.
\end{aligned}
\tag{4-125}
$$

估计 (4-125) 中的积分 $J_{1j}, j = 1, \cdots, 6$,

$$
\begin{aligned}
J_{11} =& -\frac{\lambda^2}{2}\frac{d}{dt}(GD_x^\beta\Delta\widetilde{V}^\lambda, D_x^\beta\Delta\widetilde{V}^\lambda) + \frac{\lambda^2}{2}(\partial_t GD_x^\beta\Delta\widetilde{V}^\lambda, D_x^\beta\Delta\widetilde{V}^\lambda) \\
\leqslant& -\frac{\lambda^2}{2}\frac{d}{dt}(GD_x^\beta\Delta\widetilde{V}^\lambda, D_x^\beta\Delta\widetilde{V}^\lambda) \\
& +\frac{1}{2}\lambda^2|G'|_\infty|\partial_t\rho|_\infty(D_x^\beta\Delta\widetilde{V}^\lambda, D_x^\beta\Delta\widetilde{V}^\lambda).
\end{aligned}
\tag{4-126}
$$

第二项可以被下式确界

$$
\lambda^2(D_x^\beta\Delta\widetilde{V}^\lambda, D_x^\beta\Delta\widetilde{V}^\lambda) + \tau^2|G|_\infty^2\|\nabla p_t^0\|_{s_1}^2.
\tag{4-127}
$$

另外,

$$
\begin{aligned}
J_{13} =& -\lambda^2(GD_x^\beta\Delta\widetilde{V}^\lambda, a\cdot\nabla D_x^\beta\Delta\widetilde{V}^\lambda)) - \lambda^2(GD_x^\beta\Delta\widetilde{V}^\lambda, H_\alpha^{(1)}) \\
\leqslant& \frac{\lambda^2}{2}|\nabla(Ga)|_\infty\|D_x^\beta\Delta\widetilde{V}^\lambda\|_{L^2}^2 + \lambda^2|G|_\infty\|D_x^\beta\Delta\widetilde{V}^\lambda\|_{L^2}\|H_\alpha^{(1)}\|_{L^2},
\end{aligned}
\tag{4-128}
$$

其中算子定义为

$$
H_\alpha^{(1)} = D_x^\beta(a\cdot\nabla\Delta\widetilde{V}^\lambda) - a\cdot\nabla D_x^\beta\Delta\widetilde{V}^\lambda,
\tag{4-129}
$$

其可被估计如下

$$
\begin{aligned}
\|H_\alpha^{(1)}\|_{L^2} \leqslant& C_s(|Da|_\infty\|D_x^{s_1-2}(\nabla\Delta\widetilde{V}^\lambda)\|_{L^2} + |\nabla\Delta\widetilde{V}^\lambda|_\infty\|D_x^{s_1-1}a\|_{L^2}) \\
\leqslant& C_s(|Da|_\infty + \|a\|_{s_1-1})\|\nabla\widetilde{V}^\lambda\|_{s_1}.
\end{aligned}
\tag{4-130}
$$

这里用到了 $s_1 > \dfrac{d}{2} + 2$.

于是, 结合 (4-128) 和 (4-130), 可得

$$
\begin{aligned}
J_{13} \leqslant& \frac{\lambda^2}{2}(|G'|_\infty|\nabla\rho|_\infty|a|_\infty + |G|_\infty|\nabla a|_\infty)\|D_x^\beta\Delta\widetilde{V}^\lambda\|_{L^2}^2 \\
& +\lambda^2 C_s(|Da|_\infty + \|a\|_{s_1-1})|G|_\infty\|\nabla\widetilde{V}^\lambda\|_{s_1}^2.
\end{aligned}
\tag{4-131}
$$

由微积分不等式可得

$$J_{14} \leqslant \lambda^2 \|D_x^\beta \Delta \widetilde{V}^\lambda\|_{L^2}^2 + \tau^2 |G|_\infty^2 \|D_x^\beta (a \cdot \nabla \Delta p^0)\|_{L^2}^2$$

$$\leqslant \lambda^2 \|D_x^\beta \Delta \widetilde{V}^\lambda\|_{L^2}^2 + \tau^2 |G|_\infty^2 C_s (|a|_\infty^2 \|D_x^\beta \nabla p^0\|_{L^2}^2 + |\nabla \Delta p^0|_\infty^2 \|D_x^\beta a\|_{L^2}^2)$$

$$\leqslant \lambda^2 \|D_x^\beta \Delta \widetilde{V}^\lambda\|_{L^2}^2 + \tau^2 |G|_\infty^2 C_s (|a|_\infty^2 + \|a\|_{s_1-1}^2) \|\nabla p^0\|_{s_1}^2 \tag{4-132}$$

和

$$J_{15} = -(GD_x^\beta \Delta \widetilde{V}^\lambda, D_x^\beta (\rho \operatorname{div} y_*))$$

$$\leqslant \lambda^2 \|D_x^\beta \Delta \widetilde{V}^\lambda\|_{L^2}^2 + \frac{|G|_\infty^2}{\lambda^2} \|D_x^\beta (\rho \operatorname{div} y_*)\|_{L^2}^2$$

$$\leqslant \lambda^2 \|D_x^\beta \Delta \widetilde{V}^\lambda\|_{L^2}^2 + \frac{|G|_\infty^2}{\lambda^2} C_s (|\rho|_\infty^2 \|\operatorname{div} y_*\|_{s_1-1}^2 + |\operatorname{div} y_*|_\infty^2 \|\rho\|_{s_1-1}^2)$$

$$\leqslant \lambda^2 \|D_x^\beta \Delta \widetilde{V}^\lambda\|_{L^2}^2 + \frac{|G|_\infty^2}{\lambda^2} C_s (|\rho|_\infty^2 + \|\rho\|_{s_1-1}^2) \|y\|_{s_1}^2. \tag{4-133}$$

最后一项可以由

$$\lambda^2 \|\nabla \widetilde{V}^\lambda\|_{s_1}^2 + \frac{|G|_\infty^2}{\lambda^2} \|f_0\|_{s_1-1}^2 \tag{4-134}$$

控制. 于是, 由 (4-125)、(4-127) 和 (4-131)-(4-134), 可得

$$J_1 \leqslant -\frac{\lambda^2}{2} \frac{d}{dt} (GD_x^\beta \Delta \widetilde{V}^\lambda, D_x^\beta \Delta \widetilde{V}^\lambda) + \frac{\lambda^2}{2} C_s \Big(1 + |G'|_\infty |\partial_t \rho|_\infty$$

$$+ |G'|_\infty |\nabla \rho|_\infty |a|_\infty + |G|_\infty (|\nabla a|_\infty + \|a\|_{s_1-1})\Big) \|\nabla \widetilde{V}^\lambda\|_{s_1}^2$$

$$+ \tau^2 |G|_\infty^2 \|\nabla p_t^0\|_{s_1}^2 + \tau^2 |G|_\infty^2 C_s (|a|_\infty^2 + \|a\|_{s_1-1}^2) \|\nabla p^0\|_{s_1}^2$$

$$+ \frac{|G|_\infty^2}{\lambda^2} C_s (|\rho|_\infty^2 + \|\rho\|_{s_1-1}^2) \|y\|_{s_1}^2 + \frac{|G|_\infty^2}{\lambda^2} \|f_0\|_{s_1-1}^2. \tag{4-135}$$

因此, (4-123), 由 (4-124) 和 (4-135), 可得

$$(GD_x^\alpha \nabla \widetilde{V}^\lambda, D_x^\alpha y_*)$$

$$\leqslant -\frac{\lambda^2}{2} \frac{d}{dt} (GD_x^\beta \Delta \widetilde{V}^\lambda, D_x^\beta \Delta \widetilde{V}^\lambda)$$

$$+ \frac{\lambda^2}{2} C_s C_g \big(1 + |\partial_t \rho|_\infty + |\nabla \rho|_\infty |a|_\infty + |\nabla a|_\infty + \|a\|_{s_1-1}\big) \|\nabla \widetilde{V}^\lambda\|_{s_1}^2$$

$$+ \tau^2 C_g^2 \|\nabla p_t^0\|_{s_1}^2 + \tau^2 C_g^2 C_s (|a|_\infty^2 + \|a\|_{s_1-1}^2) \|\nabla p^0\|_{s_1}^2$$

$$+ \frac{1}{\lambda^2} C_s C_g^2 ((|\rho|_\infty^2 + \|\rho\|_{s_1-1}^2) + |\nabla \rho|_\infty^2) \|y\|_{s_1}^2 + \frac{|G|_\infty^2}{\lambda^2} \|f_0\|_{s_1-1}^2. \tag{4-136}$$

由 (4-122) 和 (4-136), 注意到 $s_1 > \dfrac{d}{2} + 2$, 运用 Sobolev 引理可得引理 4.2.1. 证毕.

注 4.2.10　在电位势估计式 (4-117) 右边包含乘子 $\dfrac{1}{\lambda^2}$ 的两个奇异项是由声波 $\partial_t y_0^\lambda + a \cdot \nabla y_0^\lambda + \operatorname{div} y_*^\lambda = 0$ 的双曲方程的摄动引起的. 如果 $\rho = f_0 = 0$, 那么在 (4-117) 就没有奇异项. 因此接下来必须仔细估计源于粘性和无粘性的 Euler-Poisson 系统的非线性项的奇异项以建立关于 λ 的一致估计.

定理 4.2.1 的证明　在这部分, 我们将应用引理 4.2.1、精细的能量方法和标准的紧性方法给出定理 4.2.1 的证明. 证明有赖于 Euler-Poisson 系统 (4-96)-(4-99) 的 Euler 部分的可对称化形式、λ- 权高阶 Sobolev 范数的估计以及电场和密度之间特有的空间依赖关系.

首先, 令 $n^\lambda - 1 = n_1^\lambda$, 那么 $(n_1^\lambda, u^\lambda, V^\lambda)$ 满足

$$\partial_t n_1^\lambda + \operatorname{div} u^\lambda + \operatorname{div}(n_1^\lambda u) = 0, \quad x \in \mathbb{T}^d, t > 0, \tag{4-137}$$

$$\partial_t u^\lambda + u^\lambda \nabla u^\lambda + \nabla h(1 + n_1^\lambda) = \nabla V^\lambda, \quad x \in \mathbb{T}^d, t > 0, \tag{4-138}$$

$$\lambda^2 \Delta V^\lambda = n_1^\lambda, \int_{\mathbb{T}^d} V^\lambda dx = 0, \quad x \in \mathbb{T}^d, t > 0, \tag{4-139}$$

$$(n_1^\lambda, u^\lambda)(t = 0) = (0, u_0^0), \quad \operatorname{div} u_0^0 = 0, \quad x \in \mathbb{T}^d. \tag{4-140}$$

记　$v^\lambda = (n_1^\lambda, u^\lambda)^{\mathrm{T}}$, 把 (4-137)-(4-140) 写成

$$\partial_t v^\lambda + \sum_{j=1}^d A_j(v^\lambda) \partial_j v^\lambda = \widehat{\nabla V^\lambda}, \quad x \in \mathbb{T}^d, t > 0, \tag{4-141}$$

$$\lambda^2 \Delta V^\lambda = n_1^\lambda, \int_{\mathbb{T}^d} V^\lambda dx = 0, \quad x \in \mathbb{T}^d, t > 0, \tag{4-142}$$

$$v^\lambda(t = 0) = v^\lambda{}_0 = (0, u_0^0)^{\mathrm{T}}, \quad x \in \mathbb{T}^d. \tag{4-143}$$

这里和以后都用 $\hat{q}$ 表示 $(0, q)^{\mathrm{T}}$, 其中任意的 $q \in R^d$, $e_j^{\mathrm{T}} = (\delta_{1j}, \cdots, \delta_{dj})$, $j = 1, \cdots, d$,

$$\delta_{ij} = \begin{cases} 1, & i = j, \\ 0, & i \neq j, \end{cases} \quad A_j(v^\lambda) = \begin{pmatrix} u_j^\lambda & (1 + n_1^\lambda) e_j^{\mathrm{T}} \\ h'(1 + n_1^\lambda) e_j & u_j^\lambda I_d \end{pmatrix}$$

可以被对称的和正定的矩阵

$$S(n_1^\lambda) = \begin{pmatrix} 1 & O^{\mathrm{T}} \\ O & G(n_1^\lambda) I_d \end{pmatrix}$$

对称化, 这是因为对任意的 $n_1^\lambda : |n_1^\lambda|_{L^\infty} \leqslant \dfrac{1}{2}$ 都有

$$G(n_1^\lambda) = \frac{1 + n_1^\lambda}{h'(1 + n_1^\lambda)} > 0.$$

此外, 记 $SA_j = B_j$, 其中

$$B_j(v^\lambda) = \begin{pmatrix} u_j^\lambda & (1+n_1^\lambda)e_j^{\mathrm{T}} \\ (1+n_1^\lambda)e_j & G(n_1^\lambda)u_j^\lambda I_d \end{pmatrix}.$$

接下来引入 λ-权高阶 Sobolev 范数.

对于给定的 $v^\lambda = \begin{pmatrix} n_1^\lambda \\ u^\lambda \end{pmatrix} \in L^\infty([0,T]; H^s) \cap C^{0,1}([0,T]; H^{s-1})$, $s > \dfrac{d}{2} + 3$, 定义 λ-权范数

$$|||v^\lambda|||_{\lambda,T} = \sup_{0 \leqslant t \leqslant T} |||v^\lambda|||_\lambda,$$

$$|||v^\lambda|||_\lambda = \|v^\lambda\|_s + \|\partial_t v^\lambda\|_{s-1} + \lambda(\|\nabla V^\lambda\|_s + \|\partial_t \nabla V^\lambda\|_{s-1}),$$

其中在 $\mathbb{T}^d$ 对任意的 $t \in [0,T]$, 有 $\lambda^2 \Delta V^\lambda = n_1^\lambda$ 且满足 $\displaystyle\int_{\mathbb{T}^d} V^\lambda(t)dx = 0$, 其可以由下式解出

$$\nabla V^\lambda = \frac{1}{\lambda^2} \nabla(-\Delta)^{-1}(-n_1^\lambda), \quad \text{任意的 } t \in [0,T].$$

由 Poisson 方程可得

$$\left\|\frac{n_1^\lambda}{\lambda}\right\|_{s-1} \leqslant \|\lambda \nabla V^\lambda\|_s, \quad \left\|\frac{\partial_t n_1^\lambda}{\lambda}\right\|_{s-2} \leqslant \|\lambda \partial_t \nabla V^\lambda\|_{s-1}. \tag{4-144}$$

现在考虑迭代

$$(v^{\lambda,0}, V^{\lambda,0}) = (v^\lambda{}_0, 0) = ((0, u_0^0)^{\mathrm{T}}, 0), \tag{4-145}$$

$$(v^{\lambda,p+1}, V^{\lambda,p+1}) = \Phi((v^{\lambda,p}, V^{\lambda,p})), \tag{4-146}$$

其中函数 Φ 映射 $(v^\lambda, V^\lambda) = ((n_1^\lambda, u^\lambda)^{\mathrm{T}}, V^\lambda)$ 到下列线性化的 Euler-Poisson 系统

$$\partial_t \tilde{v}^\lambda + \sum_{j=1}^d A_j(v^\lambda)\partial_j \tilde{v}^\lambda = \widetilde{\nabla V^\lambda}, \quad x \in \mathbb{T}^d, t > 0, \tag{4-147}$$

$$\lambda^2 \Delta \widetilde{V}^\lambda = \widetilde{n}_1^\lambda \quad \text{且} \quad \int_{\mathbb{T}^d} \widetilde{V}^\lambda dx = 0, \quad x \in \mathbb{T}^d, t > 0, \tag{4-148}$$

$$\tilde{v}^\lambda(t=0) = v^\lambda{}_0 = (0, u_0^0)^{\mathrm{T}} \quad \text{且} \quad \mathrm{div}\, u_0^0 = 0, \quad x \in \mathbb{T}^d \tag{4-149}$$

的解. 我们将在上述加权 Sobolev 范数意义下通过一致有界来证明序列 $\{(\mathbf{v}^{\lambda,p}, V^{\lambda,p})\}_{p=0}^\infty$ 的收敛性. 这种思想文献 [82, 83] 中用过.

为此, 将建立线性化的 Euler-Poisson 系统 (4-147)-(4-149) 解的估计.

引理 4.2.2 假设 $v^\lambda{}_0 \in H^s, s > \dfrac{d}{2} + 3$, $\mathrm{div}\, u_0^0 = 0$. 那么存在仅依赖于初值和

Sobolev 常数的 $\Theta = \Theta(C_s, M_0)$, 使得若

$$|||v^\lambda|||_{\lambda,T} \leqslant 2M_0, \quad T : e^{\Theta T} = 4h'(1)\min\{1, c_0\}, \quad 0 < \lambda \leqslant \lambda_0, \quad (4\text{-}150)$$

其中, $\lambda_0 = \dfrac{1}{4C_s^* M_0}\min\{1, \dfrac{c_0}{c_1}\}$ $0 < c_0 = \inf_{|s| \leqslant 1/2} G(s)$ 和 $c_1 = \sup_{|s| \leqslant 1/2} |G'(s)|$, C_s^*
是 Sobolev 常数, 那么方程组 (4-147)-(4-149) 的解 $(\tilde{v}^\lambda, \tilde{V}^\lambda)$ 满足

$$|||\tilde{v}^\lambda|||_{\lambda,T} \leqslant 2M_0, \quad T : e^{\Theta T} = 4h'(1)\min\{1, c_0\}, \quad 0 < \lambda \leqslant \lambda_0. \quad (4\text{-}151)$$

证明　同往常一样, 在这个框架中, 我们确定在估计中常数 $\Theta(M_0)$ 满足的条件. 这一点我们将看到, 这个常数仅依赖于初值和 Sobolev 常数而不依赖于 λ 和 v^λ 的选取. 为说明这一点, 将给出决定常数 Θ 的 $\tilde{C}$ 的具体表达式, 参见下面的 (4-154). 我们将此证明分成下面几步.

步骤 1.　能量微分不等式

引入能量范数 $\|\cdot\|_E^2 = (S\cdot, \cdot)$, 其中 $(\cdot, \cdot)$ 表示通常的 L^2 内积. 我们想得到下面关于 $\|\cdot\|_E^2$ 的能量微分不等式

$$\frac{d}{dt}Q(\tilde{v}^\lambda) \leqslant \tilde{C}|||\tilde{v}^\lambda|||_\lambda^2, 0 < t \leqslant T, \quad (4\text{-}152)$$

其中

$$Q(\tilde{v}^\lambda) = \|(D_x^\alpha \tilde{v}^\lambda, \lambda D_x^\beta \widehat{\Delta \tilde{V}^\lambda}, \lambda \widehat{\nabla \tilde{V}^\lambda}, D_x^\beta \partial_t \tilde{v}^\lambda, \lambda D_x^\gamma \widehat{\partial_t \Delta \tilde{V}^\lambda}, \lambda \widehat{\partial_t \nabla \tilde{V}^\lambda})\|_E^2, \quad (4\text{-}153)$$

$$\tilde{C} = \tilde{C}\left(C_s, C_g, |S|_\infty, |S'|_\infty, |D_v B|_\infty, \sum_{k=0}^s |D_v^k A|_\infty, |||v^\lambda|||_\lambda\right)$$

$$= C_s\left(1 + |S'|_\infty + |D_v B|_\infty + |S|_\infty \sum_{k=0}^s |D_v^k A|_\infty(1 + |||v^\lambda|||_\lambda)^{s-1}\right)|||v^\lambda|||_\lambda$$

$$+ C_s C_g\left(1 + |||v^\lambda|||_\lambda + |||v^\lambda|||_\lambda^2 + C_g|||v^\lambda|||_\lambda^3(1 + |||v^\lambda|||_\lambda^2)\right)$$

$$+ C_s|S|_\infty^2 \sum_{k=0}^{s-1} |D_v^k(D_v A(v^\lambda))|_\infty^2(1 + |||v^\lambda|||_\lambda^{2(s-2)})|||v^\lambda|||_\lambda^2, \quad (4\text{-}154)$$

其中 α, β, γ 分别是长度为 $\leqslant s, s-1, s-2$ 的多重指标. 利用矩阵 $B_j = SA_j$ 的对称性和分部积分, 可得 Friedrich 意义下的基本能量方程

$$\frac{d}{dt}\|\tilde{v}^\lambda\|_E^2 = (\text{div}B(v^\lambda)\tilde{v}^\lambda, \tilde{v}^\lambda) + 2(S(n_1^\lambda)\widehat{\nabla \tilde{V}^\lambda}, \tilde{v}^\lambda), \quad (4\text{-}155)$$

其中 $\mathrm{div}B(v^\lambda) = \partial_t S(n_1^\lambda) + \sum_{j=1}^{d} \partial_j B_j(v^\lambda)$.

由于

$$|\mathrm{div}B(v^\lambda)|_{L^\infty} \leqslant |S'|_\infty |\partial_t n_1^\lambda|_\infty + \sum_{j=1}^{d} |D_v B|_\infty |\nabla v^\lambda|_\infty$$

$$\leqslant C_s (|S'|_\infty \|\partial_t n_1^\lambda\|_{s-1} + \sum_{j=1}^{d} |D_v B|_\infty \|v^\lambda\|_s)$$

$$\leqslant C_s (|S'|_\infty + \sum_{j=1}^{d} |D_v B|_\infty)(\|v^\lambda\|_s + \|\partial_t v^\lambda\|_{s-1})$$

$$\leqslant C_s (|S'|_\infty + \sum_{j=1}^{d} |D_v B|_\infty)|||v^\lambda|||_\lambda,$$

于是

$$|(\mathrm{div}B(v^\lambda)\tilde{v}^\lambda, \tilde{v}^\lambda)| \leqslant C_s (|S'|_\infty + \sum_{j=1}^{d} |D_v B|_\infty)|||v^\lambda|||_\lambda \|\tilde{v}^\lambda\|_{L^2}^2. \tag{4-156}$$

现在通过 (4-141)-(4-142)、(4-115)-(4-116) 以及应用引理 4.2.1 来估计电位势. 由 (4-117) 并在引理 4.2.1 取 $a = u^\lambda, \rho = n_1^\lambda, y = \tilde{v}^\lambda, \tau = 0, f_0 = 0$ 可得

$$2(S(n_1^\lambda)\widehat{\nabla \tilde{V}^\lambda}, \tilde{v}^\lambda) = 2(G(n_1^\lambda)\nabla \tilde{V}^\lambda, \tilde{u}^\lambda)$$

$$\leqslant -\lambda^2 \frac{d}{dt}(G\nabla\tilde{V}^\lambda, \nabla\tilde{V}^\lambda) + \lambda^2 C_s C_g (1 + |u^\lambda|_\infty + |\partial_t n_1^\lambda|_\infty)\|\nabla\tilde{V}^\lambda\|_2^2$$

$$+ \frac{1}{\lambda^2} C_s C_g^2 \Big(|\nabla n_1^\lambda|_\infty^2 (2 + |u^\lambda|_\infty^2 + |n_1^\lambda|_\infty^2) + |n_1^\lambda|_\infty^2\Big)\|\tilde{v}^\lambda\|_1^2$$

$$\leqslant -\lambda^2 \frac{d}{dt}(G\nabla\tilde{V}^\lambda, \nabla\tilde{V}^\lambda) + \lambda^2 C_s C_g (1 + \|u^\lambda\|_s + \|\partial_t n_1^\lambda\|_{s-1})\|\nabla\tilde{V}^\lambda\|_2^2$$

$$+ \frac{1}{\lambda^2} C_s C_g^2 \Big(\|n_1^\lambda\|_{s-1}^2 (2 + \|u^\lambda\|_s^2 + \|n_1^\lambda\|_s^2) + \|n_1^\lambda\|_{s-1}^2\Big)\|\tilde{v}^\lambda\|_1^2$$

$$\leqslant -\lambda^2 \frac{d}{dt}(G\nabla\tilde{V}^\lambda, \nabla\tilde{V}^\lambda) + \lambda^2 C_s C_g (1 + \|u^\lambda\|_s + \|\partial_t n_1^\lambda\|_{s-1})\|\nabla\tilde{V}^\lambda\|_2^2$$

$$+ C_s C_g^2 \|\lambda\nabla V^\lambda\|_s^2 (1 + \|v^\lambda\|_s^2)\|\tilde{v}^\lambda\|_1^2$$

$$\leqslant -\lambda^2 \frac{d}{dt}(G\nabla\tilde{V}^\lambda, \nabla\tilde{V}^\lambda) + \lambda^2 C_s C_g (1 + |||v^\lambda|||_\lambda)\|\nabla\tilde{V}^\lambda\|_2^2$$

$$+ C_s C_g^2 (1 + |||v^\lambda|||_\lambda^2)|||v^\lambda|||_\lambda^2 \|\tilde{v}^\lambda\|_1^2. \tag{4-157}$$

在最后两个不等式中用到了 (4-144).

于是, 由 (4-155), 结合 (4-156) 和 (4-157), 可得

$$\frac{d}{dt}\|(\tilde{v}^\lambda, \lambda\nabla\widetilde{V}^\lambda)\|_E^2 \leqslant C_s(|S'|_\infty + \sum_{j=1}^d |D_v B|_\infty)|\|v^\lambda\||_\lambda\|\tilde{v}^\lambda\|_{L^2}^2$$

$$+\lambda^2 C_s C_g(1 + \||v^\lambda\||_\lambda)\|\nabla\widetilde{V}^\lambda\|_2^2 + C_s C_g^2(1 + \||v^\lambda\||_\lambda^2)|\|v^\lambda\||_\lambda^2\|\tilde{v}^\lambda\|_1^2. \quad (4\text{-}158)$$

现在我们得到更高阶的能量不等式. 同 (4-155) 一样, 利用矩阵 B_j 的对称性并运用分部积分, 得到 Friedrich 意义下的基本的能量方程

$$\frac{d}{dt}\|D_x^\alpha \tilde{v}^\lambda\|_E^2 = (\text{Div}B(v^\lambda)D_x^\alpha\tilde{v}^\lambda, D_x^\alpha\tilde{v}^\lambda)$$

$$+2(SH_\alpha^{(2)}, D_x^\alpha\tilde{v}^\lambda) + 2(S(n_1^\lambda)D_x^\alpha\widetilde{V}^\lambda, D_x^\alpha\tilde{v}^\lambda), \quad (4\text{-}159)$$

其中 $H_\alpha^{(2)}$ 是由式子

$$H_\alpha^{(2)} = -\sum_{j=1}^d \left(D_x^\alpha(A_j(v^\lambda)\partial_j\tilde{v}^\lambda) - A_j(v^\lambda)\partial_j D_x^\alpha\tilde{v}^\lambda \right)$$

定义的算子. 类似前面, 第一项可以被

$$|(\text{div}B(v^\lambda)D_x^\alpha\tilde{v}^\lambda, D_x^\alpha\tilde{v}^\lambda)| \leqslant C_s(|S'|_\infty + \sum_{j=1}^d |D_v B|_\infty)|\|v^\lambda\||_\lambda\|\tilde{v}^\lambda\|_s^2 \quad (4\text{-}160)$$

确定有界. 标准的换位算子给出

$$2(SH_\alpha^{(2)}, D_x^\alpha\tilde{v}^\lambda)$$

$$\leqslant 2|S|_\infty\|H_\alpha^{(2)}\|_{L^2}\|D_x^\alpha\tilde{v}^\lambda\|_{L^2}$$

$$\leqslant C_s|S|_\infty\sum_{k=0}^s |D_v^k A|_\infty(1 + \||v^\lambda\||_\lambda)^{s-1}\||v^\lambda\||_\lambda\|\tilde{v}^\lambda\|_s^2. \quad (4\text{-}161)$$

对于需要处理的较为复杂的电场项, 应用引理 4.2.1 控制如下. 在引理 4.2.1 取 $a = u^\lambda, \rho = n_1^\lambda, y = \tilde{v}^\lambda, \tau = 0, f_0 = 0, s_1 = s$, 可得

$$2(S(n_1^\lambda)D_x^\alpha\widehat{\nabla\widetilde{V}^\lambda}, D_x^\alpha\tilde{v}^\lambda) = 2(G(n_1^\lambda)D_x^\alpha\nabla\widetilde{V}^\lambda, D_x^\alpha\tilde{u}^\lambda)$$

$$\leqslant -\lambda^2\frac{d}{dt}\left((GD_x^\beta\Delta\widetilde{V}^\lambda, D_x^\beta\Delta\widetilde{V}^\lambda) + (G\nabla\widetilde{V}^\lambda, \nabla\widetilde{V}^\lambda) \right)$$

$$+\lambda^2 C_s C_g(1 + |\partial_t n_1^\lambda|_\infty + |\nabla n_1^\lambda|_\infty\|u^\lambda\|_{s-1} + \|u^\lambda\|_{s-1})\|\nabla\widetilde{V}^\lambda\|_s^2$$

$$+\frac{1}{\lambda^2}C_s C_g^2(\|n_1^\lambda\|_{s-1}^2 + |\nabla n_1^\lambda|_\infty^2(1 + \|n_1^\lambda\|_{s-1}^2 + \|u^\lambda\|_{s-1}^2))\|\tilde{v}^\lambda\|_s^2$$

$$\leqslant -\lambda^2\frac{d}{dt}\left((GD_x^\beta\Delta\widetilde{V}^\lambda, D_x^\beta\Delta\widetilde{V}^\lambda) + (G\nabla\widetilde{V}^\lambda, \nabla\widetilde{V}^\lambda) \right)$$

$$+\lambda^2 C_s C_g(1+\|\partial_t n_1^\lambda\|_{s-1}+\|n_1^\lambda\|_s\|u^\lambda\|_{s-1}+\|u^\lambda\|_{s-1})\|\nabla\widetilde{V}^\lambda\|_s^2$$

$$+\frac{1}{\lambda^2}C_s C_g^2\|n_1^\lambda\|_{s-1}^2(1+\|n_1^\lambda\|_{s-1}^2+\|u^\lambda\|_{s-1}^2)\|\tilde{v}^\lambda\|_s^2$$

$$\leqslant -\lambda^2\frac{d}{dt}\Big((GD_x^\beta\Delta\widetilde{V}^\lambda, D_x^\beta\Delta\widetilde{V}^\lambda)+(G\nabla\widetilde{V}^\lambda, \nabla\widetilde{V}^\lambda)\Big)$$

$$+\lambda^2 C_s C_g(1+\|\partial_t v^\lambda\|_{s-1}+\|v^\lambda\|_s^2+\|v^\lambda\|_{s-1})\|\nabla\widetilde{V}^\lambda\|_s^2$$

$$+C_s C_g^2\|\lambda\nabla V^\lambda\|_s^2(1+\|v^\lambda\|_{s-1}^2)\|\tilde{v}^\lambda\|_s^2$$

$$\leqslant -\lambda^2\frac{d}{dt}\Big((GD_x^\beta\Delta\widetilde{V}^\lambda, D_x^\beta\Delta\widetilde{V}^\lambda)+(G\nabla\widetilde{V}^\lambda, \nabla\widetilde{V}^\lambda)\Big)$$

$$+C_s C_g(1+\||v^\lambda\||_\lambda+\||v^\lambda\||_\lambda^2)\|\lambda\nabla\widetilde{V}^\lambda\|_s^2$$

$$+C_s C_g^2\||v^\lambda\||_\lambda^2(1+\||v^\lambda\||_\lambda^2)\|\tilde{v}^\lambda\|_s^2, \tag{4-162}$$

在这里用到了

$$\|\frac{n_1^\lambda}{\lambda}\|_{s-1}\leqslant\|\lambda\nabla V^\lambda\|_s.$$

于是, 由 (4-159) 以及 (4-160)-(4-162) 可得

$$\frac{d}{dt}\|(D_x^\alpha\tilde{v}^\lambda, \lambda\widehat{D_x^\beta\Delta\widetilde{V}^\lambda}, \lambda\widehat{\nabla\widetilde{V}^\lambda})\|_E^2\leqslant C_s(|S'|_\infty+\sum_{j=1}^d|D_v B|_\infty)\||v^\lambda\||_\lambda\|\tilde{v}^\lambda\|_s^2$$

$$+C_s|S|_\infty\sum_{k=0}^s|D_v^k A|_\infty(1+\||v^\lambda\||_\lambda)^{s-1}\||v^\lambda\||_\lambda\|\tilde{v}^\lambda\|_s^2$$

$$+C_s C_g(1+\||v^\lambda\||_\lambda+\||v^\lambda\||_\lambda^2)\|\lambda\nabla\widetilde{V}^\lambda\|_s^2$$

$$+C_s C_g^2\||v^\lambda\||_\lambda^2(1+\||v^\lambda\||_\lambda^2)\|\tilde{v}^\lambda\|_s^2. \tag{4-163}$$

为得到 (4-152), 剩余的就是建立第一个时间导数的估计.

关于 t 微分 (4-147)-(4-149) 并记 $\overline{v^\lambda}=\partial_t\tilde{v}^\lambda=(\overline{n_1^\lambda}, \overline{u}^\lambda)^{\mathrm{T}}$, $\overline{V^\lambda}=\partial_t V^\lambda$, 可得

$$\partial_t\overline{v^\lambda}+\sum_{j=1}^d A_j(v^\lambda)\partial_j\overline{v^\lambda}=f+\widehat{\nabla\overline{V^\lambda}}, \quad x\in\mathbb{T}^d, t>0; \tag{4-164}$$

$$\lambda^2\Delta\overline{V^\lambda}=\overline{n_1^\lambda}, \int_{\mathbb{T}^d}\overline{V^\lambda}dx=0, \quad x\in\mathbb{T}^d, t>0; \tag{4-165}$$

$$\overline{v^\lambda}(t=0)=\partial_t\tilde{v}^\lambda(t=0)=-\sum_{j=1}^d\big(A_j(v^\lambda)\partial_j\tilde{v}^\lambda\big)(t=0)\in H^{s-1}, \tag{4-166}$$

其中 $f = -\sum_{j=1}^{d} A_j(v^\lambda)_t \partial_j \tilde{v}^\lambda$ 和

$$\bar{A}_j(n_1^\lambda, v^\lambda{}_t) = A_j(v^\lambda)_t = \begin{pmatrix} \partial_t u_j^\lambda & \partial_t n_1^\lambda e_j^{\mathrm{T}} \\ h''(1+n_1^\lambda)\partial_t n_1^\lambda e_j & \partial_t u_j^\lambda I_d \end{pmatrix}.$$

显然除了额外的非齐次源项 f(事实上, 这导致了奇异项的存在), 系统 (4-164)-(4-166) 和 (4-147)-(4-149) 有相同的结构. 因此, 应用推导 (4-163) 一样的过程, 可得, $|\beta| \leqslant s-1$,

$$\frac{d}{dt}\|D_x^\beta \overline{v^\lambda}\|_E^2 \leqslant C_s(|S'|_\infty + \sum_{j=1}^{d} |D_v B|_\infty))\||v^\lambda\||_\lambda \|\overline{v^\lambda}\|_{s-1}^2$$

$$+ C_s|S|_\infty \sum_{k=0}^{s} |D_v^k A|_\infty (1 + \||v^\lambda\||_\lambda)^{s-1} \||v^\lambda\||_\lambda \|\overline{v^\lambda}\|_{s-1}^2$$

$$+ \|\overline{v^\lambda}\|_{s-1}^2 + 4|S|_\infty^2 \|D_x^\beta f\|_{L^2}^2 + 2(S(n_1^\lambda)\widehat{D_x^\beta V^\lambda}, D_x^\beta \overline{v^\lambda}). \quad (4\text{-}167)$$

现在, 我们致力于 (4-167) 右边最后两项的估计.

由 f 的定义, 借助于 Moser 型微分不等式和 Sobolev 引理, 可得

$$\|D_x^\beta f\|_{L^2}^2 = \| - D_x^\beta (A_j(v^\lambda)_t \partial_j \tilde{v}^\lambda)\|_{L^2}^2$$

$$\leqslant C_s(|(A_j(v^\lambda)_t|_\infty^2 \|D_x^{s-1}\partial_j \tilde{v}^\lambda\|_{L^2}^2 + |\partial_j \tilde{v}^\lambda|_\infty^2 \|D_x^{s-1} A_j(v^\lambda)_t\|_{L^2}^2)$$

$$\leqslant C_s\Big(|D_v A_j(v^\lambda)|_\infty^2 |\partial_t v^\lambda|_\infty^2 \|\tilde{v}^\lambda\|_s^2 + |\partial_j \tilde{v}^\lambda|_\infty^2 \|D_x^{s-1}(D_v A_j(v^\lambda)\partial_t v^\lambda)\|_{L^2}^2\Big)$$

$$\leqslant C_s\Big(|D_v A_j(v^\lambda)|_\infty^2 |\partial_t v^\lambda|_\infty^2 \|\tilde{v}^\lambda\|_s^2$$

$$+ |\partial_j \tilde{v}^\lambda|_\infty^2 \big(|D_v A_j(v^\lambda)|_\infty^2 \|D_x^{s-1}\partial_t v^\lambda\|_{L^2}^2 + |\partial_t v^\lambda|_\infty^2 \|D_x^{s-1} D_v A_j(v^\lambda)\|_{L^2}^2\big)\Big)$$

$$\leqslant C_s\Big(|D_v A_j(v^\lambda)|_\infty^2 |\partial_t v^\lambda|_\infty^2 \|\tilde{v}^\lambda\|_s^2 + |\partial_j \tilde{v}^\lambda|_\infty^2 \big(|D_v A_j(v^\lambda)|_\infty^2 \|\partial_t v^\lambda\|_{s-1}^2$$

$$+ |\partial_t v^\lambda|_\infty^2 \sum_{k=1}^{s-1} |D_v^k(D_v A_j(v^\lambda))|_\infty^2 (1 + |\nabla v^\lambda|_\infty)^{2(s-2)} \|D_x^{s-1} v^\lambda\|_{L^2}^2\big)\Big)$$

$$\leqslant C_s\Big(|D_v A_j(v^\lambda)|_\infty^2 \|\partial_t v^\lambda\|_{s-1}^2 \|\tilde{v}^\lambda\|_s^2 + \|\tilde{v}^\lambda\|_s^2 \big(|D_v A_j(v^\lambda)|_\infty^2 \|\partial_t v^\lambda\|_{s-1}^2$$

$$+ \|\partial_t v^\lambda\|_{s-1}^2 \sum_{k=1}^{s-1} |D_v^k(D_v A_j(v^\lambda))|_\infty^2 (1 + \|v^\lambda\|_s)^{2(s-2)} \|v^\lambda\|_{s-1}^2\big)\Big)$$

$$\leqslant C_s \sum_{k=0}^{s-1} |D_v^k(D_v A_j(v^\lambda))|_\infty^2 (1 + \||v^\lambda\||_\lambda^{2(s-2)}) \||v^\lambda\||_\lambda^2 \|\tilde{v}^\lambda\|_s^2. \quad (4\text{-}168)$$

考虑到引理 4.2.1, $s_1 = s - 1 > \dfrac{d}{2} + 2$ (这里需要 $s > \dfrac{d}{2} + 3$), 同 (4-162) 一样, 可得 $|\beta| \leqslant s - 1$,

$$2(S(n_1^\lambda)D_x^\beta \widehat{\nabla V^\lambda}, D_x^\beta \overline{v^\lambda}) = 2(G(n_1^\lambda)D_x^\beta \nabla \overline{V^\lambda}, D_x^\beta \overline{u^\lambda})$$

$$\leqslant -\lambda^2 \frac{d}{dt}\big((GD_x^\gamma \Delta \overline{V^\lambda}, D_x^\gamma \Delta \overline{V^\lambda}) + (G\nabla \overline{V^\lambda}, \nabla \overline{V^\lambda})\big)$$

$$+ \lambda^2 C_s C_g \big(1 + |\partial_t n_1^\lambda|_\infty + |\nabla n_1^\lambda|_\infty \|u\|_{s-2} + \|u\|_{s-2}\big)\|\nabla \overline{V^\lambda}\|_{s-1}^2$$

$$+ \frac{1}{\lambda^2} C_s C_g^2 \big(\|n_1^\lambda\|_{s-2}^2 + |\nabla n_1^\lambda|_\infty^2(1 + \|n_1^\lambda\|_{s-2}^2 + \|u\|_{s-2}^2)\big)\|\overline{v^\lambda}\|_{s-1}^2$$

$$+ \frac{1}{\lambda^2} C_s C_g^2 (1 + |\nabla n_1^\lambda|_\infty^2)\| - (\partial_t n_1^\lambda \operatorname{div} \tilde{u}^\lambda + \partial_t u \cdot \nabla \tilde{n}_1^\lambda)\|_{s-2}^2$$

$$\leqslant -\lambda^2 \frac{d}{dt}\big((GD_x^\gamma \Delta \overline{V^\lambda}, D_x^\gamma \Delta \overline{V^\lambda}) + (G\nabla \overline{V^\lambda}, \nabla \overline{V^\lambda})\big)$$

$$+ \lambda^2 C_s C_g \big(1 + |||v^\lambda|||_\lambda + |||v^\lambda|||_\lambda^2\big)\|\nabla \overline{V^\lambda}\|_{s-1}^2$$

$$+ C_s C_g^2 (1 + |||v^\lambda|||_\lambda^2)\|v^\lambda\|_\lambda^2\|\overline{v^\lambda}\|_{s-1}^2$$

$$+ \frac{1}{\lambda^2} C_s C_g^2 (1 + |\nabla n_1^\lambda|_\infty^2)\|\partial_t n_1^\lambda \operatorname{div} \tilde{u}^\lambda + \partial_t u^\lambda \cdot \nabla \tilde{n}_1^\lambda\|_{s-2}^2. \tag{4-169}$$

现在估计 (4-169) 中的最后一项, 它是一个奇异项, 因为包含乘子 $\dfrac{1}{\lambda^2}$.

$$\frac{1}{\lambda^2} C_s C_g^2 (1 + |\nabla n_1^\lambda|_\infty^2)\|\partial_t n_1^\lambda \operatorname{div} \tilde{u}^\lambda + \partial_t u \cdot \nabla \tilde{n}_1^\lambda\|_{s-2}^2$$

$$\leqslant \frac{1}{\lambda^2} C_s C_g^2 (1 + \|n_1^\lambda\|_s^2)\Big(|\partial_t n_1^\lambda|_\infty^2\|\operatorname{div} \tilde{u}^\lambda\|_{s-2}^2 + |div\tilde{u}^\lambda|_\infty^2\|\partial_t n_1^\lambda\|_{s-2}^2$$

$$+ |\partial_t u|_\infty^2\|\nabla \tilde{n}_1^\lambda\|_{s-2}^2 + |\nabla \tilde{n}_1^\lambda|_\infty^2\|\partial_t u\|_{s-2}^2\Big)$$

$$\leqslant \frac{1}{\lambda^2} C_s C_g^2 (1 + \|n_1^\lambda\|_s^2)\big(\|\partial_t n_1^\lambda\|_{s-2}^2\|\operatorname{div} \tilde{u}^\lambda\|_{s-2}^2$$

$$+ \|\tilde{u}^\lambda\|_s^2\|\partial_t n_1^\lambda\|_{s-2}^2 + \|\partial_t u\|_{s-1}^2\|\tilde{n}_1^\lambda\|_{s-1}^2 + \|\tilde{n}_1^\lambda\|_{s-1}^2\|\partial_t u\|_{s-2}^2\big)$$

$$\leqslant C_s C_g^2 (1 + |||v^\lambda|||_\lambda^2)\big(\|\lambda\partial_t \nabla V^\lambda\|_{s-1}^2\|\tilde{v}^\lambda\|_s^2 + \|\tilde{v}^\lambda\|_s^2\|\lambda\partial_t \nabla V^\lambda\|_{s-1}^2$$

$$+ |||v^\lambda|||_\lambda^2\|\lambda\nabla \widetilde{V}^\lambda\|_s^2 + \|\lambda\nabla \widetilde{V}^\lambda\|_s^2\||v^\lambda|||_\lambda^2\big)$$

$$\leqslant C_s C_g^2 (1 + |||v^\lambda|||_\lambda^2)\|v^\lambda\|_\lambda^2(\|\tilde{v}^\lambda\|_s^2 + \|\lambda\nabla \widetilde{V}^\lambda\|_s^2), \tag{4-170}$$

这里用到了 $\left\|\dfrac{\partial_t n_1^\lambda}{\lambda}\right\|_{s-2} \leqslant \|\lambda\partial_t \nabla V^\lambda\|_{s-1}$ 和 $\left\|\dfrac{\tilde{n}_1^\lambda}{\lambda}\right\|_{s-1} \leqslant \|\lambda\nabla \widetilde{V}^\lambda\|_s$.

于是, 由 (4-169) 和 (4-170) 可得

$$2(S(n_1^\lambda)D_x^\beta \widehat{\overline{\nabla V^\lambda}}, D_x^\beta \overline{v^\lambda})$$

$$\leqslant -\lambda^2 \frac{d}{dt}((GD_x^\gamma \Delta \overline{V^\lambda}, D_x^\gamma \Delta \overline{V^\lambda}) + (G\nabla \overline{V^\lambda}, \nabla \overline{V^\lambda}))$$

$$+\lambda^2 C_s C_g (1 + |||v^\lambda|||_\lambda + |||v^\lambda|||_\lambda^2)\|\nabla \overline{V^\lambda}\|_{s-1}^2$$

$$+C_s C_g^2 (1 + |||v^\lambda|||_\lambda^2)|||v^\lambda|||_\lambda^2 \|\overline{v^\lambda}\|_{s-1}^2$$

$$+C_s C_g^2 (1 + |||v^\lambda|||_\lambda^2)|||v^\lambda|||_\lambda^2 (\|\tilde{v}^\lambda\|_s^2 + \|\lambda \nabla \widetilde{V}^\lambda\|_s^2). \tag{4-171}$$

从而, 由 (4-167)、(4-168) 和 (4-171), 可得

$$\frac{d}{dt}\|(D_x^\beta \overline{v^\lambda}, \lambda D_x^\gamma \widehat{\Delta \overline{V^\lambda}}, \lambda \widehat{\nabla V^\lambda})\|_E^2$$

$$\leqslant C_s (1 + |S'|_\infty + \sum_{j=1}^d |D_v B|_\infty)|||v^\lambda|||_\lambda \|\overline{v^\lambda}\|_{s-1}^2$$

$$+C_s |S|_\infty \sum_{k=0}^s |D_v^k A|_\infty (1 + |||v^\lambda|||_\lambda)^{s-1}|||v^\lambda|||_\lambda \|\overline{v^\lambda}\|_{s-1}^2$$

$$+C_s |S|_\infty^2 \sum_{k=0}^{s-1} |D_v^k(D_v A_j(v^\lambda))|_\infty^2 (1 + |||v^\lambda|||_\lambda^{2(s-2)})|||v^\lambda|||_\lambda^2 \|\tilde{v}^\lambda\|_s^2$$

$$+C_s C_g (1 + |||v^\lambda|||_\lambda + |||v^\lambda|||_\lambda^2)\|\lambda \nabla \overline{V^\lambda}\|_{s-1}^2$$

$$+C_s C_g^2 (1 + |||v^\lambda|||_\lambda^2)|||v^\lambda|||_\lambda^2 \|\overline{v^\lambda}\|_{s-1}^2$$

$$+C_s C_g^2 (1 + |||v^\lambda|||_\lambda^2)|||v^\lambda|||_\lambda^2 (\|\tilde{v}^\lambda\|_s^2 + \|\lambda \nabla \widetilde{V}^\lambda\|_s^2). \tag{4-172}$$

结合 (4-163) 和 (4-172), 有

$$\frac{d}{dt}Q(\tilde{v}^\lambda) \leqslant C_s \left(1 + |S'|_\infty + |D_v B|_\infty\right)|||v^\lambda|||_\lambda(\|\tilde{v}^\lambda\|_s^2 + \|\overline{v^\lambda}\|_{s-1}^2)$$

$$+C_s |S|_\infty \sum_{k=0}^s |D_v^k A|_\infty (1 + |||v^\lambda|||_\lambda)^{s-1}|||v^\lambda|||_\lambda(\|\tilde{v}^\lambda\|_s^2 + \|\overline{v^\lambda}\|_{s-1}^2)$$

$$+C_s C_g (1 + |||v^\lambda|||_\lambda + |||v^\lambda|||_\lambda^2)(\|\lambda \nabla \widetilde{V}^\lambda\|_s^2 + \|\lambda \nabla \overline{V^\lambda}\|_{s-1}^2)$$

$$+C_{p,s} C_g^2 |||v^\lambda|||_\lambda^2 (1 + |||v^\lambda|||_\lambda^2)(\|\tilde{v}^\lambda\|_s^2 + \|\overline{v^\lambda}\|_{s-1})$$

$$+C_s|S|_\infty^2 \sum_{k=0}^{s-1} |D_v^k(D_v A(v^\lambda))|_\infty^2 (1 + |||v^\lambda|||_\lambda^{2(s-2)}) |||v^\lambda|||_\lambda^2 ||\tilde{v}^\lambda||_s^2$$

$$+C_s C_g^2 (1 + |||v^\lambda|||_\lambda^2) |||v^\lambda|||_\lambda^2 (||\tilde{v}^\lambda||_s^2 + ||\lambda\nabla\tilde{V}^\lambda||_s^2)$$

$$\leqslant \tilde{C} |||\tilde{v}^\lambda|||_\lambda^2, \tag{4-173}$$

其中 $\tilde{C}$ 由 (4-154) 给出, 由 (4-173) 可得 (4-152).

步骤 2. 范数 $Q(\tilde{v}^\lambda)$ 与 $|||\tilde{v}^\lambda|||_\lambda^2$ 的等价性

首先, 由定义 $||| \cdot |||_{\lambda,T}$, Sobolev 引理和式 (4-144), 如果 $|||v^\lambda|||_\lambda \leqslant 2M_0$, 则对任意的 $0 < \lambda \leqslant \lambda_0$ 和 $0 < t \leqslant T$ 有

$$|n_1^\lambda|_\infty \leqslant C_s^* ||n_1^\lambda||_{s-1} \leqslant \lambda C_s^* ||\lambda\nabla V^\lambda||_s \leqslant 2M_0\lambda C_s^* \leqslant \frac{1}{2}. \tag{4-174}$$

从而由 (4-174) 我们知道能量范数 $\| \cdot \|_E^2$ 和范数 $\| \cdot \|_{L^2}^2$ 是等价的.

另外, 因为运用 (4-174)、λ_0 的选取和 $s > \dfrac{d}{2} + 2$ 得到

$$(GD_x^\beta\Delta\cdot, D_x^\beta\Delta\cdot) = (GD_x^\alpha\nabla\cdot, D_x^\alpha\nabla\cdot) + \left(\nabla G(D_x^\beta\nabla^2\cdot - D_x^\beta\Delta\cdot), D_x^\beta\nabla\cdot\right) \tag{4-175}$$

和

$$|\nabla G|_\infty \leqslant |G'|_\infty |\nabla n_1^\lambda|_\infty \leqslant c_1 C_s^* 2M_0\lambda \leqslant \frac{c_0}{2}. \tag{4-176}$$

于是由 (4-175) 和 (4-176) 可知范数 $(GD_x^\beta\Delta\cdot, D_x^\beta\Delta\cdot)$ 等价于范数 $(GD_x^\alpha\nabla\cdot, D_x^\alpha\nabla\cdot)$. 因此, 范数 $Q(\tilde{v}^\lambda)$ 和范数 $|||\tilde{v}^\lambda|||_\lambda^2$ 是等价的. 因此可得

$$\frac{d}{dt}Q \leqslant \tilde{C}Q. \tag{4-177}$$

步骤 3. 初值和系数 $\tilde{C}$ 的一致有界性.

直接计算可得

$$Q(t=0) = \frac{1}{h'(1)} |||v^\lambda(t=0)|||_\lambda^2 = \frac{1}{h'(1)} M_0^2. \tag{4-178}$$

另外, 由矩阵 G, S, A, B 的定义, 如果 $|||v^\lambda|||_\lambda \leqslant 2M_0$, 对任意的 $0 < \lambda \leqslant \lambda_0$ 和 $0 < t \leqslant T$ 可知存在仅依赖于 M_0 的常数 c_2 和 c_3, 使得

$$0 < c_0 \leqslant G(n_1^\lambda) \leqslant c_2, \quad |(S(n_1^\lambda), S'(n_1^\lambda), G'(n_1^\lambda))|_\infty \leqslant c_3, \tag{4-179}$$

$$|D_v B|_\infty \leqslant \sup_{||v^\lambda||_s \leqslant 2M_0} |D_v B(v^\lambda)|_\infty,$$

$$\sum_{k=0}^s |D_v^k A|_\infty \leqslant \sup_{||v^\lambda||_s \leqslant 2M_0} |\sum_{k=0}^s D_v^k A(v^\lambda)|_\infty. \tag{4-180}$$

因此, 如果 $|||v^\lambda|||_\lambda \leqslant 2M_0$, 则存在仅依赖于 M_0 但不依赖于 λ 的 Θ, 使得

$$\widetilde{C} \leqslant \Theta. \tag{4-181}$$

由 (4-177)、(4-178) 和 (4-181) 以及 Gronwall 不等式可得

$$\min\{1, c_0\} |||\tilde{v}^\lambda|||_\lambda^2 \leqslant Q \leqslant \frac{1}{h'(1)} M_0^2 e^{\Theta(M_0)T}, \quad 0 < t \leqslant T. \tag{4-182}$$

取 T 使得 $e^{\Theta(M_0)T} = 4h'(1)\min\{1, c_0\}$, 便得到我们的结果. 证毕.

注意由 $\widetilde{C}$ 的具体表达式, 我们知道 $\widetilde{C}$ 只依赖于 v^λ 的界而不依赖于 v^λ 的选取, 同样常数 Θ 和 T 也是如此. 于是, 由引理 4.2.2 可得

命题 4.2.2　　存在仅依赖于初值的 $T > 0$ 和 λ_0, 使得对任意的 $\lambda : 0 < \lambda \leqslant \lambda_0$ 和 $p = 0, 1, \cdots$,

$$|||\tilde{v}^{\lambda,p}|||_{\lambda,T} \leqslant 2M_0,$$

其中

$$M_0 = \|v^\lambda_0\|_s + \|\partial_t v^\lambda(t=0)\|_{s-1}.$$

证明　　我们将应用引理 4.2.2 来证明这个命题.

首先, 由于 $(v^{\lambda,0}, V^{\lambda,0}) = (0, u_0^0)^T, 0)$, 对任意的 $\lambda > 0$ 和任意的 $t > 0$, 有

$$|||v^{\lambda,0}|||_{\lambda,t} = M_0 < 2M_0. \tag{4-183}$$

特别地, 取引理 4.2.2 中给定的 λ_0 和 $T > 0$, 则对任意的 $0 < \lambda \leqslant \lambda_0$ 和任意的 $0 < t \leqslant T$ 有

$$|||v^{\lambda,0}|||_{\lambda,t} = M_0 < 2M_0. \tag{4-184}$$

于是, 由引理 4.2.2, 对任意的 $0 < \lambda \leqslant \lambda_0$ 可得

$$|||v^{\lambda,1}|||_{\lambda,T} \leqslant 2M_0. \tag{4-185}$$

接下来, 假设对任意的 $0 < \lambda \leqslant \lambda_0$,

$$|||v^{\lambda,p}|||_{\lambda,T} \leqslant 2M_0. \tag{4-186}$$

接下来, 将对同一 λ 和 T 表明 $|||v^{\lambda,p+1}|||_{\lambda,T} \leqslant 2M_0$.

因为引理 4.2.2 中的常数 Θ 仅依赖于初值 (更具体地说, 是 v^λ 的界), 而不依赖于 λ 和 v^λ) 的选取以及关于 $v^{\lambda,p}$ 的初值和 p 一样, 重复利用引理 4.2.2 和 $v^\lambda = v^{\lambda,p}, \tilde{v}^\lambda = v^{\lambda,p+1}$ 便得到所要的结果. 证毕.

定理 4.2.1 证明的完成　由命题 4.2.1 可知近似序列 $\{(v^{\lambda,p}, V^{\lambda,p})\}$ 满足 $(v^{\lambda,p}, \nabla V^{\lambda,p}) \in L^{\infty}([0,T]; H^s) \cap C^{0,1}([0,T]; H^{s-1})$ 和系统 (4-147)-(4-149), $v^{\lambda} = v^{\lambda,p}$, $\tilde{v}^{\lambda} = v^{\lambda,p+1}$ 和 $\widetilde{V}^{\lambda} = V^{\lambda,p+1}$, 对 $0 < \lambda \leqslant \lambda_0$ 也满足一致估计

$$\|v^{\lambda,p}\|_{\lambda,T} = \sup_{0 \leqslant t \leqslant T} (\|v^{\lambda,p}\|_s + \|\partial_t v^{\lambda,p}\|_{s-1} + \|\lambda \nabla V^{\lambda,p}\|_s + \|\lambda \partial_t \nabla V^{\lambda,p}\|_{s-1})$$

$$\leqslant 2M_0. \tag{4-187}$$

由 Arzela-Ascoli 定理可知存在

$$(v^{\lambda}, \nabla V^{\lambda}) \in L^{\infty}([0,T]; H^s) \cap C^{0,1}([0,T]; H^{s-1}) \tag{4-188}$$

使得

$$(v^{\lambda,p}, \nabla V^{\lambda,p}) \to (v^{\lambda}, \nabla V^{\lambda}) \text{ 强收敛于} L^{\infty}([0,T]; H^{s-1}), p \to \infty. \tag{4-189}$$

$(v^{\lambda}, V^{\lambda})$ 满足 (4-141)-(4-143) 以及对任意的 $0 < \lambda \leqslant \lambda_0$ 满足

$$\|v^{\lambda}\|_{\lambda,T} \leqslant 2M_0. \tag{4-190}$$

由此得到 (4-109).

　　进一步, 有标准的 Sobolev 内插不等式, 可知

$$(v^{\lambda,p}, \nabla V^{\lambda,p}) \to (v^{\lambda}, \nabla V^{\lambda}) \text{ 一致收敛于} C([0,T]; H^{s-\epsilon}) \text{ 任意的} \epsilon > 0. \tag{4-191}$$

选择 ϵ 使得 $s - \epsilon > \dfrac{d}{2} + 1$, 可以得到对任意的

$$\sum_{j=1}^{d} A_j(v^{\lambda,p}) \partial_j v^{\lambda,p+1} + \widehat{\nabla V^{\lambda,p+1}} \to \sum_{j=1}^{d} A_j(v^{\lambda}) \partial_j v^{\lambda} + \widehat{\nabla V^{\lambda}}$$

一致收敛于 $C([0,T]; H^{s-\epsilon-1})$ $\epsilon > 0$. 于是可得 $\partial_t v^{\lambda} \in C([0,T]; H^{s-\epsilon-1})$.

　　由 Sobolev 引理, 可得 $C([0,T]; H^{s-\epsilon}) \cap C^1([0,T]; H^{s-\epsilon-1}) \subset C^1([0,T] \times \mathbb{T}^d)$, 因此所构造的解 $(v^{\lambda}, V^{\lambda})$ 是经典的. 从而证明了定理 4.2.1 的第一部分.

　　现在证明 Euler-Poisson 系统到不可压的 Euler 方程组.

　　由 (4-109) 和 Poisson 方程, 可得

$$\left\|\frac{n^{\lambda} - 1}{\lambda}\right\|_{s-1} \leqslant \|\lambda \nabla V^{\lambda}\| \leqslant 2M_0, \tag{4-192}$$

$$\left\|\frac{\partial_t n^{\lambda}}{\lambda}\right\|_{s-2} \leqslant \|\lambda \partial_t \nabla V^{\lambda}\| \leqslant 2M_0. \tag{4-193}$$

因此, 当 $\lambda \to 0$,

$$n^\lambda \to 1 \text{ 强收敛于} L^\infty([0,T]; H^{s-1}) \cap C([0,T]; H^{s-1-\epsilon}), \tag{4-194}$$

$$\partial_t n^\lambda \to 0 \text{ 强收敛于} L^\infty([0,T]; H^{s-2}). \tag{4-195}$$

此外, 因为对任意的 $0 < \lambda \leqslant \lambda_0$ 有 $\|u\|_s + \|\partial_t u\|_{s-1} \leqslant 2M_0$, 由 Lions-Aubin 引理, 可知任意的序列 u^λ 有一个子列 (仍然记为 u^λ), 对任意的 $\epsilon > 0$ 其极限为 $u^0 \in L^\infty([0,T]; H^s) \cap C([0,T]; H^{s-\epsilon}), \partial_t u^0 \in L^\infty([0,T]; H^s)$ 并且满足

$$u^\lambda \to u^0 \text{ 弱 } * \text{ 收敛于} L^\infty([0,T]; H^s), \tag{4-196}$$

$$\partial_t u^\lambda \to \partial_t u^0 \text{ 弱 } * \text{ 收敛于} L^\infty([0,T]; H^{s-1}), \tag{4-197}$$

$$u^\lambda \to u^0 \text{ 一致收敛于} C([0,T]; H^{s-\epsilon}), \text{任意的} \epsilon > 0. \tag{4-198}$$

设 $\phi(x,t)$ 是满足 $\operatorname{div} \phi = 0$ 且关于时间 $t \in [0,T]$ 具有紧支集的光滑试验函数. 那么有

$$\int_0^T \int_{\mathbb{T}^d} \phi(\partial_t u^\lambda + u^\lambda \cdot \nabla u) dx dt$$

$$= \int_0^T \int_{\mathbb{T}^d} \phi \cdot \nabla(V^\lambda - P(n^\lambda)) dx dt$$

$$= -\int_0^T \int_{\mathbb{T}^d} \operatorname{div} \phi(V^\lambda - P(n^\lambda)) dx dt = 0. \tag{4-199}$$

进一步, 由 (4-96)、(4-109)、(4-194) 和 (4-195) 可知, 当 $\lambda \to 0$ 时,

$$\operatorname{div} u^\lambda = -\Big(\partial_t n^\lambda + (n^\lambda - 1) \operatorname{div} u^\lambda + u^\lambda \cdot \nabla n^\lambda\Big) \to 0 \tag{4-200}$$

强收敛于 $L^\infty([0,T]; H^{s-2})$.

于是由 (4-196)-(4-200) 可知 $u^0 \in C([0,T]; H^{s-\epsilon})$ 满足具有某些压力函数 p^0 的不可压的 Euler 方程组 (4-105)-(4-107).

现在讨论压力的收敛. 从 (4-97) 和 (4-196)-(4-198) 易得, 当 $\lambda \to 0$ 时,

$$\nabla(V^\lambda - P(n^\lambda)) = \partial_t u^\lambda + u^\lambda \cdot \nabla u^\lambda \rightharpoonup \partial_t u^0 + u^0 \cdot \nabla u^0 = \nabla p^0 \tag{4-201}$$

弱 $*$ 收敛于 $L^\infty([0,T]; H^{s-1})$. 从 (4-194) 和 (4-201), 我们立即推出当 $\lambda \to 0$ 时,

$$\nabla V^\lambda \to \nabla p^0 \text{ 弱 } * \text{ 收敛于} L^\infty([0,T]; H^{s-1}). \tag{4-202}$$

由 (4-194)-(4-198), (4-200) 与 (4-202), 得到 (4-110).

剩下的就是要证明 $u^0 \in C^1([0,T] \times \mathbb{T}^d)$. 假设 $\bar{u}$ 是具有满足 $\int_{\mathbb{T}^d} \bar{p} dx = 0$ 的压力 $\bar{p}$ 的不可压 Euler 方程 (4-105)-(4-107) 的任一经典解, 我们将证明 $u^0 = \bar{u}$. 为此, 引入调整能量函数

$$H_{\bar{u}}^\lambda(t) = \int_{\mathbb{T}^d} \left(\frac{1}{2} n^\lambda |u^\lambda - \bar{u}|^2 + \frac{\lambda^2}{2} |\nabla V^\lambda|^2 + \frac{a^2}{\gamma-1} ((n^\lambda)^\gamma - \gamma n^\lambda + \gamma - 1) \right) dx.$$

从 (4-96)-(4-98) 很容易得到能量守恒律

$$\frac{d}{dt} \int_{\mathbb{T}^d} \left(\frac{1}{2} n^\lambda |u^\lambda|^2 + \frac{\lambda^2}{2} |\nabla V^\lambda|^2 + \frac{a^2}{\gamma-1} (n^\lambda)^\gamma \right) dx = 0. \tag{4-203}$$

由 (4-96)-(4-98), (4-203) 和关于 $\bar{u}$ 的方程, 直接计算可得

$$\frac{d}{dt} H_{\bar{u}}^\lambda(t) = - \int_{\mathbb{T}^d} D\bar{u} : n^\lambda (u^\lambda - \bar{u}) \otimes (u^\lambda - \bar{u}) dx$$
$$- \int_{\mathbb{T}^d} n^\lambda \bar{u} \cdot \nabla V^\lambda dx - \int_{\mathbb{T}^d} (n^\lambda u^\lambda - n^\lambda \bar{u}) \nabla \bar{p} dx, \tag{4-204}$$

$$- \int_{\mathbb{T}^d} n^\lambda \bar{u} \cdot \nabla V^\lambda dx = - \int_{\mathbb{T}^d} (n^\lambda - 1) \bar{u} \cdot \nabla V^\lambda dx$$
$$= -\lambda^2 \int_{\mathbb{T}^d} \Delta V^\lambda \bar{u} \cdot \nabla V^\lambda dx$$
$$= \lambda^2 \int_{\mathbb{T}^d} D\bar{u} : \nabla V^\lambda \otimes \nabla V^\lambda dx + \frac{\lambda^2}{2} \int_{\mathbb{T}^d} \bar{u} \cdot \nabla |\nabla V^\lambda|^2 dx$$
$$= \lambda^2 \int_{\mathbb{T}^d} D\bar{u} : \nabla V^\lambda \otimes \nabla V^\lambda dx. \tag{4-205}$$

从 (4-96) 和 (4-192)-(4-193) 可得

$$- \int n^\lambda u \cdot \nabla \bar{p} dx = \int \mathrm{div}\, (n^\lambda u^\lambda) \bar{p} dx$$
$$= - \int \partial_t n^\lambda \bar{p} dx \leqslant |\bar{p}|_\infty |\partial_t n^\lambda|_\infty |\mathbb{T}^d|$$
$$\leqslant C_s |\bar{p}|_\infty \|\partial_t n^\lambda\|_{s-2} |\mathbb{T}^d| \leqslant 2M_0 C_s |\bar{p}|_\infty |\mathbb{T}^d| \lambda, \tag{4-206}$$

$$- \int n^\lambda \bar{u} \cdot \nabla \bar{p} dx$$
$$= \int \mathrm{div}\, (n^\lambda - 1) \bar{u} \bar{p} dx \leqslant |\bar{u}\bar{p}|_\infty |n^\lambda - 1|_\infty |\mathbb{T}^d|$$
$$\leqslant C_s |\bar{u}\bar{p}|_\infty \|n^\lambda - 1\|_{s-1} |\mathbb{T}^d| \leqslant 2M_0 C_s |\bar{u}\bar{p}|_\infty |\mathbb{T}^d| \lambda. \tag{4-207}$$

于是, 由 (4-204)-(4-207) 和 Sobolev 引理, 我们知道存在仅依赖于 Sobolev 常数和 $\bar{u}, \bar{p}$ 的常数 $C_0(\bar{u}, \bar{p})$, 使得

$$\frac{d}{dt} H_{\bar{u}}^{\lambda}(t) \leqslant |D\bar{u}|_{\infty} H_{\bar{u}}^{\lambda}(t) + C_0(\bar{u}, \bar{p})\lambda. \qquad (4\text{-}208)$$

直接计算可得

$$H_{\bar{u}}^{\lambda}(t = 0) = 0. \qquad (4\text{-}209)$$

由 (4-208) 和 (4-209), 以及 Gronwall 引理可得

$$\lim_{\lambda \to 0} H_{\bar{u}}^{\lambda}(t) \to 0, \quad \text{当 } \lambda \to 0. \qquad (4\text{-}210)$$

从 (4-194), (4-198) 和 (4-210) 也有

$$\frac{1}{2} \int_{\mathbb{T}^d} |u^0 - \bar{u}^{\lambda}|^2 dx = \lim_{\lambda \to 0} \int_{\mathbb{T}^d} \frac{1}{2} n^{\lambda} |u^{\lambda} - \bar{u}^{\lambda}|^2 dx \leqslant \lim_{\lambda \to 0} H_{\bar{u}}^{\lambda}(t) = 0, \text{当} \lambda \to 0.$$

从而得到 $u^0 = \bar{u}$. 因为 $\bar{u}$ 是经典的, 从而 u^0 也是经典的. 定理 4.2.1 证毕.

注 4.2.11 在关于初值有更多的假设的情况下, 可以得到更强的估计. 即, 如果假设 $\sum_{k=0}^{l} \|\partial_t^k(v^{\lambda} + \lambda \nabla V^{\lambda})(t=0)\|_{s-k} \leqslant C$ 关于 λ 是一致的, $s > \frac{d}{2} + k + 3$, 那么 $\sum_{k=0}^{l} \|\partial_t^k(v^{\lambda} + \lambda \nabla V^{\lambda})(t)\|_{s-k} \leqslant C$. 特别地, 如果有 $\text{div } u_0^0 = 0$ 和 $\sum_{i,j=1}^{d} \partial_j u_{0i}^0 \partial_i u_{0j}^0 = 0$, 那么 $\sum_{k=0}^{2} \|\partial_t^k(v^{\lambda} + \lambda \nabla V^{\lambda})(t)\|_{s-k} \leqslant C$. 这种情况下, 可以简化关于 u^0 的正则性的证明. 事实上, 由 Lions-Aubin 引理, 可得

$$\partial_t u^{\lambda} \to \partial_t u^0 \text{ 一致收敛于} C([0, T], H^{s-\epsilon-1}(\mathbb{T}^d)), \quad \text{任意的 } \epsilon > 0,$$

再由 (4-198) 可得, 对任意的 $\epsilon > 0$ 有

$$u^0 \in C([0, T], H^{s-\epsilon}(\mathbb{T}^d)) \cap C^1([0, T], H^{s-\epsilon-1}(\mathbb{T}^d)).$$

因此, 由 Sobolev 引理并选取 ϵ 使得 $s - \epsilon - 1 > \frac{d}{2} + 1 s > \frac{d}{2} + 3$, 可得 $u^0 \in C^1([0, T] \times \mathbb{T}^d)$.

注 4.2.12 上述方法加上 Stokes 方程的存在理论可以应用到不可压的 Navier-Stokes 方程组到不可压的 Euler 方程组的粘性消失极限. 关于其他经典的证明, 详见 [78, 134].

定理 4.2.2 的证明　　在这一子部分, 我们将运用奇异摄动的渐近展开方法和精细的经典能量方法来证明定理 4.2.2. 首先通过奇异摄动的渐近展开方法来推导误差方程组.

令 $n^\lambda = 1 + \lambda n_2^\lambda$, $u = u^0 + \lambda u_1^\lambda$ 和 $V^\lambda = p^0 + \lambda V_1^\lambda$, 那么 $(n_2^\lambda, u_1^\lambda, V_1^\lambda)$ 满足

$$\partial_t n_2^\lambda + \mathrm{div} u_1^\lambda + u^0 \cdot \nabla n_2^\lambda + \lambda \mathrm{div}(n_2^\lambda u_1^\lambda) = 0, \tag{4-211}$$

$$\partial_t u_1^\lambda + h'(1 + \lambda n_2^\lambda)\nabla n_2^\lambda + u^0 \cdot \nabla u_1^\lambda + u_1^\lambda \cdot \nabla u^0 + \lambda u_1^\lambda \cdot \nabla u_1^\lambda = \nabla V_1^\lambda, \tag{4-212}$$

$$\lambda^2 \Delta V_1^\lambda = \lambda \Delta p^0 + n_2^\lambda, \quad \int_{\mathbb{T}^d} V_1^\lambda dx = 0, \quad x \in \mathbb{T}^d, t > 0, \tag{4-213}$$

$$(n_2^\lambda, u_1^\lambda)(t = 0) = (0, \tilde{u}_0^\lambda), \tag{4-214}$$

其中 $x \in \mathbb{T}^d, t > 0$. 记 $v^\lambda{}_1 = (n_2^\lambda, u_1^\lambda)^{\mathrm{T}}$, 对 $x \in \mathbb{T}^d, t > 0,$, 可以把 (4-211)-(4-214)写成

$$\mathcal{L}(t, x, u^0, v^\lambda{}_1, \lambda)v^\lambda{}_1 = \partial_t v^\lambda{}_1 + \sum_{j=1}^d \tilde{A}_j(\lambda, u^0, v^\lambda{}_1)\partial_j v^\lambda{}_1 + \widehat{u_1^\lambda \cdot \nabla u^0}$$

$$= \widehat{\nabla V_1^\lambda}, \tag{4-215}$$

$$\lambda^2 \Delta V^\lambda = \lambda \Delta p^0 + n_2^\lambda, \int_{\mathbb{T}^d} V^\lambda dx = 0, \tag{4-216}$$

$$v^\lambda{}_1(t = 0) = v^\lambda{}_{10} = (0, \tilde{u}_0^\lambda)^{\mathrm{T}}, \tag{4-217}$$

其中 $\tilde{A}_j(\lambda, u^0, v^\lambda{}_1) = \tilde{A}_j(u^0) + \lambda \tilde{A}_j(\lambda, v^\lambda{}_1)$,

$$\tilde{A}_j(u^0) = \begin{pmatrix} u_j^0 & e_j^{\mathrm{T}} \\ h'(1)e_j & u_j^0 I_d \end{pmatrix}, \quad \tilde{A}_j(\lambda, v^\lambda{}_1) = \begin{pmatrix} u_{1j}^\lambda & n_2^\lambda e_j^{\mathrm{T}} \\ \dfrac{h'(1 + \lambda n_2^\lambda) - h'(1)}{\lambda}e_j & u_{1j}^\lambda I_d \end{pmatrix},$$

$\tilde{A}_j(\lambda, u^0, v^\lambda{}_1)$ 可以被对

$$\tilde{S}(n_1^\lambda) = \begin{pmatrix} 1 & O^{\mathrm{T}} \\ O, & G(\lambda n_2^\lambda)I_d \end{pmatrix},$$

对称化, 其中对称子是对称的和正定的, 这是因为对所有的 $s : |s| \leqslant \dfrac{1}{2}$ 都有

$$G(s) = \frac{1 + s}{h'(1 + s)} > 0.$$

另外, 记 $\tilde{S}\tilde{A}_j = \tilde{B}_j$, 其中

$$\tilde{B}_j(v^\lambda) = \begin{pmatrix} u_j^0 + \lambda u_{1j}^\lambda & (1 + \lambda n_2^\lambda)e_j^{\mathrm{T}} \\ (1 + \lambda n_2^\lambda)e_j & G(\lambda n_1^\lambda)(u_j^0 + \lambda u_{1j}^\lambda)I_d \end{pmatrix}.$$

注意到在"误差"方程组 (4-215)-(4-217) 中的系数 $\tilde{A}_j(\lambda, u^0, v^\lambda{}_1)$ 被分成零阶 $O(\lambda^0)$ 和一阶 $O(\lambda)$, 自然地就考虑下述耦合了 Poisson 方程的线性双曲系统:

$$\mathcal{L}^*(t, x, u^0)\overline{v^\lambda{}_1} = \partial_t \overline{v^\lambda{}_1} + \sum_{j=1}^d \tilde{A}_j(u^0)\partial_j \overline{v^\lambda{}_1} + \overline{u_1} \cdot \widehat{\nabla u^0}$$

$$= \widehat{\overline{\nabla V_1^\lambda}}, \quad x \in \mathbb{T}^d, t > 0, \tag{4-218}$$

$$\lambda^2 \Delta \overline{V_1^\lambda} = \lambda \Delta p^0 + \overline{n_2^\lambda}, \quad \int_{\mathbb{T}^d} \overline{V_1^\lambda} dx = 0, \quad x \in \mathbb{T}^d, t > 0, \tag{4-219}$$

$$\overline{v^\lambda{}_1}(t = 0) = v^\lambda{}_{10} = (0, \tilde{u}_0^\lambda)^{\mathrm{T}}, \quad x \in \mathbb{T}^d, \tag{4-220}$$

其中, $\overline{v^\lambda{}_1} = (\overline{n_2^\lambda}, \overline{u_1^\lambda})$. 这个系统恰好就是声波的线性对称双曲系统和 Poisson 方程的一个耦合. 此外, 由矩阵 $\tilde{A}(u^0)$ 的定义, $\tilde{A}(u^0)$ 可以被常数的对角阵对称化. 根据注 4.2.10 , 估计 (4-117) 没有出现奇异项. 从而, 通过和引理 4.2.2 一样的估计, 结合线性双曲系统与 Poisson 方程耦合的理论, 这个理论可以通过压缩影像的方法证明见 [91], 可得

命题 4.2.3　假设 $\tilde{u}_0^\lambda \in H^{s+1}, s > \dfrac{d}{2} + 2$, 并对一些常数 M_1, $\|\tilde{u}_0^\lambda\|_{s+1} \leqslant M_1$ 关于一致成立. 则对任意的 $T_0 < T_*$, 存在一个不依赖于 λ 的常数 $C_1(T_0)$, 使得 (4-218)-(4-220) 的经典光滑解 $(\overline{v^\lambda{}_1}, \overline{V_1^\lambda})$ 满足

$$\|\overline{v^\lambda{}_1}\|_{s+1} + \|\lambda \nabla \overline{V_1^\lambda}(t, \cdot)\|_{s+1} \leqslant C_1(T_0),$$

$$\|\partial_t \overline{n_2^\lambda}(t, \cdot)\|_s \leqslant C_1(T_0), \quad 0 \leqslant t \leqslant T_0. \tag{4-221}$$

命题 4.2.3 的证明　命题 4.2.2 的证明与引理 4.2.2 的证明类似, 事实上更加简单. 因此略去其中的细节. 应该提到在这里我们需要好准备的初值条件 $\overline{n_{20}^\lambda} = n_2^\lambda(t = 0) = 0$ 以保证 $\|\lambda \nabla \overline{V_1^\lambda}(t = 0, \cdot)\|_{s+1}$ 的一致有界.

下面在子部分定理 4.2.1 的证明中, 引入集合, S^λ, 其中的函数都属于 $L^\infty([0, T]; H^s) \cap C^{0,1}([0, T]; H^{s-1})$, $s > \dfrac{d}{2} + 2$, 满足 $v^\lambda{}_1(x, t = 0) = v^\lambda{}_0$ 和

$$\|v^\lambda{}_1 - \overline{v^\lambda{}_1}\|_s + \|\lambda \nabla(V_1^\lambda - \overline{V_1^\lambda})\|_s \leqslant \tilde{M}(T_0)\lambda, \tag{4-222}$$

$$\|\partial_t(n_2^\lambda - \overline{n_2^\lambda})\|_{s-1} \leqslant \tilde{M}(T_0), \tag{4-223}$$

其中 $\tilde{M}(T_0)$ 为稍后选取的适当常数.

我们想要证明 (4-215)-(4-217) 对于适当的 $\tilde{M}(T_0)$ 和 λ 有一个光滑解满足 $(v^\lambda{}_1, \nabla V^\lambda) \in S^\lambda$. 这样就可以得到想要的且在定理 4.2.2 中已经陈述过的估计.

同平常一样, 在这个框架中, 要在估计中确定常数 $\tilde{M}(T_0)$ 的条件. 我们将要看到, 常数 $\tilde{M}(T_0)$ 仅依赖于命题 4.2.2 中所给的 u^0 和 $C_1(T_0)$. 对于给定的 $\tilde{M}(T_0)$, 最终将给出一个关于 λ 的有限限制数. 首先, 关于 λ 的第一个限定是需要

$$\lambda |n_2^\lambda|_\infty \leqslant \lambda C_s^* \|n_2^\lambda\|_s \leqslant \lambda C_s^* (\|n_2^\lambda - \overline{n_2^\lambda}\|_s + \|\overline{n_2^\lambda}\|_s)$$

$$\leqslant \lambda C_s^* (\lambda \tilde{M}(T_0) + C_1(T_0)) \leqslant \lambda C_s^* (1 + C_1(T_0)) \leqslant \frac{1}{2}, \tag{4-224}$$

这一点可以得到保证, 如果 λ 满足 $\lambda \tilde{M}(T_0) \leqslant 1$ 和 $\lambda C_s^* (1 + C_1(T_0)) \leqslant \frac{1}{2}$.

现在令 $w = (w_0^\lambda, w_*)^{\mathrm{T}} = v^\lambda_1 - \overline{v^\lambda_1}$ 和 $Z^\lambda = V_1^\lambda - \overline{V_1^\lambda}$. 则可得

$$\mathcal{L}(t, x, u^0, w + \overline{v^\lambda_1}, \lambda)w$$

$$= \partial_t w + \sum_{j=1}^d \tilde{A}_j(\lambda, u^0, w + \overline{v^\lambda_1})\partial_j w + \widehat{w_* \cdot \nabla u^0}$$

$$= \widehat{\nabla Z^\lambda} + \lambda g(w + \overline{v^\lambda_1}, \overline{v^\lambda_1}), \quad x \in \mathbb{T}^d, t > 0, \tag{4-225}$$

$$\lambda^2 \Delta Z^\lambda = w_0^\lambda, \quad \int_{\mathbb{T}^d} Z^\lambda dx = 0, \quad x \in \mathbb{T}^d, t > 0, \tag{4-226}$$

$$w(t = 0) = 0, \quad x \in \mathbb{T}^d, \tag{4-227}$$

其中 $g(v^\lambda_1, \overline{v^\lambda_1}) = -\tilde{A}_j(\lambda, \overline{v^\lambda_1})\widehat{\partial_j \overline{v^\lambda_1}}$.

现在考虑迭代

$$(w^{\lambda,0}, Z^{\lambda,0}) = 0, \tag{4-228}$$

$$(w^{\lambda,p+1}, Z^{\lambda,p+1}) = \Phi((w^{\lambda,p}, Z^{\lambda,p})), w^{\lambda,p+1} = (w_0^{\lambda,p+1}, w_*^{\lambda,p+1})^{\mathrm{T}}, \tag{4-229}$$

其中, $\tilde{\Phi}$ 将向量 $(w^\lambda, Z^\lambda) = ((w_0^\lambda, w_*)^{\mathrm{T}}, Z^\lambda)$ 映射到下述线性 Euler-Poisson 系统的解 $(\widetilde{w}_1^\lambda, \widetilde{Z^\lambda}) = ((\widetilde{w}_0^\lambda, \widetilde{w}_*^\lambda)^{\mathrm{T}}, \widetilde{Z^\lambda})$

$$\mathcal{L}(t, x, u^0, w + \overline{v^\lambda_1}, \lambda)\widetilde{w^\lambda}$$

$$= \partial_t \widetilde{w^\lambda} + \sum_{j=1}^d \tilde{A}_j(\lambda, u^0, w^\lambda + \overline{v^\lambda_1})\partial_j \widetilde{w^\lambda} + \widehat{w^\lambda \cdot \nabla u^0}$$

$$= \widehat{\nabla \widetilde{Z^\lambda}} + \lambda g(w^\lambda + \overline{v^\lambda_1}, \overline{v^\lambda_1}), \quad x \in \mathbb{T}^d, t > 0, \tag{4-230}$$

$$\lambda^2 \Delta \widetilde{Z^\lambda} = \widetilde{w}_0^\lambda, \quad \int_{\mathbb{T}^d} \widetilde{Z^\lambda} dx = 0, \quad x \in \mathbb{T}^d, t > 0, \tag{4-231}$$

$$\widetilde{w^\lambda}(t=0)=0, \quad x \in \mathbb{T}^d. \tag{4-232}$$

同前面一样, 我们将在一些加权的高阶 Sobolev 范数意义下通过序列 $(w^{\lambda,p}, Z^{\lambda,p})$ 的一致有界来证明近似序列 $(w^{\lambda,p}, Z^{\lambda,p})$ 的收敛性.

现在开始建立对序列 $(w^{\lambda,p}, Z^{\lambda,p})$ 的估计.

引理 4.2.3　对任意的 $T_0 < T_*$, 存在常数 $\tilde{M}(T_0) > 0$ 和 $\lambda_0(T_0) > 0$ 使得对任意的 $0 < \lambda \leqslant \lambda_0$ 和 $p = 0, 1, \cdots,$

$$\|w^{\lambda,p}\|_s + \|\lambda \nabla Z^{\lambda,p}\|_s \leqslant \tilde{M}(T_0)\lambda, \quad \|\partial_t w^{\lambda,p}\|_{s-1} \leqslant \tilde{M}(T_0). \tag{4-233}$$

证明　首先, 由于 $(w^{\lambda,0}, Z^{\lambda,0}) = 0$, 可知对任意的 $\tilde{M}(T_0) > 0$ 和 $\lambda > 0$ 有

$$\|w^{\lambda,0}\|_s + \|\lambda \nabla Z^{\lambda,0}\|_s \leqslant \tilde{M}(T_0)\lambda, \|\partial_t w^{\lambda,0}\|_{s-1} \leqslant \tilde{M}(T_0). \tag{4-234}$$

现在假设存在一个 $\tilde{M}(T_0)$ 和一个 $\lambda_0(T_0)$ 使得对 $0 < \lambda \leqslant \lambda_0$ 成立

$$\|w^{\lambda,p}\|_s + \|\lambda \nabla Z^{\lambda,p}\|_s \leqslant \tilde{M}(T_0)\lambda, \quad \|\partial_t w^{\lambda,p}\|_{s-1} \leqslant \tilde{M}(T_0), \quad 0 \leqslant t \leqslant T_0, \tag{4-235}$$

我们将证明对 $0 < \lambda \leqslant \lambda_0$ 有

$$\|w^{\lambda,p+1}\|_s + \|\lambda \nabla Z^{\lambda,p+1}\|_s$$
$$\leqslant \tilde{M}(T_0)\lambda, \|\partial_t w_0^{\lambda,p}\|_{s-1} \leqslant \tilde{M}(T_0), \quad 0 \leqslant t \leqslant T_0. \tag{4-236}$$

记 $w^{\lambda,p} = w, w^{\lambda,p+1} = \widetilde{w^\lambda}, Z^{\lambda,p} = Z^\lambda, Z^{\lambda,p+1} = \widetilde{Z^\lambda}$, 于是由假设 (4-235) 知 $(w, \widetilde{w^\lambda}, Z^\lambda, \widetilde{Z^\lambda})$ 满足 (4-230)-(4-232) 和 n_2^λ 满足 (4-224).

显然, 如果 $\|(w^{\lambda,p+1}, \lambda \nabla Z^{\lambda,p+1})\| \leqslant \tilde{M}(T_0)\lambda \leqslant 1$, 则由 (4-230), 运用微积分不等式易知存在一个常数 t $C_2(T_0)$ 使得对任意的 $0 < \lambda \leqslant 1$ 有

$$\|\partial_t w^{\lambda,p+1}\|_{s-1} \leqslant C_2(T_0), \quad 0 \leqslant t \leqslant T_0. \tag{4-237}$$

于是, 只需证明

$$\|w^{\lambda,p+1}\|_s + \|\lambda \nabla Z^{\lambda,p+1}\|_s \leqslant \tilde{M}(T_0)\lambda. \tag{4-238}$$

另外, 由 Poisson 方程可知

$$\lambda^2 \|\partial_t \nabla \widetilde{Z^\lambda}\|_{s-1} \leqslant 3\|\tilde{w}_0^\lambda\|_{s-1} \leqslant 3C_2(T_0). \tag{4-239}$$

现在确定 $\tilde{M}(T_0)$ 和 $\lambda_0(T_0)$.

同 (4-159) 一样, Friedrich 的标准能量估计蕴含着

$$\frac{d}{dt}\|D_x^\alpha \widetilde{w^\lambda}\|_E^2 = (\text{Div}\tilde{B}(u^0, w^\lambda + \overline{v^\lambda}_1)D_x^\alpha \widetilde{w^\lambda}, D_x^\alpha \widetilde{w^\lambda}) + 2(\tilde{S}H_\alpha^{(3)}, D_x^\alpha \widetilde{w^\lambda})$$

$$-2(\tilde{S}\widetilde{D_x^\alpha w^\lambda}_* \cdot \nabla u^0, D_x^\alpha \widetilde{w^\lambda}) - 2(\tilde{S}H_\alpha^{(4)}, D_x^\alpha \widetilde{w^\lambda})$$

$$+2\lambda(\tilde{S}D_x^\alpha g, D_x^\alpha \widetilde{w^\lambda}) + 2(\tilde{S}D_x^\alpha \widetilde{Z^\lambda}, D_x^\alpha \widetilde{w^\lambda}), \tag{4-240}$$

其中 $H_\alpha^{(k)}, k = 2, 3$ 是由下式定义的算子

$$H_\alpha^{(3)} = -\sum_{j=1}^d \left(D_x^\alpha(\tilde{A}_j(\lambda, u^0, w^\lambda + \overline{v^\lambda}_1)\partial_j \widetilde{w^\lambda}) - A_j(\lambda, u^0, w^\lambda + \overline{v^\lambda}_1)\partial_j D_x^\alpha \widetilde{w^\lambda} \right)$$

和

$$H_\alpha^{(4)} = D_x^\alpha(\widetilde{w^\lambda}_* \cdot \nabla u^0) - \widetilde{D_x^\alpha w^\lambda}_* \cdot \nabla u^0.$$

对于方程 (4-240) 右边第一项中系数 $\text{Div}\tilde{B} = \partial_t \tilde{S} + \partial_j \tilde{B}_j$ 中的奇性最强的项, 有

$$|\partial_t \tilde{S}|_{L_x^2} \leqslant |G'(\lambda n_2^\lambda)|_\infty \lambda |\partial_t n_2^\lambda|_\infty \leqslant C_s^* \sup_{|s| \leqslant \frac{1}{2}} |G'(s)|\lambda \|\partial_t n_2^\lambda\|_{s-1}$$

$$\leqslant C_s^* \sup_{|s| \leqslant \frac{1}{2}} |G'(s)|\lambda(\|\partial_t(n_2^\lambda - \overline{n_2^\lambda})\|_{s-1} + \|\partial_t \overline{n_2^\lambda}\|_{s-1})$$

$$= C_s^* \sup_{|s| \leqslant \frac{1}{2}} |G'(s)|\lambda(\|\partial_t w_0^\lambda\|_{s-1} + \|\partial_t \overline{n_2^\lambda}\|_{s-1})$$

$$\leqslant C_s^* \sup_{|s| \leqslant \frac{1}{2}} |G'(s)|\lambda(\tilde{M}(T_0) + C_1(T_0))$$

$$\leqslant C_s^* \sup_{|s| \leqslant \frac{1}{2}} |G'(s)|(1 + \lambda C_1(T_0))$$

$$\leqslant C_s^* \sup_{|s| \leqslant \frac{1}{2}} |G'(s)|(1 + C_1(T_0)).$$

于是, 由 Sobolev 引理, $\lambda \leqslant 1$, $\|w\|_s \leqslant \lambda\tilde{M}(T_0) \leqslant 1$, $\|\partial_t w^\lambda\|_{s-1} \leqslant \tilde{M}(T_0)$, $\|\overline{v^\lambda}_1\|_{s+1} \leqslant C_1(T_0)$ 以及 (4-224) 可知

$$|\text{Div}\tilde{B}|_\infty \leqslant C_3(T_0).$$

这里和以后 $C_3(T_0)$ 表示一个仅依赖于 u^0 和 $C_1(T_0)$ 而不依赖于 λ 的在同一证明中可能取值不同的常数.

因此可得

$$(\text{Div}\tilde{B}(u^0, w^\lambda + \overline{v^\lambda}_1)D_x^\alpha |\partial_t \tilde{S}|_{L_x^2} \widetilde{w^\lambda}, D_x^\alpha \widetilde{w^\lambda}) \leqslant C_3(T_0)\|\widetilde{w^\lambda}\|_s^2. \tag{4-241}$$

由对算子通常的估计可知

$$2(\tilde{S}H_\alpha^{(3)}, D_x^\alpha \widetilde{w^\lambda}) \leqslant C_3(\|u^0\|_s, \|v^\lambda\|_s)\|\widetilde{w^\lambda}\|_s^2$$
$$\leqslant C_3(\|u^0\|_s, 1 + C_1(T_0))\|\widetilde{w^\lambda}\|_s^2 \tag{4-242}$$

和

$$-2(\tilde{S}H_\alpha^{(4)}, D_x^\alpha \widetilde{w^\lambda}) \leqslant C_3(\|u^0\|_{s+1})\|\widetilde{w^\lambda}\|_s^2. \tag{4-243}$$

这里用到了 $s > \dfrac{d}{2} + 2$ and $\|v^\lambda\|_s = \|w^\lambda + \overline{v^\lambda_1}\|_s \leqslant 1 + C_1(T_0)$ 和 $\|u^0\|_{s+1}$ 的有界性. 同样可得

$$-2(\tilde{S}\widetilde{D_x^\alpha w^\lambda}_* \cdot \nabla u^0, D_x^\alpha \widetilde{w^\lambda}) \leqslant 2|\tilde{S}|_\infty |\nabla u^0|_\infty \|\widetilde{w^\lambda}\|_s^2$$
$$\leqslant 2 \sup_{|s| \leqslant \frac{1}{2}} |\tilde{S}| C_s^* \|u^0\|_s \|\widetilde{w^\lambda}\|_s^2$$
$$\leqslant C_3(T_0)\|\widetilde{w^\lambda}\|_s^2 \tag{4-244}$$

和

$$2\lambda(\tilde{S}D_x^\alpha g, D_x^\alpha \widetilde{w^\lambda})$$
$$= 2\lambda(\tilde{S}D_x^\alpha(\tilde{A}_j(\lambda, v^\lambda_1)\partial_j \overline{v^\lambda_1}), D_x^\alpha \widetilde{w^\lambda})$$
$$\leqslant \|\widetilde{w^\lambda}\|_s^2 + 4\lambda^2 |\tilde{S}|_\infty^2 \|D_x^\alpha(\tilde{A}_j(\lambda, v^\lambda_1)\partial_j \overline{v^\lambda_1})\|_{L^2}^2$$
$$\leqslant \|\widetilde{w^\lambda}\|_s^2 + \lambda^2 (\sup_{|s| \leqslant \frac{1}{2}} |\tilde{S}|)^2 C_s (|\tilde{A}_j(\lambda, v^\lambda_1)|_\infty \|\partial_j \overline{v^\lambda_1}\|_s + |\partial_j \overline{v^\lambda_1}|_\infty \|D_x^s \tilde{A}_j(\lambda, v^\lambda_1)\|_{L^2})^2$$
$$\leqslant \|\widetilde{w^\lambda}\|_s^2 + \lambda^2 C_3(\|\overline{v^\lambda_1}\|_{s+1}, \|v^\lambda_1\|_s)$$
$$\leqslant \|\widetilde{w^\lambda}\|_s^2 + \lambda^2 C_3(C_1(T_0), 1 + C_1(T_0))$$
$$\leqslant \|\widetilde{w^\lambda}\|_s^2 + \lambda^2 C_3(T_0). \tag{4-245}$$

现在利用引理 4.2.1 来估计 (4-240) 中奇性最强的项. 在引理 4.2.1 中取 $a = u^0 + \lambda u_1, u_1 = w_* + \overline{u_1}, \rho = \lambda n_2^\lambda, n_2^\lambda = w_0^\lambda + \overline{n_2^\lambda}, y = \widetilde{w^\lambda}, \tau = 0, f_0 = -\lambda(u_1 \cdot \nabla \overline{n_2^\lambda} + n_2^\lambda \operatorname{div} \overline{u_1})$, 可得

$$2(\tilde{S}(\lambda n_2^\lambda)\widetilde{D_x^\alpha \nabla Z^\lambda}, D_x^\alpha \widetilde{w^\lambda}) = 2(\tilde{G}(\lambda n_2^\lambda)D_x^\alpha \nabla \widetilde{Z^\lambda}, D_x^\alpha \widetilde{w^\lambda}_*)$$
$$\leqslant -\lambda^2 \frac{d}{dt}\left((\tilde{G}D_x^\beta \Delta \widetilde{Z^\lambda}, D_x^\beta \Delta \widetilde{Z^\lambda}) + (\tilde{G}\nabla \widetilde{Z^\lambda}, \nabla \widetilde{Z^\lambda})\right)$$
$$+ \lambda^2 C_s C_g\left(1 + \lambda|\partial_t n_2^\lambda|_\infty + \lambda|\nabla n_2^\lambda|_\infty \|u^0 + \lambda u_1\|_{s-1} + \|u^0 + \lambda u_1\|_{s-1}\right)\|\nabla \widetilde{Z^\lambda}\|_s^2$$

$$+ C_s C_g^2 \Big(\|n_2^\lambda\|_{s-1}^2 + |\nabla n_2^\lambda|_\infty^2 (1 + \lambda^2 \|n_2^\lambda\|_{s-1}^2 + \|u^0 + \lambda u_1\|_{s-1}^2) \Big) \|\widetilde{w^\lambda}\|_s^2$$

$$+ C_s C_g^2 (1 + \lambda^2 |n_2^\lambda|_\infty^2) \|u_1 \cdot \nabla \overline{n_2^\lambda} + n_2^\lambda \ \mathrm{div} \ \overline{u_1}\|_{s-1}^2.$$

我们致力于最后一项的估计, 这个估计需要 $\lambda^2 C_3(T_0)$ 来控制.

$$C_s C_g^2 (1 + \lambda^2 |n_2^\lambda|_\infty^2) \|u_1 \cdot \nabla \overline{n_2^\lambda} + n_2^\lambda \ \mathrm{div} \ \overline{u_1}\|_{s-1}^2$$

$$\leqslant C_s C_g^2 (2 + C_1(T_0))^2 \Big(|u_1|_\infty \|\nabla \overline{n_2^\lambda}\|_{s-1} + |\nabla \overline{n_2^\lambda}|_\infty \|u_1\|_{s-1}$$

$$+ |n_2^\lambda|_\infty \| \ \mathrm{div} \ \overline{u_1}\|_{s-1} + | \ \mathrm{div} \ \overline{u_1}|_\infty \|n_2^\lambda\|_{s-1} \Big)^2$$

$$\leqslant C_s C_g^2 (2 + C_1(T_0))^2 \Big(\|u_1\|_s \|\overline{n_2^\lambda}\|_s + \|n_2^\lambda\|_{s-1} \|\overline{u_1}\|_s \Big)^2$$

$$\leqslant C_s C_g^2 (2 + C_1(T_0))^2 \Big((1 + C_1(T_0))\lambda (C(T_0) + \|\Delta p^0\|_s) + \lambda(1 + C(T_0)$$

$$+ \|\nabla p^0\|_s) C(T_0) \Big)^2 \leqslant \lambda^2 C_3(T_0).$$

注意这里用到了

$$\|\overline{n_2^\lambda}\|_s \leqslant \lambda \left(\|\overline{\frac{n_2^\lambda}{\lambda}} + \Delta p^0\|_s + \|\Delta p^0\|_s \right)$$

$$= \lambda(\|\lambda \Delta \overline{V_1^\lambda}\|_s + \|\Delta p^0\|_s) \leqslant \lambda(C_1(T_0) + \|\Delta p^0\|_s)$$

和

$$\|n_2^\lambda\|_{s-1} = \lambda \|\lambda \Delta V_1^\lambda - \Delta p^0\|_{s-1} \leqslant \lambda(\|\lambda \nabla(V^\lambda - \overline{V_1^\lambda})\|_s + \|\lambda \nabla \overline{V_1^\lambda} - \nabla p^0\|_s)$$

$$\leqslant \lambda(1 + C_1(T_0) + \|\nabla p^0\|_s),$$

这是由于 (4-221), (4-222) 和 (4-235).

从而有

$$2(\tilde{S}(\lambda n_2^\lambda) D_x^\alpha \widehat{\nabla \widetilde{Z^\lambda}}, D_x^\alpha \widetilde{w^\lambda}) \leqslant -\lambda^2 \frac{d}{dt} \Big((\tilde{G} D_x^\beta \Delta \widetilde{Z^\lambda}, D_x^\beta \Delta \widetilde{Z^\lambda}) + (\tilde{G} \nabla \widetilde{Z^\lambda}, \nabla \widetilde{Z^\lambda}) \Big)$$

$$+ C_3(T_0)(\|\lambda \nabla \widetilde{Z^\lambda}\|_s^2 + \|\widetilde{w^\lambda}\|_s^2) + \lambda^2 C_3(T_0). \quad (4\text{-}246)$$

因此, (4-240), 由 (4-241)-(4-246) 可得

$$\frac{d}{dt} \|(D_x^\alpha \widetilde{w^\lambda}, \lambda D_x^\beta \widehat{\Delta \widetilde{Z^\lambda}}, \lambda \nabla \widetilde{Z^\lambda})\|_E^2 \leqslant C_3(T_0) \|(\widetilde{w^\lambda}, \lambda \nabla \widetilde{Z^\lambda})\|_s^2 + C_3(T_0)\lambda^2. \quad (4\text{-}247)$$

类似引理 4.2.2 的步骤 2, 可知存在常数 $c_k, k = 4, 5$, 使得

$$c_4 \|(D_x^\alpha \widetilde{w^\lambda}, \lambda D_x^\beta \widehat{\Delta \widetilde{Z^\lambda}}, \lambda \nabla \widetilde{Z^\lambda})\|_E^2 \leqslant \|(\widetilde{w^\lambda}, \lambda \nabla \widetilde{Z^\lambda})\|_s^2$$

$$\leqslant c_5 \|(D_x^\alpha \widetilde{w^\lambda}, \lambda D_x^\beta \widehat{\Delta \widetilde{Z^\lambda}}, \lambda \nabla \widetilde{Z^\lambda})\|_E^2. \quad (4\text{-}248)$$

由于 $\widetilde{w^\lambda}(t=0)=0, \widetilde{Z^\lambda}(t=0)=0$, 由 Gronwall 引理、(4-247) 以及 (4-248), 可知对任意的 $0 < t \leqslant T_0$ 有

$$\|(\widetilde{w^\lambda}, \lambda\nabla\widetilde{Z^\lambda})(t)\|_s^2 \leqslant \lambda^2 c_5 C_3(T_0) T_0 e^{C_3(T_0)c_5 T_0}. \tag{4-249}$$

取 $\tilde{M}(T_0) = \max\{(c_5 C_3(T_0) T_0 e^{C_3(T_0)c_5 T_0})^{\frac{1}{2}}, C_2(T_0)\}$, 得到 (4-238). 引理 4.2.3 证毕.

定理 4.2.2 证明的完成　同定理 4.2.1 的证明一样, 由引理 4.2.3 和 (4-237)-(4-239) 可知存在 (w^λ, Z^λ) 使得 $w^\lambda \in C([0,T], H^{s-\epsilon}(\mathbb{T}^d)) \cap C^1([0,T], H^{s-\epsilon-1}(\mathbb{T}^d))$, $\nabla Z^\lambda \in C([0,T], H^{s-\epsilon}(\mathbb{T}^d))$, 子列 (仍然记做) $(w^{\lambda,p}, \nabla Z^{\lambda,p})$ 在 $L^\infty([0,T], H^{s-1}(\mathbb{T}^d))$ 中强收敛到 $(w^\lambda, \nabla Z^\lambda)$ 且 (w^λ, Z^λ) 满足 (4-225)-(4-227), 同时有一致估计

$$\|(w^\lambda, \lambda\nabla Z^\lambda)\|_s \leqslant \tilde{M}(T_0)\lambda.$$

回到原始的变量 $(w^\lambda, Z^\lambda) \to (v^\lambda{}_1, V_1^\lambda) \to (n^\lambda, u, V^\lambda)$, 得到定理 4.2.2. 证毕.

下面考察带有粘性的 Euler-Poisson 系统 (4-100)-(4-103), 这一部分将通过指出定理 4.2.1 和定理 4.2.2 证明的必要调整来证明主要结果中关于粘性的 Euler-Poisson 系统的定理 4.2.3 和定理 4.2.4. 我们想采用和定理 4.2.1 和定理 4.2.2 的证明一样的程序, 关键是处理额外的粘性项.

定理 4.2.3 的证明　同 (4-159) 的推导一样, 有 Friedrich 意义下的基本能量方程

$$(4\text{-}159) + 2\left(\frac{G}{1+n_1^\lambda}(\nu D_x^\alpha \Delta\tilde{u}^\lambda + (\nu+\mu)D_x^\alpha\nabla\operatorname{div}\tilde{u}^\lambda), D_x^\alpha\tilde{u}^\lambda\right) + 2G(H_\alpha^\nu, D_x^\alpha\tilde{u}^\lambda),$$

其中 H_α^ν 是由下式定义的算子

$$H_\alpha^\nu = D_x^\alpha\left(\frac{1}{1+n_1^\lambda}(\nu\Delta\tilde{u}^\lambda+(\nu+\mu)\nabla\operatorname{div}\tilde{u}^\lambda)^\lambda\right) - \frac{1}{1+n_1^\lambda}D_x^\alpha(\nu\Delta\tilde{u}^\lambda+(\nu+\mu)\nabla\operatorname{div}\tilde{u}^\lambda).$$

因为存在不依赖于 λ 和 ν 的正常数 c_6 和 c_7 使得对定理 4.2.1 中给出的 v^λ 有 $0 < c_6 \leqslant \dfrac{G}{1+n_1^\lambda} \leqslant c_7$, 由分部积分可得

$$\left(\frac{G}{1+n_1^\lambda}(\nu D_x^\alpha\Delta\tilde{u}^\lambda+(\nu+\mu)D_x^\alpha\nabla\operatorname{div}\tilde{u}^\lambda), D_x^\alpha\tilde{u}^\lambda\right)$$

$$= -\left(\frac{G}{1+n_1^\lambda}(\nu D_x^\alpha\nabla\tilde{u}^\lambda, D_x^\alpha\nabla\tilde{u}^\lambda) + (\nu+\mu)\left(\frac{G}{1+n_1^\lambda}D_x^\alpha\operatorname{div}\tilde{u}^\lambda, D_x^\alpha\operatorname{div}\tilde{u}^\lambda\right)\right)$$

$$+ \left(\nabla\left(\frac{G}{1+n_1^\lambda}\right)(\nu D_x^\alpha\nabla\tilde{u}^\lambda+(\nu+\mu)D_x^\alpha\operatorname{div}\tilde{u}^\lambda), D_x^\alpha\tilde{u}^\lambda\right)$$

$$\leqslant -\frac{c_6}{2}\nu\|\nabla\tilde{u}^\lambda\|_s^2 - \frac{c_6}{2}(\nu+\mu)\|\operatorname{div}\tilde{u}^\lambda\|_s^2 + c_7\|\tilde{u}^\lambda\|_s^2.$$

借助于 Cauchy-Schwarz 不等式以及和定理 4.2.1 证明中的函数类似的函数 G 的性质, 由标准的算子估计可知

$$2G(H_\alpha^\nu, D_x^\alpha \tilde{u}^\lambda) \leqslant \frac{c_6}{3}\nu\|\nabla\tilde{u}^\lambda\|_s^2 + \frac{c_6}{3}(\nu + \mu)\| \operatorname{div} \tilde{u}^\lambda\|_s^2 + c_7\|\tilde{v}^\lambda\|_s^2.$$

另外, 利用密度和速度的强收敛, 易得粘性项的收敛性. 另一方面, 在证明极限函数 u^0 正则性的过程中, 我们仅需要用下述 Navier-Stokes-Poisson 系统 (4-100)-(4-102) 的能量耗散律来替换 Euler-Poisson 系统 (4-96)-(4-98) 的能量守恒律:

$$\frac{d}{dt}\int_{\mathbb{T}^d}\left(\frac{1}{2}n^\lambda|u^\lambda|^2 + \frac{\lambda^2}{2}|\nabla V^\lambda|^2 + \frac{a^2}{\gamma - 1}(n^\lambda)^\gamma\right)dx = \int_{\mathbb{T}^d}(\nu|\nabla u^\lambda|^2 + (\nu + \mu)| \operatorname{div} u^\lambda|^2)dx.$$

于是, (不失一般性, 假设 $\mu = -\nu$) 用 (4-204) $+K$ 来替换 (4-204), 其中

$$K = -\nu\int(|\nabla u^\lambda|^2 - n^\lambda\bar{u}\Delta\bar{u} + n^\lambda u^\lambda\Delta\bar{u} + \bar{u}\Delta u)dx$$

可以被控制如下

$$K = -\nu\int|\nabla u^\lambda - \nabla\bar{u}|^2 dx - \nu\int(n^\lambda - 1)(u^\lambda - \bar{u})\Delta\bar{u}dx$$

$$\leqslant -\nu\int|\nabla u^\lambda - \nabla\bar{u}|^2 dx + C(\mathbb{T}^d, \bar{u})\|n^\lambda - 1\|_{L^\infty}$$

$$\leqslant -\nu\int|\nabla u^\lambda - \nabla\bar{u}|^2 dx + C(\mathbb{T}^d, \bar{u})\lambda.$$

其余完全相同. 这表明定理 4.2.3 证毕. 在此不再赘述.

定理 4.2.4 的证明   首先, 指出对定理 4.2.2 证明的一些必要调整. 用

$$(4\text{-}212) + \frac{1}{1 + \lambda n_2^\lambda}(\nu\Delta u_1^\lambda + (\nu + \mu)\nabla \operatorname{div} u_1^\lambda) - \frac{\nu\Delta u^0}{1 + \lambda n_2^\lambda}n_2^\lambda,$$

$$(4\text{-}218) + (\widehat{\nu\Delta u_1^\lambda} + \widehat{(\nu + \mu)\nabla \operatorname{div} u_1^\lambda}) - \widehat{\nu\Delta u^0 \cdot n_2^\lambda}, \qquad (4\text{-}250)$$

$$(4\text{-}225) + \frac{1}{1 + \lambda n_2^\lambda}(\widehat{\nu\Delta w_*^\lambda} + (\nu + \mu)\widehat{\nabla \operatorname{div} w_*^\lambda}) - \frac{\lambda n_2^\lambda}{1 + \lambda n_2^\lambda}(\widehat{\nu\Delta\overline{u_1}} + (\nu + \mu)\widehat{\nabla \operatorname{div} \overline{u_1}})$$

$$- \frac{\nu\widehat{\Delta u^0}}{1 + \lambda n_2^\lambda}w_0^\lambda + \frac{\lambda\nu\widehat{\Delta u^0 n_2^\lambda}}{1 + \lambda n_2^\lambda}w_0^\lambda + \frac{\nu\widehat{\Delta u^0(n_2^\lambda)^2}}{1 + \lambda n_2^\lambda}\lambda$$

$$(4\text{-}230) + \frac{1}{1 + \lambda n_2^\lambda}(\nu\widehat{\Delta w^\lambda}_* + (\nu + \mu)\nabla \operatorname{div} \widetilde{w^\lambda}_*) - \frac{\lambda n_2^\lambda}{1 + \lambda n_2^\lambda}(\nu\widehat{\Delta\overline{u_1}} + (\nu + \mu)\nabla \operatorname{div} \widehat{\overline{u_1}})$$

$$- \frac{\nu\widehat{\Delta u^0}}{1 + \lambda n_2^\lambda}\tilde{w}_0^\lambda + \frac{\lambda\nu\widehat{\Delta u^0 n_2^\lambda}}{1 + \lambda n_2^\lambda}\tilde{w}_0^\lambda + \frac{\nu\widehat{\Delta u^0(n_2^\lambda)^2}}{1 + \lambda n_2^\lambda}\lambda, \qquad (4\text{-}251)$$

分别替换 (4-212)、(4-218)、(4-225) 以及 (4-230).

注意到 (4-250) 中的粘性项是一个"好"的耗散项, 因为 (4-250) 中额外的第二项是线性项, 在对 (4-225) 的能量估计中不会有任何困难它不会引起任何困难. 因此, 命题 4.2.2 依然成立. 此外, (4-251) 中的粘性项可以用定理 4.2.3 中同样的方法来处理, 其他的项可以用

$$C_3(T_0)(\lambda^2 + \|\widetilde{w^\lambda}\|_s^2)$$

来控制. 于是, 可以采用同定理 4.2.2 证明一样的程序完成证明.

4.2.2　压缩 Navier-Stokes-Poisson 方程的渐近极限

本小节主要研究可压 Navier-Stokes-Poisson 方程组的耦合的拟中性和无粘性极限 $\lambda \to 0$(且)$\mu, \nu \to 0$, 形式如下:

$$\partial_t \rho + \mathrm{div}(\rho u) = 0, \tag{4-252}$$

$$\partial_t (\rho u) + \mathrm{div}(\rho u \otimes u) + \nabla P(\rho) = \mu \Delta u + (\upsilon + \mu) \nabla \mathrm{div} u - \rho \nabla \Psi, \tag{4-253}$$

$$-\lambda^2 \Delta \Psi = \rho - 1, \tag{4-254}$$

$$\rho(t = 0) = \rho_0, \quad u(t = 0) = u_0, \tag{4-255}$$

$x \in \mathrm{T}^d, t > 0$. 这里, $\mathrm{T}^d(d \geqslant 1)$ 是 d 维的环, λ 是无量钢化的德拜长度, 常数 μ, ν 表示粘性系数, 满足: $\mu > 0$ 及当 $d \geqslant 2$ 时 (当 $d = 1$ 时, $\upsilon + 2\mu > 0$); ρ, u, Ψ 分别代表电子密度、电子速率以及电势. 熵函数 $h(s)$ 满足 $h'(s) = \dfrac{1}{s} P'(s)$, 这里 $P(s)$ 表示压强函数, 它满足性质: $s^2 P'(s)$ 为 $[0, +\infty)$ 到上的严格增函数, 我们考虑的压强函数形式如下:

$$P(s) = a^2 s^\gamma, \quad s > 0, \quad a \neq 0, \quad \gamma > 1.$$

Navier-Stokes-Poisson 方程组 (4-252)-(4-255) 是等离子物理科学中一个带有耗散项的简化双流等熵流体动力学模型, 它描述可压电子流在常电量离子背景下的电场中的运动, 见 [22]. 形式上, 该模型的一个近似极限就是现实世界中粘性不可压 Navier-Stokes 方程, 也即在方程组 (4-250)-(4-253) 中取 $\lambda = 0$, 则 $\rho = 1$, 从而形式上我们可以得到以 (u^μ, p^μ) 为未知变量的 Navier-Stokes 方程:

$$\mathrm{div} u^\mu = 0, \quad x \in \mathrm{T}^d, \quad t > 0,$$

$$u_t^\mu - \mu \Delta u^\mu + u^\mu \cdot \nabla u^\mu = \nabla p^\mu, \quad x \in \mathrm{T}^d, \quad t > 0,$$

$$u^\mu(t = 0) = u_0^\mu, \quad x \in \mathrm{T}^d.$$

众所周知, 若进一步令 $\mu \to 0$, 可以得到以 (u^0, p^0) 为未知变量的理想不可压流体 Euler 方程[134]:

$$\mathrm{div}\, u^0 = 0, \quad x \in \mathrm{T}^d, \quad t > 0, \tag{4-256}$$

$$u_t^0 + u^0 \cdot \nabla u^0 = \nabla p^0, \quad x \in \mathrm{T}^d, \quad t > 0, \tag{4-257}$$

$$u^0\, (t = 0) = u_0^0, \quad x \in \mathrm{T}^d. \tag{4-258}$$

所以, 形式上, Navier-Stokes-Poisson 方程组 (4-252)-(4-255) 是理想不可压流体 Euler 方程的一种新的近似模型.

最近, 在不可压 Euler 方程局部光滑解存在的时间区间上, 对于好的初值, 即 $\rho_0 = 1$ 且 $\nabla \cdot u_0 = 0$, Wang 在 [139] 中证明了在该时间区间上 Navier-Stokes-Poisson 方程组 (4-252)-(4-255) 存在局部光滑解且形式上收敛到不可压 Euler 方程局部光滑解. 本小节的目标是严格证明这种形式收敛, 即对一般初值, 在整体弱解意义下, 考察 Navier-Stokes-Poisson 方程组 (4-252)-(4-255) 的耦合的拟中性与粘性消失极限 (即 $\lambda \to 0$ 且 $\mu, \nu \to 0$). 为此, 假设: 当 $\varepsilon \to 0$ 时,

$$\lambda = \lambda\, (\varepsilon) \to 0, \quad \mu = \mu\, (\varepsilon) \to 0, \quad \upsilon = \upsilon\, (\varepsilon) \to 0. \tag{4-259}$$

此处, ε 与德拜长度 λ_D 成正比[19, 139, 143]. 特别地, 不失一般性, 取 $\lambda = \varepsilon$. 考虑一般初值, 即去掉 $\rho_0 = 1$ 且 $\nabla \cdot u_0 = 0$ 的假设, 这将会导致解序列关于时间产生振荡, 这种现象将在 (4-271) 熵函数 $H^s(t)$ 定义给予解释. 为了描述它, 引入新的变量 $\psi^\varepsilon = \varepsilon \Psi^\varepsilon$. 于是, Navier-Stokes-Poisson 方程组改写为依赖变量 ε 的形式:

$$\partial_t \rho^\varepsilon + \mathrm{div}(\rho^\varepsilon u^\varepsilon) = 0, \quad x \in \mathrm{T}^d, \quad t > 0, \tag{4-260}$$

$$\partial_t \left(\rho^\varepsilon u^\varepsilon \right) + \mathrm{div}\left(\rho^\varepsilon u^\varepsilon \otimes u^\varepsilon \right) + \nabla P\left(\rho^\varepsilon \right) - \mu(\varepsilon) \Delta u^\varepsilon - \left(\upsilon(\varepsilon) + \mu(\varepsilon) \right) \nabla \mathrm{div}\, u^\varepsilon$$
$$= \mathrm{div}\left(\nabla \psi^\varepsilon \otimes \nabla \psi^\varepsilon \right) - \frac{1}{2} \nabla |\nabla \psi^\varepsilon|^2 - \frac{\nabla \psi^\varepsilon}{\varepsilon}, \quad x \in \mathrm{T}^d, \quad t > 0, \tag{4-261}$$

$$-\varepsilon \Delta \psi^\varepsilon = \rho^\varepsilon - 1, \quad x \in \mathrm{T}^d, \quad t > 0, \tag{4-262}$$

$$\rho^\varepsilon\, (t = 0) = \rho_0^\varepsilon, \quad u^\varepsilon(t = 0) = u_0^\varepsilon, \quad x \in \mathrm{T}^d, \tag{4-263}$$

这里, 为了避免出现电势 ψ^ε 的更高阶导数, 我们也用到了下面关系式:

$$-\frac{\rho^\varepsilon \nabla \psi^\varepsilon}{\varepsilon} = \Delta \psi^\varepsilon \nabla \psi^\varepsilon - \frac{\nabla \psi^\varepsilon}{\varepsilon}, \quad \Delta \psi^\varepsilon \nabla \psi^\varepsilon = \mathrm{div}\left(\nabla \psi^\varepsilon \otimes \nabla \psi^\varepsilon \right) - \frac{1}{2} \nabla |\nabla \psi^\varepsilon|^2.$$

需要强调的是, 拟中性极限问题是半导体、等离子体流体力学模型与动理学 (Kinetic) 模型中的一个非常富于挑战性且物理上相当复杂的问题. 目前, 这两类模型关于拟中性极限问题仅有部分结果. 特别地, 当 $\lambda \to 0$ 时, Brenier [6], Grenier [46, 47, 49] 和 Masmoudi[100] 得到了 Vlasov-Poisson 方程组的拟中性极限; Puel[119] 以及 Jüngel 和 Wang [77] 得到了 Schrödinger-Poisson 方程组的拟中性极限; Gasser 等[44, 45], Jüngel 和 Peng [76], Schmeiser 和 Wang[30], Wang 等[124] 得到了 drift-diffusion-Poisson 方程组的拟中性极限; Cordier 与 Grenier [18, 19], Cordier 等 [17] 以及 Wang [139] 得到了 Euler-Poisson 方程组的拟中性极限. 然而, 上述所有结果都仅限于考虑相应模型的光滑解. 本小节, 我们将在弱解意义下研究 Navier-Stokes-Poisson 方程组收敛到不可压的 Euler 方程.

我们知道 Lions 和 Masmoudi[87], Masmoudi[101], 及 Hoff [57] 研究了整体弱解的意义下可压 Navier-Stokes 方程马赫数消失极限问题. 但是, 因奇异性由耦合电场产生, 所以拟中性极限问题非常不同于低马赫数极限奇异理论问题. 下面, 阐述一下它们的不同之处. 首先, 从奇异扰动理论观点来看, Navier-Stokes-Poisson 方程组 $\lambda \to 0$ 的极限是双曲 - 抛物方程组二阶算子奇异扰动问题 (见 [18]), 但是, 可压 Navier-Stokes 方程马赫数消失极限是双曲 - 抛物方程组一阶线性扰动问题 (见 [82, 83], 尤其, [82] 中主要的例子是弱可压流的不可压极限问题). 所以, 处理两种极限问题的某些技巧是不一样的. 由马赫数消失极限导致的奇异性困难, 可以用双曲方程组主部对称子技巧来克服, 如 [82, 83] 用到相同的对称子同时分解成非奇异项 $O(1)$ 与奇异项 $O\left(\dfrac{1}{\varepsilon}\right)$. 然而, 在拟中性极限问题中, 这种方法对于由附加奇异源导致的奇异性困难不起作用, 见 [139], 那里, 关于声学双曲方程组的扰动系统得到了新的一致的先验估计. 其次, 从弱收敛观点来看, 对于马赫数消失极限问题, 从可压 Navier-Stokes 方程的 Lions 重整化理论的能量一致先验估计出发, 不难得到密度的强收敛 (事实上, 由能量一致有界性可直接得到这种收敛); 但是, 对于拟中性极限, 密度强收敛相当复杂 (事实上, 一致先验能量界仅能得到密度的弱收敛 (拟中性弱形式)(见下面定理 4.2.5 的证明中的步骤 1), 然后, 我们对熵函数 $H^\varepsilon(t)$ 进行估计, 从而得到密度强收敛 (见定理 4.2.5 的证明中的步骤 3-5)). 再次, 当粘性系数趋于零时, 因速度的梯度项 L^2 一致有界性缺失导致部分紧性丧失. 最后也是非常重要的, 拟中性极限的一个主要困难是处理电场的振荡行为. 通常, 通常获得电场 Ψ^ε 关于德拜长度 $\lambda = \varepsilon$ 的一致估计是难的.

本小节, 将运用相对熵理论与弱收敛方法来克服这些困难, 从而严格证明 Navier-Stokes-Poisson 方程组收敛到不可压的 Euler 方程组.

接下来, 我们给出本小节的主要定理. 为此首先回顾一下不可压 Euler 方程组充分正则解的存在性方面的经典结果 (见 [78, 85, 102]).

命题 4.2.4 如果 u_0^0 满足 $u_0^0 \in H^s$ (或 H^{s+1}), $s > \dfrac{d}{2} + 2$, $\mathrm{div}u_0^0 = 0$, 那么, 存在 $0 < T_* \leqslant \infty$ (若, $d = 2, T_* = \infty$) 为最大存在时间, 使得初值 u_0^0 为的不可压 Euler 方程组 (4-256)-(4-258) 在 $[0, T_*)$ 上存在唯一光滑解 (u^0, p^0) 且满足: 对任意 $T < T_*$, 有

$$\sup_{0 \leqslant t \leqslant T_0} \left(\left\| u^0 \right\|_{H^s} + \left\| \partial_t u^0 \right\|_{H^{s-1}} + \left\| \nabla p^0 \right\|_{H^s} + \left\| \partial_t p^0 \right\|_{H^{s-1}} \right) \leqslant C(T).$$

关于可压 Navier-Stokes-Poisson 方程组 (4-260)-(4-263), 在重整化弱解意义下, 有下面的整体存在性结果.

命题 4.2.5 令 $\gamma > \dfrac{d}{2}$. 设初值 $\rho_0^\varepsilon, q_0^\varepsilon = \rho_0^\varepsilon u_0^\varepsilon$ 满足: $\rho_0^\varepsilon \in L^\gamma(\mathrm{T}^d)$, $\rho_0^\varepsilon \geqslant 0$, 且只要 $\rho_0^\varepsilon = 0$, 就有 $q_0^\varepsilon = 0$; $\dfrac{|q_0^\varepsilon|^2}{\rho_0^\varepsilon} \in L^1(\mathrm{T}^d)$ 与相容性条件 $\displaystyle\int_{\mathrm{T}^d} (\rho_0^\varepsilon - 1)\, dx = 0$. 那么, 周期问题 (4-260)-(4-263) 至少存在一个定义在 $[0, \infty) \times \mathrm{T}^d$ 上的有限能量整体弱解 $(\rho^\varepsilon, u^\varepsilon, \psi^\varepsilon)$ 满足:

(i) $\rho^\varepsilon \geqslant 0$, $\rho^\varepsilon \in L^\infty\left([0, \infty); L^\gamma(\mathrm{T}^d)\right)$, $u^\varepsilon \in L^2\left([0, \infty); H^1(\mathrm{T}^d)\right)$, $\psi^\varepsilon \in L^\infty\big([0, \infty);$ $W^{2,\gamma}(\mathrm{T}^d)\big)$.

(ii) 在 $\mathscr{D}'((0, \infty))$ 上成立下面能量不等式:

$$\frac{d\mathcal{E}^\varepsilon(t)}{dt} + \mu(\varepsilon) \int |\nabla u^\varepsilon(x, t)|^2 dx + (\mu(\varepsilon) + \upsilon(\varepsilon)) \int |\mathrm{div}u^\varepsilon(x, t)|^2 dx \leqslant 0, \qquad (4\text{-}264)$$

这里, 对 $t \in [0, \infty)$, 有限总能量 $\mathcal{E}^\varepsilon$ 定义如下:

$$\mathcal{E}^\varepsilon(t) := \int \left[\frac{1}{2} \rho^\varepsilon |u^\varepsilon|^2 + \frac{a}{\gamma - 1} ((\rho^\varepsilon)^\gamma - 1) + \frac{1}{2} |\nabla \psi^\varepsilon|^2 \right] dx < \infty. \qquad (4\text{-}265)$$

此处和本小节其余部分, 用 $\displaystyle\int$ 代替 $\displaystyle\int_{\mathrm{T}}$.

(iii) 对任意 $b \in C^1(\mathbb{R})$, 连续性方程在重整化解意义下成立, 即

$$\partial_t b(\rho^\varepsilon) + \mathrm{div}(b(\rho^\varepsilon)u^\varepsilon) + (b'(\rho^\varepsilon)\rho^\varepsilon - b(\rho^\varepsilon))\mathrm{div}u^\varepsilon = 0. \qquad (4\text{-}266)$$

其中, 当 z 足够大时, $b'(z)$ 为常数, 不妨设 $z \geqslant M$.

(iv) 方程组 (4-260)-(4-263) 在 $\mathscr{D}'((0, \infty) \times \mathrm{T}^d)$ 上成立.

注 4.2.13 因相容性条件 $\displaystyle\int_{\mathrm{T}^d} (\rho_0^\varepsilon - 1)\, dx = 0$ 可以导出 $\displaystyle\int_{\mathrm{T}^d} (\rho^\varepsilon - 1)\, dx = 0$. 故 (4-265) 中的能量函数 $\mathcal{E}^\varepsilon$ 可改写为

$$\mathcal{E}^\varepsilon(t) := \int \left[\frac{1}{2} \rho^\varepsilon |u^\varepsilon|^2 + \frac{a}{\gamma - 1} ((\rho^\varepsilon)^\gamma - 1 - \gamma(\rho^\varepsilon - 1)) + \frac{1}{2} |\nabla \psi^\varepsilon|^2 \right] dx. \qquad (4\text{-}267)$$

我们再来回顾下面的分解. 对于向量场, 用 Pu 与 Qu 分别表示 u 的零散度部分与梯度部分, 即

$$Qu = \nabla \Delta^{-1} (\mathrm{div} u), \quad Pu = u - Qu.$$

本小节内, 用 M 表示与 ε 无关的常数, 在不同的地方, 取值可以不同. 主要结果如下:

定理 4.2.5　设 (4-259) 成立, 并且方程组 (4-260)-(4-263) 的初值 $(\rho_0^\varepsilon, u_0^\varepsilon)$ 满足下面的收敛, 即: 当 $\varepsilon \to 0$ 时, 有

$$\text{在 } L^\gamma (\mathrm{T}^d) \text{ 上,} \quad \rho_0^\varepsilon \to 1 \text{ 为强收敛,} \tag{4-268}$$

$$\text{在 } L^2 (\mathrm{T}^d) \text{ 上,} \quad \sqrt{\rho_0^\varepsilon} u_0^\varepsilon \to u_0 \text{ 为强收敛,} \tag{4-269}$$

$$\text{在 } H^1 (\mathrm{T}^d) \text{ 上,} \quad \psi_0^\varepsilon \to \psi_0 \text{ 为强收敛,} \tag{4-270}$$

这里, u_0 与 $\nabla \psi_0$ 关于 x 为 $H^s (\mathrm{T}^d)$ $(s > d/2 + 2)$ 中的 d 维向量场, $\psi_0^\varepsilon = \psi^\varepsilon (t = 0)$ 的值由 $-\varepsilon \Delta \psi_0^\varepsilon = \rho_0^\varepsilon - 1$ 给出.

设 u 是初值为 $P(u_0)$ 的不可压 Euler 方程 (4-256)-(4-258) 定义在 $[0, T_*)$ 的一个光滑解. 那么, 对任意 $0 < T < T_*$, 由命题 4.2.2 得到的方程组 (4-260)-(4-263) 的整体弱解 $(\rho^\varepsilon, u^\varepsilon, \psi^\varepsilon)$ 满足: 当 $\varepsilon \to 0$ 时, ρ^ε 在 $C^0 ([0, T]; L^\gamma (\mathrm{T}^d))$ 中强收敛到 1; 当 $\varepsilon \to 0$ 时, $\sqrt{\rho^\varepsilon} u^\varepsilon$ 在 $H^{-1} ([0, T]; L^2 (\mathrm{T}^d))$ 中强收敛到 u.

定理 4.2.5 的证明基于对相对熵函数 $H^\varepsilon (t)$ 的估计, 定义如下:

$$H^\varepsilon (t) = \frac{1}{2} \int \left\{ \rho^\varepsilon \left| u^\varepsilon - u - \ell_1 \left(\frac{t}{\varepsilon} \right) V \right|^2 \right.$$

$$\left. + \frac{2a}{\gamma - 1} ((\rho^\varepsilon)^\gamma - 1 - \gamma(\rho^\varepsilon - 1)) + \left| \nabla \psi^\varepsilon - \ell_2 \left(\frac{t}{\varepsilon} \right) V \right|^2 \right\} dx, \tag{4-271}$$

这里, $\ell_1 \left(\dfrac{t}{\varepsilon} \right) V = \nabla q \cos \dfrac{t}{\varepsilon} - \nabla \psi \sin \dfrac{t}{\varepsilon}$ 与 $\ell_2 \left(\dfrac{t}{\varepsilon} \right) V = \nabla \psi \cos \dfrac{t}{\varepsilon} + \nabla q \sin \dfrac{t}{\varepsilon}$ 描述解序列关于时间的振荡, 基于考虑更加一般的初值, 我们把这两项加入相对熵函数中 (这种思想已经被用在不同的研究问题中, 参见 [49, 99, 125, 138]); ∇q 和 $\nabla \psi$ 满足下面两个方程组:

$$\partial_t \nabla q + \frac{1}{2} Q \nabla \cdot (u \otimes \nabla q + \nabla q \otimes u) = 0, \quad x \in \mathrm{T}^d, \quad t > 0, \tag{4-272}$$

$$\nabla q |_{t=0} = \nabla q_0 = Q u_0, \quad x \in \mathrm{T}^d, \tag{4-273}$$

$$\partial_t \nabla \psi + \frac{1}{2} Q \nabla \cdot (u \otimes \nabla \psi + \nabla \psi \otimes u) = 0, \quad x \in \mathrm{T}^d, \quad t > 0, \tag{4-274}$$

$$\nabla\psi\,|_{t=0} = \nabla\psi_0, \quad x \in \mathrm{T}^d. \tag{4-275}$$

借助于精细的能量方法, 我们能够证明:

$$H^\varepsilon(t) \leqslant H^\varepsilon(t=0) + M \int \{H^\varepsilon(s)\,ds + R^\varepsilon(t), \quad t \in [0,T].$$

其中, 当 $\varepsilon \to 0$ 时, $R^\varepsilon(t) \to 0$, $H^\varepsilon(t=0) \to 0$, 进而有: 当 $\varepsilon \to 0$ 时, $H^\varepsilon(t) \to 0$, 然后结合某种弱紧性讨论可得预期的收敛结果.

现在, 我们给出振荡系统 (4-272)-(4-273) 与 (4-274)-(4-275) 的解的存在性结果:

命题 4.2.6([100])　　在命题 4.2.4 的条件下, 方程组 (4-272)-(4-273) 与 (4-274)-(4-275) 分别存在唯一整体光滑解 ∇q 与 $\nabla\psi$ 满足:

$$\sup_{0\leqslant t\leqslant T} \|(\nabla q, \nabla\psi)\|_{H^s(\mathrm{T}^d)} + \sup_{0\leqslant t\leqslant T} \|\partial_t(\nabla q, \nabla\psi)\|_{H^{s-1}(\mathrm{T}^d)} \leqslant M(T).$$

注 4.2.14　　对于好初值情形, 即: $\rho_0 = 1$ 且 $\nabla\cdot u_0 = 0$ 时, 容易得到 $\nabla\psi_0 = 0$ 与 $Qu_0 = 0$, 进而可得 $\nabla\psi(x,t) = \nabla q(x,t) = 0$. 在这种情形下, $\ell_1\left(\dfrac{t}{\varepsilon}\right)V = \ell_2\left(\dfrac{t}{\varepsilon}\right)V = 0$, 从而由 (4-271) 式给出的熵函数 $H^\varepsilon(t)$ 关于时间 $\left(\dfrac{t}{\varepsilon}\right)$ 的振荡部分消失, 所以, 在 $L^\infty([0,T];L^2(\mathrm{T}^d))$ 上, $\sqrt{\rho^\varepsilon}u^\varepsilon$ 强收敛到 u. 但是, 对于一般初值, 解序列的振荡部分不会消失.

命题 4.2.5 的证明　　由于证明给过程完全类似 [32, 37, 38, 86], 所以, 此处略去证明过程.

定理 4.2.5 的证明　　我们将运用 [6] 中提到的相对熵方法结合弱收敛方法证明定理 4.2.5 的收敛结果. 由粘性假设可得

$$当 \ d \geqslant 1 \ 时, \nu + 2\mu > 0; \quad 当 d \geqslant 2 时, \mu > 0, \mu + \nu \geqslant 0.$$

下面, 仅给出定理 4.2.5 在 $d \geqslant 2$ 情形下的证明, $d = 1$ 情形类似可证 (事实上, 此时, 可以把下面不等式中两个粘性项合成一项, 再利用假设 $\nu + 2\mu > 0$ 可得, 因此, 证明过程相对 $d \geqslant 2$ 情形简单).

现在, 将分以下几个步骤来完成证明.

步骤 1.　　能量估计与基本收敛性.

首先, 由 (4-268)-(4-269) 关于初值假设可得初始总能量有界, 即

$$\mathcal{E}^\varepsilon(t=0) \leqslant M.$$

所以, 借助 (4-264) 式可得: 对任意 $t \in [0, T]$, 总能量 $\mathcal{E}^\varepsilon(t)$ 一致有界. 又因当 $s \geqslant 0$ 时, 函数 $s \to s^\gamma - 1 - \gamma(s - 1)$ 为凸函数及的 $\mathcal{E}^\varepsilon(t)$ 表达式 (4-267) 可得下面收敛序列:

在 $L^\infty([0, T]; L^\gamma(\mathrm{T}^d))$ 上, ρ^* 弱 * 收敛到某个 ρ,

在 $L^\infty([0, T]; L^2(\mathrm{T}^d))$ 上, $\sqrt{\rho^\varepsilon}u^\varepsilon$ 弱 * 收敛到某个 $\bar{J}$,

以及在 $L^\infty([0, T]; L^2(\mathrm{T}^d))$ 上, $\nabla\psi^\varepsilon$ 弱 * 收敛到某个 $\nabla\bar{\psi}$

(进而, 在分布的意义下上述结果也成立).

令 u 是命题 4.2.3 得到的不可压 Euler 方程组 (4-256)-(4-258) 带着初值 $u_0^0 = P(u_0)$ 的一个光滑解. 下面, 要证明在某种意义下 $\bar{J} = u$.

首先, 证明 $\rho = 1$, 这称之为等离子体物理的拟中性. 由 Poisson 方程 (4-262) 及总能量 $\mathcal{E}^\varepsilon(t)$ 的一致有界性可得: 当 $\varepsilon \to 0$ 时, 对任意 $\phi \in L^\infty([0, T]; C_0^\infty(\mathrm{T}^d))$, 有

$$\left| \int (\rho^\varepsilon - 1) \phi dx \right| = \varepsilon \left| \int \nabla\psi^\varepsilon \nabla\phi dx \right| \leqslant \varepsilon \|\nabla\psi^\varepsilon\|_{L^2(\mathrm{T}^d)} \|\nabla\phi\|_{L^2(\mathrm{T}^d)} \leqslant M\varepsilon \to 0.$$

于是, 在 $L^\infty([0, T]; \mathscr{D}'(\mathrm{T}^d))$ 上, ρ^ε 收敛到 1. 由极限的唯一性可得拟中性, 即 $\rho = 1$. 因此, 在 $L^\infty([0, T]; L^\gamma(\mathrm{T}^d))$ 上弱 * 收敛到 1.

再由 Hölder 不等式与 $\mathcal{E}^\varepsilon(t)$ 的有界性, 可得另一个一致有界估计:

$$\int |\rho^\varepsilon u^\varepsilon|^{\frac{2\gamma}{\gamma+1}} dx = \int \left| \sqrt{\rho^\varepsilon} \right|^{\frac{2\gamma}{\gamma+1}} \left| \sqrt{\rho^\varepsilon} u^\varepsilon \right|^{\frac{2\gamma}{\gamma+1}} dx$$

$$\leqslant C \left(\int |\rho^\varepsilon|^\gamma dx \right)^{\frac{1}{\gamma+1}} \left(\int \rho^\varepsilon |u^\varepsilon|^2 dx \right)^{\frac{\gamma}{\gamma+1}} \leqslant M.$$

所以, 抽取子序列 (ε_n) 可得: 当 $\varepsilon \to 0$ 时, 在

$$L^\infty\left([0, T]; L^{\frac{2\gamma}{\gamma+1}}(\mathrm{T}^d)\right)$$

上, $\rho^\varepsilon u^\varepsilon \to J$ 是弱收敛.

故在分布意义下收敛也成立. 类似地, 在 (2.3) 式中取 $b(z) = z$, 可得: $\partial_t \rho^\varepsilon$ 在 $L^2\left([0, T]; W^{-1, \frac{2\gamma}{\gamma+1}}(\mathrm{T}^d)\right)$ 有界, 故在 $C^0([0, T]; \wp'(\mathrm{T}^d))$ 上, 收敛到 1.

一方面, 对任意非负函数 $z \in C^0([0, T])$, 有

$$\int_0^T \int \rho^\varepsilon |u^\varepsilon|^2 z(t) dx dt \leqslant M \int_0^T z(t) dt.$$

另一方面,

$$\int_0^T \int \rho^\varepsilon |u^\varepsilon|^2 z(t) dx dt$$

$$= 2 \sup_{b \in C^0([0,T] \times \mathrm{T}^{d,d})} \int_0^T \int \left[-\frac{1}{2} b^2(x, t) \rho^\varepsilon z + b(x, t) \rho^\varepsilon u^\varepsilon z \right] dx dt.$$

于是, 得到

$$\int_0^T \int |J(x,t)|^2 dx z(t) dt \leqslant M \int_0^T z(t) dt.$$

进而可得: $J \in L^\infty \left([0,T]; L^2(T^d)\right)$. 在 (4-266) 式中取并借助 Poisson 方程可得

$$\operatorname{div}(\rho^\varepsilon u^\varepsilon) = \varepsilon \partial_t \Delta \psi^\varepsilon.$$

从而可知, $\rho^\varepsilon u^\varepsilon$ 的弱极限 $J(x,t)$ 是散度为零的向量场.

进而, 如果把方程 (4-261) 投影到散度为零的向量场 (在弱意义下), 有

$$\partial_t P(\rho^\varepsilon u^\varepsilon) + P\left[\operatorname{div}(\rho^\varepsilon u^\varepsilon \otimes u^\varepsilon)\right] = P\left[\operatorname{div}(\nabla\psi^\varepsilon \otimes \nabla\psi^\varepsilon)\right] + \mu \Delta P u^\varepsilon. \tag{4-276}$$

借助 $\mathcal{E}^\varepsilon(t)$ 的一致有界性、$\sqrt{\mu}\nabla u^\varepsilon$ 的 L^2 一致有界性以及 (4-276) 式可得

$$P(\rho^\varepsilon u^\varepsilon) \in L^\infty \left([0,T]; L^{\frac{2\gamma}{\gamma+1}}(T^d)\right), \quad \partial_t P(\rho^\varepsilon u^\varepsilon) \in L^2\left([0,T]; H^{-s}(T^d)\right), \quad s > \frac{d}{2} + 1.$$

又因 P 是 Sobolev 空间 $W^{s,p}$ $(s \in \mathbb{R}, 1 < p < \infty)$ 上的有界线性映射及对任意 $\delta > 0$, $P(L^1) \subset W^{-\delta,1}$. 所以

在 $C^0\left([0,T]; \wp'(T^d)\right)$ 的意义下, $P(\rho^\varepsilon u^\varepsilon) \to J$.

步骤 2.　振荡的抵消和描述.

为了描述关于时间的振荡, 引入群 $\ell(\tau) = e^{\tau L}$, $\tau \in \mathbb{R}$, 这里空间 $H = \left(L^2(T^d)\right)^d \times \{\nabla\phi, \phi \in H^1(T^d)\}$ 上的算子定义如下:

当 $\operatorname{div} u = 0$ 时,

$$L \begin{pmatrix} v \\ 0 \end{pmatrix} = 0, \quad L \begin{pmatrix} \nabla q \\ \nabla\varphi \end{pmatrix} = \begin{pmatrix} -\nabla\varphi \\ \nabla q \end{pmatrix}.$$

那么, 易知: 对任意 $\tau \in \mathbb{R}$, $e^{\tau L}$ 是上等距算子, 以及在构造空间 H 时, 我们把其中的 L^2 换成任意的 Sobolev 空间 $H^s(s \in \mathbb{R})$ 后仍然等距. 下面, 对 $V \in H$, 用 $\ell_1(\tau)V$ 与 $\ell_2(\tau)V$ 分别表示 $\ell(\tau)V$ 的第一与第二个分量.

现在, 引入以下记号:

$$U^\varepsilon = \begin{pmatrix} Q(\rho^\varepsilon u^\varepsilon) \\ \nabla\psi^\varepsilon \end{pmatrix}, \quad V^\varepsilon = \ell\left(-\frac{t}{\varepsilon}\right) U^\varepsilon.$$

进而, 令

$$u^\varepsilon = \begin{pmatrix} \rho^\varepsilon u^\varepsilon \\ \nabla\psi^\varepsilon \end{pmatrix} = U^\varepsilon + P\left(\widetilde{\rho^\varepsilon u^\varepsilon}\right), \quad v^\varepsilon = \ell\left(-\frac{t}{\varepsilon}\right) u^\varepsilon$$

此处及以后, $\widetilde{q} = (q, 0)^{\mathrm{T}}$.

把方程 (4-261) 投影到梯度向量场 (在弱意义下), 有

$$\partial_t Q\left(\rho^\varepsilon u^\varepsilon\right) + Q\left[\operatorname{div}\left(\rho^\varepsilon u^\varepsilon \otimes u^\varepsilon\right)\right] + \frac{\nabla \psi^\varepsilon}{\varepsilon}$$

$$= Q\left[\operatorname{div}\left(\nabla \psi^\varepsilon \otimes \nabla \psi^\varepsilon\right)\right] - \frac{1}{2}\nabla|\nabla \psi^\varepsilon|^2 + (v + 2\mu)\nabla\operatorname{div} u^\varepsilon - \nabla P\left(\rho^\varepsilon\right). \quad (4\text{-}277)$$

联合 Poisson 方程与质量守恒律及 (4-277) 式, 有

$$\partial_t Q\left(\rho^\varepsilon u^\varepsilon\right) + \frac{\nabla \psi^\varepsilon}{\varepsilon} = F^\varepsilon, \quad \partial_t \nabla \psi^\varepsilon - \frac{1}{\varepsilon} Q\left(\rho^\varepsilon u^\varepsilon\right) = 0. \quad (4\text{-}278)$$

此处,

$$F^\varepsilon = -Q\left[\operatorname{div}\left(\rho^\varepsilon u^\varepsilon \otimes u^\varepsilon\right)\right] + Q\left[\operatorname{div}\left(\nabla \psi^\varepsilon \otimes \nabla \psi^\varepsilon\right)\right]$$

$$- \frac{1}{2}\nabla|\nabla \psi^\varepsilon|^2 + (v + 2\mu)\nabla\operatorname{div} u^\varepsilon - \nabla P\left(\rho^\varepsilon\right). \quad (4\text{-}279)$$

从方程 (4-278) 可以得到: $\partial_t U^\varepsilon = \frac{1}{\varepsilon} L U^\varepsilon + (F^\varepsilon, 0)^{\mathrm{T}}$, 此式可改写为

$$\partial_t V^\varepsilon = \ell\left(-\frac{t}{\varepsilon}\right)(F^\varepsilon, 0)^{\mathrm{T}}.$$

注意到

$$\mu\left(\varepsilon\right) \int |\nabla u^\varepsilon\left(x, t\right)|^2 dx + \left(\mu(\varepsilon) + v(\varepsilon)\right) \int |\operatorname{div} u^\varepsilon\left(x, t\right)|^2 dx$$

$$= \mu\left(\varepsilon\right) \int |\operatorname{curl} u^\varepsilon\left(x, t\right)|^2 dx + \left(2\mu(\varepsilon) + v(\varepsilon)\right) \int |\operatorname{div} u^\varepsilon\left(x, t\right)|^2 dx,$$

且 $\mu > 0, v + 2\mu > 0$, 容易验证 (4-279) 式给出的 F^ε 在 $L^2\left([0, T]; H^{-s}(\mathrm{T}^d)\right), s \geqslant \frac{d}{2} + 1$ 中是一致的, 因此, V^ε 关于时间是紧的 (因当 μ 充分小时, 关于 ε 一致的有

$$\partial_t V^\varepsilon \in L^2\left([0, T]; H^{-s}(\mathrm{T}^d)\right).$$

所以振荡已经成功消除). 进而, 从能量不等式与线性投影算子 P 的有界性可得: 关于 ε 和 μ 一致地有

$$V^\varepsilon \in L^\infty\left([0, T]; L^{\frac{2\gamma}{\gamma+1}}(\mathrm{T}^d)\right).$$

因此, 在 $L^p\left([0, T]; H^{-s'}(\mathrm{T}^d)\right)$ 上, 对任意 $s' > s$ 及 $1 < p < \infty$ 有: V^ε 强收敛到某个 $\bar{V}$. 我们用 $\bar{V}$ 表示 V^ε 的弱极限, 即: $\bar{V} = \widetilde{J} + \bar{V}$, 此处 J 的定义参看步骤 1.

步骤 3. 相对熵不等式与相对熵的一致估计.

记 ∇q 与 $\nabla\psi$ 分别为命题 4.2.5 所述线性方程组 (4-272)-(4-273) 与 (4-274)-(4-275) 的光滑解. 直接计算可得: 对任意 $V = (\nabla q, \nabla\psi)^{\mathrm{T}}$, 有

$$\ell\left(\frac{t}{\varepsilon}\right)V = \left(\begin{array}{c} \ell_1\left(\dfrac{t}{\varepsilon}\right)V \\ \ell_2\left(\dfrac{t}{\varepsilon}\right)V \end{array}\right) = \left(\begin{array}{c} \nabla q\cos\dfrac{t}{\varepsilon} - \nabla\psi\sin\dfrac{t}{\varepsilon} \\ \nabla\psi\cos\dfrac{t}{\varepsilon} + \nabla q\sin\dfrac{t}{\varepsilon} \end{array}\right).$$

记 $\mathrm{V} = \tilde{u} + V$ 以及下面的双线性形式:

$$B\left(\mathrm{V},\mathrm{V}\right) = \tilde{B}_1\left(\mathrm{V}_1,\mathrm{V}_1\right) + \tilde{B}_2\left(\mathrm{V}_2,\mathrm{V}_2\right).$$

此处, V_1 与 V_2 分别表示 V 的第一个分量与第二个分量, $\underset{1}{\tilde{B}}=(B_1,0)^{\mathrm{T}}$, $\underset{2}{\tilde{B}}=(B_2,0)^{\mathrm{T}}$ 且双线性型 B_1, B_2 形式如下:

$$B_1\left(\mathrm{V}_1,\mathrm{V}_1\right) = \mathrm{div}\left(\mathrm{V}_1\otimes\mathrm{V}_1\right), \quad B_2\left(\mathrm{V}_2,\mathrm{V}_2\right) = -\mathrm{div}\left(\mathrm{V}_2\otimes\mathrm{V}_2\right) + \frac{1}{2}\nabla|\mathrm{V}_2|^2.$$

又记

$$\bar{B}\left(\mathrm{V},\mathrm{V}\right) = \left(\begin{array}{c} P\nabla\cdot\mathrm{div}\left(u\otimes u\right) \\ 0 \end{array}\right) + \frac{1}{2}\left(\begin{array}{c} Q\nabla\cdot\mathrm{div}\left(u\otimes\nabla q + \nabla q\otimes u\right) \\ Q\nabla\cdot\mathrm{div}\left(u\otimes\nabla\psi + \nabla\psi\otimes u\right) \end{array}\right).$$

于是, 由 u 与 V 的定义可知:

$$-\mathrm{V}_t = \bar{B}\left(\mathrm{V},\mathrm{V}\right). \tag{4-280}$$

对 u 应用方程 (4-256)-(4-258) 以及对应用方程 (4-272)-(4-275), 可得下面守恒律:

$$\frac{1}{2}\|u\|_{L^2}^2 = \frac{1}{2}\|P\left(u_0\right)\|_{L^2}^2,$$

$$\frac{1}{2}\|\nabla q\|_{L^2}^2 = \frac{1}{2}\|\nabla q_0\|_{L^2}^2, \quad \frac{1}{2}\|\nabla\psi\|_{L^2}^2 = \frac{1}{2}\|\nabla\psi_0\|_{L^2}^2, \tag{4-281}$$

由此可得

$$\frac{1}{2}\left\|\ell\left(\frac{t}{\varepsilon}\right)V\right\|_{L^2} = \frac{1}{2}\|V\|_{L^2}^2 = \frac{1}{2}\|V_0\|_{L^2}^2. \tag{4-282}$$

现在, 将要得到引言中提及的相对熵函数 $H^\varepsilon(t)$ 的积分不等式. 首先, 回顾能量不等式:

$$\frac{1}{2}\int\left[\rho^\varepsilon|u^\varepsilon|^2 + \frac{2a}{\gamma-1}\left((\rho^\varepsilon)^\gamma - 1 - \gamma(\rho^\varepsilon-1)\right) + |\nabla\psi^\varepsilon|^2\right]dx$$

$$+ \mu\int_0^t\int|\nabla u^\varepsilon|^2\,dxd\tau + (v+\mu)\int_0^t\int|\mathrm{div}u^\varepsilon|^2\,dxd\tau$$

$$\leqslant \frac{1}{2}\int\left[\rho_0^\varepsilon|u_0^\varepsilon|^2 + \frac{2a}{\gamma-1}\left((\rho_0^\varepsilon)^\gamma - 1 - \gamma(\rho_0^\varepsilon-1)\right) + |\nabla\psi^\varepsilon\left(t=0\right)|^2\right]dx. \tag{4-283}$$

借助于极限系统的光滑性, 分别取 u, $\ell_1\left(\dfrac{t}{\varepsilon}\right)V$, $\ell_2\left(\dfrac{t}{\varepsilon}\right)V$ 作为弱形式系统 (4-260)-(4-263) 的实验函数. 又因向量 $\ell(\tau)V$ 属于某个势场, 再运用质量守恒弱形式和 Poisson 方程, 可得: 对任意 t,

$$\int \nabla \psi^\varepsilon \ell_2\left(\frac{t}{\varepsilon}\right)V dx$$

$$= \int \left(\nabla \psi^\varepsilon \ell_2\left(\frac{t}{\varepsilon}\right)V\right)(t=0)\,dx + \int_0^t \int \frac{\rho^\varepsilon u^\varepsilon}{\varepsilon}\ell_2\left(\frac{t}{\varepsilon}\right)V dx d\tau$$

$$+ \int_0^t \int \nabla \psi^\varepsilon \left(\frac{1}{\varepsilon}\ell_1\left(\frac{t}{\varepsilon}\right)V + \nabla \psi_t \cos\frac{\tau}{\varepsilon} + \nabla q_t \sin\frac{\tau}{\varepsilon}\right)dx d\tau, \qquad (4\text{-}284)$$

同时, 运用动量方程 (4-261) 的弱形式可得: 对任意 t,

$$\int \rho^\varepsilon u^\varepsilon u dx$$

$$= \int (\rho^\varepsilon u^\varepsilon u)(t=0)\,dx + \int_0^t \int \rho^\varepsilon u^\varepsilon u_t dx d\tau - \mu \int_0^t \int \nabla u^\varepsilon \nabla u dx d\tau$$

$$+ \int_0^t \int \rho^\varepsilon u^\varepsilon \otimes u^\varepsilon \nabla u dx d\tau + \int_0^t \int \Delta \psi^\varepsilon \nabla \psi^\varepsilon u dx d\tau \qquad (4\text{-}285)$$

与

$$\int \rho^\varepsilon u^\varepsilon \ell_1\left(\frac{t}{\varepsilon}\right)V dx - \int \left(\rho^\varepsilon u^\varepsilon \ell_1\left(\frac{t}{\varepsilon}\right)V\right)(t=0)\,dx$$

$$- \int_0^t \int \rho^\varepsilon u^\varepsilon \otimes u^\varepsilon \nabla \ell_1\left(\frac{t}{\varepsilon}\right)V dx d\tau$$

$$+ \frac{a}{\gamma-1}\int_0^t \int \nabla \left((\rho^\varepsilon)^\gamma - 1 - \gamma(\rho^\varepsilon - 1)\right)\ell_1\left(\frac{t}{\varepsilon}\right)V dx d\tau$$

$$+ \frac{a\gamma}{\gamma-1}\int_0^t \int \nabla (\rho^\varepsilon - 1)\ell_1\left(\frac{t}{\varepsilon}\right)V dx d\tau$$

$$- \int_0^t \int \rho^\varepsilon u^\varepsilon \left(-\frac{1}{\varepsilon}\ell_2\left(\frac{t}{\varepsilon}\right)V + \nabla q_t \cos\frac{\tau}{\varepsilon} - \nabla \psi_t \sin\frac{\tau}{\varepsilon}\right)dx d\tau$$

$$+ \mu \int_0^t \int \nabla u^\varepsilon \nabla \ell_1\left(\frac{\tau}{\varepsilon}\right)V dx d\tau + (\upsilon + \mu)\int_0^t \int \operatorname{div}u^\varepsilon \operatorname{div}\ell_1\left(\frac{\tau}{\varepsilon}\right)V dx d\tau$$

$$= \int_0^t \int \Delta \psi^\varepsilon \nabla \psi^\varepsilon \ell_1\left(\frac{\tau}{\varepsilon}\right)V dx d\tau - \int_0^t \int \frac{\nabla \psi^\varepsilon}{\varepsilon}\ell_1\left(\frac{\tau}{\varepsilon}\right)V dx d\tau. \qquad (4\text{-}286)$$

对 (4-281)-(4-283) 求和并减去 (4-284)-(4-286), 直接计算可得

$$H^\varepsilon(t) + \frac{\mu}{2} \int_0^t \int \left| \nabla \left(u^\varepsilon - u - \ell_1 \left(\frac{\tau}{\varepsilon} \right) V \right) \right|^2 dxd\tau$$

$$+ \frac{\upsilon + \mu}{2} \int_0^t \int \left| \mathrm{div} \left(u^\varepsilon - u - \ell_1 \left(\frac{\tau}{\varepsilon} \right) V \right) \right|^2 dxd\tau$$

$$\leqslant H^\varepsilon(t = 0) - \frac{1}{2} \int (\rho_0^\varepsilon - 1)|u_0|^2 dx + \sum_{i=1}^5 I_i^\varepsilon(t), \tag{4-287}$$

其中

$$I_1^\varepsilon(t) = \frac{1}{2} \int (\rho^\varepsilon - 1) \left| u + \ell_1 \left(\frac{\tau}{\varepsilon} \right) V \right|^2 dx - \frac{a\gamma}{\gamma - 1} \int_0^t \int (\rho^\varepsilon - 1) \nabla \ell_1 \left(\frac{\tau}{\varepsilon} \right) V dxd\tau,$$

$$I_2^\varepsilon(t) = \mu \int_0^t \int \left[-\nabla u^\varepsilon \cdot \nabla \left(u + \ell_1 \left(\frac{\tau}{\varepsilon} \right) V \right) + \left| \nabla \left(u + \ell_1 \left(\frac{\tau}{\varepsilon} \right) V \right) \right|^2 \right] dxd\tau$$

$$+ (\upsilon + \mu) \int_0^t \int \left[-\mathrm{div} u^\varepsilon \mathrm{div} \ell_1 \left(\frac{\tau}{\varepsilon} \right) V + \left| \mathrm{div} \ell_1 \left(\frac{\tau}{\varepsilon} \right) V \right|^2 \right] dxd\tau,$$

$$I_3^\varepsilon(t) = -a \int_0^t \int ((\rho^\varepsilon)^\gamma - 1 - \gamma(\rho^\varepsilon - 1)) \nabla \ell_1 \left(\frac{t}{\varepsilon} \right) V dxd\tau,$$

$$I_4^\varepsilon(t) = - \int_0^t \int \left[\rho^\varepsilon u^\varepsilon \otimes u^\varepsilon \nabla \left(u + \ell_1 \left(\frac{\tau}{\varepsilon} \right) V \right) + \Delta\psi^\varepsilon \nabla\psi^\varepsilon \nabla \left(u + \ell_1 \left(\frac{\tau}{\varepsilon} \right) V \right) \right] dxd\tau,$$

$$I_5^\varepsilon(t) = - \int_0^t \int \nabla\psi^\varepsilon \left(\nabla\psi_t \cos \frac{\tau}{\varepsilon} - \nabla q_t \sin \frac{\tau}{\varepsilon} \right) + \rho^\varepsilon u^\varepsilon \left(u_t + \nabla q_t \cos \frac{\tau}{\varepsilon} \right.$$
$$\left. -\nabla\psi_t \sin \frac{\tau}{\varepsilon} \right) dxd\tau.$$

下面, 分别考察 $I_i^\varepsilon(t), i = 1, ..., 5$, 收敛性. 对于 $I_1^\varepsilon(t)$, 运用 Poisson 方程和 $\|\nabla\psi^\varepsilon\|_{L^2(\mathrm{T}^d)}$ 的有界性, 可得: 当 $\varepsilon \to 0$ 时,

$$I_1^\varepsilon(t) = -\frac{\varepsilon}{2} \int \Delta\psi^\varepsilon \left| u + \ell_1 \left(\frac{\tau}{\varepsilon} \right) V \right|^2 dx + a\varepsilon\gamma \int_0^t \int \Delta\psi^\varepsilon \nabla\ell_1 \left(\frac{\tau}{\varepsilon} \right) V dxd\tau$$

$$\leqslant \varepsilon \left(\|\nabla\psi^\varepsilon\|_{L^\infty([0,T];L^2(\mathrm{T}^d))}^2 + M(T) \right) \leqslant M\varepsilon \to 0, \tag{4-288}$$

此处, $s > \frac{d}{2} + 2$, 我们也用到了命题 4.2.5.

对于 $I_2^\varepsilon(t)$, 运用粘性系数 $\mu(\varepsilon)$ 与 $\nu(\varepsilon)$ 的小性条件及 (4-264) 式, 有: 当 $\mu, \nu \to$

0 时,

$$I_2^\varepsilon(t)$$

$$= \sqrt{\mu} \int_0^t \int \left[-\sqrt{\mu} \nabla u^\varepsilon \cdot \nabla \left(u + \ell_1 \left(\frac{\tau}{\varepsilon} \right) V \right) + \sqrt{\mu} \left| \nabla \left(u + \ell_1 \left(\frac{\tau}{\varepsilon} \right) V \right) \right|^2 \right] dx d\tau$$

$$+ \sqrt{v + \mu} \int_0^t \int \left[-\sqrt{v + \mu} \operatorname{div} u^\varepsilon \operatorname{div} \ell_1 \left(\frac{\tau}{\varepsilon} \right) V + \sqrt{v + \mu} \left| \operatorname{div} \ell_1 \left(\frac{\tau}{\varepsilon} \right) V \right|^2 \right] dx d\tau$$

$$\leqslant \sqrt{\mu} \left(\mu \int_0^t \int |\nabla u^\varepsilon|^2 dx d\tau + M(T) (1 + \sqrt{\mu}) \right)$$

$$+ \sqrt{v + \mu} \left((v + \mu) \int_0^t \int |\operatorname{div} u^\varepsilon|^2 dx d\tau + M(T) (1 + \sqrt{v + \mu}) \right)$$

$$\leqslant M \left(\sqrt{\mu} + \sqrt{v + \mu} \right) \to 0, \tag{4-289}$$

对于 $I_3^\varepsilon(t)$, 运用当 $\gamma \geqslant 1$ 时, 函数 $(\rho^\varepsilon)^\gamma - 1 - \gamma (\rho^\varepsilon - 1)$ 的凸性可得

$$I_3^\varepsilon(t) \leqslant M \int_0^t \int ((\rho^\varepsilon)^\gamma - 1 - \gamma(\rho^\varepsilon - 1)) dx d\tau. \tag{4-290}$$

为了用 $\left\| \sqrt{\rho^\varepsilon} \left(u^\varepsilon - u - \ell_1 \left(\frac{\tau}{\varepsilon} \right) V \right) \right\|_{L^2(\mathbb{T}^d)}$ 来控制 $I_4^\varepsilon(t)$, 改写为下面形式:

$$I_4^\varepsilon(t) = - \int_0^t \int \left\{ \left[\rho^\varepsilon \left(u^\varepsilon - u - \ell_1 \left(\frac{\tau}{\varepsilon} \right) V \right) \otimes \left(u^\varepsilon - u - \ell_1 \left(\frac{\tau}{\varepsilon} \right) V \right) \right. \right.$$

$$- \left(\nabla \psi^\varepsilon - \ell_2 \left(\frac{\tau}{\varepsilon} \right) V \right) \otimes \left(\nabla \psi^\varepsilon - \ell_2 \left(\frac{\tau}{\varepsilon} \right) V \right) \Big] \cdot \nabla \left(u + \ell_1 \left(\frac{\tau}{\varepsilon} \right) V \right)$$

$$- \frac{1}{2} \nabla \left| \nabla \psi^\varepsilon - \ell_2 \left(\frac{\tau}{\varepsilon} \right) V \right|^2 \left(u + \ell_1 \left(\frac{\tau}{\varepsilon} \right) V \right) \right\} dx d\tau + I_{41}^\varepsilon(t) + I_{42}^\varepsilon(t) + I_{4R}^\varepsilon(t)$$

$$\leqslant M \left(\left\| (\nabla u, \nabla^2 q, \nabla^2 \psi) \right\|_{L_{x,t}^\infty} \right)$$

$$\times \int_0^t \int \left\{ \rho^\varepsilon \left| u^\varepsilon - u - \ell_1 \left(\frac{\tau}{\varepsilon} \right) V \right|^2 + \left| \nabla \psi^\varepsilon - \ell_2 \left(\frac{\tau}{\varepsilon} \right) V \right|^2 \right\}$$

$$+ I_{41}^\varepsilon(t) + I_{42}^\varepsilon(t) + I_{4R}^\varepsilon(t), \tag{4-291}$$

其中 $I_{41}^\varepsilon(t)$, $I_{42}^\varepsilon(t)$, $I_{4R}^\varepsilon(t)$ 定义如下:

$$I_{41}^\varepsilon(t) = - \int_0^t \int \left\{ \left[\rho^\varepsilon u^\varepsilon \otimes \left(u + \ell_1 \left(\frac{\tau}{\varepsilon} \right) V \right) - \nabla \psi^\varepsilon \otimes \ell_2 \left(\frac{\tau}{\varepsilon} \right) V \right] \nabla \left(u + \ell_1 \left(\frac{\tau}{\varepsilon} \right) V \right) \right.$$

$$+ \left[\left(u + \ell_1 \left(\frac{\tau}{\varepsilon} \right) V \right) \otimes \rho^\varepsilon u^\varepsilon - \left(\ell_2 \left(\frac{\tau}{\varepsilon} \right) V \otimes \nabla \psi^\varepsilon \right) \right] \nabla \left(u + \ell_1 \left(\frac{\tau}{\varepsilon} \right) V \right)$$

$$
-\frac{1}{2}\nabla\left(\nabla\psi^{\varepsilon}\ell_2\left(\frac{\tau}{\varepsilon}\right)V + \ell_2\left(\frac{\tau}{\varepsilon}\right)V\nabla\psi^{\varepsilon}\right)\left(u + \ell_2\left(\frac{\tau}{\varepsilon}\right)V\right)\Bigg\}dxd\tau,
$$

$$
I_{42}^{\varepsilon}(t) = -\int_0^t\int\left\{\left[\left(u + \ell_1\left(\frac{\tau}{\varepsilon}\right)V\right)\otimes\left(u + \ell_1\left(\frac{\tau}{\varepsilon}\right)V\right) - \ell_2\left(\frac{\tau}{\varepsilon}\right)V\otimes\ell_2\left(\frac{\tau}{\varepsilon}\right)V\right]\right.
$$

$$
\left.\times\left(u + \ell_1\left(\frac{\tau}{\varepsilon}\right)V\right) - \frac{1}{2}\nabla\left(\left|\ell_2\left(\frac{\tau}{\varepsilon}\right)V\right|^2\right)\left(u + \ell_2\left(\frac{\tau}{\varepsilon}\right)V\right)\right\}dxd\tau,
$$

$$
I_{4R}^{\varepsilon}(t) = -\int_0^t\int(\rho^{\varepsilon} - 1)\left(u + \ell_1\left(\frac{\tau}{\varepsilon}\right)V\right)\otimes\left(u + \ell_1\left(\frac{\tau}{\varepsilon}\right)V\right)\nabla\left(u + \ell_1\left(\frac{\tau}{\varepsilon}\right)V\right)dxd\tau.
$$

$$
\tag{4-292}
$$

接下来, 分别估计 $I_{41}^{\varepsilon}(t)$, $I_{42}^{\varepsilon}(t)$, $I_{4R}^{\varepsilon}(t)$. 首先, $I_{4R}^{\varepsilon}(t)$ 可被控制如下: 当 $\varepsilon\to 0$ 时,

$$
I_{4R}^{\varepsilon}(t)
$$

$$
= -\varepsilon\int_0^t\int\Delta\psi^{\varepsilon}\left(u + \ell_1\left(\frac{\tau}{\varepsilon}\right)V\right)\otimes\left(u + \ell_1\left(\frac{\tau}{\varepsilon}\right)V\right)\nabla\left(u + \ell_1\left(\frac{\tau}{\varepsilon}\right)V\right)dxd\tau
$$

$$
\leqslant \varepsilon\left(T\sup_{0\leqslant t\leqslant T}\|\nabla\psi^{\varepsilon}\|_{L^2(\mathrm{T}^d)}^2 + M(T)\right)\to 0,
\tag{4-293}
$$

为了得到 $I_{41}^{\varepsilon}(t)$、$I_{42}^{\varepsilon}(t)$ 的预期收敛性, 借用 [100] 中两个命题.

命题 4.2.7([100])　　若向量 u 的散度为零, 且 $u\in L^{\infty}\left([0,T];L^2(\mathrm{T}^d)\right)$, 以及 $V = (\nabla q, \nabla\psi)^{\mathrm{T}}\in L^{\infty}\left([0,T];L^2(\mathrm{T}^d)\right)$. 那么, 当 $\varepsilon\to 0$ 时, 在 $L^{\infty}\left([0,T];W^{-1,1}(\mathrm{T}^d)\right)$ 上, $\ell\left(-\dfrac{t}{\varepsilon}\right)A^{\varepsilon}(t)\to\bar{B}(V,V)$ 为弱 * 收敛.

此处 $A^{\varepsilon}(t) = (A_1^{\varepsilon}(t), 0)^{\mathrm{T}}$, 及

$$
A_1^{\varepsilon}(t) = \mathrm{div}\left(\left(u + \ell_1\left(\frac{\tau}{\varepsilon}\right)V\right)\otimes\left(u + \ell_1\left(\frac{\tau}{\varepsilon}\right)V\right)\right)
$$

$$
-\mathrm{div}\left(\ell_2\left(\frac{\tau}{\varepsilon}\right)V\otimes\ell_2\left(\frac{\tau}{\varepsilon}\right)V\right) + \frac{1}{2}\nabla\left(\left|\ell_2\left(\frac{\tau}{\varepsilon}\right)V\right|^2\right).
$$

对 $I_{42}^{\varepsilon}(t)$ 应用命题 4.2.6 可得: 当 $\varepsilon\to 0$ 时,

$$
I_{42}^{\varepsilon}(t)
$$

$$
= -\int_0^t\int\left\{\left[\left(u + \ell_1\left(\frac{\tau}{\varepsilon}\right)V\right)\otimes\left(u + \ell_1\left(\frac{\tau}{\varepsilon}\right)V\right) - \ell_2\left(\frac{\tau}{\varepsilon}\right)V\otimes\ell_2\left(\frac{\tau}{\varepsilon}\right)V\right]\right.
$$

$$
\left. + \frac{1}{2}\nabla\left(\left|\ell_2\left(\frac{\tau}{\varepsilon}\right)V\right|^2\right)\left(u + \ell_1\left(\frac{\tau}{\varepsilon}\right)V\right)\right\}dxd\tau
$$

$$
= -\int_0^t\int\ell\left(\frac{\tau}{\varepsilon}\right)A^{\varepsilon}(t)V dxd\tau\to -\int_0^t\int\bar{B}(V,V)V dxd\tau = 0,
\tag{4-294}
$$

此处, 应用了等式 $\int_0^t \int \bar{B}(\mathrm{V}, \mathrm{V})\mathrm{V}dxd\tau = 0$.

命题 4.2.8([100])　　若向量 u 的散度为零, 且 $u \in L^\gamma\left([0,T]\,;H^s(\mathrm{T}^d)\right)$, 以及 $V = (\nabla q, \nabla \psi)^{\mathrm{T}} \in L^\gamma\left([0,T]\,;H^s(\mathrm{T}^d)\right)$, 序列 $w^\varepsilon = (\nabla g^\varepsilon, \nabla \psi^\varepsilon)^{\mathrm{T}}$ 的散度也为零, 且 $w^\varepsilon \in L^p\left([0,T]\,;H^{-s}(\mathrm{T}^d)\right), \dfrac{1}{r} + \dfrac{1}{p} = 1$. 如果存在 W 与 $\bar{Z} = (\nabla g, \nabla \phi)^{\mathrm{T}}$ 使得: 对任意的 $s' > s > \dfrac{d}{2} + 2$, w^ε 与 $Z^\varepsilon = \ell\left(-\dfrac{t}{\varepsilon}\right)w^\varepsilon$ 在 $L^p\left([0,T]\,;H^{-s'}(\mathrm{T}^d)\right)$ 上分别强收敛到 W 与 $\bar{Z}$. 那么, 在分布意义下, 当 $\varepsilon \to 0$ 时,

$$\ell\left(-\frac{t}{\varepsilon}\right) A^\varepsilon(t) \to \bar{B}\left(\bar{\ell}, \mathrm{V}\right),$$

其中,

$$A^\varepsilon(t) = B\left(\ell\left(\frac{t}{\varepsilon}\right)\ell^\varepsilon, \ell\left(\frac{t}{\varepsilon}\right)\mathrm{V}\right), \quad \ell^\varepsilon = \widetilde{w^\varepsilon} + Z^\varepsilon, \quad \bar{\ell} = \widetilde{w} + \bar{Z}, \quad \mathrm{V} = \widetilde{u} + V.$$

由重整化解的定义可知 $\mathrm{div}\,(\rho^\varepsilon u^\varepsilon)$ 与 $\Delta\psi^\varepsilon$ 在 $[0,T] \times \mathrm{T}^d$ 上有定义. 于是有

$$
\begin{aligned}
& I_{41}^\varepsilon(t) \\
&= \int_0^t \int \mathrm{div}\left[\rho^\varepsilon u^\varepsilon \otimes \left(u + \ell_1\left(\frac{\tau}{\varepsilon}\right)V\right) - \nabla\psi^\varepsilon \otimes \ell_2\left(\frac{\tau}{\varepsilon}\right)V\right. \\
&\quad + \left(u + \ell_1\left(\frac{\tau}{\varepsilon}\right)V\right) \otimes \rho^\varepsilon u^\varepsilon - \ell_2\left(\frac{\tau}{\varepsilon}\right)V \otimes \nabla\psi^\varepsilon \\
&\quad \left. + \frac{1}{2}\nabla\left(\nabla\psi^\varepsilon \ell_2\left(\frac{\tau}{\varepsilon}\right)V + \ell_2\left(\frac{\tau}{\varepsilon}\right)V\nabla\psi^\varepsilon\right)\right\}\left(u + \ell_1\left(\frac{\tau}{\varepsilon}\right)V\right)dxd\tau \\
&= 2\int_0^t \int \mathrm{B}\left(\ell\left(\frac{\tau}{\varepsilon}\right)\mathrm{V}^\varepsilon, \ell\left(\frac{\tau}{\varepsilon}\right)\mathrm{V}\right)\ell\left(\frac{\tau}{\varepsilon}\right)\mathrm{V}dxd\tau \\
&= 2\int_0^t \int \ell\left(-\frac{\tau}{\varepsilon}\right)\mathrm{B}\left(\ell\left(\frac{\tau}{\varepsilon}\right)\mathrm{V}^\varepsilon, \ell\left(\frac{\tau}{\varepsilon}\right)\mathrm{V}\right)\mathrm{V}dxd\tau.
\end{aligned}
$$

对 $(u, V, w^\varepsilon, W^\varepsilon) = (u, V, P(\rho^\varepsilon u^\varepsilon), U^\varepsilon)$ 及 $(w, \bar{Z}, Z^\varepsilon, \ell^\varepsilon) = (J, \bar{V}, \mathrm{V}^\varepsilon, \mathrm{V}^\varepsilon)$ 应用命题 4.2.7 可得: 当 $\varepsilon \to 0$ 时,

$$I_{41}^\varepsilon(t) \to \int_0^t \int \bar{\mathrm{B}}\left(\bar{V}, \mathrm{V}\right)\mathrm{V}dxd\tau. \tag{4-295}$$

因此, 联合 (4-292) 式及 (4-293) 式-(4-295) 式, 得到

$$I_4^\varepsilon(t) \leqslant M\int_0^t H^\varepsilon(\tau)\,d\tau + 2\int_0^t \int \bar{\mathrm{B}}\left(\bar{V}, \mathrm{V}\right)\mathrm{V}dxd\tau + R_0^\varepsilon(t). \tag{4-296}$$

其中, 当 $\varepsilon \to 0$ 时, $R_0^\varepsilon(t) \to 0$. 回顾算子 l 的定义, 易得: 当 $\varepsilon \to 0$ 时,

$$I_5^\varepsilon(t) = -\int_0^t \int \ell\left(-\frac{t}{\varepsilon}\right) u^\varepsilon \partial_t V dx d\tau \to -\int_0^t \bar{V} \partial_t V dx d\tau, \tag{4-297}$$

借助 (4-280) 式, 直接计算可得

$$-\int \bar{V} \partial_t V dx + 2\int \bar{B}(\bar{V}, V) V dx$$

$$= \int \bar{V} \bar{B}(V, V) dx + 2\int \bar{B}(V, V) V dx = 0. \tag{4-298}$$

于是, 联合 (4-287) 式、(4-288) 式-(4-291) 式、(4-296) 式以及 (4-297) 式并利用关系式 (4-298) 可得

$$H^\varepsilon(t)$$
$$\leqslant H^\varepsilon(t=0) - \frac{1}{2}\int (\rho_0^\varepsilon - 1)|u_0|^2 dx + M\int_0^t H^\varepsilon(\tau)d\tau + R^\varepsilon(t), \quad t \in [0, T]. \tag{4-299}$$

这里, 当 $\varepsilon \to 0$ 时, $R^\varepsilon(t) \to 0$.

从初值条件可知: $H^\varepsilon(t=0)$ 是一致有界的, 再借助 (4-299) 式可得: 存在正常数 M 使得

$$H^\varepsilon(t) \leqslant M, \quad t \in [0, T], \tag{4-300}$$

步骤 4. 相对熵函数的收敛.

记 $\eta(t) = \limsup\limits_{\varepsilon \to 0} H^\varepsilon(t)$ ((4-300) 式保证 $\eta(t)$ 的存在性), 借助 (4-299) 式可得

$$\eta(t) \leqslant \eta(t=0) + \frac{1}{2}\lim\limits_{\varepsilon \to 0}\int |\rho_0^\varepsilon - 1||u_0|^2 dx + M\int_0^t \eta(\tau)d\tau, \quad t \in [0, T]. \tag{4-301}$$

现在, 我们断言: $\eta(t=0) = 0$ 及 $\lim\limits_{\varepsilon \to 0}\int |\rho_0^\varepsilon - 1||u_0|^2 dx = 0$.

事实上, 上述第二个断言可从上述假设结合 Cauchy-Schwarz 不等式及下式得到: 当 $\varepsilon \to 0$ 时,

$$\int (\rho_0^\varepsilon)^\gamma - 1 - \gamma(\rho_0^\varepsilon - 1)dx \to 0. \tag{4-302}$$

再次运用 (4-268) 式和假设 (4-269) 式可得: 当 $\varepsilon \to 0$ 时,

$$\int \rho_0^\varepsilon \left| u^\varepsilon - u - \ell_1\left(\frac{t}{\varepsilon}\right)V(t=0)\right|^2 dx$$

$$= \int \rho_0^\varepsilon |u_0^\varepsilon - u_0|^2 dx$$

$$\leqslant 2 \int \left| \sqrt{\rho_0^\varepsilon} u_0^\varepsilon - u_0 \right|^2 dx + 2 \int \left| \left(1 - \sqrt{\rho_0^\varepsilon} \right) u_0 \right|^2 dx$$

$$\leqslant 2 \int \left| \sqrt{\rho_0^\varepsilon} u_0^\varepsilon - u_0 \right|^2 dx + M \int \left| 1 - \sqrt{\rho_0^\varepsilon} \right|^2 dx$$

$$\leqslant 2 \int \left| \sqrt{\rho_0^\varepsilon} u_0^\varepsilon - u_0 \right|^2 dx + M \int \left| 1 - \rho_0^\varepsilon \right|^\gamma dx \to 0. \tag{4-303}$$

这里, 也用到了下面基本不等式: 对于某个正常数 M 及任意 $x \geqslant 0, \gamma \geqslant 1$ 成立:

$$\left| \sqrt{x} - 1 \right|^2 \leqslant M |x - 1|^\gamma. \tag{4-304}$$

从 (4-270) 式、(4-302) 式及 (4-311) 式可得: $\eta(0) = 0$.

又因 $\lim\limits_{\varepsilon \to 0} \int |\rho_0^\varepsilon - 1| |u_0|^2 dx = 0$, 于是, 从 (4-301) 可得 $\eta(t) \equiv 0$, 即: 当 $\varepsilon \to 0$ 时,

$$H^\varepsilon(t) \to 0, \quad t \in [0, T]. \tag{4-305}$$

步骤 5. 定理 4.2.5 证明的完成. 有了上述几步的准备, 现在能够证明收敛性. 现在, 我们断言: ρ^ε 在 $C^0\left([0, T]; L^\gamma(\mathrm{T}^d)\right)$ 上强收敛到 1. 事实上, 对任意 $\delta > 0$, 存在 $\tau_\delta > 0$ 使得: 当 $|x - 1| \geqslant \delta$ 及 $x \geqslant 0$ 时,

$$x^\gamma - 1 - \gamma(x - 1) \geqslant \tau_\delta |x - 1|^\gamma.$$

因此,

$$\int |\rho^\varepsilon - 1|^\gamma dx \leqslant \int_{|\rho^\varepsilon - 1| \leqslant \delta} |\rho^\varepsilon - 1|^\gamma dx + \int_{|\rho^\varepsilon - 1| > \delta} |\rho^\varepsilon - 1|^\gamma dx$$

$$\leqslant \left| \mathrm{T}^d \right| \delta^\gamma + \frac{1}{\tau_\delta} \int \left((\rho^\varepsilon)^\gamma - 1 - \gamma(\rho^\varepsilon - 1) \right) dx, \tag{4-306}$$

再由 (4-305) 可得: 当 $\varepsilon \to 0$ 时,

$$\sup_{t \geqslant 0} \int \left((\rho^\varepsilon)^\gamma - 1 - \gamma(\rho^\varepsilon - 1) \right) dx \to 0.$$

然后借助 (4-271) 式的定义, 先令 $\varepsilon \to 0$, 之后令 $\delta \to 0$, 可得结论.

接下来, 我们断言: $\sqrt{\rho^\varepsilon} u^\varepsilon$ 在 $H^{-1}\left([0, T]; L^2(\mathrm{T}^d)\right)$ 上弱收敛到 u. 实际上, 应用 Hölder 不等式和式 (4-304) 式中的不等式, 对任意 $\phi \in H^{-1}\left([0, T]; L^2(\mathrm{T}^d)\right)$, 有

$$\left| \int_0^T \int \left(\sqrt{\rho^\varepsilon} u^\varepsilon - u \right) \phi \, dx dt \right|$$

$$\leqslant \left| \int_0^T \int \left(\sqrt{\rho^\varepsilon} u^\varepsilon - u - \ell_1 \left(\frac{t}{\varepsilon} \right) V \right) \phi \, dx dt \right| + \left| \int_0^T \int \ell_1 \left(\frac{t}{\varepsilon} \right) V \phi \, dx dt \right|$$

$$
\leqslant \left| \int_0^T \int \left(\sqrt{\rho^\varepsilon} \left(u^\varepsilon - u - \ell_1 \left(\frac{t}{\varepsilon} \right) V \right) \right) \phi dx dt \right|
$$

$$
+ \left| \int_0^T \int \left(\sqrt{\rho^\varepsilon} - 1 \right) \left(u^\varepsilon - u - \ell_1 \left(\frac{t}{\varepsilon} \right) V \right) \phi dx dt \right|
$$

$$
+ \left| \int_0^T \int \left(\nabla q \cos \frac{t}{\varepsilon} - \nabla \psi \sin \frac{t}{\varepsilon} \right) \phi dx dt \right|
$$

$$
\leqslant \int_0^T \left\| \sqrt{\rho^\varepsilon} \left(u^\varepsilon - u - \ell_1 \left(\frac{t}{\varepsilon} \right) V \right) \right\|_{L^2(\mathrm{T}^d)} \| \phi \|_{L^2(\mathrm{T}^d)} dt
$$

$$
+ \int_0^T \left\| \sqrt{\rho^\varepsilon} - 1 \right\|_{L^2} \left\| \left(u^\varepsilon - u - \ell_1 \left(\frac{t}{\varepsilon} \right) V \right) \phi \right\|_{L^2} dt
$$

$$
+ \left| \int_0^T \int \left(\nabla q \cos \frac{t}{\varepsilon} - \nabla \psi \sin \frac{t}{\varepsilon} \right) \phi dx dt \right|
$$

$$
\leqslant \int_0^T \left\| \sqrt{\rho^\varepsilon} \left(u^\varepsilon - u - \ell_1 \left(\frac{t}{\varepsilon} \right) V \right) \right\|_{L^2(\mathrm{T}^d)} \| \phi \|_{L^2(\mathrm{T}^d)} dt
$$

$$
+ M \int_0^T \| \rho^\varepsilon - 1 \|_{L^\gamma(\mathrm{T}^d)} \| \phi \|_{L^2(\mathrm{T}^d)} dt
$$

$$
+ \left| \int_0^T \int \left(\nabla q \cos \frac{t}{\varepsilon} - \nabla \psi \sin \frac{t}{\varepsilon} \right) \phi dx dt \right|, \tag{4-307}
$$

这里, (4-307) 式右端最后一项控制如下, 利用分部积分可得: 当 $\varepsilon \to 0$ 时,

$$
\int_0^T \int \left(\nabla q \cos \frac{t}{\varepsilon} - \nabla \psi \sin \frac{t}{\varepsilon} \right) \phi dx dt
$$

$$
= \int_0^T \int \left(\phi \nabla q \cos \frac{t}{\varepsilon} - \phi \nabla \psi \sin \frac{t}{\varepsilon} \right) dx dt
$$

$$
= \varepsilon \int_0^T \left\{ \left(\left(\nabla q \sin \frac{t}{\varepsilon} - \nabla \psi \cos \frac{t}{\varepsilon} \right) \phi \right) \Big|_{t=0}^{t=T} dx \right.
$$

$$
\left. + \int_0^T \left(\partial_t (\phi \nabla q) \cos \frac{t}{\varepsilon} - \partial_t (\phi \nabla \psi) \sin \frac{t}{\varepsilon} \right) dt \right\} dx \leqslant M\varepsilon \to 0. \tag{4-308}
$$

因此, 应用 (4-305) 式、(4-308) 式及密度 ρ^ε 的 L^γ 强收敛性, 再结合 (4-307) 式可得: 当 $\varepsilon \to 0$ 时,

$$
\int_0^T \int \left(\sqrt{\rho^\varepsilon} u^\varepsilon - u \right) \phi dx dt \to 0.
$$

由此可得上述第一个事实.

注意到 $P\left(\ell_1\left(\dfrac{t}{\varepsilon}\right)V\right) = 0$ 以及投影算子 P 是 L^2 到 L^2 的线性有界算子, 故借助 (4-304) 式、(4-305) 式及密度 ρ^ε 的强收敛性, 有: 当 $\varepsilon \to 0$ 时,

$$
\sup_{0 \leqslant t \leqslant T} \left\| P(\sqrt{\rho^\varepsilon}u^\varepsilon) - u \right\|_{L^2(\mathbb{T}^d)}
$$

$$
= \sup_{0 \leqslant t \leqslant T} \left\| P\left(\sqrt{\rho^\varepsilon}u^\varepsilon - u - \ell_1\left(\frac{t}{\varepsilon}\right)V\right) \right\|_{L^2(\mathbb{T}^d)}
$$

$$
\leqslant \sup_{0 \leqslant t \leqslant T} \left\| P\left(\sqrt{\rho^\varepsilon}\left(u^\varepsilon - u - \ell_1\left(\frac{t}{\varepsilon}\right)V\right)\right) \right\|_{L^2(\mathbb{T}^d)}
$$

$$
+ \sup_{0 \leqslant t \leqslant T} \left\| P\left((\sqrt{\rho^\varepsilon}-1)\left(u^\varepsilon + \ell_1\left(\frac{t}{\varepsilon}\right)V\right)\right) \right\|_{L^2(\mathbb{T}^d)}
$$

$$
\leqslant \sup_{0 \leqslant t \leqslant T} \left\| \sqrt{\rho^\varepsilon}\left(u^\varepsilon - u - \ell_1\left(\frac{t}{\varepsilon}\right)V\right) \right\|_{L^2(\mathbb{T}^d)}
$$

$$
+ \sup_{0 \leqslant t \leqslant T} \left\| (\sqrt{\rho^\varepsilon}-1)\left(u + \ell_1\left(\frac{t}{\varepsilon}\right)V\right) \right\|_{L^2(\mathbb{T}^d)}
$$

$$
\leqslant \sup_{0 \leqslant t \leqslant T} \left\| \sqrt{\rho^\varepsilon}\left(u^\varepsilon - u - \ell_1\left(\frac{t}{\varepsilon}\right)V\right) \right\|_{L^2(\mathbb{T}^d)} + M \sup_{0 \leqslant t \leqslant T} \left\| \sqrt{\rho^\varepsilon}-1 \right\|_{L^2(\mathbb{T}^d)}
$$

$$
\leqslant \sup_{0 \leqslant t \leqslant T} \left\| \sqrt{\rho^\varepsilon}\left(u^\varepsilon - u - \ell_1\left(\frac{t}{\varepsilon}\right)V\right) \right\|_{L^2(\mathbb{T}^d)} + M \sup_{0 \leqslant t \leqslant T} \left\| \rho^\varepsilon-1 \right\|_{L^2(\mathbb{T}^d)} \to 0.
$$

由此可得第二个事实, 所以由极限的唯一性可得: $\bar{J} = u$. 最后, 我们断言: $J = \bar{J}$. 实际上, 对任意 $\phi \in C_0^\infty(\mathbb{T}^d)$, 当 $\varepsilon \to 0$ 时,

$$
\left| \int_0^T \int (J - \bar{J})\phi\, dx dt \right|
$$

$$
\leqslant \left| \int_0^T \int (J - \rho^\varepsilon u^\varepsilon)\phi\, dx dt \right| + \left| \int_0^T \int (\rho^\varepsilon u^\varepsilon - \bar{J})\phi\, dx dt \right|
$$

$$
+ \left| \int_0^T \int (\sqrt{\rho^\varepsilon}u^\varepsilon - \bar{J})\phi\, dx dt \right|
$$

$$
\leqslant \left| \int_0^T \int (J - \rho^\varepsilon u^\varepsilon)\phi\, dx dt \right| + \left| \int_0^T \int (\sqrt{\rho^\varepsilon}-1)\sqrt{\rho^\varepsilon}u^\varepsilon\phi\, dx dt \right|
$$

$$+ \left| \int_0^T \int \left(\sqrt{\rho^\varepsilon} u^\varepsilon - \bar{J} \right) \phi dx dt \right|$$

$$\leqslant \left| \int_0^T \int \left(J - \rho^\varepsilon u^\varepsilon \right) \phi dx dt \right| + \int_0^T \left\| \sqrt{\rho^\varepsilon} - 1 \right\|_{L^2(\mathrm{T}^d)} \left\| \sqrt{\rho^\varepsilon} u^\varepsilon \right\|_{L^2(\mathrm{T}^d)} \left\| \phi \right\|_{L^\infty(\mathrm{T}^d)} dx dt$$

$$+ \left| \int_0^T \int \left(\sqrt{\rho^\varepsilon} u^\varepsilon - \bar{J} \right) \phi dx dt \right| \to 0.$$

这就得到我们的断言. 到此, 完成了定理 4.2.5 的证明.

注 4.2.15　　我们指出得到 $H^\varepsilon(t)$ 的收敛速率是非常有可能的, 尽管我们相信需要很精湛的技巧和巨大的工作量, 这个问题留待以后解决.

第5章 半导体漂流扩散方程的拟中性极限

这一章我们研究半导体漂流扩散方程的拟中性极限, 主要分为: 半导体漂流扩散方程的绝热边界问题以及接触 Dirichlet 边界问题两个部分.

5.1 绝热边界问题

5.1.1 好初值问题

本小节研究半导体的无量纲一维等温漂流扩散模型:

$$n_t^\lambda = (n_x^\lambda - n^\lambda \Phi_x^\lambda)_x, \quad 0 < x < 1, \quad t > 0, \tag{5-1}$$

$$p_t^\lambda = (p_x^\lambda + p^\lambda \Phi_x^\lambda)_x, \quad 0 < x < 1, \quad t > 0, \tag{5-2}$$

$$\lambda^2 \Phi_{xx}^\lambda = n^\lambda - p^\lambda - D, \quad 0 < x < 1, \quad t > 0, \tag{5-3}$$

$$n_x^\lambda - n^\lambda \Phi_x^\lambda = p_x^\lambda + p^\lambda \Phi_x^\lambda = \Phi_x^\lambda = 0, \quad x = 0, 1, \quad t > 0, \tag{5-4}$$

$$n^\lambda(t = 0) = n_0^\lambda, \quad p^\lambda(t = 0) = p_0^\lambda, \quad 0 \leqslant x \leqslant 1. \tag{5-5}$$

变量 $n^\lambda, p^\lambda, \Phi^\lambda$ 分别表示电子密度, 空穴密度和电位. 常数 λ 为所考虑的半导体装置的无量纲 Debye 长度. $D = D(x)$ 是给定的空间变量的函数, 表示掺杂轮廓 (即, 电子和空穴的预聚结). 由于实际半导体装置中 p-n 结的出现, 掺杂轮廓 $D(x)$ 的符号会变化.

本小节假定 $D(x)$ 为一光滑函数, 为了简单起见, 取绝缘边界条件表示电场和电流密度等元素与外部没有接触.

关于电场 (5-4) 的带 Neumann 边界条件的泊松方程 (5-3) 可解的一个必要条件是整体空间电荷中性:

$$\int_0^1 (n^\lambda - p^\lambda - D) dx = 0.$$

因为电子和空穴总数守恒, 这就需要初值满足相应的条件:

$$\int_0^1 (n_0^\lambda - p_0^\lambda - D) dx = 0. \tag{5-6}$$

通常半导体物理考虑关于 Debye 长度 λ 的大尺度结构 (λ 取小值, 典型地 $\lambda^2 \approx 10^{-7}$). 关于这种尺度, 半导体几乎呈电中性, 即没有空间电荷分离或电场. 这就是半导体或等离子物理的所谓的拟中性设想, 这种设想被 W. Shockley[128] 在 1949 年首次用到半导体装置的理论研究中, 同时还用于其他诸如等离子体[130] 和离子薄膜[123] 的理论研究中. 在空间电荷中性的假设下, 即 $\lambda = 0$, 我们形式上得到如下的拟中性漂流扩散模型

$$n_t = (n_x + n\mathcal{E})_x, \tag{5-7}$$

$$p_t = (p_x - p\mathcal{E})_x, \tag{5-8}$$

$$0 = n - p - D, \tag{5-9}$$

$$\mathcal{E} = -\Phi_x.$$

这种形式极限由 Roosbroeck[122] 于 1950 年获得. 有关的进一步渐近分析见 [98, 116, 120].

一般来说, 可以希望至少形式上在区间 $[0,1]$ 的内部有 $(n^\lambda, p^\lambda, -\Phi_x^\lambda) \to (n, p, \mathcal{E})$, $\lambda \to 0$, 但是我们却不能预先期望所有的初边值条件都为极限问题所满足, 这是因为问题有奇异摄动的特征 (极限过程中泊松方程变成了一个代数方程). 然而, 由连续方程的守恒性, 通过边界的流为零的性质将在极限过程中保留下来:

$$(n_x + n\mathcal{E})(x = 0, 1) = 0, \quad (p_x - p\mathcal{E})(x = 0, 1) = 0, \tag{5-10}$$

但是关于电场 E^λ 的边界条件却不再成立.

类似地, 可以预先期盼拟中性漂流扩散模型 (5-7)-(5-9) 可以赋予下列初值:

$$n(t = 0) = n_0, \quad p(t = 0) = p_0, \tag{5-11}$$

满足初始时刻空间电荷中性

$$n_0 - p_0 - D = 0. \tag{5-12}$$

本小节的目的在于关于 $O(1)$-时间和充分光滑的解严格论证上述形式极限的收敛性.

值得注意的是拟中性极限是一个著名的极具挑战性的问题, 它非常自然地描述了复杂的 (双极) 流体动力学模型和半导体及等离子体的动力学模型. 两种情形都只有部分结果. 特别对依赖于时间的运输模型, 极限 $\lambda \to 0$ 已经被 Brenier[6], Grenier[46, 47] 和 Masmoudi[100] 运用于 Vlasov-Poisson 系统, 为 Puel[119] 与 Jüngel 和 Wang[77] 运用于 Schrödinger-Poisson 系统, 为 Gasser 等[44, 45], Jüngel 和 Peng[76] 与 Schmeiser 和 Wang[124] 在较本小节关于掺杂轮廓强得多的假定 (要求 D 没有符号变化) 下运用于漂流-扩散-泊松系统, 以及为 Cordier 和 Grenier[18, 19], Cordier

等[17] 与 Wang[139] 等运用于欧拉–泊松系统. 然而, 正如已经提过的, 所有这些结果限于特殊情形下的轮廓, 即或者假定 $D(x)$ 是常数 0, 或者假定 $D(x)$ 不改变符号. 但是 p-n 结不论是在现代电子应用还是在半导体装置的理解中都具有重要的意义, 这是因为 p-n 结理论是半导体装置的物理基础 (参见 Sze[135]). 对于带 p-n 结的自然有趣的掺杂轮廓, 即对掺杂轮廓变号的情形, 直到现在无论是流体动力学模型还是动力学模型关于时间依赖的半导体模型还没有严格的结果可用. 所以, 自然需要先对漂流扩散模型的拟中性极限进行研究. 对于静态漂流 - 扩散 - 泊松模型, 带接触 p-n 结装置的严格的收敛性结果可见 Markowich[94] 以及最近由 Caffarelli 等[9] 和 Dolbeault 等[27] 做的一些推广.

本小节考虑带 p-n 结半导体依赖于时间的漂流扩散模型 (5-1)-(5-6) 在掺杂轮廓自然变号的一般情形下的拟中性极限.

我们的主要结果可以总结如下: 在掺杂轮廓光滑且变号的一般情形下在某个时间区间上严格论证了一维空间中从漂流扩散模型 (5-1)-(5-5) 到 (5-7)-(5-11) 的收敛性, 在这个时间区间上约化问题 (5-7)-(5-11) 存在着一个光滑非空解 (其精确陈述将在后面给出).

我们指出, 在处理拟中性极限的时候一个主要困难是电场的振荡行为. 通常很难得到电场关于 Debye 长度 λ 的一致估计, 这是因为有可能的密度真空集的存在, 特别是密度耗尽区域的出现.

为了克服这一困难, 我们所采取的主要方法步骤是利用渐近匹配分析方法构造问题 (5-1)-(5-5) 的一个较好的近似解. 这一设想使得问题 (5-7)-(5-11) 的解稍稍离开抛物边界, 因为在抛物边界 (边界层和初始层) 电场变化很快. 由于拟中性漂流扩散模型 (5-7)-(5-11) 的特殊结构, 以及边界层函数和初始层函数的精确性高低的形式, 渐近设想变得很容易估计. 因而, 拟中性极限问题简化成了上述构想的尺度结构稳定性. 为此, 人们通过引进如下两个 λ-加权 Liapunov 泛函来控制问题 (5-1)-(5-5) 的来之于上述构想给出的形式解的误差

$$\Gamma^\lambda(t) = \int_0^1 \left(|z_R^\lambda|^2 + |z_{R,x}^\lambda|^2 + |z_{R,t}^\lambda|^2 + \lambda^2(|E_R^\lambda|^2 + |E_{R,x}^\lambda|^2 + |E_{R,t}^\lambda|^2) + |E_R^\lambda|^2 \right) dx$$

以及

$$G^\lambda(t) = \int_0^1 \left(|z_{R,x}^\lambda|^2 + |z_{R,xt}^\lambda|^2 + |E_R^\lambda|^2 + |E_{R,t}^\lambda|^2 + \lambda^2(|E_{R,x}^\lambda|^2 + |E_{R,xt}^\lambda|^2) \right) dx,$$

这里 $z_R^\lambda = n_R^\lambda + p_R^\lambda, E_R^\lambda = -\Phi_{R,x}^\lambda$ 以及 $(n_R^\lambda, p_R^\lambda, \Phi_R^\lambda)^{\mathrm{T}}$ 表示问题 (5-1)-(5-5) 的解与构想给出的形式解之间的误差, 细节见 5.2 小节. 经过细致的经典能量方法可以证明

如下熵乘积积分不等式:

$$\Gamma^\lambda(t) + \int_0^t G^\lambda(s)ds$$

$$\leqslant M\Gamma^\lambda(t=0) + M\int_0^t (\Gamma^\lambda(s) + (\Gamma^\lambda(s))^\iota)ds$$

$$+ M\int_0^t \Gamma^\lambda(s)G^\lambda(s)ds + M\lambda^q, \quad t \geqslant 0$$

对某些 $\iota > 1, q > 0$ 及不依赖于 λ 的 $M > 0$ 成立, 而这又隐含了本小节所希望得到的理想的收敛性. 最后, 我们再次提及关于漂流扩散模型已经有解的存在性、唯一性、大时间渐近性、稳态解的稳定性以及弱解的正则性等方面的结果, 例如可参见 [2, 40, 41, 98, 103−105].

首先给出方程的变形以及主要结果, 由下面的变换引进新的变量 (z^λ, E^λ):

$$E^\lambda = -\Phi_x^\lambda, \quad n^\lambda = \frac{z^\lambda + D - \lambda^2 E_x^\lambda}{2},$$

$$p^\lambda = \frac{z^\lambda - D + \lambda^2 E_x^\lambda}{2} \quad (z^\lambda = n^\lambda + p^\lambda), \tag{5-13}$$

我们可以把初边值问题 (5-1)-(5-6) 简化为如下的关于 (z^λ, E^λ) 的等价系统:

$$z_t^\lambda = (z_x^\lambda + DE^\lambda)_x - \lambda^2(E^\lambda E_x^\lambda)_x, \quad 0 \leqslant x \leqslant 1, t > 0, \tag{5-14}$$

$$\lambda^2(E_t^\lambda - E_{xx}^\lambda) = -(D_x + z^\lambda E^\lambda), \quad 0 \leqslant x \leqslant 1, t > 0, \tag{5-15}$$

$$z_x^\lambda = E^\lambda = 0, \quad x = 0, 1, t > 0, \tag{5-16}$$

$$z^\lambda(t=0) = z_0^\lambda, \quad E^\lambda(t=0) = E_0^\lambda, \quad 0 \leqslant x \leqslant 1. \tag{5-17}$$

值得注意的是关于经典解方程组 (5-1)-(5-6) 和 (5-14)-(5-17) 等价性是很容易验证的. 因而有

命题 5.1.1 (存在性和唯一性)　设 $(z_0^\lambda, E_0^\lambda) \in (C^2)^2$ 满足相容性条件

$$z_{0,x}^\lambda = E_0^\lambda = 0, \quad -\lambda^2 E_{0,xx}^\lambda = -D_x, \quad x = 0, 1. \tag{5-18}$$

则系统 (5-14)-(5-17) 有一个唯一全的经典解 $(z^\lambda, E^\lambda) \in C^{2,1}([0,1] \times [0, \infty))$.

注 5.1.1　命题 5.1.1 中的存在性结果是从已知的 (5-1)-(5-6) 的存在性的结果 (参见 [41, 105]) 以及变换 (5-13) 得到的, 与此同时关于问题 (5-14)-(5-17) 的 H^1- 解命题 5.1.1 中的唯一性很容易被证明.

假设初始值 $(z_0^\lambda, E_0^\lambda)$ 对于 $\lambda > 0$ 能够同时满足初边值问题 (5-14)-(5-17) 中的初边值条件的一致性. 尤其是, 相容性条件 (5-18) 是假设的以及这个初值 $(z_0^\lambda, E_0^\lambda)$

假设有如下的展开形式

$$(z_0^\lambda, E_0^\lambda)^{\mathrm{T}} = \left(z_0^0(x) + \lambda \left(f(x) z_+^1 \left(\frac{x}{\lambda} \right) + g(x) z_-^1 \left(\frac{1-x}{\lambda} \right) \right) + \lambda z_{0R}^\lambda(x), \right.$$

$$\left. E_0^0(x) + f(x) E_+^0 \left(\frac{x}{\lambda} \right) + g(x) E_-^0 \left(\frac{1-x}{\lambda} \right) + \lambda E_{0R}^\lambda(x) \right)^{\mathrm{T}}. \quad (5\text{-}19)$$

为了证明这个严谨的拟中性假设, 关于近似解作如下假定:

$$(z^\lambda, E^\lambda)_{\mathrm{app}}^{\mathrm{T}} = \left(\mathcal{Z}^0(x, t) + \sum_{i=0}^2 \lambda^i \left(f(x) z_+^i(\xi, t) + g(x) z_-^i(\eta, t) + z_I^i(x, s) \right), \right.$$

$$\left. \mathcal{E}^0(x, t) + f(x) E_+^0(\xi, t) + g(x) E_-^0(\eta, t) + E_I^0(x, s) \right)^{\mathrm{T}}, \quad (5\text{-}20)$$

在这里内函数 $(\mathcal{Z}^0, \mathcal{E}^0)^{\mathrm{T}}$ 是与 λ 无关的函数; $z_+^i, E_+^0, z_-^i, E_-^0, i = 0, 1, 2$, 分别是 $x = 0$ 附近的左边界层函数以及 $x = 1$ 附近的右边界层函数, 以及 $z_I^i, i = 0, 1, 2, E_I^0$, 是 $t = 0$ 附近的初始层函数. 截断函数 $f(x)$ 和 $g(x)$ 都是光滑的 C^2 函数, 满足 $f(0) = g(1) = 1$ 以及 $f(1) = f'(1) = f''(1) = f'(0) = f''(0) = g(0) = g'(0) = g''(0) = g'(1) = g''(1) = 0$. 这里分别令 $\xi = \dfrac{x}{\lambda}, \eta = \dfrac{1-x}{\lambda}$ 以及 $s = \dfrac{t}{\lambda^2}$, 这自然相应于非传导的松弛时间尺度, 以及 $(\cdot, \cdot)^{\mathrm{T}}$ 表示转置. 我们将在下一部分仔细地讨论内函数、边界层函数以及初始层函数的结构, 但是, 我们先在这里总结一下.

首先, 内函数 $(\mathcal{Z}^0, \mathcal{E}^0)^{\mathrm{T}}$ 可以定为由下面的变换后的拟中性漂流扩散方程的初始边值问题的一个解:

$$\mathcal{Z}_t^0 = (\mathcal{Z}_x^0 + D\mathcal{E}^0)_x, \quad 0 < x < 1, t > 0, \quad (5\text{-}21)$$

$$0 = -(D_x + \mathcal{Z}^0 \mathcal{E}^0), \quad 0 < x < 1, t > 0, \quad (5\text{-}22)$$

$$(\mathcal{Z}_x^0 + D\mathcal{E}^0)(x = 0, 1; t) = 0, \quad t > 0, \quad (5\text{-}23)$$

$$\mathcal{Z}^0(t = 0) = z_0^0(x), \quad 0 \leqslant x \leqslant 1. \quad (5\text{-}24)$$

上面内问题的存在性是由下面的命题所保证.

命题 5.1.2　假设对于某些整数 $l \geqslant 0$ $D \in C^{2(l+1)+1}$ 以及 $z_0^0 \in C^{2(l+1)}$. 同时也假设 $z_0^0 \geqslant \delta_0 > 0$ 满足关于问题 (5-21)-(5-24) 的 l 阶的相容性条件. 那么问题 (5-21)-(5-24) 存在一个 $T_0 \in (0, +\infty]$ 以及一个唯一的经典解 $(\mathcal{Z}^0, \mathcal{E}^0)$, 定义在 $[0, 1] \times [0, T_0]$ 上, 满足 $\mathcal{Z}^0, \mathcal{E}^0 \in C^{2(l+1), l+1}([0, 1] \times [0, T_0])$ 以及对于某正常数 δ_1, $\mathcal{Z}^0(x, t) \geqslant \delta_1 > 0$, 其中 $(t, x) \in [0, 1] \times [0, T_0]$. 尤其是, 如果 $D \in C^\infty([0, 1])$ 和 $z_0^0 \in C^\infty([0, 1])$ 满足任意阶的相容性条件, 那么 $\mathcal{Z}^0, \mathcal{E}^0 \in C^\infty([0, 1] \times [0, T_0])$.

此外, 如果 δ_0 适当大, 那么 $T_0 = \infty$.

注 5.1.2   通过变换

$$n(x,t) = \frac{\mathcal{Z}^0(x,t) + D(x)}{2}, \quad p(x,t) = \frac{\mathcal{Z}^0(x,t) - D(x)}{2}, \quad \mathcal{E}(x,t) = \mathcal{E}^0(x,t)$$

容易证明系统 (5-7)-(5-12) 和系统 (5-21)-(5-24) 等价. 因此, 通过命题 5.1.2 得到了拟中性漂流扩散系统 (5-7)-(5-12) 经典的非真空解的存在性. $z_0^0(x)$ 的一致正性以及 (5-12), 剔除了拟中性漂流扩散系统 (5-7)-(5-12) 的解的奇性. 事实上, 如果 $z_0^0(x) = D(x)$, 那么 (5-21)-(5-24) 有一个稳态解

$$\mathcal{Z}^0(x,t) = D(x), \quad \mathcal{E}^0 = -(\ln D(x))_x.$$

在这种情况下, 电场 $\mathcal{E}^0$ 在密度函数 $\mathcal{Z}^0$ 的真空集中有奇性. 在本小节中, 由于假设 $z_0^0 \geqslant \delta_0 > 0$, 拟中性漂流扩散模型的奇解情况是不存在的. 但是奇解情况很有趣, 而且会在将来进行研究.

注 5.1.3   命题 5.1.2 在单极情形下不成立. 事实上, 在单极情况下, 由初值的局部拟中性假设 (5-12) 一定有 $z_0^0(x) = D(x)$ 或者 $z_0^0(x) = -D(x)$ 成立, 如果掺杂轮廓 $D(x)$ 有零根, 它剔除了 $z_0^0(x)$ 的一致正性. 这又成了上面的真空奇解的情形.

其次, 边界层函数 $z_B^i, E_B^0, B = +/-, i = 0, 1, 2$, 由下面的椭圆方程的边值问题所确定的:

$$-E_{+,\xi\xi}^0 = J_+^0, \quad -E_{-,\eta\eta}^0 = J_-^0, \quad 0 < \xi, \eta < \infty, t > 0, \tag{5-25}$$

$$E_+^0(\xi = 0, t) = -\mathcal{E}^0(x = 0, t), \quad E_-^0(\eta = 0, t) = -\mathcal{E}^0(x = 1, t), \quad t > 0, \tag{5-26}$$

$$E_+^0(\xi \to \infty, t) = E_-^0(\eta \to \infty, t) = 0, \quad t > 0 \tag{5-27}$$

和

$$z_+^0 = z_-^0 = z_+^2 = z_-^2 = 0, \quad 0 < \xi, \eta < \infty, t > 0, \tag{5-28}$$

$$z_{+,\xi}^1 + D(0)E_+^0 = 0, \quad 0 < \xi, \eta < \infty, t > 0, \tag{5-29}$$

$$-z_{-,\eta}^1 + D(1)E_-^0 = 0, \quad 0 < \xi, \eta < \infty, t > 0, \tag{5-30}$$

$$z_+^0(\xi \to \infty, t) = z_-^0(\eta \to \infty, t) = 0, \quad t > 0, \tag{5-31}$$

这里

$$J_+^0 = -\mathcal{Z}^0(0,t)E_+^0, \quad J_-^0 = -\mathcal{Z}^0(1,t)E_-^0. \tag{5-32}$$

最后, 初始层函数 $z_I^i, i = 0, 1, 2, E_I^0$ 由如下方程初值问题所给出:

$$E_{I,s}^0 = J_I^0, \quad s > 0, 0 < x < 1, \tag{5-33}$$

$$E_I^0(s = 0) = E_0^0(x) - \mathcal{E}^0(t = 0), \quad 0 < x < 1, \tag{5-34}$$

和

$$z_I^0 = z_I^1 = 0, \quad 0 < x < 1, s > 0, \tag{5-35}$$

$$z_{I,s}^2 = (DE_I^0)_x, \quad 0 < x < 1, s > 0, \tag{5-36}$$

$$z_I^2(s = 0) = 0, \quad 0 < x < 1, \tag{5-37}$$

这里

$$J_I^0 = -\mathcal{Z}^0(x, 0)E_I^0. \tag{5-38}$$

由边界层问题 (5-25)-(5-31) 和初始层问题 (5-33)-(5-37) 的特殊结构马上可以得到这些方程的解的存在性. 我们将在注 5.1.6 之后精确地求解这些方程.

定义问题 (5-14)-(5-17) 的近似解 (5-20) 的带有如下形式的初值

$$
\begin{aligned}
&(z_0^\lambda, E_0^\lambda)^{\mathrm{T}} \\
&= \Big(z_0^0(x) + \lambda \big(f(x)z_+^1(\frac{x}{\lambda}, t = 0) + g(x)z_-^1(\frac{1-x}{\lambda}, t = 0) \big) + \lambda z_{0R}^\lambda(x), \\
&\quad E_0^0(x) + f(x)E_+^0(\frac{x}{\lambda}, t = 0) + g(x)E_-^0(\frac{1-x}{\lambda}, t = 0) + \lambda E_{0R}^\lambda(x) \Big)^{\mathrm{T}} \tag{5-39}
\end{aligned}
$$

的误差项 $(z_R^\lambda, E_R^\lambda)^{\mathrm{T}}$ 为

$$(z_R^\lambda(x, t), E_R^\lambda(x, t))^{\mathrm{T}} = (z^\lambda, E^\lambda)^{\mathrm{T}} - (z^\lambda, E^\lambda)_{\mathrm{app}}^{\mathrm{T}}. \tag{5-40}$$

定理 5.1.1　设 $l \geqslant 1$ 以及命题 5.1.2 的所有假定都是成立的. 同时假设初值 $(z_0^\lambda, E_0^\lambda)$ 满足 (5-39), 其中 $E_0^0 \in C^{2(l+1)}([0, 1])$,

$$E_0^0(x)|_{x=0,1} = -\frac{D_x(x)}{z_0^0(x)}\Big|_{x=0,1} (= \mathcal{E}^0(x = 0, 1; t = 0)) \tag{5-41}$$

且

$$\|z_{0R}^\lambda(x)\|_{H^1} \leqslant M\sqrt{\lambda}, \quad \|z_{0R,xx}^\lambda(x)\|_{L_x^2} \leqslant M\lambda^{-\frac{1}{2}}, \tag{5-42}$$

$$\|\partial_x^j E_{0R}^\lambda(x)\|_{L_x^2} \leqslant M\lambda^{\frac{1}{2}-j}, \quad j = 0, 1, 2. \tag{5-43}$$

那么对于任意的 $T \in (0, T_0)$, 这里 T_0 是由命题 5.1.2 给出的, 存在正常数 M 和 $\lambda_0, \lambda_0 \ll 1$ 使得对于任意的 $\lambda \in (0, \lambda_0]$,

$$\sup_{0 \leqslant t \leqslant T} \big(\|(z_R^\lambda, E_R^\lambda, z_{R,x}^\lambda, z_{R,t}^\lambda)\|_{L_x^2} + \lambda\|(E_R^\lambda, E_{R,x}^\lambda, E_{R,t}^\lambda)\|_{L_x^2} \big) \leqslant M\sqrt{\lambda^{1-\delta}} \tag{5-44}$$

对于任意的 $\delta, 0 < \delta < 1$ 都成立.

特别地, 如果 $(z_0^\lambda, E_0^\lambda)$ 满足 (5-39), 其中 $(z_{0R}^\lambda, E_{0R}^\lambda) = (0, 0)$, 那么

$$\sup_{0 \leqslant t \leqslant T} \|(z^\lambda - \mathcal{Z}^0)(\cdot, t)\|_{L_x^\infty} \leqslant M\sqrt{\lambda^{1-\delta}}.$$

注 5.1.4   在我们的分析中, 相容性假设 (5-41) 在定理 5.1.1 中是非常重要的. 它保证了可以用一个好初值 (5-39) 代替一般的初值 (5-19). 因此这种构想 (5-20) 是适用于这种情形的, 然而, 一般来说, 破坏了这一条就会引进另外的带快时间和快空间尺度的层函数 $W_{IB}(x, \xi, \eta, s)$. 本小节介绍的主要方法步骤也可以应用于这种情形.

同时也应该注意到假设 (5-42) 和 (5-43) 都是因为方法技巧而引进的. 一般来说, (5-19) 中的 $(z_{0R}^\lambda, E_{0R}^\lambda)^{\mathrm{T}}$ 可以写作

$$(z_{0R}^\lambda, E_{0R}^\lambda)^{\mathrm{T}} = (z_0^1(x), E_0^1(x))^{\mathrm{T}} + (\tilde{z}_{0R}^\lambda, \tilde{E}_{0R}^\lambda)^{\mathrm{T}}, \tag{5-45}$$

这里

$$(\tilde{z}_{0R}^\lambda, \tilde{E}_{0R}^\lambda)^{\mathrm{T}} = \lambda O(1), \tag{5-46}$$

这里 $O(1)$ 是一个 $x, \dfrac{x}{\lambda}, \dfrac{1-x}{\lambda}$ 的光滑有界函数, 因此关于初值的一般假设变为

$$\|(z_{0R}^\lambda - z_0^1)(x)\|_{H^1} \leqslant M\sqrt{\lambda}, \quad \|(z_{0R}^\lambda - z_0^1)_{xx}(x)\|_{L_x^2} \leqslant M\lambda^{-\frac{1}{2}}, \tag{5-47}$$

$$\|\partial_x^j(E_{0R}^\lambda - E_0^1)(x)\|_{L_x^2} \leqslant M\lambda^{\frac{1}{2}-j}, \quad j = 0, 1, 2. \tag{5-48}$$

在这种情况下, 它会在解中产生一个由 z_0^1 引起的额外的修正项 $\lambda(z_0^1, E_0^1)$ 以及因此而产生的一个额外的初始层项 $(\lambda^3 z_I^3, \lambda E_I^1)$. 因此, 有更一般的结果如下:

定理 5.1.2   在定理 5.1.1 的假设下, 假设 (5-42) 和 (5-43) 被 (5-47) 和 (5-48) 代替, 此时 $(z_0^1, E_0^1) \in C^3$, 我们有, 对于任意的 $T \in (0, T_0)$, 这里 T_0 由命题 5.1.2 给出, 存在正常数 M 和 $\lambda_0, \lambda_0 \ll 1$ 使得对于任意的 $\lambda \in (0, \lambda_0]$,

$$\sup_{0 \leqslant t \leqslant T} \left(\|(\tilde{z}_R^\lambda, \tilde{E}_R^\lambda, \tilde{z}_{R,x}^\lambda, \tilde{z}_{R,t}^\lambda)\|_{L_x^2} + \lambda\|(\tilde{E}_R^\lambda, \tilde{E}_{R,x}^\lambda, \tilde{E}_{R,t}^\lambda)\|_{L_x^2} \right) \leqslant M\sqrt{\lambda^{1-\delta}} \tag{5-49}$$

对任意的 $\delta \in (0, 1)$ 都成立, 这里

$$\begin{aligned}(\tilde{z}_R^\lambda(x, t), \tilde{E}_R^\lambda(x, t))^{\mathrm{T}} &= (z_R^\lambda(x, t), E_R^\lambda(x, t))^{\mathrm{T}} - (\lambda z_0^1 + \lambda^3 z_I^3, \lambda(E_0^1 + E_I^1))^{\mathrm{T}} \\ &= (z^\lambda, E^\lambda)^{\mathrm{T}} - (z^\lambda, E^\lambda)_{\mathrm{app}}^{\mathrm{T}} - (\lambda z_0^1 + \lambda^3 z_I^3, \lambda(E_0^1 + E_I^1))^{\mathrm{T}}.\end{aligned}$$

初始层函数 z_I^3 和 E_I^1 满足下面的初值问题 (IVP)

$$E_{I,s}^1 = -\mathcal{Z}^0(x, 0)E_I^1 - z_0^1(x)E_I^0, \quad s > 0, 0 < x < 1, \tag{5-50}$$

$$E_I^1(s=0) = 0, \quad 0 < x < 1 \tag{5-51}$$

和

$$z_{I,s}^3 = (DE_I^1)_x, \quad 0 < x < 1, s > 0, \tag{5-52}$$

$$z_I^3(s=0) = 0, \quad 0 < x < 1. \tag{5-53}$$

注 5.1.5　从上面的定理 5.1.1 和定理 5.1.2 可以得出消失空间电荷的近似在抛物区域内部也保持为 0, 但是当掺杂轮廓变号时这种性质不会一致保持到边界上.

注 5.1.6　注意到我们做出的关于掺杂轮廓 D 的光滑性假设, 排除了称之为突出 p-n 结, 此处掺杂轮廓有一个跳跃的间断点, 另外的边层因此需要引进来描述局部的突出的拼接. 这可在将来展开研究.

接下来给出近似解和匹配渐近展开, 这一部分利用相应于尺度 Debye 长度的奇异摄动的多尺度渐近展开推导出极限方程以及边界层和初始层的形式.

让我们来寻找如下形式的 $W^\lambda = (z^\lambda, E^\lambda)^{\mathrm{T}}$:

$$W^\lambda = \sum_{i=0}^N \lambda^i W^i\left(x, \frac{x}{\lambda}, \frac{1-x}{\lambda}, t, \frac{t}{\lambda^2}\right) + W_R^\lambda(x,t),$$

这里 λ 和 λ^2 分别表示边界层的和初始层的长度, 以及

$$W^i = W_{Inn}^i(x,t) + W_B^i(x,\xi,\eta,t) + W_I^i(x,s),$$

表示内函数 W_{Inn}^i, 在 $x=0$ 和 $x=1$ 附近的边界层函数 W_B^i, 以及在 $t=0$ 附近的初始层函数 W_I^i 的和. 这里分别令 $\xi = \dfrac{x}{\lambda}, \eta = \dfrac{1-x}{\lambda}, s = \dfrac{t}{\lambda^2}$ 以及 $W = (z, E)^{\mathrm{T}}$.

为了简化表达形式, 只在左边界 $x=0$ 附近实现边界层函数 $W_B^i = W_+^i(\xi, t)$ 的构造, 在 $x=1$ 附近的部分也可以作类似处理. 因此, 强制约束

$$\lim_{\xi \to \infty} W_B(\xi, t) = 0. \tag{5-54}$$

这里, 我们并没有明确地写出尺度变量, 标记为 "Inn, B, I, BI" 和 "R" 的函数是分别关于 $(x,t), (\xi,t), (x,s), (x,\xi,t,s)$ 和 (x,t) 的变量函数. 在接下来的部分里, 标记 (z_{Inn}, E_{Inn}) 为 $(\mathcal{Z}, \mathcal{E})$.

我们的兴趣主要在于严格证明拟中性假设. 因此, 将忽略漂流扩散方程的高阶误差. 故对 (5-14)-(5-17) 的解 (z^λ, E^λ) 作如下分解:

$$(z^\lambda, E^\lambda)^{\mathrm{T}} = \big(\mathcal{Z}^0 + z_B^0 + z_I^0 + \lambda(z_B^1 + z_I^1) + \lambda^2(z_B^2 + z_I^2) + z_R^\lambda(x,t),$$
$$\mathcal{E}^0 + E_B^0 + E_I^0 + E_R^\lambda(x,t)\big)^{\mathrm{T}}. \tag{5-55}$$

因此, 得到 (5-14)-(5-17) 的解 (z^λ, E^λ) 的近似解. 展开式 (5-55) 满足微分方程 (5-14)-(5-15), 边界条件 (5-16) 以及满足 (5-39) 的任意好初值 $(z_0^\lambda, E_0^\lambda)$ 初始条件 (5-17).

把 (5-55) 代入到 (5-14) 和 (5-15) 中去, 通过直接计算可得

$$
\mathcal{Z}_t^0 + \sum_{i=0}^{2} \lambda^i z_{B,t}^i + \frac{1}{\lambda^2} z_{I,s}^0 + \frac{1}{\lambda} z_{I,s}^1 + z_{I,s}^2 + z_{R,t}^\lambda
$$

$$
= \Big[(z_{R,x}^\lambda + D E_R^\lambda)_x + (\mathcal{Z}_x^0 + D\mathcal{E}^0)_x
$$

$$
+ \frac{1}{\lambda}\Big(\frac{1}{\lambda} z_{B,\xi}^0 + (z_{B,\xi}^1 + D(0)E_B^0) + \lambda z_{B,\xi}^2 + (D(\lambda\xi) - D(0))E_B^0 \Big)_\xi
$$

$$
+ \sum_{i=0}^{2} \lambda^i z_{I,xx}^i + (D E_I^0)_x \Big] - \lambda^2 \Big[K_{Inn}^0 + \tilde{K}_B + K_I + \tilde{K}_{IB}^\lambda + \tilde{F}_R^\lambda \Big]_x \quad (5\text{-}56)
$$

和

$$
\lambda^2 (\mathcal{E}_t^0 - \mathcal{E}_{xx}^0) + (E_{I,s}^0 - \lambda^2 E_{I,xx}^0) + (\lambda^2 E_{B,t}^0 - E_{B\xi\xi}^0) + \lambda^2 (E_{R,t}^\lambda - E_{R,xx}^\lambda)
$$

$$
= J_{Inn}^0 + (\tilde{J}_B^0 + \tilde{J}_{BR}^0) + (J_I^0 + J_{IR}^0) + \tilde{J}_{BI}^0
$$

$$
+ \sum_{i=1}^{2} \lambda^i (\tilde{J}_B^i + J_I^i + \tilde{J}_{BI}^i) + \tilde{G}_R^\lambda, \quad (5\text{-}57)
$$

这里 $K_{Inn}^0,\ \tilde{K}_B^i,\ K_I^\lambda,\ \tilde{K}_{IB}^\lambda$ 及 $\tilde{F}_R^\lambda$ 定义如下:

$$
K_{Inn}^0 = \mathcal{E}^0 \mathcal{E}_x^0,
$$

$$
\tilde{K}_B^\lambda = (\mathcal{E}^0(0,t) + E_B^0) E_{B,\xi}^0 + E_B^0 \mathcal{E}_x^0(0,t)
$$

$$
+ (\mathcal{E}^0(\lambda\xi,t) - \mathcal{E}^0(0,t)) E_{B,\xi}^0 + E_B^0 (\mathcal{E}_x^0(\lambda\xi,t) - \mathcal{E}_x^0(0,t)),
$$

$$
K_I^\lambda = (\mathcal{E}^0(x,\lambda^2 s) E_{I,x}^0 + E_I^0 (E_{Inn,x}^0(x,\lambda^2 s) + E_{I,x}^0)),
$$

$$
\tilde{K}_{IB}^\lambda = E_B^0 E_{I,x}^0 + E_I^0 \frac{1}{\lambda} E_{B,\xi}^0,
$$

$$
\tilde{F}_R^\lambda = (\mathcal{E}^0 + E_B^0 + E_I^0) E_{R,x}^\lambda + E_R^\lambda \left(\mathcal{E}_x^0 + E_{B,\xi}^0 \frac{1}{\lambda} + E_{I,x}^0 \right) + E_{R,x}^\lambda,
$$

且 $J_{Inn}^0, \tilde{J}_B^0, \tilde{J}_{BR}^0, J_I^0, J_{IR}^0, \tilde{J}_{BI}^0, \tilde{J}_B^i, J_I^i, \tilde{J}_{BI}^i, i = 1, 2$ 以及 $\tilde{G}_R^\lambda$ 按照如下方式定义:

$$
J_{Inn}^0 = -(D_x + \mathcal{Z}^0 \mathcal{E}^0),
$$

$$
\tilde{J}_B^0 = -(\mathcal{Z}^0(0,t) E_B^0 + z_B^0(\mathcal{E}^0(0,t) + E_B^0)),
$$

$$
\tilde{J}_{BR}^0 = -((\mathcal{Z}^0 - \mathcal{Z}^0(0,t)) E_B^0 + z_B^0(\mathcal{E} - \mathcal{E}^0(0,t))),
$$

$$J_I^0 = -\left(\mathcal{Z}^0(x,0)E_I^0 + z_I^0(\mathcal{E}^0(x,0) + E_I^0)\right),$$

$$J_{IR}^0 = -\left((\mathcal{Z}^0 - \mathcal{Z}^0(x,0))E_I^0 + z_I^0(\mathcal{E}^0 - \mathcal{E}^0(x,0))\right),$$

$$\tilde{J}_{BI}^0 = -(z_B^0 E_I^0 + z_I^0 E_B^0),$$

$$\tilde{J}_B^i = -z_B^i(\mathcal{E}^0 + E_B^0), i = 1, 2,$$

$$J_I^i = -z_I^i(\mathcal{E}^0 + E_I^0), i = 1, 2,$$

$$\tilde{J}_{BI}^i = -z_B^i E_I^0 + z_I^i E_B^0, i = 1, 2,$$

及

$$G_R^\lambda = -\left((\mathcal{E}^0 + E_B^0 + E_I^0)z_R^\lambda + \left(\mathcal{Z}^0 + z_B^0 + z_I^0 + \sum_{i=1}^2 \lambda^i(z_B^i + z_I^i)\right)E_R^\lambda\right) - z_R^\lambda E_R^\lambda.$$

类似地, 把 (5-55) 代入到边界条件 (5-16) 中得到其在边界 $x = 0$ 处的展开式. 因为我们期望这个边界展开式能够很好地校正拟中性漂流扩散方程的内解的边界条件, 根据其在边界 $x = 0$ 处的展式, 可以加上如下边界条件

$$z_{B,\xi}^0(\xi = 0; t) = 0, \tag{5-58}$$

$$z_{B,\xi}^1(\xi = 0; t) = -\mathcal{Z}_x^0(x = 0; t), \tag{5-59}$$

$$z_{B,\xi}^2(\xi = 0; t) = 0, \tag{5-60}$$

$$E_B^0(\xi = 0; t) = -\mathcal{E}^0(x = 0; t). \tag{5-61}$$

现在从上面的展式 (5-55) 中通过比较 (5-56) 和 (5-57) 中的 $O(\lambda^k)$ 的系数, 推到内函数 $(\mathcal{Z}^0, \mathcal{E}^0)$ 以及各阶边界层和初始层的函数满足的方程. 在 (5-56) 的首阶项 λ^{-2} 处, 可以得到

$$z_{I,s}^0(x, s) = 0. \tag{5-62}$$

对于 z_I^0 取初始值为

$$z_I^0(s = 0) = 0. \tag{5-63}$$

(5-62) 和 (5-63) 的唯一解可以表示为

$$z_I^0(x, s) = 0, \quad x \in [0, 1], s \geqslant 0. \tag{5-64}$$

类似地,

$$z_{B,\xi\xi}^0 = 0. \tag{5-65}$$

我们也期望在无穷远处的衰减条件对于 z_B^0 来说满足

$$z_B^0(\xi, t) \to 0, \quad \xi \to \infty. \tag{5-66}$$

(5-58), (5-65) 和 (5-66) 的唯一解可以表示为

$$z_B^0(\xi, t) = 0, \quad \xi \geqslant 0, t \geqslant 0, \tag{5-67}$$

它也局部地解释了密度的诺依曼边界条件在首阶项处并不产生边界层.

在 (5-56) 的 λ^{-1} 阶处, 因为 $z_I^1(x, s = 0) = 0$, 可以得到

$$z_{I,s}^1(x, s) = 0, \quad \text{因此 } z_I^1 = 0, x \in [0, 1], s \geqslant 0. \tag{5-68}$$

从 (5-56) 的 λ^{-1} 阶处还可以得到

$$z_{B,\xi\xi}^1 + D(0)E_{B,\xi}^0 = 0. \tag{5-69}$$

和前面一样, 增加在无穷远处的衰减条件使得

$$z_B^1(\xi, t) \to 0, \quad E_B^0(\xi, t) \to 0, \quad \text{当} \xi \to \infty. \tag{5-70}$$

从 (5-69) 和 (5-70) 中得到

$$z_{B,\xi}^1 + D(0)E_B^0 = 0. \tag{5-71}$$

接着, 得到一个极限方程, 它形成了一个上面的展式的零阶项 $(\mathcal{Z}^0, \mathcal{E}^0)$ 满足的方程组. 在 (5-56) 和 (5-57) 的 λ^0 阶处, 得到

$$\mathcal{Z}_t^0 = (\mathcal{Z}_x^0 + D\mathcal{E}^0)_x, \quad 0 < x < 1, t > 0, \tag{5-72}$$

$$0 = -(D_x + \mathcal{Z}^0\mathcal{E}^0), \quad 0 < x < 1, t > 0. \tag{5-73}$$

这就是非常有名的拟中性漂流扩散模型, 同时还可以通过令 (5-14)-(5-15) 中的 λ 等于 0 形式得到. 而在半导体装置物理中, 问题 (5-72)-(5-73) 被称为空间电荷近似.

注意到 (5-73) 是一个代数方程. 如果 $\mathcal{Z}^0(x, t) \geqslant C_0 > 0$, 那么

$$\mathcal{E}^0(x, t) = -\frac{D_x(x)}{\mathcal{Z}^0(x, t)}.$$

一般来说, $\mathcal{E}^0(x, t)|_{x=0,1} \neq 0$, 但是此处 $E^\lambda(x, t)|_{x=0,1} = 0$. 因此, $\mathcal{E}^0(x, t)$ 必须补充一个边界层项. 类似地, 由于初值 $E_0^\lambda(x)$ 的任意性, 存在一个初始层. 此外, 很清晰很明确地知道边界层和初始层都是由电场引起的.

现在给极限方程 (5-72)-(5-73) 补充适当的边界条件. 根据边界条件 (5-59), (5-61) 和方程 (5-71), 得到

$$\mathcal{Z}_x^0(x=0,t) = -z_{B,\xi}^1(\xi=0,t) = D(0)E_B^0(\xi=0) = -D(0)\mathcal{E}^0(x=0,t), \quad t \geqslant 0,$$

即

$$\mathcal{Z}_x^0 + D(0)\mathcal{E}^0 = 0, \quad x=0, t \geqslant 0. \tag{5-74}$$

对于 $\mathcal{Z}^0(x,t)$ 的初值来说, 可以将其取成

$$\mathcal{Z}^0(x, t=0) = z_0^0(x) \geqslant \delta > 0, \quad 0 \leqslant x \leqslant 1. \tag{5-75}$$

这里 $z_0^0(x)$ 是由 (5-19) 给出.

最后, 从 (5-56) 和 (5-57) 的 λ^0 阶处还可以得到

$$E_{I,s}^0(x,s) = J_I^0(x,s), \quad 0 \leqslant x \leqslant 1, s \geqslant 0 \tag{5-76}$$

$$z_{I,s}^2(x,s) = (D(x)E_I^0)_x, \quad 0 \leqslant x \leqslant 1, s \geqslant 0, \tag{5-77}$$

和

$$-E_{B,\xi\xi}^0(\xi,t) = \tilde{J}_B^0(\xi,t), \quad \xi > 0, t > 0. \tag{5-78}$$

$$z_{B,\xi\xi}^2 = 0, \quad \xi > 0, t > 0, \tag{5-79}$$

初值 E_I^0 可以取成

$$E_I^0(x, s=0) = E_0^0(x) - \mathcal{E}^0(x, t=0), \quad 0 \leqslant x \leqslant 1. \tag{5-80}$$

(5-76) 和 (5-80) 的唯一解可以由下式准确地给出

$$E_I^0(x,s) = (E_0^0(x) - \mathcal{E}^0(x, t=0)) \exp(-z_0^0(x)s). \tag{5-81}$$

z_I^2 的初值为

$$z_I^2(x, s=0) = 0, \quad 0 \leqslant x \leqslant 1. \tag{5-82}$$

利用 (5-81), (5-77) 和 (5-82) 的唯一解, 可以由下式给出,

$$\begin{aligned}
z_I^2(x,s) &= \int_0^s (D(x)E_I^0)_x ds \\
&= b(x) + (b_0(x) + b_1(x)s)\exp\{-z_0^0(x)s\}, \quad 0 \leqslant x \leqslant 1, s \geqslant 0, \tag{5-83}
\end{aligned}$$

这里 $b(x), b_0(x)$ 和 $b_1(x)$ 仅仅依赖 $D(x)$ 和 (z_0^0, E_0^0) 而且满足 $b_0(x) = -b(x) \neq 0$.

对于 E_B^0, 我们约束在无穷远处的衰减条件为

$$E_B^0(\xi, t) = 0, \quad \text{当} \xi \to \infty \tag{5-84}$$

以及同时取在 $\xi = 0$ 处的边界条件为

$$E_B^0(\xi = 0, t) = -\mathcal{E}^0(x = 0, t), \quad t > 0. \tag{5-85}$$

(5-78), (5-84) 和 (5-85) 的唯一解可以表示为

$$E_B^0(\xi, t) = -\mathcal{E}^0(x = 0, t) \exp(-\sqrt{\mathcal{Z}^0(x = 0, t)}\xi). \tag{5-86}$$

对于 z_B^2, 无穷远处的衰减条件为

$$z_B^2(\xi, t) = 0, \quad \text{当} \xi \to \infty. \tag{5-87}$$

那么 (5-79), (5-60) 和 (5-87) 的唯一解可以表示为

$$z_B^2(\xi, t) = 0, \quad \xi > 0, t > 0. \tag{5-88}$$

类似地, 可以构造在 $x = 1$ 附近的边界层函数以及推导出在 $x = 1$ 处的内解的类似的边界条件.

接下来给出拟中性漂流扩散模型解的存在性和正则性, 在这一部分, 讨论拟中性漂流扩散模型 (5-21)-(5-24) 解的存在性和正则性并将会证明命题 5.1.2.

命题 5.1.2 的证明　这个证明是基本常规的. 完整起见, 给出其概要. 首先, 从 (5-73) 中可以得到 $\mathcal{E}^0(x, t) = -\dfrac{D_x}{\mathcal{Z}^0(x, t)}$. 那么问题 (5-72)-(5-75) 就约化为下面的方程组

$$\mathcal{Z}_t^0 = \left(\mathcal{Z}_x^0 - \frac{DD_x}{\mathcal{Z}^0} \right)_x, \quad 0 < x < 1, t > 0, \tag{5-89}$$

$$\left(\mathcal{Z}_x^0 - \frac{DD_x}{\mathcal{Z}^0} \right)(x = 0, 1, t) = 0, \quad t > 0, \tag{5-90}$$

$$\mathcal{Z}^0(t = 0) = z_0^0(x), \quad 0 \leqslant x \leqslant 1. \tag{5-91}$$

对于 $z_0^0 \geqslant \delta_0 > 0$, 标准的抛物理论保证了我们所需要的经典正解 $\mathcal{Z}^0$ 的局部存在性. 这就是命题 5.1.2 的第一部分.

为了证明以大初值开始的大的经典解的全局存在性, 引入了下面的变量代换

$$(\mathcal{Z}^0)^2 - D^2 = w. \tag{5-92}$$

由此从系统 (5-89)-(5-91) 中可以得到 w 满足

$$w_t = w_{xx} - \frac{w_x^2 + 2DD_x w_x}{2(w + D^2)}, \quad 0 < x < 1, t > 0 \tag{5-93}$$

$$w_x(x = 0, 1, t) = 0, \quad t > 0 \tag{5-94}$$

$$w(t = 0) = w_0 = (z_0^0)^2 - D^2. \tag{5-95}$$

如果对于某些 $\delta_2 > 0, \delta_0 \geqslant \sqrt{D^2 + \delta_2}$, 那么 $w_0 \geqslant \delta_2 > 0$.

通过标准的抛物理论[84], 我们知道 (5-93)-(5-95) 存在一个唯一的、经典的全局解 w 对于任意的 $T > 0$, 满足 $0 < \delta_2 \leqslant w \in C^{2(l+1), l+1}([0,1] \times [0,T])$. 通过变换 (5-92), 得到了命题 5.1.2 的第二部分. 命题 5.1.2 的证明就完整了.

接下来给出初始时间层和边界层函数的性质, 这一部分总结边界层和初始时间层的性质, 并且讨论它们的衰减率, 这些将有助于我们在下一部分中的能量估计.

应用 (5-86), 从 (5-71) 和 (5-70) 中得到

$$z_B^1(\xi, t) = -D(0)\mathcal{E}^0(0, t) \int_\xi^\infty e^{-\sqrt{\mathcal{Z}^0(0,t)}y} dy$$

$$= -\frac{D(0)\mathcal{E}^0(0, t)}{\sqrt{\mathcal{Z}^0(0,t)}} e^{-\sqrt{\mathcal{Z}^0(0,t)}\xi}. \tag{5-96}$$

因此, 就得到了所有初始层函数和左边界层函数的精确公式. 尤其是, 我们能够确定仅依赖 $D(0), z_0^0(0)$ 和 $\mathcal{E}^0(0,0) = E_0^0(0)$ 的 $z_B^1(\xi)$ 和 $E_B^0(\xi)$ 的值, 其中

$$z_B^1(\xi) = z_B^1(x, t = 0)$$

$$= -\frac{D(0)E_0^0(0)}{\sqrt{z_0^0(0)}} e^{-\sqrt{z_0^0(0)}\xi}, \quad \xi > 0, \tag{5-97}$$

$$E_B^0(\xi) = E_B^0(x, t = 0) = -E_0^0(0)e^{-\sqrt{z_0^0(0)}\xi}, \quad \xi > 0. \tag{5-98}$$

类似地, 在 $x = 1$ 处的右边界层函数, 记为 $z_-^i(\eta, t), i = 0, 1, 2, E_-^0(\eta, t)$, 也满足类似的方程并且与在 $x = 0$ 处的左边界层函数 $z_B^i(\xi, t), i = 0, 1, 2, E_B^0(\xi, t)$ 记为 $z_+^i(\xi, t), i = 0, 1, 2, E_+^0(\xi, t)$ 有完全相同的性质. 我们就不再赘述了.

我们通过总结边界层和初始层函数的性质来结束这一部分的内容:

引理 5.1.1 　(i) $z_+^0 = z_-^0 = z_+^2 = z_-^2 = z_I^0 = z_I^1 = 0$.

(ii) 假设内解 $(\mathcal{Z}^0, \mathcal{E}^0)$ 是适度光滑的. 那么,

(a) 对任意 $T > 0$, 存在着一个不依赖于 λ 的正常数 M 使得

$$\|(\partial_t^{k_1}(\xi^{k_2}\partial_\xi^{k_3}(z_+^1, E_+^0), \eta^{k_4}\partial_\eta^{k_5}(z_-^1, E_-^0))\|_{L_{(x,t)}^\infty([0,1] \times [0,T])} \leqslant M \tag{5-99}$$

和

$$\|(\partial_t^{k_1}(\xi^{k_2}\partial_\xi^{k_3}(z_+^1, E_+^0), \eta^{k_4}\partial_\eta^{k_5}(z_-^1, E_-^0))\|_{L_t^\infty([0,T]; L_x^2([0,1]))} \leqslant M\lambda^{\frac{1}{2}} \tag{5-100}$$

对任意的非负整数 $k_j, j = 0, \cdots, 5$ 都成立.

(b) 对任意 $T > 0$, 存在着不依赖于 λ 的正常数 M 使得

$$\|\partial_x^{k_6}(z_I^2, s^{k_7}(\partial_s^{k_8} z_I^2, \partial_s^{k_9} E_I^0))\|_{L_{(x,t)}^\infty([0,1] \times [0,T])} \leqslant M \tag{5-101}$$

和

$$\|\partial_x^{k_{10}} s^{k_{11}}(\partial_s^{k_{12}} z_I^2, \partial_s^{k_{13}} E_I^0)\|_{L_t^2([0,T]; L_x^\infty([0,1]))} \leqslant M\lambda \tag{5-102}$$

对任意的非负整数 $k_j, j = 6, 7, 9, 10, 11, 13$ 和任意的正整数 k_8, k_{12} 都成立.

在下面这一部分, 研究关于问题 (5-14)-(5-17) 在 $\lambda \to 0$ 时的解的渐近性态, 并且我们也将在这部分中证明主要定理 5.1.1 和定理 5.1.2. 从现在开始, 假设 $0 < \lambda \leqslant 1$.

接下来, 通过细致的能量方法来证明定理 5.1.1, 该方法以前面构造的近似解为基础.

设 $\mathcal{Z}^0, \mathcal{E}^0, E_+^0, E_-^0, E_I^0, z_+^1, z_-^1, z_I^2$ 为前面几节中构造的函数.

假设

$$(z^\lambda(x, t = 0), E^\lambda(x, t = 0))^{\mathrm{T}}$$
$$= \left(z_0^0(x) + \lambda \left(f(x) z_+^1 \left(\frac{x}{\lambda}, 0 \right) + g(x) z_-^1 \left(\frac{1-x}{\lambda}, 0 \right) \right) + \lambda z_{0R}^\lambda(x), \right.$$
$$\left. E_0^0(x) + f(x) E_+^0 \left(\frac{x}{\lambda}, 0 \right) + g(x) E_-^0 \left(\frac{1-x}{\lambda}, 0 \right) + \lambda E_{0R}^\lambda(x) \right)^{\mathrm{T}},$$

在这里 $f(x)$ 和 $g(x)$ 是满足 $f(0) = g(1) = 1$ 和 $f(1) = f'(1) = f''(1) = f'(0) = f''(0) = g(0) = g'(0) = g''(0) = g'(1) = g''(1) = 0$ 的两个光滑 C^2 截断函数, $(z_{0R}^\lambda, E_{0R}^\lambda)$ 满足假设 (5-42) 和 (5-43). 在这种情形下, 得到

$$(z_R^\lambda, E_R^\lambda)^{\mathrm{T}}(x, t = 0) = \lambda(z_{0R}^\lambda(x), E_{0R}^\lambda(x))^{\mathrm{T}}.$$

在方程组 (5-14)-(5-15) 中用

$$(z^\lambda, E^\lambda)^{\mathrm{T}} = \left(\mathcal{Z}^0 + \lambda(f(x) z_+^1 + g(x) z_-^1) + \lambda^2 z_I^2 + z_R^\lambda(x, t), \right.$$
$$\left. \mathcal{E}^0 + f(x) E_+^0 + g(x) E_-^0 + E_I^0 + E_R^\lambda(x, t) \right)^{\mathrm{T}} \tag{5-103}$$

来替代 $(z^\lambda, E^\lambda)^{\mathrm{T}}$, 并且利用内解方程、边界层方程和初始层方程, 就可以得到

$$z_{R,t}^\lambda = H_x^\lambda + f^\lambda, \quad 0 < x < 1, t > 0, \tag{5-104}$$

$$\lambda^2(E_{R,t}^\lambda - E_{R,xx}^\lambda) + \mathcal{Z}^0 E_R^\lambda = g^\lambda, \quad 0 < x < 1, t > 0, \tag{5-105}$$

这里

$$H^\lambda = z^\lambda_{R,x} + DE^\lambda_R + H_{Inn} + H^\lambda_B + H^\lambda_I + H^\lambda_{IB} + H^\lambda_R,$$

$$f^\lambda = -\lambda^1(f(x)z^1_{+,t} + g(x)z^1_{-,t}), \quad g^\lambda = G_{Inn} + G^\lambda_B + G^\lambda_I + G^\lambda_{IB} + G^\lambda_R,$$

其中 H_{Inn} (G_{Inn}), H^λ_B (G^λ_B), H^λ_I (G^λ_I), H^λ_{IB} (G^λ_{IB}), H^λ_R (G^λ_R) 分别代表内部、边界层部分、初始层部分、混合初边界层部分以及涉及非线性的误差部分, 并且通过下面的式子来定义:

$$H_{Inn}(x,t) = -\lambda^2 \mathcal{E}^0 \mathcal{E}^0_x,$$

$$\begin{aligned}
H^\lambda_B(x,t,\xi,\eta) =& \big((D(x) - D(0))f(x)E^0_+ + (D(x) - D(1))g(x)E^0_-\big) \\
&+ \lambda\Big(f'(x)z^1_+ + g'(x)z^1_- - \mathcal{E}^0(f(x)E^0_{+,\xi} - g(x)E^0_{-,\eta}) \\
&+ (f(x)E^0_+ + g(x)E^0_-)(f(x)E^0_{+,\xi} - g(x)E^0_{-,\eta})\Big) \\
&+ \lambda^2\Big(- \mathcal{E}^0(f'(x)E^0_+ + g'(x)E^0_-) \\
&- (f(x)E^0_+ + g(x)E^0_-)(\mathcal{E}^0_x + f'(x)E^0_+ + g'(x)E^0_-)\Big) \\
=& \big((D(x) - D(0))f(x)E^i_+ + (D(x) - D(1))g(x)E^i_-\big) + \lambda\{\cdots\}^R_{HB}.
\end{aligned}$$

注意到

$\{\cdots\}^R_{HB}$ 是边界层函数 $z^1_+, z^1_-, E^0_+, E^0_-, E^0_{+,\xi}, E^0_{-,\eta}, E^0_+ E^0_+, E^0_- E^0_-, E^0_+ E^0_-, E^0_+ E^0_{+,\xi}, E^0_- E^0_{-,\eta}, E^0_+ E^0_{-,\eta}$ 以及 $E^0_- E^0_{+,\xi}$ 的和, 这些边界层函数的前面的系数是由 $D(x), f(x), g(x), \mathcal{E}^0, f'(x), g'(x)$ 和 $\mathcal{E}^0_x$ 构成的, 并且 $\{\cdots\}^R_{HB}$ 不依赖快变介电松弛时间尺度, 因此, 通过 (5-99) 和 (5-100), 很容易得到存在着一个不依赖于 λ 的常数 M, 使得

$$\|\{\cdots\}^R_{HB}(t)\|^2_{L^2_x} + \int_0^t \|\partial_t\{\cdots\}^R_{HB}(t)\|^2_{L^2_x} dt \leqslant M\lambda. \tag{5-106}$$

$$H^\lambda_I(x,s) = \lambda^2 z^2_{I,x} - \lambda^2(\mathcal{E}^0 E^0_I + E^0_I(\mathcal{E}^0_x + E^0_{I,x})),$$

$$\begin{aligned}
H^\lambda_{IB}(x,\xi,\eta,t,s) =& -\lambda\Big(E^0_I(f(x)E^0_{+,\xi} - g(x)E^0_{-,\eta})\Big) \\
&- \lambda^2\Big(E^0_I(f'(x)E^0_+ + g'(x)E^0_-) + (f(x)E^0_+ + g(x)E^0_-)E^0_{I,x}\Big),
\end{aligned}$$

$$\begin{aligned}
H^\lambda_R =& -\lambda E^\lambda_R(f(x)E^0_{+,\xi} - g(x)E^0_{-,\eta}) \\
&- \lambda^2\Big((\mathcal{E}^0 + f(x)E^0_+ + g(x)E^0_-)E^\lambda_{R,x} + (\mathcal{E}^0_x + f'(x)E^0_+ + g'(x)E^0_-)E^\lambda_R\Big) \\
&- \lambda^2\big(E^0_I E^\lambda_{R,x} + E^0_{I,x} E^\lambda_R\big) - \lambda^2 E^\lambda_R E^\lambda_{R,x},
\end{aligned}$$

$$G_{Inn}(x,t) = -\lambda^2\big(\mathcal{E}_t^0 - \mathcal{E}_{xx}^0\big),$$

$$G_B^\lambda(x,\xi,\eta,t) = \Big(-f(x)(\mathcal{Z}^0(x,t) - \mathcal{Z}^0(0,t))E_+^0 - g(x)(\mathcal{Z}^0(x,t) - \mathcal{Z}^0(1,t))E_-^0 \Big)$$
$$+ \lambda\{\cdots\}_{GB}^R.$$

这里 $\{\cdots\}_{GB}^R$ 是边界层函数 $z_{+,t}^1, z_{-,t}^1, E_+^0, E_-^0, E_{+,\xi}^0, E_{-,\eta}^0, z_+^1 E_+^0, z_-^1 E_-^0, z_+^1 E_-^0$ 以及 $z_-^1 E_+^0$ 的和, 这些边界层函数的系数是由 $f(x), g(x), \mathcal{E}^0, f'(x), g'(x), f''(x), g''(x)$ 和 $\mathcal{Z}^0$ 构成的. 与 $\{\cdots\}_{HB}^R$ 类似, $\{\cdots\}_{GB}^R$ 也不依赖快变介电松弛时间尺度, 因此很容易通过 (5-99) 和 (5-100) 得到存在着一个不依赖 λ 的常数 M, 使得

$$\|\{\cdots\}_{GB}^R(t)\|_{L_x^2}^2 + \int_0^t \|\partial_t\{\cdots\}_{GB}^R(t)\|_{L_x^2}^2 dt \leqslant M\lambda. \tag{5-107}$$

$$G_I^\lambda = (\mathcal{Z}^0 - \mathcal{Z}^0(x,0))E_I^0 + \lambda^2 E_{I,xx}^0 + \lambda^2 z_I^2(\mathcal{E}^0 + E_I^0),$$

$$G_{IB}^\lambda = -\lambda(f(x)z_+^1 + g(x)z_-^1)E_I^0 - \lambda^2 z_I^2(f(x)E_+^0 + g(x)E_-^0),$$

$$G_R^\lambda = -(\mathcal{E}^0 + f(x)E_+^0 + g(x)E_-^0 + E_I^0)z_R^\lambda$$
$$- \lambda(f(x)z_+^1 + g(x)z_-^1)E_R^\lambda - \lambda^2 z_I^2 E_R^\lambda - z_R^\lambda E_R^\lambda.$$

现在推导关于误差函数的边界条件.

首先, 假设

$$E_0^0(x=0,1) = -\frac{D_x(x=0,1)}{z_0^0(x=0,1)} = \mathcal{E}^0 \quad (x=0,1; t=0),$$

以及初始层函数 (5-81), 给出

$$E_I^0(x=0,1; t) = 0, \quad t > 0. \tag{5-108}$$

然后通过 (5-17), (5-61) 和 (5-108) 得到

$$E_R^\lambda(x=0,1; t) = 0, \quad t > 0. \tag{5-109}$$

接下来断言

$$H^\lambda(x=0,1; t) = 0, \quad t > 0. \tag{5-110}$$

事实上, 可以将 $H^\lambda(x,t)$ 表示成

$$H^\lambda = z_{R,x}^\lambda + DE_R^\lambda + H_{Inn} + H_B^\lambda + H_I^\lambda + H_{IB}^\lambda + H_R^\lambda$$
$$= z_{R,x}^\lambda + \lambda(f'(x)z_+^1 + g'(x)z_-^1) + \lambda^2 z_{I,x}^2 + f(x)(D(x) - D(0))E_+^0$$
$$+ g(x)(D(x) - D(1))E_-^0 + DE_R^\lambda - \lambda^2 E^\lambda E_x^\lambda. \tag{5-111}$$

然后, 利用截断函数 $f(x)$ 和 $g(x)$ 的定义、边界条件 $E^\lambda(x=0,1;t)=0$ 和 (5-109), 从 (5-111) 得到

$$H^\lambda(x=0,1;t)=(z^\lambda_{R,x}+\lambda^2 z^2_I)|_{x=0,1}. \tag{5-112}$$

同样地, 在边界条件 $z^\lambda_x(x=0,1;t)=0$ 中用 (5-103) 来替换 z^λ, 并且利用

$$z^1_{+,\xi}(\xi=0;t)=-\mathcal{Z}^0_x(x=0;t); \quad z^1_{-,\eta}(\eta=0;t)=\mathcal{Z}^0_x(x=1;t), t>0,$$

就可以得到

$$(z^\lambda_{R,x}+\lambda^2 z^2_I)|_{x=0,1}=0,$$

这个式子和 (5-112) 一起, 就给出了 (5-110).

现在就开始进行能量估计. 在下面的部分中, 利用 c_i, δ_i, ϵ 和 $M(\epsilon)$ 或者 M 来定义一些常数, 这些常数不依赖 λ, 并且在不同行之间有可能不同.

首先我们推导关于 $(z^\lambda_R, E^\lambda_R)$ 的基本能量估计.

引理 5.1.2　在定理 5.1.1 的假设下, 有

$$\|z^\lambda_R(t)\|^2_{L^2_x}+\lambda^2\|E^\lambda_R(t)\|^2_{L^2_x}+\int_0^t\|(z^\lambda_{R,x},E^\lambda_R)\|^2_{L^2_x}dt+\lambda^2\int_0^t\|E^\lambda_{R,x}\|^2_{L^2_x}dt$$

$$\leqslant\|z^\lambda_R(t=0)\|^2_{L^2_x}+\lambda^2\|E^\lambda_R(t=0)\|^2_{L^2_x}$$

$$+M\int_0^t\|z^\lambda_R\|^2_{L^2_x}dt+M\lambda^4\int_0^t\|(E^\lambda_R,E^\lambda_{R,x})\|^2_{L^2_x}\|E^\lambda_{R,x}\|^2_{L^2_x}dt$$

$$+M\int_0^t\|(z^\lambda_R,z^\lambda_{R,x})\|^2_{L^2_x}\|E^\lambda_R\|^2_{L^2_x}dt+M\lambda. \tag{5-113}$$

证明　(5-104) 乘上 z^λ_R, 并且对得到的方程在 $[0,1]$ 上关于 x 积分, 利用 (5-110) 和分部积分, 得到

$$\frac{1}{2}\frac{d}{dt}\|z^\lambda_R\|^2_{L^2_x}=-\int_0^1 H^\lambda z^\lambda_{R,x}dx+\int_0^1 f^\lambda z^\lambda_R dx$$

$$=-\int_0^1(z^\lambda_{R,x}+DE^\lambda_R)z^\lambda_{R,x}dx+\int_0^1 f^\lambda z^\lambda_R dx$$

$$-\int_0^1(H_{Inn}+H^\lambda_B+H^\lambda_I+H^\lambda_{IB}+H^\lambda_R)z^\lambda_{R,x}dx. \tag{5-114}$$

现在来估计 (5-114) 右边的每一项.

首先, 利用 Cauchy-Schwarz 不等式和边界层的性质, 得到

$$-\int_0^1(z^\lambda_{R,x}+DE^\lambda_R)z^\lambda_{R,x}dx\leqslant-\frac{1}{2}\|z^\lambda_{R,x}\|^2_{L^2_x}+M(\epsilon)\|E^\lambda_R\|^2_{L^2_x} \tag{5-115}$$

和

$$\int_0^1 f^\lambda z_R^\lambda dx \leqslant M\|z_R^\lambda\|_{L_x^2}^2 + M\|f^\lambda\|_{L_x^2}^2 dx \leqslant M\|z_R^\lambda\|_{L_x^2}^2 + M\lambda^3. \tag{5-116}$$

在这里我们使用了由 (5-100) 而得到的不等式 $\|(z_{+,t}^1, z_{-,t}^1)\|_{L_x^2}^2 \leqslant M\lambda$.

然后, 利用内解的正则性, 边界层函数的性质 (5-99) 和 (5-100), 初始层函数的性质 (5-101) 和 (5-102), 以及 $H_{Inn}, H_B^\lambda, H_I^\lambda$ 和 H_{IB}^λ 的定义, 很容易得到

$$\|H_{Inn}\|_{L_x^2}^2 + \|H_B^\lambda\|_{L_x^2}^2 + \|H_I^\lambda\|_{L_x^2}^2 + \|H_{IB}^\lambda\|_{L_x^2}^2 \leqslant M\lambda.$$

利用这个不等式, 然后再结合 Cauchy-Schwarz 不等式就能得到

$$-\int_0^1 (H_{Inn} + H_B^\lambda + H_I^\lambda + H_{IB}^\lambda)z_{R,x}^\lambda dx$$
$$\leqslant \epsilon\|z_{R,x}^\lambda\|_{L_x^2}^2 + M(\epsilon)(\|H_{Inn}\|_{L_x^2}^2 + \|H_B^\lambda\|_{L_x^2}^2 + \|H_I^\lambda\|_{L_x^2}^2 + \|H_{IB}^\lambda\|_{L_x^2}^2)$$
$$\leqslant \epsilon\|z_{R,x}^\lambda\|_{L_x^2}^2 + M\lambda. \tag{5-117}$$

最后, 对于非线性项, 利用 $\mathcal{E}^0, \mathcal{E}_x^0 \in C^0([0,1] \times [0,T])$, (5-99) 和 (5-101), 并且应用 Cauchy-Schwarz 不等式和索伯列夫引理, 就能得到

$$\int_0^1 H_R^\lambda z_{R,x}^\lambda dx$$
$$\leqslant \epsilon\|z_{R,x}^\lambda\|_{L_x^2}^2 + M(\epsilon)\|H_R^\lambda\|_{L_x^2}^2$$
$$\leqslant \epsilon\|z_{R,x}^\lambda\|_{L_x^2}^2 + M\lambda^2\|E_R^\lambda\|_{L_x^2}^2 + M\lambda^4\|E_{R,x}^\lambda\|_{L_x^2}^2 + M\lambda^4 \int_0^1 |E_R^\lambda E_{R,x}^\lambda|^2 dx$$
$$\leqslant \epsilon\|z_{R,x}^\lambda\|_{L_x^2}^2 + M\lambda^2\|E_R^\lambda\|_{L_x^2}^2 + M\lambda^4\|E_{R,x}^\lambda\|_{L_x^2}^2$$
$$+ M\lambda^4\|(E_R^\lambda, E_{R,x}^\lambda)\|_{L_x^2}^2 \|E_{R,x}^\lambda\|_{L_x^2}^2. \tag{5-118}$$

因此, 结合 (5-114) 和 (5-115)-(5-118), 并且取 ϵ 足够小, 就能得到

$$\frac{d}{dt}\|z_R^\lambda\|_{L_x^2}^2 + c_1\|z_{R,x}^\lambda\|_{L_x^2}^2 \leqslant M\|(z_R^\lambda, E_R^\lambda)\|_{L_x^2}^2 + M\lambda^4\|E_{R,x}^\lambda\|_{L_x^2}^2$$
$$+ M\lambda^4(\|(E_R^\lambda, E_{R,x}^\lambda)\|_{L_x^2}^2 \|E_{R,x}^\lambda\|_{L_x^2}^2 + M\lambda. \tag{5-119}$$

对 (5-119) 在 $[0,t]$ 上关于 t 积分, 就能得到

$$\|z_R^\lambda(t)\|_{L_x^2}^2 + c_1\int_0^t \|z_{R,x}^\lambda\|_{L_x^2}^2 dt$$
$$\leqslant \|z_R^\lambda(t=0)\|_{L_x^2}^2 + M\int_0^t \|(z_R^\lambda, E_R^\lambda)\|_{L_x^2}^2 dt + M\lambda^4\int_0^t \|E_{R,x}^\lambda\|_{L_x^2}^2 dt$$
$$+ M\lambda^4\int_0^t \|(E_R^\lambda, E_{R,x}^\lambda)\|_{L_x^2}^2 \|E_{R,x}^\lambda\|_{L_x^2}^2 dt + M\lambda. \tag{5-120}$$

(5-105) 乘上 E_R^λ, 并且对得到的方程在 $[0,1]$ 上关于 x 积分, 利用 (5-109) 和分部积分法, 就能得到

$$\frac{\lambda^2}{2}\frac{d}{dt}\|E_R^\lambda\|_{L_x^2}^2 + \lambda^2\|E_{R,x}^\lambda\|_{L_x^2}^2 + \int_0^1 \mathcal{Z}^0|E_R^\lambda|^2 dx = \int_0^1 g^\lambda E_R^\lambda dx. \tag{5-121}$$

应用 Cauchy-Schwarz 不等式, 有

$$\int_0^1 g^\lambda E_R^\lambda dx \leqslant \epsilon\|E_R^\lambda\|_{L_x^2}^2 + M(\epsilon)\|g^\lambda\|_{L_x^2}^2.$$

一方面, 注意到

$$\int_0^1 |(\mathcal{Z}^0(x,t) - \mathcal{Z}^0(x,0))E_I^0\left(x,\frac{t}{\lambda^2}\right)|^2 dx$$
$$= \int_0^1 \left|\int_0^1 \partial_t \mathcal{Z}^0(x,t\theta)d\theta t \cdot E_I^0\left(x,\frac{t}{\lambda^2}\right)\right|^2 dx$$
$$\leqslant M\sup_{s\geqslant 0}(\max_{0\leqslant x\leqslant 1}|sE_I^0(x,s)|^2)\lambda^4$$
$$\leqslant M\lambda^4,$$

利用 $\mathcal{Z}^0, \mathcal{E}^0 \in C^{2,1}([0,1]\times[0,T])$, (5-99), (5-100), (5-101), (5-102) 以及 G_{Inn}, G_B^λ, G_I^λ 和 G_{IB}^λ 的定义, 有

$$\int_0^1 (|G_{Inn}|^2 + |G_B^\lambda|^2 + |G_I^\lambda|^2 + |G_{IB}^\lambda|^2)dx \leqslant M\lambda.$$

另一方面, 和在 (5-118) 中一样, 应用索伯列夫引理有

$$\|G_R^\lambda\|_{L_x^2}^2 \leqslant M\|z_R^\lambda\|_{L_x^2}^2 + M\lambda^2\|E_R^\lambda\|_{L_x^2}^2 + M\|(z_R^\lambda, z_{R,x}^\lambda)\|_{L_x^2}^2\|E_R^\lambda\|_{L_x^2}^2.$$

因此

$$g^\lambda E_R^\lambda dx \leqslant \epsilon\|E_R^\lambda\|_{L_x^2}^2 + M\|z_R^\lambda\|_{L_x^2}^2 + M\lambda^2\|E_R^\lambda\|_{L_x^2}^2$$
$$+ M\|(z_R^\lambda, z_{R,x}^\lambda)\|_{L_x^2}^2\|E_R^\lambda\|_{L_x^2}^2 + M\lambda. \tag{5-122}$$

接下来, 结合 (5-121) 和 (5-122), 利用 $\mathcal{Z}^0$ 的正性, 取 ϵ 足够小, 然后对 λ 加以限制使它足够小, 就能得到

$$\lambda^2\frac{d}{dt}\|E_R^\lambda\|_{L_x^2}^2 + \lambda^2\|E_{R,x}^\lambda\|_{L_x^2}^2 + c_2\|E_R^\lambda\|_{L_x^2}^2$$
$$\leqslant M\|z_R^\lambda\|_{L_x^2}^2 + M\|(z_R^\lambda, z_{R,x}^\lambda)\|_{L_x^2}^2\|E_R^\lambda\|_{L_x^2}^2 + M\lambda. \tag{5-123}$$

对 (5-123) 关于 t 积分, 就能得到

$$\lambda^2\|E_R^\lambda(t)\|_{L_x^2}^2 + \lambda^2 \int_0^t \|E_{R,x}^\lambda\|_{L_x^2}^2 dt + c_2 \int_0^t \|E_R^\lambda\|_{L_x^2}^2 dt$$

$$\leqslant \lambda^2\|E_R^\lambda(t=0)\|_{L_x^2}^2 + M \int_0^t \|z_R^\lambda\|_{L_x^2}^2 dt$$

$$+ M \int_0^t \|(z_R^\lambda, z_{R,x}^\lambda)\|_{L_x^2}^2 \|E_R^\lambda\|_{L_x^2}^2 dt + M\lambda. \tag{5-124}$$

通过 (5-120) 和 (5-124) 就可以得到所需要的估计 (5-113). 这就完成了引理 5.1.2 的证明. □

现在给出 $(z_R^\lambda, E_R^\lambda)$ 的关于时间的切向导数 $\partial_t(z_R^\lambda, E_R^\lambda)$ 的估计.

引理 5.1.3 在定理 5.1.1 的假设下, 有

$$\|z_{R,t}^\lambda(t)\|_{L_x^2}^2 + \lambda^2\|E_{R,t}^\lambda(t)\|_{L_x^2}^2 + \int_0^t \|(z_{R,xt}^\lambda, E_{R,t}^\lambda)\|_{L_x^2}^2 dt + \lambda^2 \int_0^t \|E_{R,xt}^\lambda\|_{L_x^2}^2 dt$$

$$\leqslant M(\|z_{R,t}^\lambda(t=0)\|_{L_x^2}^2 + \lambda^2\|E_{R,t}^\lambda(t=0)\|_{L_x^2}^2)$$

$$+ M \int_0^t \|(E_R^\lambda, z_R^\lambda, z_{R,t}^\lambda)\|_{L_x^2}^2 dt + M\lambda^2 \int_0^t \|E_{R,t}^\lambda\|_{L_x^2}^2 dt + M\lambda^4 \int_0^t \|(E_{R,x}^\lambda, E_{R,xt}^\lambda)\|_{L_x^2}^2 dt$$

$$+ M\lambda^4 \int_0^t \left(\|(E_{R,t}^\lambda, E_{R,xt}^\lambda)\|_{L_x^2}^2 \|E_{R,x}\|_{L_x^2}^2 + \|E_R^\lambda\|_{L_x^2}^2 \|E_{R,xt}^\lambda\|_{L_x^2}^2\right) dt$$

$$+ M \int_0^t \left(\|(z_{R,t}^\lambda, z_{R,xt}^\lambda)\|_{L_x^2}^2 \|E_R^\lambda\|_{L_x^2}^2 + \|(z_R^\lambda, z_{R,x}^\lambda)\|_{L_x^2}^2 \|E_{R,t}^\lambda\|_{L_x^2}^2\right) dt + M\lambda. \tag{5-125}$$

证明 求 (5-104) 关于 t 的导数, 将得到的方程两边乘上 $z_{R,t}^\lambda$, 然后在 $[0,1] \times [0,t]$ 上对它进行积分, 并且注意到 H_t 也满足与 (5-110) 一样的边界条件, 通过分部积分就可以得到

$$\|z_{R,t}^\lambda(t)\|_{L_x^2}^2 = \|z_{R,t}^\lambda(t=0)\|_{L_x^2}^2 + \int_0^t \int_0^1 f_t^\lambda z_{R,t}^\lambda dxdt - \int_0^t \int_0^1 (z_{R,xt}^\lambda + DE_{R,t}^\lambda) z_{R,xt}^\lambda dxdt$$

$$- \int_0^t \int_0^1 H_{Inn,t} z_{R,xt}^\lambda dxdt - \int_0^t \int_0^1 H_{B,t}^\lambda z_{R,xt}^\lambda dxdt - \int_0^t \int_0^1 H_{I,t}^\lambda z_{R,xt}^\lambda dxdt$$

$$- \int_0^t \int_0^1 H_{IB,t}^\lambda z_{R,xt}^\lambda dxdt - \int_0^t \int_0^1 H_{R,t}^\lambda z_{R,xt}^\lambda dxdt. \tag{5-126}$$

我们需要认真估计上述等式右边的项.

首先, 从 Cauchy-Schwarz 不等式可以得到

$$\int_0^t \int_0^1 (z_{R,xt}^\lambda + DE_{R,t}^\lambda) z_{R,xt}^\lambda dxdt \leqslant -\frac{1}{2} \int_0^t \|z_{R,xt}^\lambda\|_{L_x^2}^2 dt + M \int_0^t \|E_{R,t}^\lambda\|_{L_x^2}^2 dt \tag{5-127}$$

和

$$\int_0^t \int_0^1 f_t^\lambda z_{R,t}^\lambda dxdt \leqslant \epsilon \int_0^t \|z_{R,t}^\lambda\|_{L_x^2}^2 dt + M(\epsilon)\lambda^3, \tag{5-128}$$

由于 f^λ 不依赖于快变时间尺度. 这里也利用了 $\mathcal{Z}_{tt}^0, \mathcal{E}_{tt}^0 \in C^0([0,1] \times [0,T])$.

类似地, 由于 H_{Inn} 和 H_B^λ 不依赖快变时间尺度, 故 $H_{Inn,t}$ 和 $H_{B,t}^\lambda$ 分别与 H_{Inn} 和 H_B^λ 有相同的结构. 所以, 类似于 (5-117) 利用 (5-106) 得到

$$\int_0^t \int_0^1 H_{Inn,t} z_{R,xt}^\lambda dxdt \leqslant \epsilon \int_0^t \|z_{R,xt}^\lambda\|_{L_x^2}^2 dt + M\lambda^4 \tag{5-129}$$

和

$$\int_0^t \int_0^1 H_{B,t}^\lambda z_{R,xt}^\lambda dxdt \leqslant \epsilon \int_0^t \|z_{R,xt}^\lambda\|_{L_x^2}^2 dt + M\lambda. \tag{5-130}$$

这里利用了内解 $\mathcal{E}^0, \mathcal{E}_x^0, \mathcal{E}_t^0, \mathcal{E}_{xt}^0, \mathcal{Z}^0, \mathcal{Z}_x^0, \mathcal{Z}_t^0, \mathcal{Z}_{xt}^0 \in C^0([0,1] \times [0,T])$ 的正则性.

由于初始层时间导数的强奇异性, 我们必须认真估计涉及到初始层的积分.

首先, 利用 Cauchy-Schwarz 不等式, 有

$$\int_0^t \int_0^1 H_{I,t}^\lambda z_{R,xt}^\lambda dxdt \leqslant \epsilon \int_0^t \|z_{R,xt}^\lambda\|_{L_x^2}^2 dt + M(\epsilon) \int_0^t \int_0^1 |H_{I,t}^\lambda|^2 dxdt.$$

但是, 通过 (5-101) 和 (5-102), 得到

$$\int_0^t \int_0^1 |H_{I,t}^\lambda|^2 dxdt$$

$$= \int_0^t \int_0^1 |z_{I,xs}^2 - \lambda^2 \big(\mathcal{E}_t^0(x,t)E_{I,x}^0 + E_I^0 \mathcal{E}_{xt}^0(x,t)\big)$$

$$\quad - \big(\mathcal{E}^0(x,t)E_{I,xs}^0 + E_{I,s}^0(\mathcal{E}_x^0(x,t) + E_{I,x}^0) + E_I^0 E_{I,xs}^0\big)|^2 dxdt$$

$$\leqslant M \int_0^t \int_0^1 \Big(|z_{I,xs}^2|^2 + |E_{I,x}^0|^2 + |E_I^0|^2 + |E_{I,xs}^0|^2 + |E_{I,s}^0|^2\Big) dxdt$$

$$\leqslant M\lambda^2.$$

因此

$$\int_0^t \int_0^1 H_{I,t}^\lambda z_{R,xt}^\lambda dxdt \leqslant \epsilon \int_0^t \|z_{R,xt}^\lambda\|_{L_x^2}^2 + M\lambda^2. \tag{5-131}$$

然后, 利用 H_{IB}^λ 的定义, 有

$$\int_0^t \int_0^1 H_{IB,t}^\lambda z_{R,tx}^\lambda dxdt$$

$$= \int_0^t \int_0^1 -\lambda \Big(E_I^0(f(x)E_{+,\xi}^0 - g(x)E_{-,\eta}^0)\Big)_t z_{R,tx}^\lambda dxdt$$

$$\quad + \int_0^t \int_0^1 \lambda^2 \partial_t \big(\cdots\big)_{HIB}^R z_{R,xt}^\lambda dxdt, \tag{5-132}$$

这里 $\left(\cdots\right)_{HIB}^R$ 表示 H_{IB}^λ 的剩余高阶项 $O(\lambda^2)$. 利用 (5-101) 和 (5-102), 很容易得到

$$\int_0^t \int_0^1 |\lambda^2 \partial_t \left(\cdots\right)_{HIB}^R|^2 dxdt \leqslant M\lambda^3,$$

由这个不等式可以得到

$$\int_0^t \int_0^1 \lambda^2 \partial_t \left(\cdots\right)_{HIB}^R z_{R,tx}^\lambda dxdt$$

$$\leqslant \epsilon \int_0^t \|z_{R,xt}^\lambda\|_{L_x^2}^2 dt + M(\epsilon) \int_0^t \int_0^1 |\lambda^2 \partial_t \left(\cdots\right)_{HIB}^R|^2 dxdt$$

$$\leqslant \epsilon \int_0^t \|z_{R,xt}^\lambda\|_{L_x^2}^2 dt + M\lambda^3. \tag{5-133}$$

它仍然控制 (5-132) 的右边的第一项. 注意到这个奇异积分是由边界层与初始层的混合相互作用引起的, 因此, 为了控制它, 必须利用时间和空间方向上的二重积分来抵消电场的震荡. 事实上, 可以按如下的方法来处理它.

$$-\int_0^t \int_0^1 \lambda \Big(E_I^0 (f(x)E_{+,\xi}^0 - g(x)E_{-,\eta}^0) \Big)_t z_{R,tx}^\lambda dxdt$$

$$= -\frac{1}{\lambda} \int_0^t \int_0^1 \Big(E_{I,s}^0 (f(x)E_{+,\xi}^0 - g(x)E_{-,\eta}^0) \Big) z_{R,tx}^\lambda dxdt$$

$$-\int_0^t \int_0^1 \lambda \Big(E_I^0 (f(x)E_{+,\xi t}^0 - g(x)E_{-,\eta t}^0) \Big) z_{R,tx}^\lambda dxdt$$

$$\leqslant \epsilon \int_0^t \|z_{R,xt}^\lambda\|_{L_x^2}^2 dt + \frac{1}{\lambda^2} \int_0^t \int_0^1 |E_{I,s}^0 (f(x)E_{+,\xi}^0 + g(x)E_{-,\eta}^0)|^2 dxdt + M\lambda^5$$

$$\leqslant \epsilon \int_0^t \|z_{R,xt}^\lambda\|_{L_x^2}^2 dt + M\lambda, \tag{5-134}$$

这里利用了

$$\frac{1}{\lambda^2} \int_0^t \int_0^1 |E_{I,s}^0 (f(x)E_{+,\xi}^0 + g(x)E_{-,\eta}^0)|^2 dxdt$$

$$\leqslant \frac{M}{\lambda^2} \int_0^t \int_0^1 |E_{I,s}^0|^2 (|E_{+,\xi}^0|^2 + |E_{-,\eta}^0|^2) dxdt$$

$$\leqslant \frac{M}{\lambda^2} \int_0^t \max_{0 \leqslant x \leqslant 1} |E_{I,s}^0|^2 dt \Big(\int_0^1 \max_{0 \leqslant t \leqslant T} |E_{+,\xi}^0|^2 dx + \int_0^1 \max_{0 \leqslant t \leqslant T} |E_{+,\xi}^0|^2 dx \Big)$$

$$\leqslant M\lambda.$$

将 (5-132) 与 (5-133) 和 (5-134) 结合起来, 就可以得到

$$\int_0^t \int_0^1 H_{IB,t}^\lambda z_{R,xt}^\lambda dxdt \leqslant \epsilon \int_0^t \|z_{R,xt}^\lambda\|_{L_x^2}^2 dt + M\lambda. \tag{5-135}$$

最后, 估计 (5-126) 右边的最后一个积分. 我们将它拆分成五部分:

$$\int_0^t \int_0^1 H_{R,t}^\lambda z_{R,xt}^\lambda dx dt = I_1 + I_2 + I_3 + I_4 + I_5, \tag{5-136}$$

其中

$$I_1 = -\lambda \int_0^t \int_0^1 \Big\{ \big(f(x) E_{+,\xi}^0 - g(x) E_{-,\eta}^0 \big) E_{R,t}^\lambda$$
$$+ \big(f(x) E_{+,\xi t}^0 - g(x) E_{-,\eta t}^0 \big) E_R^\lambda \Big\} z_{R,xt}^\lambda dx dt,$$

$$I_2 = -\lambda^2 \int_0^t \int_0^1 \Big\{ \big(\mathcal{E}^0 + f(x) E_+^0 + g(x) E_-^0 \big) E_{R,xt}^\lambda$$
$$+ \big(\mathcal{E}_t^0 + f(x) E_{+,t}^0 + g(x) E_{-,t}^0 \big) E_{R,x}^\lambda + \big(\mathcal{E}_x^0 + f'(x) E_+^0 + g'(x) E_-^0 \big) E_{R,t}^\lambda$$
$$+ \big(\mathcal{E}_{xt}^0 + f'(x) E_{+,t}^0 + g'(x) E_{-,t}^0 \big) E_R^\lambda \Big\} z_{R,xt}^\lambda dx dt,$$

$$I_3 = -\lambda^2 \int_0^t \int_0^1 \big(E_I^0 E_{R,xt}^\lambda + E_{I,x}^0 E_{R,t}^\lambda \big) z_{R,xt}^\lambda dx dt,$$

$$I_4 = -\lambda^2 \int_0^t \int_0^1 \big(E_{R,t}^\lambda E_{R,x}^\lambda + E_R^\lambda E_{R,xt}^\lambda \big) z_{R,xt}^\lambda dx dt,$$

$$I_5 = -\int_0^t \int_0^1 \big(E_{I,s}^0 E_{R,x}^\lambda + E_{I,xs}^0 E_R^\lambda \big) z_{R,xt}^\lambda dx dt$$

注意到 (5-136) 的第一项 I_1 中含 λ , (5-136) 的第二和第三项 I_2, I_3 中含 λ^2 , 利用 Cauchy-Schwarz 不等式, (5-99), (5-101) , 以及 $\mathcal{E}^0, \mathcal{E}_x^0, \mathcal{E}_t^0, \mathcal{E}_{xt}^0 \in C^0([0,1] \times [0,T])$ 这个事实, 有

$$I_1 \leqslant \epsilon \int_0^t \|z_{R,xt}^\lambda\|_{L_x^2}^2 dt + M(\epsilon) \lambda^2 \int_0^t \|(E_R^\lambda, E_{R,t}^\lambda)\|_{L_x^2}^2 dt, \tag{5-137}$$

$$I_2 \leqslant \epsilon \int_0^t \|z_{R,xt}^\lambda\|_{L_x^2}^2 dt + M(\epsilon) \lambda^4 \int_0^t \|(E_R^\lambda, E_{R,x}^\lambda, E_{R,t}^\lambda, E_{R,xt}^\lambda)\|_{L_x^2}^2 dt \tag{5-138}$$

和

$$I_3 \leqslant \epsilon \int_0^t \|z_{R,xt}^\lambda\|_{L_x^2}^2 dt + M(\epsilon) \lambda^4 \int_0^t \|(E_{R,t}^\lambda, E_{R,xt}^\lambda)\|_{L_x^2}^2 dt. \tag{5-139}$$

对于 (5-136) 的非线性项 I_4，利用索伯列夫引理可以得到

$$I_4 \leqslant \epsilon \int_0^t \|z_{R,xt}^\lambda\|_{L_x^2}^2 + M(\epsilon)\lambda^4 \int_0^t \int_0^1 (|E_{R,t}^\lambda E_{R,x}^\lambda|^2 + |E_R^\lambda E_{R,xt}^\lambda|^2) dx dt$$

$$\leqslant \epsilon \int_0^t \|z_{R,xt}^\lambda\|_{L_x^2}^2 + M\lambda^4 \int_0^t (\|E_{R,t}^\lambda\|_{L_x^\infty}^2 \|E_{R,x}^\lambda\|_{L_x^2}^2 + \|E_R^\lambda\|_{L_x^\infty}^2 \|E_{R,xt}^\lambda\|_{L_x^2}^2) dt$$

$$\leqslant \epsilon \int_0^t \|z_{R,xt}^\lambda\|_{L_x^2}^2$$

$$+ M\lambda^4 \int_0^t (\|(E_{R,t}^\lambda, E_{R,xt}^\lambda)\|_{L_x^2}^2 \|E_{R,x}^\lambda\|_{L_x^2}^2 + \|E_R^\lambda\|_{L_x^2}^2 \|E_{R,xt}^\lambda\|_{L_x^2}^2) dt. \tag{5-140}$$

剩下只需估计 I_5. 由于缺乏 $E_{R,x}^\lambda$ 的一致的 L^2 估计, 所以这将变得更加困难. 利用 $\|s(E_{I,s}^0, E_{I,xs}^0)\|_{L_{(x,t)}^\infty([0,1]\times[0,T])}$ 的一致有界性和 Hardy-Littlewood 不等式就能得到它. 事实上, 利用 Cauchy-Schwarz 不等式, 得到

$$I_5 \leqslant \epsilon \int_0^t \|z_{R,xt}^\lambda\|_{L_x^2}^2 dt + M(\epsilon) \int_0^t \int_0^1 |E_{I,s}^0 E_{R,x}^\lambda + E_{I,xs}^0 E_R^\lambda|^2 dx dt$$

$$= \epsilon \int_0^t \|z_{R,xt}^\lambda\|_{L_x^2}^2 dt + M(\epsilon) \int_0^t \int_0^1 |t\Big(E_{I,s}^0 \frac{E_{R,x}^\lambda - E_{R,x}^\lambda(x, t=0)}{t}$$

$$+ E_{I,xs}^0 \frac{E_R^\lambda - E_R^\lambda(x,0)}{t}\Big) + (E_{I,s}^0 E_{R,x}^\lambda(x,0) + E_{I,xs}^0 E_R^\lambda(x,0))|^2 dx dt$$

$$= \epsilon \int_0^t \|z_{R,xt}^\lambda\|_{L_x^2}^2 dt + M(\epsilon) \int_0^t \int_0^1 |\lambda^2 s\Big(E_{I,s}^0 \frac{E_{R,x}^\lambda - E_{R,x}^\lambda(x, t=0)}{t}$$

$$+ E_{I,xs}^0 \frac{E_R^\lambda - E_R^\lambda(x,0)}{t}\Big) + (E_{I,s}^0 E_{R,x}^\lambda(x,0) + E_{I,xs}^0 E_R^\lambda(x,0))|^2 dx dt$$

$$\leqslant \epsilon \int_0^t \|z_{R,xt}^\lambda\|_{L_x^2}^2 dt$$

$$+ M\lambda^4 \max_{0 \leqslant s \leqslant \infty} \max_{0 \leqslant x \leqslant 1} (s|E_{I,s}^0| + s|E_{I,xs}^0|)^2 \int_0^1 \int_0^t \Big(|\frac{E_{R,x}^\lambda - E_{R,x}^\lambda(x,0)}{t}|^2$$

$$+ |\frac{E_R^\lambda - E_R^\lambda(x,0)}{t}|^2\Big) dt dx + M \int_0^t \int_0^1 (|E_{I,s}^0 E_{R,x}^\lambda(x,0)|^2 + |E_{I,xs}^0 E_R^\lambda(x,0)|^2) dx dt$$

$$\leqslant \epsilon \int_0^t \|z_{R,xt}^\lambda\|_{L_x^2}^2 dt + M\lambda^4 \int_0^1 \Big(\int_0^t |E_{R,xt}^\lambda|^2 dt + \int_0^t |E_{R,t}^\lambda|^2 dt\Big) dx + M\lambda$$

$$\leqslant \epsilon \int_0^t \|z_{R,xt}^\lambda\|_{L_x^2}^2 dt + M\lambda^4 \int_0^t \|(E_{R,xt}^\lambda, E_{R,t}^\lambda)\|_{L_x^2}^2 dt + M\lambda. \tag{5-141}$$

这里利用了

$$\int_0^t \int_0^1 (|E^0_{I,s} E^\lambda_{R,x}(x,0)|^2 + |E^0_{I,xs} E^\lambda_R(x,0)|^2) dx dt$$

$$\leqslant M\lambda^2 (\|E^\lambda_{0R,x}\|^2_{L^\infty_x} \int_0^t \int_0^1 |E^0_{I,s}|^2 dx dt + \|E^\lambda_{0R}\|^2_{L^\infty_x} \int_0^t \int_0^1 |E^0_{I,xs}|^2 dx dt)$$

$$\leqslant M\lambda^4 ((M\lambda^{\frac{1}{2}-2})^2 + (M\lambda^{\frac{1}{2}-1})^2)$$

$$\leqslant M\lambda,$$

由于索伯列夫引理, (5-102) 以及假设 (5-43),

$$\max_{0\leqslant s\leqslant\infty} \max_{0\leqslant x\leqslant 1} (s|E^0_{I,s}| + s|E^0_{I,xs}|)$$

$$= \max_{0\leqslant t\leqslant T} \max_{0\leqslant x\leqslant 1} \left(\frac{t}{\lambda^2} \left(\left| E^0_{I,s}\left(x, \frac{t}{\lambda^2}\right) \right| + \left| E^0_{I,xs}\left(x, \frac{t}{\lambda^2}\right) \right| \right) \right)$$

$$\leqslant M \max_{0\leqslant t\leqslant T} \left(\left(\frac{t}{\lambda^2}\right) e^{-\delta\frac{t}{\lambda^2}} \right)$$

$$\leqslant M;$$

因为 $(E^\lambda_R - E^\lambda_R(t=0))(t=0) = 0$, 故 $(E^\lambda_{R,x} - E^\lambda_{R,x}(t=0))(t=0) = 0$. 我们还用 Hardy-Littlewood不等式通过 $\int_0^t |E^\lambda_{R,xt}|^2 dt$ 和 $\int_0^t |E^\lambda_{R,t}|^2 dt$ 分别控制 $\int_0^t \left| \frac{E^\lambda_{R,x} - E^\lambda_{R,x}(t=0)}{t} \right|^2 dt$

和 $\int_0^t \left| \frac{E^\lambda_R - E^\lambda_R(t=0)}{t} \right|^2 dt.$

将 (5-136) 和 (5-137)-(5-141) 结合起来, 就能得到

$$\int_0^t \int_0^1 H^\lambda_{R,t} z^\lambda_{R,xt} dx dt$$

$$\leqslant \epsilon \int_0^t \|z^\lambda_{R,xt}\|^2_{L^2_x} dt + M\lambda^2 \int_0^t \|(E^\lambda_R, E^\lambda_{R,t})\|^2_{L^2_x} dt + M\lambda^4 \int_0^t \|(E^\lambda_{R,x}, E^\lambda_{R,xt})\|^2_{L^2_x} dt$$

$$+ M\lambda^4 \int_0^t (\|(E^\lambda_{R,t}, E^\lambda_{R,xt})\|^2_{L^2_x} \|E^\lambda_{R,x}\|^2_{L^2_x} + \|E^\lambda_R\|^2_{L^2_x} \|E^\lambda_{R,xt}\|^2_{L^2_x}) dt + M\lambda^2. \quad (5\text{-}142)$$

因此, 综合 (5-126) 和估计 (5-127), (5-128), (5-129), (5-130), (5-131), (5-135) 与 (5-142), 并且取 ϵ 足够小, 就能得到

$$\|z_{R,t}^\lambda(t)\|_{L_x^2}^2 + c_3 \int_0^t \|z_{R,xt}^\lambda\|_{L_x^2}^2 dt$$

$$\leqslant \|z_{R,t}^\lambda(t=0)\|_{L_x^2}^2 + M \int_0^t \|(z_{R,t}^\lambda, E_{R,t}^\lambda)\|_{L_x^2}^2 dt$$

$$+ M\lambda^2 \int_0^t \|E_R^\lambda\|_{L_x^2}^2 dt + M\lambda^4 \int_0^t \|(E_{R,x}^\lambda, E_{R,xt}^\lambda)\|_{L_x^2}^2 dt$$

$$+ M\lambda^4 \int_0^t \left(\|(E_{R,t}^\lambda, E_{R,xt}^\lambda)\|_{L_x^2}^2 \|E_{R,x}\|_{L_x^2}^2 + \|E_R^\lambda\|_{L_x^2}^2 \|E_{R,xt}^\lambda\|_{L_x^2}^2 \right) dt + M\lambda. \quad (5\text{-}143)$$

注意到 $E_{R,t}^\lambda$ 也满足同在 (5-109) 中一样的边界条件. 因此, 对 (5-104) 关于 t 求导, 将得到的方程两边乘上 $E_{R,t}^\lambda$, 然后将它在 $[0,1] \times [0,t]$ 上积分, 利用分部积分就能得到

$$\frac{\lambda^2}{2}\|E_{R,t}^\lambda(t)\|_{L_x^2}^2 + \lambda^2 \int_0^t \|E_{R,xt}^\lambda\|_{L_x^2}^2 dt + \int_0^t \int_0^1 \mathcal{Z}^0 |E_{R,t}^\lambda|^2 dxdt$$

$$= \frac{\lambda^2}{2}\|E_{R,t}^\lambda(t=0)\|_{L_x^2}^2 - \int_0^t \int_0^1 \mathcal{Z}_t^0 E_R^\lambda E_{R,t}^\lambda dxdt + \int_0^t \int_0^1 g_t^\lambda E_{R,t}^\lambda dxdt. \quad (5\text{-}144)$$

首先, 利用 Cauchy-Schwarz 不等式, 得到

$$-\int_0^t \int_0^1 \mathcal{Z}_t^0 E_R^\lambda E_{R,t}^\lambda dxdt \leqslant \epsilon \int_0^t \|E_{R,t}^\lambda\|_{L_x^2}^2 dt + M(\epsilon) \int_0^t \|E_R^\lambda\|_{L_x^2}^2 dt \quad (5\text{-}145)$$

和

$$\int_0^t \int_0^1 g_t^\lambda E_{R,t}^\lambda dxdt$$

$$\leqslant \epsilon \int_0^t \|E_{R,t}^\lambda\|_{L_x^2}^2 dt + M(\epsilon) \int_0^t \|g^\lambda\|_{L_x^2}^2 dt$$

$$\leqslant \epsilon \int_0^t \|E_{R,t}^\lambda\|_{L_x^2}^2 dt + M \left(\int_0^t \int_0^1 |G_{Inn,t}|^2 dxdt + \int_0^t \int_0^1 |G_{B,t}^\lambda|^2 dxdt \right.$$

$$\left. + \int_0^t \int_0^1 |G_{I,t}^\lambda|^2 dxdt + \int_0^t \int_0^1 |G_{IB,t}^\lambda|^2 dxdt + \int_0^t \int_0^1 |G_{R,t}^\lambda|^2 dxdt \right). \quad (5\text{-}146)$$

现在处理 (5-146) 右边的每一项.

利用内解 $\mathcal{E}_{tt}^0, \mathcal{E}_{xxt}^0 \in C^0([0,1] \times [0,T])$ 的正则性结构, 可以得到

$$\int_0^t \int_0^1 |G_{Inn,t}|^2 dxdt \leqslant M\lambda^4. \quad (5\text{-}147)$$

对于 (5-146) 的第三项, 由于 $G_{B,t}^\lambda$ 和 G_B^λ 有相同的结构, 利用 (5-107), 可以得到

$$\int_0^t \int_0^1 |G_{B,t}^\lambda|^2 dx dt \leqslant M\lambda. \tag{5-148}$$

对于 (5-146) 的第四项, 利用 G_I^λ 的定义, 有

$$\int_0^t \int_0^1 |G_{I,t}^\lambda|^2 dx dt$$

$$\leqslant \int_0^t \int_0^1 |E_{I,xxs}^0|^2 dx dt + J_{IR}$$

$$\leqslant M\lambda^2 + J_{IR}, \tag{5-149}$$

这里

$$J_{IR} = \int_0^t \int_0^1 |z_{I,s}^2 (\mathcal{E}^0 + E_I^0) + z_I^2 E_{I,s}^0|^2 dx dt + \int_0^t \int_0^1 \left(|\lambda^2 z_I^2 \mathcal{E}_t^0|^2 + |\mathcal{Z}_t^0 E_I^0|^2 \right) dx dt$$

$$+ \int_0^t \int_0^1 |\lambda^{-2}(\mathcal{Z}^0 - \mathcal{Z}^0(x, 0)) E_{I,s}^0|^2 dx dt.$$

利用 $\|z_I^2\|_{L_{x,t}^\infty} \leqslant M$ 和 $\|(z_{I,s}^2, E_I^0, E_{I,s}^0)\|_{L_t^2(L_x^\infty)} \leqslant M\lambda$, 得到

$$J_{IR} \leqslant M\lambda^2 + \int_0^t \int_0^1 |\lambda^{-2}(\mathcal{Z}^0 - \mathcal{Z}^0(x, 0)) E_{I,s}^0|^2 dx dt. \tag{5-150}$$

为了估计 (5-150) 右边剩下的奇异项, 必须利用 $\mathcal{Z}_t^0$ 更高级的正则性. 利用中值定理和 (5-102), 得到

$$\int_0^t \int_0^1 |\lambda^{-2}(\mathcal{Z}^0 - \mathcal{Z}^0(x, 0)) E_{I,s}^0|^2 dx dt$$

$$= \int_0^t \int_0^1 \left| \int_0^1 \mathcal{Z}_t^0(x, t\theta) d\theta \frac{t}{\lambda^2} E_{I,s}^0 \left(x, \frac{t}{\lambda^2} \right) \right|^2 dx dt$$

$$\leqslant M \int_0^t \int_0^1 \left(\frac{t}{\lambda^2} \right)^2 \left| E_{I,s}^0 \left(x, \frac{t}{\lambda^2} \right) \right|^2 dx dt$$

$$\leqslant M\lambda^2. \tag{5-151}$$

因此, 从 (5-150) 和 (5-151) 可以得到

$$J_{IR} \leqslant M\lambda^2. \tag{5-152}$$

因此, 将 (5-149) 和 (5-152) 联合起来就可以得到

$$\int_0^t \int_0^1 |G_{I,t}^\lambda|^2 dxdt \leqslant M\lambda^2. \tag{5-153}$$

对于 (5-146) 的第五项, 采用同 (5-132) 一样的处理方法, 得到

$$\int_0^t \int_0^1 |G_{IB,t}^\lambda|^2 dxdt$$

$$= \int_0^t \int_0^1 |\lambda\Big(\big((f(x)z_+^1 + g(x)z_-^1)E_I^0\big)_t + \lambda^2\partial_t\big(\cdots\big)_{GIB}^R|^2 dxdt$$

$$\leqslant \frac{M}{\lambda^2}\int_0^t \int_0^1 (|z_+^1 E_{I,s}^0|^2 + |z_-^1 E_{I,s}^0|^2)dxdt + M\lambda^2$$

$$\leqslant M\lambda. \tag{5-154}$$

对于 (5-146) 的第六项, 我们将它分解成四部分.

$$\int_0^t \int_0^1 G_{R,t}^\lambda E_{R,t}^\lambda dxdt = I_6 + I_7 + I_8 + I_9, \tag{5-155}$$

这里

$$I_6 = -\int_0^t \int_0^1 \{(\mathcal{E}_t^0 + f(x)E_{+,t}^0 + g(x)E_{-,t}^0)z_R^\lambda$$

$$+ (\mathcal{E}^0 + f(x)E_+^0 + g(x)E_-^0 + E_I^0)z_{R,t}^\lambda$$

$$+ (\mathcal{Z}_t^0 + \lambda(f(x)z_{+,t}^1 + g(x)z_{-,t}^1))E_R^\lambda\}E_{R,t}^\lambda dxdt,$$

$$I_7 = -\int_0^t \int_0^1 (\mathcal{Z}^0 + \lambda(f(x)z_+^1 + g(x)z_-^1) + \lambda^2 z_I^2)E_{R,t}^\lambda E_{R,t}^\lambda dxdt,$$

$$I_8 = -\int_0^t \int_0^1 (z_{R,t}^\lambda E_R^\lambda + z_R^\lambda E_{R,t}^\lambda)E_{R,t}^\lambda dxdt,$$

和

$$I_9 = -\frac{1}{\lambda^2}\int_0^t \int_0^1 (E_{I,s}^0 z_R^\lambda + \lambda^2 z_{I,s}^2 E_R^\lambda)E_{R,t}^\lambda dxdt.$$

首先对 I_6, I_7 和 I_8 采用同前面 (5-137)-(5-140) 一样的处理方法, 得到

$$I_6 + I_7 \leqslant \epsilon\int_0^t \|E_{R,t}^\lambda\|_{L_x^2}^2 dt + M\int_0^t \|(z_R^\lambda, z_{R,t}^\lambda, E_R^\lambda)\|_{L_x^2}^2 dt + M\lambda^2\int_0^t \|E_{R,t}^\lambda\|_{L_x^2}^2 dt \tag{5-156}$$

和

$$I_8 \leqslant \epsilon \int_0^t \|E_{R,t}^\lambda\|_{L_x^2}^2 dt + M(\epsilon) \int_0^t \int_0^1 (|z_{R,t}^\lambda E_R^\lambda|^2 + |z_R^\lambda E_{R,t}^\lambda|^2) dx dt$$

$$\leqslant \epsilon \int_0^t \|E_{R,t}^\lambda\|_{L_x^2}^2 dt + M(\epsilon) \int_0^t (\|z_{R,t}^\lambda\|_{L^\infty}^2 \|E_R^\lambda\|_{L_x^2}^2 + \|z_R^\lambda\|_{L_x^\infty}^2 \|E_{R,t}^\lambda\|_{L_x^2}^2) dt$$

$$\leqslant \epsilon \int_0^t \|E_{R,t}^\lambda\|_{L_x^2}^2 dt$$

$$+ M \int_0^t (\|(z_{R,t}^\lambda, z_{R,xt}^\lambda)\|_{L_x^2}^2 \|E_R^\lambda\|_{L_x^2}^2 + \|(z_R^\lambda, z_{R,x}^\lambda)\|_{L_x^2}^2 \|E_{R,t}^\lambda\|_{L_x^2}^2) dt. \quad (5\text{-}157)$$

现在利用 Hardy-Littlewood 不等式来处理最奇异的项 I_9.

$$I_9 = -\frac{1}{\lambda^2} \int_0^t \int_0^1 (E_{I,s}^0 z_R^\lambda + \lambda^2 z_{I,s}^2 E_R^\lambda) E_{R,t}^\lambda dx dt$$

$$= -\frac{1}{\lambda^2} \int_0^t \int_0^1 t \left(E_{I,s}^0 \frac{z_R^\lambda - z_R^\lambda(t=0)}{t} + \lambda^2 z_{I,s}^2 \frac{E_R^\lambda - E_R^\lambda(t=0)}{t} \right) E_{R,t}^\lambda dx dt$$

$$- \frac{1}{\lambda^2} \int_0^t \int_0^1 (E_{I,s}^0 z_R^\lambda(t=0) + \lambda^2 z_{I,s}^2 E_R^\lambda(t=0)) E_{R,t}^\lambda dx dt$$

$$\leqslant \int_0^t \int_0^1 \left(\|s E_{I,s}^0\|_{L_{(x,t)}^\infty} |\frac{z_R^\lambda - z_R^\lambda(t=0)}{t}| \|E_{R,t}^\lambda| \right.$$

$$\left. + \lambda^2 \|s z_{I,s}^2\|_{L_{(x,t)}^\infty} |\frac{E_R^\lambda - E_R^\lambda(t=0)}{t}| \|E_{R,t}^\lambda| \right) dx dt$$

$$+ \frac{1}{\lambda^2} \int_0^t \int_0^1 |(E_{I,s}^0 z_R^\lambda(t=0) + \lambda^2 z_{I,s}^2 E_R^\lambda(t=0)) E_{R,t}^\lambda| dx dt$$

$$\leqslant M \int_0^1 \left\| \frac{z_R^\lambda - z_R^\lambda(t=0)}{t} \right\|_{L_t^2} \|E_{R,t}^\lambda\|_{L_t^2} dx + M\lambda^2 \int_0^1 \left\| \frac{E_R^\lambda - E_R^\lambda(t=0)}{t} \right\|_{L_t^2} \|E_{R,t}^\lambda\|_{L_t^2} dx$$

$$+ \frac{\epsilon}{2} \int_0^t \|E_{R,t}^\lambda\|_{L_x^2}^2 dt + \frac{M}{\lambda^4} \int_0^t \int_0^1 |E_{I,s}^0 z_R^\lambda(t=0)|^2 dx dt$$

$$+ M \int_0^t \int_0^1 |z_{I,s}^2 E_R^\lambda(t=0)|^2 dx dt$$

$$\leqslant \frac{\epsilon}{2} \int_0^t \|E_{R,t}^\lambda\|_{L_x^2}^2 dt + M \int_0^1 \|z_{R,t}^\lambda\|_{L_t^2} \|E_{R,t}^\lambda\|_{L_t^2} dx + M\lambda^2 \int_0^1 \|E_{R,t}^\lambda\|_{L_t^2} \|E_{R,t}^\lambda\|_{L_t^2} dx$$

$$+ \frac{M}{\lambda^4} \|z_R^\lambda(t=0)\|_{L_x^\infty}^2 \int_0^t \int_0^1 |E_{I,s}^0|^2 dx dt + M \|E_R^\lambda(t=0)\|_{L_x^\infty}^2 \int_0^t \int_0^1 |z_{I,s}^2|^2 dx dt$$

$$\leqslant (\epsilon + M\lambda^2) \int_0^t \|E_{R,t}^\lambda\|_{L_x^2}^2 dt + M(\epsilon) \int_0^t \|z_{R,t}^\lambda\|_{L_x^2}^2 dt + M\lambda. \quad (5\text{-}158)$$

这里利用了这样的事实 $(z_R^\lambda - z_R^\lambda(t=0))(t=0) = (E_R^\lambda - E_R^\lambda(t=0))(t=0) = 0$, 应用了 Hardy-Littlewood 不等式由 $\|z_{R,t}^\lambda\|_{L_t^2}$ 和 $\|E_{R,t}^\lambda\|_{L_t^2}$ 来分别控制 $\|(z_R^\lambda - z_R^\lambda(t=$

$0))/t\|_{L_t^2}$ 和 $\|(E_R^\lambda - E_R^\lambda(t=0))/t\|_{L_t^2}$, 同时也用到了 $\|s(E_{I,s}^0, z_{I,s}^2)\|_{L_{(x,t)}^\infty} \leqslant M$, $\|z_R^\lambda(t=0)\|_{L_x^\infty} = \lambda\|z_{0R}^\lambda\|_{L_x^\infty} \leqslant M\lambda^{\frac{3}{2}}$ 和 $\|E_R^\lambda(t=0)\|_{L_x^\infty} = \lambda\|E_{0R}^\lambda\|_{L_x^\infty} \leqslant M$.

因此, 将 (5-155) 和 (5-156)-(5-158) 结合起来, 就能得到

$$\int_0^t \int_0^1 G_{R,t}^\lambda E_{R,t}^\lambda dxdt$$

$$\leqslant (\epsilon + M\lambda^2) \int_0^t \|E_{R,t}^\lambda\|_{L_x^2}^2 dt + M \int_0^t \|(z_R^\lambda, z_{R,t}^\lambda, E_R^\lambda)\|_{L_x^2}^2 dt$$

$$+ M \int_0^t \left(\|(z_{R,t}^\lambda, z_{R,xt}^\lambda)\|_{L_x^2}^2 \|E_R^\lambda\|_{L_x^2}^2 + \|(z_R^\lambda, z_{R,x}^\lambda)\|_{L_x^2}^2 \|E_{R,t}^\lambda\|_{L_x^2}^2 \right) dt. \quad (5\text{-}159)$$

这样, 结合 (5-146), (5-147), (5-148), (5-153), (5-154) 和 (5-159) , 并且取 ϵ 足够小, 就得到

$$\int_0^t \int_0^1 g_t^\lambda E_{R,t}^\lambda dxdt$$

$$\leqslant (\epsilon + M\lambda^2) \int_0^t \|E_{R,t}^\lambda\|_{L_x^2}^2 dt + M \int_0^t \|(z_R^\lambda, z_{R,t}^\lambda, E_R^\lambda)\|_{L_x^2}^2 dt$$

$$+ M \int_0^t \left(\|(z_{R,t}^\lambda, z_{R,xt}^\lambda)\|_{L_x^2}^2 \|E_R^\lambda\|_{L_x^2}^2 + \|(z_R^\lambda, z_{R,x}^\lambda)\|_{L_x^2}^2 \|E_{R,t}^\lambda\|_{L_x^2}^2 \right) dt + M\lambda. \quad (5\text{-}160)$$

因此, 对足够小的 ϵ, 由 (5-144), 以及 (5-145) 和 (5-160), 就得到

$$\lambda^2 \|E_{R,t}^\lambda(t)\|_{L_x^2}^2 + \lambda^2 \int_0^t \|E_{R,xt}^\lambda\|_{L_x^2}^2 dt + c_4 \int_0^t \|E_{R,t}^\lambda\|_{L_x^2}^2 dt$$

$$\leqslant M\lambda^2 \|E_{R,t}^\lambda(t=0)\|_{L_x^2}^2 + M\lambda^2 \int_0^t \|E_{R,t}^\lambda\|_{L_x^2}^2 dt + M \int_0^t \|(z_R^\lambda, E_R^\lambda, z_{R,t}^\lambda)\|_{L_x^2}^2 dt$$

$$+ M \int_0^t \|(z_{R,t}^\lambda, z_{R,xt}^\lambda)\|_{L_x^2}^2 \|E_R^\lambda\|_{L_x^2}^2 + \|(z_R^\lambda, z_{R,x}^\lambda)\|_{L_x^2}^2 \|E_{R,t}^\lambda\|_{L_x^2}^2) dt$$

$$+ M\lambda. \quad (5\text{-}161)$$

从 (5-143) 和 (5-161) 就得到了所需要的估计 (5-125). 这样就完成了引理 5.1.3 的证明. □

最后, 利用基本估计和 $(z_R^\lambda, E_R^\lambda)$ 的时间切向导数估计去获得 $(z_R^\lambda, E_R^\lambda)$ 的空间法向导数 $\partial_x(z_R^\lambda, E_R^\lambda)$ 的估计.

引理 5.1.4　在定理 5.1.1 的假设下, 有

$$\|(z_{R,x}^\lambda, E_R^\lambda)\|_{L_x^2}^2 + \lambda^2 \|E_{R,x}^\lambda\|_{L_x^2}^2$$

$$\leqslant M\|(z_R^\lambda, z_{R,t}^\lambda)\|_{L_x^2}^2 + M\lambda^2\|(E_R^\lambda, E_{R,t}^\lambda)\|_{L_x^2}^2 + M\lambda^4\|E_{R,x}^\lambda\|_{L_x^2}^2$$

$$+ M\lambda^4\|(E_R^\lambda, E_{R,x}^\lambda)\|_{L_x^2}^2\|E_{R,x}^\lambda\|_{L_x^2}^2 + M\|(z_R^\lambda, z_{R,x}^\lambda)\|_{L_x^2}^2\|E_R^\lambda\|_{L_x^2}^2 + M\lambda. \quad (5\text{-}162)$$

证明　从 (5-119) 和 Cauchy-Schwarz 不等式可以得到

$$
\begin{aligned}
c_1\|z_{R,x}^\lambda\|_{L_x^2}^2 \leqslant & -\frac{d}{dt}\|z_R^\lambda\|_{L_x^2}^2 + M\|(z_R^\lambda, E_R^\lambda)\|_{L_x^2}^2 + M\lambda^4\|E_{R,x}^\lambda\|_{L_x^2}^2 \\
& + M\lambda^4(\|(E_R^\lambda, E_{R,x}^\lambda)\|_{L_x^2}^2\|E_{R,x}^\lambda\|_{L_x^2}^2 + M\lambda \\
\leqslant & M\|(z_R^\lambda, z_{R,t}^\lambda, E_R^\lambda)\|_{L_x^2}^2 + M\lambda^4\|E_{R,x}^\lambda\|_{L_x^2}^2 \\
& + M\lambda^4\|(E_R^\lambda, E_{R,x}^\lambda)\|_{L_x^2}^2\|E_{R,x}^\lambda\|_{L_x^2}^2 + M\lambda.
\end{aligned}
\tag{5-163}
$$

类似地, 从 (5-123) 和 Cauchy-Schwarz 不等式可以得到

$$
\begin{aligned}
& \lambda^2\|E_{R,x}^\lambda\|_{L_x^2}^2 + c_2\|E_R^\lambda\|_{L_x^2}^2 \\
\leqslant & -\lambda^2\frac{d}{dt}\|E_R^\lambda\|_{L_x^2}^2 + M\|z_R^\lambda\|_{L_x^2}^2 + M\|(z_R^\lambda, z_{R,x}^\lambda)\|_{L_x^2}^2\|E_R^\lambda\|_{L_x^2}^2 + M\lambda \\
\leqslant & M\lambda^2\|(E_R^\lambda, E_{R,t}^\lambda)\|_{L_x^2}^2 + M\|z_R^\lambda\|_{L_x^2}^2 + M\|(z_R^\lambda, z_{R,x}^\lambda)\|_{L_x^2}^2\|E_R^\lambda\|_{L_x^2}^2 + M\lambda.
\end{aligned}
\tag{5-164}
$$

从 (5-163) 和 (5-164) 就得到了所需要的估计 (5-162). 证毕.　□

定理 5.1.1 证明的完成　对于余项引入如下带 λ-权的泛函

$$
\Gamma^\lambda(t) = \|(z_R^\lambda, z_{R,x}^\lambda, z_{R,t}^\lambda)\|_{L_x^2}^2 + \lambda^2\|(E_R^\lambda, E_{R,x}^\lambda, E_{R,t}^\lambda)\|_{L_x^2}^2 + \|E_R^\lambda\|_{L_x^2}^2.
\tag{5-165}
$$

$(5\text{-}113) + (5\text{-}125) + \delta(5\text{-}162)$, 通过先取充分小的 δ, 然后再取 λ 适当小, 利用 $(5\text{-}113) + (5\text{-}125) + \delta(5\text{-}162)$ 左边的 $\|(z_R^\lambda, z_{R,t}^\lambda)\|_{L_x^2}^2 + \lambda^2\|(E_R^\lambda, E_{R,t}^\lambda)\|_{L_x^2}^2$ 和 $\delta\lambda^2\|E_{R,x}^\lambda\|_{L_x^2}^2 + \lambda^2\int_0^t\|E_{R,xt}^\lambda\|_{L_x^2}^2 dt$ 来吸收 $(5\text{-}113) + (5\text{-}125) + \delta(5\text{-}162)$ 右边的 $\delta(M\|(z_R^\lambda, z_{R,t}^\lambda)\|_{L_x^2}^2 + M\lambda^2\|(E_R^\lambda, E_{R,t}^\lambda)\|_{L_x^2}^2)$ 和 $M\delta\lambda^4\|E_{R,x}^\lambda\|_{L_x^2}^2 + M\lambda^4\int_0^t\|E_{R,xt}^\lambda\|_{L_x^2}^2 dt$, 然后再进行冗长和直接的计算, 就可以得到

$$
\begin{aligned}
& \Gamma^\lambda(t) + \int_0^t\|(z_{R,x}^\lambda, z_{R,xt}^\lambda, E_R^\lambda, E_{R,t}^\lambda)\|_{L_x^2}^2 dt + \lambda^2\int_0^t\|(E_{R,x}^\lambda, E_{R,xt}^\lambda)\|_{L_x^2}^2 dt \\
\leqslant & M\Gamma^\lambda(t=0) + M\int_0^t(\Gamma^\lambda(t) + (\Gamma^\lambda(t))^2)dt + M\lambda^2\int_0^t\Gamma^\lambda(t)\|E_{R,xt}^\lambda\|_{L_x^2}^2 dt \\
& + M\int_0^t\Gamma^\lambda(t)\|(z_{R,xt}^\lambda, E_{R,t}^\lambda)\|_{L_x^2}^2 dt + M\lambda + M(\Gamma^\lambda(t))^2.
\end{aligned}
\tag{5-166}
$$

我们断言, 对任意 $T \in [0, T_{\max}), T_{\max} \leqslant \infty$, 存在着一个 $\lambda_0 \ll 1$, 使得对任意 $\lambda \leqslant \lambda_0$, 如果 $\Gamma^\lambda(t=0) \leqslant \tilde{M}\lambda^{\min\{\alpha,1\}}$ 对某个 $\alpha > 0$ 成立, 那么

$$
\Gamma^\lambda(t) \leqslant \tilde{M}\lambda^{\min\{\alpha,1\}-\delta}
\tag{5-167}
$$

对任意的 $\delta \in (0, \min\{\alpha,1\})$ 和 $0 \leqslant t \leqslant T$ 都成立.

否则, 存在着 $T \in [0, T_{\max}), T_{\max} \leqslant \infty,$, 对任意 $\lambda_0 \ll 1$, 使得对某个 $\lambda \leqslant \lambda_0$,

$$\Gamma^\lambda(t_0^\lambda) > \tilde{M} \lambda^{\min\{\alpha,1\} - \delta}$$

对某个 $\delta \in (0, \min\{\alpha, 1\})$ 和某个 $0 < t_0^\lambda \leqslant T$ 成立.

用 t_1^λ 来表示 $\Gamma^\lambda(t) = \tilde{M} \lambda^{\min\{\alpha,1\} - \delta}$ 在 $[0, t_0^\lambda]$ 中的第一个根. 然后就有

$$\Gamma^\lambda(t) \leqslant \tilde{M} \lambda^{\min\{\alpha,1\} - \delta}, \quad 0 < t \leqslant t_1^\lambda \leqslant t_0^\lambda \leqslant T, \quad \Gamma^\lambda(t_1^\lambda) = \tilde{M} \lambda^{\min\{\alpha,1\} - \delta} \quad (5\text{-}168)$$

利用 (5-166) 和 (5-168), 得到

$$\Gamma^\lambda(t) + \int_0^t \|(z_{R,x}^\lambda, z_{R,xt}^\lambda, E_R^\lambda, E_{R,t}^\lambda)\|_{L_x^2}^2 dt + \lambda^2 \int_0^t \|(E_{R,x}^\lambda, E_{R,xt}^\lambda)\|_{L_x^2}^2 dt$$

$$\leqslant M \tilde{M} \lambda^{\min\{\alpha,1\}} + M \int_0^t (\Gamma^\lambda(t) + \tilde{M} \lambda^{\min\{\alpha,1\} - \delta} \Gamma^\lambda(t)) dt$$

$$+ M \lambda^2 \int_0^t \tilde{M} \lambda^{\min\{\alpha,1\} - \delta} \|E_{R,xt}^\lambda\|_{L_x^2}^2 dt$$

$$+ M \int_0^t \tilde{M} \lambda^{\min\{\alpha,1\} - \delta} \|(z_{R,xt}^\lambda, E_{R,t}^\lambda)\|_{L_x^2}^2 dt + M \lambda + M \tilde{M} \lambda^{\min\{\alpha,1\} - \delta} \Gamma^\lambda(t)$$

$$\leqslant M \tilde{M} \lambda^{\min\{\alpha,1\}} + 2M \int_0^t \Gamma^\lambda(t) dt + \frac{\lambda^2}{2} \int_0^t \|E_{R,xt}^\lambda\|_{L_x^2}^2 dt$$

$$+ \frac{1}{2} \int_0^t (\|z_{R,xt}^\lambda\|_{L_x^2}^2 + \|E_{R,t}^\lambda\|_{L_x^2}^2) dt + M \lambda + \frac{1}{2} \Gamma^\lambda(t). \quad (5\text{-}169)$$

由于 $\lambda \leqslant \lambda_0 \ll 1$, 所以可以选择 λ_0 使它满足

$$\tilde{M} \lambda_0^{\min\{\alpha,1\} - \delta} \leqslant 1, M \tilde{M} \lambda_0^{\min\{\alpha,1\} - \delta} \leqslant \frac{1}{2}.$$

因此, 从 (5-169) 就得到

$$\Gamma^\lambda(t) \leqslant 2M \tilde{M} \lambda^{\min\{\alpha,1\}} + 4M \int_0^t \Gamma^\lambda(t) dt + 2M \lambda.$$

再由 Grownwall 引理给出

$$\Gamma^\lambda(t) \leqslant (4M e^{4MT} T + 1) \max\{2M \tilde{M}, 2M\} \lambda^{\min\{\alpha,1\}}$$

$$\leqslant (4M e^{4MT} T + 1) \max\{2M \tilde{M}, 2M\} \lambda^\delta \lambda^{\min\{\alpha,1\} - \delta}$$

$$\leqslant \frac{\tilde{M}}{2} \lambda^{\min\{\alpha,1\} - \delta}$$

这个不等式与 (5-168) 相矛盾. 这就证明了结论 (5-167).

剩下的部分就是来证明存在着一个正常数 $\tilde{M}$ 和一个 $\alpha > 0$ 使得

$$\Gamma^\lambda(t = 0) \leqslant \tilde{M}\lambda^\alpha. \tag{5-170}$$

事实上, 注意到关于误差的初始数据的假设 (5-42) 和 (5-43), 由 (5-165) 得到

$$\Gamma^\lambda(t = 0) = \|z_{R,t}^\lambda(t = 0)\|_{L_x^2}^2 + \lambda^2\|E_{R,t}^\lambda(t = 0)\|_{L_x^2}^2 + M\lambda. \tag{5-171}$$

一方面, 利用 (5-104), 得到

$$\|z_{R,t}^\lambda(t = 0)\|_{L_x^2} \leqslant \lambda\|z_{0R,xx}^\lambda\|_{L_x^2} + \lambda\|(DE_{0R}^\lambda)_x\|_{L_x^2}$$

$$+ \|(H_{Inn,x}, H_{B,x}^\lambda, H_{I,x}^\lambda, H_{IB,x}^\lambda, H_{R,x}^\lambda)(t = 0)\|_{L_x^2} + M\|f^\lambda(t = 0)\|_{L_x^2}.$$

首先, 从假设 (5-42) 和 (5-43) 得到

$$\lambda\|z_{0R,xx}^\lambda\|_{L_x^2} + \lambda\|(DE_{0R}^\lambda)_x\|_{L_x^2} \leqslant M\sqrt{\lambda}.$$

然后, 从 $H_{Inn}, H_B^\lambda, H_I^\lambda, H_{IB}^\lambda$ 和 f^λ 的定义得到

$$\|(H_{Inn,x}, H_{I,x}^\lambda, H_{IB,x}^\lambda)(t = 0)\|_{L_x^2} \leqslant M\sqrt{\lambda},$$

$$\|f^\lambda(t = 0)\|_{L_x^2} \leqslant M\lambda^{\frac{3}{2}}$$

和

$$\|H_{B,x}^\lambda(t = 0)\|_{L_x^2}$$

$$\leqslant M\sqrt{\lambda} + \left\|\left(\left((D(x) - D(0))\frac{1}{\lambda}f(x)E_{+,\xi}^0 + (D(x) - D(1))\frac{1}{\lambda}g(x)E_{-,\eta}^0\right)(t = 0)\right\|_{L_x^2}\right.$$

$$= M\sqrt{\lambda} + \left\|\left(\int_0^1 D_x(\theta x)d\theta\frac{x}{\lambda}f(x)E_{+,\xi}^0\right.\right.$$

$$\left.\left. - \int_0^1 D_x(1 - \theta(1 - x))d\theta(x)\frac{1 - x}{\lambda}g(x)E_{-,\eta}^0\right)(t = 0)\right\|_{L_x^2}$$

$$\leqslant M\sqrt{\lambda}.$$

这里利用了中值定理和估计 $\|(\xi E_{+,\xi}^0, \eta E_{+,\eta}^0)(t = 0)\|_{L_x^2} \leqslant M\sqrt{\lambda}.$

最后, 通过 $H_R^\lambda(t = 0)$ 的定义和假设 (5-43), 得到

$$\|H_{R,x}^\lambda\|_{L_x^2} \leqslant M\lambda^2\|\lambda E_{0R,xx}^\lambda(x)\|_{L_x^2} + M\lambda\|\lambda E_{0R,x}^\lambda\|_{L_x^2} + M\|\lambda E_{0R}^\lambda(x)\|_{L_x^2}$$

$$+ \lambda^2\|(\lambda^2 E_{0R}^\lambda(x)E_{0R,xx}^\lambda(x), (\lambda E_{0R,x}^\lambda(x))^2)\|_{L_x^2}$$

$$\leqslant M\lambda^{\frac{3}{2}}.$$

这就给出了

$$\|z_{R,t}^{\lambda}(t=0)\|_{L_x^2} \leqslant M\sqrt{\lambda}. \tag{5-172}$$

另一方面, 利用 (5-105), 得到

$$\|\lambda E_{R,t}^{\lambda}(t=0)\|_{L_x^2} \leqslant \lambda^2 \|E_{0R,xx}^{\lambda}(x)\|_{L_x^2} + \|z_0^0(x)E_{0R}^{\lambda}(x)\|_{L_x^2}$$
$$+ \|\frac{1}{\lambda}(G_{Inn}, G_B^{\lambda}, G_I^{\lambda}, G_{IB}^{\lambda}, G_R^{\lambda})(t=0)\|_{L_x^2}.$$

通过仔细的观察可以得知只有

$$I_{10} = \|\frac{1}{\lambda}\big(-f(x)(\mathcal{Z}^0(x,t) - \mathcal{Z}^0(0,t))E_+^0 - g(x)(\mathcal{Z}^0(x,t) - \mathcal{Z}^0(1,t))E_-^0\big)(t=0)\|_{L_x^2}$$

是奇异项, 其他项能够很容易地被 $M\sqrt{\lambda}$ 控制. 但是, 利用中值定理可以得到

$$I_{10} \leqslant M\|\frac{1}{\lambda}(\mathcal{Z}^0(x,t) - \mathcal{Z}^0(0,t))E_+^0(t=0)\|_{L_x^2} + M\|\frac{1}{\lambda}(\mathcal{Z}^0(x,t) - \mathcal{Z}^0(1,t))E_-^0(t=0)\|_{L_x^2}$$

$$= M\|\frac{x}{\lambda}\int_0^1 \mathcal{Z}_x^0(\theta x, 0)d\theta E_+^0(t=0)\|_{L_x^2}$$

$$+ M\|\frac{1-x}{\lambda}\int_0^1 \mathcal{Z}_x^0(1 - \theta(1-x), 0)d\theta E_-^0(t=0)\|_{L_x^2}$$

$$\leqslant M\|(\xi E_+^0, \eta E_-^0)(t=0)\|_{L_x^2}^2$$

$$\leqslant M\sqrt{\lambda}.$$

这就给出了

$$\|\lambda E_{R,t}^{\lambda}(t=0)\|_{L_x^2} \leqslant M\sqrt{\lambda}. \tag{5-173}$$

注意到这里利用了假设

$$\|E_{0R,xx}^{\lambda}(x)\|_{L_x^2} \leqslant M\lambda^{\frac{1}{2}-2}, \quad \|E_{0R}^{\lambda}(x)\|_{L_x^2} \leqslant M\sqrt{\lambda}.$$

因此, (5-171), 以及 (5-172) 和 (5-173), 就给出了在 $\alpha = 1$ 时预期的结果 (5-170). 利用 $\alpha = 1$ 时的 (5-167) 就可以得到 (5-44). 这就完成了定理 5.1.1 的证明. □

定理 5.1.2 的证明　　这里, 通过对定理 5.1.1 的证明作必要的修改来证明定理 5.1.2. 我们想按定理 5.1.1 的证明过程进行.

现在假设 (5-47) 和 (5-48) 成立. 在这样的情况下, 必须考虑初始数据 (5-39) 的误差项 $(z_{0R}^{\lambda}, E_{0R}^{\lambda})$ 的非零极限 (z_0^1, E_0^1) 的影响作用. 事实上, $z_0^1(x)$ 生成了附加的初

始层函数 (z_I^3, E_I^1), 其中这个函数是通过 (5-50)-(5-53) 的解给出的. 由于能够精确地解出 (5-50)-(5-53), 所以很容易看到 (z_I^3, E_I^1) 与 (z_I^2, E_I^0) 有完全相同的性质. 故我们做出 "构想"

$$(\tilde{z}^\lambda, \tilde{E}^\lambda)_{\mathrm{app}}^{\mathrm{T}} = \Big(\mathcal{Z}^0 + \lambda(f(x)z_+^1 + g(x)z_-^1) + \lambda z_0^1(x) + \lambda^2 z_I^2 + \lambda^3 z_I^3,$$

$$\mathcal{E}^0 + f(x)E_+^0 + g(x)E_-^0 + E_I^0 + \lambda(E_0^1(x) + E_I^1) \Big)^{\mathrm{T}}.$$

记

$$\big(\tilde{z}_R^\lambda(x,t), \tilde{E}_R^\lambda(x,t) \big)^{\mathrm{T}} = (z^\lambda, E^\lambda)^{\mathrm{T}} - \big(\tilde{z}^\lambda, \tilde{E}^\lambda \big)_{\mathrm{app}}^{\mathrm{T}}. \tag{5-174}$$

则

$$\big(\tilde{z}_R^\lambda(x,t), \tilde{E}_R^\lambda(x,t) \big)^{\mathrm{T}}(t=0) = \lambda(z_{0R}^\lambda - z_0^1, E_{0R}^\lambda - E_0^1)^{\mathrm{T}}$$

$$= \lambda(\tilde{z}_{0R}^\lambda, \tilde{E}_{0R}^\lambda).$$

通过假设 (5-47) 和 (5-48), 可以得到 $(\tilde{z}_{0R}^\lambda, \tilde{E}_{0R}^\lambda)$ 满足假设 (5-47) 和 (5-48). 剩下的就是来建立关于误差函数 $\big(\tilde{z}_R^\lambda(x,t), \tilde{E}_R^\lambda(x,t) \big)^{\mathrm{T}}$ 的能量估计.

首先, 在方程组 (5-14)-(5-15) 中用

$$(z^\lambda, E^\lambda)^{\mathrm{T}} = \big(\tilde{z}^\lambda, \tilde{E}^\lambda \big)_{\mathrm{app}}^{\mathrm{T}} + \big(\tilde{z}_R^\lambda(x,t), \tilde{E}_R^\lambda(x,t) \big)^{\mathrm{T}}$$

来替换 $(z^\lambda, E^\lambda)^{\mathrm{T}}$, 就得到了方程 (5-104) 和 (5-105), 这些方程中 $(\tilde{z}_R^\lambda(x,t), \tilde{E}_R^\lambda(x,t))^{\mathrm{T}}$ 替代了 $(z_R^\lambda, E_R^\lambda)$, $\tilde{H}, \tilde{G}$ 替代了 H, G, 这里 $\tilde{H}_B^\lambda = H_B^\lambda, \tilde{G}_B^\lambda = G_B^\lambda$ 和 $\tilde{H}_{Inn}$ $(\tilde{G}_{Inn})$, $\tilde{H}_I^\lambda$ $(\tilde{G}_I^\lambda)$, $\tilde{H}_{IB}^\lambda$ $(\tilde{G}_{IB}^\lambda)$, $\tilde{H}_R^\lambda$ $(\tilde{G}_R^\lambda)$ 是按如下定义的:

$$\tilde{H}_{Inn}(x,t) = \lambda(z_{0x}^1(x) + D(x)E_0^1(x)) - \lambda^2 \mathcal{E}^0 \mathcal{E}_x^0 - \lambda^3 \mathcal{E}^0 E_0^1(x),$$

$$\tilde{H}_I^\lambda(x,s) = \lambda^2 z_{I,x}^2 + \lambda^3 z_{I,x}^3$$

$$- \lambda^2 \big(\mathcal{E}^0(E_{I,x}^0 + \lambda E_{I,x}^1) + (E_I^0 + \lambda E_I^1)(\mathcal{E}_x^0 + E_{I,x}^0 + \lambda(E_{0x}^1 + E_{I,x}^1)) \big),$$

$$\tilde{H}_{IB}^\lambda(x,\xi,\eta,t,s) = -\lambda \Big((E_I^0 + \lambda E_I^1)(f(x)E_{+,\xi}^0 - g(x)E_{-,\eta}^0) \Big)$$

$$- \lambda^2 \Big((E_I^0 + \lambda E_I^1)(f'(x)E_+^0 + g'(x)E_-^0)$$

$$+ (f(x)E_+^0 + g(x)E_-^0)(E_{I,x}^0 + \lambda E_{I,x}^1) \Big),$$

$$\tilde{H}_R^\lambda = -\lambda \tilde{E}^\lambda{}_R(f(x)E_{+,\xi}^0 - g(x)E_{-,\eta}^0)$$

$$- \lambda^2 \Big(((\mathcal{E}^0 + \lambda E_0^1) + f(x)E_+^0 + g(x)E_-^0)\tilde{E}_{R,x}^\lambda$$

$$+ ((\mathcal{E}_x^0 + \lambda E_{0x}^1) + f'(x)E_+^0 + g'(x)E_-^0)\tilde{E}^\lambda{}_R \Big)$$

$$- \lambda^2 \big((E_I^0 + \lambda E_I^1)\tilde{E}^\lambda{}_{R,x} + (E_{I,x}^0 + \lambda E_{I,x}^1)\tilde{E}^\lambda{}_R \big) - \lambda^2 \tilde{E}^\lambda{}_R \tilde{E}^\lambda{}_{R,x},$$

$$\tilde{G}_{Inn}(x,t) = -\lambda^2\big(\mathcal{E}_t^0 - \mathcal{E}_{xx}^0 - \lambda E_{0xx}^1\big) - \lambda(\mathcal{Z}^0 E_0^1 + z_0^1 \mathcal{E}^0) - \lambda^2 z_0^1 E_0^1,$$

$$\tilde{G}_I^\lambda = -(\mathcal{Z}^0 - \mathcal{Z}^0(x,0))(E_0^0 + \lambda E_I^1) + \lambda^2 E_{I,xx}^0 + \lambda^3 E_{I,xx}^1 - \lambda^2 z_0^1 E_I^1$$

$$-\lambda^2(z_I^2 + \lambda z_I^3)(\mathcal{E}^0 + \lambda E_0^1 + E_I^0 + \lambda E_I^1),$$

$$\tilde{G}_{IB}^\lambda = -\lambda(f(x)z_+^1 + g(x)z_-^1)(E_I^0 + \lambda E_I^1) - \lambda^2(z_I^2 + \lambda z_I^3)(f(x)E_+^0 + g(x)E_-^0),$$

$$\tilde{G}_R^\lambda = -(\mathcal{E}^0 + \lambda E_0^1 + f(x)E_+^0 + g(x)E_-^0 + E_I^0 + \lambda E_I^1)\tilde{z}_R^\lambda$$

$$-\lambda(f(x)z_+^1 + g(x)z_-^1 + z_0^1)\tilde{E}_R^\lambda - \lambda^2(z_I^2 + \lambda z_I^3)\tilde{E}_R^\lambda - \tilde{z}_R^\lambda \tilde{E}_R^\lambda.$$

接下来, 指出在边界处 $(\tilde{z}_R^\lambda, \tilde{E}_R^\lambda)$ 与 $(z_R^\lambda, E_R^\lambda)$ 的不同. 现在, $\tilde{E}_R^\lambda$ 满足非齐次边界条件

$$(\tilde{E}_R^\lambda + \lambda E_0^1)(x = 0, 1; t) = 0, \quad t > 0. \tag{5-175}$$

事实上, 由于 $E_I^0(x = 0, 1; t) = 0$, 由方程组 (5-50)-(5-51) 可以得到

$$E_I^0(x = 0, 1; t) = 0, \quad t > 0, \tag{5-176}$$

这结合 (5-50) 和 (5-51) 式得到

$$E_I^1(x = 0, 1; t) = 0, \quad t > 0. \tag{5-177}$$

将 (5-174), 边界条件 (5-16)$_2$, (5-61), (5-176) 与 (5-177) 结合起来, 就得到 (5-175).

但是 $\tilde{H}^\lambda$ 仍然满足齐次边界条件

$$\tilde{H}^\lambda(x = 0, 1; t) = 0, \quad t > 0.$$

这样, 由于 $E_0^1 = E_0^1(x)$ 不依赖时间 t, 所以

$$\tilde{H}_t^\lambda(x = 0, 1; t) = \tilde{E}_{R,t}^\lambda(x = 0, 1; t) = 0, \quad t > 0.$$

最后, 注意到 $\tilde{H}(\tilde{G})$ 是 $H(G)$ 与附加的高阶项 $O(\lambda)$ 的和, 因此 $\tilde{H}(\tilde{G})$ 同 $H(G)$ 有完全类似的结构, 并且受非齐次边界条件 (5-175) 影响的唯一项是 $-\lambda^2 \int_0^1 \tilde{E}_{R,xx}^\lambda \tilde{E}_R^\lambda dx$, 可以按如下方式来处理它:

$$-\lambda^2 \int_0^1 \tilde{E}_{R,xx}^\lambda \tilde{E}_R^\lambda dx$$

$$= -\lambda^2 \int_0^1 \tilde{E}_{R,xx}^\lambda (\tilde{E}_R^\lambda + \lambda E_0^1)dx + \lambda^3 \int_0^1 \tilde{E}_{R,xx}^\lambda E_0^1 dx$$

$$= \lambda^2 \int_0^1 |\tilde{E}_{R,x}^\lambda|^2 dx + \lambda^3 \int_0^1 \tilde{E}_{R,x}^\lambda E_{0x}^1 dx + \lambda \int_0^1 (\lambda^2 \tilde{E}_{R,t}^\lambda + \mathcal{Z}^0 \tilde{E}_R^\lambda - g^\lambda)E_0^1 dx$$

$$\geqslant \frac{\lambda^2}{2} \int_0^1 |\tilde{E}_{R,x}^\lambda|^2 dx - M\lambda - M\lambda^5 \int_0^1 |\tilde{E}_{R,t}^\lambda|^2 dx - \lambda \int_0^1 (|\tilde{E}_R^\lambda|^2 + |g^\lambda|^2) dx$$

$$\geqslant \frac{\lambda^2}{2} \int_0^1 |\tilde{E}_{R,x}^\lambda|^2 dx - M\lambda^5 \int_0^1 |\tilde{E}_{R,t}^\lambda|^2 dx - \lambda \int_0^1 |\tilde{E}_R^\lambda|^2 dx - M\lambda.$$

这里利用了方程 (5-105). 因此, 可以像前面证明定理 5.1.1 一样来进行能量方法. 这些标注包含定理 5.1.2 的证明. 证毕. □

5.1.2　一般初值情形

无量纲的一维等温半导体漂流扩散模型的 Neumann 边界问题如下:

$$n_t^\lambda = (n_x^\lambda - n^\lambda \phi_x^\lambda)_x, \quad 0 < x < 1, t > 0, \tag{5-178}$$

$$p_t^\lambda = (p_x^\lambda + p^\lambda \phi_x^\lambda)_x, \quad 0 < x < 1, t > 0, \tag{5-179}$$

$$\lambda^2 \phi_{xx}^\lambda = n^\lambda - p^\lambda - D, \quad 0 < x < 1, t > 0, \tag{5-180}$$

$$n_x^\lambda - n^\lambda \phi_x^\lambda = p_x^\lambda + p^\lambda \phi_x^\lambda = \phi_x^\lambda = 0, \quad x = 0, 1, t > 0, \tag{5-181}$$

$$n^\lambda(x, 0) = n_0^\lambda(x), p^\lambda(x, 0) = p_0^\lambda(x), \quad 0 \leqslant x \leqslant 1, \tag{5-182}$$

其中, 假设 doping 轮廓为一般的光滑变号函数. 其他各个量的意义如前所述.

在 Neumann 边界条件 (5-181) 下, Poisson 方程 (5-180) 的可解性条件是半导体内总的空间电荷呈电中性, 即

$$\int_0^1 (n^\lambda - p^\lambda - D) dx = 0. \tag{5-183}$$

显然, 为使整体的空间离子中性, 初值需满足如下相容性条件:

$$\int_0^1 (n_0^\lambda - p_0^\lambda - D) dx = 0. \tag{5-184}$$

在拟中性假设下, 即令 $\lambda = 0$, 则可以得到约化的拟中性漂流扩散模型:

$$n_t = (n_x + n\varepsilon)_x, \tag{5-185}$$

$$p_t = (p_x - p\varepsilon)_x, \tag{5-186}$$

$$0 = n - p - D, \tag{5-187}$$

$$\varepsilon = -\phi_x. \tag{5-188}$$

由于问题的奇异摄动特性, 不能先验地期望极限问题维持原来的边界条件和初始条件. 然而, 根据连续性方程的守恒形式, 通过边界的零流特征可以传递到极限模型 (5-185)-(5-188) 中, 即得

$$n_x + n\varepsilon = 0, \quad p_x - p\varepsilon = 0, \quad x = 0, 1, t > 0.$$

但是, 这个性质对于电场 E^λ 却不成立. 类似地, 极限模型 (5-185)-(5-188) 满足的初值为

$$n(x,0) = n_0(x), \quad p(x,0) = p_0(x), \quad 0 \leqslant x \leqslant 1, \tag{5-189}$$

并且满足局部初始空间电荷中性, 即

$$n_0 - p_0 - D = 0.$$

最近, Wang, Xin 和 Markowich[143] 对一般变号 doping 轮廓情形下的半导体漂流扩散模型的拟中性极限进行了研究. 在文献 [143] 定理 3 中假设有相容性条件

$$E_0^0(x)|_{x=0,1} = -\frac{D_x(x)}{z_0^0(x)}|_{x=0,1} (= \varepsilon^0(x=0,1,t=0)), \tag{5-190}$$

从而在不产生混合层 (同时依赖于快空间变量和快时间变量) 的情形下, 得到了收敛性结果, 详细过程可参见文献 [143] .

本节将在文献 [143] 的基础上, 去掉相容性条件 (5-190), 在混合层存在的情形下, 研究具有一般光滑变号 doping 轮廓和一般初值的半导体漂流扩散模型的拟中性极限问题. 此时, 将会出现边界层 (依赖于快空间变量)、初始层 (依赖于快时间变量) 和混合层 (同时依赖于快空间变量和快时间变量).

下面给出模型变形和匹配渐近分析. 首先, 引入如下变换:

$$E^\lambda = -\phi_x^\lambda, \quad n^\lambda = \frac{z^\lambda + D - \lambda^2 E_x^\lambda}{2}, \quad p^\lambda = \frac{z^\lambda - D + \lambda^2 E_x^\lambda}{2}. \tag{5-191}$$

于是可以将系统 (5-178)-(5-182) 化为如下等价系统:

$$z_t^\lambda = (z_x^\lambda + D E^\lambda)_x - \lambda^2 (E^\lambda E_x^\lambda)_x, \quad 0 \leqslant x \leqslant 1, t > 0, \tag{5-192}$$

$$\lambda^2 (E_t^\lambda - E_{xx}^\lambda) = -(D_x + z^\lambda E^\lambda), \quad 0 \leqslant x \leqslant 1, t > 0, \tag{5-193}$$

$$z_x^\lambda = E^\lambda = 0, \quad x = 0, 1, t > 0, \tag{5-194}$$

$$z^\lambda(x,0) = z_0^\lambda(x), \quad E^\lambda(x,0) = E_0^\lambda(x), \quad 0 \leqslant x \leqslant 1. \tag{5-195}$$

不难得到, 方程 (5-178)-(5-182) 和方程 (5-192)-(5-195) 对于古典解来说是等价的. 关于方程 (5-192)-(5-195) 的古典解的整体存在唯一性已经在文献 [143] 的命题 1 中给出.

假设初值为

$$(z_0^\lambda, E_0^\lambda)^{\mathrm{T}} = (z_0^0(x) + z_{0R}(x), E_0^0(x) + E_{0R}(x))^{\mathrm{T}}, \tag{5-196}$$

取解 (z^λ, E^λ) 的如下展开式:

$$(z^\lambda, E^\lambda)^{\mathrm{T}}(x, \xi, \eta, t, \tau)$$

$$= \left(z^0 + \sum_{i=0}^{2} \lambda^i \left(f(z_+^i + z_{+I}^i) + g(z_-^i + z_{-I}^i) + z_I^i \right) + z_R(x,t), \right.$$

$$\left. \varepsilon^0 + f(E_+^0 + E_{+I}^0) + g(E_-^0 + E_{-I}^0) + E_I^0 + E_R(x,t) \right)^{\mathrm{T}}, \qquad (5\text{-}197)$$

其中 $(z^0, \varepsilon^0)(x,t)$ 为内函数; $(z_+^i, E_+^0)(\xi, t)(i = 0, 1, 2)$ 为左边界函数, 存在于 $x = 0$ 附近; $(z_{+I}^i, E_{+I}^0)(\xi, \tau)(i = 0, 1, 2)$ 为左混合层函数, 存在于 $(x = 0, t = 0)$ 附近; $(z_-^i, E_-^0)(\eta, t)(i = 0, 1, 2)$ 为右边界层函数, 存在于 $x = 1$ 附近; $(z_{-I}^i, E_{-I}^0)(\eta, \tau)(i = 0, 1, 2)$ 为右混合层函数, 存在于 $(x = 1, t = 0)$ 附近; $(z_I^i, E_I^0)(x, \tau)(i = 0, 1, 2)$ 为初始层函数, 存在于 $t = 0$ 附近. 另外, $f(x), g(x)$ 为 C^2 中的截断函数, 并且满足 $f(0) = g(1) = 1, f(1) = f'(1) = f''(1) = f'(0) = f''(0) = g(0) = g'(0) = g''(0) = g'(1) = g''(1) = 0.$ 令 $\xi = \dfrac{x}{\lambda}, \eta = \dfrac{1-x}{\lambda}, \tau = \dfrac{t}{\lambda^2}$, 其中 λ 和 λ^2 分别为边界层和初始层的长度. ξ 和 η 称为快空间变量, τ 称为快时间变量.

注 5.1.7　正是由于初值条件 (5-196) 的选取, 才使得出现了同时依赖于快空间变量和快时间变量的混合层, 这不同于文献 [143] 中的好初值:

$$(z_0^\lambda, E_0^\lambda)^{\mathrm{T}} = \left(z_0^0(x) + \lambda \left(f(x) z_+^1 \left(\frac{x}{\lambda}, 0 \right) + g(x) z_-^1 \left(\frac{1-x}{\lambda}, 0 \right) \right) + \lambda z_{0R}(x), \right.$$

$$\left. E_0^0(x) + f(x) E_+^0 \left(\frac{x}{\lambda}, 0 \right) + g(x) E_-^0 \left(\frac{1-x}{\lambda}, 0 \right) + \lambda E_{0R}(x) \right)^{\mathrm{T}}.$$

下面开始推导内函数、边界层函数、初始层函数以及混合层函数所满足的方程. 为简单起见, 这里只考虑 $x = 0$ 附近的左边界层和左混合层. 对于 $x = 1$ 附近的右边界层和右混合层可以类似地处理.

假设解 (z^λ, E^λ) 有如下展开式:

$$(z^\lambda, E^\lambda)^{\mathrm{T}}(x, \xi, t, \tau)$$

$$= \left(z^0(x,t) + \sum_{i=0}^{2} \lambda^i \left(z_+^i(\xi, t) + z_I^i(x, \tau) + z_{+I}^i(\xi, \tau) \right) + z_R(x,t), \right.$$

$$\left. \varepsilon^0(x,t) + E_+^0(\xi, t) + E_I^0(x, \tau) + E_{+I}^0(\xi, \tau) + E_R(x,t) \right)^{\mathrm{T}}, \qquad (5\text{-}198)$$

代入方程 (5-192)-(5-193) 中可得

$$\frac{1}{\lambda^2}(z_{I,\tau}^0 + z_{+I,\tau}^0) + \frac{1}{\lambda}(z_{I,\tau}^1 + z_{+I,\tau}^1) + (z_t^0 + z_{+,t}^0 + z_{I,\tau}^2 + z_{+I,\tau}^2)$$

$$+ \lambda z_{+,t}^1 + \lambda^2 z_{+,t}^2 + z_{R,t}$$

$$= \frac{1}{\lambda^2}(z_{+,\xi}^0 + z_{+I,\xi}^0)_\xi + \frac{1}{\lambda}(z_{+,\xi}^1 + D(0)E_+^0)_\xi + \frac{1}{\lambda}(z_{+I,\xi}^1 + D(0)E_{+I}^0)_\xi$$

$$+\frac{1}{\lambda}[(D(\lambda\xi)-D(0))E_+^0]_\xi+\frac{1}{\lambda}[(D(\lambda\xi)-D(0))E_{+I}^0]_\xi+(z_x^0+D\varepsilon^0)_x$$

$$+(z_{I,x}^0+DE_I^0)_x+(z_{+,\xi}^2+z_{+I,\xi}^2)_\xi+(z_{R,x}+DE_R)_x+\lambda z_{I,xx}^1+\lambda^2 z_{I,xx}^2$$

$$-\lambda^2(H_1+\cdots+H_8)_x, \tag{5-199}$$

$$(E_{I,\tau}^0-E_{+,\xi\xi}^0+E_{+I,\tau}^0-E_{+I,\xi\xi}^0)+\lambda^2(\varepsilon_t^0-\varepsilon_{xx}^0+E_{+,t}^0-E_{I,xx}^0)$$

$$+\lambda^2(E_{R,t}-E_{R,xx})$$

$$=-(D_x+z^0\varepsilon^0)-(z^0(0,t)E_+^0+\varepsilon^0(0,t)z_+^0+z_+^0E_+^0)$$

$$-(z^0(x,0)E_I^0+\varepsilon^0(x,0)z_I^0+z_I^0E_I^0)-(z^0(0,0)+z_+^0(\xi,0)+z_I^0(0,\tau))E_{+I}^0$$

$$-(\varepsilon^0(0,0)+E_+^0(\xi,0)+E_I^0(0,\tau))z_{+I}^0-z_+^0(\xi,0)E_I^0(0,\tau)-z_I^0(0,\tau)E_+^0(\xi,0)$$

$$-(J_2+\cdots+J_8), \tag{5-200}$$

其中

$$H_1=\varepsilon\varepsilon_x^0,$$

$$H_2=\frac{1}{\lambda}(\varepsilon^0(0,t)E_{+,\xi}^0+E_+^0E_{+,\xi}^0+)+\varepsilon_x^0(0,t)E_+^0$$

$$+\frac{1}{\lambda}(\varepsilon^0(\lambda\xi,t)-\varepsilon^0(0,t))E_{+,\xi}^0+(\varepsilon_x^0(\lambda\xi,t)-\varepsilon_x^0(0,t))E_+^0,$$

$$H_3=\varepsilon^0(x,0)E_{I,x}^0+E_I^0E_{I,x}^0+\varepsilon_x^0(x,0)E_I^0$$

$$+(\varepsilon^0(x,\lambda^2\tau)-\varepsilon^0(x,0))E_{I,x}^0+(\varepsilon_x^0(x,\lambda^2\tau)-\varepsilon_x^0(x,0))E_I^0,$$

$$H_4=\varepsilon^0(0,0)E_{+I,\xi}^0+\varepsilon_x^0(0,0)E_{+I}^0+\frac{1}{\lambda}E_{+I}^0E_{+I,\xi}^0$$

$$+(\varepsilon^0(\lambda\xi,\lambda^2\tau)-\varepsilon^0(0,0))E_{+I,\xi}^0+(\varepsilon_x^0(\lambda\xi,\lambda^2\tau)-\varepsilon_x^0(0,0))E_{+I}^0,$$

$$H_5=E_+^0(\xi,0)E_{I,x}^0(0,\tau)+\frac{1}{\lambda}E_I^0(0,\tau)E_{+,\xi}^0(\xi,0)$$

$$+(E_+^0(\xi,\lambda^2\tau)-E_+^0(\xi,0))E_{I,x}^0(0,\tau)+E_+^0(\xi,0)(E_{I,x}^0(\lambda\xi,\tau)-E_{I,x}^0(0,\tau))$$

$$+(E_+^0(\xi,\lambda^2\tau)-E_+^0(\xi,0))(E_{I,x}^0(\lambda\xi,\tau)-E_{I,x}^0(0,\tau)),$$

$$H_6=\frac{1}{\lambda}E_I^0(0,\tau)E_{+I,\xi}^0+E_{I,x}^0(0,\tau)E_{+I}^0$$

$$+\frac{1}{\lambda}(E_I^0(\lambda\xi,\tau)-E_I^0(0,\tau))E_{+I,\xi}^0+(E_{I,x}^0(\lambda\xi,\tau)-E_{I,x}^0(0,\tau))E_{+I}^0,$$

$$H_7=\frac{1}{\lambda}[E_+^0(\xi,0)E_{+I,\xi}^0+E_{+,\xi}^0(\xi,0)E_{+I}^0$$

$$+(E_+^0(\xi,\lambda^2\tau)-E_+^0(\xi,0))E_{+I,\xi}^0+(E_{+,\xi}^0(\xi,\lambda^2\tau)-E_{+,\xi}^0(\xi,0))E_{+I}^0],$$

$$H_8 = \left(\varepsilon_x^0 + \frac{1}{\lambda} E_{+,\xi}^0 + E_{I,x}^0 + \frac{1}{\lambda} E_{+I,\xi}^0 \right) E_R + (\varepsilon^0 + E_+^0 + E_I^0 + E_{+I}^0) E_{R,x}$$
$$+ E_R E_{R,x},$$

$$J_2 = (z^0(\lambda\xi, t) - z^0(0, t)) E_+^0 + (\varepsilon^0(\lambda\xi, t) - \varepsilon^0(0, t)) z_+^0 + \lambda z_+^1 (\varepsilon^0 + E_+^0)$$
$$+ \lambda^2 z_+^2 (\varepsilon^0 + E_+^0),$$

$$J_3 = (z^0(x, \lambda^2\tau) - z^0(x, 0)) E_I^0 + (\varepsilon^0(x, \lambda^2\tau) - \varepsilon^0(x, 0)) z_I^0$$
$$+ \lambda z_I^1 (\varepsilon^0 + E_I^0) + \lambda^2 z_I^2 (\varepsilon^0 + E_I^0),$$

$$J_4 = [(z^0(\lambda\xi, \lambda^2\tau) - z^0(0, 0)) + (z_+^0(\xi, \lambda^2\tau) - z_+^0(\xi, 0)) + (z_I^0(\lambda\xi, \tau)$$
$$- z_I^0(0, \tau))] E_{+I}^0 + [(\varepsilon^0(\lambda\xi, \lambda^2\tau) - \varepsilon^0(0, 0)) + (E_+^0(\xi, \lambda^2\tau) - E_+^0(\xi, 0))$$
$$+ (E_I^0(\lambda\xi, \tau) - E_I^0(0, \tau))] z_{+I}^0 + z_+^0(\xi, 0)(E_I^0(\lambda\xi, \tau) - E_I^0(0, \tau))$$
$$+ (z_+^0(\xi, \lambda^2\tau) - z_+^0(\xi, 0)) E_I^0(0, \tau) + z_I^0(0, \tau)(E_+^0(\xi, \lambda^2\tau) - E_+^0(\xi, 0))$$
$$+ (z_I^0(\lambda\xi, \tau) - z_I^0(0, \tau)) E_+^0(\xi, 0)$$
$$+ (z_+^0(\xi, \lambda^2\tau) - z_+^0(\xi, 0))(E_I^0(\lambda\xi, \tau) - E_I^0(0, \tau))$$
$$+ (z_I^0(\lambda\xi, \tau) - z_I^0(0, \tau))(E_+^0(\xi, \lambda^2\tau) - E_+^0(\xi, 0)),$$

$$J_5 = \lambda(z_+^1 E_I^0 + z_I^1 E_+^0) + \lambda^2(z_+^2 E_I^0 + z_I^2 E_+^0),$$

$$J_6 = \lambda(z_I^1 E_{+I}^0 + z_{+I}^1 E_I^0) + \lambda^2(z_I^2 E_{+I}^0 + z_{+I}^2 E_I^0),$$

$$J_7 = \lambda(z_+^1 E_{+I}^0 + z_{+I}^1 E_+^0) + \lambda^2(z_+^2 E_{+I}^0 + z_{+I}^2 E_+^0),$$

$$J_8 = \left(z^0 + \sum_{i=0}^{2} \lambda^i(z_+^i + z_I^i + z_{+I}^i) \right) E_R + (\varepsilon^0 + E_+^0 + E_I^0 + E_{+I}^0) z_R + z_R E_R.$$

注 5.1.8 为方便起见, 式 (5-199) 中 H 的下标 $1, \cdots, 8$ 与式 (5-200) 中 J 的下标 $2, \cdots, 8$ 是相对应的, 它们分别代表内函数的余项、边界层函数的余项、初始层函数的余项、混合层函数的余项、边界层函数和初始层函数的组合余项、初始层函数和混合层函数的组合余项、边界层函数和混合层函数的组合余项以及误差函数的余项. 由于式 (5-200) 中内函数的余项为零, 所以其中 J 的下标是从 2 开始的.

同时, 假设有如下边界条件:

$$z^0_{+,\xi}(\xi = 0, t) = 0, \tag{5-201}$$

$$z^1_{+,\xi}(\xi = 0, t) = -z^0_x(x = 0, t), \tag{5-202}$$

$$z^2_{+,\xi}(\xi = 0, t) = 0, \tag{5-203}$$

$$E^0_+(\xi = 0, t) = -\varepsilon^0(x = 0, t), \tag{5-204}$$

$$z^0_{+I,\xi}(\xi = 0, \tau) = 0, \tag{5-205}$$

$$z^1_{+I,\xi}(\xi = 0, \tau) = -z^0_{I,x}(x = 0, \tau), \tag{5-206}$$

$$z^2_{+I,\xi}(\xi = 0, \tau) = -z^1_{I,x}(x = 0, \tau), \tag{5-207}$$

$$E^0_{+I}(\xi = 0, \tau) = -E^0_I(x = 0, \tau). \tag{5-208}$$

这样由奇异摄动理论的渐近展开方法, 通过比较 $O(\lambda^k)$ 项的系数, 可以推导出内函数和各个层函数的方程. 具体如下:

首先, (z^0, ε^0) 为内函数, 它是不依赖于 λ 的, 并且满足如下初边值问题:

$$z^0_t = (z^0_x + D\varepsilon^0)_x, \quad 0 < x < 1, \ t > 0, \tag{5-209}$$

$$0 = -(D_x + z^0\varepsilon^0), \quad 0 < x < 1, \ t > 0, \tag{5-210}$$

$$z^0_x + D\varepsilon^0 = 0, \quad x = 0, 1, \ t > 0, \tag{5-211}$$

$$z^0(t = 0) = z^0_0(x), \quad 0 \leqslant x \leqslant 1. \tag{5-212}$$

关于上述系统 (5-209)-(5-212) 的古典解的存在性, 可参见文献 [143].

注 5.1.9 应该指出: 对于非真空整体密度 $z^0(x, t) \neq 0$, 可以将代数方程 (5-210) 重新写为 $\varepsilon^0 = -\dfrac{D_x}{z^0}$. 因此, 当 $D_x(x = 0, 1) \neq 0$ 时有 $\varepsilon^0(x = 0, 1; t) \neq 0$. 此外, 当 $D(x = 0, 1) \neq 0$ 且 $D_x(x = 0, 1) \neq 0$ 时, $z^0_x(x = 0, 1; t) = -D(x = 0, 1)\varepsilon^0(x = 0, 1; t) = \dfrac{D(x = 0, 1)D_x(x = 0, 1)}{z^0(x = 0, 1; t)} \neq 0$. 这样边界层的出现与否是由 doping 轮廓 $D(x)$ 在边界 $x = 0, 1$ 处的性质来决定的.

$z^i_+ (i = 0, 1, 2), E^0_+$ 是左边界层函数, 分别满足如下方程:

$$z^0_{+,\xi\xi} = 0, \tag{5-213}$$

$$z^0_{+,\xi}(\xi = 0, t) = 0, \tag{5-214}$$

$$z^0_+(\xi \to \infty, t) = 0, \tag{5-215}$$

$$z^1_{+,\xi} + D(0)E^0_+ = 0, \tag{5-216}$$

$$z^1_+(\xi \to \infty, t) = 0, \tag{5-217}$$

$$z_{+,\xi\xi}^2 = 0, \tag{5-218}$$

$$z_{+,\xi}^2(\xi = 0, t) = 0, \tag{5-219}$$

$$z_+^2(\xi \to \infty, t) = 0, \tag{5-220}$$

$$E_{+,\xi\xi}^0 = z^0(0, t)E_+^0, \tag{5-221}$$

$$E_+^0(\xi = 0, t) = -\varepsilon^0(x = 0, t), \tag{5-222}$$

$$E_+^0(\xi \to \infty, t) = 0. \tag{5-223}$$

$z_I^i (i = 0, 1, 2)$, E_I^0 是初始层函数, 分别满足

$$z_{I,\tau}^0 = 0, \tag{5-224}$$

$$z_I^0(x, \tau = 0) = 0, \tag{5-225}$$

$$z_{I,\tau}^1 = 0, \tag{5-226}$$

$$z_I^1(x, \tau = 0) = 0, \tag{5-227}$$

$$z_{I,\tau}^2 = (DE_I^0)_x, \tag{5-228}$$

$$z_I^2(x, \tau = 0) = 0, \tag{5-229}$$

$$E_{I,\tau}^0 = -z^0(x, 0)E_I^0, \tag{5-230}$$

$$E_I^0(x, \tau = 0) = E_0^0(x) - \varepsilon^0(x, t = 0). \tag{5-231}$$

于是由上述方程可以得到如下结果 (详细过程可参见文献 [143]):

$$z_+^0(\xi, t) = z_+^2(\xi, t) = 0, \tag{5-232}$$

$$z_+^1(\xi, t) = -\frac{D(0)\varepsilon^0(0, t)}{\sqrt{z^0(0, t)}}e^{-\sqrt{z^0(0,t)}\xi}, \tag{5-233}$$

$$E_+^0(\xi, t) = -\varepsilon^0(0, t)e^{-\sqrt{z^0(0,t)}\xi}. \tag{5-234}$$

以及

$$z_I^0(x, \tau) = z_I^1(x, \tau) = 0, \tag{5-235}$$

$$z_I^2(x, \tau) = b(x) + (b_0(x) + b_1(x)\tau)e^{-z_0^0(x)\tau}, \tag{5-236}$$

$$E_I^0(x, \tau) = (E_0^0(x) - \varepsilon^0(x, 0))e^{-z_0^0(x)\tau}, \tag{5-237}$$

其中 $b(x), b_0(x), b_1(x)$ 只依赖于 $D(x), (z_0^0, E_0^0)$ 且满足 $b_0(x) = -b(x) \neq 0$.

下面将推导混合层函数. $z_{+I}^i(i=0,1,2)$, E_{+I}^0 是左混合层函数, 并且分别满足如下系统:

$$z_{+I,\tau}^0 - z_{+I,\xi\xi}^0 = 0, \tag{5-238}$$

$$z_{+I,\xi}^0(\xi = 0, \tau) = 0, \tag{5-239}$$

$$z_{+I}^0(\xi \to \infty, \tau) = 0, \tag{5-240}$$

$$z_{+I}^0(\xi, \tau = 0) = 0, \tag{5-241}$$

$$z_{+I,\tau}^1 - z_{+I,\xi\xi}^1 - D(0)E_{+I,\xi}^0 = 0, \tag{5-242}$$

$$z_{+I,\xi}^1(\xi = 0, \tau) = 0, \tag{5-243}$$

$$z_{+I}^1(\xi \to \infty, \tau) = 0, \tag{5-244}$$

$$z_{+I}^1(\xi, \tau = 0) = 0, \tag{5-245}$$

$$z_{+I,\tau}^2 - z_{+I,\xi\xi}^2 = 0, \tag{5-246}$$

$$z_{+I,\xi}^2(\xi = 0, \tau) = 0, \tag{5-247}$$

$$z_{+I}^2(\xi \to \infty, \tau) = 0, \tag{5-248}$$

$$z_{+I}^2(\xi, \tau = 0) = 0, \tag{5-249}$$

$$E_{+I,\tau}^0 - E_{+I,\xi\xi}^0 + z^0(0,0)E_{+I}^0 = 0, \tag{5-250}$$

$$E_{+I}^0(\xi = 0, \tau) = \varepsilon^0(0,0)e^{-z^0(0,0)\tau}, \tag{5-251}$$

$$E_{+I}^0(\xi \to \infty, \tau) = 0, \tag{5-252}$$

$$E_{+I}^0(\xi, \tau = 0) = \varepsilon^0(0,0)e^{-\sqrt{z^0(0,0)}\xi}. \tag{5-253}$$

这样可以得到

$$z_{+I}^0(\xi, \tau) = z_{+I}^2(\xi, \tau) = 0. \tag{5-254}$$

由标准的抛物理论[84], 方程 (5-242)-(5-245) 和方程 (5-250)-(5-253) 分别存在唯一的整体古典解 z_{+I}^1 和 E_{+I}^0. 显然, 如果 $D_x(0) = 0$, 则有 $\varepsilon^0(0,0) = -\dfrac{D_x(0)}{z^0(x = 0; t)} = 0$, 从而 $E_{+I}^0(\xi, \tau) = 0$, 这时混合层不存在; 否则, 混合层存在. 也就是说, 混合层的存在与否是由 doping 轮廓 $D(x)$ 的性质来决定的.

类似地, $z_-^i(i = 0,1,2)$, E_-^0 是右边界层函数, 分别满足

$$z_-^0 = z_-^2 = 0, \tag{5-255}$$

$$-z^1_{-,\eta} + D(1)E^0_- = 0, \tag{5-256}$$

$$z^1_-(\eta \to \infty, t) = 0, \tag{5-257}$$

$$E^0_{-,\eta\eta} = z^0(1,t)E^0_-, \tag{5-258}$$

$$E^0_-(\eta = 0, t) = -\varepsilon^0(x = 1, t), \tag{5-259}$$

$$E^0_-(\eta \to \infty, t) = 0. \tag{5-260}$$

$z^i_{-I}(i = 0, 1, 2), E^0_{-I}$ 是右混合层函数, 分别满足如下方程:

$$z^0_{-I,\tau} - z^0_{-I,\eta\eta} = 0, \tag{5-261}$$

$$z^0_{-I,\eta}(\eta = 0, \tau) = 0, \tag{5-262}$$

$$z^0_{-I}(\eta \to \infty, \tau) = 0, \tag{5-263}$$

$$z^0_{-I}(\eta, \tau = 0) = 0, \tag{5-264}$$

$$z^1_{-I,\tau} - z^1_{-I,\eta\eta} + D(1)E^0_{-I,\eta} = 0, \tag{5-265}$$

$$z^1_{-I,\eta}(\eta = 0, \tau) = 0, \tag{5-266}$$

$$z^1_{-I}(\eta \to \infty, \tau) = 0, \tag{5-267}$$

$$z^1_{-I}(\eta, \tau = 0) = 0, \tag{5-268}$$

$$z^2_{-I,\tau} - z^2_{-I,\eta\eta} = 0, \tag{5-269}$$

$$z^2_{-I,\eta}(\eta = 0, \tau) = 0, \tag{5-270}$$

$$z^2_{-I}(\eta \to \infty, \tau) = 0, \tag{5-271}$$

$$z^2_{-I}(\eta, \tau = 0) = 0, \tag{5-272}$$

$$E^0_{-I,\tau} - E^0_{-I,\eta\eta} + z^0(1,0)E^0_{-I} = 0, \tag{5-273}$$

$$E^0_{-I}(\eta = 0, \tau) = \varepsilon^0(1,0)e^{-z^0(1,0)\tau}, \tag{5-274}$$

$$E^0_{-I}(\eta \to \infty, \tau) = 0, \tag{5-275}$$

$$E^0_{-I}(\eta, \tau = 0) = \varepsilon^0(1,0)e^{-\sqrt{z^0(1,0)}\eta}. \tag{5-276}$$

进一步, 边界层函数和初始层函数具有如下性质[143]:

命题 5.1.3 (1) $z^0_+ = z^0_- = z^2_+ = z^2_- = z^0_I = z^1_I = 0$;

(2) 假设内函数 (z^0, ε^0) 是 C^∞ 的函数, 则

(i) 对任意的 $T > 0$, 存在不依赖于 λ 的正常数 M, 使得

$$\|\partial^{k_1}_t(\xi^{k_2}\partial^{k_3}_\xi(z^1_+, E^0_+), \eta^{k_4}\partial^{k_5}_\eta(z^1_-, E^0_-))\|_{L^\infty_{(x,t)}([0,1]\times[0,T])} \leqslant M \tag{5-277}$$

且

$$\|\partial^{k_1}_t(\xi^{k_2}\partial^{k_3}_\xi(z^1_+, E^0_+), \eta^{k_4}\partial^{k_5}_\eta(z^1_-, E^0_-))\|_{L^\infty_t([0,T];L^2_x([0,1]))} \leqslant M\lambda^{\frac{1}{2}} \tag{5-278}$$

对任意的非负整数 $k_j(j=0,\cdots,5)$ 都成立;

(ii) 对任意的 $T>0$, 存在不依赖于 λ 的正常数 M, 使得

$$\|\partial_x^{k_6}(z_I^2, s^{k_7}(\partial_s^{k_8} z_I^2, \partial_s^{k_9} E_I^0))\|_{L_{(x,t)}^\infty([0,1]\times[0,T])} \leqslant M \tag{5-279}$$

且

$$\|\partial_x^{k_{10}} s^{k_{11}}(\partial_s^{k_{12}} z_I^2, \partial_s^{k_{13}} E_I^0)\|_{L_t^2([0,T];L_x^\infty([0,1]))} \leqslant M\lambda \tag{5-280}$$

对任意的非负整数 $k_j(j=6,7,9,10,11,13)$ 和任意的正整数 k_8, k_{12} 都成立.

注 5.1.10 混合层函数 $E_{+I}^0(\xi,\tau)$ 满足 (5-250)-(5-253) 且指数衰减. 证明如下:

情形 1: $\varepsilon^0(0,0) \geqslant 0$. 此时, 取函数

$$\overline{E}(\xi,\tau) = \varepsilon^0(0,0)e^{-\frac{1}{\sqrt{2}}\sqrt{z^0(0,0)}\xi}e^{-\frac{1}{3}z^0(0,0)\tau},$$

则通过计算可以得到

$$\overline{E}_\tau - \overline{E}_{\xi\xi} + z^0(0,0)\overline{E} \geqslant E_{+I,\tau}^0 - E_{+I,\xi\xi}^0 + z^0(0,0)E_{+I}^0,$$

$$\overline{E}(0,\tau) \geqslant E_{+I}^0(0,\tau),$$

$$\overline{E}(\xi \to \infty, \tau) \geqslant E_{+I}^0(\xi \to \infty, \tau),$$

$$\overline{E}(\xi,0) \geqslant E_{+I}^0(\xi,0).$$

于是由**抛物方程的比较原理**得 $0 \leqslant E_{+I}^0 \leqslant \overline{E}$, 即

$$|E_{+I}^0| \leqslant |\varepsilon^0(0,0)|e^{-\frac{1}{\sqrt{2}}\sqrt{z^0(0,0)}\xi}e^{-\frac{1}{3}z^0(0,0)\tau}.$$

情形 2: $\varepsilon^0(0,0) \leqslant 0$. 此时, 取函数

$$\underline{E}(\xi,\tau) = \varepsilon^0(0,0)e^{-\frac{1}{\sqrt{2}}\sqrt{z^0(0,0)}\xi}e^{-\frac{1}{3}z^0(0,0)\tau}.$$

与情形 1 类似地, 可以得到

$$\underline{E}_\tau - \underline{E}_{\xi\xi} + z^0(0,0)\underline{E} \leqslant E_{+I,\tau}^0 - E_{+I,\xi\xi}^0 + z^0(0,0)E_{+I}^0,$$

$$\underline{E}(0,\tau) \leqslant E_{+I}^0(0,\tau),$$

$$\underline{E}(\xi \to \infty, \tau) \leqslant E_{+I}^0(\xi \to \infty, \tau),$$

$$\underline{E}(\xi,0) \leqslant E_{+I}^0(\xi,0),$$

由**抛物方程的比较原理**有 $0 \geqslant E_{+I}^0 \geqslant \underline{E}$, 即

$$|E_{+I}^0| \leqslant |\varepsilon^0(0,0)|e^{-\frac{1}{\sqrt{2}}\sqrt{z^0(0,0)}\xi}e^{-\frac{1}{3}z^0(0,0)\tau}.$$

综合上述两种情形可知

$$|E_{+I}^0| \leqslant |\varepsilon^0(0,0)| e^{-\frac{1}{\sqrt{2}}\sqrt{z^0(0,0)}\xi} e^{-\frac{1}{3} z^0(0,0)\tau}.$$

从而其他的混合层函数也是指数衰减的, 即有如下性质:

命题 5.1.4 (1) $z_{+I}^0 = z_{-I}^0 = z_{+I}^2 = z_{-I}^2 = 0$;

(2) 假设 (z^0, ε^0) 是 C^∞ 函数, 则对于任意的 $T > 0$, 存在不依赖于 λ 的正常数 M, 使得

$$\|\tau^{k_1}\partial_\tau^{k_2}(\xi^{k_3}\partial_\xi^{k_4}(z_{+I}^1, E_{+I}^0), \eta^{k_5}\partial_\eta^{k_6}(z_{-I}^1, E_{-I}^0))\|_{L_{(x,t)}^\infty([0,1]\times[0,T])} \leqslant M, \quad (5\text{-}281)$$

$$\|\tau^{k_1}\partial_\tau^{k_2}(\xi^{k_3}\partial_\xi^{k_4}(z_{+I}^1, E_{+I}^0), \eta^{k_5}\partial_\eta^{k_6}(z_{-I}^1, E_{-I}^0))\|_{L_t^\infty([0,T];L_x^2([0,1]))} \leqslant M\lambda^{\frac{1}{2}}, \quad (5\text{-}282)$$

$$\|\tau^{k_1}\partial_\tau^{k_2}(\xi^{k_3}\partial_\xi^{k_4}(z_{+I}^1, E_{+I}^0), \eta^{k_5}\partial_\eta^{k_6}(z_{-I}^1, E_{-I}^0))\|_{L_t^2([0,T];L_x^\infty([0,1]))} \leqslant M\lambda, \quad (5\text{-}283)$$

$$\|\tau^{k_1}\partial_\tau^{k_2}(\xi^{k_3}\partial_\xi^{k_4}(z_{+I}^1, E_{+I}^0), \eta^{k_5}\partial_\eta^{k_6}(z_{-I}^1, E_{-I}^0))\|_{L_{(x,t)}^2([0,1]\times[0,T])} \leqslant M\lambda^{\frac{3}{2}} \quad (5\text{-}284)$$

对任意的非负整数 $k_j(j = 0, \cdots, 6)$ 都成立.

接下来将严格论证当 $\lambda \to 0$ 时, 拟中性极限是成立的. 主要定理如下:

定理 5.1.3 假设初值满足式 (5-196), 并且

$$\|z_{0R}(x)\|_{H^1} \leqslant M\lambda^{\frac{3}{2}}, \quad \|\partial_x^2 z_{0R}(x)\|_{L_x^2} \leqslant M\lambda^{\frac{1}{2}}, \quad (5\text{-}285)$$

$$\|\partial_x^j E_{0R}(x)\|_{L_x^2} \leqslant M\lambda^{\frac{3}{2}-j}, \quad j = 0, 1, 2, \quad (5\text{-}286)$$

则对任意的 $T \in (0, T_0)$, 存在正常数 M 和 $\lambda_0, \lambda_0 \ll 1$, 使得

$$\sup_{0 \leqslant t \leqslant T} \left(\|(z_R, E_R, z_{R,x}, z_{R,t})\|_{L_x^2} + \lambda\|(E_R, E_{R,x}, E_{R,t})\|_{L_x^2} \right) \leqslant M\sqrt{\lambda^{1-\delta}} \quad (5\text{-}287)$$

对任意的 $\lambda \in (0, \lambda_0]$ 和 $\delta \in (0, 1)$ 都成立, 其中 (z_R, E_R) 如式 (5-197) 所示. 特别地, 如果 $(z_0^\lambda, E_0^\lambda)$ 满足式 (5-196), 并且 $(z_{0R}, E_{0R}) = (0, 0)$, 则

$$\sup_{0 \leqslant t \leqslant T} \|(z^\lambda - z^0)(\cdot, t)\|_{L_x^\infty} \leqslant M\sqrt{\lambda^{1-\delta}}.$$

下面开始推导误差函数所满足的方程. 将式 (5-197) 中的 $(z^\lambda, E^\lambda)^{\mathrm{T}}$ 用下式替换:

$$(z^\lambda, E^\lambda)^{\mathrm{T}} = \left(z^0 + \lambda[f(z_+^1 + z_{+I}^1) + g(z_-^1 + z_{-I}^1)] + \lambda^2 z_I^2 + z_R, \right.$$
$$\left. \varepsilon^0 + f(E_+^0 + E_{+I}^0) + g(E_-^0 + E_{-I}^0) + E_I^0 + E_R \right)^{\mathrm{T}} \quad (5\text{-}288)$$

其中 $(z_R, E_R)^{\mathrm{T}}(x, t)$ 为误差函数. 然后将式 (5-288) 代入到方程 (5-192)–(5-193) 中, 利用内函数和各个层函数所满足的方程, 则

$$\lambda(f z_{+,t}^1 + g z_{-,t}^1) + z_{R,t} = A_1 + A_{2,x}, \quad 0 < x < 1, t > 0, \quad (5\text{-}289)$$

$$\lambda^2(E_{R,t} - E_{R,xx}) + z^0 E_R = L, \quad 0 < x < 1, t > 0, \quad (5\text{-}290)$$

其中

$$A_1 = f'(z^1_{+I,\xi} + D(0)E^0_{+I}) + g'(-z^1_{-I,\eta} + D(1)E^0_{-I}),$$

$$A_2 = z_{R,x} + DE_R + K_1 + \cdots + K_8, \quad L = L_1 + \cdots + L_8,$$

$$K_1 = -\lambda^2 \varepsilon \varepsilon^0_x,$$

$$K_2 = f(D - D(0))E^0_+ + g(D - D(1))E^0_- + \lambda K'_2,$$

这里 K'_2 是由边界层函数 $E^0_+, E^0_-, E^0_{+,\xi}, E^0_{-,\eta}$ 和它们的乘积以及 z^1_+, z^1_-, 并乘上系数 $f, f', g, g', \varepsilon^0, \varepsilon^0_x$ 所组成的,

$$K_3 = \lambda^2(z^2_{I,xx} - \varepsilon^0 E^0_{I,x} - E^0_I \varepsilon^0_x - E^0_I E^0_{I,x}),$$

$$K_4 = f(D - D(0))E^0_{+I} + g(D - D(1))E^0_{-I}$$
$$+ \lambda(f'z^1_{+I} + g'z^1_{-I}) - \lambda(\varepsilon^0 + fE^0_{+I} + gE^0_{-I})(fE^0_{+I,\xi} - gE^0_{-I,\eta})$$
$$- \lambda^2 \varepsilon^0_x (fE^0_{+I} + gE^0_{-I}) - \lambda^2(f'E^0_{+I} + g'E^0_{-I})(\varepsilon^0 + fE^0_{+I} + gE^0_{-I}),$$

$$K_5 = -\lambda E^0_I(fE^0_{+,\xi} - gE^0_{-,\eta}) - \lambda^2[E^0_I(f'E^0_+ + g'E^0_-) + E^0_{I,x}(fE^0_+ + gE^0_-)],$$

$$K_6 = -\lambda E^0_I(fE^0_{+I,\xi} - gE^0_{-I,\eta}) - \lambda^2[E^0_I(f'E^0_{+I} + g'E^0_{-I}) + E^0_{I,x}(fE^0_{+I} + gE^0_{-I})],$$

$$K_7 = -\lambda[(fE^0_+ + gE^0_-)(fE^0_{+I,\xi} - gE^0_{-I,\eta}) + (fE^0_{+I} + gE^0_{-I})(fE^0_{+,\xi} - gE^0_{-,\eta})]$$
$$- \lambda^2[(f'E^0_+ + g'E^0_-)(fE^0_{+I} + gE^0_{-I}) + (f'E^0_{+I} + g'E^0_{-I})(fE^0_+ + gE^0_-)],$$

$$K_8 = -\lambda(fE^0_{+,\xi} - gE^0_{-,\eta} + fE^0_{+I,\xi} - gE^0_{-I,\eta})E_R$$
$$- \lambda^2[(\varepsilon^0 + fE^0_+ + gE^0_- + fE^0_{+I} + gE^0_{-I} + E^0_I)E_{R,x}$$
$$+ (\varepsilon^0_x + E^0_{I,x} + f'E^0_+ + g'E^0_- + f'E^0_{+I} + g'E^0_{-I})E_R + E_R E_{R,x}],$$

$$L_1 = -\lambda^2(\varepsilon^0_t - \varepsilon^0_{xx}),$$

$$L_2 = -f(z^0 - z^0(0,t))E^0_+ - g(z^0 - z^0(1,t))E^0_-$$
$$- \lambda(fz^1_+ + gz^1_-)(\varepsilon^0 + fE^0_+ + gE^0_-) - \lambda^2(fE^0_{+,t} + gE^0_{-,t}),$$

$$L_3 = -(z^0 - z^0(x,0))E^0_I + \lambda^2 E^0_{I,xx} - \lambda^2 z^2_I(\varepsilon^0 + E^0_I),$$

$$L_4 = -f(z^0 - z^0(0,0))E^0_{+I} - g(z^0 - z^0(1,0))E^0_{-I}$$
$$- \lambda(fz^1_{+I} + gz^1_{-I})(\varepsilon^0 + fE^0_{+I} + gE^0_{-I}),$$

$$L_5 = -\lambda E^0_I(fz^1_+ + gz^1_-) - \lambda^2 z^2_I(fE^0_+ + gE^0_-),$$

$$L_6 = -\lambda E^0_I(fz^1_{+I} + gz^1_{-I}) - \lambda^2 z^2_I(fE^0_{+I} + gE^0_{-I}),$$

$$L_7 = -\lambda(fz^1_+ + gz^1_-)(fE^0_{+I} + gE^0_{-I}) - \lambda(fz^1_{+I} + gz^1_{-I})(fE^0_+ + gE^0_-),$$

$$L_8 = -\lambda(fz^1_+ + gz^1_- + fz^1_{+I} + gz^1_{-I})E_R - \lambda^2 z^2_I E_R$$
$$- (\varepsilon^0 + fE^0_+ + gE^0_- + fE^0_{+I} + gE^0_{-I} + E^0_I)z_R - z_R E_R.$$

为了便于后面进行能量估计, 首先推导误差函数的边界条件. 在左边界 $x = 0$ 处, 由式 (5-194) 以及边界条件 (5-202), (5-204), (5-206)-(5-208) 可知

$$\lambda^2 z_{I,x}^2 + z_{R,x} = 0, \quad E_R = 0, \quad x = 0. \tag{5-291}$$

在右边界 $x = 1$ 处, 也可得类似的结果.

另外, 将 $A_1 + A_{2,x}$ 重写如下:

$$A_1 + A_{2,x} = (z_x^\lambda + DE^\lambda - \lambda^2 E^\lambda E_x^\lambda)_x - z_t^0 - \frac{1}{\lambda}(f z_{+I,\tau}^1 + g z_{-I,\tau}^1) - z_{I,\tau}^2. \tag{5-292}$$

利用式 (5-288) 以及内函数和各个层函数所满足的方程, 则

$$\begin{aligned}
A_1 + A_{2,x} = {} & f'(z_{+I,\xi}^1 + D(0)E_{+I}^0) + g'(-z_{-I,\eta}^1 + D(1)E_{-I}^0) + [z_{R,x} + DE_R \\
& + \lambda(f'z_+^1 + g'z_-^1) + \lambda(f'z_{+I}^1 + g'z_{-I}^1) + \lambda^2 z_{I,x}^2 - \lambda^2 E^\lambda E_x^\lambda \\
& + f(D - D(0))(E_+^0 + E_{+I}^0) + g(D - D(1))(E_-^0 + E_{-I}^0)]_x,
\end{aligned}$$

从而

$$\begin{aligned}
A_2 = {} & z_{R,x} + DE_R + \lambda(f'z_+^1 + g'z_-^1) + \lambda(f'z_{+I}^1 + g'z_{-I}^1) + \lambda^2 z_{I,x}^2 - \lambda^2 E^\lambda E_x^\lambda \\
& + f(D - D(0))(E_+^0 + E_{+I}^0) + g(D - D(1))(E_-^0 + E_{-I}^0),
\end{aligned}$$

于是

$$A_2(x = 0, 1; t) = (\lambda^2 z_{I,x}^2 + z_{R,x})|_{x=0,1} = 0. \tag{5-293}$$

接下来开始进行能量估计. 关于详细的证明过程可以参见文献 [143], 本节的重点在于处理误差方程 (5-289)-(5-290) 中与混合层有关的各项.

第 1 步　(z_R, E_R) 的估计. 式 (5-289) 两边同时乘以 z_R, 并关于 x 在 $[0,1]$ 上进行积分, 利用式 (5-293) 和分部积分, 可以得到

$$\begin{aligned}
\frac{d}{dt}\|z_R\|_{L_x^2}^2 + c_1\|z_{R,x}\|_{L_x^2}^2 \leqslant {} & M\|E_R\|_{L_x^2}^2 + \epsilon\|z_R\|_{L_x^2}^2 + M\lambda^4\|E_{R,x}\|_{L_x^2}^2 \\
& + M\lambda^4\|(E_R, E_{R,x})\|_{L_x^2}^2\|E_{R,x}\|_{L_x^2}^2 + M\lambda. \tag{5-294}
\end{aligned}$$

这里还用到了内函数和各个层函数的性质、Cauchy-Schwarz 不等式以及 Sobolev 引理. 然后将式 (5-294) 关于 t 在 $[0,t]$ 上积分得

$$\begin{aligned}
& \|z_R(t)\|_{L_x^2}^2 + c_1\int_0^t \|z_{R,x}\|_{L_x^2}^2 dt \\
& \leqslant \|z_R(x,0)\|_{L_x^2}^2 + M\int_0^t \|E_R\|_{L_x^2}^2 dt + \epsilon\int_0^t \|z_R\|_{L_x^2}^2 dt + M\lambda^4\int_0^t \|E_{R,x}\|_{L_x^2}^2 dt \\
& \quad + M\lambda^4\int_0^t \|(E_R, E_{R,x})\|_{L_x^2}^2\|E_{R,x}\|_{L_x^2}^2 dt + M\lambda. \tag{5-295}
\end{aligned}$$

再将式 (5-290) 两边同时乘以 E_R, 并关于 x 在 $[0,1]$ 区间上进行积分, 由式 (5-291) 和分部积分得

$$\lambda^2 \frac{d}{dt}\|E_R\|_{L_x^2}^2 + \lambda^2\|E_{R,x}\|_{L_x^2}^2 + c_2\|E_R\|_{L_x^2}^2$$
$$\leqslant M\|z_R\|_{L_x^2}^2 + M\|(z_R, z_{R,x})\|_{L_x^2}^2\|E_R\|_{L_x^2}^2 + M\lambda. \tag{5-296}$$

然后将式 (5-320) 关于 t 积分得到

$$\lambda^2\|E_R(t)\|_{L_x^2}^2 + \lambda^2 \int_0^t \|E_{R,x}\|_{L_x^2}^2 dt + c_2 \int_0^t \|E_R\|_{L_x^2}^2 dt$$
$$\leqslant \lambda^2\|E_R(x,0)\|_{L_x^2}^2 + M \int_0^t \|z_R\|_{L_x^2}^2 dt + M \int_0^t \|(z_R, z_{R,x})\|_{L_x^2}^2\|E_R\|_{L_x^2}^2 dt$$
$$+ M\lambda. \tag{5-297}$$

这样由 $\delta(5\text{-}295)+(5\text{-}297)$, 并取 $\delta > 0$ 足够小, 可以得到

$$\|z_R(t)\|_{L_x^2}^2 + \lambda^2\|E_R(t)\|_{L_x^2}^2 + \int_0^t \|(z_{R,x}, E_R)\|_{L_x^2}^2 dt + \lambda^2 \int_0^t \|E_{R,x}\|_{L_x^2}^2 dt$$
$$\leqslant \|z_R(x,0)\|_{L_x^2}^2 + \lambda^2\|E_R(x,0)\|_{L_x^2}^2 + M\lambda^4 \int_0^t \|(E_R, E_{R,x})\|_{L_x^2}^2\|E_{R,x}\|_{L_x^2}^2 dt$$
$$+ M \int_0^t \|z_R\|_{L_x^2}^2 dt + M \int_0^t \|(z_R, z_{R,x})\|_{L_x^2}^2\|E_R\|_{L_x^2}^2 dt + M\lambda. \tag{5-298}$$

第 2 步　$(z_{R,t}, E_{R,t})$ 的估计. 显然, 由前述可得到如下边界条件:

$$E_{R,t}(x=0,1;t) = 0, \quad A_{2,t}(x=0,1;t) = 0. \tag{5-299}$$

对方程 (5-289) 关于 t 微分, 然后两边同时乘以 $z_{R,t}$ 并在 $[0,1] \times [0,t]$ 上进行积分. 由式 (5-299) 和分部积分有

$$\frac{1}{2}\|z_{R,t}(x,t)\|_{L_x^2}^2 - \frac{1}{2}\|z_{R,t}(x,0)\|_{L_x^2}^2$$
$$= -\int_0^t \int_0^1 (z_{R,xt} + DE_{R,t})z_{R,xt}dxdt - \int_0^t \int_0^1 \lambda(fz_{+,tt}^1 + gz_{-,tt}^1)z_{R,t}dxdt$$
$$+ \int_0^t \int_0^1 A_{1,t}z_{R,t}dxdt - \int_0^t \int_0^1 (K_{1,t} + \cdots + K_{8,t})z_{R,xt}dxdt. \tag{5-300}$$

由 Cauchy-Schwarz 不等式, 对于式 (5-300) 右端的前两项有

$$-\int_0^t \int_0^1 (z_{R,xt} + DE_{R,t})z_{R,xt}dxdt \leqslant -\frac{1}{2} \int_0^t \|z_{R,xt}\|_{L_x^2}^2 dt + M \int_0^t \|E_{R,t}\|_{L_x^2}^2 dt \tag{5-301}$$

和

$$-\int_0^t \int_0^1 \lambda(f z^1_{+,tt} + g z^1_{-,tt}) z_{R,t} dx dt \leqslant \epsilon \int_0^t \|z_{R,t}\|^2_{L^2_x} dt + M\lambda^3. \tag{5-302}$$

对于第三项,

$$\int_0^t \int_0^1 A_{1,t} z_{R,t} dx dt = \int_0^t \int_0^1 \frac{f'}{\lambda^2} (z^1_{+I,\xi\tau} + D(0) E^0_{+I,\tau}) z_{R,t} dx dt$$

$$+ \int_0^t \int_0^1 \frac{g'}{\lambda^2} (-z^1_{-I,\eta\tau} + D(1) E^0_{-I,\tau}) z_{R,t} dx dt$$

$$\leqslant \epsilon \int_0^t \|z_{R,t}\|^2_{L^2_x} dt + M\lambda, \tag{5-303}$$

其中

$$\int_0^t \int_0^1 \frac{f'}{\lambda^2} (z^1_{+I,\xi\tau} + D(0) E^0_{+I,\tau}) z_{R,t} dx dt$$

$$= \int_0^t \int_0^1 \frac{f' - f'(0)}{\lambda^2} (z^1_{+I,\xi\tau} + D(0) E^0_{+I,\tau}) z_{R,t} dx dt$$

$$= \int_0^t \int_0^1 \int_0^1 f''(\theta x) d\theta \frac{x}{\lambda^2} (z^1_{+I,\xi\tau} + D(0) E^0_{+I,\tau}) z_{R,t} dx dt$$

$$\leqslant \epsilon \int_0^t \|z_{R,t}\|^2_{L^2_x} dt + \frac{M}{\lambda^2} \|(\xi z^1_{+I,\xi\tau}, \xi E^0_{+I,\tau})\|^2_{L^2_x}$$

$$\leqslant \epsilon \int_0^t \|z_{R,t}\|^2_{L^2_x} dt + M\lambda,$$

$\int_0^t \int_0^1 \frac{g'}{\lambda^2} (-z^1_{-I,\eta\tau} + D(1) E^0_{-I,\tau}) z_{R,t} dx dt$ 可类似地处理, 这里用到了混合层函数的性质. 对于最后一项,

$$-\int_0^t \int_0^1 (K_{1,t} + K_{2,t} + K_{3,t} + K_{5,t}) z_{R,xt} dx dt \tag{5-304}$$

$$\leqslant \epsilon \int_0^t \|z_{R,xt}\|^2_{L^2_x} dt + M\lambda$$

$$-\int_0^t \int_0^1 K_{4,t} z_{R,xt} dx dt \leqslant \epsilon \int_0^t \|z_{R,xt}\|^2_{L^2_x} dt + M\lambda, \tag{5-305}$$

其中对于 $K_{4,t}$ 中的最低阶项有

$$\int_0^t \int_0^1 \frac{f}{\lambda^2}(D - D(0))E_{+I,\tau}^0 z_{R,xt}dxdt$$

$$= \int_0^t \int_0^1 f \int_0^1 D'(\theta x)d\theta \frac{x}{\lambda^2} E_{+I,\tau}^0 z_{R,xt}dxdt$$

$$\leqslant \epsilon \int_0^t \|z_{R,xt}\|_{L_x^2}^2 dt + \frac{M}{\lambda^2}\|\xi E_{+I,\tau}^0\|_{L_x^2}^2$$

$$\leqslant \epsilon \int_0^t \|z_{R,xt}\|_{L_x^2}^2 dt + M\lambda,$$

$$-\int_0^t \int_0^1 (K_{6,t} + K_{7,t})z_{R,xt}dxdt \leqslant \epsilon \int_0^t \|z_{R,xt}\|_{L_x^2}^2 dt + M\lambda. \tag{5-306}$$

对于 $K_{6,t}, K_{7,t}$ 中的最低阶项有

$$-\int_0^t \int_0^1 (\lambda f E_I^0 E_{+I,\xi}^0)_t z_{R,xt}dxdt$$

$$= -\int_0^t \int_0^1 \frac{f}{\lambda} E_{I,\tau}^0 E_{+I,\xi}^0 z_{R,xt}dxdt - \int_0^t \int_0^1 \frac{f}{\lambda} E_I^0 E_{+I,\xi\tau}^0 z_{R,xt}dxdt$$

$$\leqslant \epsilon \int_0^t \|z_{R,xt}\|_{L_x^2}^2 dt + \frac{M}{\lambda^2}(\|E_{I,\tau}^0\|_{L_{xt}^\infty}\|E_{+I,\xi}^0\|_{L_{xt}^2}^2 + \|E_I^0\|_{L_{xt}^\infty}\|E_{+I,\xi\tau}^0\|_{L_{xt}^2}^2)$$

$$\leqslant \epsilon \int_0^t \|z_{R,xt}\|_{L_x^2}^2 dt + M\lambda$$

和

$$-\int_0^t \int_0^1 (\lambda f^2 E_+^0 E_{+I,\xi}^0)_t z_{R,xt}dxdt$$

$$= -\int_0^t \int_0^1 \frac{f^2}{\lambda} E_+^0 E_{+I,\xi\tau}^0 z_{R,xt}dxdt - \int_0^t \int_0^1 \lambda f^2 E_{+,t}^0 E_{+I,\xi}^0 z_{R,xt}dxdt$$

$$\leqslant \epsilon \int_0^t \|z_{R,xt}\|_{L_x^2}^2 dt + \frac{M}{\lambda^2}\|E_+^0\|_{L_{xt}^\infty}\|E_{+I,\xi\tau}^0\|_{L_{xt}^2}^2 + M\lambda^2$$

$$\leqslant \epsilon \int_0^t \|z_{R,xt}\|_{L_x^2}^2 dt + M\lambda.$$

其他项可类似地处理.

$$-\int_0^t \int_0^1 K_{8,t} z_{R,xt}dxdt$$

$$\leqslant \epsilon \int_0^t \|z_{R,xt}\|_{L_x^2}^2 dt + M\lambda^2 \int_0^t \|(E_R, E_{R,t})\|_{L_x^2}^2 dt + M\lambda^4 \int_0^t \|(E_{R,x}, E_{R,xt})\|_{L_x^2}^2 dt$$

$$+ M\lambda^4 \int_0^t (\|(E_{R,t}, E_{R,xt})\|_{L_x^2}^2\|E_{R,x}\|_{L_x^2}^2 + \|E_R\|_{L_x^2}^2\|E_{R,xt}\|_{L_x^2}^2)dt + M\lambda, \tag{5-307}$$

其中

$$-\int_0^t \int_0^1 (\lambda f E_{+I,\xi}^0 E_R)_t z_{R,xt} dxdt$$

$$= -\int_0^t \int_0^1 \frac{f}{\lambda} E_{+I,\xi\tau}^0 E_R z_{R,xt} dxdt - \int_0^t \int_0^1 \lambda f E_{+I,\xi}^0 E_{R,t} z_{R,xt} dxdt$$

$$= -\int_0^t \int_0^1 \frac{ft}{\lambda} E_{+I,\xi\tau}^0 \frac{E_R - E_R(x,0)}{t} z_{R,xt} dxdt - \int_0^t \int_0^1 \lambda f E_{+I,\xi}^0 E_{R,t} z_{R,xt} dxdt$$

$$- \int_0^t \int_0^1 \frac{f}{\lambda} E_{+I,\xi\tau}^0 E_R(x,0) z_{R,xt} dxdt$$

$$\leqslant \epsilon \int_0^t \|z_{R,xt}\|_{L_x^2}^2 dt + M\lambda^2 \int_0^t \|E_{R,t}\|_{L_x^2}^2 + M\lambda.$$

这里用到了内函数和各个层函数的性质、式 (5-286)、Sobolev 引理以及 Hardy-Littlewood不等式. 其他项, 如 $\int_0^t \int_0^1 f E_{+I,\tau}^0 E_{R,x} z_{R,xt} dxdt$, $\int_0^t \int_0^1 E_{I,x\tau}^0 E_R z_{R,xt} dxdt$, 可以类似地处理. 于是综合式 (5-304)-(5-307) 可得

$$-\int_0^t \int_0^1 (K_{1,t} + \cdots + K_{8,t}) z_{R,xt} dxdt$$

$$\leqslant \epsilon \int_0^t \|z_{R,xt}\|_{L_x^2}^2 dt + M\lambda^2 \int_0^t \|(E_R, E_{R,t})\|_{L_x^2}^2 dt + M\lambda^4 \int_0^t \|(E_{R,x}, E_{R,xt})\|_{L_x^2}^2 dt$$

$$+ M\lambda^4 \int_0^t \big(\|(E_{R,t}, E_{R,xt})\|_{L_x^2}^2 \|E_{R,x}\|_{L_x^2}^2 + \|E_R\|_{L_x^2}^2 \|E_{R,xt}\|_{L_x^2}^2\big) dt + M\lambda. \quad (5\text{-}308)$$

因此, 由式 (5-300)-(5-303) 和式 (5-308) 可以得到

$$\|z_{R,t}(x,t)\|_{L_x^2}^2 + c_3 \int_0^t \|z_{R,xt}\|_{L_x^2}^2 dt$$

$$\leqslant \|z_{R,t}(x,0)\|_{L_x^2}^2 + M\lambda^4 \int_0^t \|(E_{R,x}, E_{R,xt})\|_{L_x^2}^2 dt + \epsilon \int_0^t \|z_{R,t}\|_{L_x^2}^2 dt$$

$$+ M\lambda^4 \int_0^t \big(\|(E_{R,t}, E_{R,xt})\|_{L_x^2}^2 \|E_{R,x}\|_{L_x^2}^2 + \|E_R\|_{L_x^2}^2 \|E_{R,xt}\|_{L_x^2}^2\big) dt$$

$$+ M\lambda^2 \int_0^t \|(E_R, E_{R,t})\|_{L_x^2}^2 dt + M\lambda. \quad (5\text{-}309)$$

利用式 (5-299), 对式 (5-290) 关于 t 微分, 然后两边同时乘以 $E_{R,t}$, 并在 $[0,1] \times$

$[0, t]$ 上进行积分, 则由分部积分可得

$$\frac{\lambda^2}{2}\|E_{R,t}(x,t)\|_{L_x^2}^2 + \lambda^2 \int_0^t \|E_{R,xt}\|_{L_x^2}^2 dt + \int_0^t \int_0^1 z^0 |E_{R,t}|^2 dxdt$$

$$= \frac{\lambda^2}{2}\|E_{R,t}(x,0)\|_{L_x^2}^2 - \int_0^t \int_0^1 z_t^0 E_R E_{R,t} dxdt$$

$$+ \int_0^t \int_0^1 (L_{1,t} + \cdots + L_{8,t}) E_{R,t} dxdt. \tag{5-310}$$

对于式 (5-310) 右端的第二项,

$$-\int_0^t \int_0^1 z_t^0 E_R E_{R,t} dxdt \leqslant \epsilon \int_0^t \|E_{R,t}\|_{L_x^2}^2 dt + M \int_0^t \|E_R\|_{L_x^2}^2 dt. \tag{5-311}$$

对于第三项,

$$-\int_0^t \int_0^1 (L_{1,t} + L_{2,t} + L_{3,t} + L_{5,t}) z_{R,xt} dxdt$$

$$\leqslant \epsilon \int_0^t \|E_{R,t}\|_{L_x^2}^2 dt + M\lambda \tag{5-312}$$

$$-\int_0^t \int_0^1 L_{4,t} z_{R,xt} dxdt \leqslant \epsilon \int_0^t \|E_{R,t}\|_{L_x^2}^2 dt + M\lambda, \tag{5-313}$$

其中对于 $L_{4,t}$ 中的最低阶项有

$$-\int_0^t \int_0^1 [f(z^0 - z^0(0,0))E_{+I}^0]_t E_{R,t} dxdt$$

$$= -\int_0^t \int_0^1 f(z^0 - z^0(0,0))_t E_{+I}^0 E_{R,t} dxdt - \int_0^t \int_0^1 \frac{f}{\lambda^2}(z^0 - z^0(0,0)) E_{+I,\tau}^0 E_{R,t} dxdt$$

$$\leqslant \epsilon \int_0^t \|E_{R,t}\|_{L_x^2}^2 dt + M\lambda^3 - \int_0^t \int_0^1 \frac{f}{\lambda^2}(z^0 - z^0(0,t) + z^0(0,t) - z^0(0,0)) E_{+I,\tau}^0 E_{R,t} dxdt$$

$$\leqslant \epsilon \int_0^t \|E_{R,t}\|_{L_x^2}^2 dt + M\lambda^3 - \int_0^t \int_0^1 \frac{f}{\lambda} \int_0^1 z_x^0(\theta x, t) d\theta \xi E_{+I,\tau}^0 E_{R,t} dxdt$$

$$-\int_0^t \int_0^1 f \int_0^1 z_x^0(0, \theta t) d\theta \tau E_{+I,\tau}^0 E_{R,t} dxdt$$

$$\leqslant \epsilon \int_0^t \|E_{R,t}\|_{L_x^2}^2 dt + M\lambda.$$

其他项可以类似地处理.

$$-\int_0^t \int_0^1 (L_{6,t} + L_{7,t}) z_{R,xt} dxdt \leqslant \epsilon \int_0^t \|E_{R,t}\|_{L_x^2}^2 dt + M\lambda, \tag{5-314}$$

这里 $L_{6,t}, L_{7,t}$ 可以像 $K_{6,t}, K_{7,t}$ 那样处理. 利用 Sobolev 引理、Cauchy-Schwarz 不等式以及混合层函数的性质可得

$$
-\int_0^t \int_0^1 L_{8,t} z_{R,xt} dx dt
$$

$$
\leqslant (\epsilon + M\lambda^2) \int_0^t \|E_{R,t}\|_{L_x^2}^2 dt + M \int_0^t \|(z_R, z_{R,t}, E_R)\|_{L_x^2}^2 dt
$$

$$
+ M \int_0^t \left(\|(z_R, z_{R,x})\|_{L_x^2}^2 \|E_{R,t}\|_{L_x^2}^2 + \|(z_{R,t}, z_{R,xt})\|_{L_x^2}^2 \|E_R\|_{L_x^2}^2 \right) dt
$$

$$
+ M\lambda. \tag{5-315}
$$

综合式 (5-312)-(5-315), 则对于第三项有

$$
-\int_0^t \int_0^1 (L_{1,t} + \cdots + L_{8,t}) z_{R,xt} dx dt
$$

$$
\leqslant (\epsilon + M\lambda^2) \int_0^t \|E_{R,t}\|_{L_x^2}^2 dt + M \int_0^t \|(z_R, z_{R,t}, E_R)\|_{L_x^2}^2 dt
$$

$$
+ M \int_0^t \left(\|(z_R, z_{R,x})\|_{L_x^2}^2 \|E_{R,t}\|_{L_x^2}^2 + \|(z_{R,t}, z_{R,xt})\|_{L_x^2}^2 \|E_R\|_{L_x^2}^2 \right) dt
$$

$$
+ M\lambda. \tag{5-316}
$$

于是由式 (5-310), (5-311) 和 (5-316),

$$
\lambda^2 \|E_{R,t}(t)\|_{L_x^2}^2 + \lambda^2 \int_0^t \|E_{R,xt}\|_{L_x^2}^2 dt + c_4 \int_0^t \|E_{R,t}\|_{L_x^2}^2 dt
$$

$$
\leqslant \lambda^2 \|E_{R,t}(x,0)\|_{L_x^2}^2 + M \int_0^t \|(z_R, z_{R,t}, E_R)\|_{L_x^2}^2 dt
$$

$$
+ M \int_0^t \left(\|(z_R, z_{R,x})\|_{L_x^2}^2 \|E_{R,t}\|_{L_x^2}^2 + \|(z_{R,t}, z_{R,xt})\|_{L_x^2}^2 \|E_R\|_{L_x^2}^2 \right) dt
$$

$$
+ M\lambda. \tag{5-317}
$$

这样由 $\delta(5\text{-}309) + (5\text{-}317)$, 并取 $\delta > 0$ 和 ϵ 足够小, 可以得到

$$
\|z_{R,t}(t)\|_{L_x^2}^2 + \lambda^2 \|E_{R,t}(t)\|_{L_x^2}^2 + \lambda^2 \int_0^t \|E_{R,xt}\|_{L_x^2}^2 dt + \int_0^t \|(z_{R,xt}, E_{R,t})\|_{L_x^2}^2 dt
$$

$$
\leqslant M(\|z_{R,t}(x,0)\|_{L_x^2}^2 + \lambda^2 \|E_{R,t}(x,0)\|_{L_x^2}^2) + M \int_0^t \|(z_R, z_{R,t}, E_R, E_{R,t})\|_{L_x^2}^2 dt
$$

$$
+ M\lambda^4 \int_0^t (\|(E_{R,t}, E_{R,xt})\|_{L_x^2}^2 \|E_{R,x}\|_{L_x^2}^2 + \|E_R\|_{L_x^2}^2 \|E_{R,xt}\|_{L_x^2}^2) dt
$$

$$
+ M \int_0^t (\|(z_{R,t}, z_{R,xt})\|_{L_x^2}^2 \|E_R\|_{L_x^2}^2 + \|(z_R, z_{R,x})\|_{L_x^2}^2 \|E_{R,t}\|_{L_x^2}^2) dt
$$

$$
+ M\lambda^4 \int_0^t \|(E_R, E_{R,x}, E_{R,xt})\|_{L_x^2}^2 dt + M\lambda. \tag{5-318}
$$

第 3 步　空间导数 $(z_{R,x}, E_{R,x})$ 的估计. 由式 (5-319) 和 Cauchy-Schwarz 不等式有

$$c_1 \|z_{R,x}\|_{L_x^2}^2 \leqslant M \|(z_R, z_{R,t}, E_R)\|_{L_x^2}^2 + M\lambda^4 \|E_{R,x}\|_{L_x^2}^2$$
$$+ M\lambda^4 \|(E_R, E_{R,x})\|_{L_x^2}^2 \|E_{R,x}\|_{L_x^2}^2 + M\lambda. \tag{5-319}$$

类似地, 由式 (5-320) 可得

$$\lambda^2 \|E_{R,x}\|_{L_x^2}^2 + c_2 \|E_R\|_{L_x^2}^2 \leqslant M\lambda^2 \|(E_R, E_{R,t})\|_{L_x^2}^2 + M \|z_R\|_{L_x^2}^2$$
$$+ M \|(z_R, z_{R,x})\|_{L_x^2}^2 \|E_R\|_{L_x^2}^2 + M\lambda. \tag{5-320}$$

于是

$$\|(z_{R,x}, E_R)\|_{L_x^2}^2 + \lambda^2 \|E_{R,x}\|_{L_x^2}^2$$
$$\leqslant M \|(z_R, z_{R,t})\|_{L_x^2}^2 + M\lambda^2 \|(E_R, E_{R,t})\|_{L_x^2}^2 + M\lambda^4 \|E_{R,x}\|_{L_x^2}^2 \tag{5-321}$$
$$+ M\lambda^4 \|(E_R, E_{R,x})\|_{L_x^2}^2 \|E_{R,x}\|_{L_x^2}^2 + M \|(z_R, z_{R,x})\|_{L_x^2}^2 \|E_R\|_{L_x^2}^2 + M\lambda.$$

第 4 步　证明的完成. 引入如下两个 Liapunov 函数:

$$\Gamma^\lambda(t) = \|(z_R, z_{R,x}, z_{R,t}, E_R)\|_{L_x^2}^2 + \lambda^2 \|(E_R, E_{R,x}, E_{R,t})\|_{L_x^2}^2 \tag{5-322}$$

和

$$G^\lambda(t) = \|(z_{R,x}, z_{R,xt}, E_R, E_{R,t})\|_{L_x^2}^2 + \lambda^2 \|(E_{R,x}, E_{R,xt})\|_{L_x^2}^2. \tag{5-323}$$

由式 (5-298), (5-318) 和 (5-321),

$$\Gamma^\lambda(t) + \int_0^t G^\lambda(s) ds \leqslant M\Gamma^\lambda(t=0) + M \int_0^t (\Gamma^\lambda(s) + (\Gamma^\lambda(s))^2) ds$$
$$+ M \int_0^t \Gamma^\lambda(s) G^\lambda(s) ds + M(\Gamma^\lambda(t))^2 + M\lambda. \tag{5-324}$$

于是

$$\Gamma^\lambda(t) \leqslant \tilde{M} \lambda^{\min\{\alpha, 1\} - \delta} \tag{5-325}$$

对任意的 $\delta \in (0, \min\{\alpha, 1\})$ 和 $0 \leqslant t \leqslant T$ 都成立.

下面将证明存在正常数 $\tilde{M}$ 和 $\alpha > 0$, 使得

$$\Gamma^\lambda(t=0) \leqslant \tilde{M} \lambda^\alpha. \tag{5-326}$$

事实上, 由式 (5-289), (5-290), (5-285), (5-286),

$$\|z_{R,t}(x,0)\|_{L_x^2} \leqslant M\lambda^{\frac{1}{2}}, \quad \|\lambda E_{R,t}(x,0)\|_{L_x^2} \leqslant M\lambda^{\frac{1}{2}}. \tag{5-327}$$

于是

$$\Gamma^\lambda(t=0) = \|z_{R,t}(x,0)\|_{L_x^2}^2 + \|\lambda E_{R,t}(x,0)\|_{L_x^2}^2 \leqslant \tilde{M}\lambda, \tag{5-328}$$

取 $\alpha = 1$ 即可得到式 (5-287). 定理 5.1.2 证毕.

5.2　接触 Dirichlet 边界问题

作为一种重要的电子器件, 半导体越来越广泛地应用于现实的生活和生产中. 从半导体器件中抽象出来的漂流扩散模型虽然是半导体材料科学中形式最简单的模型, 但是由于其自身的复杂性, 所以研究起来也是有很多困难的. 因此, 在数学理论的研究中, 一开始, 为了简单起见, 考虑的都是绝缘边界条件, 反映到数学模型中就是方程满足 Neumann 边界条件. 关于 Neumann 边界条件下的半导体漂流扩散模型的拟中性极限问题已经有了很多结果, 可参见文献 [44, 45, 60, 66, 139, 143].

然而, 在实际中, 半导体通常是有接触存在的, 这反映到数学模型中就是未知密度函数满足 Dirichlet 边界条件. 关于有接触的 p-n 结装置的稳定漂流扩散模型, 可参见文献 [9, 27, 96].

本节研究接触边界条件的漂流扩散模型的拟中性极限问题有两方面的动机: 从物理上来说, 接触边界也是非常有趣的, 并且研究具有接触边界的半导体更加接近物理实际; 从数学上来说, 研究具有接触边界的半导体可以为将来研究不连续 doping 轮廓情形下的内层问题作准备. 到目前为止, 还没有不连续 doping 轮廓情形下半导体漂流扩散模型的严格性的分析结果. 为了研究内层问题, 首先考虑了一种相对于内层问题来说较简单的情况, 即在 doping 轮廓的间断点处强加接触边界条件, 这样就得到了绝缘–接触边界条件下的半导体漂流扩散模型.

本节主要研究一维半导体漂流扩散模型在接触–绝缘边界, 即混合边界条件下的拟中性极限问题. 对于 Dirichlet 边界条件, 将会出现更加复杂的边界层, 所以处理起来会更加困难, 并且此时边界层的结构和 Neumann 边界条件下边界层的结构有很大的不同.

在一维情形下, 无量纲后的半导体漂流扩散模型如下:

$$n_t^\lambda = (n_x^\lambda - n^\lambda \phi_x^\lambda)_x, \quad 0 < x < 1, t > 0, \tag{5-329}$$

$$p_t^\lambda = (p_x^\lambda + p^\lambda \phi_x^\lambda)_x, \quad 0 < x < 1, t > 0, \tag{5-330}$$

$$\lambda^2 \phi_{xx}^\lambda = n^\lambda - p^\lambda - D, \quad 0 < x < 1, t > 0. \tag{5-331}$$

满足的 Dirichlet-Neumann 边界条件为

$$n^\lambda = \bar{n}(t) \geqslant 0, p^\lambda = \bar{p}(t) \geqslant 0, \phi_x^\lambda = 0, \quad x = 0, t > 0, \tag{5-332}$$

$$n_x^\lambda - n^\lambda \phi_x^\lambda = p_x^\lambda + p^\lambda \phi_x^\lambda = \phi_x^\lambda = 0, \quad x = 1, t > 0. \tag{5-333}$$

初始条件为

$$n^\lambda(x,0) = n_0^\lambda(x), p^\lambda(x,0) = p_0^\lambda(x), \quad 0 \leqslant x \leqslant 1. \tag{5-334}$$

这里, 各个量的意义同前所述.

不难发现, 若 $(n^\lambda, p^\lambda, \phi^\lambda)$ 是系统 (5-329)-(5-334) 的一个解, 则对于任意的 $c(t)$, $(n^\lambda, p^\lambda, \phi^\lambda + c(t))$ 也是系统 (5-329)-(5-334) 的解. 因此, 式 (5-332) 中的条件 $\phi_x^\lambda(0,t) = 0$ 可以重写为

$$\phi^\lambda(0,t) = 0, \quad t \geqslant 0. \tag{5-335}$$

这样, 式 (5-332) 即为 Dirichlet 边界条件, 表示半导体在左边界 $x = 0$ 处有接触, 其中 $\bar{n}(t)$ 和 $\bar{p}(t)$ 都是已知的不依赖于 λ 的非负函数. 而式 (5-333) 为 Neumann 边界条件, 表示在右边界 $x = 1$ 处是绝缘的. 关于半导体物理的更多细节, 可以参见文献 [94, 96, 98].

在拟中性假设下, 即令 $\lambda = 0$, 则形式上可以得到约化的拟中性漂流扩散模型:

$$n_t^0 = (n_x^0 - n^0 \phi_x^0)_x, \quad 0 < x < 1, t > 0, \tag{5-336}$$

$$p_t^0 = (p_x^0 + p^0 \phi_x^0)_x, \quad 0 < x < 1, t > 0, \tag{5-337}$$

$$0 = n^0 - p^0 - D, \quad 0 < x < 1, t > 0. \tag{5-338}$$

一般来说, 至少在形式上, 应该期望当 $\lambda \to 0$ 时有 $(n^\lambda, p^\lambda, \phi^\lambda) \to (n^0, p^0, \phi^0)$ 成立. 但是, 由于该极限问题的奇异摄动特征, 即在极限模型中, Poisson 方程 (5-331) 变成了一个代数方程 (5-338), 所以不能先验地期望极限模型能够维持原系统的初始条件和边界条件. 然而, 根据连续方程的守恒形式, 通过右边界 $x = 1$ 的零流特征可以传递到极限模型中, 这样, 极限模型 (5-336)-(5-338) 的边界条件为

$$n^0(0,t) = \tilde{n}(t), \ p^0(0,t) = \tilde{p}(t), \quad t > 0, \tag{5-339}$$

$$n_x^0 - n^0 \phi_x^0 = 0, \ p_x^0 + p^0 \phi_x^0 = 0, \quad x = 1, t > 0, \tag{5-340}$$

其中, $\tilde{n}(t)$ 和 $\tilde{p}(t)$ 待定.

类似地, 也可以先验地期望方程 (5-336)-(5-338) 的初始条件为

$$n^0(x,0) = n_0^0(x), \ p^0(x,0) = p_0^0(x), \quad 0 \leqslant x \leqslant 1, \tag{5-341}$$

并且满足局部初始空间电荷中性, 即

$$n_0^0(x) - p_0^0(x) - D = 0.$$

由于 doping 轮廓 $D(x)$ 的性质对漂流扩散模型有着很大的影响, 于是为简单起见, 这里假设 $D(x) \in C^4$ 且满足

$$D'(0) = 0. \tag{5-342}$$

式 (5-342) 可以避免在左边界 $x = 0$ 附近密度的一阶边界层的出现. 此外, 还假设

$$D'(1) = D'''(1) = 0. \tag{5-343}$$

式 (5-343) 可以避免在右边界 $x = 1$ 附近出现右边界层.

对于 $x = 0$ 处的边界条件 (5-332), 如果 $\bar{n}(t) - \bar{p}(t) - D(0) = 0$ 满足, 则称之为好边值, 因为此时 $\bar{n}(t)$ 和 $\bar{p}(t)$ 满足极限模型中的式 (5-338), 即在左边界附近没有初始层. 在这种情况下, 可以取内函数即为近似解, 并且可以建立漂流扩散模型到拟中性漂流扩散模型的收敛性, 见下面的定理 5.2.3.

另一方面, 如果 $\bar{n}(t) - \bar{p}(t) - D(0) = 0$ 不满足, 则称之为坏边值. 此时, 在左边界附件会出现边界层, 可以证明漂流扩散模型的拟中性极限是局部成立的. 但是, 如果掺杂以后在 $x = 0$ 处电子和空穴的密度之和很小, 即对于某个不依赖于 λ 的常数 $\eta > 0$, 有 $|\bar{n}(t) - \bar{p}(t) - D(0)| \leqslant \eta$, 则拟中性极限是全局成立的, 见下面的定理 5.2.1 和定理 5.2.2.

对于初值, 这里假设有好初值, 即

$$n_0^\lambda(x) = n_0^0(x) + n_{0R}, \quad p_0^\lambda(x) = p_0^0(x) - \lambda^2 \phi_{xx}^0(t=0) + p_{0R}, \tag{5-344}$$

其中, n_{0R}, p_{0R} 将会在后面给出, 式 (5-344) 可以保证不出现初始层.

当然, $(x = 0, t = 0)$ 处的相容性条件是满足的, 即

$$\bar{n}(t=0) - \bar{p}(t=0) - D(0)(= n_0^\lambda(0) - p_0^\lambda(0) - D(0)) = 0. \tag{5-345}$$

5.2.1　构造近似解和匹配渐近分析

首先给出内函数和边界层函数满足的方程的推导.

设 $\xi = \dfrac{x}{\lambda}$, 其中 λ 为边界层的长度, 并且假设有如下的衰减条件:

$$\lim_{\xi \to \infty} (n_B^i, p_B^i, \phi_B^0, \partial_\xi(n_B^i, p_B^i, \phi_B^0))(\xi, t) = 0, \quad i = 0, 1, 2. \tag{5-346}$$

在初始条件 (5-344) 下, 取近似解

$$(n_{\text{app}}^\lambda, p_{\text{app}}^\lambda, \phi_{\text{app}}^\lambda)^{\mathrm{T}} = (n^0(x,t) + n_B^0(\xi,t) + \lambda n_B^1(\xi,t) + \lambda^2 n_B^2(\xi,t)$$
$$p^0(x,t) + p_B^0(\xi,t) + \lambda p_B^1(\xi,t) + \lambda^2 p_B^2(\xi,t)$$
$$\phi^0(x,t) + \phi_B^0(\xi,t))^{\mathrm{T}}, \tag{5-347}$$

其中, 带下标 B 的函数表示边界层函数.

将解 $(n^\lambda, p^\lambda, \phi^\lambda)(x, \xi, t)$ 的如下展开式:

$$(n^\lambda, p^\lambda, \phi^\lambda)(x, \xi, t) = (n_{\text{app}}^\lambda, p_{\text{app}}^\lambda, \phi_{\text{app}}^\lambda)^{\mathrm{T}} + (n_R, p_R, \phi_R)^{\mathrm{T}}$$

(其中 $(n_R, p_R, \phi_R)^{\mathrm{T}}$ 为误差函数) 代入到方程 (5-329)-(5-334) 中, 通过简单的计算可以得到

$$n_t^0 + n_{B,t}^0 + \lambda n_{B,t}^1 + \lambda^2 n_{B,t}^2 + n_{R,t}$$

$$= (n_x^0 - n^0 \phi_x^0)_x + \frac{1}{\lambda^2}[n_{B,\xi}^0 - (n^0(0,t) + n_B^0)\phi_{B,\xi}^0]_\xi$$

$$+ \frac{1}{\lambda}[n_{B,\xi}^1 - (\phi_x^0(0,t)n_B^0 + \phi_{B,\xi}^0 n_B^1)]_\xi + [n_{B,\xi}^2 - (\phi_x^0(0,t)n_B^1 + \phi_{B,\xi}^0 n_B^2)]_\xi$$

$$+ n_{R,x} + n_{B,R} + n_{RR}, \tag{5-348}$$

$$p_t^0 + p_{B,t}^0 + \lambda p_{B,t}^1 + \lambda^2 p_{B,t}^2 + p_{R,t}$$

$$= (p_x^0 - p^0 \phi_x^0)_x + \frac{1}{\lambda^2}[p_{B,\xi}^0 + (p^0(0,t) + p_B^0)\phi_{B,\xi}^0]_\xi$$

$$+ \frac{1}{\lambda}[p_{B,\xi}^1 + (\phi_x^0(0,t)p_B^0 + \phi_{B,\xi}^0 p_B^1)]_\xi + [p_{B,\xi}^2 - (\phi_x^0(0,t)p_B^1 + \phi_{B,\xi}^0 p_B^2)]_\xi$$

$$+ p_{R,x} + p_{B,R} + p_{RR} \tag{5-349}$$

和

$$\lambda^2(\phi_{xx}^0 + \frac{1}{\lambda^2}\phi_{B,\xi\xi}^0 + \phi_{R,xx})$$

$$= (n^0 - p^0 - D) + (n_B^0 - p_B^0) + (n_R - p_R) + \phi_{B,R}, \tag{5-350}$$

其中

$$n_{B,R} = -\frac{1}{\lambda}[(n^0(x,t) - n^0(0,t))\phi_{B,\xi}^0]_x - [(\phi_x^0(x,t) - \phi_x^0(0,t))n_B^0]_x$$

$$- \lambda[(\phi_x^0(x,t) - \phi_x^0(0,t))n_B^1]_x - \lambda^2(\phi_x^0 n_B^2)_x,$$

$$n_{RR} = \left((n^0 + n_B^0 + \lambda n_B^1 + \lambda^2 n_B^2)\phi_{R,x} - \left(\phi_x^0 + \frac{1}{\lambda}\phi_{B,\xi}^0\right)n_R + n_R\phi_{R,x}\right)_x,$$

$$p_{B,R} = -\frac{1}{\lambda}[(p^0(x,t) - p^0(0,t))\phi^0_{B,\xi}]_x - [(\phi^0_x(x,t) - \phi^0_x(0,t))p^0_B]_x$$
$$-\lambda[(\phi^0_x(x,t) - \phi^0_x(0,t))p^1_B]_x - \lambda^2\phi^0_x p^2_B,$$
$$p_{RR} = \left((p^0 + p^0_B + \lambda p^1_B + \lambda^2 p^2_B)\phi_{R,x} - \left(\phi^0_x + \frac{1}{\lambda}\phi^0_{B,\xi}\right)p_R + p_R\phi_{R,x}\right)_x,$$
$$\phi_{B,R} = \lambda(n^1_B - p^1_B) + \lambda^2(n^2_B - p^2_B).$$

这样, 利用比较式 (5-348)-(5-350) 中 $O(\lambda^k)$ 的系数的方法, 可以推导出内函数和边界层函数所满足的方程. 具体如下:

首先, 内函数 $(n^0, p^0, \phi^0)(x,t)$ 是不依赖于 λ 的, 并且满足如下初边值问题:

$$n^0_t = (n^0_x - n^0\phi^0_x)_x, \quad 0 < x < 1, t > 0, \tag{5-351}$$

$$p^0_t = (p^0_x + p^0\phi^0_x)_x, \quad 0 < x < 1, t > 0, \tag{5-352}$$

$$0 = n^0 - p^0 - D, \quad 0 < x < 1, t > 0, \tag{5-353}$$

$$n^0(0,t) = \tilde{n}(t) = \bar{n}(t)e^{\phi^0(0,t)}, \ p^0(0,t) = \tilde{p}(t) = \bar{p}(t)e^{-\phi^0(0,t)}, \ t > 0, \tag{5-354}$$

$$n^0_x - n^0\phi^0_x = p^0_x + p^0\phi^0_x = 0, \quad x = 1, \tag{5-355}$$

$$(n^0, p^0)(x, t = 0) = (n^0_0(x), p^0_0(x)), \quad 0 < x < 1. \tag{5-356}$$

其次, 边界层函数 $(n^0_B, p^0_B, \phi^0_B)(\xi, t)$ 满足如下方程:

$$n^0_{B,\xi} = (n^0(0,t) + n^0_B)\phi^0_{B,\xi}, \tag{5-357}$$

$$p^0_{B,\xi} = -(p^0(0,t) + p^0_B)\phi^0_{B,\xi}, \tag{5-358}$$

$$\phi^0_{B,\xi\xi} = n^0_B - p^0_B, \tag{5-359}$$

$$\phi^0_{B,\xi}(\xi = 0, t) = 0, \quad \phi^0_B(\xi = 0, t) = -\phi^0(0,t), \tag{5-360}$$

$$(n^0_B, p^0_B, \phi^0_B) \to 0, \quad \xi \to \infty. \tag{5-361}$$

另外, $(n^i_B, p^i_B)(\xi, t), i = 1, 2$ 分别满足

$$n^1_{B,\xi} = \phi^0_x(0,t)n^0_B + \phi^0_{B,\xi}n^1_B, \tag{5-362}$$

$$p^1_{B,\xi} = -(\phi^0_x(0,t)p^0_B + \phi^0_{B,\xi}p^1_B), \tag{5-363}$$

$$(n^1_B, p^1_B) \to 0, \quad \xi \to \infty \tag{5-364}$$

和

$$n^0_{B,t} = [n^2_{B,\xi} - (\phi^0_x(0,t)n^1_B + \phi^0_{B,\xi}n^2_B)]_\xi, \tag{5-365}$$

$$p^0_{B,t} = [p^2_{B,\xi} + (\phi^0_x(0,t)p^1_B + \phi^0_{B,\xi}p^2_B)]_\xi, \tag{5-366}$$

$$(n^2_B, p^2_B) \to 0, \quad \xi \to \infty. \tag{5-367}$$

关于内函数和各个边界层函数的存在唯一性将在后面给出.

注 5.2.1   内函数满足的左边界条件 (5-354) 如下导出:

由边界层函数的方程 (5-357)-(5-359) 以及它们在无穷远处的衰减条件有

$$n_B^0(\xi,t) = n^0(0,t)(e^{\phi_B^0(\xi,t)} - 1), \quad p_B^0(\xi,t) = p^0(0,t)(e^{-\phi_B^0(\xi,t)} - 1). \tag{5-368}$$

又令边界条件 $(n_{\mathrm{app}}^\lambda, p_{\mathrm{app}}^\lambda, \phi_{\mathrm{app}}^\lambda)|_{x=0} = (\bar{n}(t), \bar{p}(t), 0)$ 有

$$n^0(0,t) + n_B^0(0,t) = \bar{n}(t), \quad p^0(0,t) + p_B^0(0,t) = \bar{p}(t), \quad t > 0, \tag{5-369}$$

$$\phi^0(0,t) + \phi_B^0(0,t) = 0, \quad t > 0. \tag{5-370}$$

于是由式 (5-368) 和 (5-370) 有

$$n_B^0(0,t) = n^0(0,t)(e^{-\phi^0(0,t)} - 1), \tag{5-371}$$

$$p_B^0(0,t) = p^0(0,t)(e^{\phi^0(0,t)} - 1). \tag{5-372}$$

通过求解代数方程 (5-369), (5-371) 和 (5-372) 就可以得到式 (5-354).

接下来给出近似解的存在唯一性.

利用变换 $z^\lambda = n^\lambda + p^\lambda, E^\lambda = -\phi_x^\lambda$, 引入两个新的变量 (z^λ, E^λ), 于是方程 (5-329)-(5-334) 等价于如下关于 (z^λ, E^λ) 的系统:

$$z_t^\lambda = (z_x^\lambda + DE^\lambda)_x - \lambda^2(E^\lambda E_x^\lambda)_x, \quad 0 \leqslant x \leqslant 1, t > 0, \tag{5-373}$$

$$\lambda^2(E_t^\lambda - E_{xx}^\lambda) = -(D_x + z^\lambda E^\lambda), \quad 0 \leqslant x \leqslant 1, t > 0, \tag{5-374}$$

$$z^\lambda = \bar{n}(t) + \bar{p}(t), \quad E^\lambda = 0, \quad x = 0, t > 0, \tag{5-375}$$

$$z_x^\lambda = E^\lambda = 0, \quad x = 1, t > 0, \tag{5-376}$$

$$z^\lambda = z_0^\lambda(x), E^\lambda = E_0^\lambda(x), \quad t = 0, \tag{5-377}$$

其中, $z_0^\lambda(x) = n_0^\lambda(x) + p_0^\lambda(x), E_0^\lambda(x) = -\phi_x^\lambda(t=0)$ 满足

$$-\lambda^2 E_{0x}^\lambda(x) = n_0^\lambda(x) - p_0^\lambda(x) - D(x)$$

并且

$$E_0^\lambda(x) = -\phi_x^0(t=0) + E_{0R}, \quad -\lambda^2 E_{0R,x} = n_{0R} - p_{0R}.$$

由于方程 (5-329)-(5-334) 和方程 (5-373)-(5-377) 关于古典解是等价的, 这样就可以从 (5-373)-(5-377) 的古典解的存在唯一性得到 (5-329)-(5-334) 的古典解的存在唯一性. 关于方程 (5-373)-(5-377) 的古典解的整体存在唯一性, 可参见文献 [40].

另一方面, 注意到由变换 $z = n^0 + p^0, \varepsilon = -\phi_x^0$, 方程 (5-336)-(5-341) 也可以推导为如下的等价系统:

$$z_t = (z_x + D\varepsilon)_x, \quad 0 < x < 1, t > 0, \tag{5-378}$$

$$0 = -(D_x + z\varepsilon), \quad 0 < x < 1, t > 0, \tag{5-379}$$

$$z(0, t) = \tilde{z}(t), \quad t > 0, \tag{5-380}$$

$$z_x + D\varepsilon = 0, \quad x = 1, t > 0, \tag{5-381}$$

$$z(t = 0) = z_0(x), \quad 0 \leqslant x \leqslant 1, \tag{5-382}$$

其中,

$$\tilde{z}(t) = \tilde{n}(t) + \tilde{p}(t) = \bar{n}(t)e^{\phi^0(0,t)} + \bar{p}(t)e^{-\phi^0(0,t)}, \quad z_0(x) = n_0^0(x) + p_0^0(x).$$

如果 $\phi^0(0,t)$ 已知, 则系统 (5-378)-(5-382) 关于时间就是局部或整体可解的, 参见文献 [143]. 事实上, 由式 (5-353) 和 (5-354) 可以得到代数方程

$$\bar{n}(t)e^{\phi^0(0,t)} - \bar{p}(t)e^{-\phi^0(0,t)} - D(0) = 0, \tag{5-383}$$

从而

$$\phi^0(0, t) = \ln\left(\frac{D(0) + \sqrt{D^2(0) + 4\bar{n}(t)\bar{p}(t)}}{2\bar{n}(t)}\right), \quad t \geqslant 0. \tag{5-384}$$

这样关于系统 (5-378)-(5-382) 有下面的命题.

命题 5.2.1 (存在性和正则性)   令 $\varepsilon(t = 0) = -\dfrac{D'(x)}{z_0}$, 对某个常数 δ_0 有 $\tilde{z}(t) \geqslant \delta_0 > 0, z_0 \geqslant \delta_0 > 0$. 假设式 (5-342) 和 (5-343) 满足, 并且 $z_0 \in C^3$ 满足如下相容性条件:

$$z_0(x) = \tilde{z}(t = 0), \quad x = 0, \tag{5-385}$$

$$z_{0x}(x) = 0, \quad (z_{0x}(x) + D(x)\varepsilon(x, t = 0))_{xx} = 0, \quad x = 1, \tag{5-386}$$

则对于某个 $T > 0$, 系统 (5-378)-(5-382) 有唯一解 $(z, \varepsilon) \in C^{3, \frac{3}{2}}([0, 1] \times [0, T])$, 并且对于某个常数 δ 满足 $z \geqslant \delta > 0$. 此外, 如果 $\tilde{z}(t)$ 和 z_0 足够大, 则 $T = +\infty$.

下面讨论边界层函数的存在性. 通过简单的计算, 可以将方程 (5-357)-(5-361) 化为如下形式:

$$\phi_{B,\xi\xi}^0 = n^0(0, t)(e^{\phi_B^0} - 1) - p^0(0, t)(e^{-\phi_B^0} - 1), \tag{5-387}$$

$$\phi_{B,\xi}^0(0, t) = 0, \quad \phi_B^0(0, t) = -\phi^0(x = 0, t), \tag{5-388}$$

$$\phi_B^0 \to 0, \quad \xi \to \infty. \tag{5-389}$$

其存在唯一性和当 $\xi \to \infty$ 时的指数衰减性已由 Markowich 在文献 [97, 94] 中得到, 而 (n_B^1, p_B^1) 和 (n_B^2, p_B^2) 满足的方程都是常微分方程, 故易得其存在唯一性.

接下来讨论边界层函数的性质. 这里指出, 如果 $\bar{n}(t) - \bar{p}(t) - D(0) = 0$ 满足, 则 $\phi^0(0, t) = 0$, 这就意味着所有的边界层方程都只有零解, 即此时没有边界层, 称之为好边值; 如果 $\bar{n}(t) - \bar{p}(t) - D(0) \neq 0$, 则意味着边界层方程有非零解存在, 即边界层存在, 称之为坏边值. 更进一步, 不妨设 $|\bar{n}(t) - \bar{p}(t) - D(0)| = \eta_1$, 则由式 (5-384) 可知, 存在只依赖于 $\bar{n}(t), \bar{p}(t), D(0)$ 的常数 $C(T_0) > 0$, 使得对任意充分小的 $\eta_1 > 0$ 有

$$|\phi(0, t)| \leqslant C\eta_1, \quad 0 \leqslant t \leqslant T_0.$$

因此, 当 $|\bar{n}(t) - \bar{p}(t) - D(0)| \leqslant \eta$, 其中 η 取得足够小时, $\phi^0(0, t)$ 也会充分小, 并且只要 $\eta_1 \leqslant \eta$, 那么 $\phi^0(0, t)$ 就可以被上界 η 控制住. 此外, 由式 (5-388) 和 ϕ_B^0 的单调性 [97] 可知 $\phi_B^0, \phi_{B,\xi}^0, \phi_{B,\xi\xi}^0$ 也是充分小的, 并且进一步通过式 (5-368) 可知 n_B^0, p_B^0 也充分小.

引理 5.2.1 假设对于任意 $T > 0$, 内解 $(n^0, p^0) \in C^\infty([0,1] \times [0,T])$, 则存在不依赖于 λ 的正常数 M 和 η, 使得

$$\|\partial_t^{k_1}(\xi^{k_2} \partial_\xi^{k_3}(n_B^i, p_B^i, \phi_B^0))\|_{L^\infty_{(x,t)}([0,1] \times [0,T])} \leqslant M\eta, \quad i = 0, 1, 2, \tag{5-390}$$

$$\|\partial_t^{k_1}(\xi^{k_2} \partial_\xi^{k_3}(n_B^i, p_B^i, \phi_B^0))\|_{L^\infty_t([0,T]; L^2_x([0,1]))} \leqslant M\lambda^{\frac{1}{2}}, \quad i = 0, 1, 2, \tag{5-391}$$

对任意非负整数 $k_j (j = 1, 2, 3)$ 都成立. 此外, 如果存在不依赖于 λ 的充分小的正常数 $\eta_0 > 0$, 使得当 $0 \leqslant \eta \leqslant \eta_0$ 时有

$$|\bar{n}(t) - \bar{p}(t) - D(0)| \leqslant \eta, \quad \text{对所有 } t \in (0, T), \tag{5-392}$$

则式 (5-390) 中的 η 可以充分小.

5.2.2 收敛性结果及其证明

设系统 (5-373)-(5-377) 的初值为

$$(z_0^\lambda, E_0^\lambda)^{\mathrm{T}} = \left(z_0^0 + z_{0R}, \frac{-D_x(x)}{z_0} + E_{0R} \right)^{\mathrm{T}} \tag{5-393}$$

其中

$$z_0^0 = n_0^0(x) + p_0^0(x) - \lambda^2 \phi_{xx}^0(t=0), \quad z_{0R} = n_{0R} + p_{0R}.$$

取解为如下形式:

$$(z^\lambda, E^\lambda)^{\mathrm{T}}$$
$$= \big((n^0 + p^0) + h(x)(n_B^0 + p_B^0) + \lambda h(x)(n_B^1 + p_B^1) + \lambda^2 h(x)(n_B^2 + p_B^2) + z_R$$
$$- \phi_x^0 - \frac{1}{\lambda} h(x)\phi_{B,\xi}^0 + E_R \big)^{\mathrm{T}}, \tag{5-394}$$

其中 $h(x) \in C^2$ 为截断函数, 满足 $h(0) = 1$ 且 $h(1) = h'(1) = h''(1) = h'(0) = h''(0) = 0$. 于是可以定义误差项为 $(z_R, E_R)^{\mathrm{T}}(x, t)$:

$$(z_R, E_R)^{\mathrm{T}} = (z^\lambda, E^\lambda)^{\mathrm{T}} - (n_{\mathrm{app}}^\lambda + p_{\mathrm{app}}^\lambda, -\phi_{\mathrm{app},x}^\lambda)^{\mathrm{T}}. \tag{5-395}$$

本节的主要结果如下:

定理 5.2.1 (坏边值 $\bar{n}(t) - \bar{p}(t) - D(0) \neq 0$ 的情形)　设 (z^λ, E^λ) 是方程 (5-373)-(5-377) 的解, 对于 $n_0 + p_0 \geqslant \delta_0 > 0$ 和某个 $0 < T_0 \leqslant \infty$, 在 $[0,1] \times [0, T_0)$ 上, 极限系统 (5-336)-(5-341) 有足够光滑的解 (n, p, ϕ). 又设初值满足式 (5-393) 且

$$\|z_{0R}(x)\|_{H^1} \leqslant M\lambda^2, \quad \|\partial_x^2 z_{0R}(x)\|_{L_x^2} \leqslant M\lambda^{\frac{1}{2}}, \tag{5-396}$$

$$\|E_{0R}(x)\|_{L_x^2} \leqslant M\lambda^2, \quad \|\partial_x^j E_{0R}(x)\|_{L_x^2} \leqslant M\lambda^{\frac{3}{2}-j}, j = 1, 2, \tag{5-397}$$

则存在一个不依赖于 λ 的正常数 $\eta > 0$, 使得对所有的 $t \in (0, T_0)$ 有

$$|\bar{n}(t) - \bar{p}(t) - D(0)| \leqslant \eta, \tag{5-398}$$

从而对任意的 $T \in (0, T_0)$, 存在正常数 M 和 $\lambda_0, \lambda_0 \ll 1$, 使得对任意的 $\lambda \in (0, \lambda_0]$ 和 $\delta \in (0, 1)$ 有

$$\sup_{0 \leqslant t \leqslant T} \left(\|(z_R, E_R, z_{R,x}, z_{R,t})\|_{L_x^2} + \lambda \|(E_R, E_{R,x}, E_{R,t})\|_{L_x^2} \right) \leqslant M\sqrt{\lambda^{1-\delta}}. \tag{5-399}$$

注 5.2.1　假设 $\bar{n}(t), \bar{p}(t)$ 是关于时间 t 的连续函数, 并且满足相容性条件 $\bar{n}(0) - \bar{p}(0) - D(0) = 0$, 则存在一个不依赖于 λ 的 $T^* > 0$ 和足够小的 $\eta > 0$, 使得对所有的 $t \in (0, T^*)$ 都有 $|\bar{n}(t) - \bar{p}(t) - D(0)| \leqslant \eta$ 成立. 于是有如下定理:

定理 5.2.2 (坏边值 $\bar{n}(t) - \bar{p}(t) - D(0) \neq 0$ 的情形, $t > 0$ 局部收敛性结果) 若定理 5.2.1 中除式 (5-398) 以外的所有的假设都满足, 则存在 T^*, 常数 M 和 $\lambda_0(\lambda_0 \ll 1)$, 使得对任意的 $T \in (0, T^*)$, $\lambda \in (0, \lambda_0]$ 和 $\delta \in (0, 1)$, 式 (5-399) 成立.

对于好边值, 有如下的最快收敛速度:

定理 5.2.3 (好边值 $\bar{n}(t) - \bar{p}(t) - D(0) = 0$ 的情形)　若定理 5.2.1 中除式 (5-398) 以外的所有的假设都满足, 则对任意的 $T \in (0, T_0)$, 存在正常数 M 和 $\lambda_0(\lambda_0 \ll 1)$, 使得对任意的 $\lambda \in (0, \lambda_0]$ 和 $\delta(0 < \delta < 1)$,

$$\sup_{0 \leqslant t \leqslant T} \left(\|(n^\lambda - n, p^\lambda - p)\|_{L_x^2} + \lambda \|E^\lambda - \varepsilon\|_{L_x^2} \right) \leqslant M\sqrt{\lambda^{2-\delta}} \tag{5-400}$$

成立.

5.2.3 定理 5.2.1 的证明

首先, 由式 (5-377), (5-382), (5-393)-(5-395) 有

$$
\begin{aligned}
z_R(t=0) &= z^\lambda(t=0) - (n_{\mathrm{app}}^\lambda + p_{\mathrm{app}}^\lambda)(t=0) \\
&= z_0^\lambda - ((n^0 + p^0) + (n_B^0 + p_B^0) + \lambda(n_B^1 + p_B^1) \\
&\quad + \lambda^2(n_B^2 + p_B^2))(t=0) \\
&= z_{0R} - \lambda^2 \phi_{xx}^0(t=0),
\end{aligned}
\tag{5-401}
$$

$$
\begin{aligned}
E_R(t=0) &= E^\lambda(t=0) + \phi_{\mathrm{app},x}^\lambda(t=0) \\
&= \frac{-D_x(x)}{z_0} + E_{0R} + \phi_x^0(t=0) + \frac{1}{\lambda}\phi_{B,\xi}^0(t=0) \\
&= E_{0R}.
\end{aligned}
\tag{5-402}
$$

将式 (5-394) 代入到方程 (5-373)-(5-374) 中, 利用前面推导出的内函数和边界层函数所满足的方程, 可以得到误差函数满足

$$
z_{R,t} = A_{1,x} + A_{2,x} + f, \quad 0 < x < 1, t > 0,
\tag{5-403}
$$

$$
\begin{aligned}
&\lambda^2(E_{R,t} - E_{R,xx}) + ((n^0 + p^0) + h(n_B^0 + p_B^0) \\
&+ \lambda h(n_B^1 + p_B^1) + \lambda^2 h(n_B^2 + p_B^2))E_R = g_1 + g_2, \quad 0 < x < 1, t > 0,
\end{aligned}
\tag{5-404}
$$

其中

$$
\begin{aligned}
A_1 =\ & z_{R,x} + DE_R \\
&+ \lambda^2\left(\phi_x^0 + \frac{h}{\lambda}\phi_{B,\xi}^0\right)E_{R,x} + \lambda^2\left(\phi_{xx}^0 + \frac{h}{\lambda^2}\phi_{B,\xi\xi}^0\right)E_R - \lambda^2 E_R E_{R,x},
\end{aligned}
$$

$$
\begin{aligned}
A_2 =\ & -\frac{h}{\lambda}((n^0 - n^0(0,t)) - (p^0 - p^0(0,t)))\phi_{B,\xi}^0 + \frac{h - h^2}{\lambda}\phi_{B,\xi}^0(n_B^0 - p_B^0) \\
&- h(\phi_x^0 - \phi_x^0(0,t))(n_B^0 - p_B^0) + h\phi_{B,\xi}^0(n_B^1 - p_B^1) \\
&+ \lambda h\phi_x^0(0,t)(n_B^1 - p_B^1) + \lambda h\phi_{B,\xi}^0(n_B^2 - p_B^2) - \lambda^2\phi_x^0\phi_{xx}^0 - \lambda h\phi_{xx}^0\phi_{B,\xi}^0 \\
&+ h'\sum_{i=0}^{2}\lambda^i(n_B^i + p_B^i) + \frac{h'}{\lambda}\phi_{B,\xi}^0\left(\phi_x^0 + \frac{h}{\lambda}\phi_{B,\xi}^0\right),
\end{aligned}
$$

$$
f = -(\lambda h(n_{B,t}^1 + p_{B,t}^1) + \lambda^2 h(n_{B,t}^2 + p_{B,t}^2)),
$$

$$g_1 = \left(\phi_x^0 + \frac{h}{\lambda} \phi_{B,\xi}^0 \right) z_R - z_R E_R,$$

$$g_2 = \frac{h}{\lambda} \phi_{B,\xi}^0 ((n^0 - n^0(0,t)) + (p^0 - p^0(0,t))) + h(\phi_x^0 - \phi_x^0(0,t))(n_B^0 + p_B^0)$$

$$+ \frac{h^2 - h}{\lambda} \phi_{B,\xi}^0 (n_B^0 + p_B^0) + h(n_{B,\xi}^1 - p_{B,\xi}^1) + \lambda h \phi_x^0 (n_B^1 + p_B^1)$$

$$+ \lambda^2 h \phi_x^0 (n_B^2 + p_B^2) + \lambda h^2 \phi_{B,\xi}^0 (n_B^2 + p_B^2) + \lambda^2 \phi_{xt}^0 + \lambda h \phi_{B,\xi t}^0$$

$$- \lambda^2 \phi_{xxx}^0 + (h^2 - h)\phi_{B,\xi}^0 (n_B^1 - p_B^1) - 2h' \phi_{B,\xi\xi}^0 - \lambda h'' \phi_{B,\xi}^0.$$

为了方便进行能量估计, 需要推导出误差函数所满足的边界条件. 由式 (5-375), (5-394) 和 (5-369) 有

$$(z_R, E_R)(x = 0, t) = 0. \tag{5-405}$$

又由 $D_x(x = 1) = 0$ 及式 (5-353), (5-355) 有

$$\phi_x^0(x = 1, t) = 0. \tag{5-406}$$

所以由式 (5-376), (5-394),

$$E_R(x = 1, t) = 0, \tag{5-407}$$

注意到 $(A_1 + A_2)(x, t)$ 可以重写为如下形式:

$$A_1 + A_2 = z_{R,x} + DE_R + \frac{h}{\lambda}(n_{B,\xi}^0 + p_{B,\xi}^0) + h(n_{B,\xi}^1 + p_{B,\xi}^1) - \frac{h}{\lambda} D(x)\phi_{B,\xi}^0$$

$$- \lambda^2 E^\lambda E_x^\lambda + \lambda h \phi_x^0(0,t)(n_B^1 - p_B^1) + \lambda h \phi_{B,\xi}^0 (n_B^2 - p_B^2).$$

这样由式 (5-394), (5-376), (5-340), (5-338), (5-343), (5-379) 可以得到如下边界条件:

$$(A_1 + A_2)(x = 1, t) = 0. \tag{5-408}$$

接下来, 引入熵乘积积分不等式, 在后面的证明中会用到[66].

引理 5.2.2　令 $\Gamma^\lambda(t), G^\lambda(t)$ 为两个非负函数, 并且满足

$$\Gamma^\lambda(t) + \int_0^t G^\lambda(s)ds \leqslant M\Gamma^\lambda(t=0) + M \int_0^t (\Gamma^\lambda(s) + (\Gamma^\lambda(s))^2)ds$$

$$+ M \int_0^t \Gamma^\lambda(s)G^\lambda(s)ds + M(\Gamma^\lambda(t))^2 + M\lambda,$$

其中 M 为某个不依赖于 λ 的正常数, 这样对任意 $T \in [0, T_{\max}),$ $T_{\max} \leqslant \infty,$ 存在 $\lambda_0 \ll 1,$ 使得对任意的 $\lambda : 0 < \lambda \leqslant \lambda_0,$ 如果对某个 $\alpha > 0$ 有 $\Gamma^\lambda(t = 0) \leqslant \tilde{M}\lambda^{\min\{\alpha, 1\}},$ 则有下式成立:

$$\Gamma^\lambda(t) \leqslant \tilde{M}\lambda^{\min\{\alpha, 1\} - \delta}$$

对某个不依赖于 λ 的常数 $\tilde{M}$ 以及任意的 $\delta \in (0, \min\{\alpha, 1\})$ 和 $0 \leqslant t \leqslant T.$

下面开始对误差函数进行能量估计.

引理 5.2.3　在定理 5.2.1 的假设条件下, 可以得到如下不等式:

$$\|z_R(t)\|_{L_x^2}^2 + \lambda^2\|E_R(t)\|_{L_x^2}^2 + \int_0^t \|(z_{R,x}, E_R)\|_{L_x^2}^2 dt + \lambda^2 \int_0^t \|E_{R,x}\|_{L_x^2}^2 dt$$

$$\leqslant \|z_R(x, 0)\|_{L_x^2}^2 + \lambda^2\|E_R(x, 0)\|_{L_x^2}^2$$

$$+ M \int_0^t \|z_R\|_{L_x^2}^2 dt + M\lambda^4 \int_0^t \|(E_R, E_{R,x})\|_{L_x^2}^2 \|E_{R,x}\|_{L_x^2}^2 dt$$

$$+ M \int_0^t \|(z_R, z_{R,x})\|_{L_x^2}^2 \|E_R\|_{L_x^2}^2 dt + M\lambda. \tag{5-409}$$

证明　式 (5-403) 两边同乘以 $z_R,$ 然后在 $[0, 1]$ 上对 x 进行积分, 由式 (5-405), (5-408) 以及分部积分可以得到

$$\frac{1}{2}\frac{d}{dt}\|z_R\|_{L_x^2}^2 = -\int_0^1 A_1 z_{R,x} dx - \int_0^1 A_2 z_{R,x} dx + \int_0^1 f z_R dx$$

即

$$\frac{1}{2}\frac{d}{dt}\|z_R\|_{L_x^2}^2 + \|z_{R,x}\|_{L_x^2}^2$$

$$= -\int_0^1 D E_R z_{R,x} dx + \int_0^1 f z_R dx - \int_0^1 A_2 z_{R,x} dx$$

$$- \int_0^1 \lambda^2\left[\left(\phi_x^0 + \frac{h}{\lambda}\phi_{B,\xi}^0\right)E_{R,x} + \left(\phi_{xx}^0 + \frac{h}{\lambda^2}\phi_{B,\xi\xi}^0\right)E_R - E_R E_{R,x}\right] z_{R,x} dx. \tag{5-410}$$

下面开始估计式 (5-410) 右边的各项.

首先, 由 Cauchy-Schwarz 不等式和 f 的定义有

$$-\int_0^1 D E_R z_{R,x} dx \leqslant \epsilon\|z_{R,x}\|_{L_x^2}^2 + M(\epsilon)\|E_R\|_{L_x^2}^2, \tag{5-411}$$

$$\int_0^1 f z_R dx \leqslant \epsilon\|z_R\|_{L_x^2}^2 + M\lambda^3, \tag{5-412}$$

其中 ϵ 是不依赖于 λ 的任意常数.

对于第三项 (记作 I_3), 由边界层函数的性质可以得到

$$I_3 \leqslant \epsilon \|z_{R,x}\|_{L_x^2}^2 + M\lambda, \tag{5-413}$$

其中

$$\int_0^1 \left| \frac{h}{\lambda}(n^0 - n^0(0,t))\phi_{B,\xi}^0 \right|^2 dx = \int_0^1 \left| \int_0^1 h\partial_x n^0(\theta x)d\theta \frac{x}{\lambda}\phi_{B,\xi}^0 \right|^2 dx$$
$$\leqslant M\lambda,$$

$$\int_0^1 \left| \frac{h - h^2}{\lambda}\phi_{B,\xi}^0(n_B^0 - p_B^0) \right|^2 dx$$
$$= \int_0^1 \left| \frac{(h - h^2) - (h(0) - h^2(0))}{\lambda}\phi_{B,\xi}^0(n_B^0 - p_B^0) \right|^2 dx$$
$$= \int_0^1 \left| \int_0^1 \partial_x(h - h^2)(\theta x)d\theta \frac{x}{\lambda}\phi_{B,\xi}^0(n_B^0 - p_B^0) \right|^2 dx$$
$$\leqslant M\lambda,$$

$$\int_0^1 \left| \frac{h'}{\lambda}\phi_{B,\xi}^0(\phi_x^0 + \frac{h}{\lambda}\phi_{B,\xi}^0) \right|^2 dx$$
$$= \int_0^1 \left| \frac{h'}{x}\frac{x}{\lambda}\phi_{B,\xi}^0\phi_x^0 + \frac{hh'}{x^2}(\frac{x}{\lambda}\phi_{B,\xi}^0)^2 \right|^2 dx$$
$$\leqslant M\lambda,$$

用到了 Hardy-Littlewood 不等式和截断函数的性质 $h'(0) = h''(0) = 0$.

对于第四项 (记作 I_4), 由 Cauchy-Schwarz 不等式和 Sobolev 引理,

$$I_4 \leqslant \epsilon \|z_{R,x}\|_{L_x^2}^2 + M\lambda^4 \|E_R\|_{L_x^2}^2 + M\lambda^4 \|E_{R,x}\|_{L_x^2}^2 + M\|\phi_{B,\xi\xi}^0\|_{L_{xt}^\infty}^2 \|E_R\|_{L_x^2}^2$$
$$+ M\lambda^2 \|\phi_{B,\xi}^0\|_{L_{xt}^\infty}^2 \|E_{R,x}\|_{L_x^2}^2 + M\lambda^4 \|(E_R, E_{R,x})\|_{L_x^2}^2 \|E_{R,x}\|_{L_x^2}^2. \tag{5-414}$$

这样由式 (5-410)-(5-414), 并取 ϵ 足够小可以得到

$$\frac{d}{dt}\|z_R\|_{L_x^2}^2 + c_1 \|z_{R,x}\|_{L_x^2}^2$$
$$\leqslant M\|E_R\|_{L_x^2}^2 + \epsilon\|z_R\|_{L_x^2}^2 + M\lambda^4 \|(E_R, E_{R,x})\|_{L_x^2}^2 + M\|\phi_{B,\xi\xi}^0\|_{L_{xt}^\infty}^2 \|E_R\|_{L_x^2}^2$$
$$+ M\lambda^2 \|\phi_{B,\xi}^0\|_{L_{xt}^\infty}^2 \|E_{R,x}\|_{L_x^2}^2 + M\lambda^4 \|(E_R, E_{R,x})\|_{L_x^2}^2 \|E_{R,x}\|_{L_x^2}^2 + M\lambda. \tag{5-415}$$

再对式 (5-415) 关于 t 在 $[0, t]$ 上进行积分得

$$\|z_R(t)\|_{L_x^2}^2 + c_1 \int_0^t \|z_{R,x}\|_{L_x^2}^2 dt$$

$$\leqslant \|z_R(x, 0)\|_{L_x^2}^2 + M \int_0^t \|E_R\|_{L_x^2}^2 dt + \epsilon \int_0^t \|z_R\|_{L_x^2}^2 dt + M\lambda^4 \int_0^t \|E_{R,x}\|_{L_x^2}^2 dt$$

$$+ M\|\phi_{B,\xi\xi}^0\|_{L_{xt}^\infty}^2 \int_0^t \|E_R\|_{L_x^2}^2 dt + M\lambda^2 \|\phi_{B,\xi}^0\|_{L_{xt}^\infty}^2 \int_0^t \|E_{R,x}\|_{L_x^2}^2 dt$$

$$+ M\lambda^4 \int_0^t \|(E_R, E_{R,x})\|_{L_x^2}^2 \|E_{R,x}\|_{L_x^2}^2 dt + M\lambda. \tag{5-416}$$

在式 (5-404) 两边同时乘以 E_R, 再在 $[0,1]$ 上关于 x 进行积分, 由式 (5-405), (5-407) 和分部积分可得

$$\frac{\lambda^2}{2} \frac{d}{dt} \|E_R\|_{L_x^2}^2 + \lambda^2 \|E_{R,x}\|_{L_x^2}^2$$

$$+ \int_0^1 ((n^0 + p^0) + h(n_B^0 + p_B^0) + \lambda h(n_B^1 + p_B^1) + \lambda^2 h(n_B^2 + p_B^2)) |E_R|^2 dx$$

$$= \int_0^1 (g_1 + g_2) E_R dx. \tag{5-417}$$

由 Cauchy-Schwarz 不等式有

$$\int_0^1 (g_1 + g_2) E_R dx \leqslant \epsilon \|E_R\|_{L_x^2}^2 + M\|z_R\|_{L_x^2}^2 + M\|\xi\phi_{B,\xi}^0\|_{L_{xt}^\infty}^2 \|z_{R,x}\|_{L_x^2}^2$$

$$+ M\|(z_R, z_{R,x})\|_{L_x^2}^2 \|E_R\|_{L_x^2}^2 + M\lambda, \tag{5-418}$$

其中利用了 Hardy-Littlewood 不等式和由 (5-405) 得到的下式:

$$\int_0^1 \frac{h}{\lambda} \phi_{B,\xi}^0 z_R E_R dx = \int_0^1 h \frac{x}{\lambda} \phi_{B,\xi}^0 E_R \frac{z_R}{x} dx$$

$$\leqslant \|h\xi\phi_{B,\xi}^0\|_{L_x^\infty} \|E_R\|_{L_x^2} \left\| \frac{z_R}{x} \right\|_{L_x^2}$$

$$= \|h\xi\phi_{B,\xi}^0\|_{L_x^\infty} \|E_R\|_{L_x^2} \left\| \frac{z_R - z_R(x=0)}{x} \right\|_{L_x^2}$$

$$\leqslant \epsilon \|E_R\|_{L_x^2}^2 + M\|\xi\phi_{B,\xi}^0\|_{L_{xt}^\infty}^2 \|z_{R,x}\|_{L_x^2}^2.$$

这样由 (5-417) 和 (5-418), 并设 ϵ 取得足够小, 再利用 n^0, p^0 的正性可以得到

$$\lambda^2 \frac{d}{dt} \|E_R\|_{L_x^2}^2 + \lambda^2 \|E_{R,x}\|_{L_x^2}^2 + c_2 \|E_R\|_{L_x^2}^2$$

$$\leqslant M\|z_R\|_{L_x^2}^2 + M\|\xi\phi_{B,\xi}^0\|_{L_{xt}^\infty}^2 \|z_{R,x}\|_{L_x^2}^2$$

$$+ M\|(z_R, z_{R,x})\|_{L_x^2}^2 \|E_R\|_{L_x^2}^2 + M\lambda. \tag{5-419}$$

对 (5-419) 关于 t 进行积分可得

$$\lambda^2 \|E_R(t)\|_{L_x^2}^2 + \lambda^2 \int_0^t \|E_{R,x}\|_{L_x^2}^2 dt + c_2 \int_0^t \|E_R\|_{L_x^2}^2 dt$$

$$\leqslant \lambda^2 \|E_R(x,0)\|_{L_x^2}^2 + M \int_0^t \|z_R\|_{L_x^2}^2 dt + M \|\xi\phi_{B,\xi}^0\|_{L_{xt}^\infty}^2 \int_0^t \|z_{R,x}\|_{L_x^2}^2 dt$$

$$+ M \int_0^t \|(z_R, z_{R,x})\|_{L_x^2}^2 \|E_R\|_{L_x^2}^2 dt + M\lambda. \tag{5-420}$$

然后取 $\delta(5\text{-}416)+(5\text{-}420)$, 并设 $\delta > 0$ 取得足够小且 $M\|\xi\phi_{B,\xi}^0\|_{L_{xt}^\infty}^2 \leqslant \dfrac{\delta c_1}{2}$, $M\|\phi_{B,\xi}^0\|_{L_{xt}^\infty}^2$

$\leqslant \dfrac{1}{2}$, 这可以由 (5-390) 并取 η 充分小得以保证, 于是得到右边的 $M\|\xi\phi_{B,\xi}^0\|_{L_{xt}^\infty}^2$

$\times \displaystyle\int_0^t \|z_{R,x}\|_{L_x^2}^2 dt$ 和 $M\lambda^2\|\phi_{B,\xi}^0\|_{L_{xt}^\infty}^2 \displaystyle\int_0^t \|E_{R,x}\|_{L_x^2}^2 dt$ 可以被左边的 $\delta c_1 \displaystyle\int_0^t \|z_{R,x}\|_{L_x^2}^2 dt$

和 $\lambda^2 \displaystyle\int_0^t \|E_{R,x}\|_{L_x^2}^2 dt$ 吸收, 从而得到式 (5-409). 证毕.

　　其次, 推导时间导数 $(z_{R,t}, E_{R,t})$ 的估计.

引理 5.2.4　在定理 5.2.1 的假设条件下有

$$\|z_{R,t}(t)\|_{L_x^2}^2 + \lambda^2 \|E_{R,t}(t)\|_{L_x^2}^2 + \lambda^2 \int_0^t \|E_{R,xt}\|_{L_x^2}^2 dt + \int_0^t \|(z_{R,xt}, E_{R,t})\|_{L_x^2}^2 dt$$

$$\leqslant M(\|z_{R,t}(x,0)\|_{L_x^2}^2 + \lambda^2 \|E_{R,t}(x,0)\|_{L_x^2}^2) + M\lambda^2 \int_0^t \|E_{R,x}\|_{L_x^2}^2 dt$$

$$+ M \int_0^t \|(E_R, z_R, z_{R,t}, z_{R,x})\|_{L_x^2}^2 dt + M\lambda^4 \int_0^t \|(E_{R,t}, E_{R,xt})\|_{L_x^2}^2 dt$$

$$+ M\lambda^4 \int_0^t (\|(E_{R,t}, E_{R,xt})\|_{L_x^2}^2 \|E_{R,x}\|_{L_x^2}^2 + \|E_R\|_{L_x^2}^2 \|E_{R,xt}\|_{L_x^2}^2) dt$$

$$+ M \int_0^t (\|(z_{R,t}, z_{R,xt})\|_{L_x^2}^2 \|E_R\|_{L_x^2}^2 + \|(z_R, z_{R,x})\|_{L_x^2}^2 \|E_{R,t}\|_{L_x^2}^2) dt$$

$$+ M\lambda. \tag{5-421}$$

证明　先对式 (5-403) 两边关于 t 求微分, 然后两边同时乘以 $z_{R,t}$, 并关于 x 和 t 在 $[0,1] \times [0,t]$ 上积分, 注意到边界条件

$$z_{R,t}(x=0,t) = 0, \quad (A_1 + A_2)_t(x=1,t) = 0.$$

于是通过分部积分可以得到

$$\frac{1}{2}\|z_{R,t}(t)\|_{L_x^2}^2 + \int_0^t \|z_{R,xt}\|_{L_x^2}^2 dt$$

$$= \frac{1}{2}\|z_{R,t}(t=0)\|_{L_x^2}^2 + \int_0^t\int_0^1 f_t z_{R,t} dxdt - \int_0^t\int_0^1 DE_{R,t} z_{R,xt} dxdt$$

$$- \int_0^t\int_0^1 \lambda^2\left[\left(\phi_x^0 + \frac{h}{\lambda}\phi_{B,\xi}^0\right)E_{Rx} + \left(\phi_{xx}^0 + \frac{h}{\lambda^2}\phi_{B,\xi\xi}^0\right)E_R\right.$$

$$\left. - E_R E_{R,x}\right]_t z_{R,xt} dxdt - \int_0^t\int_0^1 A_{2,t} z_{R,xt} dxdt. \tag{5-422}$$

首先, 由 Cauchy-Schwarz 不等式有

$$\int_0^t\int_0^1 f_t z_{R,t} dxdt \leqslant \epsilon\int_0^t \|z_{R,t}\|_{L_x^2}^2 dt + M\lambda^2 \tag{5-423}$$

$$-\int_0^t\int_0^1 DE_{R,t} z_{R,xt} dxdt \leqslant \epsilon\int_0^t \|z_{R,xt}\|_{L_x^2}^2 dt + M\int_0^t \|E_{R,t}\|_{L_x^2}^2 dt. \tag{5-424}$$

对于右边的第四项 (记作 I_4) 有

$$I_4 \leqslant \epsilon\int_0^t \|z_{R,xt}\|_{L_x^2}^2 dt + M\lambda^4\int_0^t \|(E_R, E_{R,x}, E_{R,t}, E_{R,xt})\|_{L_x^2}^2 dt$$

$$+ M\|\phi_{B,\xi\xi t}^0\|_{L_{xt}^\infty}^2\int_0^t \|E_R\|_{L_x^2}^2 dt + M\|\phi_{B,\xi\xi}^0\|_{L_{xt}^\infty}^2\int_0^t \|E_{R,t}\|_{L_x^2}^2 dt$$

$$+ M\lambda^2\|\phi_{B,\xi t}^0\|_{L_{xt}^\infty}^2\int_0^t \|E_{R,x}\|_{L_x^2}^2 dt + M\lambda^2\|\phi_{B,\xi}^0\|_{L_{xt}^\infty}^2\int_0^t \|E_{R,xt}\|_{L_x^2}^2 dt$$

$$+ M\lambda^4\int_0^t \left(\|(E_{R,t}, E_{R,xt})\|_{L_x^2}^2\|E_{R,x}\|_{L_x^2}^2 + \|E_R\|_{L_x^2}^2\|E_{R,xt}\|_{L_x^2}^2\right)dt. \tag{5-425}$$

对于右边的第五项 (记作 I_5) 有

$$I_5 \leqslant \epsilon\int_0^t \|z_{R,xt}\|_{L_x^2}^2 dt + M\lambda. \tag{5-426}$$

这里利用了边界层函数的性质以及Hardy-Littlewood不等式. 于是由(5-422)-(5-426) 并取 ϵ 足够小可得

$$\|z_{R,t}(t)\|_{L_x^2}^2 + c_3\int_0^t \|z_{R,xt}\|_{L_x^2}^2 dt$$

$$\leqslant \|z_{R,t}(x,0)\|_{L_x^2}^2 + M\int_0^t \|E_{R,t}\|_{L_x^2}^2 dt + \epsilon\int_0^t \|z_{R,t}\|_{L_x^2}^2 dt$$

$$+ M\lambda^4\int_0^t \|(E_R, E_{R,x}, E_{R,t}, E_{R,xt})\|_{L_x^2}^2 dt$$

$$+ M\|\phi_{B,\xi\xi t}^0\|_{L_{xt}^\infty}^2 \int_0^t \|E_R\|_{L_x^2}^2 dt + M\|\phi_{B,\xi\xi}^0\|_{L_{xt}^\infty}^2 \int_0^t \|E_{R,t}\|_{L_x^2}^2 dt$$

$$+ M\lambda^2\|\phi_{B,\xi t}^0\|_{L_{xt}^\infty}^2 \int_0^t \|E_{R,x}\|_{L_x^2}^2 dt + M\lambda^2\|\phi_{B,\xi}^0\|_{L_{xt}^\infty}^2 \int_0^t \|E_{R,xt}\|_{L_x^2}^2 dt$$

$$+ M\lambda^4 \int_0^t \left(\|(E_{R,t}, E_{R,xt})\|_{L_x^2}^2 \|E_{R,x}\|_{L_x^2}^2 + \|E_R\|_{L_x^2}^2 \|E_{R,xt}\|_{L_x^2}^2 \right) dt$$

$$+ M\lambda. \tag{5-427}$$

注意到 $E_{R,t}$ 满足边界条件

$$E_{R,t}(x = 0, 1; t) = 0, \quad t > 0,$$

所以式 (5-404) 两边关于 t 求微分, 然后两边同时乘以 $E_{R,t}$, 并关于 x 和 t 在 $[0,1] \times [0,t]$ 上进行积分, 由分部积分可以得到

$$\frac{\lambda^2}{2}\|E_{R,t}(t)\|_{L_x^2}^2 + \lambda^2 \int_0^t \|E_{R,xt}\|_{L_x^2}^2 dt$$

$$+ \int_0^t \int_0^1 ((n^0 + p^0) + (n_B^0 + p_B^0) + \lambda(n_B^1 + p_B^1) + \lambda^2(n_B^2 + p_B^2))|E_{R,t}|^2 dxdt$$

$$= \frac{\lambda^2}{2}\|E_{R,t}(x,0)\|_{L_x^2}^2 + \int_0^t \int_0^1 (g_{1,t} + g_{2,t})E_{R,t}dxdt - \int_0^t \int_0^1 ((n^0 + p^0)$$

$$+ (n_B^0 + p_B^0) + \lambda(n_B^1 + p_B^1) + \lambda^2(n_B^2 + p_B^2))_t E_R E_{R,t}dxdt. \tag{5-428}$$

对于右边第二项有

$$\int_0^t \int_0^1 (g_{1,t} + g_{2,t})E_{R,t}dxdt$$

$$\leqslant \epsilon \int_0^t \|E_{R,t}\|_{L_x^2}^2 dt + M \int_0^t \|(z_R, z_{R,t})\|_{L_x^2}^2 dt$$

$$+ M\|\xi\phi_{B,\xi t}^0\|_{L_{xt}^\infty}^2 \int_0^t \|z_{R,x}\|_{L_x^2}^2 dt + M\|\xi\phi_{B,\xi}^0\|_{L_{xt}^\infty}^2 \int_0^t \|z_{R,xt}\|_{L_x^2}^2 dt$$

$$+ M \int_0^t \|(z_R, z_{R,x})\|_{L_x^2}^2 \|E_{R,t}\|_{L_x^2}^2 + \|(z_{R,t}, z_{R,xt})\|_{L_x^2}^2 \|E_R\|_{L_x^2}^2 dt$$

$$+ M\lambda. \tag{5-429}$$

这里利用了由 Hardy-Littlewood 不等式导出的如下估计:

$$\int_0^t \int_0^1 \frac{h}{\lambda}(\phi_{B,\xi}^0 z_R)_t E_{R,t}dxdt$$

$$= \int_0^t \int_0^1 h\left(\frac{x}{\lambda}\phi_{B,\xi t}^0 \frac{z_R}{x} + \frac{x}{\lambda}\phi_{B,\xi}^0 \frac{z_{R,t}}{x}\right)E_{R,t}dxdt$$

$$\leqslant \epsilon \int_0^t \|E_{R,t}\|_{L_x^2}^2 dt + C(\epsilon)\left(\|\xi\phi_{B,\xi t}^0\|_{L_{xt}^\infty}^2 \int_0^t \|z_{R,x}\|_{L_x^2}^2 dt + \|\xi\phi_{B,\xi}^0\|_{L_{xt}^\infty}^2 \int_0^t \|z_{R,xt}\|_{L_x^2}^2 dt\right).$$

对于第三项 (记作 I_3) 有

$$I_3 \leqslant \epsilon \int_0^t \|E_{R,t}\|_{L_x^2}^2 dt + M \int_0^t \|E_R\|_{L_x^2}^2 dt. \tag{5-430}$$

于是由 (5-428)-(5-430) 并取 ϵ 足够小可得

$$\lambda^2 \|E_{R,t}(t)\|_{L_x^2}^2 + \lambda^2 \int_0^t \|E_{R,xt}\|_{L_x^2}^2 dt + c_4 \int_0^t \|E_{R,t}\|_{L_x^2}^2 dt \cdot$$

$$\leqslant \lambda^2 \|E_{R,t}(x,0)\|_{L_x^2}^2 + M \int_0^t \|(z_R, z_{R,t}, E_R)\|_{L_x^2}^2 dt$$

$$+ M \|\xi\phi_{B,\xi t}^0\|_{L_{xt}^\infty}^2 \int_0^t \|z_{R,x}\|_{L_x^2}^2 dt + M \|\xi\phi_{B,\xi}^0\|_{L_{xt}^\infty}^2 \int_0^t \|z_{R,xt}\|_{L_x^2}^2 dt$$

$$+ M \int_0^t \left(\|(z_R, z_{R,x})\|_{L_x^2}^2 \|E_{R,t}\|_{L_x^2}^2 + \|(z_{R,t}, z_{R,xt})\|_{L_x^2}^2 \|E_R\|_{L_x^2}^2 \right) dt$$

$$+ M\lambda. \tag{5-431}$$

这样 δ(5-427)+(5-431), 取 $\delta > 0$ 足够小且 $M\|\xi\phi_{B,\xi}^0\|_{L_{xt}^\infty}^2 \leqslant \dfrac{\delta c_3}{2}$, $\|\xi\phi_{B,\xi t}^0\|_{L_{xt}^\infty}^2 \leqslant$

1, $\|\phi_{B,\xi t}^0\|_{L_{xt}^\infty}^2 \leqslant 1$, 从而可得右边的 $M\|\xi\phi_{B,\xi}^0\|_{L_{xt}^\infty}^2 \displaystyle\int_0^t \|z_{R,xt}\|_{L_x^2}^2 dt$ 能够被左边的

$\delta c_3 \displaystyle\int_0^t \|z_{R,xt}\|_{L_x^2}^2 dt$ 吸收, 于是得到 (5-421). 证毕.

最后, 推导空间导数 $(z_{R,x}, E_{R,x})$ 的估计.

引理 5.2.5   在定理 5.2.1 的假设条件下有

$$\|(z_{R,x}, E_R)\|_{L_x^2}^2 + \lambda^2 \|E_{R,x}\|_{L_x^2}^2$$

$$\leqslant M \|(z_R, z_{R,t})\|_{L_x^2}^2 + M\lambda^2 \|(E_R, E_{R,t})\|_{L_x^2}^2 + M\lambda^4 \|E_{R,x}\|_{L_x^2}^2$$

$$+ M\lambda^4 \|(E_R, E_{R,x})\|_{L_x^2}^2 \|E_{R,x}\|_{L_x^2}^2 + M \|(z_R, z_{R,x})\|_{L_x^2}^2 \|E_R\|_{L_x^2}^2$$

$$+ M\lambda. \tag{5-432}$$

证明   引理 5.2.5 可以很容易地由 (5-415) 和 (5-419) 推导出来, 这里略去.

定理 5.2.1 的证明   引入如下两个带 λ 权的 Liapunov 型函数:

$$\Gamma^\lambda(t) = \|(z_R, z_{R,x}, z_{R,t}, E_R)\|_{L_x^2}^2 + \lambda^2 \|(E_R, E_{R,x}, E_{R,t})\|_{L_x^2}^2 \tag{5-433}$$

和

$$G^\lambda(t) = \|(z_{R,x}, z_{R,xt}, E_R, E_{R,t})\|_{L_x^2}^2 + \lambda^2 \|(E_{R,x}, E_{R,xt})\|_{L_x^2}^2. \tag{5-434}$$

通过计算, 由 (5-409), (5-421) 和 (5-432) 可以推导出如下不等式:

$$\Gamma^\lambda(t) + \int_0^t G^\lambda(s)ds \leqslant M\Gamma^\lambda(t=0) + M\int_0^t (\Gamma^\lambda(s) + (\Gamma^\lambda(s))^2)ds$$

$$+ M\int_0^t \Gamma^\lambda(s)G^\lambda(s)ds + M(\Gamma^\lambda(t))^2 + M\lambda. \quad (5\text{-}435)$$

由引理 5.2.2 可知, 如果对于某个不依赖于 λ 的常数 M 和 $\alpha > 0$ 有 $\Gamma^\lambda(0) \leqslant \tilde{M}\lambda^{\min\{\alpha,1\}}$, 则对于任意的 $\delta \in (0, \min\{\alpha, 1\})$ 和 $0 \leqslant t \leqslant T$ 有

$$\Gamma^\lambda(t) \leqslant \tilde{M}\lambda^{\min\{\alpha,1\}-\delta}. \quad (5\text{-}436)$$

下面证明存在正常数 $\tilde{M}$ 和 $\alpha > 0$, 使得

$$\Gamma^\lambda(t=0) \leqslant \tilde{M}\lambda^\alpha. \quad (5\text{-}437)$$

事实上, 由式 (5-401)-(5-404), (5-396), (5-397) 可得

$$\|z_{R,t}(x,0)\|_{L_x^2} \leqslant M\lambda^{\frac{1}{2}}, \quad \|\lambda E_{R,t}(x,0)\|_{L_x^2} \leqslant M\lambda^{\frac{1}{2}}, \quad (5\text{-}438)$$

从而

$$\Gamma^\lambda(t=0) = \|z_{R,t}(x,0)\|_{L_x^2}^2 + \|\lambda E_{R,t}(x,0)\|_{L_x^2}^2$$

$$\leqslant \tilde{M}\lambda. \quad (5\text{-}439)$$

令 $\alpha = 1$ 则得式 (5-399). 证毕.

定理 5.2.2 的证明　显然, 这里略去.

定理 5.2.3 的证明　为进行能量估计, 先导出误差函数 z_R, E_R 满足的边界条件.

因为 $D'(x=0,1) = 0$, 所以由式 (5-379) 可得

$$\varepsilon(x=0,1) = 0,$$

从而由式 (5-381) 有

$$z_x(x=1) = 0.$$

于是

$$z_R(x=0) = 0, \quad z_{R,x}(x=1) = 0.$$

通过与定理 5.2.1 类似的能量估计可得定理 5.2.3 的结论, 这里略去详细的证明过程.

参 考 文 献

[1]　Ali G. Global existence of smooth solutions of the N-dimensional Euler-Poisson model. *SIAM J. Math. Anal.*, 2003, 35: 389-422.

[2]　Arnold A, Markowich P A, Toscani G. On large time asymptotics for drift-diffusion-Poisson systems. *Transport Theory Statist. Phys.*, 2000, 29: 571-581.

[3]　Baccarani G, Wordeman M R. An investigation of steady-state velocity overshoot effects in Si and GaAs devices. *Solid State Electr.*, 1985, 28: 407-416.

[4]　Besse C, Claudel J, Degond P, et al.. A model hierarchy for ionospheric plasma modeling. *Math. Mod. Meth. Appl. S*, 2004, 14: 393-415.

[5]　Blotekjer K. Tansport equations for electrons in two-valley semiconductors. *IEEE Trans. Electron. Devices ED*, 1970, 17: 38-47.

[6]　Brenier Y. Convergence of the Vlasov-Poisson system to the incompressible Euler equations. *Commun. Partial Diff. Eqs.*, 2000, 25: 737-754.

[7]　Brenier Y, Mauser N J, Puel M. Incompressible Euler and e-MHD as scaling limits of the Vlasov-Maxwell system. *Commun. Math. Sci.*, 2003, 1: 437-447.

[8]　Brézis H, Golse F, Sentis R. Analyse asymptotique de l'équation de Poisson couplée à la relation de Boltzmann. Quasi-neutralité des plasmas. *C. R. Acad. Sci. Paris*, 1995, 321: 953-959.

[9]　Carffarelli L, Dolbeault J, Markowich P A, Schmeiser C. On Marxwellian equalibria of insulted semiconductors. *Interfaces Free Bound.*, 2000, 2: 331-339.

[10]　Cercignani C. The boltzmann equation and its applications. New-York: Springer-Verlag, 1988.

[11]　Chen F. Introduction to plasma physics and controlled fusion. Vol. 1. New-York: Plenum Press, 1984.

[12]　Chen G Q, Glimm J. Global solution to the compressible Euler equations with geometrical structure. *Commun. Math. Phys.*, 1996, 180: 153-193.

[13]　Chen G Q, Jerome J W, Wang D H. Compressible Euler-Maxwell equations. *Transport Theory Statist. Phys.*, 2000, 29: 311-331.

[14]　Chen G Q, Jerome J W, Zhang B. Existence and the singular relaxation limit for the inviscid hydrodynamic energy model. *Modeling and computation for applications in mathematics, science, and engineering*, Evanston, IL, 1996: 189-215.

[15]　Chen G Q, Wang D. Converence of shock capturing schemes for the compressible Euler-Possion equation. *Commun. Math. Phys.*, 1996, 179: 333-364.

[16]　Chen L Y, Goldenfeld N, Oono Y. Renormalization group and singular perturbations: Multiple scales, boundary layers, and reductive perturbation theory. *Phys. Rev. E*, 1996, 54(1): 376-394.

[17]　Cordier S, Degond P, Markowich P, Schmeiser C. A travelling wave analysis of a

hydrodynamical model of quasineutral plasma. *Asympt. Anal.*, 1995, 11: 209-224.

[18] Cordier S, Grenier E. Quasineutral limit of two species Euler-Poisson systems. *Proceedings of the Workshop "Recent Progress in the Mathematical Theory on Vlasov-Maxwell Equations"(Paris)*: 1997: 95-122.

[19] Cordier S, Grenier E. Quasineutral limit of an Euler-Poisson system arising from plasma physics. *Commun. Partial Diff. Eqs.*, 2000, 25: 1099-1113.

[20] Coulombel J F, Goudon T. The strong relaxation limit of the multidimensional isothermal Euler equation. *Trans. Amer. Math. Soc.*, 2007, 359(2): 637-648.

[21] Cousteix J, Mauss J. Asymptotic analysis and boundary layers. Berlin-New York: Springer, 2007.

[22] Degond P. Mathematical modelling of microelectronics semiconductor derices. Some current topics on nonlinear conservation laws, 77-110. AMS/IP Stud. Adv. Math. 15, Amer. Math. Soc., Providence, RI, 2000.

[23] Degond P, Jin S, Liu J G. Mach-number uniform asymptotic-preserving gauge schemes for compressible flows. Bull. Inst. Math. Acad. Sin.(N.S.), 2007, 2: 851-892.

[24] Degond P, Markowich P A. On a one-dimensional steady-state hydrodynamic model for semiconductors. *Appl. Math. Lett.*, 1990, 3: 25-29.

[25] Degond P, Markowich P A. A steady-state potential flow model for semiconductors. *Ann. Mat. Pura Appl.*, IV, 1993: 87-98.

[26] Andreas Dinklage, et al.. Plasma physics, in: Lect. Notes Phys. Vol. 670. Berlin, Heidelberg: Springer, 2005.

[27] Dolbeault J, Markowich P A, Unterreiter A. On singular limits of mean-field equations. *Arch. Ration. Mech Anal.*, 2001, 158: 319-351.

[28] Donatelli D. Local and global existence for the coupled Navier-Stokes-Poisson problem. *Quart. Appl. Math.*, 2003, 61: 345-361.

[29] Duan R J. Global smooth flows for the compressible Euler-Maxwell system: Relaxation case. *J. Hyper. Diff. Eqns.*, 2011, 8: 375-413.

[30] Duan R J, Liu Q Q, Zhu C J. The Cauchy problem on the compressible two-fluids Euler-Maxwell equations. *SIAM J. Math. Anal.*, 2012, 44: 102-133.

[31] Ducomet B. Some stability results for reactive Navier-Stokes-Poisson systems, in: Evolution Equations: Existence, Regularity and Singularities, Warsaw, 1998, in: Banach Center Publ., vol. 52. Polish Acad. Sci., Warsaw, 2000, 83-118.

[32] Ducomet B, Feireisl E, Petzeltova H, Skraba I S. Existence globale pour un fluide barotrope autogravitant (in French). [Global existence for compressible barotropic self-gravitating fluids.] Paris: C.R. Acad. Sci., 2001, 332: 627-632.

[33] Ducomet B, Feireisl E, Petzeltova H, Skraba I S. Global in time weak solution for compressible barotropic self-gravitating fluids. *Discrete Contin. Dyn. Syst.*, 2004, 11: 113-130.

[34] Ducomet B, Zlotnik A, Stabilization and stability for the spherically symmetric Navier-Stokes-Poisson system, *Appl. Math. Lett.* 2005, 18: 1190-1198.

[35] Feng Y H, Peng Y J, Wang S, Asymptotic behavior of global smooth solutions for full compressible Navier-Stokes-Maxwell equations. *Nonlinear Analysis: Real World and Applications.* 2014, 19: 105-116.

[36] Feng Y H, Wang S, Kawashima S. Global existence and asymptotic decay of solutions to the non-isentropic Euler-Maxwell system. *Math. Mod. Meth. Appl. S,* 2014, 24: 2851-2884.

[37] Feireisl E. On compactness of solutions to the compressible isentropic Navier-Stokes equations when the density is not square integrable. *Comment. Math. Univ. Carolinae,* 2001, 42: 83-96.

[38] Feireisl E, Novotny A, Petzeltová H. On the existence of globally defined weak solutions to the Navier-Stokes equations. *J. Math. Fluid Mech.,* 2001, 3: 358-392.

[39] Friedrichs K O. Fluid dynamics. Brown University, 1942.

[40] Gajewski H. On existence, uniqueness and asymptotic behaviour of solutions of the basic equations for carrier transport in semiconductors. *Z. Angew. Math. Phys.,* 1985, 65: 101-108.

[41] Gajewski H, Gröger K. On the basic equations for carrier transport in semiconductors. *J. Math. Anal. Appl.,* 1986, 113: 12-35.

[42] Gamba I M. Stationary transonic solutions of a one-dimensional hydrodynamic model for semiconductor. *Commun. Partial Diff. Eqs.,* 1992, 17: 553-577.

[43] Gardner C L, Jerome J W, Rose D J. Numerical methods for the hydrodynamic device model: Subsonic flow. *Presented at the meeting on Mathematics model and Simulation elecktrischer Schaltungen,* 1988.

[44] Gasser I, Hsiao L, Markowich P and Wang S. Quasineutral limit of a nonlinear drift-diffusion model for semiconductor models. *J. Math. Anal. Appl.,* 2002, 268: 184-199.

[45] Gasser I, Levermore C D, Markowich P, Schmeiser C. The initial time layer problem and the quasineutral limit in the semiconductor drift-diffusion model. *Europ. J. Appl. Math.,* 2001, 12: 497-512.

[46] Grenier E. Defect measures of the Vlasov-Poisson system. *Commun. Partial Diff. Eqs.,* 1995, 20: 1189-1215.

[47] Grenier E. Oscillations in quasineutral plasmas. *Commun. Partial Diff. Eqs.,* 1996, 21: 363-394.

[48] Grenier E. Pseudodifferential estimates of singular perturbations. *Commun. Pure Appl. Math.,* 1997, 50: 821-865.

[49] Grenier E. Oscillartory perturbations of the Navier-Stokes equations. *Journal de Maths Pures et appl.,* 1997, 76(9): 477-498.

[50] Guo Y. Smooth irrotational fluids in the large to the Euler-Poisson system in $\mathbb{R}^{3+1}$.

Commu. Math. Phys., 1998, 195: 249-265.

[51] Guo Y, Strauss W. Stability of semiconductor states with insulating and contact boundary conditions. *Arch. Ration. Mech Anal.*, 2005, 179: 1-30.

[52] Hanouzet B, Natalini R. Global existence of smooth solutions for partially dissipative hyperbolic systems with a convex entropy. *Arch. Ration. Mech Anal.*, 2003, 169: 89-117.

[53] Hansch W, Miura-Mattausch M. The hot-electron problem in small semiconductor devices. *J. Appl. Phys.*, 1986, 80: 650-656.

[54] Hansch W, Schmeiser C. Hot electron transport in semiconductors. *ZAMP*, 1989, 40: 440-455.

[55] Hardy G, Littlewood J E, Polya G. Inequalities. Cambridge: Cambridge University Press, 1952.

[56] Hinch E J. Perturbation methods. Cambridge Texts in Applied Mathematics. Cambridge: Cambridge University Press, 1991.

[57] Hoff D. The zero-Mach limit of compressible flows. *Commun. Math. Phys.*, 1998, 192: 543-554.

[58] Hoff D, Zumbrun K. Multi-dimensional diffusion waves for the Navier-Stokes equations of compressible flow. *Indiana Univ. Math. J*, 1995, 44: 603-676.

[59] Holmes M H. Introduction to perturbation methods. Berlin-New York: Springer-Verlag, 1995.

[60] Hsiao L, Ju Q C, Wang S. Quasi-neutral limit of the drift-diffusion model for semiconductors with general sign-changing doping profile. *Science in China Series A: Mathematics.*, 2008, 51(9): 1619-1630.

[61] Hsiao L, Luo T. Nonlinear diffusive phenomena of solutions for the system of compressible adiabatic flow through porous media. *J. Diff. Eqns.*, 1996, 125: 329-365.

[62] Hsiao L, Luo T, Yang T. Global BV solutions of compressible Euler equations with spherical symmetry and damping. *J. Diff. Eqns.*, 1998, 146: 203-225.

[63] Hsiao L, Markowich P A, Wang S. The asymptotic behavior of globally smooth solutions of the multidimensional isentropic hydrodynamic model for semiconductors. *J. Diff. Eqns.*, 2003, 192: 111-133.

[64] Hsiao L, Wang S. The asymptotic behavior of global solutions to the hydrodynamic model with spherical symmetry. *Nonlinear Analysis: Theory, Methods Applications*, 2003, 52: 827-850.

[65] Hsiao L, Wang S. The asymptotic behavior of global solutions to the hydrodynamic model in the exterior domain. Preprint.

[66] Hsiao L, Wang S. Quasineutral limit of a time-dependent drift-diffusion-Poisson model for p-n junction semiconductor devices. *J. Diff. Eqns.*, 2006, 225(2): 411-439.

[67] Hsiao L, Yang T. Asymptotics of initial boundary value problems for hydrodynamic

and drift diffusion models for semiconductors. *J. Diff. Eqns.*, 2001, 170: 472-493.

[68] Hsiao L, Zhang K J. The relaxation of the hydrodynamic model for semiconductors to the drift-diffusion equations. *J. Diff. Eqns.*, 2000, 165: 315-354.

[69] de Jager E M, Jiang Furu. The theory of singular perturbations, 42 of North-Holland series in applied mathematics and mechanics. Amsterdam: Elsevier, 1996.

[70] Jerome J W. The Cauchy problem for compressible hydrodynamic-Maxwell systems: a local theory for smooth solutions. *Differential and Integral Equations*, 2003, 16: 1345-1368.

[71] Jerome J W. Functional analytic methods for evolution systems, in: Contemporary Mathematics. Vol. 371. American Mathematical Society, Providence, 2005: 193-204.

[72] Jerome J W, Shu C W. Energy models for one-carrier transport in semiconductor devices//(Coughran W M.) Semiconductors: Part II: 185-207. New York: Springer-Verlag, 1994.

[73] O'Malley R E, Jr.Introduction to singular perturbations, volume 14 of Applied Mathematics and Mechanics. New York, London: Academic Press, 1974.

[74] Ju Q C, Li F C, Li H L. The quasineutral limit of Navier-Stokes-Poisson system with heat conductivity and general initial data. *J. Diff. Eqns.*, 2009: 247: 203-224.

[75] Jüngel A. Qualitative behavior of solutions of a degenerate nonlinear drift-diffusion model for semiconductors. *Math. Mod. Meth. Appl. S.*, 1995, 5: 497-518.

[76] Jüngel A, Peng Y J. A hierarchy of hydrodynamic models for plasmas: quasi-neutral limits in the drift-diffusion equations. *Asympt. Anal.*, 2001, 28: 49-73.

[77] Jüngel A, Wang S. Convergence of nonlinear Schrödinger-Poisson systems to the compressible Euler equations. *Commun. Partial Diff. Eqs.*, 2003, 28: 1005-1022.

[78] Kato T. Nonstationary flow of viscous and ideal fluids in $\mathbb{R}^3$. *J. Funct. Anal.*, 1972, 9: 296-305.

[79] Kato T. The Cauchy problem for quasi-linear symmetric hyperbolic systems. *Arch. Ration. Mech Anal.*, 1975, 58: 181-205.

[80] Kawashima S. Systems of a hyperbolic-parabolic composite type, with applications to the equations of magnetohydrodynamics. Doctoral Thesis, Kyoto University, 1984.

[81] Kingsep A, Chukbar K, Yankov V. Electron magnetohydrodynamics. New York: *Review of Plasma Physics*, 16, Kodomtsev B B ed., 1990.

[82] Klainerman S, Majda A. Singular limits of quasilinear hyperbolic systems with large parameters and the incompressible limit of compressible fluids. *Commun. Pure Appl. Math.*, 1981, 34: 481-524.

[83] Klainerman S, Majda A. Compressible and incompressible fluids. *Commun. Pure Appl. Math.*, Vol. XXXV, 1982: 629-651.

[84] Ladyzenskaja O A. Solonnikov V A, Uralceva N N. Linear and quasilinear equations of parabolic type. *Translations of Math. Monographs*, A. M. S., 1968.

[85] Lions P L. Mathematical topics in fluid mechanics. Vol.1. Incompressible Models. Oxford Lecture in Mathematics and Its Applications, Oxford University Press, 1996.

[86] Lions P L. Mathematical Topics in Fluid Dynamics. Vol. 2. Compressible Models. Oxford: Oxford Science Publication, 1998.

[87] Lions P L, Masmoudi N. Incompressible limit for a viscous compressible fluid. *J. Math. Pures Appl.*, 1998, 77: 585-627.

[88] Luo T, Natalini R, Xin Z P. Large-time behavior of the solutions to a hydrodynamic model for semiconductors. *SIAM J. Appl. Math.* , 1998, 59: 810-830.

[89] Mahony J J. An expansion method for singular perturbation problems. *J. Austral. Math. Soc.*, 1962, 2: 440-463.

[90] Majda A. Compressible fluid flow and systems of conservation laws in several space variables. New-York: Springer-Verlag, 1984.

[91] Makino T, Ukai S. Sur l'existence des solutions locales de l'équation d'Euler-Poisson pour l'évolution d'étoiles gazeuses. *J. Math. Kyoto Univ.*, 1987, 27: 387-399.

[92] Makino T, Mizohata K, Ukai S. The global weak solutions of compressible Euler equations with spherical symmetry. *Japan J. Industrial Appl. Math.*, 1992, 9: 431-449.

[93] Marcati P A, Natalini R. Weak solutions to hydrodynamic model for semiconductors and relaxation to the drift-diffusion equation. *Arch. Ration. Mech Anal.*, 1995, 129: 129-145.

[94] Markowich P A. A singular perturbation analysis of the fundational semiconductor device equations. *SIAM J. Appl. Math.*, 1984, 44: 231-256.

[95] Markowich P A. On steady state Eurler-Poisson model for semiconductors. *Z. Angew. Math. Phys.*, 1991, 62: 389-407.

[96] Markowich P A, Ringhofer C A. A singularly perturbed boundary value problem modeling a semiconductor device. *SIAM. J. Appl. Math.*, 1984, 44: 231-256.

[97] Markowich P A, Ringhofer C A, Schmeiser C. An asymptotic analysis of one-dimensional models of semiconductor devices. *J. Appl. Math.*, 1986, 37: 1-24.

[98] Markowich P A, Ringhofer C, Schmeiser C. Semiconductors equations. Vienna, New York: Springer-Verlag, 1990.

[99] Masmoudi N. Ekman layers of rotating fluids, the case of general initial data. *Commun. Pure Appl. Math.*, LIII, 2000: 0432-0483.

[100] Masmoudi N. From Vlasov-Poisson system to the incompressible Euler system. *Commun. Partial Diff. Eqs.*, 2001, 26: 1913-1928.

[101] Masmoudi N. Incompressible, inviscid limit of the compressible Navier-Stokes system. *Ann. Inst. H. Poincaré Anal. Non Linéaire*, 2001, 18: 199-224.

[102] Mcgrath F J. Nonstationary plane flow of viscous and ideal fluids. *Arch. Ration. Mech Anal.*, 1968, 27: 229-348.

[103] Mock M S. On equations describing steady-state carrier distributions in a semicon-
       ductor device. *Comm. Pure Appl. Math.*, 1972, 25: 781-792.

[104] Mock M S. An initial value problem from semiconductor device theory. *SIAM J. Math.
       Anal.*, 1974, 5: 697-612.

[105] Mock M S. Analysis of mathematical models of semiconductor devices. Dublin: Boole
       Press, 1983.

[106] Nash J. Le problem de Cauchy pour les equations differentielles d'un fluide general.
       Bull. Soc. Math. France, 1962, 90: 487-497.

[107] Nayfeh A H. Perturbation methods. New York: John Wiley and Sons, 2000.

[108] Nirenberg L. On elliptic partial differential equations. *Ann. Scuola Norm. Sup. Pisa
       CI. Sci.*, 1959, 13: 115-162.

[109] Nishida T. Nonlinear hyperbolic equations and related topics in fluids dynamics. Pub-
       lications Mathématiques d'Orsay, Université Paris-Sud, Orsay, 1978: 78-102.

[110] Peng Y J, Wang S. Convergence of compressible Euler-Maxwell equations to com-
       pressible Euler-Poisson equations. *Chinese Ann. Math.*. 2007, 28(B): 583-602.

[111] Peng Y J, Wang Y G. Convergence of compressible Euler-Poisson equations to incom-
       pressible type Euler equations. *Asympt. Anal.*, 2005, 41: 141-160.

[112] Peng Y J, Wang S. Convergence of compressible Euler-Maxwell equations to incom-
       pressible Euler equations. *Commun. Partial Diff. Eqs.*, 2008, 33: 349-376.

[113] Peng Y J, Wang S. Rigorous derivation of incompressible e-MHD equations from
       compressible Euler-Maxwell equations. *SIAM J. Math. Anal.*, 2008, 40: 540-565.

[114] Peng Y J, Wang S. Asymptotic expansions in two-fluid compressible Euler-Maxwell
       equations with small parameters. *Discrete Contin. Dyn. Syst*, 2009, 23: 415-433.

[115] Peng Y J, Wang S, Gu Q L. Relaxation limit and global existence of smooth solutions
       of compressible Euler-Maxwell equations. *SIAM J. Math. Anal.*, 2011, 43: 944-970.

[116] Please C P. An analysis of semiconductor p-n junctions. *IMA J. Appl. Math.*, 1982,
       28: 301-318.

[117] Prandtl L. Uber Fluigkeitsbewegung bei sehr kleiner Reibung. Proceedings 3rd Intern.
       Math. Congr., Heidelberg, 1904: 484-491.

[118] Poupaud F, Rascle M, Vila J P. Global solutions to the isothermal Euler-Poisson
       system with arbitrary large data. *J. Diff. Eqns.*, 1995, 129: 93-121.

[119] Puel M. *Etudes Variationnelles et Asymptotiques des Problèmes de la Mécanique des
       Fluides et des Plasmas*. PhD thesis, Université Paris 6, 2000.

[120] Ringhofer C. An asymptotic analysis of a transient p-n junction model. *SIAM J. Appl.
       Math.*, 1987, 47: 624-642.

[121] Rishbeth H, Garriott O K. Introduction to ionospheric physics. Academic Press, 1969.

[122] Roosbroeck W V. Theory of the flow of electrons and holes in Germanium and other
       semiconductors. *Bell Syst. Tech. J.*, 1950, 29: 560-607.

[123]   Rubinstein I. *Electro-Diffusion of Ions. SIAM*, Philadelphia, 1990.

[124]   Schmeiser C, Wang S. Quasineutral limit of the drift-diffusion model for semiconductors with general initial data. *Math. Mod. Meth. Appl. S.*, 2003, 13: 463-470.

[125]   Schochet S. Fast singular limits of hyperbolic PDEs. *J. Diff. Eqns.*, 1994, 114: 476-512.

[126]   Selberherr S. Analysis and simulation of semiconductor devices. Wien-New York: Springer-Verlag, 1984.

[127]   Serrin J. On the uniqueness of compressible fluid motion. *Arch. Ration. Mech. Anal.*, 1959, 3: 271-288.

[128]   Shockley W. The theory of p-n junctions in semiconductors and p-n junction transistors. *Bell. Syst. Tech. J.*, 1949, 28: 435-489. (Reprinted in *Annals Math. Pura Appl.*, 1987, 166: 65-96.)

[129]   Sideris T. The lifespan of smooth solutions to the three-dimensional compressible Euler equations and the incompressible limit. *Indiana Univ. Math. J.*, 1991, 40: 536-550.

[130]   Sitenko A, Malnev V. *Plasma physics theory.* London: Chapman & Hall, 1995.

[131]   Slemrod M, Sternberg N. Quasi-neutral limit for the Euler-Poisson system. *J. Nonlinear Sciences*, 2001, 11: 193-209.

[132]   Smith R A. *Semiconductors.* 2nd ed.. Cambridge: Cambridge University Press, 1978.

[133]   Stein E M. Singular integrals and differentiability properties of functions. Princeton, New Jersey: Princeton University Press, 1970.

[134]   Swann H S G. The convergence with vanishing viscosity of nonstationary Navier-Stokes flow to ideal flow in $\mathbb{R}^3$. *Trans. of Amer. Math. Soc.*, 1971, 157: 373-397.

[135]   Sze S M. Physics of semiconductor devices. New York: Wiley-Interscience, 1969.

[136]   Ueda Y, Kawashima S. Decay property of regularity-loss type for the Euler-Maxwell system. *Methods Appl. Anal.*, 2011, 18: 245-267.

[137]   Ueda Y, Wang S, Kawashima S. Dissipative structure of the regularity type and time asymptotic decay of solutions for the Euler-Maxwell system. *SIAM J. Math. Anal*, 2012, 44: 2002-2017.

[138]   Ukai S. The incompressible limit and the initial layer of the compressible Euler equation. *J. Math. Kyoto Univ.*, 1986, 26: 323-331.

[139]   Wang S. Quasineutral limit of Euler-Poisson system with and without viscosity. *Commun. Partial Diff. Eqs.*, 2004, 29: 419-456.

[140]   Wang S, Feng Y H, Li X. The asymptotic behavior of globally smooth solutions of bipolar non-isentropic compressible Euler-Maxwell system for plasmas. *SIAM J. Math. Anal.*, 2012, 44: 3429-3457.

[141]   Wang S, Feng Y H, Li X. The asymptotic behavior of globally smooth solutions of non-isentropic Euler-Maxwell equations for plasmas. *Appl. Math. Comput.*, 2014, 231:

299-306.

[142] Wang S, Jiang S. The convergence of the Navier-Stokes-Poisson system to the incompressible Euler equations. *Commun. Partial Diff. Eqs.*, 2006, 31: 571-591.

[143] Wang S, Xin Z P, Markowich P A. Quasineutral limit of the drift diffusion models for semiconductors: The case of general sign-changing doping profile. *SIAM J. Math. Anal.*, 2006, 37(6): 1854-1889.

[144] 王术, 杨建伟, 王卫. 等离子体双极 Euler-Maxwell 方程组的松弛极限. 数学物理学报, 2011, 31A: 1543-1549.

[145] Yang J W, Wang S. The diffusive relaxation limit of non-isentropic Euler-Maxwell equations for plasmas. *J. Math. Anal. Appl.*, 2011, 380: 343-353.

[146] 杨建伟, 王术, 石启宏. 等离子体双极 Euler-Maxwell 方程组的非相对论极限. 应用数学, 2010, 23: 180-185.

[147] Yong W A. Entropy and global existence for hyperbolic balance laws. *Arch. Ration. Mech Anal.*, 2004, 172: 247-266.

[148] Zhang B. Convergence of the Godunov scheme for a simplified one-dimensional hydrodynamic model for semiconductor devices. *Commun. Math. Phys.*, 1993, 157: 1-22.

[149] Zhang Y H, Tan Z. On the existence of solutions to the Navier-Stokes-Poisson equations of a two-dimensional compressible flow. *Math. Methods Appl. Sci.*, 2007, 30: 305-329.

索　引

《现代数学基础丛书》已出版书目

（按出版时间排序）

1　数理逻辑基础(上册)　1981.1　胡世华　陆钟万　著

2　紧黎曼曲面引论　1981.3　伍鸿熙　吕以辇　陈志华　著

3　组合论(上册)　1981.10　柯召　魏万迪　著

4　数理统计引论　1981.11　陈希孺　著

5　多元统计分析引论　1982.6　张尧庭　方开泰　著

6　概率论基础　1982.8　严士健　王隽骧　刘秀芳　著

7　数理逻辑基础(下册)　1982.8　胡世华　陆钟万　著

8　有限群构造(上册)　1982.11　张远达　著

9　有限群构造(下册)　1982.12　张远达　著

10　环与代数　1983.3　刘绍学　著

11　测度论基础　1983.9　朱成熹　著

12　分析概率论　1984.4　胡迪鹤　著

13　巴拿赫空间引论　1984.8　定光桂　著

14　微分方程定性理论　1985.5　张芷芬　丁同仁　黄文灶　董镇喜　著

15　傅里叶积分算子理论及其应用　1985.9　仇庆久等　编

16　辛几何引论　1986.3　J.柯歇尔　邹异明　著

17　概率论基础和随机过程　1986.6　王寿仁　著

18　算子代数　1986.6　李炳仁　著

19　线性偏微分算子引论(上册)　1986.8　齐民友　著

20　实用微分几何引论　1986.11　苏步青等　著

21　微分动力系统原理　1987.2　张筑生　著

22　线性代数群表示导论(上册)　1987.2　曹锡华等　著

23　模型论基础　1987.8　王世强　著

24　递归论　1987.11　莫绍揆　著

25　有限群导引(上册)　1987.12　徐明曜　著

26　组合论(下册)　1987.12　柯召　魏万迪　著

27　拟共形映射及其在黎曼曲面论中的应用　1988.1　李忠　著

28　代数体函数与常微分方程　1988.2　何育赞　著

29　同调代数　1988.2　周伯壎　著